测量系统不确定度评定及其应用

王中宇　陈晓怀　吕　京　著

U0350125

北京航空航天大学出版社

内 容 简 介

本书介绍测量系统的不确定度评定方法与工程应用,它以多种数学理论与方法为基础,如统计理论、测量误差理论、蒙特卡洛方法、贝叶斯方法、自助法、灰色系统方法、模糊集合方法等,丰富并且完善了传统的测量不确定度理论与评定技术,弥补了经典统计理论与误差理论中的不足,为现代不确定度的研究提供了一些新方法。

全书分为上、中、下三篇。其中上篇介绍基础知识与常用方法,中篇叙述力与振动的不确定度评定,下篇给出典型实例与综合应用。

本书可以作为工科院校仪器科学与技术、光学工程、机械工程、电气工程、电子科学与技术、信息与通信工程、控制科学与工程、系统工程等相关学科的教学参考书,还可供高等学校或者科研院所从事计量测试、仪器仪表、机械电子、系统控制等领域工作的研究人员参考。

图书在版编目(CIP)数据

测量系统不确定度评定及其应用 / 王中宇,陈晓怀,
吕京著. -- 北京 : 北京航空航天大学出版社,2019.2
   ISBN 978 - 7 - 5124 - 2911 - 6

Ⅰ. ①测… Ⅱ. ①王… ②陈… ③吕… Ⅲ. ①测量系统－不确定度－研究 Ⅳ. ①P207

中国版本图书馆 CIP 数据核字(2018)第 301141 号

测量系统不确定度评定及其应用
王中宇   陈晓怀   吕   京   著
责任编辑   刘晓明
*
北京航空航天大学出版社出版发行

北京市海淀区学院路 37 号(邮编 100191)   http://www.buaapress.com.cn
发行部电话:(010)82317024   传真:(010)82328026
读者信箱: goodtextbook@126.com   邮购电话:(010)82316936
北京建宏印刷有限公司印装   各地书店经销
*
开本:787×1 092   1/16   印张:37.75   字数:966 千字
2019 年 5 月第 1 版   2019 年 5 月第 1 次印刷
ISBN 978 - 7 - 5124 - 2911 - 6   定价:169.00 元

编　委　会

前言（兼自序）

测量对于人类社会发展的促进作用是显著的。任何测量过程都是通过一定的测量系统实现的。测量系统是获取信息的重要途径，也是认识自然界并且发现事物内在规律的一种有效手段。广义的测量系统指的是对被测物体的特性定量观测或者定性评价的量具、方法、人员和环境的集合，涵盖获取测量结果的全部过程。现代工业体系一旦离开了测量系统，就无法开展正常的安全生产，更毋庸说创造产值和效益了。

即使在完全相同的条件下对同一量进行多次的重复测量，测量结果也不可能完全一致。这是由于测量系统自身的不完善、测量环境的不理想、测量人员水平的制约或者被测量在某种程度上表现出来的属性不完整等多种复杂因素造成的。不仅每次测量结果与真实值之间存在着一定程度的差异，而且对同一量的重复测量结果之间也存在着一定的分散性。这种差异和分散性可以通过测量不确定度予以表征。因此任何测量过程都存在不确定度；不确定度普遍存在于一切测量系统之中。随着认识的逐步深入和测量系统的不断完善，尽管有可能把测量不确定度控制在很小的范围之内，但是仍然不可能使不确定度完全为零。

测量系统及其不确定度是仪器科学与技术的重要组成部分。测量系统为不确定度的评定提供重要的数据来源；不确定度则合理地赋予测量结果可以信赖的范围。在科学研究与生产实践中，科研数据中所包含信息的不确定性也可以采用不确定度量化地表示。

本书介绍测量系统不确定度评定的理论、方法及其应用。它以多种数学原理或方法为基础，丰富并且完善不确定度理论的研究范畴，弥补统计理论与经典误差理论中的一些不足，为测量不确定度的评定提供新的思路。本书的结构体系是以测量误差为基础，以测量不确定度为导向，将测量误差与不确定度有机地结合起来；但不刻意强调测量精度、测量误差与不确定度等基本概念之间的异同。这是因为在大多数的测量实践中，都可以采用标准差这个表征分散性的量化指标作为它们共同的评价基础。

全书分为上、中、下三篇，共计13章。上篇介绍基础知识与常用方法，具体包括概述、测量系统不确定度分析与建模、现代不确定度评定方法和坐标测量机面向任务的不确定度评定4章内容，其中把第4章放在上篇的最后是因为坐标测量机作为一种典型的几何量测量仪器，它的不确定度评定具有很强的代表性；中篇叙述力与振动的不确定度评定，具体包括多传感器数据融合与不确定度评定、动态力测量系统不确定度评定、低频微振动测量系统不确定度评定和机载平台振动的小样本不确定度评定4章内容，其中把第5章放在中篇的最前面是因为传感器的数据融合与不确定度评定是力与振动测量和校准的前提条件；下篇给出典型实例与综合应用,具体包括非完整球面曲率测量不确定度评定、空间机械臂视觉测量系统精度分析、配电自动化测试系统精度分析、酶免多组分测定系统精度分析和综合应用实例 5 章内容,其中最后一章中的每一节均为一个实际应用的例子,在内容上各节之间没有前后顺序之间的关系。

本书在写作方面力求做到原理方法与应用实践并重,着力于解决实际测量工作中的一些共性问题;在结构安排方面尽量做到协调一致和整齐划一。例如在每一章的最后一节都给出本章小结,后面的参考文献都精选 40 篇。前 12 章中每一章的篇幅大致相当;每一章都包含 5 个大节,每一个大节下面各自的小节标题齐整。最后第 13 章中的每一个大节下面都划分为 4 个小节,每一个大节下面各自的小节标题也都齐整。

本书中的研究工作先后得到国家重点研发计划重点专项"科研实验室认可关键技术研究"之课题"科研数据不确定性表征方法和评估技术研究(2016YFF0203801)"和国家自然科学基金项目"动态测量误差分解与溯源及不确定度的研究(50275047)"、"动态测量中非统计不确定度的应用基础与关键技术研究(50375011)"、"动态测量系统的非统计分析方法及其应用基础研究(50675011)"、"基于误差分解溯源理论的动态测量系统最优设计原理及应用研究(50675057)"、"基于 GPS 面向任务的现代不确定度评定理论及应用研究(51275148)"、"飞秒激光跟踪仪动态测量误差机理分析与测量不确定度表征方法研究(51505458)"、"动态瞬变力值校准中的不确定度建模及其溯源(51575032)"以及多项省、部、研究院所的经费资助,本书也是作者多年以来对这些科研项目中部分成果的总结。

作者多年来一直得到学术界前辈和同行专家们的鼓励、支持与帮助,同时也得益于从诸多论著中汲取丰富的素材,谨表谢意!

本书由北京航空航天大学王中宇教授、合肥工业大学陈晓怀教授和中国合格评定国家认可中心吕京研究员组织撰写。中国科学院光电研究院王岩庆博士,北京航空航天大学程银宝博士后,合肥工业大学程真英博士和李红莉博士,北京电子工程总体研究所王旭博士,联想(北京)有限公司王倩博士和李强博士,北京长城计量测试技术研究所常海涛博士、杨永军博士、孙璟宇博士和李丹硕士,中国计量大学江文松博士,华中科技大学姚贞建博士后、高宏堂博士生,中国合格评定国家认可中心傅华栋高工、刘薇工程师,泰瑞达(上海)有限公司左思然硕士等参加了部分章节的撰写工作;北京航空航天大学李泓洋博士生和张鹏浩博士生参加了部分章节的整理工作;北京航空航天大学李亚茹博士生参加了全部书稿的整理工作。王中宇定稿。

由于知识水平所限,书中存在的缺点、错误恐怕还有不少,敬请读者批评指正,以便改进提高。

王中宇

2019 年 4 月 11 日

目　　录

上篇　基础知识与常用方法

中篇　力与振动的不确定度评定

下篇　典型实例与综合应用

上篇 基础知识与常用方法

上篇介绍关于测量的基础知识与常用方法。前 3 章介绍测量系统的基本概念,动态精度理论,不确定度的建模、评定与特性分析。第 4 章介绍坐标测量机这种典型几何量测量仪器的不确定度评定方法,用该方法可以推广应用到相关精密仪器的误差溯源、精度分析与测量结果评定。

第1章 概　述

本章概述测量系统与不确定度的基本问题,包括测量系统、测量误差与不确定度、数据与科研数据等,这些内容构成后续章节的理论基础。测量是获取数据的重要手段,属于仪器科学与技术学科的研究范畴。作为数据获取的源头,测试计量是信息技术领域中的前沿技术。测量系统是人类进行观测和探索的工具,在国民经济和国防事业中的应用十分广泛。不确定度是分析测量数据的质量和量化地评价测量系统水平的一项重要指标,是测量科学中重要的基础学科方向之一。不确定度的引入使测量系统和测量结果具有更加普遍的科学意义。

1.1　测量系统与不确定度

1.1.1　测量系统与不确定度的意义

测量系统和不确定度都是仪器科学与技术的基础,广泛地应用于国民经济和现代国防科技的各个方面。测量系统为不确定度的评定提供数据来源;不确定度则赋予测量结果一个可以信赖的范围,也就是置信水平。

不确定度指标是不确定性的一种量化表征方式。

1. 测量系统的意义

从人类认识和改造大自然开始,测量活动便渗透到人们的生活、生产和科学探索等众多领域。测量活动不仅存在于传统的静态物理世界,还存在于微观、宏观和动态空间中。测量的目的是为了全面地认识客观事物,这就要求测量过程能够全面、系统、深入地描述客观世界与物理系统的内在性质、表现状态和发展过程,并且能够对测量结果进行高速、实时、准确的采集、记录、存储、回放和分析。

测量对于人类社会发展的促进作用是显而易见的。

我国著名科学家钱学森先生曾经说过,"信息技术包括测量、计算机和通信三类,而测量是其中的关键和基础"。随着科学技术的发展和新技术的开发应用,特别是高端装备和国防尖端科学技术的迅速发展,测量已经从传统的简单比较方式逐渐地被赋予了新的内涵。例如,人类的深空探索迫使大尺寸测量手段从古代《孙子算经》的"步尺法"发展为非接触式的激光测量法;全球自动授时技术迫使我们从唐朝的"燃香计时"和汉代以前的"日晷计时"过渡到现代的"全光学原子钟计时"等。事实表明,新技术的革新使得测量科学得到了快速的发展;同时,新发展的测量科学又为新技术的革新注入了新的生机与活力。

测量与工业自动化、资源勘探、兵器工业、船舶工业、航空航天、安全防务、检验检疫、食品与环境安全、生命科学等多学科领域密不可分,例如跨海大桥的抗风和抗疲劳能力的测量;大飞机的机翼抗弯曲和抗疲劳性能的测量;火箭发动机点火的瞬时温度、冲击力与振动、燃料流量和推进力的测量;武器导气室的气体压力和温度、导弹燃气射流温度、爆炸与爆轰温度的测量;在轨空间站的对接和卫星姿态调整的视觉测量;深海可燃冰的储存量和纯度测量等。

任何测量过程都是通过一定的测量系统实现的。测量系统是获取信息的重要途径,也是人类认识自然、发现事物规律的有效方法。从广义上讲,测量系统是用于对被测物体的特性实施定量测量或者定性评价的量具、仪器、标准、操作、方法、软件、人员和环境等的集合,是用来获得测量结果的整个过程。在国民经济建设、国防科技建设和新兴科学探索等领域,都需要特定的测量系统。也就是说,现代工业体系一旦离开了测量系统,就无法开展正常的安全生产,更难以创造巨额的产值和利润。例如高铁、地铁等现代化高端装备的运营和维护,主要是通过测量系统定期检修实现的;我国在"十二五"期间,以测量系统为主要支撑的仪器仪表行业的总产值规模接近 1 万亿元;在重大工程项目的投入中,测量系统的资金预算平均占总投资的10%左右;运载火箭的试制费用主要是用于测量系统的购置。由此可见,测量系统已经成为促进当代生产力发展的关键环节。

以测量系统为技术支撑的仪器仪表产业是国民经济中的基础性、前瞻性和战略性产业,已经成为信息化和工业化深度融合的源头,对促进工业转型升级、发展战略性新兴产业、推动现代化国防事业建设、保障和提高人民生活水平等都发挥着重要的作用。

在重大工程、工业装备的质量保证和基础科研中,测量系统是必不可少的技术基础和核心装备。不仅如此,在石化、核电、煤炭、化工、天然气、生物医疗、检验检疫和环境治理等传统领域,也都依赖测量系统的保障;在新兴的智能制造、离散自动化、生命科学、新能源、海洋工程和轨道交通等领域,也对测量系统产生了巨大的需求;在国防安全、社会安全、产业安全和信息安全等领域,更需要大量自主可控的智能测量系统。

随着科技水平的提高,测量系统已经渗透到:具有工业互联网和工业物联网功能的高端智能装备中;具有决策层、管理层、操作层、控制层和现场层的流程工业和离散工业综合自动控制的仪器仪表中;具有面向流程工业和离散工业的智能传感器产品中;以及具有智慧城市功能的多种供应仪表中。

因此,科技的发展促使测量系统在全行业中得到了更加全面的普及。

我国虽然在测量系统研制与开发方面的整体实力得到了显著提升,在工程应用中也取得了多项重大的进展,但是与发达的工业国家相比较,仍然存在着一些突出的问题。这主要包括两个方面:

一方面是自主创新的体制和能力在总体上相对薄弱,这也拉大了我国与国际先进水平之间的距离。尤其是在一些新兴技术产业和高端装备的精密测量领域,这方面的差距显得更加突出。

另一方面是在测量行业的基础性、共性和前瞻性研究缺失,导致国际化进程缓慢,低水平重复和无序竞争的局面难以从根本上改变,在有些地方和行业中甚至有进一步加剧和恶化的可能。

测量系统是信息产业的重要分支之一,被誉为工业生产的"倍增器"、科学研究的"先行官"、军事上的"战斗力"和社会上的"物化法官",它的应用遍及农业、轻工业、重工业和海、陆、空、天以及日常生活中的吃、穿、用、行等各个方面,已经成为一个国家科技水平和综合国力的体现,因此必须给予高度的重视和大力的发展。

2. 不确定度的意义

在科学研究与生产实践中,不确定度是不确定性的一种量化指标。也就是说,科研数据中所包含信息的不确定性,可以通过不确定度量化地表征出来。

在工程应用领域中,只要有测量就不可避免地存在着某种程度的不确定度。在相同的测量条件下对同一量进行多次重复测量时,测量的结果也不可能完全一致。其中的原因很复杂,如测量系统的不完善、测量环境的不理想、测量人员水平的制约或者被测量在一定程度上表现出来的属性不完整等。这些因素不仅使每次的测量结果与被测量的真实值之间存在一定程度的差异,而且导致对同一个被测量所做的重复测量结果之间存在着分散性,这种差异或者分散性一般可以用不确定度量化地予以表征。因此,不确定度普遍地存在于一切测量过程与测量系统之中。

不确定度是生产实践和科学研究中的一个重要问题。不确定度是客观地和普遍地存在的,随着人们认识的深入和研究能力的提高,尽管可以把不确定度控制在越来越小的范围之内,但始终不能使不确定度达到绝对意义上的"零"。其实,努力的目标并非使不确定度为零,而是把不确定度控制在要求的限度之内,或者在力所能及的范围之内使其尽可能地小。

研究测量系统不确定度的意义在于:

(1)认识不确定性的规律,正确地处理科研数据

测量数据受到多种不确定因素的复杂影响。只有认识清楚不确定度的变化规律,才能够充分地挖掘出隐藏在数据中的内在信息,得出在一定条件下更接近于真实值的最佳结果。例如在提出任何一个新的理论时,都必须通过一个或者多个实验,从新理论和旧理论中往往会得出不同的实验结果,将其进行分析比较,就可以检验出新理论的优劣。由于测量系统中不确定度的存在,此类实验可能会变得非常复杂,甚至于无法进行。因此需要研究人员开展全面的挖掘,对比科研数据中的不确定规律,进而得出合理的结果。

(2)合理地评价测量结果的质量

测量结果的质量或者水平高低,可以用不确定度量化地表征。不确定度越小,说明测量数据的质量越高,测量的水平越高,使用的价值也越高。例如,美国航空喷气发动机公司早在研制发动机时就发现,如果制造仪器的不确定度每降低 0.25σ(其中 σ 为单次测量的标准差),那么每台发动机的制造成本就可以节省大约 120 万美元。无数的科学研究与实际测试都表明,正确地分析与科学地评定仪器设备的测量误差与不确定度是至关重要的。

(3)完善地进行试验设计

应当正确地组织试验过程,合理地设计仪器或者选用设备,优化使用测量条件或者测量方法,以便在成本最低、时间最短的情况下得到预期的结果。在医疗领域,如果医疗设备或者仪器的不确定度不可靠,就会使人体承受过大或者过小的药量或者放射剂量;用量一旦过大很可能造成人体的伤害,而过小则根本达不到治疗的效果。在航空航天系统中,测量频率不确定度的不准确会使导航数据失效,测量燃料重量不确定度的不可靠会使火箭发射的推力不当甚至于发射失败。

(4)深刻地了解自然和认识事物的发展规律

英国物理学家瑞利(Rayleigh)在用不同的来源和方法制取氮气时发现,采用化学法制得的氮气密度与大气提取氮气的密度不相等,其差值远大于不确定度。Rayleigh 指出,由于两种

方法制得的氮气成分不一样,在测量的密度之间很可能存在着一定的系统误差。英国化学家拉姆塞(Ramsay)根据这一想法发现,在大气中还存在着其他稀有气体,也就是惰性气体。后来通过对大气中提取氮气的密度加以修正,最终得到了与化学法制得的氮气密度相一致的结果。

测量的目的是以尽量小的不确定度求出被测量的真实值(通常简称为真值),为了减小测量中的不确定度,需要提高测量系统的精度。例如在卫星时间频率同步测量系统中,为了减小环境变化引入的不确定度,通常可以采用双通道的相关测量。具体就是为被测量和标准量分别建立两个相同的通道,通过两个通道之间的比较抵消通道的时延。为了消除高精度数字电压表在使用一段时间之后的温漂、时漂等不确定因素,可以配备一台自校准装置,以保证长期使用过程中的准确性。为了提高测量系统对不确定度的分辨能力,通常采用标准电压的垫整技术测量电压信号,通过频差倍增技术测量频率信号。在测量系统的性能改善和精度提高等方面,这些减小不确定度的方法都发挥着积极的作用。

1.1.2 测量系统与不确定度的发展

1. 测量系统的发展历程

测量系统涉及的内容十分丰富,已经广泛地应用于工业技术、产品开发、前瞻科学以及与经济生活密切相关的各行各业。随着半导体集成电路技术、光机电一体化技术、微纳米技术、网络与通信技术和大数据技术等的迅速发展,测量系统的精密与复杂程度急剧提高,其发展历程也产生了深刻的变革。一方面随着光学、机械和电子等科学技术的日趋成熟,测量系统正在朝着光机电一体化的方向发展;另一方面随着市场对轻、薄、短、小类产品需求的不断增加,测量系统也在朝着微型化与智能化的方向发展。

测量系统作为一门科学,曾经经历过一个漫长的发展历程。

人类很早就开始发明和使用测量系统。

早在公元前 27 世纪建造的埃及金字塔,它的形状与方向都是经过精确标定的,说明当时已经使用了测量系统。西汉初期的楚国最早绘制的地形图、驻军图和城邑图三种地图,不仅所包含的内容相当丰富,而且绘制的技术也非常熟练,在色彩的使用、符号的设计、内容的分类和简化等方面都达到了很高的水平,说明当时已经熟练地掌握了地形地貌的测量方法,拥有比较发达的地形测量系统。另外据《梦溪笔谈》记载,北宋时期的沈括为了治理汴渠,测得“京师之地比泗州凡高十九丈四尺八寸六分”,说明当时的水准测量系统也已经相当完备。

早期的水利工程多为河道疏导,以利防洪和灌溉,主要测量目的是确定水位和堤坝的高度。秦代李冰父子领导修建的都江堰水利枢纽工程,就曾经用一个石头人作为标定水位的测量系统。其工作原理是当水位超过石头人的肩时,说明下游受到洪水的威胁;当水位低于石头人的脚背时,说明下游出现干旱。这种标定水位的测量系统与现代水位测量系统的原理基本类似。

测量系统发展的最初阶段是以机械结构为基础的。

例如我国的简仪(见图 1-1)是一种用于测量天体位置的天文观测仪器,由古代天文学家郭守敬于公元 1276 年发明。简仪由两个相互独立的赤道装置和地平装置组成,以地球环绕太阳公转一周的 365.25 天作为时间分度。简仪的赤道装置用于测量天体的赤道坐标,即“去极度"和"入宿度"。简仪的地平装置也称为"立运仪",主要由两个互相垂直的大圆环组成。其中一个固定环面平行于地球的赤道面,叫做"赤道环";另一个垂直于"赤道环"中心的双环能够绕一根金属轴转动,叫做"赤经双环"。在双环的中间夹着一根装有十字丝装置的窥管,可以绕着赤经双环的中心转动。在进行观测时,将窥管对准某颗待测星,在赤道环和赤经双环的刻度盘上可以直接读出该观测星所在位置的值。该装置还有两个支架托着正南北方向的金属轴,支撑起整个观测装置并且始终保持处于北高南低的状态。在简仪的底座里面还安装有一个正方案,用于校正仪器的南北方向。

现代很多天文观测仪器的设计灵感都来自于简仪的结构原理。例如赤道装置和现代望远镜中广泛应用的天图式赤道装置的基本结构与简仪相同;地平装置与近代地平经纬仪的结构相似;窥管与近代单镜筒望远镜的原理相似,等等。

简仪的创制是中国天文仪器制造史上一次大的飞跃,比欧洲天文学家第谷发明的类似仪器早三百多年。现存明清两代用于天体观测的简仪陈列于南京紫金山天文台。

再如水运仪象台(见图 1-2)是北宋天文学家苏颂等发明的一台大型天文仪器,是集天象观测与演示、时间计量与报告等于一体的一种综合性观测仪器。它的制造水平充分地体现了中国古代劳动人民的聪明才智和富于创造的精神。

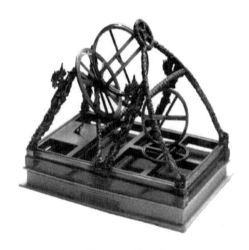

图 1-1 简 仪

图 1-2 水运仪象台

水运仪象台的高度和宽度分别为 12 m 和 7 m,分为上、中、下 3 层,相当于一幢 4 层楼高的建筑物。上面一层有一个顶板可以自由开启的露台,用于放置一台浑仪;中间一层有一个密室,用于放置一架浑象;下面一层是一个分成 5 小层的木阁,其中第一小层又名"正衙钟鼓楼",负责全台的标准报时,由昼时钟鼓轮控制;第二小层负责时初与时正的报告,由昼夜时初正轮控制;第三小层负责时刻报告,由报刻司辰轮控制;第四小层负责夜间报时,由夜漏金钲轮控制;第五小层负责夜间时辰指示,由夜漏司辰轮控制。在每一层的木阁内都有装在一根轴上的机轮,通过天柱实现各个木隔的传动。在木阁的后面放置着精度很高的两级漏刻和一套机械传动装置。当漏壶中的水流冲动机轮进而驱动传动装置时,浑仪、浑象和报时装置就按部就班地运转起来。

随着人们对光学知识的深入了解和掌握,测量系统很快进入以机械和传统光学相结合的发展阶段。

例如，德国最早设计的天象仪就是利用机械辅助光学投影的方式实现星空模拟的，如图1-3所示。天象仪的基本原理是采用恒星放映器，把星空投影到半球型的人造天穹上形成"人造星空"；通过配有精密齿轮转动系统的日月行星放映器把日、月、行星投影到人造星空中，使日、月、行星在人造星空中做模拟运动，再现天体的东升西落、夜空星移斗转等天文景观。

再如，最早由法国天文学家李奥于1930年发明的日冕仪，如图1-4所示。它是一种特殊的望远镜，能使天文学家在无需日食发生的情况下观测和拍摄到日冕的光线。日冕仪的结构原理简单，它是在传统望远镜的主焦点处放置一个遮挡盘，在遮蔽光球像的同时只允许日冕像通过，从而制造出人造日食。为了尽可能消除仪器的散射光，物镜通常采用单块薄透镜的结构形式，在照相镜的镜筒内涂抹无光泽的黑色涂料，后面放置一个窄带滤光片。地球大气的散射光亮于日冕，因此一般将日冕仪安装在空气稀薄的高山上。

图1-3　天象仪

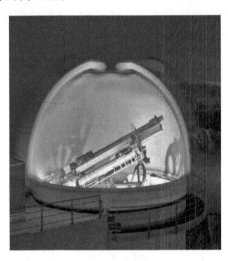
图1-4　日冕仪

测量技术作为一门基础科学，推动了整个工业革命的发展。

第一次工业革命是力学测量体系建立的时期。伽利略通过观察、数学和实验手段发现了自由落体定律。牛顿在伽利略研究成果的基础上，发现了万有引力定律和物体运动三定律，这三个定律共同形成了经典力学的完整体系。经典力学的建立促进了光学、电磁学、热学等学科与力学之间的统一。蒸汽机、科尔尼锅炉的发明以及将蒸汽机应用于火车，都是建立在力学测量的基础之上的。因此，力学测量系统是第一次工业革命的催化剂。

第二次工业革命是电学测量体系建立的时期。在18世纪初到19世纪末，人类开始对电的测量以及电的特性进行研究。电学的飞速发展使得摩擦起电、电磁感应和右手螺旋法则等重大成果相继提出来，进一步推动了电力系统的广泛应用，使人类社会进入到"电气时代"。电气时代的到来促进了传统重工业的发展，如钢铁工业、冶金工业和化学工业等。电测量系统的发展为第二次工业革命提供了强大的推动力。

第三次涉及信息、新能源、新材料、生物、空间和海洋技术等诸多技术领域，是一场关于信息控制技术的革命，也是一场全方位、多领域的技术变革。在这次革命中，电的测量及其应用仍然是主角，但长度、激光、温度、电磁等也都在各个领域中发挥了重要的作用。这些量值的测量向着极大、极小,极重、极轻,极高、极低等两个极端的方向发展。

第四次工业革命以"智能制造和智能生产"为核心、以互联网为手段,测量技术则是其中重要的和核心的技术。第四次工作革命是大数据和信息技术的时代,是把一切测量信息进行综合采集、分析和运用,并且在运用的过程中进行再循环的一种过程。在这个过程中,及时、准确和可靠的测量无处不在、无时不在。可以预见,新时期工业革命对测量系统的挑战,将是全面的、综合的和全方位的。

2. 不确定度的发展历程

海森伯(Heisenberg)于 1927 年首次提出了不确定度关系(uncertainty relation),又称测不准关系,在量子力学中具有重要的意义。

到了 20 世纪中期,当误差理论涉及误差的表示、误差的性质和误差的合成等问题时,世界各国存在着不同的意见,给测量结果在质量评定和结果互认中造成极大的困难。

美国标准局数理专家埃森哈特(Eisenhart)在研究"仪器校准系统的精密度和准确度估计"时,于 1963 年提出采用测量不确定度定量评价测量结果的概念,受到了国际上的普遍关注。

时任美国标准局局长的安布勒(Ambler)于 1978 年提请国际计量委员会(CIPM)注意不确定度问题的重要性。同年,国际计量局(BIPM)成立不确定度表示工作组,并向世界各国发出不确定度的征求意见书。

国际计量局于 1980 年召开会议,讨论了 32 个国家及 5 个国际专业组织的意见,提出了实验不确定度表示建议书 INC-1(1980)。

INC-1 的基本内容包括 5 条:

① 测量结果的不确定度一般包含若干个分量,按其数值评定的方法不同,这些分量可以归纳为两类:

A 类——用统计方法计算的分量;

B 类——用其他方法计算的分量。

A 类和 B 类不确定度与过去曾经使用的"随机"和"系统"不确定度之间不一定存在简单的对应关系。"系统不确定度"这个术语容易引起误解,应当尽量避免使用。

任何详细的不确定度报告都应该有各分量的完整清单,并且对于每一个分量都应当说明其数值获得的具体方法。

② A 类分量用估计方差 s_i^2(或者估计标准差 s_i)和自由度 v_i 表征,必要时还需要给出估计的协方差。

③ B 类分量用 u_j^2 表征。一般认为 u_j^2 是假设存在的相应方差的一种近似。

④ 通过将方差合成的方法可以得到表征合成不确定度的数值,这时应当以"标准差"的形式表示合成不确定度及其分量。

⑤ 对于一些特殊的用途,当需要将合成不确定度乘以一个因子以获得总不确定度时,必须说明该因子的具体数值。

至此,测量不确定度的表示方法逐渐趋于统一。

在 1981 年的第 70 届国际计量委员会大会上,参会组织对 INC-1(1980)进行了充分的讨论,批准以 CI-1981 的形式发布,即所谓不确定度表示建议书。以该建议书作为基础,后来又再版发布了 CI - 1986。

同年,在该建议书的基础上,BIPM、国际标准化组织(ISO)、国际电工委员会(IEC)、国际法制计量组织(OIML)、国际理论与应用物理联合会(IUPAP)、国际理论与应用化学联合会(IUPAC)、国际临床化学联合会(IFCC),这 7 个国际组织成立了专门的国际不确定度工作组,负责制定不确定度指南。

国际不确定度工作组经过多年的讨论和充分的研究,广泛地征求各国及国际专业组织的意见,经过反复的酝酿和修改,于 1993 年制定了《测量不确定度表示指南》(*Guide to the Expression of Uncertainty in Measurement*,简称 GUM)。

GUM 得到国际权威组织 BIPM、OIML、IEC、ISO、IUPAC、IUPAP 和 IFCC 的批准,并且由 ISO 出版发行,1995 年再次出版;除了上述 7 个国际组织之外,又获得国际实验室认可组织(ILAC)的批准。GUM 目前已经被世界各国及国际组织广泛采用,我国亦采用 GUM 并制定了相应的技术规范。

BIPM 的计量联合工作组 JCGM 于 1997 年成立,其中的 WGI 小组具体负责 GUM 的推广与补充工作。

我国于 1999 年发布国家计量技术规范 JJF 1059—1999《测量不确定度评定与表示》。该规范的基本术语以及测量不确定度的评定及表示方法与 GUM 完全一致,已经成为我国测量不确定度评定与表示的理论依据。

2008 年以来,国际不确定度工作组对《测量不确定度表示指南》进行了系统的完善,构建了关于测量不确定度 ISO/IEC Guide 98 系列国际指南文件,并且由 ISO/IEC 陆续发布。这套文件共分为 5 个部分和 3 个补充件,目前第一部分"测量不确定度表示的简介"、第三部分"测量不确定度表示指南"、第四部分"测量不确定度在符合性评定中的作用"、补充件 1"用蒙特卡罗法传递概率分布"和补充件 2"具有任意多个输出量的数学模型"均已发布;第二部分"概念和基本原理"、第五部分"最小二乘法的应用"和补充件 3"模型化"还在编制中。

1.1.3　测量误差与不确定度的关系

1. 不确定度的基本概念及术语

不确定度(uncertainty)是一个与测量结果相联系的参数,用于表征合理地赋予被测量之值的分散性。

对该定义做如下几点补充解释:

① 不确定度表示测量结果不确定或者不肯定的程度。

② 当对同一个量进行多次重复测量时,不确定度表示各测量结果之间的分散程度。

③ 当把不确定度作为不确定性误差的一种表征时,它也是对符号未知的可能误差的一种评价结果。

④ 不确定度可以有多种表示形式。如果以标准差的形式表示不确定度,则一般称为标准不确定度;如果以范围的形式表示不确定度,则通常称为扩展不确定度,它是标准不确定度的若干倍。

⑤ 不确定度可以包含多个分量。如果以某种形式对这些分量进行合成,则称为合成标准不确定度。

不确定度的主要相关术语如下：

① 标准不确定度（standard uncertainty）

以标准差的形式表示测量结果的不确定度。

② A 类评定（type A evaluation）

由观测列的统计分析所做的不确定度评定。

③ B 类评定（type B evaluation）

由不同于观测列的统计分析所做的不确定度评定。

④ 合成标准不确定度（combined standard uncertainty）

当测量结果由若干个其他量的值求得时，可以按所有其他量的方差或者协方差计算出测量结果的标准不确定度。合成标准不确定度记为 $u_c(y)$ 或者 $u(y)$，一般简写为 u_c 或者 u。

⑤ 扩展不确定度（expanded uncertainty）

扩展不确定度是给出测量结果区间或者范围的一个量，合理地赋予被测量之值分布的大部分可望位于该区间之内。扩展不确定度也称为展伸不确定度或范围不确定度，记为 U。

⑥ 包含因子（coverage factor）

为了求得扩展不确定度，对合成标准不确定度所乘的一个数字因子称为包含因子，记为 k。

⑦ 自由度（degrees of freedom）

求取不确定度所用总和中的项数减去总和中的限制条件数，二者之差称为自由度，记为 ν。

⑧ 置信水准（level of confidence）

在扩展不确定度所给出测量结果的区间之内，合理地赋予被测量之值分布的概率。置信水准也称为置信概率或者包含概率，记为 p。

GUM 指出，对于 A 类评定，置信水准也称为置信水平。

⑨ 相对不确定度（relative uncertainty）

相对不确定度就是不确定度除以测量结果的绝对值。

设测量结果为 y，它的绝对值为 $|y| \neq 0$。根据不确定度的表示方法不同，相对不确定度可以用相对合成标准不确定度或者相对扩展不确定度表示。

相对合成标准不确定度为

$$u'_c(y) = \frac{u_c(y)}{|y|} \qquad (1-1)$$

相对扩展不确定度为

$$U' = \frac{U}{|y|} \qquad (1-2)$$

2. 测量误差与测量精度

（1）测量误差

在对一个量进行测量时，测量结果与被测量的真值之间的差异称为测量误差，简称为误差。误差的定义式为

$$误差 = 测量结果 - 真值 \qquad (1-3)$$

例如分别测量三角形的三个内角,内角之和的真值应当为 180°。若测量结果为 180°00′03″,则测量误差为 180°00′03″−180°=3″。

又如用二等标准活塞压力计测量某压力,得到的测量结果为 1 000.2 N/cm²;若用更精确的方法测得的压力为 1 000.5 N/cm²,由于后者的精度更高,故可以作为相对真值。于是二等标准活塞压力计测量结果的误差为 1 000.2 N/cm²−1 000.5 N/cm²=−0.3 N/cm²。

在实际工作中还经常使用修正值:

$$修正值 = 真值 - 测量结果 \tag{1-4}$$

修正值与误差之间大小相等、符号相反,即

$$修正值 = -误差 \tag{1-5}$$

把修正值加上测量结果就可以得到真值。

误差与真值之比称为相对误差,假设真值不为 0,则相对误差为

$$相对误差 = 误差 / 真值 \tag{1-6}$$

在绝大多数的情况下,测量结果与真值比较接近。因此可以简单地把误差与测量结果之比作为相对误差,即

$$相对误差 \approx 误差 / 测量结果 \tag{1-7}$$

例如早年经过测量得到 ^{14}C 的半衰期为 5 745 年,现在使用更加精确的方法得到的半衰期为 5 730 年,那么后者就可以视为相对真值。于是测量误差=5 745 年−5 730 年=15 年,相对误差=15/5 745 =0.3%。

对于相对误差而言,误差也可以称为绝对误差。

误差可能为正值,也可能为负值;相对误差同样可能为正值,也可能为负值。

误差的量纲与测量结果的量纲相同。相对误差的量纲为 1,常以 10^{-n}(n 为正整数)的形式表示,或者以百分数(%)的形式表示。

在测量工作中广泛使用各种测量系统或者量具。误差的定义式只是一个基本的公式,还可以推广到测量系统的示值误差。

定义测量系统的示值误差为

$$示值误差 = 示值 - 对应输入量的真值 \tag{1-8}$$

对于实物量具而言,示值就是所赋予的值。相应地,定义测量系统的示值相对误差和示值引用误差分别为

$$示值相对误差 = 示值误差 / 示值 \tag{1-9}$$

$$示值引用误差 = 示值误差 / 满量程值 \tag{1-10}$$

例如某电压表的刻度范围为 0~10 V,满量程值为 10 V。如果测得在 5 V 处所对应的输入量为 4.995 V,则测量系统的示值误差=5 V−4.995 V=0.005 V,示值相对误差=0.005 V/5 V=0.1%,示值引用误差=0.005 V/10 V=0.05%。

若将测量结果与测量系统的示值理解为得到值,那么真值与对应输入量的真值可以理解为应得值,则误差的定义式还可以推广为

$$误差 = 得到值 - 应得值 \tag{1-11}$$

如果一台测量系统有若干个刻度,那么各刻度都有引用误差,其中绝对值最大的称为最大引用误差。测量系统允许最大引用误差百分数的分子称为精度级别。

关于误差推广表示的需求还有很多,例如:

① 在测量中需要深入研究测量误差的基本属性及其外延。

② 在数学计算中为了避免复杂的运算,需要研究具有一定位数的有限数字的舍入误差。如 π 的值取至小数点后第二位为 3.14,那么舍入误差就是 $3.14-\pi \approx -0.0016$。

③ 在数学计算中有时还需要研究切断误差,用简单的有限项对实际或者理论的无穷级数做取代分析。例如当 x 很小时,可以用 x 近似 $\sin x$,相应的切断误差绝对值一般小于 $\dfrac{|x|^3}{6}$。

④ 在制造工业中也要研究加工误差。加工误差是指实际加工出零件的量值与预先的设计值之间的差异,这种差异的形成原因非常复杂,很难通过简单的误差进行计算。

（2）测量精度

- 精度(accuracy)是反映测量结果与真值之间接近程度的一个量。
- 精度为精确度、准确度的简称。
- 精度高的测量结果,它的测量误差一定小。
- 精度在数值上有时也可以用相对误差的倒数表示。例如测量结果的相对误差为 0.01%,用精度可以表示为 $1/10^{-4}=10^4$。
- 精度在数值上有时还可以用 1 减去相对误差表示。例如测量结果的相对误差为 0.01%,则精度可以表示为 $1-0.01\%=99.99\%$。

（3）不确定度与误差的联系

不确定度也表示不确定性误差的变化程度。按照 GUM 的建议,误差一般用于表示确定性的误差,即大小与符号均为已知的误差,通常属于可以修正的误差,也即常差。不确定度与测量误差之间既有联系,又有区别。二者都可以表示测量结果水平的高低,只是侧重点与表现的形式不同而已。

误差和不确定度两个指标在量值与符号方面的比较,见表 1-1。

表 1-1 误差与不确定度

指 标	误 差	不确定度
量 值	单个值	误差值的集合
符 号	可正可负	恒为正

当测量结果中存在着常差与不确定度时,很容易对常差进行修正。经过修正之后的最终结果可以表示为

$$最终结果 = 测量结果 \pm 扩展不确定度 \tag{1-12}$$

若未对常差进行修正,则最终结果应当表示为

$$最终结果 = 测量结果 - 常差 \pm 扩展不确定度 \tag{1-13}$$

常差与不确定度构成的范围为

$$-常差 \pm 扩展不确定度 = [-常差 - 扩展不确定度, -常差 + 扩展不确定度] \tag{1-14}$$

这种表示方式有时也称为广义不确定度。

1.2　测量系统模型与分类

1.2.1　测量系统的基本概念

测量是指以特定对象的属性和量值为目的所实施的一种操作。为了实现这种测量,全部操作的过程需要在相应的测量系统上完成。对于一个完整的测量系统来说,测量过程包括对被测对象的特征量进行识别、检出、变换、分析、处理、判断和显示等环节。一个典型的测量过程如图 1-5 所示。

图 1-5　典型的测量过程

测量系统是用于对被测件的特性实施定量测量或者定性评价的一种仪器或者量具、标准、操作、方法、夹具、软件、人员、环境和假设等的集合,包括用来获得测量结果的整个过程。

一个完整测量系统的组成通常包括:

① 测量仪器(equipment):用于获得测量结果的任何装置;

② 测量人员(operator):从事测量和管理工作的专业技术人员;

③ 被测对象(object):承载着某些待求取特征量的特定物体;

④ 测量程序和测量方法(procedure & methods):在测量过程中操作、传输、控制的一种手段。

一个完整的测量系统除了"测"和"量"的基本功能之外,还包括对测量过程的操作控制、数据传输和分析处理等环节。在测量过程中,需要完成信息的提取、信号的转换存储与传输、信号的显示和记录、信号的处理与分析等。其中信息的提取是通过传感器完成的;信号的转换存储与传输是通过中间转换装置完成的;信号的显示和记录是通过显示器、指示器、各类磁或者半导体存储器和记录仪完成的;信号的处理与分析是通过数据分析仪、频谱分析仪或者计算机等实现的。

在电子测量中,被测对象是材料、元件、器件、整机和系统特征的电磁量。这些电磁量大致包括:

① 基本参量:如电压、功率、频率、阻抗、衰减和相移等;

② 综合参量:如网络参量、信号参量、波形参量和晶体管参量等;

③ 特殊频段参量:如激光频率、光纤电特性、亚毫米波参量和甚低频参量等。

对于某一测量对象,由于测量参数、量程、频段及传输形式的不同,往往需要采用不同的测量方法,可能会有多种不同的测量系统可作为选择。不同测量系统得到的效果可能大致相同,也可能大不相同,关键取决于测量系统的具体性能。当然,同一种测量系统有时候也可以用于不同对象的测量。

测量系统的功能一般包括:

① 被测对象中的参数测量功能;

② 测量过程中的参数监测与控制功能;

③ 测量数据的分析、处理和判断功能。

在使用理想的测量系统时,只会产生唯一"正确"的测量结果,而且该测量结果总是与某一个标准值相符合。一个能产生理想测量结果的测量系统,应当具有零方差、零偏倚和被测产品错误分类为零概率的统计特性。

具体地说,测量系统应当具有 5 种统计特性:

① 统计稳定性。这意味着测量系统中的变差只能是由普通原因而非特殊原因造成的。其中的变差是指测量系统在上行程和下行程的测量过程中,同一被测变量所指示的两个结果之间的偏差。

② 测量系统的变差必须比制造过程的变差小。

③ 变差应当小于关键零部件的公差带。

④ 测量精度应当高于过程变差和公差带两者中的精度较高者。在工程应用领域,测量精度一般是过程变差和公差带两者中精度较高者的 1/10。

⑤ 测量系统的统计特性可能随着被测对象的改变而变化,但测量系统的最大变差应当始终小于过程变差和公差带两者中的较小者。

传感器是测量系统中信息的源头,同时也是一类特殊类型的测量系统,能够将感知的信号转变为像电子元件一样输出的电信号。传感器主要由敏感元件、转换元件和测量电路三个部分组成。传感器一般能够同时感受动态信号和静态信号,广泛应用于工业测量中的各个领域。传感器的应用范围很广,主要包括车辆性能测试、发动机检测、深空与深海探测、宇航与航海测量、机器人运动监控、精密装备校准、武器爆炸测试、材料性能试验等现代高端技术领域;尤其在发动机、导弹、飞行器等航天军工核心产品的测量方面,在很大程度上取决于传感器的直接或者间接测量的结果。应用于工程技术领域中的传感器种类更多,按照传感器的基本效应不同,基本上可以分为三大类型,即基于光、电、声、热、磁效应的物理传感器;基于吸附、离子等效应的化学传感器和基于酶、抗体、激素等分子识别功能的生物传感器。

1.2.2 测量系统模型与性能

为了使测量系统发挥正常的性能,需要通过性能指标为用户标明仪器的特性和功能等相关技术数据。通过了解测量系统的数学模型和性能指标,有助于设计、选购和使用适当的测量系统。

1. 静态模型及其性能指标

测量系统的静态模型可以通过激励信号和系统响应信号表示。当激励信号对时间 t 的各阶导数为零时,测量系统的输出响应 y 满足多项式

$$y = a_0 + a_1 x + a_2 x^2 + \cdots + a_n x^n \tag{1-15}$$

式中,y 表示测量系统的输出信号;x 表示激励信号;a_0 表示测量系统的线性灵敏度;$a_i (i=0, 1, 2, \cdots, n)$ 表示测量系统的非线性常数。

根据静态数学模型,可以从测量系统中求解出任意时间 t 的输入信号所产生的相应的输出响应。在工程应用领域,由于建模误差的存在,通常利用准确度、示值误差、最大允许误差、重复性、量程与测量范围、标称范围、灵敏度、滞后、分辨力、阈值、漂移、信噪比、线性度和稳定

性等指标来评价测量系统静态数学模型的性能。

（1）测量系统的准确度及其定量指标

测量系统的准确度指测量系统给出的示值接近于真值的一种能力。示值与真值之间的偏差是由于测量系统本身的原因造成的。由于各种测量误差的存在，任何测量都不可能是理性的或者完善的。除了在某些特定情况下的被测量可知，如一个圆的圆周角为 360°、三角形内角和为 180° 等，绝大多数情况下被测量的真值是未知的，并且接近于真值的能力也很难确定。因此测量系统的准确度只是一个相对的概念。

准确度用于表征测量系统的品质和特性的主要性能。无论使用任何测量系统，都是为了得到准确、可靠的测量结果，实质上也就是希望示值更加接近于真值。测量系统的准确度只是一个定性的、概念性的表述，但在实际应用中更需要用某种定量的概念更加准确地表示出来，以便确定测量系统的示值接近于真值的具体能力的大小。

测量系统的准确度在实际应用中一般用其他术语定义，如准确度等级、示值误差、最大允许误差和引用误差等。

准确度等级是按照测量系统的计量性能划分的一种级别，如电工测量指示仪表按照准确度的等级分类，一般可以分为 0.1、0.2、0.5、1.0、1.5、2.0、5.0 共计 7 个级别，其实也就是测量系统满量程（full scale）的引用误差。如 1.0 级指示仪表的满量程误差为 ±1.0%FS。数字越小，表示准确度越高。又如百分表的准确度等级分为 0、1、2，主要由示值的最大允许误差确定。因此，准确度等级实质上就是以测量系统的误差定量地表述测量系统准确度的大小。

有的测量系统没有准确度等级指标，测量系统示值接近于真值的能力可以用示值误差表示。测量系统的示值误差是指在特定条件下测量系统的示值与对应输入量的真值之间的差异。例如半径样板就是以名义半径规定的允许工作尺寸偏差值来确定其准确度的。

测量系统的示值接近于真值的能力，也可以用最大允许误差或者引用误差表示。最大允许误差是指对特定的测量系统、规范和规程等所允许误差的一个极限值。测量系统的引用误差是指误差与某特定值（如量程或者标称范围等）之间的一个比值。

从术语的名词和定义来看，测量系统的准确度、准确度等级、示值误差、最大允许误差、引用误差等概念是不同的。严格地讲，要定量地给出测量系统示值接近于真值的能力，则应该指明所给出的量值具体是什么量，而不能简单、笼统地称为准确度。

（2）重复性

重复性指在相同的测量条件下重复测量同一个被测量时，测量系统示值之间相一致的程度。对于任何一种测量，只要被测量的真值和测量系统的示值之间存在着一一对应的确定性单调关系，并且这种关系是可重复的，那么该测量系统就是可信和有效的，能够满足生产的需要。因此重复性可以作为测量系统的重要技术指标之一。

在重复性的定义中，相同的测量条件一般称为重复性条件。其具体包括使用相同的测量程序、相同的观测者、在相同的条件下使用相同的测量系统、在相同的地点以及在很短的时间内进行重复测量。仪器示值的一致程度是指测量系统的示值分散在允许的范围之内，因此重复性可以用示值的分散性来定量地表示。

（3）灵敏度、分辨力、鉴别力阈和信噪比

灵敏度是指测量系统响应的变化除以对应的激励变化，反映测量系统对一定大小的输入量所具有响应的能力。当灵敏度与激励的大小无关时，灵敏度 S 可以用输出量（测量响应 y）

的增量与相应输入量(激励 x)的增量之间的比值表示,即

$$S = \frac{\Delta y}{\Delta x} = k = \cos t \tag{1-16}$$

式中,k 称为传递系数,当响应和激励是同一种量时,又称为放大系数。

当灵敏度 S 与激励 x 的大小有关时,灵敏度应当用测量响应 y 对激励 x 的导数表示,即

$$S = \frac{\mathrm{d}y}{\mathrm{d}x} = f'(x) \tag{1-17}$$

磁、电类测量系统中的响应大小和激励大小是一种线性关系,则灵敏度是常数。在表述灵敏度时往往要说明针对的是哪一个量。例如对于检流计,应当说明灵敏度指的是电压灵敏度还是电流灵敏度。

如果灵敏度过小,则测量噪声相对比较大,信噪比就会过低;如果灵敏度过大,则测量系统的示值就会不稳。因此灵敏度的大小应当适中。

分辨力是指显示装置中对最小示值差的一种辨别能力。分辨力高,可以降低读数误差,减小读数误差对测量结果的影响。提高分辨力的措施有很多,如指示仪表可以设法增大标尺之间的间隔、优化设置刻画线与指针的宽度、优化配置指针与度盘之间的距离等。这些因素都对测量准确度具有直接的影响,在测量系统的标准或者检定规程中一般也都有相应的规定。有的测量系统可以对读数装置加以改进,如广泛使用的游标卡尺就是利用游标读数的原理提高卡尺读数的分辨力,使游标的分辨力达到 0.10 mm、0.05 mm 或者 0.02 mm。

分辨力和鉴别力阈这两个概念有时很容易混淆。分辨力指显示装置中对最小示值差的一种辨别能力,它只需要观察显示装置,因此即使对于一台不工作的测量系统,也可以确定其分辨力;鉴别力阈是指在觉察到响应变化时所需的最小激励值,它需要测量系统在处于工作状态时,通过试验进行评估或者确定其数值。

根据电学原理工作的测量系统,一般将混杂在输出信号中的无用成分称为噪声。通常将仪器本身产生的噪声如电子热运动产生的热噪声或者半导体器件中电子流产生的散粒噪声等称为本底噪声。仪器的信噪比可以指噪声信号的峰值与输出信号峰值之比的分贝值,也可以是功率之比的分贝值,视不同仪器而定。

任何电学仪器都不可能没有一点儿噪声。在噪声中往往又需要检出信号,信噪比恰恰体现了这种能力。一般仪器的最大信噪比应当达到 40 dB 以上。

(4) 标称范围、量程和测量范围

在测量系统的显示仪表上,最大示值与最小示值之间的范围称为示值范围。当把测量系统的操纵器件调整到特定的位置时,得到的示值范围称为标称范围。例如,把一台万用表的操纵器件调整到×10 V 挡位,这时标尺的上限与下限之间的数码为 0~10,那么万用表的标称范围就是 0~100 V。标称范围必须以被测量的单位表示。当测量系统只有一个挡位时,通常所指的示值范围就是标称范围。

量程是标称范围的两个极限值之差的模。例如温度计的下限为 -20 ℃,上限为 +110 ℃,那么它的量程就是 $|+110 - (-20)|$ ℃ = 130 ℃。引入量程的主要目的是为了计算引用误差,一般测量系统的引用误差为绝对误差与量程之比。

测量范围也称为工作范围,指测量系统的误差处于规定极限内的一组被测量的值。当测量范围的两个极限值的符号相同时,测量范围就是被测量的最大值与最小值之差。一个工作

在测量范围内的测量系统,它的示值误差应当处于允许的极限之内。如果超出了该极限范围还在继续使用,那么示值误差就会超出允许的极限。

(5)漂移、滞后和线性度

测量系统在规定条件下的特性随着时间缓慢变化的现象称为漂移,如数据采集系统存在着零点漂移和量程偏移等。在工程应用中,漂移主要是由于温度、湿度和压力等外部环境因素以及测量系统性能不稳定、噪声等内部因素造成的。在实际的测量过程中,为了减小漂移对测量结果造成的影响,通常要事先对测量系统进行预热、除尘、除湿和降噪等预处理。

滞后是指在相同的测量条件下保持被测量的值不变,当测量系统的行程方向不同时,同一输入量对应示值之差最大值的绝对值,或者该绝对值与满量程输出之比的百分数,如图 1-6 所示。

滞后也称为回程误差,一般可以表示为

$$\Delta = \frac{y_{max}(x)}{y_{min}(x)} = h_{max} \tag{1-18}$$

滞后往往发生于磁性材料的磁滞、弹性材料的变形迟滞、机械结构的摩擦和间隙,如果测量系统存在滞后,就会导致输入量增大和减小各一次。测量系统的滞后一般可以通过求取两个不同行程方向测量结果的算术平均值予以抵消。

表示测量系统响应和激励之间关系的曲线称为响应特性曲线,也叫定度曲线。如果把响应特性曲线拟合成直线,那么就可以用直线的线性度表示特性曲线与拟合直线之间的接近程度。求出量程内的特性曲线与拟合直线输出量之差的最大绝对值,用该绝对值与满量程输出 A 之间的比值表示线性度,如图 1-7 所示。

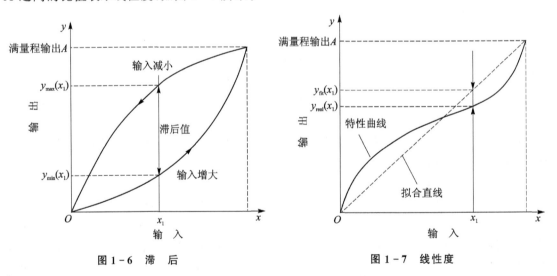

图 1-6 滞 后   图 1-7 线性度

线性度的计算公式为

$$线性度 = \frac{|y_{real}(x_1) - y_{fit}(x_1)|}{A} \times 100\% \tag{1-19}$$

采用不同的拟合方法可以得到不同的线性度。常用的拟合方法有最小二乘法、样条插值法和 Hermite 插值法等。

2. 动态模型及其性能指标

动态特性反映测量系统的实时响应,对测量响应的性能进行评价具有重要的意义。在动态激励信号的作用下,测量系统的响应信号随时间呈现出一定的变化规律,这种变化规律即为测量系统的动态数学模型。动态数学模型的属性可以通过动态特性指标反映出来,常用的动态数学模型主要有微分方程和传递函数两种。

(1) 微分方程

设在动态激励 $x(t)$ 的作用下,测量系统的响应 $y(t)$ 满足 n 阶线性常微分方程

$$a_n \frac{d^n y}{dt^n} + a_{n-1} \frac{d^{n-1} y}{dt^{n-1}} + \cdots + a_1 \frac{dy}{dt} + a_0 y = b_m \frac{d^m x}{dt^m} + b_{m-1} \frac{d^{m-1} x}{dt^{m-1}} + \cdots + b_1 \frac{dx}{dt} + b_0 x$$

$$(1-20)$$

式中,$a_0, a_1, \cdots, a_n$ 和 $b_0, b_1, \cdots, b_n$ 分别表示测量系统的结构参数。

一般地,测量系统的 $b_0 \neq 0$,但 $b_1 = b_2 = \cdots = b_m = 0$。测量系统的阶数越高,表现出来的动态特性就越复杂。

一个性能良好的测量系统,它的时变响应信号与时变动态激励信号的规律是一致的或者接近的。

(2) 传递函数

测量系统的响应 $y(t)$ 在 $t \leqslant 0$ 时的输出为 $y(t) = 0$。这时测量系统输出函数的 Laplace 变换为

$$Y(s) = \int_0^\infty y(t) e^{-st} dt \qquad (1-21)$$

式中,$s = \sigma + j\omega$,表示复数,其中 $\sigma > 0$。

对式(1-21)的两边取 Laplace 变换得

$$Y(s)(a_n s^n + a_{n-1} s^{n-1} + \cdots + a_0) = X(s)(b_m s^m + b_{m-1} s^{m-1} + \cdots + b_0) \quad (1-22)$$

在激励 $x(t)$ 和响应 $y(t)$ 及其各阶时间导数初始值($t=0$ 时)为零的条件下,测量系统的传递函数 $H(s)$ 为

$$H(s) = \frac{Y(s)}{X(s)} = \frac{b_m s^m + b_{m-1} s^{m-1} + \cdots + b_0}{a_n s^n + a_{n-1} s^{n-1} + \cdots + a_0} \qquad (1-23)$$

传递函数用于描述测量系统自身的特性,它的性能仅与测量系统的结构参数有关,而与激励信号无关,因此能够很好地用于表征测量系统模型。

在工程应用中,测量系统在动态激励下的响应信号不可能与该动态激励具有完全相同的时间响应,这种激励与响应之间的差值称为动态误差。为了减小测量系统的动态误差,需要对测量系统进行校准或者标定。

(3) 动态特性指标

测量系统的动态特性直接反映测量过程中的动态误差。对测量系统施加的激励信号一般分为正弦信号、阶跃信号和冲击信号三类。采用正弦信号作为激励的方法称为频域响应法,采用阶跃信号或者冲击信号作为激励的方法称为时域响应法。

频域响应法的描述因子主要是幅频特性和相频特性,性能评价指标包括带宽、灵敏度、截止频率、谐振频率、固有频率、幅频误差和相频误差等参数。时域响应法的描述因子通常包括

上升时间、响应时间和过调量等参数。

以正弦信号的激励作用为例,输入幅值为 X、角频率为 ω 的正弦信号为

$$x = X\sin\omega t \tag{1-24}$$

经过测量系统的转换,输出幅值为 Y、初相位为 φ 的响应信号为

$$y = Y\sin(\omega t + \varphi) \tag{1-25}$$

将输入量、输出量经过 Laplace 变换,得到的传递函数为

$$H(j\omega) = \frac{Y(j\omega)}{X(j\omega)} = \frac{b_m(j\omega)^m + b_{m-1}(j\omega)^{m-1} + \cdots + b_0}{a_n(j\omega)^n + a_{n-1}(j\omega)^{n-1} + \cdots + a_0} \tag{1-26}$$

式中,ω 表示被测信号的频率;$H(j\omega)$ 表示测量系统的频率响应函数。

式(1-26)的指数形式为

$$H(j\omega) = \frac{Y(j\omega)}{X(j\omega)} = \frac{Y\mathrm{e}^{j(\omega t + \varphi)}}{X\mathrm{e}^{j\omega t}} = \frac{Y}{X}\mathrm{e}^{j\varphi} = A(\omega)\mathrm{e}^{j\omega} \tag{1-27}$$

式中,$A(\omega)$ 表示测量系统的幅频特性,即动态灵敏度 $A(\omega) = \left| \dfrac{Y(j\omega)}{X(j\omega)} \right|$。

响应信号的相位角 $\varphi(\omega)$ 满足

$$\varphi(\omega) = \arctan\left\{ \frac{\mathrm{Im}\left[\dfrac{Y(j\omega)}{X(j\omega)} \right]}{\mathrm{Re}\left[\dfrac{Y(j\omega)}{X(j\omega)} \right]} \right\} \tag{1-28}$$

一旦知晓了测量系统的传递函数,就能够得到幅频特性和相频特性。

在一般情况下,绝大多数常见的测量系统均可以简化成为一阶系统或者二阶系统。

一阶系统的传递函数为

$$H(j\omega) = \frac{1}{\tau(j\omega) + 1} \tag{1-29}$$

二阶系统的微分方程为

$$a_2 \frac{\mathrm{d}^2 y(t)}{\mathrm{d}t^2} + a_1 \frac{\mathrm{d}y(t)}{\mathrm{d}t} + a_0 y(t) = b_0 x(t) \tag{1-30}$$

令测量系统的静态灵敏度为 1,即 $\dfrac{a_0}{b_0} = 1$,则传递函数可以进一步表示为

$$H(s) = \frac{\omega_n^2}{s^2 + 2\xi\omega_n s + \omega_n^2} \tag{1-31}$$

频率响应特性为

$$H(j\omega) = \frac{1}{\left[1 - \left(\dfrac{\omega}{\omega_n} \right)^2 \right] + 2j\xi \dfrac{\omega}{\omega_n}} \tag{1-32}$$

幅频特性为

$$A(\omega) = \sqrt{\left[1 - \left(\frac{\omega}{\omega_n} \right)^2 \right]^2 + 4\xi^2 \left(\frac{\omega}{\omega_n} \right)^2} \tag{1-33}$$

相频特性为

$$\varphi(\omega) = -\arctan \frac{2\xi \dfrac{\omega}{\omega_n}}{1 - \left(\dfrac{\omega}{\omega_n}\right)^2} \tag{1-34}$$

式中，$\omega_n = \sqrt{\dfrac{a_0}{b_0}}$ 表示测量系统的固有频率；$\xi = \dfrac{a_1}{2\sqrt{a_0 a_2}}$ 表示测量系统的阻尼系数。

除了上述静态指标和动态指标之外，测量系统的性能指标还包括互换性、可靠性和电磁兼容性等。

互换性是指测量系统的传感器可以完全被另一个传感器替代，它的机械尺寸和各项性能指标均不需要重新校准就可以满足使用要求，并且更换后的测量不确定度不会超过原来的界限。

测量系统的可靠性一般包括可靠度、失效率和平均寿命等。对可靠性的评价包括寿命评估和耐环境能力，如耐高温、耐冲击和耐盐浴等物化失效效应。

电磁兼容性是指电子测量系统在电磁环境中能够正常工作，并且不对该环节中的任何部分构成不能承受的电磁干扰的一种能力。

1.2.3 测量系统分类与应用

1. 测量系统的分类

测量系统的分类方法很多。同一被测量可以用不同的系统进行测量，同一原理的测量系统又可以测量多种不同的被测对象，因此分类的方法也不尽相同。

常见的分类方法有以下几种：

（1）按照测量系统的结构进行分类

按照测量系统的结构可以分为线性测量系统和非线性测量系统、连续测量系统和离散测量系统、数字测量系统和模拟测量系统、静态测量系统和动态测量系统、开环测量系统和闭环测量系统、可修复测量系统和不可修复测量系统等。

（2）按照测量系统的特性进行分类

按照测量系统的特性可以分为计量型测量系统和计数型测量系统。计量型测量系统可以直接读出测量结果，测量值通常是连续的，也称为连续性数据测量系统。计数型测量系统指测量结果是对被测对象属性的定性评价，如合格或者不合格、通过或者不通过、有几个缺陷等，也称为离散型数据测量系统。

（3）按照测量方式的不同进行分类

按照所采用的测量方式可以分为直接测量系统和间接测量系统。直接测量系统可以直接获得被测量的值，而无需通过对与被测量成函数关系的其他量进行测量。例如用电压表直接测量电压，这时的不确定度主要取决于测量器具的不确定度。间接测量系统通过对与被测量成函数关系的其他量进行测量而取得所需的量值。例如通过测量电阻两端的电压和流经电阻的电流，然后通过欧姆定律求出电阻值。间接测量系统不确定度分量的数目比较多，一般仅在被测量不便于直接测量时采用。

（4）按照测量的过程进行分类

按照测量的过程可以分为绝对测量系统和比较测量系统。绝对测量系统通过对与被测对象相关的基本量的测量来确定被测量的值。测量不确定度一般由实验、分析和计算得出。绝对测量可以达到很高的精度,但是所需要的装置一般比较复杂。比较测量系统通过将被测量与标准量的值直接进行比较实现测量。测量不确定度主要取决于标准量值的不确定度、比较器具的灵敏度和分辨力。比较测量系统能够克服测量系统的动态范围不够或者频率响应不好所引入的非线性误差。常使用的比较测量方法有替代法、换位法、微差法、符合法、补偿法、谐振法和衡消法等。

(5) 按照测量对象的性质进行分类

按照测量对象的性质可以分为有源测量系统和无源测量系统。有源测量系统需要使用激励源实现对无源参量的测量,这种测量技术常称为激励与响应测量技术。无源参量用于表征材料、元件、无源器件和无源电路的电磁特性,如阻抗、传输特性和反射特性等,它只在适当的信号激励条件下才能够显现出系统的固有特性。无源测量系统用于测量有源参量,有源参量以适当的方式激励一个特性已知的无源网络,通过网络响应求得被测参量的值,如通过回路的谐振来测量信号的频率。有源参量用于表征电信号的电磁特性如电压、功率、频率和场强等。对有源参量的测量也可以采用有源测量的方法,即把作为标准的同类有源参量与之比较,进而求出它的量值。

(6) 按照测量对象进行分类

按照测量对象的不同类别可以分为电磁测量系统、光电测量系统、长度和线位移测量系统、角度和角位移测量系统、速度测量系统、转速测量系统、加速度测量系统、力测量系统、力矩测量系统、压力测量系统、硬度测量系统、机械振动测量系统、温度测量系统、流量测量系统和物化特性测量系统等。

(7) 按照计量学的用途进行分类

按照计量学的用途可以分为基准计量仪器、标准计量仪器和工作计量仪器。计量器具是测量的物化基础,是计量学研究的基本内容之一。计量器具是单独或者连同辅助设备一起用于测量的某种仪器。国际上一般认为计量器具与测量系统或者计量仪器是同义的术语。

基准计量仪器是在特定领域内具有当代最高计量特性的一种计量器具,其值不必参考相同量的其他标准而直接被指定或者普通承认为测量标准。国际公认的做法是将作为给定量的其他所有标准定值依据的标准称为国际基准;国内作为给定量的其他所有标准定值依据的标准则称之为国家基准。基准计量仪器通常分为主基准、作证基准、副基准、参考基准和工作基准等。

基准计量仪器的 4 个主要特征是:

① 符合或者接近计量单位定义所依据的基本原理;

② 具有良好的复现性,保持的定义和复现的计量单位或者其倍数或者分数,具有当代或者本国的最高精度;

③ 性能稳定,计量特性保持长期不变;

④ 能够将保持和复现的计量单位或者其倍数或者分数通过一定的方法或者手段传递下去。

标准计量仪器指按照国家计量检定系统表规定的准确度等级,用于检定较低等级计量标准或者工作计量仪器的一种计量器具。在习惯上一般认为基准高于标准,各级标准计量仪器必须直接或者间接地接受国家基准的量值传递,并且传递的过程有据可查。工作计量仪器指在一般的日常工作中,用于获得某被测量的计量结果的一种计量器具。

（8）按照计量学的等级进行分类

按照计量学的等级可以把计量器具分为 A、B、C 三个等级。

A 类计量仪器的范围包括:

① 在精密测试中准确度高或者使用频繁、量值可靠性高的计量仪器;

② 生产工艺过程或者质量检测中关键参数的计量仪器;

③ 用于进、出厂物料核算的计量仪器;

④ 公司最高计量标准和计量标准仪器;

⑤ 用于贸易结算、安全防护、医疗卫生和环境监测,列入强制检定工作计量仪器范围内的计量器具。

A 类计量仪器的实物包括一级平晶、零级刀口尺、水平仪检具、直角尺检具、百分尺检具、百分表检具、千分表检具、自准直仪和立式光学计等。

B 类计量仪器的范围包括:

① 检测产品质量的一般参数的计量仪器;

② 生产工艺过程中非关键参数的计量仪器;

③ 用于内部物料管理的计量仪器;

④ 用于二、三级能源计量的计量仪器;

⑤ 用于安全防护、医疗卫生和环境监测,但未列入强制检定工作中计量仪器范围内的计量器具。

B 类计量仪器的实物包括卡尺、千分尺、百分尺、千分表、水平仪、直角尺、塞尺、水准仪、经纬仪、焊接检验尺、超声波测厚仪、5 m 以上的卷尺、温度计、压力表、测力表、转速表、衡器、硬度计、天平、电压表、电流表、兆欧表、电功率表、电桥、电阻箱、检流计、万用表、标准电阻箱、校验信号发生器、超声波探伤仪和分光光度计等。

C 类计量仪器的范围包括:

① 低值易耗及非强制检定的计量仪器;

② 在公司或者生活区内,用于能源分配和辅助生产的计量仪器;

③ 在使用过程中,对测量数据无精确要求的计量仪器;

④ 国家计量行政部门明令允许一次性检定的计量仪器。

C 类计量仪器的实物包括钢直尺、弯尺和 5 m 以下的钢卷尺等。

此外,测量系统还有许多其他的分类方法,如接触和非接触测量系统;内插和外推测量系统;实时和非实时测量系统等。测量技术包括时域、频域和数据域测量技术;电桥法、Q 表法、示波器法和反射计法测量技术;点频、扫频和广频测量技术等。

具体工程应用中的被测对象形式多样,操作环境和工作流程也各不相同,在选择测量系统时需要考虑各方面因素的综合影响。例如在管道流量的测量中,测量系统的介入会引起被测管道内流体的状态改变,需要选择合适的测量模型来避免内流状态误差的扩大。

在测量系统选型时应当考虑的具体因素见表 1-2。

2. 常用测量系统及其应用

在航空航天、汽车和生物医疗等工程技术领域,被测量涉及几何量、力学量、化学量和电磁量等多种形式,测量系统也是多种多样的。

表 1 - 2 测量系统选型时应考虑的因素

基本特性	输出特性	电 源	环 境	其 他
量程指标:量程范围、过载能力等; **灵敏度指标**:分辨力、灵敏度、满量程输出等; **精度指标**:精度(误差)、不确定度、非线性、滞后、重复性、稳定性、漂移等; **动态性能指标**:固有频率、阻尼比、时间常数、频率响应范围、临界频率、稳定时间、稳态误差等; **可靠性指标**:工作寿命、平均无故障时间、疲劳性能等	灵敏度 信噪比 信号形式 连线形式 绝缘电阻 编码及带宽(数字信号输出)等	电压 电流 有效功率 频率(交流电源) 电源稳定度 电压波动(交流电源) 抗强点干扰能力等	温度 湿度 振动 (热)冲击 化学试剂 抗腐蚀 爆炸危险 灰尘 浸渍 盐浴 电磁环境 静电放电 电离辐射 抗电磁干扰 安装方式	过载保护 重量 外形尺寸 材质 电缆敷设 装配 故障的可测性 可维护性 购置费用 校准与测试费用 维护费用 更换费用等

对几何量的测量属于工业测量中的一部分。它利用高精度电子测速仪或电子经纬仪、工业测量系统,按照一定的程序测量出物面上点的方位和距离,经过数据处理后输出被测物体的形状、空间位置或者数学模型。一般的工程测量系统能够实现长度、线位移、角度、角位移、速度、转速和加速度等的测量。工业测量系统分为电子经纬仪测量系统(见图 1-8)、全站仪测量系统、数字近景摄影测量系统、激光雷达测量系统(见图 1-9)、激光跟踪测量系统、室内GPS 测量系统和关节式坐标测量机(见图 1-10)等。

图 1-8 电子经纬仪

图 1-9 激光雷达测量系统

工业测量系统是一种以系统软件为核心,集成现代高精度电子经纬仪、全站仪、激光跟踪仪、数字相机及各种附件于一体的测量系统。它以空间前方交会原理和空间极坐标测量原理为理论基础,通过获取角度和位移信息得到目标点的空间三维坐标。工业测量系统用于大型工业产品、零部件和设备空间大尺寸的几何测量。该系统可以通过不同的软、硬件配置,组成多台经纬仪测量系统、单台全站仪测量系统、经纬仪/全站仪混合测量系统、摄影测量系统、跟踪仪测量系统和多传感器混合测量系统等。

工业测量系统作为一种实时、非接触、移动式的大尺寸高精度测量系统,在航空航天、车辆工程、轨道交通、高能核物理、通信电子、机械制造、机器人、武器装备、水利水电和工程测绘等领域得到广泛应用。

力学量的测量广泛地应用于汽车碰撞实验、发动机动力检测、机器人运动控制、精密装备校准、武器爆炸测试和材料力学试验等现代化高端技术领域中。发动机、导弹和飞行器等航天军工核心产品的动态力性能评估也都依赖于力学的直接或者间接测量。

力学量一般包括力、扭矩和压力。力是物质之间的相互作用。力学效应一般包括动力效应和静力效应两种。力的动力效应能够改变物体的机械运动状态,改变物体所具有的动量,使其产生加速度;力的静力效应使物体产生形变,在材料的内部产生应力。力的计量单位为"牛顿",用 N 表示。

测力仪是一种用于测量力或者载荷的计量仪器,也是一种由力传感器和电测仪表组成的传感器式测量系统,如图 1-11 所示。测力仪主要用于静重式、杠杆式、液压式和叠加式测力机的检定与比对,准确度分为 0.01、0.03 和 0.05 三个等级。测力仪的应用范围很广,例如在电气领域中,可用于线端的测试、开关力的测量、螺丝扭力的测试、剥落力的测试、断路器的测试、扳手力的测试和接触开关的测试等;在包装领域可用于剥离力的测试、瓶盖开启力的测试、瓶盖扭力的测试、压盖机控制力的测试和负载的测试等;在汽车领域可用于装配力的测试、操作力的测试、振动的测试和螺丝扭力的测试等;在食品加工及品质检测领域可用于水果硬度的测试、粘贴强度的测试和垂直耐压力的测试等;在医疗领域可用于假肢矫正的品质检测、注射器的测试、缝合线的测试和划伤的测试等。

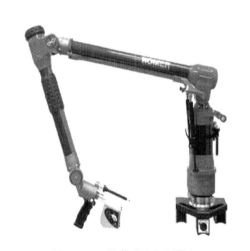

图 1-10　关节式坐标测量机

图 1-11　测力仪

在物化特性测量方面,全自动酶免分析系统是现代医学临床检验中的常规测量仪器(见图 1-12),为临床诊断和治疗提供重要的客观数据,主要用于肿瘤标志物、肝炎、艾滋病、致畸病原等传染病血清标志物的临床免疫指标检测。它的基本原理是让待检样本中的抗原/抗体分别与固相载体表面上的抗体/抗原和酶标记抗体/抗原发生反应。通过洗涤之后,将固相载体表面上形成的抗原、抗体复合物与其他物质分开,在固相载体上结合的酶与待检物质之间形成一定的比例。然后加入酶反应底物使其发生显色反应,依据颜色的深浅进行定性分析。再利用全谱段酶标读数模块将测量信息从标量转换成张量,根据化学计量学算法建立校正模型,实现对待测样本的定量分析。

在电磁测量方面,电磁规律可以通过电或磁的力学效应、热效应、光效应和化学效应等进行测量。如核磁共振成像仪是一种利用核磁共振原理设计的医学影像测量系统,如图 1 - 13 所示。核磁共振是指磁矩不为零的原子核在外磁场的作用下,自旋能级发生塞曼分裂,共振吸收特定频率射频辐射的一种物理过程。核磁共振波谱学是光谱学中的一个重要分支,共振的频率出现在射频波段,核自旋在核塞曼能级上发生跃迁。核磁共振通过探测和处理转换之后,在计算机上以图像的形式显示出来。在医学应用领域,核磁共振成像仪提供的信息量大于医学影像学中的其他许多成像术,并且完全不同于已有的成像术。

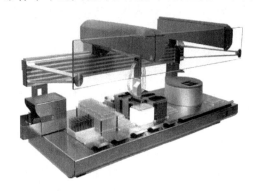

图 1 - 12　瑞士某全自动酶免分析系统

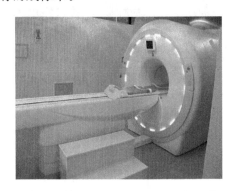

图 1 - 13　核磁共振成像仪

核磁共振成像仪在疾病的诊断方面具有很大的潜在优越性,体现在它可以直接扫描出病变位置的横断面、矢状面、冠状面和各种斜面的体层图像;不会产生 CT 检测中的伪影;不需要注射造影剂;无电离辐射对机体产生的不良影响等。核磁共振成像仪对检测脑内血肿、脑外血肿、脑肿瘤、颅内动脉瘤、动静脉血管畸形、脑缺血、椎管内肿瘤、脊髓空洞症和脊髓积水等颅脑常见疾病非常有效,对腰椎间盘的后突、原发性肝癌等疾病的诊断也很奏效。目前,核磁共振成像检查已经成为一种常见的影像检查方式。

1.3　测量数据与数据修约

1.3.1　测量数据的概念

1. 关于数据

数据是对客观事件进行记录并且可以鉴别的一种符号,是对客观事物的性质、状态、相互关系等所记载的某种物理符号,或者是这些物理符号的某种形式的组合。

对于大多数人的理解而言,数据就是数字,例如 19、668、123、1 000 等。其实数字只是一种简单的数据,数字是对数据的一种传统的、狭义的理解。广义上的数据是指具有一定意义的文字、字母、数字符号及其组合,还包括图形、图像、视频和音频等,以至客观事物的属性、数量、位置、相互关系的抽象表示。例如"0,1,2,…""阴、雨、下降、气温""学生的档案记录、货物的运输清单"等都可以看做数据。数据经过加工之后成为信息,这些信息经过数字化处理之后可以存入计算机。

数据的直观表现形式有时不能完全表达其内容,还需要经过解释。数据的解释是对数据含义的一种说明,即数据的语义。数据与其语义是密不可分的。例如数据 19 可以是某个班级的人数,也可以是某个人的年龄。

在日常生活中,可以直接用自然语言来描述事物。例如在描述某校一位学生的基本情况时,可以表示为:张三同学,男,2000 年 8 月生,上海市人,经济系,2018 年入学,本科生。在计算机中通常把该生的姓名、性别、出生年月、出生地、所在院系、入学时间、学历等组织在一起,构成一条记录。这种有结构的记录就是描述学生的数据。

2. 有效数字

表示测量结果的数字的位数既不宜太多,也不宜太少。数字的位数太多容易使人误认为测量结果的精度很高;太少则会造成精度的损失。因此需要建立有效数字的基本概念。

如果测量结果的扩展不确定度是某一位的半个单位,该位到测量结果左起第一个非零数字一共有 n 位,就可以说测量结果有 n 位有效数字或者有效数位。

在书写不包含不确定度的任一数字时,应当按照由左至右的顺序,使第一个非零的数到最后一个数都成为有效数字。

例如不确定度为 $U=0.5\times10^{-4}$ 的近似值 0.002 3 不能随意写成 0.002 300,因为 0.002 300 的 $U=0.5\times10^{-6}$。

又如不确定度为 $U=0.5\times10^{2}$ 的近似值 8 700 应当写成 87×10^{2}。87×10^{2} 不应当写为 8 700,因为 8 700 的不确定度为 $U=0.5$。

在实际工作中,若给出的测量结果没有附带不确定度,一般应将该结果中的所有数字都作为有效数字。为了保证量值的准确、一致,测量结果应当附带不确定度。

一般而言,测量不确定度 U 可以仅保留两位有效数字。测量结果 y 的末位与不确定度的末位对齐,即 y 的末位与 U 的末位保持在同一量级。

如某量的测量结果 y 与不确定度 U 分别为

$$\left.\begin{array}{l} y=5.000\ 838\ \text{mm} \\ U=0.000\ 093\ \text{mm} \end{array}\right\} \tag{1-35}$$

在要求比较低时,U 可以仅取 1 位有效数字,并且将 y 的末位与 U 的末位对齐。

在数据计算的过程中,计算结果的位数可以适当多保留一些,如多取 1 位,这是为了给最终计算结果有效数字的位数取舍留下相应的余地。

3. 数据的分类

可以按照多种不同的形式对数据进行分类。

(1) 按照数据的价值分类

根据数据的价值可以将数据分为观测型数据、计算型数据、实验型数据和记录型数据。

观测型数据包括气候观测数据和满意度调查等来源的数据,它们都与特定的空间和时间有关,甚至还与多维度的空间和时间有关。

计算型数据来自于计算模型或者模拟输出,这类数据也可以是自然或者文化的某种虚拟现实。

实验型数据来自于实验室的科学研究,如通过化学反应实验、对比实验等获得的数据。

记录型数据来源于自然科学、社会科学和人文科学中的相关记录。

（2）按照数据的性质分类

根据数据的性质可以将数据分为定性数据、定量数据、定位数据和定时数据。

- 定性数据是一种表示事物属性的数据,如居民地、河流、道路等。
- 定量数据是一种反映事物数量特征的数据,如长度、面积、体积等几何量数据,或者重量、速度等物理量数据。
- 定位数据是一种反映事物位置特征的数据,如坐标数据等。
- 定时数据是一种反映事物时间特性的数据,如年、月、日、时、分、秒等。

（3）按照数据的表现形式分类

根据数据的表现形式可以将数据分为数字量数据和模拟量数据两种。

数字量数据是指在某个区间内的离散数据,如通过各种统计分析得到的数据或者测量数据。

模拟量数据由连续函数组成,指的是在某个区间连续变化的物理量。模拟量数据又可以进一步分为图形数据（如点、线、面、体）、符号数据、文字数据、图像数据、视频数据和音频数据等。

（4）其他分类方法

按照记录方式的不同,数据可以分为地图数据、表格数据、影像数据、磁带数据、纸带数据等;按照数字化的方式不同,又可以分为矢量数据和格网数据;等等。

1.3.2　测量数据的修约

1. 修约间隔

测量结果一般由一系列的计算得出。在计算过程中得到测量结果的位数通常都比较多,必须将位数较多的计算结果截取至测量结果所需要的位数。这就需要对计算结果进行修约。

在进行位数修约时,首先要确定修约的间隔,确定要保留的位数。修约间隔一经确定,修约结果即为该值的整数倍。

例如指定修约间隔为 0.1,修约值就应当在 0.1 的整倍数中选取,这也就相当于将数值修约到一位小数。又如指定修约间隔为 100,修约值就应当在 100 的整倍数中选取,这也就相当于将数值修约到百位数。

2. 修约规则

修约间隔一般为 1×10^m,其中 m 为正整数、负整数或者零。修约可以按照舍去部分数值的大小来决定,具体的修约规则如下：

① 如果舍去部分的数值大于所保留末位的 0.5,则末位加 1;

② 如果舍去部分的数值小于所保留末位的 0.5,则末位不变;

③ 如果舍去部分的数值等于所保留末位的 0.5,则末位凑成偶数,即当末位为偶数时,则

末位保持不变;当末位为奇数时,则末位加 1。

在对负数进行修约时,一般可以先修约成绝对值,然后再加上负号。

为了便于记忆,这种舍入原则可以简述为"小则舍,大则入,正好等于则奇变偶"。

例如,按照修约间隔为 $1 \times 10^{-3} = 0.001$ 将下面的数据进行修约:

$$
\left.
\begin{aligned}
&3.141\ 59 \to 3.142;\ 4.717\ 29 \to 4.717;\ 4.510\ 50 \to 4.510;\ 3.216\ 50 \to 3.216\\
&5.623\ 5 \to 5.624;\ 6.378\ 501 \to 6.379;\ 7.691\ 499 \to 7.691
\end{aligned}
\right\} \tag{1-36}
$$

由数据修约引起的误差称为舍入误差,舍入误差等于修约数减去原来的数。

以修约间隔 10 为例,对下面 1 051~1 059 的数据进行修约:

$$
\left.
\begin{aligned}
&1\ 051 \quad (1\ 050)\\
&1\ 052 \quad (1\ 050)\\
&1\ 053 \quad (1\ 050)\\
&1\ 054 \quad (1\ 050)\\
&1\ 055 \quad (\quad\quad)\\
&1\ 056 \quad (1\ 060)\\
&1\ 057 \quad (1\ 060)\\
&1\ 058 \quad (1\ 060)\\
&1\ 059 \quad (1\ 060)
\end{aligned}
\right\} \tag{1-37}
$$

式(1-37)的左侧为原数,右侧括号中为修约数。如果不计原数中的 1 055,则原数的总和与舍入后的数的总和相等,即 1 051 + … + 1 054 + 1 056 + … + 1 059 = 1 050 × 4 + 1 060 × 4 = 8 440。因此,对原数中 1 055 的舍入决定了舍入误差的大小。若 1 055 舍入为 1 060,则会导致修约结果偏大。

注意到左侧所有数据中的第 3 位都是 5,在 5 后面的数既有奇数也有偶数(1,2,3,4,5,6,7,8,9)。如果不计原数中的 1 055,则最后一位为奇数的概率和为偶数的概率各占 50%。

又如,假设记原数为 y,误差为 δ,各种可能的情况如下:

$$
\left.
\begin{aligned}
&y = 1\ 001, \delta = -1;\ y = 1\ 011, \delta = -1;\cdots;\ y = 1\ 081, \delta = -1;\ y = 1\ 091, \delta = -1\\
&y = 1\ 002, \delta = -2;\ y = 1\ 012, \delta = -2;\cdots;\ y = 1\ 082, \delta = -2;\ y = 1\ 092, \delta = -2\\
&y = 1\ 003, \delta = -3;\ y = 1\ 013, \delta = -3;\cdots;\ y = 1\ 083, \delta = -3;\ y = 1\ 093, \delta = -3\\
&y = 1\ 004, \delta = -4;\ y = 1\ 014, \delta = -4;\cdots;\ y = 1\ 084, \delta = -4;\ y = 1\ 094, \delta = -4\\
&y = 1\ 005, \delta = -5;\ y = 1\ 015, \delta = +5;\cdots;\ y = 1\ 085, \delta = -5;\ y = 1\ 095, \delta = +5\\
&y = 1\ 006, \delta = +4;\ y = 1\ 016, \delta = +4;\cdots;\ y = 1\ 086, \delta = +4;\ y = 1\ 096, \delta = +4\\
&y = 1\ 007, \delta = +3;\ y = 1\ 017, \delta = +3;\cdots;\ y = 1\ 087, \delta = +3;\ y = 1\ 091, \delta = +3\\
&y = 1\ 008, \delta = +2;\ y = 1\ 018, \delta = +2;\cdots;\ y = 1\ 088, \delta = +2;\ y = 1\ 098, \delta = +2\\
&y = 1\ 009, \delta = -1;\ y = 1\ 019, \delta = +1;\cdots;\ y = 1\ 089, \delta = +1;\ y = 1\ 099, \delta = +1
\end{aligned}
\right\} \tag{1-38}
$$

因此采用上述修约规则中的第③条,式(1-38)数字中的第 5 行误差的总和为 0,此时舍入不产生单向误差。

3．辅助修约规则

假设修约间隔为 5×10^m 或 2×10^m，其中 m 为整数。

将修约数乘以 k（当修约间隔为 5×10^m 时，$k=2$；当修约间隔为 2×10^m 时，$k=5$），按照基本修约规则进行修约。再将修约后的数除以 k，就可以得到修约结果。

例如将下面的数据按照修约间隔 0.5 进行修约，则

$$\left. \begin{array}{l} 70.25 \overset{\times 2}{=} 140.50 \rightarrow 140 \overset{\div 2}{=} 70.0 \\ 61.75 \overset{\times 2}{=} 123.50 \rightarrow 124 \overset{\div 2}{=} 62.0 \\ 53.61 \overset{\times 2}{=} 107.22 \rightarrow 107 \overset{\div 2}{=} 53.5 \end{array} \right\} \qquad (1-39)$$

又如，将下面的数据按照修约间隔 0.2 进行修约，则

$$23.3 \overset{\times 5}{=} 116.5 \rightarrow 116 \overset{\div 5}{=} 23.2 \qquad (1-40)$$

4．不许连续修约

准备修约的数据应当在确定修约位数之后一次修约至最终结果，不得使用修约规则进行连续修约。

例如按照修约间隔 1 对 15.454 6 进行修约的正确方法为

$$15.454\ 6 \rightarrow 15 \qquad (1-41)$$

不正确的方法为

$$15.454\ 6 \rightarrow 15.455 \rightarrow 15.46 \rightarrow 16 \qquad (1-42)$$

为了避免连续修约产生的错误，当报出一位数最右边的一个非零数为 5 时，应当在该数的后面添加符号（＋）或（－）；或者不加正负号，但分别标明是进行了"舍"、"进"还是"未舍未进"的操作。

在使用基本修约规则时，为了安全起见，也可以先将获得的数值按规定的修约位数多取一位或者几位之后再报出。

例如 16.50（＋）表示原数大于 16.50，经修约后舍弃变成了 16.50。

若报出的数值需要修约，当拟舍弃数字的最左一位为 5 且后面没有其他数字或者皆为 0 时，可以按照如下规则进行操作：

① 在数字后面有（＋）的情况下则进 1；

② 在数字后面有（－）的情况下则舍去；

③ 其他规则保持不变。

例如，计算出来的值为 15.454 6,16.520 3,17.500 0,−15.454 6；

报出值为 15.5（－）,16.5（＋）,17.5,−(15.5（－）)；

修约值为 15,17,18,−15。

1.3.3　测量数据的运算

通过运算之后得到结果的准确度不可能超过原始记录数据的准确度。为了提高数据运算的速度和精度，在数据运算的过程中可以考虑以下几个准则：

① 当对多个数据作加、减法运算时,在参与运算的所有数据中选取小数点后面位数最少的数据作为标准,其余各数可以均比照该数适当多取 1 位,运算结果的位数与小数点位数中的最小者保持一致。

例如,分别对三个测量值 6.43、0.042 2、2.008 进行加法运算,计算结果应当写成 6.43＋0.042＋2.008＝8.48 的形式。

② 当对多个数据作乘、除法运算时,在参与运算的所有数据中可以选取小数点后面位数最少的数据作为标准,其余各数均凑成比该数多一位有效数字的数,运算结果的有效数字与参与运算的各数中最少有效数字的数据保持一致。

例如,某实验中参与运算的三个数据分别为 603.21、0.32、4.011,则运算的过程为

$$\frac{603.21 \times 0.32}{4.011} \rightarrow \frac{603 \times 0.32}{4.01} = 48.1 \approx 48 \tag{1-43}$$

可以看出,603.21 有 5 位有效数字,0.32 有 2 位有效数字,4.011 有 4 位有效数字。按照修约准则②,在运算过程中应当使有效数字位数最少的 0.32 保持不变,将 603.21 和 4.011 分别取为 603 和 4.01,再将运算结果 48.1 的有效数字的位数删减到 2 位,这样得到的最终结果为 48。

③ 在乘方或者开方运算中,各数据的有效位数均保持不变。

例如,$\sqrt{25} = 5.0$,不能写成 $\sqrt{25} = 5$;$7.0^2 = 49$,而不能写成 $7.0^2 = 49.0$。

④ 在对数据进行运算时,计算结果中尾数的有效数字位数与真数有效数字的位数应当保持一致。

例如,$\lg 1\ 983 = 3.297\ 33 \Rightarrow 3.297\ 3$。

⑤ 在指数函数的运算中,计算结果中有效数字的位数与指数小数点后面的有效数字位数相同,包括小数点后面的 0。

例如,$10^{0.003\ 5} = 1.008\ 096\ 1 \Rightarrow 1.008\ 1$。

⑥ 在三角函数运算中,有效数字的位数与角度有效数字的位数相同。

例如,测得某角度分别为 $10''$、$1''$、$0.1''$、$0.01''$,按照三角函数运算的数值位数分别为 5、6、7、8。

⑦ 当对数据作平均数运算时,应当遵循的规则如下:

在相同条件下对某个量独立测量 n 次,得到 $l_1, l_2, \cdots, l_i, \cdots, l_n$。其中 $l_i (i = 1, 2, \cdots, n)$ 的末位应当为同一量级,即把它们的末位保持在同一位置。

相加之后 $\sum l_i$ 与 l_i 的末位保持同一量级。

对于平均数

$$\bar{l} = \sum \frac{l_i}{n} \tag{1-44}$$

当 n 在 4 以下时,$\bar{l}$ 的末位与 l_i 的末位为同一量级;当 n 为 5～20 时,$\bar{l}$ 的末位与 l_i 的末位为同一量级或者比 l_i 小一个量级。当各 l_i 的变化比较小(如仅在末位变化)时,可以取小一量级;当各 l_i 的变化比较大时,仍然取为同一量级。

在对 $\bar{l}$ 的位数进行取舍时,还要考虑标准差

$$s(\bar{l}) = \sqrt{\frac{1}{n(n-1)} \sum (l_i - \bar{l})^2} = \sqrt{\frac{1}{n(n-1)} \sum v_k^2} \tag{1-45}$$

$s(\bar{l})$ 应当有 2~3 位有效数字;$\bar{l}$ 与残差 $v_i = l_i - \bar{l}$ 的末位应当和 $s(\bar{l})$ 的末位保持在同一量级。

1.4 科研数据的相关问题

1.4.1 科研数据的基本概念

1. 关于科研数据

数据的来源非常广泛,因此数据存在的形式可以有很多种。例如在物理学和生命科学领域,通过实验或者试验过程可以产生或者收集数据;在社会科学领域,通过社会经济活动的公开记录可以获取数据;在人文科学领域,从档案、出版物、人工制品等人类文化记录中可以采集数据;在工程制造领域,通过测量和统计的方法可以获得数据等。

这些来源于不同学科领域的数据可以统称为科研数据。

科研数据是指人类在认识世界、改造世界的科技活动中所产生的某种原始性或者基础性的数据,或者按照不同需求系统加工出来的数据产品和相关信息。

科研数据是在研究过程中产生出来的,能够以数字的形式存储在计算机里。如从传感器读取的数据、遥感勘测的数据、调研结果、摄影图像、测试模型的仿真数据等。科研数据的格式包括文本型、数值型和多媒体等多种形式。

2. 科研数据的分类

分类是认识事物的基础。对科研数据进行分类、编码的目的在于准确地识别数据,实施对数据的有效管理,并且按照类别有效地开发和利用数据,实现数据的共享。

在科研数据的共享系统中,需要遵循一定的分类原则和方法,按照数据集的内涵、属性及用户使用的要求,将科研数据按照一定的结构体系,分门别类地加以整合,使得每一个数据集在相应的分类体系中都有一个对应的位置,以便更好地管理和使用科研数据。

科研数据通常是采用线分类法进行分类的。这种方法又叫层级分类法,它是将分类对象按照所选定的若干属性或者特征,作为分类的划分基础,逐次地分成相应的若干个层级的类目,排成一个有层次的、逐级展开的分类体系。

随着科学的发展和学科之间的相互融合,科研数据的交叉性越来越突出。为了更加全面准确地标引科研数据、简化类目的设置,又引入了组配分类方法。这种方法在标引和检索时,通过类目之间的组配,以及类目与类目的逻辑组合来表达和描述科研数据的内容、主题与概念。组配方法具有深入揭示科研数据内容的能力。

组配分类法的优点主要是能够克服列举式分类法的多重列类存在的不能无限容纳概念的局限性,避免单线排列方式中"集中"与"分散"之间的矛盾。组配分类法既可以从很高的专指度上标引出某一个数据集,也可以从多种维度查到相应的数据集。组配分类法的一个重要特点在于分类标识是散组式的、组合的、可分拆的,以及各因素之间的位置可以变换。采用组配方法能够给分类检索语言带来很大的灵活性,增强数据的聚类灵活性,增加数据检索的入口,取得检索系统轮排的效能等。

科研数据的划分方式有很多种,常用的划分方式如下。

(1) 按照门类与亚门类方式划分

根据科研数据共享工程中的数据资源规划整体要求,结合专业数据中心的学科内容和实际需要,考虑用户的使用习惯和未来科研数据发展的需求,着眼于实用,可以将科研数据划分为基础科学、资源环境科学、农业科学、工程与技术科学、医药卫生科学和区域与综合领域等 6 个大的门类。

亚门类的划分主要是依据科研数据共享工程中专业数据中心的建设情况,结合学科分类进行合理划分。在科研数据设置的 6 个大门类中包括 30 个亚门类。具体的门类和亚门类设置见表 1-3。

表 1-3 科研数据的门类和亚门类

门 类	代 码	亚门类	代 码
基础科学	F	生物技术与生物信息科学	B
		地球系统科学	G
		天文与空间科学	A
		信息技术科学	I
		材料科学	M
		先进制造科学	P
资源环境科学	R	气象科学	W
		水文水资源科学	H
		海洋科学	S
		地矿与土地资源科学	L
		地震科学	D
		环境科学	E
		基础地理科学	G
		对地观测科学	R
农业科学	A	农业科学	S
		农村科技	T
		林业科学	F
工程与技术科学	T	交通运输科学	T
		建筑工程科学	A
		能源科学	E
		化学与化工科学	C
		公共安全科学	S
医药卫生	H	基础医学	B
		临床医学	C
		公共卫生	W
		中医药	H
		药学	P
		特中医药	S
		人口与计划生育科学	G
区域与综合领域	C	可持续发展信息	S

（2）按照大类方式划分

大类数量的确定主要由亚门类所包含的独立知识领域的数量决定。在设置类的过程中既要考虑学科的划分，也要兼顾科研数据的内容、概念和特有属性以及知识领域划分的习惯。目前科研数据设置 235 个大类，具体可以参阅"科研数据共享工程技术标准（SDS/T 2122—2004）"。

（3）按照中类方式划分

科研数据目前设置 1 099 个中类，具体可以参阅"科研数据共享工程技术标准（SDS/T 2122—2004）"。

科研数据在中类划分中需要遵循三个基本的原则：

① 类目的确定主要参考现有分类编码中的类目设置；

② 类目的设置既要保持相对稳定性，又要有一定的动态性，能够及时反映科学的发展；

③ 类目的划分要力求全面，由一个上位类划分出来一组下位类的外延之和，要等于上位类的外延，以保证类列的完整。一般地，当不可能全面地列举或者无须全面列举所有的类目时，需要在类列的最后编制"其他"类，为目前尚未列举的内容留下余地。

3. 科研数据的编码

科研数据的编码是指在分类的基础上给科研数据赋予具有一定规律性、计算机容易识别与处理的符号。

（1）码位的设计

在科研数据共享工程中，将数据分类代码设计为 6 位混合码。码位结构的设计见表 1-4。门类、亚门类各为 1 位英文字母码，在大类和中类里面各有 2 位数字码。采用线分类的方法按照门类、亚门类、大类、中类的从属关系依次进行顺序编码。

表 1-4　科研数据的码位

第 1 位	第 2 位	第 3 位	第 4 位	第 5 位	第 6 位
门类	亚门类	大类		中类	
字母码	字母码	数字码		数字码	

（2）编码规则

① 整体编码是数字和字母的混合码。采用数字码的大类和中类从"11"开始，遇到"0"时则略过，如"11,12,…,19,21,22"。

② 如果在一个类目下面没有分出更加详细的亚类目，则总代码用阿拉伯数字"0"补齐 6 位。

③ 在大类和中类的"其他"类编码定为"99"，以充分满足代码扩充的需要。

④ 亚门类、大类和中类均可以扩充。

4. 科研数据的意义

一般科研数据具有普遍科学意义的条件有两个：

① 测量系统在参与比较的过程中能够工作稳定且经得起检验；

② 作为比较的标准必须是精确已知的和公认的。

科学研究中的科研数据有两个重要的意义。

（1）对科研数据认知的意义

科研数据作为科学研究的重要组成部分，不仅是研究成果是否可信的依据，更是科学群体赖以理解、判断、认可、拒绝该研究工作以及进一步知晓或者重用相关数据的基础。

科研数据不仅是科学研究的结果，更是发展科技和进一步开展科学研究的基石。借助于科研数据的直观认识和对已有科研数据的使用，科研人员能够思考、设计和开展相应的科学研究，支持对所获得科学结论的检验。

（2）对科研数据开放共享的意义

科研数据具有重要的开放共享意义。孙九林院士曾经指出："科研数据作为一种资源，不仅是信息和知识的源泉、科学的基石，还是知识创新的发动机和思想库、人类社会持续发展的动力，具有巨大的科学价值、社会价值和经济价值"。新的科学机遇往往来自于对科研数据的有效组织、共享和利用。

科学技术的创新依赖于科研数据的共享。只要对现有的科研数据进行挖掘、集成、分析与可视化，就会很快转化成有用的信息和知识，指导科研活动的进程和方向。

科研数据开放共享的必要性主要体现在四个方面：

① 在已有的、高质量的可供获取的科研数据基础上，科研人员能够对已有研究结果进行重复和验证，减少科学研究不端行为的发生；

② 将现有科研数据与其他科研数据整合，提出新的研究问题，进行更多的、深入的知识管理和内容挖掘；

③ 有助于扩大公共资源的利用效果，更好地为公众所使用；

④ 有助于增加引用的机会，承认科研数据提供者的贡献，促进科研评价体系的完善和多元化。

1.4.2 科研数据分析与管理

1. 科研数据分析

数据分析就是用适当的统计分析方法对收集到的数据进行研究，提取出有用的信息、形成结论并且加以概括的全部过程。

数据的分析过程主要包括对信息需求的识别、数据收集、数据分析和数据的有效性评估等。

（1）信息需求的识别

信息需求的识别是确保数据分析过程有效的首要条件，可以为收集数据和分析数据提供清晰的目标。

（2）数据收集

有针对性地、有目的地收集数据是确保数据分析过程有效的基础。

（3）数据分析

数据分析是将收集到的数据进行加工、整理和研究，进而转化为有用的信息。数据分析的常用方法有排列图、因果图、调查表、散布图、直方图、控制图、关联图、系统图和矩阵数据图等。

（4）数据的有效性评估

数据的有效性评估内容包括决策信息是否充分及可信、收集数据的目的是否明确及真实、数据分析的方法是否合理、数据分析中需要的资源是否得到保障等。

在大数据时代，大规模数据分析已经逐渐超出简单运算所能够解决的范围。得益于计算机技术的进步和发展，大数据和复杂模型都能够通过计算机软件完成定量分析。

常见的数据分析软件主要有下面几种。

（1）Excel 软件

Excel 软件是微软办公软件 Microsoft Office 的重要组件之一，是微软公司为使用 Windows 和 Apple Macintosh 操作系统的计算机编写和运行的一款试算表软件。在 Excel 中内嵌了大量的公式函数，能够进行各种数据处理、统计分析和辅助决策操作。用户能够方便地实现信息分析、电子表格管理、数据资料的图表制作等功能，已经广泛地应用于工程、管理、统计、财经、金融等领域。

（2）SPSS 软件

SPSS 软件的全称是"统计产品与服务解决方案（Statistical Product and Service Solutions）"，它是 IBM 公司推出的一系列用于统计学分析运算、数据挖掘、预测分析和决策支持任务的软件产品及相关服务的总称，有 Windows 和 Mac OS X 等多种版本。

SPSS 在世界上是最早采用图形菜单驱动界面的统计软件，它的突出特点是操作界面非常友好、输出结果美观漂亮、功能界面统一规范。SPSS 的统计分析过程包括描述性统计、均值比较、一般线性模型、相关分析、回归分析、对数线性模型、聚类分析、数据简化、生存分析、时间序列分析、多重响应等几个大类，在每个大类中又分为多个具体的统计过程。SPSS 也有专门的绘图系统，用户可以根据数据绘制出所需要的各种图形。

SPSS 软件的操作简单，已经在数学、统计学、生物学、心理学、地理学、医疗卫生、农林业、物流管理、经济学、商业等自然科学和社会科学的各个领域中发挥巨大的作用。

（3）MATLAB 软件

MATLAB 是美国 MathWorks 公司出品的商业化数学软件，用于算法开发、数据可视化、数据分析以及数值计算等，主要由 MATLAB 和 Simulink 两部分组成。MATLAB 将数值分析、矩阵计算、科研数据可视化以及非线性动态系统的建模和仿真等诸多功能集成于一个易于使用的视窗环境中，为工程计算、控制设计、信号处理与通信、图像处理、信号检测、金融建模设计与分析等科学领域提供全面的数值计算方案。

MATLAB 软件的优势主要表现在三个方面：

① MATLAB 的基本数据单位是矩阵，它的指令表达式与数学和工程中常用的形式十分相似。因此，用 MATLAB 解算问题比用 C、FORTRAN 等语言完成相同的任务更加简捷。

② MATLAB 软件吸收了其他数据分析软件的优点，具有强大的数学分析能力。

③ MATLAB 软件对 C、FORTRAN、C++、JAVA 等语言具有很强的兼容性。

（4）SAS 软件

SAS 软件是一款用于决策支持的大型集成信息统计分析系统 SAS（Statistical Analysis System），广泛应用于金融、医药卫生、生产、运输、通信和教育科研等领域。SAS 采用程序输入的方式完成统计分析、预测、建模和模拟抽样等任务。

SAS 软件由多个功能模块组成。它的核心部分是 BASE SAS 模块，承担着主要的数据管理、用户使用环境管理、用户语言处理、SAS 扩展模块的调用等任务。SAS 扩展模块包括 SAS/STAT(统计分析模块)、SAS/GRAPH(绘图模块)、SAS/QC(质量控制模块)、SAS/ETS (经济计量学和时间序列分析模块)、SAS/OR(运筹学模块)、SAS/IML(交互式矩阵程序设计 语言模块)、SAS/FSP(快速数据处理的交互式菜单系统模块)、SAS/AF(交互式全屏幕软件应 用系统模块)等。SAS 软件通过嵌入各类特殊函数实现高维统计功能。SAS 还具有绘制各种 统计图和地图的复杂功能。

(5) Python 软件

Python 是一种面向对象的解释型计算机程序设计语言,由荷兰人 Guido van Rossum 发 明。Python 是一款纯粹自由的软件,源代码和解释器都遵循 GPL(General Public License) 协议。Python 具有丰富和强大的库,能够把其他语言(如 C/C++)制作的各种程序模块轻 松地联结在一起。Python 已经广泛地应用于数据分析和处理的各个领域。

除此之外,常见的数据分析软件还有 Stata、SYSTAT 、Minitab、Eviews 和 R 语言等。全 面综合地来看,每种软件都有特定的优势和不可避免的缺陷。因此在工程应用实际中,需要根 据具体的数据特征选择与之相适应的数据分析软件,充分、有效地利用好计算机资源。

2. 科研数据管理

数据管理是利用计算机硬件和软件技术对数据进行有效的收集、存储、处理和应用的一种 过程。数据管理的目的在于充分、有效地发挥数据的作用。实现数据有效管理的关键是数据 的组织。科研数据管理的内容包括制定数据管理规划、按数据管理规划搜集和创建数据、为数 据添加良好的元数据(metadata)及其描述性信息、对数据进行保存和确保可获取性等。

随着计算机技术的发展,数据管理经历了人工管理、文件管理系统和数据库管理系统三个 发展阶段。

(1) 人工管理阶段

人工管理阶段最早出现于 20 世纪 50 年代中期以前。

这一阶段数据管理的主要特点包括三个方面。

1) 数据不能长期保存

由于当时数据存储设备的容量和空间有限,实验数据大多以纸带或者磁带的形式暂存,很 少考虑长期保存。

2) 数据不能共享

当时的数据大多面向应用程序,也就是说每一个应用程序都是独立的,一组数据只能对应 于一个程序。因此程序之间的数据无法共享。

3) 数据不具有独立性

应用程序一旦改变,数据的逻辑结构或者物理结构就会相应地发生变化。对程序的修改 势必导致数据结构发生变化。

(2) 文件管理系统阶段

文件管理系统阶段最早出现于 20 世纪 50 年代后期至 60 年代中期。当时的计算机存储 设备已经有了磁盘、磁鼓等硬件,操作系统中也有专门的数据管理软件,称为文件管理系统。 文件管理系统由与文件管理有关的软件、被管理的文件和实施文件管理所需的数据结构三个 部分组成。

这个阶段的数据是以文件的形式存储的,由操作系统进行统一管理。

文件管理系统阶段也是数据库发展的初级阶段,具有三个特点:

① 数据可以长期保存。大容量磁盘的出现使计算机有足够的存储空间来处理和存储大量的数据。

② 简单的数据管理功能。文件逻辑结构与物理结构的脱钩以及程序与数据的分离,使数据与程序之间具有一定的独立性。因此,可以对数据进行简单的管理。

③ 数据不能共享。程序在调用相同的数据时必须在独立的文件中完成,因此无法实现数据的共享。

(3) 数据库管理系统阶段

数据库管理系统阶段出现于 20 世纪 60 年代后期,是由数据库及其管理软件组成的一种系统。数据库管理系统是为了适应数据处理的需要发展起来的,是一种比较理想的数据处理系统,也是一个为实际可运行的存储、维护和应用系统提供数据的软件平台,是存储介质、处理对象和管理系统的一种集合体。

在数据管理方面,数据库管理系统的优点比文件管理系统更加明显。从文件管理系统到数据库管理系统,标志着数据库管理技术的飞跃。在数据库管理系统中建立的数据结构,能够更加充分地描述数据之间的内在联系,使数据的修改、更新、查询与扩充更加方便。这种数据结构还能够保证数据的独立性、可靠性、安全性与完整性,对数据的冗余度、数据共享程度、数据管理效率等都起到很大的促进作用。

3. 科研数据共享

科研数据共享是在国家统一规划、政策调控和相应法规的保障下,应用现代信息技术整合离散科研数据资源,构建面向全社会的一种共享服务体系。实现对科研数据资源的高效利用,是为科技发展、政府决策、经济增长、社会发展和国家安全提供科研数据的有效保障。

科研数据既是科技活动的产物,又是支撑科学研究及科技创新的基本资源,也是政府部门制定政策、进行科学决策的重要依据。不仅如此,社会经济、政治、环境和健康等事业的发展也需要借助于对科研数据的分析。科研数据共享已经成为世界各国的重要战略目标,受到国际组织、政府部门及研究机构的高度重视。

2009 年,科研数据共享的相关问题和措施也在国际著名的《自然》和《科学》期刊上进行了专题讨论。

开放和共享科研数据正成为发达国家的普遍做法。美国国家科学基金会(NSF)、美国国立卫生研究院(NIH)等重要科研资助机构近年来把科研数据共享服务作为美国国家质量基础的战略规划之一,重点支持"数据管理与共享"计划。英国工程与自然科学研究委员会(EPSRC)及其下属的 7 个研究理事会也制定了数据共享的相关政策,建立了数据仓库或者数据中心供研究者上传和下载相应的科研数据。通过制定相应政策促进科研数据共享,已经成为国际社会和世界各国的共识。

科研数据的共享也得到了我国政府部门和研究机构的支持,推动了一系列科技的快速发展。

我国于 1984 年正式加入国际科技数据委员会 (Committee on Data for Science and Technology, CODATA),成立了国际科技数据委员会中国委员会。中国科学院和国内相关部委相继组建了基本常数、化学化工、材料等十几个科技数据协作组,协调各学科领域科研数据的共享工作。

科技部于 2002 年启动了科研数据共享工程,开放了农业、林业、水文水资源等 16 个科技资源的数据共享试点,发布了《国家科技计划项目科学数据汇交暂行办法(草案)》和《科学数据共享工程技术标准(征求意见稿)》等政策法规。为国家重点技术工程提供科研数据,正在成为开放获取科研数据的重要保障。

截止到 2009 年 9 月,经我国科学数据共享工程整合的可共享数据资源总量超过 140 TB,建立的体系化数据库 3 000 多个,吸引注册用户超过 16 万,数据的下载量超过 430 TB。科研数据的共享也为我国载人航天工程、国家海洋权益、铁路网建设等 1 500 多个国家科技项目和重大工程提供了有效的技术支撑。

科研数据共享的意义主要有三个方面。

(1) 提高科技资源的有效利用

我国虽然已经在共享实践方面做出了努力和尝试,但由于缺乏国家层面的宏观管理与调控,特别是缺乏系统完善的法律法规,使得科研数据共享的效果并不尽如人意。由于数据共享条件的限制,许多具有关联性的科学研究不得不重复收集后获取同样的数据,一些有重要意义的科学研究由于缺少关键数据而难以开展,导致我国科技资源的浪费和效益低下,阻碍了我国科学研究事业的进一步发展。

(2) 规范科研数据的管理与共享

如果缺乏科研数据系统完善的管理政策,就会使科学研究过程中产生的数据资料得不到有效的利用,无法发挥它的开放获取和规范使用的功能。科研数据作为科学研究的重要产出之一,可以作为验证和还原科研过程的依据,进一步促进科学研究的规范化和透明化。科研数据管理与共享政策可以有效地规范各方面的行为,界定利益相关者的权利和义务,使科研数据共享的过程规范化,进一步减少和避免学术不端行为。

(3) 促进科研数据价值的最大化

科研数据是开展科学研究的基础,蕴藏着巨大的潜在科学价值、经济价值和社会价值。尽管科研数据的搜集开发成本比较高,但是重复使用的成本却比较低,因此只有通过共享才能最大限度地发挥它的使用价值和经济效益。实现科研数据的共享不仅能够促进应用科研数据过程中的增值,还能够保证科技创新能力的有效提升。

科研数据共享离不开完善的科研数据管理和共享政策作为保障。发达国家通过制定完善的科研数据管理与共享政策,保障了科研数据的高效共享。完善科研数据管理与共享政策有利于更好地推动创新型科学技术的发展。

1.4.3　科研数据与不确定度

对科研数据进行评定最基本的目的,是从大量的、繁杂的甚至于难以解读的数据中抽取并且推导出有价值的和有意义的信息,这也是系统工程和自动控制过程中的基本环节。科研数据评定贯穿于社会生产和社会生活中的各个领域。

科研数据评定的内容很多,其中不确定度是科研数据转换成有用信息的一种重要评价指标。用于不确定度评定的科研数据如果是通过测量得到的,那么就可以称之为测量数据。

在计量测试领域中,对测量数据开展不确定度评定是非常重要的。

1. 大样本数据与不确定度

传统数据的不确定度评定对象是服从典型分布的大样本数据,采取的评定方法以概率论和数理统计为基础。概率论在测试计量领域中取得了一些具有深远意义的研究成果,已经解决了不少工程实际问题。

通过对被测量的重复测量可以得到一系列的测量数据,通常称为观测值或者测得值。由于测得值是一种随机变量,一般分散在一定的区间之内。概率是测得值在该区间内出现的频率,也是可能性大小的一种度量。在测量不确定度的评定中,统计学为测量不确定度的 A 类评定奠定了理论基础。

由于测量过程的不完善或者对被测量及其影响量的认识不充分,概率也可以是测得值落在某个区间内的可信度。大小未知的系统误差以一定的概率随机地落在区间中的某个位置,这种未知系统误差落在该区间内的可信度也可以用概率表征。因此,统计学同样为测量不确定度的 B 类评定奠定了一定的基础。

2. 小样本数据与不确定度

小样本数据指研究数据的信息不够完备或者不够充分。小样本数据的研究范畴包括概率分布的先验信息已知但仅有少量测量数据可供分析、单次测量数据较多但测量次数较少和无先验信息或者趋势项规律未知的小样本数据三类。对于概率分布未知的小样本数据而言,若依然采用统计理论进行分析,就很可能缺乏深入的理论依据,因为传统的统计理论在需要大样本量数据的同时,还要求服从典型的概率分布。

测量数据很少且总体概率分布复杂或者未知的情况,属于小样本数据不确定度评定的问题。在测量系统的数据评定中,经常出现小样本数据不确定度的评定问题。在测量系统与装备研制中产生小样本数据的原因很多,例如在已有高端测量系统改进的过程中,对军用测量设备的改造升级,在已有类似装备的先验信息条件下,一般仅对少量的改进装备进行测量评定,以获取和预测改进装备的实际性能,因此很难获得大量的观测数据。又如新型高端装备的研制和开发的批量很小,特别是一些新型试验型装备组件,虽然品种很多但每个品种组件仅有很小的样本量可供分析,同时缺乏该类产品的先验信息资料。对于这种情况,只能通过小样本测量数据来评定装备的总体性能。

与基于大样本量的经典统计理论相比较,小样本数据评定的发展历程还很短,在基础理论的研究方面也很不完善。近年来借助于一些新的数学工具,出现了一些小样本数据不确定度评定的新方法。小样本数据的不确定度评定可以弥补经典统计理论中的某些不足,在实际工程中也得到了有效的验证。从经济角度而言,小样本数据的不确定度的评定可以在实验次数较少或者实验条件苛刻的情况下,充分地挖掘出数据信息中的有效成分,寻找隐藏在数据内部的潜在规律,进而给出相对可靠的评定结果。

小样本数据的不确定度评定是继概率论之后的数据评定的一种新方法,如自助法、模糊集合理论、最大熵原理和灰色系统理论等,以及将上述理论与方法进行有机的结合。

后面章节中的很多工程应用实例都用到了这些方法。下面对各种方法进行简单的介绍。

（1）自助法

自助法由美国斯坦福大学统计系教授 Efron B 于 1979 年提出。自助法的原理是利用自助抽样的方法扩大样本量,通过对大样本数据的分析评定,得到小样本数据的相应结果。自助法已经在点估计、区间估计、数据预报和假设检验等方面得到了广泛应用,是统计学研究中最具活力的数据评定方法之一。

从理论上讲,自助法利用小样本数据进行仿真,对数据的概率分布无任何要求。实验研究表明,自助法也有其自身的局限性。有限抽样使自助法产生附加不确定性,导致自助抽样的蒙特卡洛逼近精度无限损失。国内许多学者也认为自助法的应用是有条件的,不加分析地应用很可能产生很大的评定误差。另外,自助法完全依赖于初始样本的选择,从自助抽样结果中不可能得出比初始样本更加全面的信息,因为数据的样本量越小,自助法的评定结果越不可靠。特别是在小样本数据的条件下,自助法的评定结果可靠性普遍比较低。

（2）模糊集合理论

英国数学家 Russell B 提出了一个关于理发师的头发由谁来剃的著名"悖论（paradox）",动摇了经典的数学集合理论基础,引起数学界长达数十年的争论。直到 1965 年美国加利福尼亚大学 Lotfi A Z 教授提出模糊集合的概念,才结束了这场争论。这就是模糊集合理论的由来。

设在论域 U 中有集合 A,给定一个映射

$$\left.\begin{aligned}\mu:U \to [0,1]\\u \mapsto \mu(u)\end{aligned}\right\} \tag{1-46}$$

称 A 为 U 上的模糊集;$\mu(u)$ 为 A 的隶属函数或者 u 对 A 的隶属度。

其中隶属函数 $\mu(u)$ 的表达式为

$$0 \leqslant \mu(u) \leqslant 1 \tag{1-47}$$

模糊集合理论认为事物并非都具有"非此即彼"的清晰属性,概念的差异常以中间过渡的形式出现即模糊性。隶属函数是事物从真到假或者从假到真的一种过渡函数,这样就可以将模糊边界定量化。

从现有文献来看,模糊集合理论的主要问题是隶属函数的选取问题。对最优方案评定、系统聚类、影响因素分析、粗大误差和系统误差诊断等方面的研究是充分的,但对于研究结果的置信水平则难以给出相应的评价。

模糊集合理论在工程实践中得到广泛应用。例如 Garg H 提出了直接模糊优化技术,解决区间环境多目标可靠性的优化问题;Sriramdas V 提出了基于模糊算法早期设计和开发的可靠性分配方法;Soualhi A 提出了自适应神经模糊推理系统预测轴承故障;Sakawa M 提出了交互式模糊随机多级 0-1 编程禁忌搜索和概率最大化方法;Avikal S 提出了基于模糊层次分析法解决启发式拆卸线的平衡问题;Nunkaew W 提出了模糊多目标模型,减少了制造细胞形成异常和无效的元素数量。

（3）最大熵原理

贝尔实验室的克劳德·艾尔伍德·香农（Claude Elwood Shannon）于 1948 年创立了信息论,找到了一个度量信源不确定性的唯一量。这个量与热力学和统计学中熵的形式和物理意义十分相近,因此把通信过程中信源信号的平均信息量称为熵。信息论中的熵有时称为信息熵或者香农（Shannon）熵,这就使熵概念的应用领域得到新的拓展。

最大熵方法要求测量数据的概率分布为已知,数据的个数为有限多个。若概率分布未知,则当测量数据为小样本时,拉格朗日乘子的误差很大,需要进行修正。

最大熵原理在工程中得到广泛应用,Zhang H 研究了基于最大熵原理的年度风速概率分布;Burns B 利用了最大熵对非均匀、欠采样体多维光谱成像进行压缩感知重建;Wu C T 提出基于最大熵的自适应无网格局部有限元对流扩散问题的方法;Larecki W 研究了最大熵声子对流体力学波速度的声子色散关系非线性的影响。

(4)灰色系统理论

灰色系统理论是我国华中理工大学控制科学与工程系已故教授邓聚龙于 1979 年提出来的。灰色系统理论认为通过对原始数据的排序及累加,能够发现数据序列之间的内在规律性。累加生成是灰色系统理论中一种基本的数据处理方法。

累加生成是指将同一序列中的数据逐次相加生成新数据序列的一种过程,生成的新数据序列称为累加生成序列。累加生成可以使非负的摆动、非摆动序列或者无规律的任意序列转化为非递减或者递增序列。

灰色系统理论在工程实践中得到广泛应用。Shi J 提出了基于灰色关联分析和风速分布特征的短期风电混合预测模型;Taskesen A 在碳化硼增强金属基复合材料的钻削实验中应用了灰色关联分析的方法;Truong D 设计了一个时间延迟测量和智能自适应不等时距灰色预测的实时非线性控制系统;Kasman 提出了不同摩擦搅拌优化焊接工艺参数的灰色关联分析;Pradhan M 通过结合灰色关联分析的响应面法,估计出某种工具钢表面完整性对工艺参数的影响。

在进行具体的分析评定时,需要根据小样本数据的特点选择相应的不确定度评定方法,通过不确定度评定方法能够达到的精度来选取样本的数量。有时则需要将两种或者多种不同的评定方法相结合,以获得更加准确、可靠的评定结果。

1.5　本章小结

测量系统、不确定度和数据在科学研究中非常重要。测量系统是产生科研数据的主要途径之一。数据的不确定性往往可以通过不确定度量化地予以表征,对数据的不确定性进行分析评定是为了更加合理地描述数据的自身规律和内在特性。

测量系统是对被测特性定量实施测量或者定性评价的一种仪器或者量具、标准、操作、方法、夹具、软件、人员、环境和假设的集合,以及用来获得测量结果的整个过程。

不确定度表征合理地赋予被测量之值的分散性,是与测量结果紧密联系的一个参数。不确定度是误差的进一步发展和延续,不确定度评定应当遵循《测量不确定度表示指南》中的相关规定。

数据是对客观事物的性质、状态、相互关系等进行记载的物理符号或者这些物理符号的组合。数据在计算机科学中的概念是广义的,可以指所有能够输入到计算机并被计算机程序处理的符号、介质的总称。数据及其语义密不可分。

科学研究依赖于对数据的认知,科学技术的创新依赖于科研数据的开放共享。

科研数据管理与科研数据共享是一种相辅相成的关系,科研数据管理是科研数据共享的前提和基础,科研数据共享则是科研数据管理的目的和结果。

参考文献

[1] 王中宇，许东，韩邦成，等. 精密仪器设计原理[M]. 北京：北京航空航天大学出版社，2013.

[2] 施文康，余晓芬. 检测技术[M]. 北京：机械工业出版社，2010.

[3] 王伯雄. 测量系统应用与设计[M]. 北京：电子工业出版社，2007.

[4] Sadek Jerzy A. Coordinate metrology：Accuracy of systems and measurements [M]. Berlin：Springer，2016.

[5] Diaz Balteiro L，González Pachón J，Romero C. Measuring systems sustainability with multi-criteria methods：A critical review[J]. European Journal of Operational Research，2017，258(2)：607-616.

[6] Balfaqih H，Nopiah Z，Saibani N. Review of supply chain performance measurement systems：1998 – 2015[J]. Computers in Industry，2016，82：135-150.

[7] BIPM，IEC，IFCC，ISO，IUPAC，IUPAP，OIML. Guide to the expression ofuncertainty in measurement [S]. Switzerland：ISO，1995.

[8] 测量不确定度评定与表示：JJF 1059.1—1999[S]. 北京：国家质量技术监督局，2010.

[9] 费业泰. 误差理论与数据处理[M]. 北京：机械工业出版社，2015.

[10] 王中宇，夏新涛，朱坚民. 测量不确定度的非统计理论[M]. 北京：国防工业出版社，2000.

[11] 王中宇，夏新涛，朱坚民. 非统计原理及其工程应用[M]. 北京：科学出版社，2005.

[12] 王中宇，刘志敏，夏新涛，等. 测量误差与不确定度评定[M]. 北京：科学出版社，2008.

[13] 王中宇. 误差分析导论：物理测量中的不确定度[M]. 北京：高等教育出版社，2015.

[14] 郑党儿. 简明测量不确定度评定方法与实例[M]. 北京：中国计量出版社，2005.

[15] 沙定国. 误差分析与测量不确定度评定[M]. 北京：中国计量出版社，2003.

[16] 中国合格评定国家认可中心，宝山钢铁股份有限公司研究院. 材料理化检验测量不确定度评估指南及实例[M]. 北京：中国计量出版社，2007.

[17] 邓聚龙. 灰理论基础[M]. 武汉：华中科技大学出版社，2002.

[18] Wenzhong S，Wu B，Stein A. Uncertainty modelling and quality control for spatial data[M]. Florida：CRC Press，2016.

[19] Efrem C，Guay L，Giovanni P. A short review of the recent literature on uncertainty[J]. Australian Economic Review，2017，50(1)：68-78.

[20] Bich W，Cox M G，Harris P M. Evaluation of the guide to the expression of uncertainty in measurement [J]. Metrologia，2006，43(4)：161-166.

[21] BIPM，IEC，ISO，OIML. International vocabulary of basic and general terms in metrology[S]. Paris：BIPM，1984.

[22] BIPM，IEC，ISO，OIML. International vocabulary of basic and general terms in metrology[S]. Switzerland：ISO，1993.

[23] Taylor B N，Kuyatt C E. Guidelines for evaluating and expressing the uncertainty of NIST measurement results—NIST Technical Note 1297[S]. Gaithersburg：NIST，1997.

[24] Gleser L J. Assessinguncertainty in measurment[J]. Statistical Science，13(3)：277-290，1998.

[25] CODATA 中国全国委员会. 大数据时代的科研活动[M]. 北京：科学出版社，2014.

[26] 数值修约规则：GB 8170—87[S]. 北京：国家技术监督局，1987.

[27] 极限数值的表示方法与判定方法：GB 1250—89[S]. 北京：国家技术监督局，1989.

[28] Raghuwanshi M M. Algorithm and data structures[M]. Oxford，UK：Alpha Science International Ltd.，2016.

[29] 邢文明. 我国科研数据管理与共享政策保障研究[D]. 武汉：武汉大学，2014.

［30］Efron B. The bootstrap and markov-chain monte carlo［J］. Journal of Biopharmaceutical Statistics，2011，21(6):1052-1062.

［31］Bonnini S. Testing for heterogeneity with categorical data: permutation solution vs bootstrap method［J］. Communications in Statistics-Theory and Methods，2014，43(4):906-917.

［32］Thai H T，Mentré F，Holford N H G，et al. Evaluation of bootstrap methods for estimating uncertainty of parameters in nonlinear mixed-effects models: a simulation study in population pharmacokinetics［J］. Journal of Pharmacokinetics and Pharmacodynamics，2014，41(1):15-33.

［33］Garg H，Rani M，Sharma S P，et al. Intuitionistic fuzzy optimization technique for solving multi-objective reliability optimization problems in interval environment［J］. Expert Systems with Applications，2014，41(7):3157-3167.

［34］Deng Julong. Introduction to grey system theory［J］. The Journal of Grey System，1989，1(1):1-24.

［35］P Guttorp. Stochastic modeling of scientific data［M］. Taylor & Francis Group，2018.

［36］Bonamente，Massimiliano. Statistics and Analysis of Scientific Data［M］. New York: Springer，2017.

［37］Fear Kathleen，Donaldson Devan. Provenance and credibility in scientific data repositories［J］. Archival Science，2012，12(3):319-339.

［38］Si Li，Zhuang Xiaozhe，Xing Wenming，et al. The cultivation of scientific data specialists［J］. Library Hi Tech，2013，31(4):700-724.

［39］Takeuchi Shin Ichi，Sugiura Komei，Akahoshi，Yuhei，et al. Spatio-temporal pseudo relevance feedback for scientific dataretrieval［J］. IEEJ Transactions on Electrical and Electronic Engineering，2017，12(1):124-131.

［40］Gaustad Krista，Shippert Tim，Ermold Brian，et al. A scientific data processing framework for time series NetCDF data［J］. Environmental Modelling and Software，2014，60(1):241-249.

第 2 章　测量系统不确定度分析与建模

不确定度是测量系统的一个特性指标,是衡量测量系统质量的标志,测量系统不确定度分析与建模是开展评定的前期工作,也是合理、准确地给出测量结果的关键环节。根据测量模型计算出来的结果通常仅有估计值但不包含不确定度,因此需要以该模型为基础进行测量不确定度的分析与评定。《测量不确定度表示指南》(*Guide to the Expression of Uncertainty in Measurement*,简称 GUM)给出的流程一般是先评定测量模型中输入量的标准不确定度,然后合成得到输出量的标准不确定度,这种评定的流程很可能导致对不确定度来源的分析不够全面准确。本章对测量不确定度评定中涉及的数学模型进行分类,结合不确定度来源的分析方法提出相应的数学模型,将不确定度的溯源与评定融合到建模之中,以避免在不确定度来源分析中出现的遗漏或者重复现象。

2.1　测量系统不确定度分析

测量系统的概念不仅仅局限于测量仪器,而且已经拓展到用于对被测特性赋值的操控程序、计量器具、测量设备、作业人员、软件系统和工作环境等要素的集成,包括用于获取测量结果的整个过程。

测量过程中的随机效应和系统效应都是产生测量不确定度的来源。

2.1.1　测量系统不确定度的来源

在测量过程中,产生测量不确定度的来源一般包括以下方面。

1. 对被测量的定义不完整或者不完善

例如定义被测量为一根标称值为 1 m 的钢棒长度,如果笼统地要求测量准确至微米的量级,则被测量的定义就不够完整。这是因为被测钢棒很可能受到温度和压力等环境因素的影响,这些条件并没有在定义中予以明确的说明,所以在测量结果中包含由被测量定义不完整而引入温度和压力影响的不确定度。因此,一个完整的被测钢棒长度定义可以这样表述,标称值为 1 m 的钢棒在 25.0 ℃ 和 101.325 kPa 条件下的长度。在定义要求的条件下进行测量就可以有效地避免温度和压力引起的不确定度。

2. 实现被测量定义的方法不理想

对被测量有了完整或者完善的定义之后,就要想办法解决如何才能够真正实现被测量的定义的问题。在完整地实现被测量定义的过程中可能会出现很多的问题。例如在上面的例子中,由于对温度和压力的测量本身就不可避免地存在着一定的不确定成分,也就是说在测量过程中的温度和压力一般很难完全达到定义的要求,因此即使对于一个完整定义的被测量,在实际的测量结果中很可能仍然存在一定的不确定度。

3. 取样的代表性不够

取样代表性不够的情况很多。例如被测量为某种介质材料在给定频率时的相对介电常数,由于测量方法和测量设备的局限性,只能取这种材料的一部分做成样块进行测量。在测量的过程中,如果所用样块的材料成分或者均匀性不能完全反映所定义的被测量,那么使用该样块进行测量就会因为取样代表性不够而产生不确定度。

4. 对影响测量过程的环境的认识不全面

对测量过程受环境影响的认识不全面或者对环境条件的测量与控制不够完善,也会导致测量不确定度的产生。同样以上述钢棒的长度测量为例,不仅温度和压力影响测量的结果,而且周围环境的湿度和振动、钢棒的支撑方式等都对测量结果产生不同程度的影响。如果由于认识水平的不足而没有采取相应的措施,就会引起相应的不确定度。

5. 对模拟式仪器的读数存在人为偏差

人为读数偏差是模拟式仪器产生粗大误差的主要原因之一。在读取模拟式仪器的示值时,一般情况下可以估读到最小分度值的1/10。但由于观测值的位置和个人习惯不同等原因,不同人员很可能对同一状态的显示值作出不同的估读值,这种人为的偏差也会产生不确定度。

6. 测量仪器的分辨力不够

数字式仪器的不确定度来源之一是指示装置的分辨力。例如在使用数字式仪器进行多次测量时,即使重复指示的结果很好,但是重复性所产生的不确定度可能仍然并不为零。因为尽管输入信号在一个已知的区间内发生很小的波动,但仪器却很可能给出没有任何变化的、相同的指示结果。

7. 赋予计量标准的值和标准物质的值不准确

按照测量的定义,在大多数的情况下都是通过将被测量与测量标准的给定值进行比较来实现测量的,因此标准物质的不确定度必然会直接引入到测量结果之中。例如在用天平进行测量时,如果不对作为标准的砝码的质量进行修正,那么在测量结果中就不可避免地包含着砝码的不确定度。

8. 引用的数据或者其他参量不准确

在测量的过程中,如果引用的数据或者其他参量不准确,也会在测量结果中引入相应的不确定度。例如在测量黄铜的长度随温度的变化规律时,需要用到黄铜的线膨胀系数。通过查阅相关技术数据手册可以得到线膨胀系数的值,因此该值的不确定度也是测量结果不确定度的一个来源。

9. 在测量方法中存在近似或者假设

在测量方法或者测量程序中有时候需要进行一定的近似或者假设,才能够比较容易地得到相应的测量结果。例如对被测量表达式所做的某种近似、在电路测量中的绝缘损坏和漏电、热电势和引线电阻上的压降等,均会产生不同程度的测量不确定度。

10. 重复观测中的被测量发生变化

在看似完全相同的条件下,重复观测中的被测量也很可能发生一些细微的变化。例如在实际工作中经常会发现无论怎样控制环境条件,在最终的测量结果中总是存在着一定程度的分散性。即使进行多次的重复测量,得到的结果也不完全一致。这种现象是由于测量条件在表面上看不出有什么变化,但是在客观上却存在着一些随机效应和各种对测量结果产生影响的随机因素,导致重复观测中的被测量发生相应的变化。

11. 用于测量的仪器不完善

用来直接或者间接地将被测量与标准量进行比较的测量仪器,其本身都存在着一定程度的误差。例如设计误差、加工误差、组装误差、原理误差、机构误差、调整误差、零部件和元器件的性能误差等,都会导致测量仪器的不完善进而产生相应的不确定度。

12. 对系统误差的修正不完善

在对已定系统误差进行修正之后,修正值的残余误差同样是测量结果不确定度的来源之一。

在测量工作中应当根据实际情况,对测量不确定度的来源进行具体分析。对于测量结果不确定度贡献显著的那些来源要尽量做到统计与计算中的不遗漏、不重复;而对测量结果不确定度贡献可以忽略不计的那些来源,则一般不予考虑。例如在评定已修正被测量估计值的不确定度时,应当充分考虑到修正值引入的不确定度。因为只有当修正值的不确定度比较小且对合成不确定度的影响可以忽略不计时,才可以不将修正值的不确定度计入测量不确定度的来源中。

在有些情况下,如果由于测量条件发生了某种变化或者测量值在一个比较长的时间范围内出现分散性,这时就应当将该分散性作为测量不确定度的来源予以考虑。在测量中出现的失误或者突发事件则一般可以不作为不确定度的来源,因为这些因素可以作为粗大误差或者离群值来处理。在进行测量不确定度的分析与评定之前,应当首先剔除测量数据中的粗大误差,消除粗大误差对测量结果不确定度的影响。

2.1.2　基于误差溯源的分析方法

测量系统中的各项误差是导致测量结果不确定的根源,不确定度则是量化地反映误差对测量结果影响程度的一个量。测量系统的误差来源主要包括测量装置、环境因素、测量方法、测量人员和被测对象自身等多种因素。其中测量装置(包括测量仪器、器具、附件和标准量等)和环境因素的影响在现代计量测试中所占的份额越来越大,已经成为测量系统不确定度的主要来源;环境因素中的温度误差在大尺寸和高精度测量中的影响尤为显著,即使可以采取误差修正的措施,其残余误差的影响仍然不容忽视。测量装置的误差与被测量的类型和所选择的具体测量仪器有关。因此,误差溯源法只能针对具体测量任务进行不确定度的建模,一般无法给出通用的不确定度分析模型。在产品几何技术规范(Geometrical Product Specifications,GPS)标准体系中,给出了几何量测量过程中引起不确定度的主要来源,如图 2-1 所示。

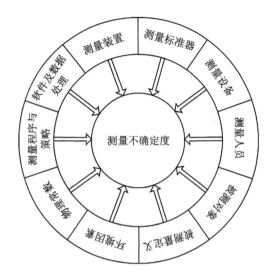

图 2 - 1 产品几何技术规范中给出的不确定度来源

这些不确定度来源的具体内容如下。

(1) 被测量定义

被测量定义对不确定度的贡献有基面、参考系统、自由度、给定公差、距离、角度、标准中的定义等。

(2) 标准器或者参考标准器

主要是标准器的示值不准确对测量结果产生的影响,包括稳定度、刻度的细分误差、温度膨胀系数、物理原理、校准不确定度、各种漂移等。

(3) 被测对象

被测对象对不确定度的贡献有表面粗糙度、形状误差、位置误差、弹性模量、硬度、温度膨胀系数、传导性、重量、尺寸、外形、磁性、吸湿性、时效、清洁度、温度、内部应力、蠕变特性、装卡方式引起的工件畸变和受力方向的变化等。

(4) 测量设备

测量设备对不确定度的贡献有电子和机械放大、光的波长误差、零点稳定度、力及其稳定度、滞后、温度稳定度和温度灵敏度、读数系统、视差、校准后的漂移、响应特性、导轨或滑轨、探头系统、表面缺陷、硬度和刚度、读数系统、线膨胀系数、内插系统、内插分辨力、模拟量的数字化等。

(5) 测量装置

测量装置对不确定度的贡献有三角函数误差、阿贝原理误差、预热、温度灵敏度、硬度和刚度、探头半径、探头尖端的形状误差、探头系统的硬度、光学孔径、工件和测量装置的相互作用等。

(6) 测量程序与策略

采取的测量程序与策略对不确定度的贡献有测量次数、测量原理、测量方法、测量策略、准直、参考标准及其数值的选择、仪器的选择、测量人员的选择与数目、锁紧、定位、采样方法、测量点的数目、探测原理和策略、探测系统的配置、漂移的验证、反向测量、冗余度、误差分离、压缩空气的调节等。

（7）软件及数据处理

软件及数据处理主要对小数点和有效数字产生影响。可能的不确定度贡献因素有量化、算法及其贯彻、算法的修正和验证、测量数据的预处理、内插和外推、采样、滤波、平滑处理、计算过程中粗大误差的处理、系统误差的修正、有效数字保留的位数、数据修约、圆整、取舍等。

（8）测量人员

测量人员对不确定度的贡献主要包括接受教育的程度、工作经验、培训经历、体力上的缺陷，以及知识、能力、诚实度、奉献精神等。

（9）环境因素

可能对测量值产生影响的环境因素包括温度、时间和空间的变化，空气成分、气流、气压、重力、电磁干扰、照明、电源的瞬间变化，压缩空气源、热辐射、工件、标尺、仪器的热平衡、振动、噪声、湿度、污染等。

（10）物理常数

主要是指对修正过程中物理常数的认识程度，如材料的特性等。

当测量仪器或者测量过程比较复杂时，往往不容易从误差溯源的角度对不确定度进行分析。如同一台仪器在不同环境中的误差来源和不确定度贡献很可能并不相同，各个不确定度来源之间可能相互独立，也可能存在着某种依存关系。在实际工作中，如果对每一个不确定度分量都要做出合理的估计，则要求相关技术人员具备良好的基础理论知识和丰富的测试实践经验。

在误差溯源的过程中，需要就具体的测量系统和测量任务对不确定度进行分析建模。对不同测量系统和测量任务进行不确定度分析的差异往往比较大，因此误差溯源方法的通用性存在着一定的局限性。对于一个实际的测量过程而言，如果能够确定影响测量不确定度的主要误差源，那么采用误差溯源的方法进行标准不确定度的评定应当作为首选方案。

误差溯源法的通用性虽然不强，但在测量系统的精度设计尤其是误差修正的过程中却具有显著的优势。当对某一研发的测量系统或者仪器进行精度设计时，一般只能通过误差溯源的方法对不确定度做出分析，并且以分析的结果作为测量仪器精度设计的理论依据。

下面以纳米三坐标测量机（Nano Coordinate Measuring Machine，Nano - CMM）的精度设计为例，采用误差溯源的方法对测量不确定度进行分析。

Nano - CMM 的工作原理与一般三坐标测量机相类似。它以正交坐标系为基础实现微纳米三维内、外尺寸及表面形貌的测量。如图 2 - 2 所示，Nano - CMM 的总体结构由机台、机架、工作台、Z 轴和测头等组成。其中机架、工作台和 Z 轴均采用低热膨胀系数材料的钢钢（Invar Steel）制造，机台的台面材料为花岗岩。在考虑机械结构热平衡和力平衡的基础上，采用有限元的方法优化设计机台和机架，使变形误差达到最小。为了解决传统的两个一维定位平台堆栈形成二维工作台所存在的阿贝误差问题，这里的 X - Y 工作台采用共平面运动的方式，以及力平衡和热平衡协调设计的方法，将整台测量机放置在恒温

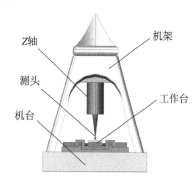

图 2 - 2　纳米三坐标测量机

箱内。

下面首先进行精度分析,在此基础上进行精度设计,最后给出测量不确定度的估计结果。

1. 精度分析

根据 Nano‑CMM 的结构设计,分析得出影响测量精度的主要误差源包括以下几种。

(1) 标准量误差

Nano‑CMM 在 X、Y 方向以平面光栅系统作为标准量,在 Z 方向采用一维光栅作为标准量。光栅的示值误差和重复性都是测量机定位误差的主要来源。

(2) 阿贝误差

Nano‑CMM 的二维运动平台采用共平面结构设计的方式,在 Z 轴上符合阿贝原则。采用的平面光栅使 X、Y 方向在水平面上也符合阿贝原则;但在 X、Y 方向的垂直面上,由于被测件有一定的高度,因此存在阿贝误差。阿贝误差的影响程度取决于导轨在 X、Y 方向的俯仰角和 Z 轴的测量范围,如图 2‑3 所示。

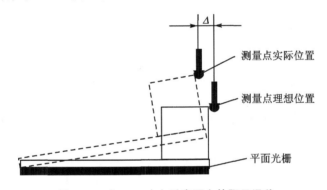

图 2‑3　在 X、Y 方向垂直面上的阿贝误差

(3) 导轨的线值误差

由于导轨系统在各个方向都存在着一定程度的不理想,X、Y、Z 轴导轨都存在着直线度运动误差。导轨的直线度误差不仅使导轨在运动中产生角值误差,同时还伴随着线值误差。

如图 2‑4 所示,以 X 方向的导轨为例。当工作台带动被测件沿着 X 方向移动时,由于 X 方向导轨的线值误差使被测件在 Y、Z 方向同时伴有微量的移动,导致在 Y、Z 两个方向都产生测量误差。

(4) 导轨的垂直度误差

Nano‑CMM 以正交坐标系为基础,三个导轨之间的垂直度误差也是不确定度的主要来源之一。

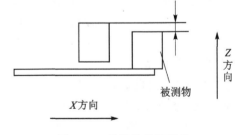

图 2‑4　导轨的线值误差

(5) 测头瞄准误差

在测量的过程中,测头的瞄准误差是不确定度的来源之一。

(6) 温度误差

虽然把 Nano-CMM 放置在隔振的恒温箱内开展测量工作,但恒温箱内的温度控制误差对纳米级精度的精密测量仍然是一种不可忽略的误差源。

2. 精度设计

对 Nano-CMM 总精度的要求是:在三个坐标轴的不确定度均不超过 10 nm。根据这一要求进行误差分配,给出各误差源的合理指标。

(1) 标准量误差

要求光栅的示值误差不超过 4 nm,重复性不超过 2.5 nm。

(2) 阿贝误差

要求测头与平面光栅刻画面之间的距离为 $H \leqslant 10$ mm;X 导轨和 Y 导轨的俯仰角和旋转角误差均不超过 $0.06''$,重复性不超过 $0.03''$。

(3) 导轨的线值误差

要求 X、Y、Z 导轨的线值误差均不超过 2.5 nm,重复性不超过 1.5 nm。

(4) 坐标轴的垂直度误差

要求各坐标轴之间的垂直度误差均不超过 $0.06''$。

(5) 测头瞄准误差

要求测头瞄准的重复性与稳定性均不超过 2 nm。

(6) 温度误差

要求温度偏差不超过 20 ℃ $\pm$ 0.05 ℃;被测件与光栅尺的膨胀系数之差不超过 3×10^{-6}/℃,温度测量误差不超过 0.015 ℃,温度测量的分辨力为 0.005 ℃。

3. Nano-CMM 的不确定度估计

(1) X 轴的不确定度估计

X 轴的测量范围为 0~25 mm,Z 轴的测量范围为 0~10 mm;X 轴的不确定度为 $u_x \leqslant 10$ nm。

① 光栅的不确定度为 $u_{x1} = \sqrt{4^2 + 2.5^2}$ nm = 4.7 nm,取 $u_{x1} \leqslant 5$ nm。

② 在垂直面上阿贝误差产生的不确定度为

$$u_{x2} = \sqrt{(0.06 \times 4.85 \times 10)^2 + (0.03 \times 4.85 \times 10)^2} \text{ nm} = 3.3 \text{ nm}$$

取 $u_{x2} \leqslant 4$ nm。

③ Y 导轨在 X 方向的线值不确定度为 $u_{x3} = \sqrt{2.5^2 + 1.5^2}$ nm = 2.9 nm,取 $u_{x3} \leqslant 3$ nm。

④ Z 导轨在 X 方向的线值不确定度为 $u_{x4} = \sqrt{2.5^2 + 1.5^2}$ nm = 2.9 nm,取 $u_{x4} \leqslant 3$ nm。

⑤ 垂直度不确定度为 $u_{x5} = (0.06 \times 4.85 \times 10)$ nm = 2.9 nm,取 $u_{x5} \leqslant 3$ nm。

⑥ 测头瞄准的不确定度为 $u_{x6} = \sqrt{2^2 + 2^2}$ nm = 2.8 nm,取 $u_{x6} \leqslant 3$ nm。

⑦ 温度不确定度的计算:

$$\Delta L = \Delta t \cdot \Delta \alpha \cdot L, \quad \Delta t = 0.05 \text{ ℃}, \quad u_\alpha = 3 \times 10^{-6}/\text{℃}, \quad u_{\Delta t} = 0.015 \text{ ℃}$$

因此,$u_{x7} = \sqrt{(0.05 \times 3 \times 25)^2 + (0.015 \times 3 \times 25)^2}$ nm = 3.9 nm,取 $u_{x7} \leqslant 4$ nm。

⑧ 其他随机不确定度可以取为 $u_{x8} \leqslant 4$ nm。

因此,X 轴的合成不确定度为

$$u_x = \sqrt{4.7^2 + 3.3^2 + 2.9^2 \times 4 + 4^2 \times 2} \ \text{nm} = 9.93 \ \text{nm} < 10 \ \text{nm}$$

(2) Y 轴的不确定度估计

Y 轴的测量范围为 $0 \sim 25$ mm,Y 轴的不确定度为 $u_y \leqslant 10$ nm。

① 光栅的不确定度为 $u_{y1} \leqslant 5$ nm。

② 在垂直面上阿贝误差产生的不确定度为 $u_{y2} \leqslant 4$ nm。

③ X 导轨在 Y 方向的线值不确定度为 $u_{y3} \leqslant 3$ nm。

④ Z 导轨在 Y 方向的线值不确定度为 $u_{y4} \leqslant 3$ nm。

⑤ 垂直度的不确定度为 $u_{y5} \leqslant 3$ nm。

⑥ 测头瞄准的不确定度为 $u_{y6} \leqslant 3$ nm。

⑦ 温度不确定度为 $u_{y7} \leqslant 4$ nm。

⑧ 其他随机不确定度可以取为 $u_{y8} \leqslant 4$ nm。

因此,Y 轴的合成不确定度为

$$u_y = \sqrt{4.7^2 + 3.3^2 + 2.9^2 \times 4 + 4^2 \times 2} \ \text{nm} = 9.93 \ \text{nm} < 10 \ \text{nm}$$

(3) Z 轴的不确定度估计

Z 轴的测量范围为 $0 \sim 10$ mm,Z 轴的不确定度为 $u_z \leqslant 10$ nm。

① 光栅不确定度为 $u_{z1} = \sqrt{4^2 + 2.5^2} = 4.7$ nm,取 $u_{z1} \leqslant 5$ nm。

② X 导轨的俯仰角 $\leqslant 0.06''$,重复性 $\leqslant 0.03''$。俯仰角的不确定度为

$$u_{z2} = \sqrt{(0.06 \times 4.85 \times 12)^2 + (0.03 \times 4.85 \times 12)^2} \ \text{nm} = 3.9 \ \text{nm}$$

取 $u_{z2} \leqslant 4$ nm。

③ Y 导轨的俯仰角 $\leqslant 0.06''$,重复性 $\leqslant 0.03''$。俯仰角的不确定度为

$$u_{z3} = \sqrt{(0.06 \times 4.85 \times 12)^2 + (0.03 \times 4.85 \times 12)^2} \ \text{nm} = 3.9 \ \text{nm}$$

取 $u_{z3} \leqslant 4$ nm。

④ 测头瞄准的不确定度为 $u_{z4} = \sqrt{2^2 + 2^2} \ \text{nm} = 2.8 \ \text{nm}$,取 $u_{z4} \leqslant 3$ nm。

⑤ 线膨胀系数按照 $\Delta L = \Delta t \cdot \Delta \alpha \cdot L$ 计算,温度不确定度为

$$u_{z5} = \sqrt{(0.05 \times 3 \times 10)^2 + (0.015 \times 3 \times 10)^2} \ \text{nm} = 1.6 \ \text{nm}$$

可以取 $u_{z5} \leqslant 2$ nm。

⑥ Z 与平面光栅的垂直度不确定度为 $u_{z6} = 0.06 \times 4.85 \times 12$ nm $= 3.5$ nm,可以取 $u_{z6} \leqslant 4$ nm。

⑦ 其他随机不确定度可以取为 $u_{z7} \leqslant 4$ nm。

因此,Z 轴的合成不确定度为

$$u_z = \sqrt{4.7^2 + 4^2 \times 3 + 2.8^2 + 2^2 + 3.5^2} \ \text{nm} = 9.7 \ \text{nm} < 10 \ \text{nm}$$

基于误差溯源的方法进行不确定度分析与建模不具有普适性,基本上是一个测量任务就需要一种分析方法,对每一个测量过程也都需要单独进行不确定度评定,并且对评估人员的专业水平有很高的要求。

2.1.3 基于量值特性的分析方法

根据经典误差理论可知,所有误差因素对测量结果的影响最终都反映在测量值中。通过

对得到的一系列测量值进行统计分析也可以达到不确定度估计的目的。

在一个完整的测量过程中,包括测量仪器、测量人员、测量环境、测量方法、被测对象及其误差来源等所有元素的集合可以统称为测量系统。任何一个测量过程实质上也都是量值传递的一种过程,显然该过程也伴随着测量误差的传递。误差一旦传递到测量系统的末端,就会对测量结果的量值产生影响,这种影响的程度可以通过一系列量值的特征指标来表示。测量可以看做是一种新数据生成的过程,测量结果则是测量系统对输入被测量的一种响应,是在测量过程中最终生成的数据,测量系统的量值特性可以用测量结果的统计特性来描述。描述测量系统量值特性的指标很多,如示值、标称值、标称范围、测量范围、量程、操作条件、极限条件、参考条件、响应特性、灵敏度、鉴别力、分辨力、响应时间、准确度、误差、最大允许误差、基值误差、零值误差、固有误差、偏移、抗偏移性、引用误差、漂移、稳定性、超然性、重复性、复现性等。对于不同的目的和侧重点,可以选择其中的几项作为量值统计分析的评价指标。由美国通用汽车公司(General Motors Corporation)、福特汽车公司(Ford Motor Company)和克莱斯勒汽车公司(Chrysler Corporation)三大著名汽车公司联合制定并推行的测量系统分析(Measurement System Analysis,MSA),基于系统观念提出了测量系统量值统计特性的六个指标,即重复性、复现性、分辨力、稳定性、偏移和线性。以测量系统的六个量值统计指标为依据可以对不确定度进行分析。

1. 重复性

重复性指在相同的条件下对同一量连续多次测量得到结果之间的一致程度。重复性意味着测量系统自身的变异是一致的。可能引起重复性误差的原因有测量仪器自身引起的变异性和被测对象变化所导致的变异性。

2. 复现性

复现性也称为再现性或者重现性,是指在改变测量条件的情况下,对同一被测量的测量结果之间的一致程度。测量条件的改变可以包括测量原理、测量方法、测量仪器、参考测量基标准、测量地点、观测者、测量时间等。其中最重要的复现性是人员的变异性对测量系统一致性所产生的影响,也即当不同的操作人员采用相同的仪器对同一被测量进行测量时,测量平均值所发生的变差。

3. 分辨力

分辨力指测量系统能够识别并如实反映被测量微小变化的一种能力。如果测量系统的分辨力不高,就无法正确地识别出测量过程中的变异性,影响对测量结果统计特性的定量描述。分辨力还影响对测量系统的分析和控制,因为如果不能准确地分辨出测量过程中的变异性,那么就无法对测量系统做出分析;如果无法分辨出特殊原因的变异性,那么就不能对测量系统进行有效的控制。与测量过程中的变差相比较,若测量系统的分辨力达到总过程变差 $3\sigma \sim 6\sigma$ 的 $1/5 \sim 1/10$,则说明测量系统具有足够高的分辨力。

4. 稳定性

稳定性通常指测量系统保持量值特性随时间恒定的一种能力。在研究测量系统的稳定性问题时,区分两个内涵不同的稳定性概念是重要的。第一个稳定性概念是在一定时间内系统偏移总变差的大小,这是一般意义上测量系统的稳定性;第二个稳定性概念是统计稳定性,它是一个更加通用的术语,不仅可以用于表征稳定性,而且还可以用于表征重复性、偏移和一般的过程。时间的长短也是评价测量系统稳定性的重要因素。当分析某一个具体的测量过程时,关注的往往是测量系统的短期稳定性,也就是一般意义上的稳定性,可以用偏移的总变化量来表达;当分析测量系统的统计稳定性时,关注的则是测量系统的长期稳定性,需要考虑测量系统在使用寿命期间可能遇到的零部件损耗与腐蚀、操作者、工作环境等各种影响稳定性的因素,还要使用测量系统定期地对标准件进行重复测量,由测量平均值和极差来描述测量系统的长期稳定状态,并且对测量系统在未来过程中的性能做出预测。

5. 偏　移

偏移指测量的平均值与基准值之差。为了确定测量过程或者测量范围内某一特定位置的偏移,首先需要给定基准值。基准值可以是通过校准或者检定获得的值,也可以是通过更高精度等级的仪器测量得到的值。可能引起偏移的原因包括测量系统的标准器存在的误差、测量系统的部件存在制造和安装误差或者已经磨损,还有测量仪器的特性误差如非线性转换、仪器在使用之前没有经过校准、测量环境不理想和操作人员操作不当等。

6. 线　性

线性指在测量仪器的工作范围内不同位置的偏移值相对于基准值的直线斜率乘以测量过程中的变差。在计算测量仪器的线性时需要提供若干个不同的基准值,使其覆盖测量仪器的整个工作范围。然后对各个基准值进行测量,由测量结果的平均值与基准值之差确定各基准值所对应的偏移值。最后用回归分析的方法求出偏移值 y 与基准值 x 之间的回归直线方程

$$y = a + bx \tag{2-1}$$

式中,a 表示回归直线的截距;b 表示回归直线的斜率。

在一般情况下,直线的斜率越小,说明测量仪器的线性越好;反之,斜率越大,则测量仪器的线性越差。

测量仪器线性的计算公式为

$$线性 = |斜率| \times 过程变差 \tag{2-2}$$

这六个指标从测量结果的统计特性层面表征测量系统的精度,从本质上反映各误差来源对测量结果不确定度的影响程度。因此可以将这六个指标作为不确定度的来源,如表 2-1 所列。

表 2-1　测量结果的量值统计指标

统计特性指标	符　号	主要反映的误差来源及性质
重复性	δ_r	主要反映测量条件不变时的随机性误差
复现性	δ_R	主要反映测量条件变化时的随机性误差
分辨力	δ_d	主要反映分辨力不足导致的随机性误差

统计特性指标	符　号	主要反映的误差来源及性质
稳定性	δ_s	主要反映短期时间效应导致的随机性误差
偏移与线性	ε_E	主要反映测量系统自身系统性误差的综合影响

　　测量系统的分辨力与测量重复性之间存在着一定的关系：分辨力越高，重复性往往越明显；当分辨力很低时，甚至会出现重复性影响可以忽略不计的情况，因此在不确定度评定中只需要考虑两者中比较大的一个即可。当对测量系统的原始误差源认知不足时，无法通过误差溯源的方法对不确定度的来源进行分析，这时可以基于量值统计特性对不确定度做出分析，有效地解决被测量的不确定度评定问题。

2.2　测量系统不确定度模型

2.2.1　测量模型与不确定度的分析模型

　　在测量结果中应当包含测量的估计值与测量不确定度两部分，其中估计值一般由测量原理所建立的数学模型计算得出；测量不确定度则需要根据误差分析或者测量系统分析得出不确定度的来源及其量化估计，并在建立数学模型之后通过不确定度传播律计算得出。经典的测量过程包括对被测对象的特征量进行检出与变换，经过测量系统的分析、判断、传输和处理等环节之后，最终给出测量结果。任何测量过程都是由输入量、系统、输出量三个基本要素组成的。其中测量系统的核心功能是分析与确定输入量与输出量之间的关系，这种关系一般由特定的数学模型表达，因此测量过程的模型化处理是研究和分析测量系统的核心问题。输出的结果包含测量估计值及其不确定度两部分，其中估计值一般由测量原理所建立的数学模型计算得出；测量不确定度则需要根据误差理论，通过分析不确定度的来源建立相应的数学模型，由不确定度传播律计算得出。显然，在考虑测量准确度的情况下，对测量过程进行模型化处理时将涉及不同功能与性质的数学模型，因此建模成为保证测量结果完整性和可靠性的关键问题，对这些模型的正确认识则需要建立在对模型合理分类的基础上。下面从测量不确定度评定流程出发，研究测量模型化过程中的分类问题。

　　测量模型是根据测量原理所对应的物理定律如牛顿定律、热力学定律等建立的一种数学模型，其作用是准确地获取被测量的估计值。测量的目的就是根据一定的原理，通过对输入量的识别由测量模型计算出相应的输出量，因此当把某一个测量系统应用于具体的测量任务时，测量的模型应当是已知的。

　　设直接测量得到的多个输入量为 $x_1, x_2, \cdots, x_n$，测量模型的函数关系为 f，输出量为 Y，则测量模型的一般表达式为

$$Y = f(X_1, X_2, \cdots, X_n) \qquad (2-3)$$

不确定度分析模型以测量模型为基础，根据不确定度的来源建立相应的数学模型。该模型决定标准不确定度来源与输出量合成标准不确定度之间的传递关系。模型化的程度与要求的测量准确度有关；模型的可靠性则与评定人员的水平及对测量系统的认知程度有关。测量不确定度分析模型应当包含各个主要不确定度的来源，包括测量模型输入量 X_i 的不确定度

来源、根据物理常识和测量经验引入的修正值和修正因子等,它们之间很可能是某种非常复杂的函数关系,甚至有可能是未知的隐式形式。在对不确定度进行评定时,可以将不确定度来源看作随机变量,用随机变量的标准差表征标准不确定度。

设输入量 X_i 有 N_i 个不确定度来源,分别用随机变量 $\delta_{x_{i1}}$,$\delta_{x_{i2}}$,$\cdots$,$\delta_{x_{iN}}$ 表示;输出量估计值根据物理常识和测量经验建立的修正模型有 k 个不确定度来源,分别用随机变量 δ_1,δ_2,$\cdots$,δ_k 表示。

测量不确定度分析模型的通用形式可以表示为

$$y = f[(x_1 + \delta_{x_{11}} + \delta_{x_{12}} + \cdots + \delta_{x_{1N_1}}), \cdots, (x_n + \delta_{x_{n1}} + \delta_{x_{n2}} + \cdots + \delta_{x_{nN_n}})] + g(\delta_1, \cdots, \delta_K)$$

$$(2-4)$$

建立测量不确定度分析模型的关键是确定输入量 X_i 和修正值所引入的不确定度。

2.2.2　测量不确定度评定的模型化流程

关于测量不确定度模型的概念,目前还没有一个明确的定义、规范和解释,在实践中很可能把测量模型理解成测量不确定度模型,这是不恰当的。一般数学模型的输出端就是待求问题的本身,测量模型的输出端则是测量结果的最佳估计值 y;测量不确定度模型的输出端则是输出量 Y 的标准不确定度 $u(y)$。可以在合理分析测量模型与不确定度模型的基础上,依据方差合成定理给出测量不确定度评定模型的通用表达式

$$u(y) = \sqrt{\left(\frac{\partial f}{\partial x_1}\right)^2 \sum_{i=1}^{N_1} u^2(\delta_{x_{1i}}) + \cdots + \left(\frac{\partial f}{\partial x_n}\right)^2 \sum_{i=1}^{N_n} u^2(\delta_{x_{ni}}) + \sum_{j=1}^{k} \left[\frac{\partial g}{\partial \delta_j} u(\delta_j)\right]^2 + R}$$

$$(2-5)$$

式中,R 表示各个不确定度之间的相关项。

式(2-5)是根据 GUM 基本评定方法得出的,其统计学原理为方差合成定理,是测量不确定度评定模型的一种具体表达形式,但不是唯一的形式。在应用一些现代不确定度评定方法时,测量不确定度评定模型在形式上很可能相差很大,如蒙特卡洛方法利用计算机软件对输入量各不确定度的来源进行大样本模拟抽样得到 δ_{i1},δ_{i2},$\cdots$,δ_{iM},其中 M 表示大样本随机抽样的次数。将各输入量的抽样值代入式(2-5)得到 y_1,y_2,$\cdots$,y_M,则测量结果的不确定度评定模型可以表示为

$$u(y) = \sqrt{\frac{1}{M-1} \sum_{r=1}^{M} \left(y_r - \frac{1}{M} \sum_{i=1}^{M} y_i\right)^2}$$

$$(2-6)$$

从形式上来看,虽然式(2-6)不包含不确定度来源中的标准不确定度 $u(\delta_i)$,但由于大样本 y_1,y_2,$\cdots$,y_M 依赖于 $u(\delta_i)$ 对不确定度来源 δ_i 进行随机抽样的计算,因此在本质上却是包含 $u(\delta_i)$ 的一种隐式。比较式(2-5)和式(2-6)可知,即使对于相同测量系统的同一测量任务,在不确定度分析模型完全相同的情况下,不同的评定方法所对应测量不确定度的模型却可能不同。

对测量不确定度评定过程中所涉及的数学模型进行合理分类,将不确定度评定流程与建模过程相结合,得到测量不确定度评定的模型化流程,如图2-5所示。

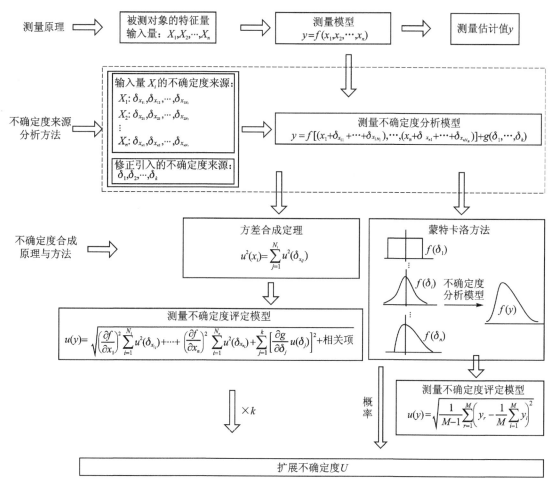

图 2-5　测量不确定度评定的模型化流程

2.3　基于全系统精度理论的不确定度分析

　　研究动态测量的一般方法是用传递函数 $H(S)$ 描述动态测量系统,用随机过程理论对动态测量系统的输出进行数据处理,用过程特征量作为动态测量精度的评定参数。这种方法的特点是将测量系统看作一个具有确定传输关系的"黑箱",通常不考虑系统内部的具体结构和外界干扰对传输关系及测量精度的影响,所以其不能用于进行深层次误差因素的分析,也不利于采取有效措施改善动态测量系统的性能和提高动态测量精度。因此,从动态测量误差的评定与提高动态测量精度的角度来看,用传递函数描述动态测量系统具有一定的局限性。

　　全系统动态测量精度理论从误差分析入手,综合考虑动态测量系统内部结构与外部环境条件对系统传输关系的影响,全面分析测量系统的各种误差源,尽可能将输入与输出之间的黑箱进行白化或者灰化,对信号传递过程中的各个误差进行逐项建模,建立基于传递链函数的动态测量系统的误差模型,据此对测量系统的不确定度做出评定。

2.3.1 全系统动态精度分析

1. 传递链函数

任何测量信号从输入 $x(t)$ 到输出 $y(t)$ 都需要经过一系列的传递,测量系统实际上也是一种信号的传递系统。一般可以由若干个简单的传递单元组成复杂的传递链,用建立在白化基础上描述输出量与输入量之间关系的传递链函数 $F(f_i)$ 表示测量系统的传输特性。全系统动态测量精度理论采用传递链函数 $F(f_i)$ 或 $F(f_1, f_2, \cdots, f_n)(i=1,2,\cdots,n)$ 表示动态测量系统的传输特性,由每个传递单元函数 f_i 组成的传递链函数 $F(f_i)$ 取代传统的传递函数 $H(S)$,对动态测量系统的传输关系进行描述,建立相应的动态测量精度理论模型。

与一般的传递函数不同,传递链函数反映测量系统内部具体物理结构对测量信号的传输关系,由系统内部的具体结构参数和结构形式决定。设测量系统由若干个单元 f_i 组成,其中每个单元包含若干个组件。在理想的情况下,动态测量系统的输入为被测量的实际值 $x_0(t)$,假设经过系统的理想传输之后得到的理想输出值为 $y_0(t)$。用传递链函数 $F(f_i)$ 描述一个测量系统物理结构的传输关系如图 2-6 所示。

该系统的理想输出为

$$y_0(t) = x_0(t)F(f_i) \tag{2-7}$$

式中,$x_0(t)$ 表示被测量的实际值;$y_0(t)$ 表示测量系统的理想输出值。

2. 全系统误差分析

在动态测量中,被测量的时变性和测量系统的时变性导致测量误差的时变性,因此动态测量误差是一种时间参量。

定义动态测量误差 $e_y(t)$ 为实际测量结果 $y(t)$ 减去测量系统的理想输出 $y_0(t)$,即

$$e_y(t) = y(t) - y_0(t) \tag{2-8}$$

实际的动态测量往往达不到理想的状态,因此在测量结果中存在着误差。为了科学地评定动态测量精度和精确地估计动态测量误差,需要首先对动态测量系统进行全面的误差分析。

动态测量系统的误差源主要来自于两个方面:其一是测量系统自身结构的静态误差和动态特性误差,可以将其合成并折合到输出端,记为 $e_F(t)$;其二是外界干扰因素对测量精度的影响,如在系统的输入端可能存在着干扰 $n_x(t)$,与被测量一起作为测量系统的输入。在输出端也可能存在着干扰 $n_y(t)$,它与被测量的输出一起作为测量系统的实际输出,如图 2-7 所示。

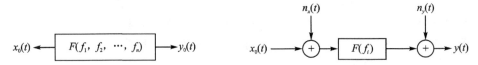

图 2-6 一种理想测量系统的传输关系   图 2-7 一种实际测量系统的传输关系

因此,动态测量系统的实际输出可以表示为

$$y(t) = [x_0(t) + n_x(t)]F(f_i) + e_F(t) + n_y(t) \tag{2-9}$$

将式(2-7)和式(2-9)分别代入式(2-8),得动态测量系统的误差 $e_y(t)$ 为

$$e_y(t) = n_x(t)F(f_i) + e_F(t) + n_y(t) \tag{2-10}$$

上述分析仅指已进入稳定状态的动态测量系统。刚刚开始启动的测量系统一般处于一种相对不稳定的状态,测量信号不能确切地反映测量系统的全部特性。

3. 传递单元误差模型

动态测量系统一般由若干个传递单元组成传递链。设传递链的各组成单元 f_i 有若干个组件,各单元的传输关系可以用单元传递链函数描述,记为 $f_i(q_{i1}, q_{i2}, \cdots, q_{iN})$ 或者简记为 $f_i(q_{ij})$,其中 q_{ij} 为第 i 个单元的第 j 个($j = 1, 2, \cdots, N_i$)组件。

各传递单元的理想传输关系为

$$y_{i0}(t) = x_{i0}(t) \cdot f_i(q_{i1}, q_{i2}, \cdots, q_{iN}) \tag{2-11}$$

式中,$x_{i0}(t)$ 表示第 i 个单元的实际输入;$y_{i0}(t)$ 表示第 i 个单元的理想输出。

各单元的实际输出 $y_i(t)$ 与理想输出 $y_{i0}(t)$ 之间存在差异,亦即传递单元误差

$$e_i(t) = y_i(t) - y_{i0}(t) \tag{2-12}$$

传递单元误差一般包含若干个分量,可以分为确定性误差分量和随机性误差分量两类。

把经过误差分析得出第 i 个单元的第 j 个组件的确定性误差分量记为 Δ_{ij},随机性误差分量记为 δ_{ij}。如果各误差分量之间相互独立,则由各组件引起的传递单元误差为

$$e_{f_i}(t) = \sum_{j=1}^{N_i} \frac{\partial f_i}{\partial q_{ij}} \Delta_{ij} \pm \sqrt{\sum_{j=1}^{N_i} \left(\frac{\partial f_i}{\partial q_{ij}} \delta_{ij} \right)^2} \tag{2-13}$$

严格地说,上式表示的只是传递单元自身结构引起的静态误差。

传递单元误差 $e_i(t)$ 实际包括两部分,除了单元内部结构的静态误差 $e_{f_i}(t)$ 之外,还有一部分是由外部因素引起的传递单元动特性误差。如果折合到传递单元的输出端并且记为 $n_i(t)$,则传递单元误差可以进一步表示为

$$e_i(t) = n_i(t) + e_{f_i}(t) = n_i(t) + \sum_{j=1}^{N_i} \frac{\partial f_i}{\partial q_{ij}} \Delta_{ij} \pm \sqrt{\sum_{j=1}^{N_i} \left(\frac{\partial f_i}{\partial q_{ij}} \delta_{ij} \right)^2} \tag{2-14}$$

4. 典型系统的误差模型

根据动态测量系统的组成形式不同,可以将动态测量系统分为串联系统、并联系统和混联系统三类典型系统。下面分别介绍典型系统动态测量误差的建模方法。

(1) 串联系统的误差模型

设测量系统由 n 个单元组成串联系统,如图 2-8 所示。

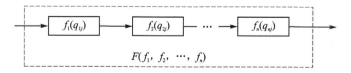

图 2-8　典型串联系统

串联系统中第一个单元的输入即为测量系统的输入;最后一个单元的输出就是测量系统的输出;前一个单元的输出也是后一个单元的输入,即

$$x_1(t) = x(t), \quad y_n(t) = y(t), \quad y_i(t) = x_{i+1}(t) \tag{2-15}$$

串联系统的传递链函数与单元传递链函数之间的关系为

$$F(f_1, f_2, \cdots, f_n) = \prod_{i=1}^{n} f_i(q_{i1}, q_{i2}, \cdots, q_{iN_i}) \tag{2-16}$$

串联系统的理想输出为

$$y_0(t) = x(t) \cdot F(f_1, f_2, \cdots, f_n) = x(t) \prod_{i=1}^{n} f_i(q_{i1}, q_{i2}, \cdots, q_{iN_i}) \tag{2-17}$$

由于存在着测量误差,故系统内各传递单元的实际输出分别为

$$
\begin{aligned}
y_1(t) &= x(t) \cdot f_1(q_{11}, q_{12}, \cdots, q_{1N_1}) + e_1(t) \\
&= x_2(t) \\
y_2(t) &= x_2(t) f_2(q_{21}, q_{22}, \cdots, q_{2N_2}) + e_2(t) \\
&= x(t) \cdot f_1(q_{11}, q_{12}, \cdots, q_{1N_1}) f_2(q_{21}, q_{22}, \cdots, q_{2N_2}) + \\
&\quad e_1(t) f_2(q_{21}, q_{22}, \cdots, q_{2N_2}) + e_2(t) \\
&\vdots \\
y_n(t) &= x(t) \prod_{i=1}^{n} f_i(q_{i1}, q_{i2}, \cdots, q_{iN_i}) + \sum_{j=1}^{n-1} \left[e_j(t) \cdot \prod_{i=j+1}^{n} f_i(q_{i1}, q_{i2}, \cdots, q_{iN_i}) \right] + e_n(t)
\end{aligned}
$$
$$\tag{2-18}$$

由串联系统内部结构因素引起的误差为

$$e_F(t) = y(t) - y_0(t) = y_n(t) - y_0(t) = \sum_{j=1}^{n-1} \left[e_j(t) \prod_{i=j+1}^{n} f_i(q_{i1}, q_{i2}, \cdots, q_{iN_i}) \right] + e_n(t) \tag{2-19}$$

串联系统的动态测量误差模型为

$$e_y(t) = n_x(t) \cdot \prod_{i=1}^{n} f_i(q_{i1}, q_{i2}, \cdots, q_{iN_i}) + \sum_{j=1}^{n-1} \left[e_j(t) \prod_{i=j+1}^{n} f_i(q_{i1}, q_{i2}, \cdots, q_{iN_i}) \right] + \\ e_n(t) + n_y(t) \tag{2-20}$$

(2)并联系统的误差模型

设系统由 n 个传递单元组成并联系统,如图 2-9 所示。

并联系统的传递链函数与单元传递链函数之间的关系为

$$F(f_1, f_2, \cdots, f_n) = \sum_{i=1}^{n} f_i(q_{i1}, q_{i2}, \cdots, q_{iN}) \tag{2-21}$$

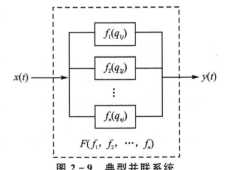

图 2-9 典型并联系统

并联系统的理想输出为

$$y_0(t) = x(t) \cdot \sum_{i=1}^{n} f_i(q_{i1}, q_{i2}, \cdots, q_{iN_i}) \tag{2-22}$$

并联系统所有传递单元的输入皆等于测量系统的输入,即

$$x_i(t) = x(t) \tag{2-23}$$

由于存在着测量误差,故各传递单元的实际输出为

$$y_i(t) = x(t) \cdot f_i(q_{i1}, q_{i2}, \cdots, q_{iN_i}) + e_i(t) \tag{2-24}$$

并联系统的实际输出为

$$y(t) = y_n(t) = \sum_{i=1}^{n} y_i(t) = x(t) \cdot \sum_{i=1}^{n} f_i(q_{i1}, q_{i2}, \cdots, q_{iN_i}) + \sum_{i=1}^{n} e_i(t) \tag{2-25}$$

由并联系统内部因素引起的误差为

$$e_F(t) = y(t) - y_0(t) = \sum_{i=1}^{n} e_i(t) \tag{2-26}$$

并联系统的全系统动态测量误差为

$$e_y(t) = n_x(t) \cdot \sum_{i=1}^{n} f_i(q_{i1}, q_{i2}, \cdots, q_{iN_i}) + \sum_{i=1}^{n} e_i(t) + n_y(t) \tag{2-27}$$

(3) 混联系统的误差模型

混联系统指组成系统的传递单元既有串联形式又有并联形式。

混联系统的组成形式多种多样,传递链函数可以根据测量系统的实际结构和具体组成形式写出来,一般不能得到普遍的和通用的误差模型。需要参照串联系统和并联系统误差建模的方法,得到某个具体混联系统的误差模型。

假设某一个三单元的混联式测量系统如图 2-10 所示。

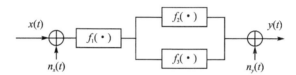

图 2-10　三单元混联式测量系统

整个系统的传递链函数可以表示为

$$F(f_1, f_2, f_3) = f_1(\cdot)[f_2(\cdot) + f_3(\cdot)] \tag{2-28}$$

假设系统各传递单元的误差为 $e_i(t), i = 1, 2, 3$,则全系统误差模型为

$$e_y(t) = n_x(t) \cdot f_1(\cdot)[f_2(\cdot) + f_3(\cdot)] + e_1(t)[f_2(\cdot) + f_3(\cdot)] + e_2(t) + e_3(t) + n_y(t) \tag{2-29}$$

5. 应用实例

为了验证全系统动态精度分析方法的有效性,对一套多功能动态精度实验系统中的减速器进行动态传动误差建模。实验系统采用二级传动直齿轮减速器,如图 2-11 所示。图中 1、2、3、4 均表示齿轮,其中齿轮 1 和齿轮 2 组成第一级传动副的减速比;齿轮 3 和齿轮 4 组成第二级传动副的减速比。

分析减速器的信号传递关系可知,该系统是一个由两级传动副构成的串联系统,传递链函数分别为

$$f_1(\cdot) = \frac{1}{i_{1,2}}, \quad f_2(\cdot) = \frac{1}{i_{3,4}} \tag{2-30}$$

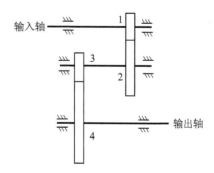

图 2-11　某减速器装置

式中，$i_{1,2}$ 和 $i_{3,4}$ 分别是第一级和第二级传动副的减速比。

设减速器输入端和输出端的噪声分别为 $n_x(t)$ 和 $n_y(t)$，两级齿轮副单元输出端的转角误差分别为 $\Delta\varphi_{1,2}(t)$ 和 $\Delta\varphi_{3,4}(t)$。根据全系统动态精度理论可得减速器系统总的转角误差为

$$\Delta\varphi(t)=n_x(t)\cdot f_1(\cdot)\cdot f_2(\cdot)+\Delta\varphi_{1,2}(t)\cdot f_2(\cdot)+\Delta\varphi_{3,4}(t)+n_y(t)$$
$$=\frac{n_x(t)}{i_{1,2}i_{3,4}}+\frac{\Delta\varphi_{1,2}(t)}{i_{3,4}}+\Delta\varphi_{3,4}(t)+n_y(t) \tag{2-31}$$

对两级传动链的传动误差进行综合分析，可以得出各级齿轮副转角的传动误差分别为

$$\Delta\varphi_{1,2}(t)=\Delta x_{1,2}(t)+E_1\sin(2\pi f_1 t+\theta_{11})+F_1\sin(2n_1\pi f_1 t+\theta_{12})+$$
$$E_2\sin(2\pi f_2 t+\theta_{21})+F_2\sin(2n_2\pi f_2 t+\theta_{22}) \tag{2-32}$$
$$\Delta\varphi_{3,4}(t)=\Delta x_{3,4}(t)+E_3\sin(2\pi f_3 t+\theta_{31})+F_3\sin(2n_3\pi f_3 t+\theta_{32})+$$
$$E_4\sin(2\pi f_4 t+\theta_{41})+F_4\sin(2n_4\pi f_4 t+\theta_{42}) \tag{2-33}$$

式中，$\Delta\varphi(t)$ 表示输出转角误差；$\Delta x_{1,2}(t)$、$\Delta x_{3,4}(t)$ 表示第一级、第二级齿距累计误差引起的等效转角误差；

$$E_1=\frac{1}{m_{1,2}Z_2}\Big[(\Delta F_1'-\Delta f_1')+2\sum_{i=1}^3 e_{1i}\Big],\quad E_2=\frac{1}{m_{1,2}Z_2}\Big[(\Delta F_2'-\Delta f_2')+2\sum_{i=1}^3 e_{2i}\Big]$$
$$E_3=\frac{1}{m_{3,4}Z_4}\Big[(\Delta F_3'-\Delta f_3')+2\sum_{i=1}^3 e_{3i}\Big],\quad E_4=\frac{1}{m_{3,4}Z_4}\Big[(\Delta F_4'-\Delta f_4')+2\sum_{i=1}^3 e_{4i}\Big]$$
$$F_1=\frac{1}{m_{1,2}Z_2}\Delta f_1',\quad F_2=\frac{1}{m_{1,2}Z_2}\Delta f_2',\quad F_3=\frac{1}{m_{3,4}Z_4}\Delta f_3',\quad F_4=\frac{1}{m_{3,4}Z_4}\Delta f_4'$$

其中，Z_i 表示第 i 个齿轮的齿数；$\Delta F_i'$ 表示第 i 个齿轮的切向综合误差；$\Delta f_i'$ 表示第 i 个齿轮的齿间切向综合误差；$e_{1i}、e_{2i}、e_{3i}$ 表示第 i 个齿轮安装的几何偏心；f_i 表示第 i 个齿轮的工作频率，$f_2=f_3$；$i_{3,4}$ 表示第二级传动比；$m_{1,2}$ 和 $m_{3,4}$ 表示第一级和第二级的模数；N_i 表示高次谐波的倍数；θ_{ij} 表示各谐波的初始相位。

将式（2-32）和式（2-33）代入式（2-31）即可求出减速器系统的动态传动误差模型。

该减速器的传动比为 20，第一级和第二级齿轮的传动比为 $i_{1,2}=4$，$i_{3,4}=5$。模数为 $m_{1,2}=m_{3,4}=2$，齿数分别为 $Z_1=19$，$Z_2=76$，$Z_3=12$，$Z_4=60$。将上述参数代入式（2-30）～式（2-32），当电机的转速为 60 r/min 时，得到减速器的总转角传动误差为

$$\Delta\varphi=\Delta x_{1,2}(t)+\frac{1}{5}\Delta x_{3,4}(t)+\frac{1}{760}\Big[\big(\Delta F_1'-\Delta f_1'+2\sum_{i=1}^3 e_{1i}\big)\sin(2\pi t+\theta_{11})+$$
$$\Delta f_1'\sin(2n_1\pi t+\theta_{12})+\big(\Delta F_2'-\Delta f_2'+2\sum_{i=1}^3 e_{2i}\big)\sin(0.5\pi t+\theta_{21})+$$
$$\Delta f_2'\sin(0.5n_2\pi t+\theta_{22})\Big]+\frac{1}{120}\Big[\big(\Delta F_3'-\Delta f_3'+2\sum_{i=1}^3 e_{3i}\big)\sin(0.5\pi t+\theta_{31})+$$
$$\Delta f_3'\sin(0.5n_3\pi t+\theta_{32})+\big(\Delta F_4'-\Delta f_4'+2\sum_{i=1}^3 e_{4i}\big)\sin(0.1\pi t+\theta_{41})+$$
$$\Delta f_4'\sin(0.1n_4\pi t+\theta_{42})\Big]+\frac{1}{20}n_x(t)+n_y(t) \tag{2-34}$$

可以看出，若减速器各齿轮的转速均匀，则减速器输出端的总传动误差由齿距累积误差引起的线性转角误差、三个基本频率 0.05 Hz、0.25 Hz、1 Hz 和一些高次谐波、动态噪声共同组成。

在多功能动态精度实验装置上可以测得减速器的动态传动转角误差,如图 2－12 所示。由伺服电机驱动二级齿轮减速器,输出转角由圆光栅编码器测得,以电机内置的高精度编码器测量值为标准信号,圆光栅测得转角与同步标准转角的差值即为齿轮减速器的动态转角传动误差。

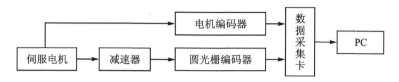

图 2－12　减速器动态转角误差测量实验系统

在进行实验时,设定电机的转速为 60 r/min,采样频率为 125 Hz,采集的总误差信号如图 2－13 所示。

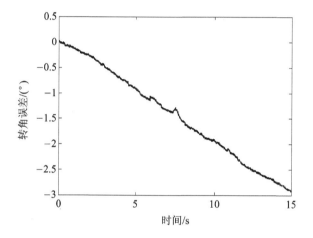

图 2－13　减速器动态转角的传动误差

对上述转角误差信号进行线性拟合并分离出趋势项之后,对残余误差信号进行快速傅里叶变换,得到主要成分的频谱如图 2－14 所示。

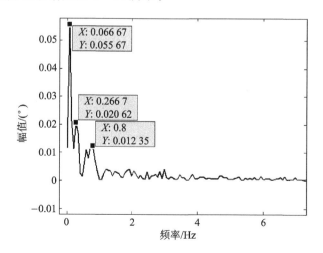

图 2－14　分离出趋势项之后的转角传动误差频谱

由图 2-13 和图 2-14 可以看出,实际转角误差测试数据含有线性趋势项和三个基本频率成分,其中心频率分别在 0.067 Hz、0.267 Hz、0.8 Hz 左右。这一分析结果与减速器系统的传动误差理论模型基本一致,表明全系统动态误差建模理论在减速器系统中的应用有效。

2.3.2　全系统测量不确定度

1. 不确定度分析

动态测量系统的不确定度主要来源与评定方法如下。

(1) 输入端干扰 $n_x(t)$ 引起的不确定度分量 u_x

设输入端干扰 $n_x(t)$ 对应的标准不确定度为 u_{nx}。经过系统传递之后,$n_x(t)$ 引起输出信号的不确定度分量为

$$u_x = u_{nx} |F(f_i)| \qquad (2-35)$$

式中,$|F(f_i)|$ 表示输入端干扰不确定度 u_{nx} 的传递因子。

(2) 输出端干扰 $n_y(t)$ 引起的不确定度分量 u_y

若输出端干扰 $n_y(t)$ 对应的标准不确定度为 u_{ny},可以直接得到不确定度分量为

$$u_y = u_{ny} \qquad (2-36)$$

(3) 测量系统自身结构误差 $e_F(t)$ 引起的不确定度分量 u_F

测量系统结构误差 $e_F(t)$ 引起的不确定度分量 u_F 与结构的特性有关,可以根据系统的具体组成结构进行分析。

计算出各不确定度分量之后,得到动态测量的合成标准不确定度 u_c 为

$$u_c = \sqrt{u_x^2 + u_y^2 + u_F^2} \qquad (2-37)$$

2. 不确定度的计算

通过实验可以分别得到 u_x 和 u_y。因此动态测量系统不确定度的计算,主要是对测量系统结构误差引起不确定度分量 u_F 的计算。

下面分别以三个传递单元的串联系统和并联系统为例,说明 u_F 的具体计算方法。

(1) 三个传递单元的串联系统

设测量系统由三个传递单元串联组成,由串联系统结构的误差模型得

$$e_F(t) = e_1(t) f_2 f_3 + e_2(t) f_3 + e_3(t) \qquad (2-38)$$

若各传递单元误差 $e_i(t)$ 对应的标准不确定度为 u_{f_i},则各单元误差 $e_i(t)$ 经过测量系统传递之后产生的不确定度分量 u_{F_i} 为

$$u_{F_i} = u_{f_i} \left| \frac{\partial e_F(t)}{\partial e_i(t)} \right| \qquad (2-39)$$

式中,$\left| \dfrac{\partial e_F(t)}{\partial e_i(t)} \right|$ 表示各单元不确定度 u_{f_i} 的传递因子。

计算出各单元不确定度分量分别为

$$u_{F_1} = u_{f_1} |f_2 f_3|, \quad u_{F_2} = u_{f_2} |f_3|, \quad u_{F_3} = u_{f_3} \qquad (2-40)$$

串联系统的不确定度分量 u_F 为

$$u_F = \sqrt{\sum_{i=1}^{3} u_{F_i}^2} = \sqrt{u_{F_1}^2 + u_{F_2}^2 + u_{F_3}^2} = \sqrt{(u_{f_1} f_2 f_3)^2 + (u_{f_2} f_3)^2 + (u_{f_3})^2} \quad (2-41)$$

则三单元组成串联系统的合成标准不确定度 u_c 为

$$u_c = \sqrt{[u_{nx}F(f_i)]^2 + (u_{ny})^2 + (u_{f_1} f_2 f_3)^2 + (u_{f_2} f_3)^2 + (u_{f_3})^2} \quad (2-42)$$

（2）三个传递单元的并联系统

设测量系统由三个传递单元并联组成，即 $n=3$。

并联测量系统结构误差模型为

$$e_F(t) = e_1(t) + e_2(t) + e_3(t) \quad (2-43)$$

若 $e_i(t)$ 对应的标准不确定度为 u_{f_i}，则并联系统各单元引起的测量不确定度分量 u_F 可以直接由 u_{f_i} 表示为 $u_{F_i} = u_{f_i}$。

故并联系统的不确定度分量 u_F 为

$$u_F = \sqrt{u_{f_1}^2 + u_{f_2}^2 + u_{f_3}^2} \quad (2-44)$$

三单元组成并联系统的合成标准不确定度 u_c 为

$$u_c = \sqrt{[u_{nx}F(f_i)]^2 + (u_{ny})^2 + (u_{f_1})^2 + (u_{f_2})^2 + (u_{f_3})^2} \quad (2-45)$$

2.3.3　不确定度的评定实例

下面以多滚轮法大轴直径测量系统为例，应用全系统动态测量精度理论建立误差模型。根据总体精度指标先对测量系统的各单元误差进行合理的分配，然后提出相应的精度保证措施，最后对测量系统进行不确定度评定。

1. 测量原理

假设对直径在 1 m 以上的大轴直径进行测量。根据工件的体积大、热变形大和需要现场测量等特点，现有测量方法的不确定度只能达到 $0.020 \sim 0.030$ mm/m，很难达到更高的精度。

如图 2−15 所示，滚轮法测量大直径是一种广泛应用的方法。给弹簧施加一定的力，保证测量装置的滚轮与转动的被测大轴相接触，滚轮被大轴带着一起转动。由光电元件测量出大轴的转数 N（取整数）；由圆光栅角度标准量系统测量出滚轮的转数 n（非整数）。

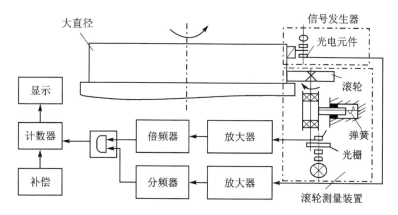

图 2−15　滚轮法测量大直径的原理

若已知滚轮的直径 d,则由下式可以求得被测大轴的直径为

$$D = d\,\frac{n}{N} \qquad\qquad (2-46)$$

滚轮法测量大直径的效率高、装调简便,但容易受到滚轮打滑、滚轮受压变形以及温度误差等影响,很难满足对大轴径测量精度更高的要求。

提高滚轮法的测量精度需要有效地克服或者减小滚轮的打滑、变形及温度等因素的影响。研究人员研制的多滚轮大直径测量系统如图 2-16 所示。

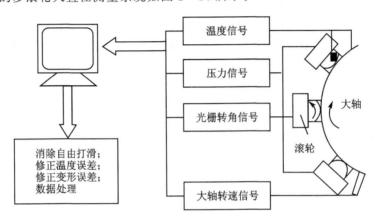

图 2-16　多滚轮大直径测量系统

在被测大轴的同一截面上分别布置 3 个滚轮同时进行测量,通过 3 个滚轮的冗余信号辨识出测量过程中的打滑信号。在对 3 个滚轮信号进行合成时,采取数据融合技术剔除打滑信号,可有效地排除打滑对测量结果的影响。在对接触压力与滚轮直径之间的变化关系进行标定时,可根据测量时的压力信号对滚轮受压的变形误差进行实时修正,以减小滚轮受压变形误差对测量结果的影响。在工件表面上布置多个温度传感器,监测被测大轴在测量过程中的温度变化并且对温度误差进行修正。用微位移传感器测量出被测工件的形状误差,通过数据处理减小形状误差对直径测量的影响。在实施上述措施之后,显著地提高了大轴径的测量精度,测量不确定度优于 0.005 mm/m。

2. 全系统误差分析与精度模型

影响多滚轮法测量大轴系统直径的主要误差因素如下。

(1) 作为标准量的滚轮直径误差

影响滚轮直径的主要误差因素有:

① 滚轮受压产生的变形误差;

② 滚轮直径的标定误差;

③ 滚轮的温度误差。

测量系统中滚轮的直径为 $d = 100$ mm;环境温度与标准温度之差为 $|\Delta t| = 2$ ℃,温度测试不确定度为 $u_{\Delta t} = 0.15$ ℃;材料的膨胀系数为 $\alpha = 11 \times 10^{-6}/$℃,不确定度为 $u_{\alpha} = 1 \times 10^{-6}/$℃。

若滚轮的受压变形经过修正后的不确定度为 0.2 μm,温度修正后的不确定度为

0.26 μm,滚轮直径的标定不确定度为 0.2 μm,则滚轮直径 d 的不确定度为

$$u_d = \sqrt{0.2^2 + 0.26^2 + 0.2^2} \ \mu m = 0.38 \ \mu m$$

（2）滚轮转数的测量误差

滚轮转数的测量误差包括滚轮打滑和光栅的测角误差两项。将打滑信号剔除之后,光栅测角误差成为影响滚轮转数精度的主要因素。

设光栅的测角不确定度为 $u_\beta = 5''$,则滚轮转数 n 的测量不确定度为

$$u_n = \frac{u_\beta}{1\ 296\ 000}$$

（3）大轴转数的测量误差

测量大轴转数的光电开关用于"启/停"采样。经过严格的整形之后,测角不确定度为 $u_\gamma = 1.5''$。因此大轴转数 N 的测量不确定度为

$$u_N = \frac{u_\gamma}{1\ 296\ 000}$$

（4）大轴温度误差修正后的残余误差

环境温度在大尺寸测量中的影响尤为显著。尽管已经对被测大轴的温度误差实施修正,但由温度测量不确定度和材料膨胀系数不确定度导致修正后的残余误差却不可忽略。

（5）数据处理及测量软件的误差

根据多滚轮法的测量原理及信号传输关系,测量系统 $F(f_i)$ 主要由信号测试单元 $f_1(q_{1j}) = \dfrac{d \cdot n}{N}$、信号处理及测量软件单元 f_2 和大轴温度误差修正单元 $f_3(q_{3j}) = -D \cdot \alpha \cdot \Delta t$ 组成。这里的全系统精度模型是一个典型的混联系统,如图 2-17 所示。

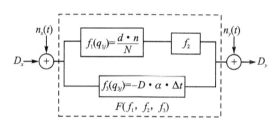

图 2-17　全系统精度模型

测量系统的传递链函数为

$$F(f_i) = f_1 \cdot f_2 + f_3 \tag{2-47}$$

式中,$f_1(q_{1j}) = f_1(d,n,N) = \dfrac{d \cdot n}{N}$；$f_2 = 1$；$f_3(q_{3j}) = f_3(D,\alpha,\Delta t) = -D \cdot \alpha \cdot \Delta t$。

若不考虑输入端与输出端的干扰,则根据传递链函数得到测量系统内部结构因素引起的误差为

$$e_F(t) = e_1(t) \cdot f_2 + e_2(t) + e_3(t) \tag{2-48}$$

式中,$e_i(t)$ 表示各传递单元的误差（其中 $i = 1,2,3$）。

3. 测量系统不确定度评定

（1）单元 f_1

单元 f_1 的不确定度包含三个分量:u_{11}、u_{12}、u_{13}。

① 由滚轮直径 d 的误差引起的不确定度分量 u_{11}:

$$u_{11} = \left| \frac{\partial f_1}{\partial d} \right| u_d = \frac{n}{N} u_d \tag{2-49}$$

设 $N=1, \dfrac{n}{N}=10$，则

$$u_{11} = 10 \times 0.38 \ \mu m = 3.8 \ \mu m$$

② 由滚轮转数 n 的测量误差引起的不确定度分量 u_{12}：

$$u_{12} = \left| \dfrac{\partial f_1}{\partial n} \right| u_n = \dfrac{d}{N} u_n \qquad (2-50)$$

设 $N=1, d=100 \ mm$，则

$$u_{12} = 100 \times 10^3 \ \dfrac{u_\beta}{1\,296\,000} \ \mu m = \dfrac{5}{12.96} \ \mu m = 0.4 \ \mu m$$

③ 由大轴转数 N 的测量误差引起的不确定度分量 u_{13}：

$$u_{13} = \left| \dfrac{\partial f_1}{\partial N} \right| u_N = \dfrac{d \cdot n}{N^2} u_N \qquad (2-51)$$

设 $N=1, d=100 \ mm, \dfrac{n}{N}=10$，则

$$u_{13} = 100 \times 10^3 \times 10 \ \dfrac{u_\gamma}{1\,296\,000} \ \mu m = \dfrac{1.5}{1.296} \ \mu m = 1.2 \ \mu m$$

单元 f_1 的不确定度为

$$u_{f_1} = \sqrt{u_{11}^2 + u_{12}^2 + u_{13}^2} = \sqrt{3.8^2 + 0.4^2 + 1.2^2} \ \mu m = 4.0 \ \mu m$$

（2）单元 f_2

单元 f_2 的不确定度来源于测量系统的数据处理误差、数据融合误差、软件误差等的综合影响。这里假设 $u_{f_2} = 1 \ \mu m$。

（3）单元 f_3

设环境温度与标准温度之差为 $|\Delta t| = 2 \ ℃$，温度测试不确定度为 $u_{\Delta t} = 0.15 \ ℃$；材料的膨胀系数为 $\alpha = 11 \times 10^{-6}/℃$，不确定度为 $u_\alpha = 1 \times 10^{-6}/℃$；被测直径为 $D = 1\,000 \ mm$。大轴温度误差修正单元 f_3 的不确定度包含的两个不确定度分量（$u_{3j}, j=1,2$）计算如下：

① 由材料膨胀系数误差 u_α 引起的不确定度分量 u_{31}：

$$u_{31} = \left| \dfrac{\partial f_3}{\partial \alpha} \right| u_\alpha = D \cdot |\Delta t| u_\alpha = 1 \times 10^6 \times 2 \times 1 \times 10^{-6} \ \mu m = 2 \ \mu m$$

② 由温度测量误差 $u_{\Delta t}$ 引起的不确定度分量 u_{32}：

$$u_{32} = \left| \dfrac{\partial f_3}{\partial (\Delta t)} \right| u_{\Delta t} = D \cdot \alpha \cdot u_{\Delta t} = 1 \times 10^6 \times 11 \times 10^{-6} \times 0.15 \ \mu m = 1.65 \ \mu m$$

则单元 f_3 的不确定度为

$$u_{f_3} = \sqrt{u_{31}^2 + u_{32}^2} = \sqrt{2^2 + 1.65^2} \ \mu m = 2.6 \ \mu m$$

（4）计算各单元的不确定度分量

$$u_{F_1} = \left| \dfrac{\partial e_F(t)}{\partial e_1(t)} \right| u_{f_1} = |f_2| u_{f_1} = 1 \times 4.0 \ \mu m = 4 \ \mu m$$

$$u_{F_2} = \left| \dfrac{\partial e_F(t)}{\partial e_2(t)} \right| u_{f_2} = u_{f_2} = 1 \ \mu m$$

$$u_{F_3} = \left| \dfrac{\partial e_F(t)}{\partial e_3(t)} \right| u_{f_3} = u_{f_3} = 2.6 \ \mu m$$

则测量系统 $F(f_i)$ 的不确定度为

$$u_F = \sqrt{u_{F_1}^2 + u_{F_2}^2 + u_{F_3}^2} = \sqrt{4^2 + 1^2 + 2.6^2}\ \mu m = 4.9\ \mu m$$

（5）计算全系统合成标准不确定度

$$u_c = \sqrt{u_x^2 + u_y^2 + u_F^2} \qquad\qquad (2-52)$$

如果将输入端干扰引起的不确定度 u_x 和输出端干扰引起的不确定度 u_y 都控制在 0.7 μm 之内，则全系统测量不确定度为

$$u_c = \sqrt{u_x^2 + u_y^2 + u_F^2} = \sqrt{0.7^2 \times 2 + 4.9^2}\ \mu m = 4.999\ \mu m$$

由此可知，满足上述条件的多滚轮法大直径测量系统能够达到很高的精度，不确定度优于 0.005 mm/m。

2.4　测量系统不确定度的动态特性分析

2.4.1　测量系统不确定度的动态模型

测量系统在工作期间因受外界条件影响和内部结构的不断变化，其量值特性如偏移、重复性和稳定性等，都会随着时间发生变化。其具体表现为测量结果的估计值与测量系统工作初期相比较发生明显的漂移，且朝着背离被测量真值的方向发展，使测量结果估计值与被测量真值之间的差异逐渐增大；另一方面，一系列随机因素和未知系统因素对测量不确定性的影响增强，使测量值的分散性随着时间不断扩大。测量的估计值和标准差均为时间的函数，可以分别表示为 $\bar{x}(t)$ 和 $\sigma(t)$，测量系统的不确定度随着时间的延续不断增大。测量系统的精度随时间不断损失，当损失达到一定的程度时，终将不再满足测量精度的要求，测量系统也不再有效地进行工作。

引起测量误差的因素很多，各误差因素之间通常是相互独立的，因此多数的测量误差服从正态分布。设测量过程中任一时刻 t_i 的误差分布密度函数 $f(x,t_i)$ 可以表示为

$$f(x,t_i) = \frac{1}{\sigma(t_i)\sqrt{2\pi}} \exp\left\{\frac{[x - \bar{x}(t_i)]^2}{2\sigma^2(t_i)}\right\} \qquad (2-53)$$

由式（2-53）可知，随着测量系统工作时间的延续，$\sigma(t_i)$ 的值不断增大，相应的 $f(x,t_i)$ 则越来越小；测量误差的分布范围越来越大，但误差分布曲线的高度却在降低。被测量的估计值漂移及测量分散性随时间的变化趋势如图 2-18 所示。可以看出，导致精度损失的主要因素是 $\bar{x}(t)$ 的偏移与 $\sigma(t)$ 值的增大。如果用 $\delta(t)$ 表示精度损失函数，则

$$\delta(t) = |\bar{x}(t) - \bar{x}(t_0)| \pm k[\sigma(t) - \sigma(t_0)] = \Delta\bar{x}(t) \pm k\Delta\sigma(t) \qquad (2-54)$$

式中，$\Delta\bar{x}(t)$ 表示测量估计值的偏移量；$\Delta\sigma(t)$ 表示标准差的变化量；k 表示包含因子，由置信概率 P 按正态分布 $P = 2\Phi(k)$ 确定。

由式（2-54）可知，建立精度损失函数 $\delta(t)$ 模型的关键是对 $\Delta\bar{x}(t)$ 和 $\Delta\sigma(t)$ 的建模。引起 $\Delta\bar{x}(t)$ 与 $\Delta\sigma(t)$ 变化的因素比较多，有些是已知的，有些则是未知的，因此难以建立精确的数学模型。一般可以用时间序列分析、神经网络、灰色理论、贝叶斯分析等现代数学方法建立动态模型。

从测量系统的全寿命过程来看，若由测量值 x、测量系统工作时间 t 和误差分布密度 y 构

成一个三维坐标系,则测量系统的误差在三维空间中表现为一种逐渐降低的棚状分布曲面,如图 2-19 所示。它的分布函数为

$$f(x,t) = \frac{1}{\sigma(t)\sqrt{2\pi}}\exp\left\{\frac{[x-\bar{x}(t)]^2}{2\sigma^2(t)}\right\} \qquad (2-55)$$

若将测量系统的起始工作时间 t_0 作为棚左边的入口,则棚在入口处高而陡峭。随着工作时间 t 的延续,在棚的自左至右方向逐渐变得低而宽泛。

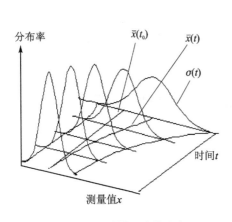

图 2-18 测量误差的分布

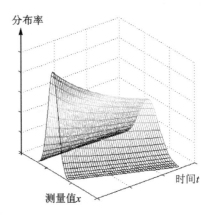

图 2-19 测量误差棚状分布

测量系统的精度损失导致不确定度出现动态变化的特性。测量系统在任一时刻的不确定度 $U(t)$ 取决于工作初期的不确定度 $U(t_0)$、测量估计值在 t 时刻的偏移量 $\Delta\bar{x}(t)$ 和标准差在 t 时刻的变化量 $\Delta\sigma(t)$。

测量系统动态不确定度的一般形式为

$$u_c(t) = \sqrt{\left[\frac{U(t_0)}{k}+\Delta\sigma(t)\right]^2 + \left[\frac{\Delta\bar{x}(t)}{\sqrt{3}}\right]^2} \qquad (2-56)$$

扩展不确定度为

$$U(t) = ku_c(t) \qquad (2-57)$$

2.4.2 动态测量系统的精度损失规律

测量实践表明,测量系统的精度并不是一成不变的,尤其是动态测量系统。随着测量时间的延长,系统及其单元的磨损、变形、老化、腐蚀、漂移等现象日趋严重,导致测量结果的精度逐渐降低,这种现象称为精度损失。当一台测量仪器的精度损失到不能满足测量的要求时,则需要对其进行检修或者报废处理,这时可以认为这台仪器的精度寿命达到终结。研究精度损失规律需要以动态测量误差的分解与溯源结果为依据。首先,为了保证获得随时间变化的主要误差源的特性,需要在足够长的一段时间内,利用测量系统对标准量进行多次重复测量,掌握输出总误差及其相应精度统计量的变化;其次,对测量系统输出的总精度统计量进行分解与溯源,得到系统各组成单元的精度统计量;最后,在测量仪器全寿命周期内进行多个阶段的重复测量实验,通过误差分解与溯源获得测量系统各组成单元在每个阶段的精度统计量,通过建模得到精度损失的规律,对可能达到的有效寿命做出预测。

在建立动态测量系统的精度损失函数模型之前,首先需要研究动态测量系统中各类典型单元精度变化的分布规律。在动态测量仪器中,机械系统、电子系统和光学系统均为主要的组成单元。对于这几类典型单元的研究,需要结合机械、电子和光学等技术,着重考虑精度、刚度和磨损等问题,在设计的初始阶段就要考虑到如何保持精度。随着使用时间的延续,机械、电子和光学的各个零件将逐渐磨损、腐蚀及老化,材料的不稳定性和残留内应力将使零部件逐渐产生永久变形,测量精度和性能也将逐渐下降。

1. 动态精度损失函数的定义

在使用过程中,测量精度随着使用时间的延长逐渐降低,产生的精度损失是一个缓慢变化的过程。测量系统的精度的降低伴随着误差的增大。当测量系统的精度降低到规定的极限时,将会影响正常测量任务的完成,此时可以认为系统的精度已经丧失,需要维修、校准甚至报废,对应的时间称为精度寿命。

测量系统的精度损失是相对于刚开始使用时的精度而言的。精度损失函数 $\delta(t)$ 可以定义为

$$\delta(t) = \hat{e}(t) - \hat{e}(0) \tag{2-58}$$

式中,t 表示测量系统的使用时间;$\delta(t)$ 表示动态测量系统在 t 时刻的精度损失量;$\hat{e}(t)$ 表示动态测量系统在 t 时刻精度统计量的估计值;$\hat{e}(0)$ 表示动态测量系统在刚开始测量(即 $t=0$)时精度统计量的估计值。

测量精度的统计量可以是误差的平均值、方差、标准差或者不确定度等多种不同的形式。

由式(2-58)可知,在 $t=0$ 时刻,动态测量系统的精度损失值为零,表明测量系统在刚开始使用时还没有精度损失;随着时间的延长,测量精度开始产生变化,如图 2-20 所示。

测量系统总精度的损失是各组成单元精度损失综合作用的结果。下面以误差的平均值作为测量系

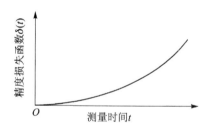

图 2-20 测量系统的精度损失

统在各阶段的精度估计量,分析总精度损失函数与各组成单元精度损失函数之间的关系。

由全系统动态误差模型可知,总误差平均值的估计值 $\bar{e}(t)$ 与各单元误差估计值 $\bar{e}_1(t)$,$\bar{e}_2(t)$,$\cdots$,$\bar{e}_n(t)$ 之间存在的传递链函数关系为

$$\hat{e}(t) = \bar{e}(t) = \bar{e}_1(t) F_1(\bullet) + \bar{e}_2(t) F_2(\bullet) + \cdots + \bar{e}_n(t) F_n(\bullet) \tag{2-59}$$

式中,$F_i(\bullet)$ 表示第 i 个单元折合到信号输出端的误差传递链函数。

同理,当 $t=0$ 时,

$$\hat{e}(0) = \bar{e}(0) + \bar{e}_1(0) F_1(\bullet) + \bar{e}_2(0) F_2(\bullet) + \cdots + \bar{e}_n(0) F_n(\bullet) \tag{2-60}$$

将式(2-59)和式(2-60)代入式(2-58)可得

$$\delta(t) = \left[\bar{e}_1(t) - \bar{e}_1(0)\right] F_1(\bullet) + \left[\bar{e}_2(t) - \bar{e}_2(0)\right] F_2(\bullet) + \cdots + \left[\bar{e}_n(t) - \bar{e}_n(0)\right] F_n(\bullet) \tag{2-61}$$

考虑到各个误差单元的精度损失函数为 $\delta_i(t) = \bar{e}_i(t) - \bar{e}_i(0)$,则全系统的精度损失传递链关系为

$$\delta(t) = \delta_1(t) F_1 + \delta_2(t) F_2 + \cdots + \delta_n(t) F_n \tag{2-62}$$

由此可见,当以误差的平均值作为精度统计量定义精度损失函数时,测量系统的总精度损失量是单元精度损失量与相应传递链函数的乘积之和,不仅与单元自身的精度损失值有关,还取决于各单元传递链函数的大小。需要特别指出的是,如果把精度统计量定义为其他的特征量,同样可以推导出系统总精度损失函数与各组成单元精度损失函数之间的关系。

在测量仪器的设计中要给定测量结果总误差的允差,即测量系统的精度设计指标,用于指导测量系统的设计以及总误差的分配;同样,也应当有精度损失的设计指标,以便对测量系统的精度损失进行控制。

定义动态测量系统的精度损失设计指标 δ_Δ 为

$$\delta_\Delta < \delta_{\lim} - \delta_0 \tag{2-63}$$

式中,$\delta_{\lim}$ 表示动态测量系统的精度极限指标。一旦测量仪器的精度损失至该极限 $\delta_{\lim}$,则无法承担正常的测量任务;δ_0 表示动态测量系统的初始精度设计指标。要求 δ_Δ 小于 $\delta_{\lim} - \delta_0$ 是因为在提出精度损失设计指标时,需要留有一定的余量,这个余量一般为 10%。

根据动态测量系统精度损失函数和精度损失设计指标之间的关系可知

$$\left| \lim_{t \to T_0} \delta(t) \right| \approx |\delta_\Delta| \tag{2-64}$$

式中,T_0 表示动态测量系统的使用寿命。

同理,各个误差单元的精度损失指标 $\delta_{\Delta i}$ 同样符合精度损失指标的定义。

2. 典型测量系统精度损失规律

(1) 典型电子和光电系统的精度损失分析

电路或者系统在规定条件下和规定时间内实现规定功能的能力称为可靠性;如果无法实现规定的功能则称为失效。失效可以分为损坏性失效和漂移性失效两种。损坏性失效是指电路或者系统的性能突然全部失效,具有一定的随机性;漂移性失效是指元器件在使用过程中,由于受到各种环境以及应力条件的影响,相关参数随着时间发生缓慢的变化,导致系统性能偏离设计的中心值造成失效,使系统不能正常工作,它具有一定的规律可以遵循。

电路元器件随着使用时间的推移和温度的上升,输出参数发生漂移,系统的性能指标不断下降。图 2-21 给出大部分电子元器件的性能随使用时间的推移所表现出来的一般趋势。元器件随着使用时间的延长逐渐老化,电路的性能指标不断下降,精度与性能也在下降,产生精度损失。当该指标下降到一定的程度即精度指标的阈值时(称之为失效阈值 W_L),则该电路失效。由于在不同测量阶段都存在随机性的因素,故可以假设性能指标服从正态分布。随着时间的推移,系统正常工作的置信概率就是正态分布曲线落在失效阈值上面阴影部分的面积。

精度损失规律符合指数型正态分布,它的漂移分布 $W(t)$ 为

$$W(t) = e^{-at^b} \tag{2-65}$$

式中,a、b 均为常数。对于不同的电子系统,该参数可以不同。

分布密度函数 $f(x,t)$ 为

$$f(x,t) = \frac{1}{\sigma\sqrt{2\pi}} \exp\left\{ \frac{[x - \bar{x}(t)]^2}{2\sigma^2} \right\} \tag{2-66}$$

在光学系统中,光路本身变化引起的精度损失并不明显。镜片表面的特性变化、机械系统

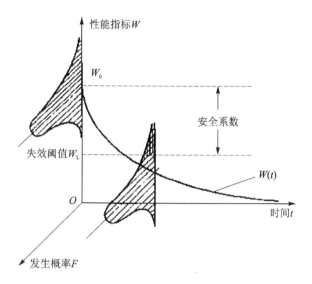

图 2 - 21 电路性能指标的漂移

的精度变化以及电路系统的参数漂移才是光学系统精度损失的主要因素。关于光学系统的典型失效模式及其变化规律,可以参阅相关文献,这里不再赘述。

（2）典型机械单元的精度损失分析

机械系统的失效模式可以分为 7 大类,分别如下。

1）损坏型

损坏型的失效模式有断裂、变形过大、塑性变形和裂纹等。

2）退化型

退化型的失效模式有老化、腐蚀和磨损等。

3）松脱型

松脱型的失效模式有松动、脱焊等。

4）失调型

失调型的失效模式有间隙不当、行程不当和压力不当等。

5）堵塞或者渗漏型

堵塞或者渗漏型的失效模式有堵塞、漏油和漏气等。

6）功能型

功能型的失效模式有性能不稳定、性能下降和功能不正常。

7）其 他

其他的失效模式很多,典型的有润滑不良等。

3. 摩擦副的磨损引起精度损失的规律

摩擦副的磨损因素占总体失效的 $70\% \sim 80\%$,其次为变形和腐蚀。因此对机械结构的磨损、变形及腐蚀规律需要给予特别的关注。下面进行具体分析。

（1）磨 损

摩擦副的磨损导致机械系统的性能发生变化,引起机械系统精度指标下降,产生精度损失。分析机械零件的磨损规律并做出监测及预测,是研究测量设备精度损失的一项重要内容。

　　机械零件在工作过程中相互摩擦,表面层的材料不断发生损耗的过程或者产生残余变形的现象称为零件的磨损。零件的磨损大多数不均匀,这是因为零件受到的载荷经常变化,甚至于具有冲击性。机械零件的磨损过程通常可以分为初期磨损、正常磨损和急剧磨损三个不同的阶段。不同样本时间序列之间存在着很多微小的随机因素,一般可以假设服从正态分布,如图 2-22 所示。正常磨损阶段和急剧磨损阶段之间有一个临界点 A,通常称为合理磨损的极限点。它既是正常磨损阶段的终点,又是急剧磨损阶段的起点,该点所对应的时间就是机械部件的正常工作寿命。

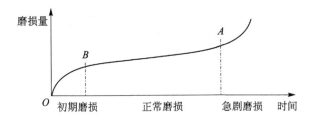

图 2-22　机械零件的磨损过程

　　图 2-22 给出典型机械单元磨损的趋势,表征机械单元精度性能变化的总体状态。由于摩擦副的磨损,机械单元的精度性能指标不断下降。当该指标下降到合理磨损的极限点时,则机械单元失效。对于某一类具体的机械元件如导轨类、齿轮类等,它们的精度性能变化函数很难得到。因为对于不同的材料,在不同的润滑状态和不同的运动速度下,会使精度性能发生不同的变化。在研究机械类单元精度性能的变化规律时,需要根据具体的动态测量系统及其使用状态,有针对性地进行分析。

　　一些传动类运动的机械单元如凸轮、齿轮、螺旋传动类等如图 2-23 所示,可以按照不同的传动方式做出具体的分析。

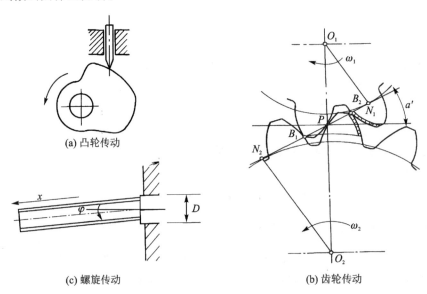

图 2-23　传动类运动单元

1）凸轮传动

如图 2 - 23(a)所示。假设传动时的机械磨损均匀，产生的机械磨损量为 $\Delta w(t)$，则测量精度的变化 $\Delta e(t)$ 为

$$\Delta e(t) = \Delta w(t) \tag{2-67}$$

2）齿轮传动

如图 2 - 23(b)所示。假设传动时的机械磨损均匀，且齿轮 O_1 在传递链的前端，齿轮 O_2 在传递链的后端。在两个齿轮的啮合点 P 处产生的机械磨损量为 $\Delta w(t)$，则齿轮转角精度的变化 $\Delta\theta(t)$ 为

$$\Delta\theta(t) = \Delta w(t)/d \tag{2-68}$$

式中，d 表示齿轮 2 的节圆直径。

3）螺旋传动

如图 2 - 23(c)所示。在螺旋副中的大径和小径并没有相对接触，中径是配合尺寸。当机械磨损引起中径的变化量为 $\Delta w(t)$ 时，直接导致测量精度的变化量为 $\Delta e(t)$。这个变化量可以近似地表示为

$$\Delta e(t) = \Delta w(t) \tag{2-69}$$

螺旋传动中的机械磨损还引起螺杆与螺母之间的间隙增大，导致螺杆的轴线倾斜。由此引起周期性的轴向窜动误差 $\Delta e_1(t)$ 和测量偏斜误差 $\Delta e_2(t)$ 分别为

$$\Delta e_1(t)_{\max} = D \cdot \tan\varphi \tag{2-70}$$

$$\Delta e_2(t) = x(1-\cos\varphi) = 2x\sin^2\frac{\varphi}{2} \approx \frac{1}{2}x\varphi^2 \tag{2-71}$$

式中，D 表示螺杆轴肩的直径；φ 表示螺杆轴线的偏斜角；x 表示螺杆的总移动量。

（2）变　形

影响测量系统精度损失的另一类典型失效形式是金属的变形。金属变形又可以分为弹性变形和塑性变形两种。弹性变形指材料在应力或者载荷的作用下发生变形或者尺寸变化，而当应力或者载荷消失时又能够恢复的一种变形方式。塑性变形指金属零件在应力或者载荷作用下产生永久变形，导致相关尺寸发生永久变化。弹性变形是一种可逆的过程；塑性变形则不可逆。

具有一定塑性的金属材料，在受力之后产生变形。起初只发生弹性变形，然后发生弹-塑性变形，最后当外力超过一定的大小之后便发生断裂。这种变形特性可以明显地反映在应力-应变曲线上。常用的工程应力-应变曲线如图 2 - 24 所示，其中应力和应变的计算公式如下：

$$\left.\begin{aligned}\sigma &= \frac{P}{A_0}\\\varepsilon &= \frac{l-l_0}{l_0}\end{aligned}\right\} \tag{2-72}$$

式中，P 表示作用在工件上的载荷；A_0 表示工件的原始横截面积；l_0 表示工件的原始长度；l 表示

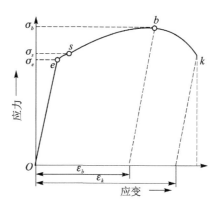

图 2 - 24　金属材料的应力-应变

工件变形后的长度。

可以看出，Oe 对应于弹性变形阶段；$esbk$ 对应于弹-塑性变形阶段；k 为断裂点。当应力低于材料的弹性极限 σ_e 时发生弹性变形，应力与应变之间通常保持线性关系，服从胡克定律，弹性模量在数值上等于应力-应变曲线在弹性变形阶段的斜率。当应力超过 σ_s 时，材料发生塑性变形，出现屈服现象，称 σ_s 为屈服极限或者屈服点。在应力超过 σ_s 之后，试样发生明显的、均匀的塑性变形。随着塑性变形的加剧，金属被不断强化，继续变形所需要的应力不断提高，一直达到最大值 b 点。最大应力值 σ_b 称为材料的强度极限，表示材料对最大均匀塑性变形的一种抵抗力。超过强度极限之后，在拉伸试样上出现颈缩现象。试样局部截面尺寸的快速缩小导致试样承受的载荷开始降低，应力-应变曲线开始下降，在达到 k 点时，试样发生断裂。

（3）腐 蚀

金属与环境之间的物理-化学作用使材料的性能产生变化，导致金属、环境或者由它们组成的相关结构体系的功能受到损伤。按照破坏的形式不同，可以把腐蚀分为点蚀、孔蚀、全面腐蚀、脱层腐蚀、晶间腐蚀、破裂腐蚀、选择腐蚀等。其中全面腐蚀、脱层腐蚀一般会导致测量系统的误差发生变化，其他形式的腐蚀则产生随机误差，使得测量精度降低。

2.4.3　动态测量系统的精度损失预测

对于一个具体的测量系统，可以建立相应的总体精度损失函数。动态测量系统由电子元件、光电器件和机械部件等各个单元部件构成，根据全系统结构误差传递链的关系

$$\Delta e(t) = \Delta e_1(t)F_1 + \Delta e_2(t)F_2 + \cdots + \Delta e_n(t)F_n \tag{2-73}$$

可以得到动态测量系统总体精度损失为各个单元部件精度损失 $\Delta e_i(t)$ 与传递链函数 F_i 综合作用的结果。不同的元器件、不同的系统和不同的传递链结构产生不同程度的精度损失，可以根据测量系统的实际情况进行具体分析。

图 2-25 给出了测量结果的精度损失随时间漂移以及标准差发生变化的趋势。

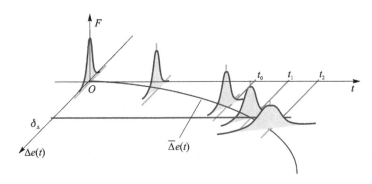

图 2-25　测量系统的精度损失趋势

测量系统的精度损失分布可以表示为

$$\Delta e(t) = \bar{\Delta e}(t) \pm k\Delta\sigma(t) \tag{2-74}$$

式中，$\bar{\Delta e}(t)$ 表示测量系统精度损失的总体平均值函数，服从指数规律；$\Delta\sigma(t)$ 表示测量精度在各个时间点的总体标准差损失；k 表示包含因子，由置信概率 P 按正态分布 $P = 2\Phi(k)$ 确定。

在系统初始时刻 $t=0$ 时，可以认为系统没有精度损失。随着 t 的增大，精度损失将逐渐

增大。在 $t \in (0, t_0)$ 时,系统的精度损失小于要求的精度损失指标 δ_Δ,测量系统处于正常的稳定运行阶段;当 $t \in (t_0, t_2)$ 时,由于随机影响的存在,使测量系统的精度损失有超出精度损失指标 δ_Δ 的可能,这属于一个相对不稳定的工作区;当 $t > t_2$ 时,测量系统的精度损失超出精度损失指标 δ_Δ,精度损失的速率增大,直至损坏。

测量系统稳定工作的寿命应当为正常稳定运行阶段的最大时间 t_0。记 $T_0 = t_0$ 为精度损失的临界寿命,δ_Δ 为动态精度损失指标,则

$$T_0 = G \langle \Delta e(t) \rangle \big|_{\Delta e(t) = \delta_\Delta} \qquad (2-75)$$

式中,$G \langle \Delta e(t) \rangle$ 表示 $\Delta e(t)$ 的反函数。

同理可以写出各个单项母体误差源的精度损失分布为

$$\left. \begin{aligned} \Delta e_1(t) &= \bar{\Delta} e_1(t) \pm k_1 \sigma_1(t) \\ \Delta e_2(t) &= \bar{\Delta} e_2(t) \pm k_2 \sigma_2(t) \\ &\vdots \\ \Delta e_n(t) &= \bar{\Delta} e_n(t) \pm k_n \sigma_n(t) \end{aligned} \right\} \qquad (2-76)$$

各个单项母体误差源的全系统传递链结构的精度损失分布为

$$\left. \begin{aligned} \Delta E_1(t) &= F_1 \Delta e_1(t) = F_1 [\bar{\Delta} e_1(t) \pm k_1 \sigma_1(t)] \\ \Delta E_2(t) &= F_2 \Delta e_2(t) = F_2 [\bar{\Delta} e_2(t) \pm k_2 \sigma_2(t)] \\ &\vdots \\ \Delta E_n(t) &= F_n \Delta e_n(t) = F_n [\bar{\Delta} e_n(t) \pm k_n \sigma_n(t)] \end{aligned} \right\} \qquad (2-77)$$

其中,各个单项母体误差源的全系统结构的精度损失指标分别为 $\delta_{\Delta 1}, \delta_{\Delta 2}, \cdots, \delta_{\Delta n}$,对应的临界寿命分别为 $t_{10}, t_{20}, \cdots, t_{n0}$,即

$$\left. \begin{aligned} t_{10} &= G(\Delta E_1(t)) \big|_{\Delta e_1(t) = \delta_{\Delta 1}} \\ t_{20} &= G(\Delta E_2(t)) \big|_{\Delta e_2(t) = \delta_{\Delta 2}} \\ &\vdots \\ t_{n0} &= G(\Delta E_n(t)) \big|_{\Delta e_n(t) = \delta_{\Delta n}} \end{aligned} \right\} \qquad (2-78)$$

且 $t_{10} \neq t_{20} \neq \cdots \neq t_{n0} \neq T_0$,即系统内部各单项误差源并非同时损失。

一旦达到系统损失的临界时刻,系统中的有些部分可能已经损坏,有些则比较完好。测量系统的正常使用寿命取决于总体精度指标要求以及首先进入耗损期的单元精度损失。较早进入耗损期的单元是系统中的薄弱环节。如果由于某个薄弱环节的耗损导致整个测量系统失效,其他单元尚处于正常的寿命使用期,就会造成资源的浪费。因此需要研究系统各个单元及系统整体的精度损失模型,为达到均匀、等效的精度损失奠定基础。

1. 动态精度损失函数的建模预测方法

由动态精度损失的一般规律以及机、光、电系统的精度损失规律可知,动态测量系统在不同阶段的精度损失一般是非线性、非平稳的趋势序列。目前常用的非平稳、非线性趋势序列建模预报方法主要有最小二乘拟合法、灰色理论、神经网络、支持向量机等,各种数学方法有各自的适用范围。为了适应各种测量精度损失规律的有效建模,首先需要掌握常用方法的建模原理及其适应的数据类型。

（1）最小二乘拟合法

最小二乘拟合法是以最小化误差的平方和为目标来寻找数据最佳匹配函数的方法，又称为最小平方法。通过最小二乘法可以方便地求出数学模型中的未知参数及拟合函数，使估计数据与实际测试数据之间的误差平方和最小。具体的方法是对于给定的数据 $(x_i, y_i)(i=0, 1, \cdots, m)$，在取定的函数类 $\varPhi$ 中，取 $p(x) \in \varPhi$，使误差 $v_i = p(x_i) - y_i$ 的平方和最小，即

$$\sum_{i=1}^{m} v_i^2 = \sum_{i=1}^{m} [p(x_i) - y_i]^2 = \min \qquad (2-79)$$

在曲线拟合中的函数类 $\varPhi$ 可以有不同的选取方法。若以多项式作为拟合函数，则为最小二乘多项式拟合，这是最常用的、经典的数据拟合方法。但在拟合时需要预先检验模型的类型或者多项式的项数。

（2）灰色系统理论

灰色系统理论是研究小样本、乏信息、不确定问题的一种方法。把一切随机过程看作是在一定范围内变化的、与时间有关的灰色过程，将原始数据序列整理成具有一定规律的生成数列之后再建模。这种模型称为灰色模型即 GM(Grey Model)，其中最常用和最简单的一种是 GM(1,1)。

采用 GM(1,1)灰色模型进行预测的基本步骤如下：

① 对原始误差数据进行一次累加生成（记为 1-AGO，Accumulated Generation Operation），得到新的数据序列；

② 新生成的序列满足一阶线性微分方程：

$$x^{(1)}(k+1) = \left[x^{(0)}(1) - \frac{u}{a} \right] e^{-ak} + \frac{u}{a}, \quad k = 1, 2, \cdots, n \qquad (2-80)$$

由最小二乘法可以得到 a、u 的最小二乘近似解 $\hat{a}$、$\hat{u}$，代入微分方程模型对新生成的序列进行预测；

③ 将新生成序列的预测结果再进行一次累减生成（1-IAGO，Inverse Accumulated Generation Operation），得到还原原始数据序列的灰色预测模型。

灰色模型主要适合于对较强指数规律的数据进行预测，建模数据应当等距、相邻、无跳跃，因此其应用受到限制。为了减小预测误差，先后出现了残差修正灰色模型和等维新息递补灰色模型等，这些方法虽然能够更好地跟踪误差序列的发展规律，但无法改变灰色模型适合于指数规律建模的本质。

（3）BP 神经网络

在系统建模预测中应用最多的是 BP 神经网络。该网络一般由输入层、隐层和输出层组成，图 2-26 给出一个 3 层 BP 网络模型的框架。BP 算法是一种有导师的学习算法，学习过程分正向传播和反向传播两部分。在正向传播过程中，输入层数据经过隐层神经元的加权处理后，经过特定的函数计算传向输出层，每一层神经元的状态只影响下一层神经元；若在输出层得不到期望的输出值，则进入反向传播，将误差信号由输出层向输入层传播，沿途采用最速下降法调整各层神经元之间的连接权值和阈值，通过对多个样本的反复训练使误差不断减小，直到达到需要的精度。利用已学习好的网络可以对相应的测试数据进行预测。

一般的测量精度损失预测问题可以通过单隐层 BP 网络实现。输入向量在测量阶段，输

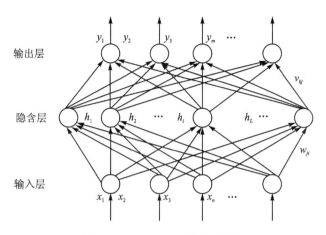

图 2 - 26　3 层 BP 网络模型框架

出向量是系统的精度损失量。网络的输入层和输出层的神经元都只有 1 个,以测试得到的精度损失数据与时间作为网络的目标输出和输入,经过归一化处理之后,对合理设计的神经网络进行训练,训练好的网络经过测试可以应用于精度损失规律的预测。

虽然神经网络技术已取得较大的进步与发展,但仍然存在一些难以解决的问题,如隐层及其节点数、过学习、局部最小点等问题。为了解决这些问题,出现了支持向量机(Support Vector Machine,SVM)模型,成为智能运算领域的又一项突破。

(4) 支持向量回归机

支持向量机是基于统计学习理论和结构风险最小化原则提出的。统计学习理论专门研究在小样本情况下机器学习的规律,针对小样本统计问题建立一套新的理论体系。其不仅考虑了统计推理对渐进性能的要求,还致力于在现有的有限信息中得到最优结果。基于该理论发展起来的支持向量机,能够根据有限样本在模型的复杂性和学习能力之间寻求最佳的平衡,获得最好的泛化能力。与一般的神经网络相比较,支持向量机算法最终可以转化为一个二次型寻优问题,在理论上得到的将是全局最优点,解决了神经网络中难以避免的局部最小值问题;而且支持向量机采用的拓扑结构由支持向量决定,解决了神经网络中拓扑结构靠经验试凑的问题;支持向量机能够以任意精度逼近待研究的模型。

支持向量机的原理是从线性可分情况下的最优分类面发展而来的。在最优分类面理论的基础上,支持向量机通过非线性变换将比较复杂的非线性问题转化为高维空间中的线性问题,在变换空间中求出广义最优分类面。被映射的高维空间可能是有限维的,也可能是无限维的。在支持向量机中,这种映射的具体实现是通过满足 Mercer 条件的对称核函数 $K(x_i, x_j)$ 实现的。经过推导,得到相应的分类函数为

$$f(x) = \text{sgn}\left[\sum_{i=1}^{n} \alpha_i^* y_i K(x_i, x) + b^*\right] \tag{2-81}$$

这就是支持向量机。SVM 的分类函数在形式上类似于一个神经网络,输出是中间节点的线性组合,每个中间节点对应一个支持向量,如图 2 - 27 所示。

内积核函数不同,对应的 SVM 算法也不同。目前最常用的核函数主要有多项式核函数、径向基函数(RBF)和 Sigmoid 函数三类。

支持向量机主要应用在分类与回归两大领域。若要实现对动态测量数据的建模预测,则

需要了解支持向量机回归算法的基本方法。用 SVM 解决回归问题的表述是,给定训练样本集 $(x_i, y_i), x_i \in \mathbf{R}^n, y_i \in \mathbf{R}, i=1,2,\cdots,n$,线性回归的目标就是求下列回归函数:

$$f(x) = w^T \cdot \phi(x) + b, \quad w, \phi(x) \in \mathbf{R}^n, \quad b \in \mathbf{R} \tag{2-82}$$

式中,w 表示参数列矢量;$\phi(\cdot)$ 表示函数列矢量,它把输入样本从输入空间映射到特征空间;b 表示偏置量。

根据统计学习理论,所求得的拟合函数 $f(\cdot)$ 要使下面的性能指标最小,也就是结构风险最小:

$$R_{\mathrm{reg}}^{\varepsilon} = \frac{1}{2} \| w \|^2 + C \cdot R_{\mathrm{emp}}^{\varepsilon} \tag{2-83}$$

式中,$\| w \|^2$ 表示描述函数 $f(\cdot)$ 复杂度的项;C 表示常数,它的作用是在经验风险和模

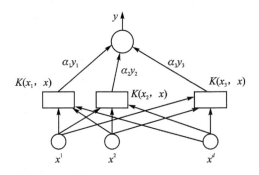

图 2-27　支持向量机示意图

型复杂度之间取折中,以便使所求得的函数 $f(\cdot)$ 具有比较好的泛化能力;$R_{\mathrm{emp}}^{\varepsilon} = \frac{1}{n} \sum_{i=1}^{n} | y_i - f(x) |_{\varepsilon}$ 表示经验风险,其中 ε 表示不灵敏损失函数。

上述优化问题可以转化为一个标准的二次型规划形式:

$$\min \left[\frac{1}{2} (\boldsymbol{\alpha} - \boldsymbol{\alpha}^*)^T \boldsymbol{Q} (\boldsymbol{\alpha} - \boldsymbol{\alpha}^*) + \boldsymbol{y}^T (\boldsymbol{\alpha} - \boldsymbol{\alpha}^T) \right] \boldsymbol{e}^T (\boldsymbol{\alpha} - \boldsymbol{\alpha}^*) = 0$$

它的约束条件为

$$\left. \begin{array}{l} \boldsymbol{e}^T (\boldsymbol{\alpha} + \boldsymbol{\alpha}^*) \leqslant Cv \\ 0 \leqslant \alpha_i, \quad \alpha_i^* \leqslant \dfrac{C}{n}, \quad i=1,\cdots,n \end{array} \right\} \tag{2-84}$$

这里的 $\boldsymbol{Q}$ 是核函数矩阵,其元素为

$$Q_{ij} = \phi(x_i)^T \phi(x_j) = K(x_i, x_j) \tag{2-85}$$

选择适当的核函数,利用数值优化方法求解出参数 α_i^*、α_i、b,就可以得到支持向量机的回归函数

$$f(x) = \sum_{i=1}^{n} (\alpha_i^* - \alpha_i) K(x, x_i) + b \tag{2-86}$$

2. 减速器转角传动精度的建模预测

(1) 精度损失实验数据的获取

为了分析比较各种方法在动态测量实验系统精度损失规律预测中的效果,在一套多功能动态精度实验系统上进行总精度的损失实验。假设进行 i 个测量阶段的精度实验 ($i=1,2,\cdots,n$),每个阶段都进行 k 组重复测量。将 k 组测量值看成等精度测量,对各组测量数据进行处理后获得测量精度的估计值 $\hat{\Delta}_i$。

测量系统的转角误差主要由齿距累计线性误差和谐波误差组成。其中齿距累计线性误差是各个测量阶段的主要误差源,随着齿轮转角的增大而增大。在每个测量阶段,齿轮的转角传动精度可由齿轮刚转完一圈时的转角误差平均值进行估计。在 100 个测量阶段的实验中,相

邻两个测量阶段的时间间隔为 15 min,每个测量阶段的重复测量次数为 5 次。在进行每次实验时,电机的转速为 60 r/min,采样频率为 125 Hz,采集时间为 1 s(刚好转一圈)。采集电机编码器和安装在减速器输出端圆光栅编码器的输出脉冲数,送入计算机,转换成转角误差,以最后采集得到的转角误差平均值作为精度估计值。减速器在各个测量阶段的转角传动精度如图 2-28 所示。

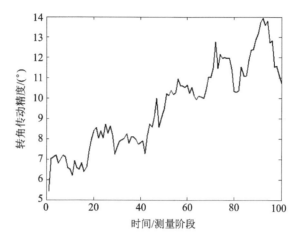

图 2-28　减速器系统转角传动精度的变化

由减速器系统的精度变化情况可见,测量系统的精度损失规律比较复杂,具有趋势性、非线性和随机性。选择合适的建模预报方法对测量系统或者单元精度寿命的预测非常重要。

(2) 精度损失序列的建模预测

为了验证各种方法的预测能力及效果,将测量精度的样本分成两组:前 70 组数据作为建模和训练样本;后 30 组数据作为检验预测能力的测试样本。

1) 精度损失序列的多项式拟合

多项式拟合主要实现对精度数据的趋势项拟合。通过对趋势数据的直观判断,可以由二次多项式反映角度传动精度损失的趋势,拟合与预测的效果如图 2-29 所示。

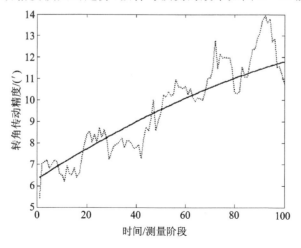

图 2-29　测量精度损失规律的最小二乘多项式拟合

2）精度损失序列的灰色理论建模

采用 GM(1,1)对减速器系统的精度损失规律进行建模预测,得到的效果如图 2-30所示。

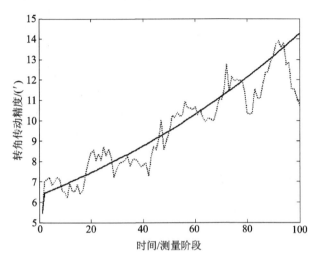

图 2-30　测量精度损失规律的灰色理论建模预测

3）精度损失序列的神经网络预测

测量精度序列的神经网络预测步骤如下:

① 采用 $x' = (x - x_{\lim})/(x_{\max} - x_{\min})$ 将测试数据进行归一化处理。

② 确定训练样本。依次将 5 个由试验确定的测量数据作为网络的输入数据,后面一个数据作为网络输出即目标数据。按照该方式进行滚动式排列,形成 BP 神经网络的训练样本。

③ 构造 BP 网络。采用单隐层 BP 网络进行精度损失序列的预测。根据 Kolmogorov 定理,用一个中间节点数为 $N \times 2 + 1 \times M$ 的 3 层 BP 网络作为时间序列的预测模型。其中 N 表示输入向量的维数,M 表示输出向量的维数。减速器精度损失序列预测采用的 BP 网络结构为:输入层有 5 个神经元;输出层只有 1 个神经元;中间层有 11 个神经元。

④ 设置训练算法及网络参数。确定输出层和隐层的传递函数均为 S 形正切函数 tansig,采用 Levenberg-Marquardt 反向传播算法 trainlm 函数训练网络。设置最大训练步数为1 000,训练误差为 0.001,学习速率为 0.1。

利用训练样本对 5-11-1 网络结构进行训练。经过若干次迭代训练,网络达到预先设置的精度,停止训练。训练的具体过程如图 2-31 所示。

⑤ 对测量精度序列进行预测。用训练好的网络对后 30 组序列进行预测,并进行反归一化处理,得到测量精度的预测结果及其误差分别如图 2-32 和图 2-33 所示。

4）精度损失序列的支持向量机预测

首先将测试数据进行归一化处理,依次将 5 个归一化数据作为输入数据,其后一个数据作为目标数据,按照这种方式进行滚动式排列,形成训练样本。训练完成之后再对后 30 组序列进行回归预测,反归一化后的预测结果及预测误差分别如图 2-34 和图 2-35 所示。

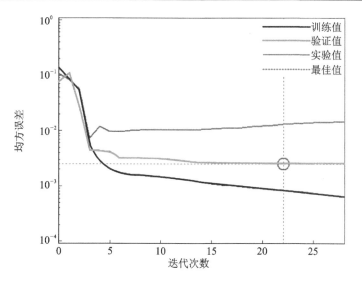

图 2 - 31　BP 神经网络训练结果

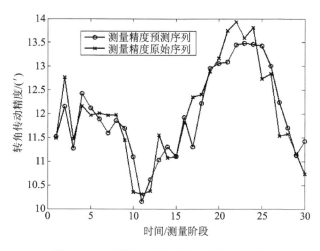

图 2 - 32　测量精度序列神经网络预测结果

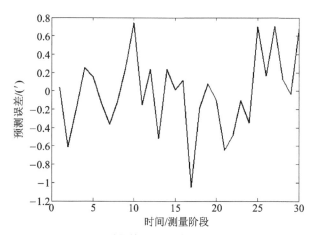

图 2 - 33　测量精度序列神经网络预测误差

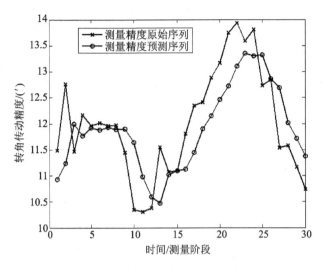

图 2 - 34　测量精度序列支持向量机预测结果

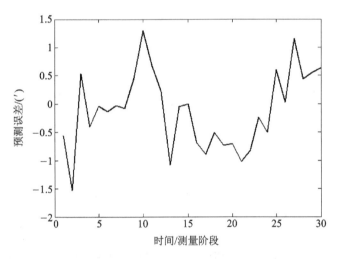

图 2 - 35　测量精度序列支持向量机预测误差

2.5　本章小结

在当前不确定度的评定工作中,一般过于依赖对测量模型的分析,却忽视了对不确定度来源和评定方法的分析,甚至于经常出现将测量原理模型中的输入量当作不确定度来源的情况。本章讨论了测量不确定度评定中的模型分类,提出了测量不确定度分析模型与测量不确定度评定模型的概念,将不确定度评定流程转化为数学建模问题,可以有效地提升测量不确定度评定的模型化程度。

在测量任务明确之后,应当根据测量精度的要求,在测量模型的基础上建立测量不确定度分析模型和评定模型,实现测量不确定度评定的模型化,以便完成不确定度来源分析的任务,有效降低测量不确定度评定的难度。在不确定度来源分析方法的基础上,给出了基于误差溯源法和基于量值统计法的不确定度分析与建模方法,解决了不确定度分析模型及建模的普适性问题。

　　基于全系统动态测量的精度理论,从全面误差分析入手,充分考虑系统内部组成结构误差和系统内、外部干扰因素对测量精度的综合影响,建立了单元误差模型和系统传递链函数,给出了能反映实际情况的全系统动态测量精度模型。针对串联、并联及混联系统等一些典型的系统,讨论了系统传递链函数建模及不确定度计算的方法。以大轴直径多滚轮测量系统的不确定度分析、精度设计与精度保证为例,论述了全系统精度理论的具体应用。

参考文献

[1] 王中宇. 误差分析导论:物理测量中的不确定度[M]. 北京:高等教育出版社,2015.

[2] 王中宇,夏新涛,朱坚民. 测量不确定度的非统计理论[M]. 北京:国防工业出版社,2000.

[3] 陈晓怀. 动态测量精度理论及应用关键问题研究[D]. 合肥:合肥工业大学,2005.

[4] 李硕仁,费业泰,陈晓怀,等. 精密机械精度基础[M]. 台北:高立图书有限公司,2003.

[5] 费业泰. 误差理论与数据处理[M]. 北京:机械工业出版社,2015.

[6] 叶培德. 测量不确定度理解评定与应用[M]. 北京:中国质检出版社,2013.

[7] 施文康,余晓芬. 检测技术[M]. 北京:机械工业出版社,2010.

[8] 倪育才. 实用测量不确定度评定[M]. 4 版.北京:中国质检出版社,2014.

[9] 林洪桦. 测量误差与不确定度评估[M]. 北京:机械工业出版社,2009.

[10] 费业泰. 误差理论的研究与进展[J]. 计量技术,1998,8:40-41.

[11] 陈晓怀,费业泰,黄强先. 全系统动态测量精度理论的基本问题[J]. 制造业自动化,1999,6:46-47.

[12] 费业泰. 精度理论若干问题研究进展与未来[J]. 中国机械工程,2000,11(3):255-257.

[13] 陈晓怀,程真英,刘春山. 动态测量误差的贝叶斯建模预报[J]. 仪器仪表学报,2004,25(4):771-772.

[14] 陈晓怀,黄强先,费业泰. 广义动态测量精度模型及不确定度研究[J]. 中国科学技术大学学报,2001,31(6):738-743.

[15] 陈晓怀,谢少锋,费业泰,等. 测量系统不确定度分析及其动态性研究[J]. 仪器仪表学报,2002,23(3):461-462.

[16] 陈晓怀,李晓惠,卫兵. 基于多种信号处理方法的动态测量误差分解[J]. 仪器仪表学报,2006,27(6):1259-1261.

[17] 黄强先,费业泰,陈晓怀. 动态测量误差与精度理论研究进展[C]. 台北:2009 海峡两岸现代精度理论及应用学术研讨会,2009.

[18] 程银宝,陈晓怀,王汉斌,等. 基于精度理论的测量不确定度评定与分析[J]. 电子测量与仪器学报,2016,30(8):1175-1182.

[19] 卢荣胜. 动态测量实时误差修正技术研究[D]. 合肥:合肥工业大学,1998.

[20] 于连栋. 动态测量系统现代建模理论研究[D]. 合肥:合肥工业大学,2003.

[21] 许桢英. 动态测量系统误差溯源与精度损失诊断的理论与方法研究[D]. 合肥:合肥工业大学,2004.

[22] 程真英. 动态测试系统均匀精度寿命优化设计理论与方法[D]. 合肥:合肥工业大学,2015.

[23] 程银宝. 现代不确定度理论及应用研究[D]. 合肥:合肥工业大学,2017.

[24] Uncertainty of measurement -Part 3: Guide to the expression of uncertainty in measurement:ISO/IEC GUIDE 98-3[S]. Switzerland:ISO,2008.

[25] 测量不确定度评定与表示:JJF 1059.1—2012[S]. 北京:国家质量技术监督局,2012.

[26] Evaluation of Measurement Data -Supplement 1 to the 'Guide to the Expression of Uncertainty in Measurement'-Propagation of distributions using a Monte Carlo method:JCGM 101[S]. Switzerland:ISO,2008.

[27] Evaluation of measurement data-An introduction to the 'Guide to the expression of uncertainty in measurement' and related documents:JCGM 104[S]. Switzerland: ISO, 2009.

[28] Evaluation of Measurement Data-Supplement 2 to the 'Guide to the Expression of Uncertainty in Measurement'-Extension to any number of output quantities:JCGM 102[S]. Switzerland: ISO, 2011.

[29] Evaluation of measurement data-The role of measurement uncertainty in conformity assessment:JCGM 106[S]. Switzerland: ISO, 2012.

[30] Wenzhong S, Wu B, Stein A. Uncertainty modelling and quality control for spatial data[M]. Florida, USA: CRC Press, 2016.

[31] Jeffreys H. Theory of probability[M]. UK: Oxford University press, 1961.

[32] Dietrich C F. Uncertainty, Calibration and Probability[M]. New York: Halsted Press (Wiley), 1973.

[33] Folland G B, Sitaram A. The uncertainty principle: A mathematical survey[J]. Journal of Fourier Analysis and Applications, 1997, 3(3):207-238.

[34] Hack R S,Caten C S. Measurement uncertainty: literature review and research trends[J]. IEEE Transactions on Instrumentation and Measurement, 2012, 61(8):2116-2124.

[35] Ferrero A. Guest Editorial Special Section on the 2006 Advanced Methods for Uncertainty Estimation in Measurement Workshop [J]. IEEE Transactions Instrumentation & Measurement, 2007, 56 (3): 679-680.

[36] Ferrero A. Special section on the 2007 advanced methods for uncertainty estimation in measurement workshop[J]. IEEE Transactions on Instrumentation & Measurement, 2009, 58(1):2-3.

[37] Petri D. Special section on the 2008 advanced methods for uncertainty estimation in measurement workshop[J]. IEEE Transactions on Instrumentation & Measurement, 2010, 59(1):2-3.

[38] Ferrero A. Special section on the 2009 advanced methods for uncertainty estimation in measurement workshop[J]. IEEE Transactions on Instrumentation & Measurement, 2010, 59(11):2790-2791.

[39] Bich W. Revision of the 'Guide to the Expression of Uncertainty in Measurement'. Why and how[J]. Metrologia, 2014, 51 (4):S155-S158.

[40] Pendrill L R. Using measurement uncertainty in decision-making and conformity assessment[J]. Metrologia, 2014, 51(4):S206-S218.

第 3 章　现代不确定度评定方法

测量不确定度是计量科学理论体系中的重点研究内容之一,也是科学活动中保证获取信息可靠性和提高测量准确度的重要手段。《测量不确定度表示指南》(*Guide to the Expression of Uncertainty in Measurement*,简称 GUM)中给出的方法能够解决大部分静态测量中的不确定度评定问题。随着科技的发展,GUM 在实际应用中的局限性与不足也日趋明显,尤其在精密工程和动态测量等领域,依据 GUM 很难实现不确定度的准确评定,甚至得出不正确的结论。近来年,精密工程朝着多维度与高精度的方向发展,测量仪器的功能越来越强大,结构也趋于复杂化。

目前在分析不确定度的来源、确立不确定度传递关系等一系列核心问题方面,GUM 所表现出来的不足,导致精密工程中测量不确定度评定结果的可靠性存疑。动态性是衡量现代测试技术水平的重要标志之一,动态测量在测试技术领域中的主导地位也日益突出,动态测量不确定度评定问题已经成为动态测试理论中的核心。GUM 无法很好地解决不确定度评定过程中动态参数的信息融合问题,导致动态测试不确定度评定中普遍存在着以静态评定代替动态评定的尴尬局面;即使对于静态测量,GUM 也没有很好地考虑时效性引入的不确定度。如果完全依靠经典的不确定度评定理论,远不能满足精密工程和动态测试技术发展的需求。在经典不确定度理论及其评定方法的基础上,了解一些现代不确定度的评定方法,对于保证企业的研发质量和实验室科研数据的有效性具有重要的意义。

3.1　指南中的评定方法

现代不确定度理论是相对于 GUM 指南中经典内容而言的,主要是为了进一步完善 GUM 而提出的一些新的理论或者方法。在介绍几种现代不确定度评定方法之前,需要首先了解 GUM 的现有评定方法。

根据概率的基本概念,按照评定方法的不同,GUM 将标准不确定度分为 A 类评定与 B 类评定两种。前者基于频率的客观概率,后者则基于信任度的主观概率。除了特别说明之外,本节的标准不确定度仅指输入量的标准不确定度。设 X_i 是对被测量 Y 的测量结果产生影响的输入量,测量的首要任务是获取被测量 Y 的最佳估计值,其途径是通过确定输入量 X_i 的最佳估计值,然后由数学模型计算得到 Y 的最佳估计值。确定输入量 X_i 估计值的方法可以通过实验测量获取,也可以根据其他信息来源得到,这两种方法所对应的标准不确定度即为 A 类评定和 B 类评定得到的不确定度。

3.1.1　标准不确定度 A 类评定

在规定的测量条件下,如重复性测量条件、期间精密度测量条件、复现性测量条件等,根据测得的量值用统计分析的方法进行的不确定度评定,称为 A 类评定。

对被测量进行独立重复观测得到一系列测量值,一般可以用算术平均值 $\bar{x}$ 作为被测量的最佳估计值。

$$\bar{x} = \frac{1}{n}\sum_{i=1}^{n}x_i \qquad (3-1)$$

任意一次测量值 x_k 的 A 类标准不确定度,可以用统计分析方法获得的实验标准偏差 $s(x_k)$ 表示。

被测量估计值 $\bar{x}$ 的 A 类标准不确定度为

$$u_A(\bar{x}) = s(\bar{x}) = \frac{s(x_k)}{\sqrt{n}} \qquad (3-2)$$

式中,n 表示求取算术平均值 $\bar{x}$ 时所用测量值 x_i 的数量。

标准不确定度的 A 类评定方法主要有贝塞尔公式法、极差法、合并标准差法等,A 类评定的基本流程如图 3-1 所示。

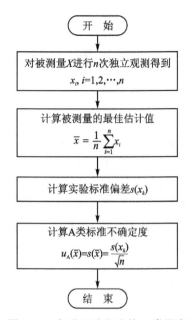

图 3-1 标准不确定度的 A 类评定流程

1. 贝塞尔公式法

在重复性或者复现性测量的条件下,对某一被测量 X 进行独立重复测量 n 次,以式(3-1)计算的算术平均值 $\bar{x}$ 作为最佳估计值,单次测量值 x_k 的实验方差 $s^2(x_k)$ 为

$$s^2(x_k) = \frac{1}{n-1}\sum_{i=1}^{n}(x_i - \bar{x})^2$$

单次测量值 x_k 的实验标准偏差 $s(x_k)$ 为

$$s(x_k) = \sqrt{\frac{1}{n-1}\sum_{i=1}^{n}(x_i - \bar{x})^2} \qquad (3-3)$$

式(3-3)称为贝塞尔公式,实验标准偏差 $s(x_k)$ 表征独立重复测量 n 次的分散性。

按照式(3-1)计算被测量最佳估计值 $\bar{x}$ 的 A 类标准不确定度 $u_A(\bar{x})$ 为

$$u_A(\bar{x}) = \frac{s(x_k)}{\sqrt{n}} = \sqrt{\frac{1}{n\cdot(n-1)}\sum_{i=1}^{n}(x_i - \bar{x})^2} \qquad (3-4)$$

被测量估计值 $\bar{x}'$ 可由 m 次测量值的算术平均值计算得到:

$$\bar{x}' = \frac{1}{m}\sum_{i=1}^{m}x_i, \quad m \leqslant n$$

此时被测量估计值 $\bar{x}'$ 的 A 类标准不确定度为

$$u_A(\bar{x}') = \frac{s(x_k)}{\sqrt{m}} = \sqrt{\frac{1}{m\cdot(n-1)}\sum_{i=1}^{n}(x_i - \bar{x})^2}$$

例 3-1 用游标卡尺对某一尺寸 L 测量 10 次,假定系统误差和粗大误差均已经消除,得到重复测量的数据 l_i(单位:mm)为:75.01,75.04,75.07,75.00,75.03,75.09,75.06,75.02,75.05,75.08。使用贝塞尔公式求测量重复性引入的标准不确定度。

10 次测量的算术平均值为

$$\bar{l} = \frac{1}{10}\sum_{i=1}^{10}l_i = 75.045 \text{ mm}$$

单次测量值的实验标准偏差为

$$s = \sqrt{\frac{1}{10-1}\sum_{i=1}^{10}(l_i - \bar{l})^2} = 0.030\ 3\ \text{mm}$$

若以 $n=10$ 次测量值的算术平均值 $\bar{l}=75.045\ \text{mm}$ 作为估计值,则 A 类标准不确定度为

$$u_A(\bar{l}) = \frac{s}{\sqrt{n}} = \frac{0.030\ 3}{\sqrt{10}}\ \text{mm} = 0.009\ 6\ \text{mm} \tag{3-5}$$

如果将前 3 次测量值的算术平均值 $\bar{l}'=75.04\ \text{mm}$ 作为估计值,则 A 类标准不确定度为

$$u_A(\bar{l}') = \frac{s}{\sqrt{m}} = \frac{0.030\ 3}{\sqrt{3}}\ \text{mm} = 0.017\ 5\ \text{mm} \tag{3-6}$$

比较式(3-5)和式(3-6)的计算结果可知,适当增加测量次数,可以有效地减小重复性引入的不确定度。

2. 极差法

在重复性或者复现性条件下,对某一被测量 X 独立重复测量 n 次,其测量值中的最大值 $x_{\max}$ 与最小值 $x_{\min}$ 之差的绝对值称为极差,用符号 R 表示,即

$$R = |x_{\max} - x_{\min}|$$

在重复性或者复现性测量条件下,得到的观测数据一般可以近似按照正态分布进行估计。单次测量值 x_k 的实验标准偏差 $s(x_k)$ 为

$$s(x_k) = \frac{R}{C} \tag{3-7}$$

式中,C 表示极差系数,查表 3-1 可以得到。

表 3-1　极差系数

n	2	3	4	5	6	7	8	9	10
C	1.13	1.69	2.06	2.33	2.53	2.70	2.85	2.97	3.08

被测量最佳估计值 $\bar{x}$ 的 A 类标准不确定度 $u_A(\bar{x})$ 为

$$u_A(\bar{x}) = \frac{s(x_k)}{\sqrt{n}} = \frac{R}{C \cdot \sqrt{n}} \tag{3-8}$$

例 3-2　采用例 3-1 的测量数据,用极差法求测量重复性引入的标准不确定度。

在该组测量值中的最大值为 75.09 mm,最小值为 75.00 mm,则极差 R 为

$$R = 75.09\ \text{mm} - 75.00\ \text{mm} = 0.09\ \text{mm}$$

当 $n=10$ 时,极差系数 $C=3.08$,则单次测量的实验标准偏差为

$$s = \frac{R}{C} = \frac{0.09\ \text{mm}}{3.08} = 0.029\ 2\ \text{mm}$$

以 $n=10$ 次测量值的算术平均值 $\bar{l}=75.045\ \text{mm}$ 作为测量估计值,用极差法计算的 A 类标准不确定度为

$$u_A(\bar{l}) = \frac{s}{\sqrt{n}} = \frac{0.029\ 2\ \text{mm}}{\sqrt{10}} = 0.009\ 2\ \text{mm} \tag{3-9}$$

3. 合并标准差法

在测量过程处于统计受控状态、规范化检定、校准或者检测情况下,可以采用合并实验标准偏差的方法计算 A 类标准不确定度。

假设对被测量 X 做 N 组测量,得到 $X=(X_1,X_2,\cdots,X_i,\cdots,X_N)$。设第 i 组测量列 X_i 的测量次数为 n_i,即 $X_i=(x_{i1},x_{i2},\cdots,x_{ij},\cdots,x_{in_i})$,则合并标准偏差为

$$s_{\mathrm{p}}(x_k)=\sqrt{\dfrac{\displaystyle\sum_{i=1}^{N}\sum_{j=1}^{n_i}(x_{ij}-\overline{x_i})^2}{\displaystyle\sum_{i=1}^{N}(n_i-1)}} \tag{3-10}$$

当每组测量次数均为 n 次$(n_i=n_j=n)$时,式$(3-10)$可以简化为

$$s_{\mathrm{p}}(x_k)=\sqrt{\dfrac{\displaystyle\sum_{i=1}^{N}\sum_{j=1}^{n}(x_{ij}-\overline{x_i})^2}{N(n-1)}} \tag{3-11}$$

当每组测量次数均为 n 且各组实验标准偏差 s_i 已经独立计算出来时,式$(3-10)$和式$(3-11)$可以简化为

$$s_{\mathrm{p}}(x_k)=\sqrt{\dfrac{1}{N}\sum_{i=1}^{N}s_i^2} \tag{3-12}$$

设最终测量结果以 m 次测量值的算术平均值 $\bar{x}$ 作为最佳估计值,则 $\bar{x}$ 的 A 类标准不确定度为

$$u_{\mathrm{A}}(\bar{x})=\dfrac{s_{\mathrm{p}}(x_k)}{\sqrt{m}}$$

4. 常用评定方法比较

上面三种 A 类评定方法在实际应用中使用均较为广泛。一方面,实验标准差 $s(x)$ 的平方 $s^2(x)$ 是总体方差 $V(x)$ 的无偏估计,更符合方差的合成定理,并且无论测量次数的多少,贝塞尔公式法的自由度均大于极差法,从这个意义上说,贝塞尔公式法更加可靠;另一方面,实验标准差 $s(x)$ 不是总体标准差 $\sigma(x)$ 的无偏估计,也就是说 $s(x)$ 的数学期望 $E[s(x)]$ 与 $\sigma(x)$ 之间存在着系统性的偏离,从这个意义上说,极差法更加简单、实用。

利用计算机仿真的方法可以对三种 A 类评定方法的准确性进行验证,采用没有系统效应影响的仿真数据,比较贝塞尔公式法和极差法的适用场合。

仿真实验的具体步骤如下:

① 利用 MATLAB 软件在随机变量 $X\sim N(0,0.12)$ 中随机抽样 19 组数据,每组数据的个数 n 依次为 $2,3,\cdots,20$;

② 分别用贝塞尔公式法和极差法计算出各组数据的标准不确定度,其中贝塞尔公式法的计算结果用 u_1 表示,极差法的计算结果用 u_2 表示;

③ 为了降低随机效应的影响,循环步骤①与步骤②,循环的次数为 $N=10$;

④ 分别计算出两种方法对 10 次实验标准不确定度的平均值 $\bar{u}_1$ 与 $\bar{u}_2$;

⑤ 将 $\bar{u}_1$、$\bar{u}_2$ 与理论值即总体标准差的理论值 $u_0 = \sigma = 0.1$ 进行比较。

根据仿真数据得到标准不确定度的贝塞尔公式法和极差法的计算结果见表 3-2。

表 3-2　贝塞尔公式法与极差法的计算结果

n	2	3	4	5	6	7	8	9	10	11
贝塞尔法 $\bar{u}_1$	0.076	0.080	0.089	0.108	0.082	0.097	0.093	0.096	0.100	0.094
极差法 $\bar{u}_2$	0.095	0.092	0.090	0.114	0.087	0.099	0.096	0.097	0.104	0.098
理论值 u_0					0.1					

n	12	13	14	15	16	17	18	19	20	
贝塞尔法 $\bar{u}_1$	0.097	0.102	0.087	0.096	0.103	0.096	0.094	0.101	0.107	
极差法 $\bar{u}_2$	0.089	0.107	0.089	0.096	0.108	0.099	0.101	0.103	0.105	
理论值 u_0					0.1					

将表 3-2 中 u_1、u_2 的结果与理论值 $u_0 = 0.1$ 相除，得到比值 $c_{Bessel} = u_1/u_0$ 与 $c_{Range} = u_2/u_0$，如图 3-2 所示。

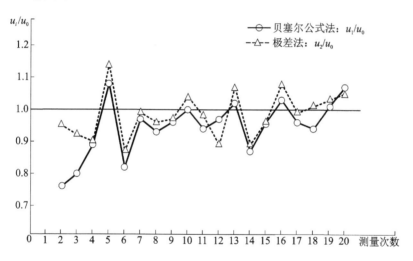

图 3-2　贝塞尔公式法与极差法比较

可以看出，两种方法在 $n \geq 4$ 时评定的标准不确定度基本吻合，都呈比例地趋近于总体的理论标准差；但在 $n = 2, 3$ 时极差法评定的标准不确定度远远优于贝塞尔公式法。在仿真实验中采用的是 10 组评定结果的平均值，已经尽可能排除了异常数据的影响，从随机抽样中得出的数据也基本上避免了系统效应的影响。因此，当测量次数比较少（$n < 4$）时，极差法计算的标准不确定度优于贝塞尔法；当测量次数为 $4 \leq n \leq 20$ 时，采用极差法与贝塞尔法评定的标准不确定度非常接近。对于没有特殊要求的常规测量实验，一般可以采用计算过程比较简单的极差法。在大多数的情况下，重复性测量次数 n 不会大于 20，加之不容易查阅到 $n > 20$ 时的极差系数，因此对于测量次数在 20 次以上的情况尚未开展有效的验证。

将测量次数为 $n = 10$ 的 $N = 10$ 组仿真数据采用合并标准差法计算出 $m = 10$ 次测量结果平均值的标准不确定度为

$$u_3(\bar{x}) = \sqrt{\frac{1}{m} \cdot \frac{\sum\limits_{i=1}^{N}\sum\limits_{j=1}^{n}(x_{ij} - \overline{x_i})^2}{N \cdot (n-1)}} = 0.104$$

将合并标准偏差法计算得到的 10 次测量结果平均值的标准不确定度 $u_3(\bar{x}) = 0.104$，与 $n = 10$ 时贝塞尔公式法和极差法计算得到的 10 次测量结果平均值的标准不确定度 $u_1(\bar{x})$ 和 $u_2(\bar{x})$ 进行比较，见表 3-3。

表 3-3　合并样本标准差法与贝塞尔公式法、极差法的比较

组　列 方法与理论值	1	2	3	4	5	6	7	8	9	10
贝塞尔公式法 $u_1(\bar{x})$	0.110	0.087	0.080	0.107	0.083	0.080	0.155	0.053	0.117	0.128
极差法 $u_2(\bar{x})$	0.125	0.078	0.070	0.131	0.088	0.074	0.154	0.059	0.125	0.138
合并标准差法 $u_3(\bar{x})$	0.104									
理论值 u_0	0.100									

可以看出，无论是贝塞尔公式法还是极差法，在 10 组数据中均没有比合并样本标准差 $u_3(\bar{x}) = 0.104$ 更接近于标准不确定度的理论值 $u_0 = 0.1$，通过 10 组实验数据得到的合并样本标准差很接近于总体标准差的理论值，显然这与合并标准偏差的评定数据范围更广有关。因此在条件允许的情况下，合并标准差法比其他两种方法计算出来的标准不确定度更加合理。

3.1.2　标准不确定度 B 类评定

GUM 中 B 类评定的定义是"除了利用系列测量值由统计分析方法之外的评定方法"，可以简单地理解为也就是基于信任度的主观概率方法。B 类评定的信息来源包括校准或者检定证书、仪器说明书、标准或者技术手册、测试报告、专家经验等。B 类评定与 A 类评定的最大区别是具有一定程度的主观因素。如何使所采纳的先验信息或者证据更加可靠，是标准不确定度 B 类评定中的关键问题。

计算 B 类评定的标准不确定度主要有两类情况：

① 由校准或者检定证书提供的不确定度信息直接进行计算；

② 根据先验信息得到或者估计出被测量分布的极限区间和分布类型，估计出最大允许误差限及对应的包含因子 k。

在测量结果不确定度评定的过程中，并非所有的输入量都完全能够进行溯源。在没有校准或者检验证书给予更多信息的时候，如何对输入量的分布进行合理估计显得尤为重要。因此，掌握标准不确定度 B 类评定方法的重点是几种常见对称分布的性质，以及它们各自在标准不确定度评定中的适应范围。

正态分布即高斯分布具有良好的可解析性，也是多种其他类型分布的极限分布，已经成为不确定度评定中应用最广泛的一种分布类型，尤其是多数随机效应引入的不确定度分量都可以按照正态分布进行处理。正态分布是典型的无界分布，与实际应用中要求统计规律的有界性不符，因此可以用给定概率 p 的取值区间表示分布范围。不同概率所对应的分布区间可以通过 k 倍的标准差 σ 表示，如图 3-3 所示。

需要注意的是,当总体样本(也即母体)满足正态分布时,单个样本的分布并非一定也满足正态分布,而是更加近似地服从 t 分布。这是因为通过有限次实验所获得的实验标准差 $s(x)$ 并非总体标准差 $\sigma(x)$ 的无偏估计,存在着与测量次数 n 有关的系统效应对估计结果所产生的影响,因此在统计学引入与自由度 $\nu = n - 1$ 有关的 t 分布,以获得更高精度的估计。在绝大多数情况下,小样本平均值的分布与合成不确定度的分布都可以用 t 分布进行估计。正态分布与 t 分布的比较如图 3-4 所示。

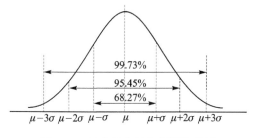

图 3-3 正态分布的常见取值范围

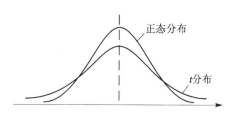

图 3-4 正态分布与 t 分布

在不确定度评定中比较常用的分布类型还有矩形分布(均匀分布)、三角分布、反正弦分布(U 形分布)和梯形分布等,分别如图 3-5 所示。

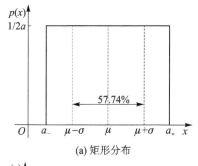

(a) 矩形分布

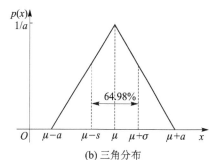

(b) 三角分布

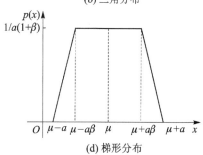

(c) 反正弦分布

(d) 梯形分布

图 3-5 其他的常见分布

在标准不确定度的评定中,还经常用到输入量 X 在 $[\mu - \sigma, \mu + \sigma]$ 区间内所对应的包含概率 p。常见分布类型及其对应的包含概率见表 3-4。

可以看出当分布区间半宽度 a 相同时,正态分布评定标准不确定度的值为最小,所对应的包含概率也最高,说明标准不确定度对应的估计精度更高;其次是三角分布与矩形分布;反正弦分布在相同区间半宽度的情况下,标准不确定度的值虽然最大,但可信程度也最低。

标准不确定度的 B 类评定流程如图 3-6 所示。

表 3－4　常见分布的标准不确定度及其包含概率

分布类型	标准不确定度	包含概率 $p/\%$
正态分布	$u=\dfrac{a}{3}$	68.27
三角分布	$u=\dfrac{a}{\sqrt{6}}$	64.98
矩形分布 （均匀分布）	$u=\dfrac{a}{\sqrt{3}}$	57.74
反正弦分布 （U 形分布）	$u=\dfrac{a}{\sqrt{2}}$	50.03

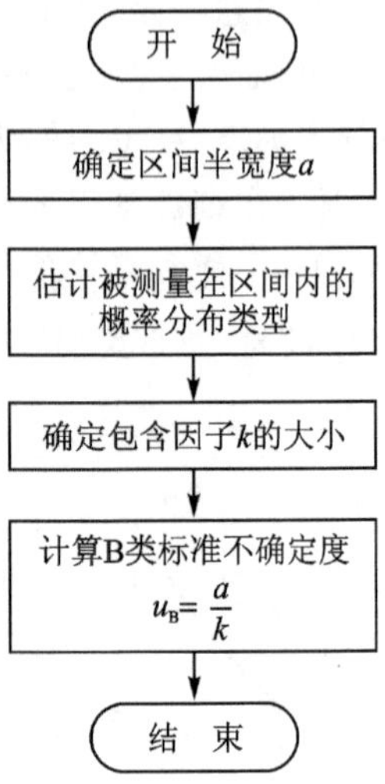

图 3－6　标准不确定度的 B 类评定流程

B 类评定中的区间半宽度 a 一般可以根据如下信息确定：

① 以前曾经测量或者使用过的数据；

② 对有关材料和测量仪器特性的了解和经验；

③ 由生产厂商提供的技术说明书；

④ 来自于校准证书、检定证书或者其他文件中的数据；

⑤ 手册或者某些资料中给出的参考数据及其不确定度；

⑥ 由检定规程、校准规范或者测试标准中给出的数据；

⑦ 其他相关的有用信息。

例如生产厂商提供测量仪器的最大允许误差为 $\pm\Delta$，并且经计量部门检定合格。在评定标准不确定度时，如果按照测量仪器的最大允许误差，则区间半宽度为 $a=\Delta$；如果校准证书提供的校准值给出扩展不确定度为 U，则区间半宽度为 $a=U$；如果由手册查出所用参考数据的误差限为 $\pm\Delta$，则区间半宽度为 $a=\Delta$；如果从有关资料查得某参数的最小可能值为 a_- 和最大可能值为 a_+，最佳估计值为该区间的中点，则区间半宽度为 $a=(a_+-a_-)/2$；如果测量仪器或者实物量具给出了相应的准确度等级，也可以按照检定规程给出的最大允许误差或者测量不确定度计算出区间半宽度。有时也可以根据经验推断出某量值不会超出的范围，或者用实验的方法估计出可能的区间半宽度。

在进行标准不确定度的 B 类评定时，概率分布可以按照不同的情况进行假设：

① 如果被测量受到许多小的随机因素的影响，当它们各自的影响效应基本上都在同等量级时，那么不论各随机因素的概率分布是什么形式，这些随机因素都可以近似按照正态分布进行处理。

② 如果证书或者报告给出的不确定度是具有包含概率为 0.95 或者 0.99 的扩展不确定度 U_p，即给出 U_{95}、U_{99}，则除了另有说明外，均可以按正态分布进行估计。

③ 当利用有关信息或者经验估计出被测量可能区间的上限和下限，且其值在区间外的可能性几乎为零时，若被测量的值落在该区间任意处的可能性相同，则可以假设为均匀分布；若被测量的值落在区间中心的可能性最大，则可以假设为三角分布；若落在区间中心的可能性最小，落在区间上限或者下限的可能性最大，则可以假设为反正弦分布。

④ 当已知被测量的分布是两个不同大小的均匀分布的合成时，则可以假设为梯形分布。

⑤ 当对被测量的可能值落在区间的情况缺乏了解时，一般可以假设为均匀分布。

⑥ 在实际工作中也可以依据同行专家的研究结果或者经验来假设其概率分布。

例如由数据修约、测量仪器最大允许误差或者分辨力、参考数据的误差限、度盘或者齿轮回差、平衡指示器调零不准、测量仪器的滞后或者摩擦效应等导致的不确定度,通常可以假设为均匀分布;两个相同均匀分布的合成、两个独立量之和或者之差服从三角分布;度盘偏心引起的测角不确定度、正弦振动引起的位移不确定度、无线电测量中失配引起的不确定度、随时间按正弦或者余弦变化的温度不确定度,一般可以假设为反正弦分布;在按级使用量块时,中心长度偏差的概率分布可以假设为两点分布。

例 3-3　手册给出纯铜在 20 ℃时的线热膨胀系数 $\alpha_{20}(Cu)$ 为 16.52×10^{-6} ℃$^{-1}$,并说明此值的误差不超过 $\pm0.40\times10^{-6}$ ℃$^{-1}$。求 $\alpha_{20}(Cu)$ 的标准不确定度。

根据手册提供的信息可得 $\alpha_{20}(Cu)$ 的区间半宽度为 $a=0.40\times10^{-6}$ ℃$^{-1}$。依据经验假设其为等概率地落在该区间内,即服从均匀分布,可以取 $k=\sqrt{3}$。

铜的线热膨胀系数的标准不确定度为

$$u(\alpha_{20})=\frac{1}{\sqrt{3}}\times0.40\times10^{-6}\ ℃^{-1}=0.23\times10^{-6}\ ℃^{-1}$$

例 3-4　校准证书上给出标称值为 1 000 g 的不锈钢标准砝码质量 m_s 的校准值为 1 000.000 325 g,校准不确定度为 24 μg(按 3 倍标准差计),求砝码的标准不确定度。

假设服从正态分布,已知区间半宽度为 $a=U=24$ μg,包含因子为 $k=3$,则砝码的标准不确定度为

$$u(m_s)=\frac{24\ \mu g}{3}=8\ \mu g$$

3.2　蒙特卡洛评定方法

蒙特卡洛法(Monte Carlo Method,MCM)又称统计模拟法或者随机抽样技术,可以追溯到 19 世纪的浦丰投针试验。蒙特卡洛法属于试验数学中的一个分支,它以概率统计理论为主要理论基础,以随机抽样方法为主要手段,利用随机数进行统计试验,将得到的统计特征值如平均值(简称均值)、概率等作为待求问题的数值解。

3.2.1　蒙特卡洛的基本原理

蒙特卡洛法的基本思想是当所求问题的解是某个事件的概率或者某个随机变量的统计特征时,通过建立模型、产生随机数和仿真试验等步骤,得出该事件的发生频率或者该随机变量的统计特征值,进而得到所求问题的解。解的精度可以用估计值的标准差表示。

假设所求问题的解 y 为随机变量 X 的期望 $E(X)$,对随机变量 X 进行 M 次重复抽样,产生相互独立的序列值为 $X_1,X_2,\cdots,X_M$,则算术平均值为

$$\bar{X}=\frac{1}{M}\sum_{m=1}^{M}X_m$$

根据柯尔莫哥洛夫强大数定理(Kolmogorov strong law of large numbers),当抽样的次数 M 趋向于无穷大时,所求问题的解 y 的最佳估计值以概率 1 等于 M 个独立抽样值的算术平均值,即

$$P\left(\lim_{M\to\infty}\frac{1}{M}\sum_{m=1}^{M}X_m=y\right)=1$$

因此 MCM 可以用于解决两类问题：

一类是随机性问题。问题的本身具有随机性,对该问题直接进行模拟,准确地描述和模拟概率过程。如原子核物理、库存问题和排队问题等都属于该类随机性问题。

另一类是确定性问题。用 MCM 求解这类问题需要先构造一个与原始问题相关的概率模型,使所求问题的解正好是该概率模型的某些参量,如计算定积分、求解积分方程及线性方程组等。

应用 MCM 求解上述两类问题的基本程序如下:

① 构造概率统计模型。分析并理解所求的问题,建立一种合理并且便于实现的概率统计模型。对随机性问题直接进行模拟,建立相应的概率统计模型;对于确定性问题则需要人为构造一个相关的概率模型,将确定性问题随机化。

② 模型随机变量的抽样。确定了概率统计模型之后,模型的输入量也就随之确定了。为了得到模型输出量的概率分布,需要对各输入量进行大样本抽样。具体包括确定各输入量的概率分布和对其进行抽样两个方面。

③ 确定估计值。根据所构建的模型进行模拟仿真,对模拟试验结果进行分析,利用所构造的概率模型和抽样结果确定随机变量,将其作为所求问题的估计值。

应用蒙特卡洛法求解问题的基本流程见图 3-7。

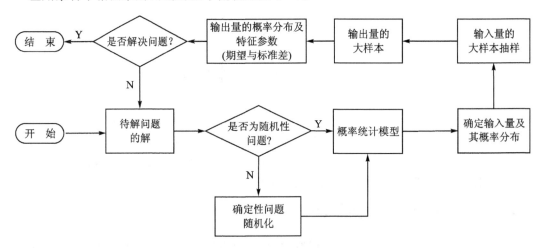

图 3-7　蒙特卡洛法求解问题的基本流程

基于蒙特卡洛数值模拟方法的测量不确定度评定具有以下优点:

① 对模型没有非线性的限制;

② 不受输入量的相关性和模型复杂性的影响;

③ 不受输入量分布的影响;

④ 不用假设被测量的分布;

⑤ 不用计算偏导数和有效自由度。

3.2.2　蒙特卡洛的评定步骤

GUM 法是测量不确定度评定最基础和最根本的方法,但存在着一定的局限性。如当测量模型复杂或者存在着非线性时,输入量的一阶偏导数往往难以求解。在将非线性模型按照泰勒级数展开近似转化为线性模型时,对于高阶泰勒级数的忽略会带来一定的误差,且各输入量之间的相关系数难以准确计算。在评定被测量的扩展不确定度时,通常简单地取包含因子 k 为 2 或 3,对应的包含概率 p 为 95% 或 99.73%,这种方法默认被测量即输出量的概率分布近似为正态分布或者 t 分布。当输出量的概率分布不符合正态分布或者 t 分布时,无法准确地确定包含概率 p 为 95% 或 99.73% 时对应的包含因子值。因此,在实际运用过程中,GUM 的前提条件是输入量的概率分布为对称分布、输出量的概率分布近似为正态分布,且测量模型为线性模型或者近似线性模型。

MCM 的核心在于构造概率模型和进行随机抽样,对输入量的概率分布类型没有要求,并且可以直接得出模型输出量的概率分布。因此将 MCM 引入到测量不确定度的评定中可以有效地弥补 GUM 的一些不足,丰富测量不确定度的评定方法。2008 年,国际标准化组织正式颁布 ISO/IEC Guide 98-3 系列标准,其中在附件 1《用蒙特卡洛法传播概率分布》中规定,在 GUM 不适用的情况下,可以采用蒙特卡洛法评定测量不确定度,以及如何采用蒙特卡洛法验证 GUM 的评定结果,并且详细介绍了蒙特卡洛法评定测量不确定度的实施步骤。在 ISO/IEC Guide 98-3 附件 1 的基础上,我国发布了国家计量技术规范 JJF 1059.2—2012《用蒙特卡洛法评定测量不确定度》,这就使评定人员能够更好地理解和掌握蒙特卡洛法。

应用蒙特卡洛法评定测量不确定度的实施步骤如下:

步骤 1:测量不确定度评定模型的建立。

根据实际测量情况将被测量当作模型输出量,建立输出量的数学模型;分析测量仪器与测量过程,考虑如环境误差影响等未能在数学模型中体现的不确定度来源,确定其中的主要误差源,忽略微小的误差源;综合测量模型与主要误差源,建立测量不确定度评定模型,确定模型中的各输入量,即

$$Y = f(x) = f(x_1, x_2, \cdots, x_n)$$

式中,Y 表示输出量;$x_1, x_2, \cdots, x_n$ 表示 n 个输入量。

步骤 2:输入量概率密度函数的确定。

在使用蒙特卡洛法评定测量不确定度时,需要在各输入量概率密度函数的约束下生成大量的随机数。确定各输入量的概率密度函数非常重要,一般可以通过最大熵原理设定各输入量的概率密度函数。

最大熵原理是当随机变量 X 的概率密度函数为 $p(x)$,上、下限为 b、a 时,随机变量 X 的熵为

$$H = -\int_a^b p(x)\ln p(x)\mathrm{d}x \tag{3-13}$$

由概率密度函数的归一性与非负性可知

$$1 = \int_a^b p(x)\mathrm{d}x, \quad p(x) \geqslant 0 \tag{3-14}$$

除了概率密度函数基本的归一性与非负性之外,约束条件通常以变量 x 的某种函数 $f(x)$ 的平均值为已知的形式给出,如已知均值、方差等。若存在 n 个约束条件,则 n 个 x 的已知函

数 $f_n(x)$ 都有相应确定的平均值

$$F_i = \int_a^b f_i(x)p(x)\mathrm{d}x, \quad i=1,2,\cdots,n \tag{3-15}$$

在满足上述两个条件的情况下,概率密度函数 $p(x)$ 取何值时能够使熵 H 达到最大,这就是最大熵方法的基本原理。

通过拉格朗日乘子法构造一个包含熵 H 与约束条件的新函数。

对概率密度函数 $p(x)$ 求一阶偏导,得到目标函数熵 H 为极大值时的新函数为

$$L = H - \alpha - \beta_1 F_1 - \beta_2 F_2 - \cdots - \beta_n F_n \tag{3-16}$$

式中,$\alpha,\beta_1,\beta_2,\cdots,\beta_n$ 均表示常数。

将式(3-13)与式(3-14)代入式(3-16)可得

$$L = -\int_a^b p(x)\ln p(x)\mathrm{d}x - \alpha\int_a^b p(x)\mathrm{d}x - \sum_{i=1}^n \beta_i \int_a^b f_i(x)p(x)\mathrm{d}x$$

令 $\partial L/\partial p(x)=0$ 可得

$$p(x) = \exp\left[-\alpha - \sum_{i=1}^n \beta_i f_i(x) - 1\right] \tag{3-17}$$

此时,熵 H 取得极大值。

由概率密度函数的归一性可知

$$1 = \int_a^b \exp\left[-\alpha - \sum_{i=1}^n \beta_i f_i(x) - 1\right]\mathrm{d}x$$

令 $K = \mathrm{e}^\alpha$,可得

$$K = \int_a^b \exp\left[-\sum_{i=1}^n \beta_i f_i(x) - 1\right]\mathrm{d}x \tag{3-18}$$

将式(3-18)代入式(3-17)得

$$p(x) = \frac{1}{K}\exp\left[-\sum_{i=1}^n \beta_i f_i(x) - 1\right] \tag{3-19}$$

将式(3-19)代入式(3-15)得

$$F_i = \frac{1}{K}\int_a^b f_i(x)\exp\left[-\sum_{i=1}^n \beta_i f_i(x) - 1\right]\mathrm{d}x, \quad i=1,2,\cdots,n$$

由于 F_i 与 $f_i(x)$ 均为已知,因此结合具体约束条件可以计算出常数 β_i 的值。

在应用 MCM 评定测量不确定时,模型输入量信息通常有以下几种典型的情况:

① 仅知输入量 x 的上限 b 与下限 a。

这时的概率密度函数 $p_x(\xi)$ 只有一个约束条件,即

$$\int_a^b p_x(\xi)\mathrm{d}\xi = 1$$

此时 n 为 0。由式(3-18)可知

$$K = \int_a^b \exp(-1)\mathrm{d}x = \mathrm{e}^{-1}(b-a)$$

将 K 值代入式(3-19)可得

$$p_x(\xi) = \frac{1}{K}\exp(-1) = \frac{1}{b-a}$$

因此,当仅知输入量 x 的上限 b 与下限 a 时,可设定其服从矩形分布。

② 仅知输入量 x 的平均值 μ 和标准差 σ。

这时的概率密度函数 $p_x(\xi)$ 具有以下约束条件：

$$\int_{-\infty}^{+\infty} p_x(\xi)\,\mathrm{d}\xi = 1$$

$$f_1(\xi) = \xi$$

$$f_2(\xi) = (\xi - u)^2$$

于是

$$\mu = \int_{-\infty}^{+\infty} \xi p_x(\xi)\,\mathrm{d}\xi \tag{3-20}$$

$$\sigma^2 = \int_{-\infty}^{+\infty} (\xi - \mu)^2 p_x(\xi)\,\mathrm{d}\xi \tag{3-21}$$

将约束条件代入式(3-18)可知

$$K = \int_{-\infty}^{+\infty} \exp\left[-\beta_1\xi - \beta_2(\xi - \mu)^2 - 1\right]\mathrm{d}\xi$$

$$= \exp\left(-1 - \mu\beta_1 + \frac{\beta_1^2}{4\beta_2}\right)\sqrt{\frac{\pi}{\beta_2}} \tag{3-22}$$

将式(3-22)代入式(3-19)可知概率密度函数 $p_x(\xi)$ 中仅含有未知数 β_1 和 β_2，结合约束条件式(3-20)与式(3-21)可以得出两个方程。联立两个方程即可求出未知数 β_1 和 β_2 的解。

$$p_x(\xi) = \frac{1}{K}\exp\left[-\beta_1\xi - \beta_2(\xi - \mu)^2 - 1\right] \tag{3-23}$$

将式(3-23)代入式(3-20)可得

$$\mu = \int_{-\infty}^{+\infty} \xi \frac{1}{K}\exp\left[-\beta_1\xi - \beta_2(\xi - \mu)^2 - 1\right]\mathrm{d}\xi = \frac{2\mu\beta_2 - \beta_1}{2\beta_2}$$

可以计算出 $\beta_1 = 0$，将概率密度函数 $p_x(\xi)$ 与 $\beta_1 = 0$ 代入式(3-21)可得

$$\beta_2 = \frac{1}{2\sigma^2}$$

得出的概率密度函数 $p_x(\xi)$ 为

$$p_x(\xi) = \frac{1}{\sigma\sqrt{2\pi}}\exp\left[-\frac{(\xi - \mu)^2}{2\sigma^2}\right]$$

因此，当仅知输入量 x 的平均值 μ 和标准差 σ 时，依据最大熵原理可设定其服从正态分布。

③ 当模型的输入量 x 为非负量，且仅知其最佳估计值时，概率密度函数 $p_x(\xi)$ 具有以下约束条件：

$$\int_{a}^{+\infty} p_x(\xi)\,\mathrm{d}\xi = 1$$

$$f_1(\xi) = \xi$$

于是

$$x = \int_{a}^{+\infty} \xi p_x(\xi)\,\mathrm{d}\xi \tag{3-24}$$

将约束条件代入式(3-18)可知

$$K = \int_a^\infty \exp(-\beta\xi - 1)\mathrm{d}\xi = \frac{\exp(-a\beta - 1)}{\beta} \qquad (3-25)$$

将式(3-25)代入式(3-19)可得

$$p_x(\xi) = \frac{1}{K}\exp(-\beta\xi - 1) = \beta\exp[-\beta(\xi - a)]$$

结合约束条件式(3-24),可得

$$\beta = 1/(x - a)$$

$$p_x(\xi) = \beta\exp[-\beta(\xi - a)] = \frac{1}{x - a}\exp[-(\xi - a)/(x - a)]$$

因此,当模型的输入量 x 为非负量,且仅知其最佳估计值时,可以设定服从指数分布。

步骤 3:仿真次数 M 的确定。

蒙特卡洛仿真次数 M 决定输出量的样本容量。仿真次数 M 越大,样本容量越大,越接近于输出量的真实情况。但仿真次数 M 越大,计算时需要花费的时间越久;仿真次数 M 越小,样本容量越小,不能反映输出量的真实情况,导致测量不确定度评定结果失真。如何合理地确定仿真次数 M,是确保评定结果真实、可靠且蒙特卡洛仿真实施成本可以接受的关键因素。

确定仿真次数 M 一般有两种方法:

① 通过测量不确定度评定结果的有效数字位数来确定。一般要求测量不确定度不超过两位有效数字,此时

$$\frac{\sigma(u(y))}{u(y)} \leqslant 0.5 \times 0.005 = 0.000\,25$$

根据自由度的计算公式可得

$$v = M - 1 = \frac{1}{2}\left[\frac{\sigma(u(y))}{u(y)}\right]^{-2} \geqslant 8 \times 10^4$$

因此,仿真次数 M 至少应当大于 8×10^4,才能保证测量不确定度评定结果具有两位有效数字。

② 已知包含概率 p,仿真次数 M 至少应当大于 $1/(1-p)$ 的 10^4 倍。

当 $p = 95\%$ 时,仿真次数为

$$M \geqslant \frac{1}{1-p} \times 10^4 = 2 \times 10^5$$

结合不确定度评定的实际实验,根据上述两种方法得到的计算结果,一般可以取仿真次数 M 为 1×10^6。

步骤 4:输入量概率密度函数的抽样。

在建立模型时,确定了输入量概率密度函数以及仿真次数 M 之后,需要通过计算机技术如 MATLAB 等,在各输入量概率密度函数的约束下生成各输入量的伪随机数组。

若输入量 x_i 的概率密度函数为 $g(x_i)$,可以在 $g(x_i)$ 的约束下产生 M 个值 x_{iM},$i = 1$,$2,\cdots,n$;$r = 1,2,\cdots,M$;若对 n 个输入量分别在其概率密度函数的约束下产生 M 个伪随机数,则可以得到 M 组向量:

$$
\begin{pmatrix}
X_1 \\
\vdots \\
X_r \\
\vdots \\
X_M
\end{pmatrix}
=
\begin{pmatrix}
x_{1,1} & \cdots & x_{i,1} & \cdots & x_{n,1} \\
\vdots & & \vdots & & \vdots \\
x_{1,r} & \cdots & x_{i,r} & \cdots & x_{n,r} \\
\vdots & & \vdots & & \vdots \\
x_{1,M} & \cdots & x_{i,M} & \cdots & x_{n,M}
\end{pmatrix}
$$

步骤 5:蒙特卡洛仿真结果。

将 M 组输入量的值代入测量不确定度评定模型中,可以得到 M 个模型值 $y_r,r=1$, $2,\cdots,M$。通过 M 个模型值计算出输出量的最佳估计值和标准不确定度分别为

$$
\bar{y} = \frac{1}{M} \sum_{r=1}^{M} y_r
$$

$$
u(y) = \sqrt{\frac{1}{M-1} \sum_{r=1}^{M} (y_r - \bar{y})^2}
$$

先后确定 M 个模型值中的最小值 a 和最大值 b,将 $[a,b]$ 分为 m 个小区间,分别统计出每个小区间中模型值的个数,除以样本数 M,得到每个小区间的频率,作出频率直方图。频率直方图可以近似地表示输出量的概率分布函数,通过频率直方图结合包含概率确定包含区间的大小,获得输出量的扩展不确定度。

MCM 评定测量不确定度的流程如图 3-8 所示。

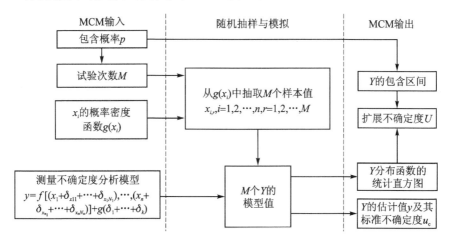

图 3-8　MCM 评定测量不确定度的流程

3.2.3　自适应蒙特卡洛评定

蒙特卡洛法通过仿真试验,把与所求问题相关联事件发生的频率或者相关随机变量的特征值作为问题的解。为了保证解的精度,需要足够多的仿真试验次数。一般很难准确地知道仿真次数是否足够多,过多的次数将导致仿真试验成本急剧增加,因此仿真次数的选取往往具有一定的主观性。在 MCM 基础上的自适应 MCM 通过设定一个相对较小的仿真次数 M,通过不断循环 MCM 的仿真过程,使总的仿真次数逐渐增加,直至所需要的结果达到统计意义上的稳定。这时的仿真次数由测量过程的随机特性及输出量的概率分布性质决定。

基于自适应 MCM 评定测量不确定度的步骤如下:

步骤 1:建立测量不确定度的评定模型:

$$Y = f(x) = f(x_1, x_2, \cdots, x_n)$$

式中,Y 表示输出量;$x_1, x_2, \cdots, x_n$ 表示 n 个输入量。

步骤 2:确定输入量的概率密度函数。

步骤 3:选择包含概率 p。

步骤 4:选择输出量合成标准不确定度 $u(y)$ 的个数 n_{dig},通常取 1 或 2。

步骤 5:设 h 为自适应 MCM 的循环仿真次数,在第一次仿真时可以取 $h=1$。

步骤 6:选择仿真次数 M。

自适应 MCM 通过循环仿真得出输出量的信息,在每一次的循环中,仿真次数应当选择比较适当的数。通常可以取 $M=\max(J, 10^4)$,其中 J 是大于或等于 $100/(1-p)$ 的最小整数。当 $p=95\%$ 时,$J=100/(1-p)=2\,000$,$M=10^4$。

步骤 7:基于步骤 2 确定的输入量概率密度函数以及步骤 5 设定的仿真次数,利用计算机技术对各模型输入量分别进行 M 次抽样,代入到不确定度评定模型中得出 M 个模型输出值。然后按照 MCM 分别计算出平均值 $y^{(h)}$、标准不确定度 $u(y^{(h)})$、包含区间的左右端点 $y_{\text{low}}^{(h)}$ 和 $y_{\text{high}}^{(h)}$。

步骤 8:通过 $h(h \geqslant 2)$ 次仿真得出 h 个平均值 $y^{(h)}$、标准不确定度 $u(y^{(h)})$、包含区间左右端点 $y_{\text{low}}^{(h)}$ 和 $y_{\text{high}}^{(h)}$ 的值。

可以分别计算出:

① 平均值 $y^{(h)}$ 的均值 $y(h)$ 与标准差 $s_y(h)$:

$$y(h) = \frac{1}{h} \sum_{i=1}^{h} y^{(i)}$$

$$s_y(h) = \sqrt{\frac{1}{h(h-1)} \sum_{i=1}^{h} \left[y^{(i)} - y(h) \right]^2}$$

② 标准不确定度 $u(y^{(h)})$ 的均值 $u_y(h)$ 与标准差 $s_{u(y)}(h)$:

$$u_y(h) = \frac{1}{h} \sum_{i=1}^{h} u(y^{(i)})$$

$$s_{u(y)}(h) = \sqrt{\frac{1}{h(h-1)} \sum_{i=1}^{h} \left[u(y^{(i)}) - u_y(h) \right]^2}$$

③ 包含区间左端点 $y_{\text{low}}^{(h)}$ 的均值 $y_{\text{low}}(h)$ 与标准差 $s_{\text{ylow}}(h)$:

$$y_{\text{low}}(h) = \frac{1}{h} \sum_{i=1}^{h} y_{\text{low}}^{(i)}$$

$$s_{\text{ylow}}(h) = \sqrt{\frac{1}{h(h-1)} \sum_{i=1}^{h} \left[y_{\text{low}}^{(i)} - y_{\text{low}}(h) \right]^2}$$

④ 包含区间右端点 $y_{\text{high}}^{(h)}$ 的均值 $y_{\text{high}}(h)$ 与标准差 $s_{\text{yhigh}}(h)$:

$$y_{\text{high}}(h) = \frac{1}{h} \sum_{i=1}^{h} y_{\text{high}}^{(i)}$$

$$s_{\text{yhigh}}(h) = \sqrt{\frac{1}{h(h-1)} \sum_{i=1}^{h} \left[y_{\text{high}}^{(i)} - y_{\text{high}}(h) \right]^2}$$

步骤 9：利用当前 $h \times M$ 个模型的输出量，依照 MCM 评定出输出量 y 的合成标准不确定度 $u(y)$，并计算出其数值的容差 δ。

数值容差 δ 的计算方法如下：

将数值 x 表示为 $c \times 10^l$ 的形式，其中 c 是 n_{dig} 位十进制整数，则

$$\delta = \frac{10^l}{2}$$

步骤 10：判断标准差 $s_y(h)$、$s_{u(y)}(h)$、$s_{y\text{low}}(h)$ 和 $s_{y\text{high}}(h)$ 与数值容差 δ 之间的关系。

当 2 倍 $s_y(h)$、$s_{u(y)}(h)$、$s_{y\text{low}}(h)$ 和 $s_{y\text{high}}(h)$ 均小于容差 δ 时，自适应 MCM 仿真结束，利用当前 $h \times M$ 个模型输出量的值，根据 MCM 计算出输出量的估计值、标准差以及包含区间；当 2 倍 $s_y(h)$、$s_{u(y)}(h)$、$s_{y\text{low}}(h)$ 和 $s_{y\text{high}}(h)$ 中存在任意一个大于容差 δ 的值时，增加一次循环仿真，返回步骤 6 重新进行计算与判断，直至 2 倍 $s_y(h)$、$s_{u(y)}(h)$、$s_{y\text{low}}(h)$ 和 $s_{y\text{high}}(h)$ 均小于容差 δ 时结束仿真过程。

3.2.4　不确定度的合成方法

1. 方和根法合成的局限性

标准不确定度的合成普遍采用方和根法，它的理论依据是方差合成定理。这种方法在应用中存在两个问题：一是求解输入量 x_i 与 x_j 之间相关系数 ρ_{ij} 的难度大；二是当不同输入量概率分布的类型和宽度存在差异时，方差合成定理计算输出量 Y 的分布类型难以确定，很难准确地得到扩展不确定度与包含概率。

例如，在简单的线性测量模型 $Y = X_1 + X_2$ 中，若 X_1、X_2 都服从矩形分布，则分布范围分别为 $[-1, 1]$ 和 $[-3, 3]$。

当 X_1 与 X_2 之间相互独立时，$\rho_{ij} = 0$，按照方和根法计算输出量 Y 的标准不确定度为

$$u_c(Y) = \sqrt{u^2(X_1) + u^2(X_2)} = \sqrt{\left(\frac{1}{\sqrt{3}}\right)^2 + \left(\frac{3}{\sqrt{3}}\right)^2} \approx 1.82 \qquad (3-26)$$

式（3-26）符合方差合成定理，即 Y 的合成标准不确定度 u_c 在量值上符合数学原理，但输出量的分布类型未知，因此无法获知 u_c 对应的包含概率。如果按照 GUM，只能默认 Y 近似地服从 t 分布或者正态分布，以便计算出扩展不确定度及其包含概率，或者近似取 $p = 95\%$，$k = 2$，或 $p = 99\%$，$k = 3$。

例如，在 $p = 95\%$ 时的扩展不确定度为

$$U_{95} = 3.64, \quad k = 2 \qquad (3-27)$$

由统计学知识可知，两个服从矩形分布随机变量的合成不服从正态分布。两个区间相同的矩形分布的合成服从三角分布；两个区间不同的矩形分布的合成则服从梯形分布。因此，式（3-27）估计出来的扩展不确定度显然不符合客观情况。

采用 MATLAB 对 X_1、X_2 均进行 1×10^6 次随机抽样，代入测量模型 $Y = X_1 + X_2$ 中得出 1×10^6 个输出量 Y 的值。画出输出量 Y 的频次统计直方图，见图 3-9。

在包含概率为 $p = 95\%$ 的情况下，统计直方图的包含区间为 $[-3.23, 3.23]$，扩展不确定度为 $U_{95} = 3.23$。如果已知方和根法计算的合成标准不确定度正确，则 $U_{95} = 3.23$ 对应的包含因子为 $k = U_{95}/u_c = 1.77$。输出量 Y 在包含概率为 $p = 95\%$ 时的扩展不确定度为

$$U_{95} = 3.23, \quad k = 1.77 \tag{3-28}$$

图 3-10 给出式(3-27)与式(3-28)两种不确定度评定结果的比较。可以看出,对于同样的包含概率 $p = 95\%$,按照 GUM 得到的扩展不确定度为 $U_{95} = 3.64$,$k = 2$,与客观量值 $U_{95} = 3.23$,$k = 1.77$ 相比较,人为地扩大了 12.7%,显然偏离了测量不确定度的定义和评定初衷,因此用 $U_{95} = 3.64$,$k = 2$ 赋予输出量 Y 的分散性不合理。在不确定度评定的实践中,不确定度的分析模型通常比测量模型复杂,各不确定度的来源并非都相互独立,输入量的分布类型也多种多样。根据方和根法合成标准不确定度很可能由于忽视了各输入量之间的相关性而造成误差,无法给出合成标准不确定度的包含概率,也无法准确地计算出在特定包含区间下的扩展不确定度。

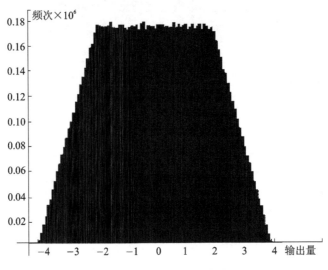

图 3-9　输出量的统计直方图

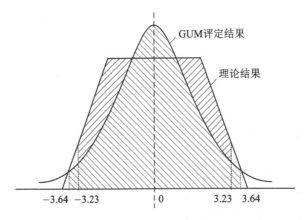

图 3-10　GUM 评定结果与理论结果的比较

MCM 的分布传播原理如图 3-11 所示。

基于 MCM 的测量不确定度评定与 GUM 相比较,具有的优势如下:

① 在评定输入量的标准不确定度时,不要求输入量的概率分布为对称分布。

② 在计算合成标准不确定度时,MCM 基于分布传播的原理,根据测量模型由各输入量

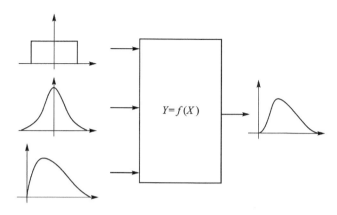

图 3 - 11　蒙特卡洛法的分布传播

的概率分布函数提供输出量的概率分布函数,避免了非线性模型高阶泰勒级数项的省略问题,同时不需要计算一阶偏导数。

③ 在确定扩展不确定度时,根据输出量的概率分布函数和包含概率,可以直接得出包含区间和扩展不确定度,不再需要进行假设或者近似。

④ MCM 可以有效地回避自由度计算的繁难问题。

2. 不确定度代数和合成方法

在一次完整的测量过程中,各种误差因素都将对测量结果产生影响,其中既有系统误差也有随机误差的影响。不失一般地,如果不考虑测量结果的修正模型,则测量模型的一般表达式为 $y = f(x_1, x_2, \cdots, x_n)$。

多元函数的增量可以由全微分的形式表示为

$$\mathrm{d}y = \frac{\partial f}{\partial x_1}\mathrm{d}x_1 + \frac{\partial f}{\partial x_2}\mathrm{d}x_2 + \cdots + \frac{\partial f}{\partial x_n}\mathrm{d}x_n \tag{3-29}$$

由于各输入量 x_i 的误差值 Δ_i 一般都比较小,当已知各输入量的误差值时,可以用 Δ_i 代替式(3-29)中的微分量 $\mathrm{d}x_i$,则

$$\Delta_y = \frac{\partial f}{\partial x_1}\Delta_1 + \frac{\partial f}{\partial x_2}\Delta_2 + \cdots + \frac{\partial f}{\partial x_n}\Delta_n \tag{3-30}$$

对函数的各输入量 x_i 求一阶偏导数,乘以相应的误差值,可以得出模型的输出量即被测量 y 的误差。式(3-30)的误差合成方法一般称为代数和法,式中各误差的大小与符号应当均为已知。

测量过程中系统效应和随机效应的影响,将使 Y 的测量值 y 偏离真值 y_0。因此 Δ_y 是系统误差 ε 与随机误差 δ 之和,即 $\Delta_y = \delta + \varepsilon$,则

$$y = y_0 + \Delta_y$$

式中,被测量的真值 y_0 本身并不是变量,而是一个尽管未知但确定不变的量,因此可以当作一个常量。

根据统计学知识可知

$$\sigma(y) = \sigma(\Delta_y)$$

显然,测量值 y 的分散性与测量误差 Δ_y 的分散性相等。

根据标准不确定度的定义有

$$u(y) = u(\Delta_y) \tag{3-31}$$

由于被测量的真值未知、测量次数有限等原因,通常无法给出测量误差的具体值,只能将误差当作随机变量处理。可以用估计出来的统计分布表征误差对测量结果的影响,采用方和根法进行合成,获得输出量统计分布的标准差。假设误差的统计分布信息为已知,并且进行了随机化处理。根据 MCM 对每一个输入量 x_i 的误差都进行 M 次随机抽样,即对每一个输入量 x_i 都进行抽样,获得的 M 个误差值 Δx_i 为

$$\begin{cases} x_1: \Delta x_{11}, \Delta x_{12}, \cdots, \Delta x_{1M} \\ \quad\quad\quad\quad \vdots \\ x_i: \Delta x_{i1}, \Delta x_{i2}, \cdots, \Delta x_{iM} \\ \quad\quad\quad\quad \vdots \\ x_n: \Delta x_{n1}, \Delta x_{n2}, \cdots, \Delta x_{nM} \end{cases}$$

此时各误差 Δx_i 的值已经不再是随机变量,而是 M 个已知符号和数值的确切的量。根据式(3-30)计算出 M 个输出量 y 的误差 Δ_y 为

$$\begin{cases} \Delta_{y1} = \dfrac{\partial f}{\partial x_1} \Delta x_{11} + \dfrac{\partial f}{\partial x_2} \Delta x_{21} + \cdots + \dfrac{\partial f}{\partial x_n} \Delta x_{n1} \\ \quad\quad\quad\quad \vdots \\ \Delta_{yi} = \dfrac{\partial f}{\partial x_1} \Delta x_{1i} + \dfrac{\partial f}{\partial x_2} \Delta x_{2i} + \cdots + \dfrac{\partial f}{\partial x_n} \Delta x_{ni} \\ \quad\quad\quad\quad \vdots \\ \Delta_{yM} = \dfrac{\partial f}{\partial x_1} \Delta x_{1M} + \dfrac{\partial f}{\partial x_2} \Delta x_{2M} + \cdots + \dfrac{\partial f}{\partial x_n} \Delta x_{nM} \end{cases}$$

根据贝塞尔公式计算出样本标准差为

$$u(\Delta_y) = \sqrt{\dfrac{\displaystyle\sum_{i=1}^{M} (\Delta_{yi} - \bar{\Delta}_y)^2}{M-1}}$$

根据式(3-31)可以得到测量系统输出量 Y 的标准不确定度模型为

$$u(y) = \sqrt{\dfrac{\displaystyle\sum_{i=1}^{M} (\Delta_{yi} - \bar{\Delta}_y)^2}{M-1}} \tag{3-32}$$

作出 M 个误差值的频率直方图,它可以反映误差值概率分布函数的实际情况。根据频率直方图结合相应的包含概率,可以确定包含区间的范围,获得输出量总误差的扩展不确定度 $U(\Delta_y)$。同理可以得到 $U(y) = U(\Delta_y)$。

3. 实例分析

以 GUM 指南附录中的量块校准不确定度评定为例,说明测量不确定度评定的建模问题。已知测量模型为

$$l = l_s + d$$

式中,l 表示待测量块的测得值;l_s 表示标准量块的校准值;d 表示比较仪直接读出两个量块

的长度之差。

根据校准证书提供的不确定度信息,假设标准量块校准值 l_s 的不确定度为 δ_{l_s}。采用误差溯源法对输入量的不确定度来源进行分析可知,长度差 d 的不确定度来源主要是测量重复性和比较仪的示值偏移,分别设为 $\delta_{\overline{d}}$ 和 δ_{d_E}。这种不确定度的来源分析属于量值统计法。

环境因素对量块校准的最终结果也会产生一定程度的影响,可以基于误差溯源法分别考虑量块的热膨胀系数和环境温度引入的不确定度。已知温度修正的经验模型为 $l_s(\theta\delta_a + \alpha_s\delta_\theta)$,其中 α_s 为标准量块的热膨胀系数;θ 为待测量块与标准温度的温差;δ_a 为待测量块与标准量块的热膨胀系数之差;δ_θ 为待测量块与标准量块的温度之差。在对标准不确定度进行评定时,两个量块的热膨胀系数之差 δ_a 与温度之差 δ_θ 均可以看作随机变量;标准量块的热膨胀系数 α_s 和待测量块与标准温度的温度之差 θ 的传递系数均为 0,因此可以不考虑 α_s 和 θ 引入的不确定度。

故量块校准的测量不确定度分析模型为

$$l = (l_s + \delta_{l_s}) + (d + \delta_{\overline{d}} + \delta_{d_E}) - l_s(\theta\delta_a + \alpha_s\delta_\theta)$$

式中,δ_{l_s}、$\delta_{\overline{d}}$、δ_{d_E}、δ_a、δ_θ 均表示量块校准中不确定度的主要来源,在不确定度评定时都可以作为随机变量处理。

建立了测量不确定度的分析模型之后,可以采用方和根法或代数和法分别计算测量结果的标准不确定度与扩展不确定度。

（1）方和根法

在量块的校准实例中,各不确定度来源均已经消除了相关性。根据方差合成定理,被校准量块的测量不确定度评定模型为

$$u(l) = \sqrt{[u(\delta_{l_s})]^2 + [u(\delta_{\overline{d}})]^2 + [u(\delta_{d_E})]^2 + [(-l_s\theta)u(\delta_a)]^2 + [(-l_s\alpha_s)u(\delta_\theta)]^2}$$

$$(3-33)$$

各不确定度分量的概算见表 3 - 5。

表 3 - 5　量块校准中的各不确定度分量概算

序　号	不确定度来源	估计值	标准不确定度	灵敏系数
1	标准量块的校准值	50.000 623 mm	25 nm	1
2	比较仪测量的长度差	0.000 215 mm	9.7 nm	1
	测量重复性	0	5.8 nm	
	示值不准	0	7.8 nm	
3	量块间的热膨胀系数差异	0	$0.58\times10^{-6}\,℃^{-1}$	5 mm ℃
4	量块间的温度差异	0	0.029 ℃	$-0.000\ 575$ mm ℃$^{-1}$

将表 3 - 5 中各不确定度分量概算的值代入式（3 - 33）,得到 $u(l) = 32$ nm。

如果取 $p = 95\%$,$k = 2$,则 $U_{95}(l) = 64$ nm。

（2）代数和法

根据测量不确定度的分析模型,得到被测量块误差 Δl 的数学模型为

$$\Delta l = \delta_{l_s} + \delta_{\overline{d}} + \delta_{d_E} + (-l_s\theta)\cdot\delta_a + (-l_s\alpha_s)\cdot\delta_\theta \qquad (3-34)$$

各不确定度来源的误差分布见表 3 - 6。

表 3-6　量块校准中各不确定度来源的误差分布

序　号	不确定度来源	分布类型	标准差/nm
1	标准量块的校准值	正态分布	25
2	比较仪测量的长度差	—	—
	测量重复性	正态分布	5.8
	示值不准	均匀分布	7.8
3	量块间的热膨胀系数差异	均匀分布	2.9
4	量块间的温度差异	均匀分布	16.7

　　按照表 3-6 给出的误差分布,利用 MATLAB 软件进行 $M=10^6$ 次随机抽样,将抽样得到的误差值代入式(3-34),得到被测量块误差 Δl 的分布直方图。不确定度的传播情况如图 3-12 所示。

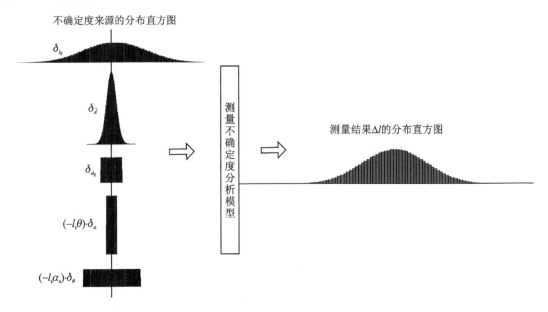

图 3-12　量块校准中的不确定度传播

　　采用代数和法进行合成,得到测量结果的标准不确定度为 $u(l)=31.73$ nm,扩展不确定度为 $U_{95}(l)=61.87$ nm。与方和根法的评定结果相比较,两种方法得到的结果基本一致,验证了 GUM 中使用方和根法的评定结果可信。

3.3　贝叶斯评定方法

　　GUM 在处理简单随机过程的不确定度评定时,能够有效地解决标准不确定度的量化问题,但复杂随机过程的不确定度分析和量化仍然是不确定度研究中的难点。随着现代科技的飞速发展,光电技术、微处理技术、自动化技术、图像显示技术、数字化技术等得到广泛应用,计算机辅助测量、智能化技术等也日渐发展,促使应用于各类复杂测量系统的现代不确定度评定方法不断涌现。本节主要介绍基于贝叶斯统计原理的不确定度评定方法。

3.3.1　贝叶斯基本原理

在传统的不确定度评定方法中,有些主要依据历史经验、专家意见和先验资料,忽略了测量系统的实测数据;有些则仅依据测量样本信息,忽略了与测量系统历史信息之间的有机结合,因此均不能充分地反映测量系统的最新状态,影响了不确定度评定结果的合理性和可靠性。在计算机技术的推动下,一些现代不确定度评定方法得到了发展和应用,贝叶斯统计方法就是现代不确定度评定中的一个重要方向。以贝叶斯统计推断原理为基础,基于贝叶斯信息融合的不确定度评定方法能够充分地融合历史先验信息和当前样本信息。贝叶斯评定方法根据历史信息确定先验分布,通过贝叶斯模型融合先验分布和当前样本数据,推导出后验分布,实现对测量不确定度的评定。

贝叶斯原理是将某一测量参数 θ 看作随机变量,根据 θ 的历史信息确定先验分布。得到测量样本 $X = (x_1, x_2, x_3, \cdots, x_n)$ 之后,依据贝叶斯公式融合先验信息和当前样本信息,得到 θ 的后验分布,实现对 θ 的统计推断。在后验分布的概率密度函数中,包含了总体、样本和先验信息中有关 θ 的一切信息,因此基于后验分布 $\pi(\theta|x)$ 对 θ 进行统计推断更加可靠。

贝叶斯公式可以表示为

$$\pi(\theta \mid x) \propto l(x \mid \theta)\pi(\theta) \tag{3-35}$$

式中,$\pi(\theta|x)$ 表示后验密度函数;$\pi(\theta)$ 表示 θ 的先验密度函数;$l(x|\theta)$ 表示样本似然函数。

1. 贝叶斯先验分布

先验分布是贝叶斯统计模型中的重要组成部分,贝叶斯评定方法的关键问题在于根据历史信息合理地确定先验分布。确定先验分布的常用方法如图 3 - 13 所示。

主观先验分布确定方法只利用主观先验信息,包括主观信念、经验和历史数据等,而不使用其他信息。主观先验分布确定方法可以借助于统计学中求解分布的一些经典方法,如主观概率确定法、直观图法、相对似然法、给定函数形式估计的超参数法以及累积分布函数法等。这种方法适用于参数服从有界的离散分布且选定的典型分布函数形式与先验信息相符的情况;对于参数服从连续分布的情况,则难以确定其先验分布。直方图法确定先验分布的方法适用于历史数据及经验足够多的情况,但在实际应用过程中的子区间数及宽度很难选定。相对似然法确定先验分布的方法同样适用于历史数据及经验足够多的情况,但在实际应用过程中可相对比较的取值子区间数及拖尾形态却难以确定。采用给定函数形式再估计超参数的方法确定先验分布,适用于参数所选用的典型分布函数形式与先验信息相符的情况。累积分布函数法确定先验分布分为定分度法和变分度法两种:定分度法是把参数可能的取值区间逐次分成长度相等的小区间,在每个小区间内请专家给出主观概率;变分度法则把参数可能的取值区间逐次分成机会相等但长度不必相等的两个小区间,分点由专家确定,要求专家的信誉度高并且经验丰富。

非主观先验分布确定方法不利用主观先验信息,只利用总体信息或者样本信息等非主观信息。在非主观先验确定方法中最常使用的是无信息先验分布方法。贝叶斯方法的一个重点问题是在进行统计推断时需要利用先验信息,当使用贝叶斯方法进行参数估计但没有或者只有极少数先验信息时,只能利用总体信息采用无信息先验分布的确定方法。这种方法包括贝

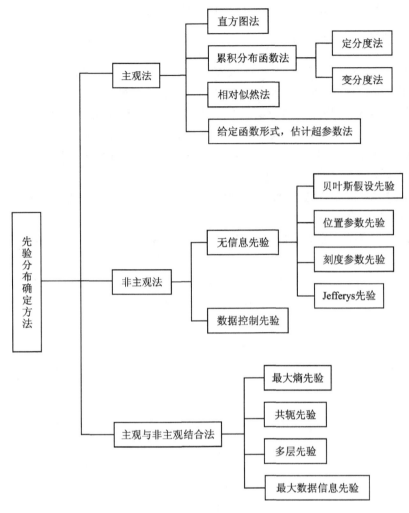

图 3 - 13　先验分布的确定

叶斯假设先验分布法、位置或者刻度参数先验分布法、Jefferys 先验分布法等。贝叶斯假设先验分布指,当无任何先验信息时,按等可能性原则选取先验分布,在待求参数取值的有限或者无限范围内,任何一个取值均视为无所偏好或者同等无知,此时的无信息先验分布往往可以取均匀分布。位置或者刻度参数先验分布指,为了求取参数的无信息先验,首先要了解该参数在总体分布中的地位,根据参数的地位选择恰当的变换,使统计问题在变换下的结构保持不变,根据如果两个统计问题有相同的结构就可以认为它们有相同的无信息先验分布这一原理得出先验分布。在一般情形下可以采用 Jefferys 方法,通过 Fisher 信息量不变形原理确定无信息先验分布。

　　主观信息与非主观信息相结合的先验分布确定方法同时利用了先验信息、总体信息或者样本信息,主要包括最大熵先验分布、共轭先验分布、最大数据信息先验分布和多层先验分布等。最大熵先验分布确定方法通过引入"熵"的概念来度量先验密度 $\pi(\theta)$ 中的不确定性总量,在满足给定条件的分布中求出使熵最大化的那个先验分布。最大熵先验分布方法除了依据实测数据外,不再对参数的概率分布作任何主观假定,具有很强的客观性和科学性。共轭先验分布方法中的先验分布与后验分布同属于一个概率分布组,将先验信息融入样本信息后,只相应地改变了分布参数值,使共轭分布方法具有一定的优越性。但在实际应用中需要假设先验信息的概率分布类型。在采用最大数据信息先验方法时,参数已知部分的先验信息被恰当地度量出来,其余欠缺部分的信息由样本数据提供,在已知部分先验信息下使样本数据信息最大的先验就是合理的先验。多层先验方法指当先验分布中的超参数难以确定时,可以再给出一个先验或者超先验,由此决定新的先验分布就是多层先验分布。

2. 贝叶斯后验分布

确定后验分布的主要方法有两种:一种是根据贝叶斯原理,选取合适的先验分布确定方法给出先验密度 $\pi(\theta)$,结合样本信息获得样本似然函数 $l(x|\theta)$,然后可根据式(3-35)求得后验分布 $\pi(\theta|x)$;另一种是充分统计量估计法,选取适当的充分统计量作为参数估计的统计量,能够提供样本包含参数的全部信息,这时的后验分布可以由充分统计量进行估计。该方法适用于估计 θ 的充分统计量存在且分布为已知的情况。

3. 贝叶斯方法评定标准不确定度

根据 GUM 对标准不确定度的定义,当测量结果取 n 次实验数据的平均值时,标准不确定度可以用算术平均值的标准差表示。因此可以先用式(3-35)对平均值 μ 进行建模,然后用后验分布密度函数的数学期望表示测量结果的最佳估计值 $\hat{\mu}$,用标准差表示标准不确定度 u,即

$$\left.\begin{array}{l} \hat{\mu} = E[\pi(\mu \mid x)] \\ u = \sqrt{D[\pi(\mu \mid x)]} \end{array}\right\} \tag{3-36}$$

3.3.2　贝叶斯评定方法

采取适当的方法确定后验分布,比较基于不同先验分布的贝叶斯方法,有助于丰富与发展现代不确定度的评定技术。

1. 基于无信息先验的贝叶斯评定

在使用贝叶斯方法进行统计推断时首先需要先验信息。如果在参数估计时没有先验信息或者只有极少数先验信息,则需要采用无信息先验的方法。

假设 $X=(X_1,X_2,X_3,\cdots,X_n)$ 是从总体 $f(x|\theta)$ 中抽取出来的简单样本,当 θ 没有先验信息可用时,可以采用 Fisher 信息阵行列式的平方根作为 θ 的无信息先验。参数 θ 的对数似然函数为

$$l(\theta \mid x) = \ln\Big[\prod_{i=1}^{n} f(x_i \mid \theta)\Big] = \sum_{i=1}^{n} \ln f(x_i \mid \theta)$$

相应的 Fisher 信息阵为

$$\boldsymbol{I}(\theta) = [I_{ij}(\theta)]_{p \times p}$$

$$I_{ij}(\theta) = E_{X|\theta}\Big(-\frac{\partial^2 l}{\partial \theta_i \partial \theta_j}\Big), \quad i,j = 1,2,\cdots,p$$

则 θ 的无信息先验密度为

$$\pi(\theta) = \sqrt{\det \mathbf{I}(\theta)}$$

式中，$\det \mathbf{I}(\theta)$ 表示 p 阶方阵 $\mathbf{I}(\theta)$ 的行列式。

假设 $X = (X_1, X_2, X_3, \cdots, X_n)$ 是从服从正态分布的总体 $N = (\mu, \sigma^2)$ 中抽取出来的简单样本，则当 μ 和 σ^2 都独立时

$$\pi(\mu, \sigma^2) = \pi(\mu)\pi(\sigma^2) = \frac{1}{\sigma^2}$$

设 $Y \sim N(\theta, \sigma^2)$，其中 θ 和 σ^2 均为未知，且 θ 和 σ^2 的先验分布皆为无信息先验；$Y = (Y_1, Y_2, Y_3, \cdots, Y_n)$ 是从总体中抽取的简单样本，(θ, σ^2) 的联合无信息先验分布密度函数为

$$\pi(\mu, \sigma^2) = \pi_1(\mu)\pi_2(\sigma^2) = \frac{1}{\sigma^2}$$

设 $\bar{Y} = \dfrac{1}{n}\sum\limits_{i=1}^{n} Y_i$，$S^2 = \dfrac{1}{n}\sum\limits_{i=1}^{n}(Y_i - \theta)^2$，取 $T = (\bar{Y}, S^2)$ 为 (θ, σ^2) 的联合充分统计量。可知 $\bar{Y} \sim N\left(\theta, \dfrac{\sigma^2}{n}\right)$，$\dfrac{\nu S^2}{\sigma^2} \sim \chi_\nu^2$，$\nu = n - 1$。

故 (θ, σ^2) 的似然函数为

$$l(\theta, \sigma^2 \mid T) = \sqrt{\frac{n}{2\pi\sigma^2}} \exp\left[-\frac{n(\bar{Y} - \theta)^2}{2\sigma^2}\right] \frac{1}{\sqrt{2^\nu}\,\Gamma\left(\dfrac{\nu}{2}\right)}$$

根据贝叶斯公式得到 θ 和 σ^2 的联合后验概率密度函数为

$$\pi(\theta, \sigma^2 \mid T) = \sqrt{\frac{n}{2\pi}} \cdot \frac{1}{\Gamma\left(\dfrac{\nu}{2}\right)} \cdot \sqrt{\left(\frac{\nu S^2}{2}\right)^\nu} \cdot \left(\frac{1}{\sigma^2}\right)^{\frac{\nu+1}{2}+1} \cdot \exp\left[-\frac{\nu S^2 + n(\bar{Y} - \theta)^2}{2\sigma^2}\right]$$

则 θ 和 σ^2 的联合后验分布分别服从

$$\pi_1(\theta \mid \sigma^2, Y) \sim N\left(\bar{Y}, \frac{\sigma^2}{n}\right)$$

$$\pi_2(\sigma^2 \mid Y) \sim \Gamma^{-1}\left(\frac{\nu}{2}, \frac{\nu S^2}{2}\right)$$

根据式（3-36）可得，当 θ 和 σ^2 均未知时，基于无信息先验分布的后验分布的最佳估计值及其标准不确定度分别为

$$\left. \begin{aligned} \hat{\theta} &= \frac{1}{n}\sum_{i=1}^{n}\bar{Y}_i \\ u &= \sqrt{\frac{\nu \cdot S^2}{\nu - 2}} \end{aligned} \right\} \tag{3-37}$$

2. 基于共轭先验的贝叶斯评定

在已知一定先验信息和样本分布的情况下，可以利用共轭贝叶斯方法进行不确定度评定。共轭贝叶斯方法的特点在于先验分布和后验分布形式相同，即后验分布融合了先验信息与样本信息之后，只相应地改变了其分布参数值，仍然与先验分布属于同一分布函数形式。

采用共轭先验分布可以使先验分布和后验分布的形式相同且同属于一个概率分布组。这

样一方面先验信息融合样本信息后,只相应地改变了其分布参数值,符合人的主观判断;另一方面,先验信息和样本信息的融合可以形成先验链,即每一次信息融合后得到的后验分布可以作为下一次计算时的先验分布,如此反复可以形成一个链条形式,使测量信息得到持续的融合和更新。因此,共轭先验分布方法有其优越性,但在实际应用过程中需要假设先验信息的概率分布类型。

设先验数据$(X_{01},X_{02},X_{03},\cdots,X_{0n_0})$服从正态分布$N(\mu,\sigma^2)$,根据统计知识可得

$$\overline{X}_0 = \frac{1}{n_0}\sum_{i=1}^{n_0}X_{0i}, \quad \overline{X}_0 \sim N\left(\mu,\frac{\sigma^2}{n_0}\right)$$

$$S_0 = \sum_{i=1}^{n_0}(X_{0i}-\overline{X}_0)^2, \quad \frac{S_0}{\sigma^2} \sim \chi^2_{n_0}$$

式中,$\overline{X}_0$和S_0相互独立,则μ和σ^2的共轭先验分布分别为

$$\mu \sim N\left(\overline{X}_0,\frac{\sigma^2}{n_0}\right)$$

$$\sigma^2 \sim \Gamma^{-1}\left(\frac{n_0-1}{2},\frac{S_0}{2}\right)$$

因此,(μ,σ^2)的联合先验分布密度为

$$\begin{aligned}\pi(\mu,\sigma^2) &= \pi(\mu)\pi(\sigma^2)\\ &= \frac{\sqrt{n_0\cdot S_0^{n_0-1}}}{\sqrt{2^{n_0}\cdot\pi}\,\Gamma\left(\frac{n_0-1}{2}\right)}\cdot\left(\frac{1}{\sigma^2}\right)^{\frac{n_0}{2}+1}\cdot\exp\left[-\frac{S_0+n_0(\mu-\overline{X}_0)^2}{2\sigma^2}\right]\end{aligned} \quad (3-38)$$

设$(X_{11},X_{12},X_{13},\cdots,X_{1n_1})$是从正态总体$N(\theta,\sigma^2)$中抽取的样本,其中$\theta$和$\sigma^2$均未知,$\theta$和$\sigma^2$的联合共轭先验密度函数可以参照式(3-38)给出。

取$\overline{X}_1 = \frac{1}{n_1}\sum_{j=1}^{n_1}X_{1j}$,$S_1 = \sum_{j=1}^{n_1}(X_{1j}-\overline{X}_1)^2$为$\theta$和$\sigma^2$的充分统计量,样本似然函数为

$$\begin{aligned}l(\theta,\sigma^2\mid X) &= \left(\frac{1}{2\pi\sigma^2}\right)^{\frac{n_1}{2}}\exp\left[-\frac{S_1+n_1(\theta-\overline{X}_1)^2}{2\sigma^2}\right]\\ &\propto \left(\frac{1}{\sigma^2}\right)^{\frac{n_1}{2}}\exp\left[-\frac{S_1+n_1(\theta-\overline{X}_1)^2}{2\sigma^2}\right]\end{aligned}$$

根据贝叶斯公式获得(θ,σ^2)的联合后验分布密度函数为

$$\pi(\theta,\sigma^2\mid X) \propto \left(\frac{\sigma^2}{m}\right)^{-\frac{1}{2}}\exp\left[-\frac{m(\theta-\overline{X})^2}{2\sigma^2}\right]\left(\frac{1}{\sigma^2}\right)^{\frac{m+1}{2}}\exp\left[-\frac{S}{2\sigma^2}\right]$$

式中,$m=n_0+n_1$,$\overline{X}=\dfrac{n_0\overline{X}_0+n_1\overline{X}_1}{n_0+n_1}$,$S=\dfrac{n_0n_1}{n_0+n_1}(\overline{X}_0-\overline{X}_1)^2+S_0+S_1$。

故(θ,σ^2)的后验分布服从

$$\pi(\sigma^2\mid X) \sim \Gamma^{-1}\left(\frac{m-1}{2},\frac{S}{2}\right)$$

$$\pi(\theta\mid\sigma^2,X) \sim N\left(\overline{X},\frac{\sigma^2}{m}\right)$$

根据式(3-36)可得,当 θ 和 σ^2 均未知时,基于共轭先验分布的后验分布最佳估计值及其标准不确定度为

$$\left.\begin{array}{l}\hat{\theta}=\dfrac{n_0\overline{X}_0+n_1\overline{X}_1}{n_0+n_1}\\[3mm]u=\sqrt{\dfrac{S}{m-3}}\end{array}\right\} \qquad (3-39)$$

3. 基于最大熵原理的贝叶斯评定

随机变量的概率分布一般难以准确地给出,通常只能获得测量结果的均值、方差等特征值。与随机变量测量值相符合的分布很多,其中只有一种分布的信息熵最大。熵可以作为衡量测量信息价值高低的判断标准,熵最大表示信息出现的概率最高,因此根据熵最大获得的随机变量概率分布最符合客观规律。这就是确定随机变量概率分布的一种有效的处理方法和准则,一般称为最大熵原理。采用最大熵原理确定先验分布和样本信息概率密度函数,能够降低随机变量概率分布的预测风险,使不确定度评定结果更加合理和客观。

假设随机变量为 x,最大熵函数 $H(x)$ 可由概率密度函数 $f(x)$ 表示为

$$H(x)=-\int_{-\infty}^{+\infty}f(x)\ln f(x)\mathrm{d}x \to \max$$

$f(x)$ 的约束条件为

$$\left.\begin{array}{l}\displaystyle\int_{-\infty}^{+\infty}f(x)\mathrm{d}x=1\\[3mm]\displaystyle\int_{-\infty}^{+\infty}x^if(x)\mathrm{d}x=m_i\\[3mm]m_i=\dfrac{1}{n}\sum_{j=1}^{n}x_j^i\end{array}\right\} \qquad (3-40)$$

式中,m_i 表示第 i 阶样本原点矩,$i=1,2,3,\cdots,N$。

利用最大熵原理求解先验分布和样本信息概率密度函数的过程,就具体转化为在约束条件下求解极值的问题。引入最优化算法能够有效地解决这一问题。最优化算法是一种求极值的方法,数学意义是在一组等式约束或者不等式约束的条件下,使系统目标函数达到最大值或最小值,这就是极值。

在熵函数中引入 Lagrange 乘子 λ_i,$i=1,2,3,\cdots,n$,得到

$$\overline{H}=H(x)+(\lambda_0+1)\left[\int_{-\infty}^{+\infty}f(x)\mathrm{d}x-1\right]+\sum_{i=1}^{n}\lambda_i\left[\int_{-\infty}^{+\infty}x^if(x)\mathrm{d}x-m_i\right]$$

由最大熵极值条件 $\mathrm{d}\overline{H}/\mathrm{d}f(x)=0$ 得到

$$f(x)=\exp\left(\lambda_0+\sum_{i=1}^{n}\lambda_ix^i\right) \qquad (3-41)$$

结合式(3-40)可得

$$\lambda_0=-\ln\int_{-\infty}^{+\infty}\exp\left(\sum_{i=1}^{n}\lambda_ix^i\right)\mathrm{d}x$$

$$m_i = \frac{\int_{-\infty}^{+\infty} x^i \exp\left(\sum_{i=1}^{n} \lambda_i x^i\right) \mathrm{d}x}{\int_{-\infty}^{+\infty} \exp\left(\sum_{i=1}^{n} \lambda_i x^i\right) \mathrm{d}x}$$

设残差 υ_i 为

$$\upsilon_i = 1 - \frac{\int_{-\infty}^{+\infty} x^i \exp\left(\sum_{i=1}^{n} \lambda_i x^i\right) \mathrm{d}x}{m_i \int_{-\infty}^{+\infty} \exp\left(\sum_{i=1}^{n} \lambda_i x^i\right) \mathrm{d}x}$$

当残差的平方和为最小值时求解出 λ_i 的最优解，由此获得最大熵分布随机变量的概率密度函数。用最大熵原理求解先验分布的概率密度函数和样本似然函数，最终转化为参数的寻优问题，寻优的目标为

$$\lambda_i \mid \min\left[f(\lambda_i) = \sum_{i=1}^{n} \upsilon_i^2\right]$$

引入优化算法，以爬山搜索优化算法为例，计算待求参数 λ_i 的最优解。

爬山搜索优化算法从当前的待搜索节点开始，与周围的待搜索节点值进行比较。如果当前的节点为最大值，则返回当前节点并且以该节点为最大值；如果当前的节点值小于与其相比较的节点值，则用比较大的节点替换当前的节点，如此循环直到达到最高点，搜索出最优节点及其最大值。爬山算法可以通过启发选择部分节点来提高搜索的效率。

利用最大熵原理确定先验分布随机变量的概率密度函数和样本似然函数的基本步骤如下：

① 根据先验数据或者样本数据确定数据的积分区间；

② 确定先验数据或者样本数据的样本矩 m_i；

③ 选定 Lagrange 乘子 λ_1、λ_2、λ_3 的初始值 λ_{i0}；

④ 用 MATLAB 软件计算获得 Lagrange 乘子的最优解 $\hat{\lambda}_i$，结合式(3-40)求出 λ_0；

⑤ 将计算得到的 $\hat{\lambda}_i$ 和 λ_0 代入式(3-41)，求得先验分布概率密度函数或者样本似然函数。

设先验分布随机变量的概率密度函数为 $f_1(x)$，当前样本数据的概率密度函数为 $f_2(x\mid\theta)$。根据贝叶斯后验分布计算公式，求得后验分布的概率密度函数 $g(x)$ 为

$$g(x) = \frac{f_1(x)f_2(x\mid\theta)}{\int_{\Theta} f_1(x)f_2(x\mid\theta)\mathrm{d}x} \tag{3-42}$$

式中，Θ 表示参数空间。

根据 GUM 可知，基于最大熵原理的后验分布的最佳估计值及其标准不确定度分别为

$$\left.\begin{aligned} \hat{x} &= \int_a^b x\hat{g}(x)\mathrm{d}x \\ u &= \sqrt{\int_a^b (x-\hat{x})^2 \hat{g}(x)\mathrm{d}x} \end{aligned}\right\} \tag{3-43}$$

利用最大熵原理确定先验分布概率密度函数和样本似然函数的不确定度评定方法，能够有效地避免人为假定数据的分布类型等主观因素的影响，使先验分布和后验分布的确定更加

合理、可靠。从式(3-42)计算出来的后验分布可以作为后续评定中的先验信息。随着测量过程不断融入最新的测量信息,结合式(3-43)还可以对不确定度评定结果进行连续的更新。

3.3.3 贝叶斯方法验证

基于贝叶斯统计推断的不确定度评定方法,在理论上能够充分地融合动态原始数据信息和实时样本信息,使不确定度评定结果有效地反映动态测量系统及其随机过程的实际状态。对于复杂随机过程动态不确定度的评定和预测,贝叶斯方法在实际应用中的可行性与可靠性仍然需要进行有效的验证。为了解决这个问题,结合 MCM 在不确定度评定应用中的优势,提出一种基于贝叶斯统计原理的标准不确定度验证方法。

假设随机变量 $X \sim N(30, 0.02^2)$,利用 MATLAB 软件对 X 进行随机抽样,按照抽样顺序得到的 16 组随机数见表 3-7。

表 3-7 MATLAB 仿真的随机抽样数据

	x_{i1}	x_{i2}	x_{i3}	x_{i4}	x_{i5}	x_{i6}	x_{i7}	x_{i8}	x_{i9}	x_{i10}
x_{1j}	30.003 7	29.979 4	30.019 0	30.006 1	30.002 7	30.010 3	30.005 2	29.981 2	29.996 8	29.997 1
x_{2j}	29.989 4	30.030 6	29.994 5	29.996 2	29.976 5	29.985 8	29.990 3	29.982 5	30.033 6	29.995
x_{3j}	29.978 7	30.008 9	29.994 8	30.005 5	30.000 0	29.991 1	29.969 9	29.995 4	30.024 7	30.032 1
x_{4j}	30.008 7	29.975	29.989 8	30.024 8	29.990 9	29.939 4	30.000 2	29.993 6	29.985 2	29.981
x_{5j}	29.978 7	29.968 7	30.000 8	30.002 0	30.032 1	29.998 3	30.003 6	29.999 4	30.007	30.018 7
x_{6j}	29.985 3	30.006 8	30.044 6	29.954 8	30.040 5	29.995 3	29.992 5	30.008 5	30.004 6	29.999 4
x_{7j}	29.988 2	29.994 4	30.008 5	29.966 6	30.009 4	29.975 7	30.001 3	30.013	30.020 0	29.966 7
x_{8j}	30.006 5	30.021 7	30.020 1	29.987 0	30.005 1	29.981 1	30.000 0	30.018 5	30.000 0	29.998 9
x_{9j}	30.010 8	30.036 7	29.954 8	30.017 2	29.973 3	29.991 3	30.006 4	30.006 9	30.041 6	30.025 4
x_{10j}	29.973 0	30.006 7	30.014 5	29.998 7	30.014 3	29.995 9	29.997 5	30.029 8	30.023 2	30.028 3
x_{11j}	30.013 4	30.014 2	30.003 6	30.009 8	29.975 9	29.993 9	30.005 9	29.984 3	30.020 7	30.004 5
x_{12j}	30.017 8	29.977 1	29.978 6	29.983 3	29.941 1	30.008 8	30.006 5	30.024 7	29.965 8	29.984 9
x_{13j}	29.998 0	29.995 2	30.006 5	30.006 3	29.982 7	29.999 4	29.996 7	30.012 6	30.021 9	30.021 1
x_{14j}	29.982 7	30.001 5	29.979 5	29.999 9	30.030 7	29.984 6	30.007 4	30.022 3	29.995 5	30.007 4
x_{15j}	29.978 2	30.000 7	30.011 1	30.022 0	30.020 9	30.001 7	29.970 2	29.985 2	29.978 8	30.017 0
x_{16j}	29.987 7	30.015 2	29.996 2	29.984 7	30.014 8	29.972 1	29.971 6	30.009 8	29.996 5	29.996 1

用 MCM 对 3 种贝叶斯不确定度评定方法进行验证,在同一蒙特卡洛随机抽样的条件下,比较不同方法得到的不确定度评定结果。

1. 无信息先验方法

计算第 1 组数据的方差:

$$S_0^2 = \frac{1}{n} \sum_{j=1}^{n} (x_{1j} - \bar{x}_1)^2 = 0.000\ 135$$

根据式(3-37)求得第 1 组测量信息后验分布的标准不确定度：

$$u_0 = 0.013\ 2$$

同理,计算第 2 组数据的方差及其后验分布的标准不确定度：

$$S_1^2 = 0.000\ 334$$

$$u_1 = 0.020\ 7$$

重复上述计算过程,获得无信息先验下贝叶斯评定标准不确定度的仿真结果,见表 3-8。

表 3-8　无信息先验的贝叶斯不确定度评定

u_0	u_1	u_2	u_3	u_4	u_5	u_6	u_7
0.013 2	0.020 7	0.020 4	0.024 1	0.019 2	0.027 8	0.020 9	0.017 9
u_8	u_9	u_{10}	u_{11}	u_{12}	u_{13}	u_{14}	u_{15}
0.032 4	0.024 5	0.017 2	0.028 4	0.012 4	0.018 5	0.025 2	0.016 2

2. 共轭先验方法

以第 i 组数据为先验信息,以第 $i+1$ 组数据为样本数据信息。

计算第 1 组数据即先验数据的均值、标准差、S_0 及标准不确定度分别为

$$\mu_0 = \bar{x}_1 = \frac{1}{10} \sum_{j=1}^{10} x_{1j} = 30.000\ 15$$

$$u_0 = \sigma_0 = \sqrt{\frac{\sum_{j=1}^{10} (x_{1j} - \bar{x}_1)^2}{(10-1)10}} = 0.013\ 2$$

$$S_0 = \sum_{j=1}^{10} (x_{1j} - \bar{x}_1)^2 = 0.001\ 35$$

由第 2 组数据即样本数据得到

$$S_1 = \sum_{j=1}^{10} (x_{2j} - \bar{x}_2)^2 = 0.003\ 34$$

根据式(3-39)求得融合先验数据和第 1 组样本数据的标准不确定度为

$$u_1 = 0.016\ 7$$

以第 1 次信息融合的后验分布作为先验信息。由第 3 组数据即新的样本数据得到

$$S_2 = \sum_{j=1}^{10} (x_{3j} - \bar{x}_3)^2 = 0.003\ 25$$

求得融合前 3 组数据的标准不确定度为

$$u_2 = 0.019\ 7$$

将此次求得的后验分布作为新一次评定中的先验信息,重复上述信息融合过程,获得的共轭先验贝叶斯不确定度评定与更新的仿真结果见表 3-9。

表 3-9　共轭先验的贝叶斯不确定度评定

u_0	u_1	u_2	u_3	u_4	u_5	u_6	u_7
0.013 2	0.016 7	0.019 7	0.022 2	0.021 9	0.022 0	0.021 5	0.019 0
u_8	u_9	u_{10}	u_{11}	u_{12}	u_{13}	u_{14}	u_{15}
0.015 8	0.017 9	0.021 4	0.023 8	0.017 5	0.018 4	0.021 9	0.020 3

3. 最大熵先验方法

以第 i 组数据为先验信息，第 $i+1$ 组数据为样本数据信息。

确定第一组数据即先验数据的积分区间为 [29.979 4，30.019 0]，取 3 阶矩作为约束条件进行计算。求得先验数据的前 3 阶样本矩为

$$m_i = [30.014\ 1, 900.841\ 6, 27\ 038.109\ 1]$$

在 MATLAB 中设定 λ_1、λ_2、λ_3 的初始值为 $\lambda_{i0} = [-20, 1, 0]$。

按照爬山优化算法编写计算程序，得出最优解为 $\hat{\lambda}_i = [-19.315\ 4, 0.7, -0.01]$，求得 $\lambda_0 = 221.962\ 8$，得出先验分布的概率密度函数为

$$f_1(x) = \exp(221.962\ 8 - 19.315\ 4x + 0.7x^2 - 0.01x^3)$$

根据式(3-43)求得先验数据的标准不确定度为

$$u_0 = 0.018\ 5$$

同理，求得当前样本的似然函数为

$$f_2(x) = \exp(-164.486\ 0 - 21.430\ 7x + 0.9x^2)$$

根据贝叶斯公式获得后验分布的概率密度函数为

$$g(x) = \exp(57.476\ 8 - 40.746\ 1x + 1.6x^2 - 0.01x^3)$$

根据式(3-43)求得后验分布的标准不确定度为 $u_1 = 0.022\ 6$。

将此次求得的后验分布作为新一次评定中的先验信息，重复上述信息融合过程，获得最大熵先验贝叶斯不确定度评定与更新的仿真结果，见表 3-10。

表 3-10　最大熵先验的贝叶斯不确定度评定

u_0	u_1	u_2	u_3	u_4	u_5	u_6	u_7
0.018 5	0.022 6	0.025 3	0.017 2	0.022 2	0.021 6	0.020 7	0.020 3
u_8	u_9	u_{10}	u_{11}	u_{12}	u_{13}	u_{14}	u_{15}
0.019 8	0.018 9	0.020 6	0.021 3	0.020 8	0.021 3	0.020 1	0.019 5

4. 蒙特卡洛验证结果

比较蒙特卡洛随机抽样验证 3 种贝叶斯不确定度评定方法的结果，如图 3-14 所示。

可以看出，无信息先验贝叶斯不确定度仿真结果的波动比较大，适用于无任何先验信息或者先验信息极少的情况，这时只通过贝叶斯统计推断获得每一组测量数据的不确定度，并且没有将各组测量数据进行信息融合。

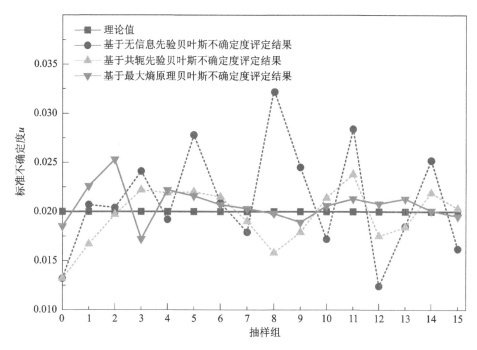

图 3 - 14　蒙特卡洛随机抽样验证贝叶斯不确定度评定的结果

　　共轭先验贝叶斯不确定度仿真结果的波动尽管也比较大,但是通过多次信息融合能够逐渐趋近于标准不确定度的理论值。这种方法可以分别利用历史数据和当前样本数据作为先验信息,以后验分布作为进一步试验的先验信息进行评定。获得的新的后验分布仍与先验分布属于同一种分布类型,这样就为后面的不确定度评定提供了基础。共轭先验方法要求已知先验信息的具体分布类型,对于实际测量信息则需要假定其服从某种分布,因此该方法具有一定的主观风险。共轭先验方法适用于已知测量信息分布类型的不确定度评定。

　　最大熵先验贝叶斯不确定度评定仿真结果的波动比较小,通过信息融合也能趋近于标准不确定度的理论值。这种方法不需要确定测量信息的具体分布类型,可以有效地避免人为假定所引起的主观影响,提高先验和后验分布的可靠程度。引入最优化算法,利用计算机编程可以解决测量不确定度评定中的最优化问题,使不确定度评定工作的效率得到显著提高。实时融入最新的测量数据还实现了评定结果的连续更新。

3.4　灰自助评定方法

　　首先介绍不确定度的自助评定方法及其问题,在此基础上提出灰自助不确定度评定方法。

3.4.1　自助评定方法

　　自助法(Bootstrap)的目的是用现有资料模仿未知的分布。

　　以估计系统总体的真值 X_0 与置信区间 $[X_L,\ X_U]$ 为例,自助法的基本原理和步骤如下:

　　① 采样获得有限个(设为 n 个)独立同分布的数据,构成初始样本 $X=(x_1,x_2,\cdots,x_n)$;

　　② 通过某种方法,由 X 构造分布函数 $T=T(x)$;

③ 按照某种规则对 T 进行再抽样,每次抽取 1 个数据,共抽取 $m \leqslant n$ 次,得到一个含量为 m 的仿真样本;

④ 重复步骤③共计 B 次,B 可以是一个很大的数,得到 B 个仿真样本 $Y_1, Y_2, \cdots, Y_b, \cdots, Y_B$,即自助再抽样样本;

⑤ 计算 $Y_b(b=1,2,\cdots,B)$ 的平均值,得到 B 个平均值数据;

⑥ 通过某种方法例如直方图法,由 B 个平均值数据构造分布函数 $F=F(x)$;

⑦ 按照给定的规则如加权平均法,由 F 估计出真值 X_0;

⑧ 设显著性水平为 $\alpha \in [0,1]$,按置信水准 $P(X_L \leqslant x \leqslant X_U) \geqslant 1-\alpha$ 确定置信区间 $[X_L, X_U]$。

自助法中有限的再抽样会产生附加不确定性,导致自助抽样的蒙特卡洛逼近精度无限损失。

从现有文献来看,自助法完全依赖于初始样本对分布总体的代表性,模拟再抽样结果不会得出比初始样本更可信的和更多的信息。自助法统计推断结果在小样本条件下的可靠性很低。数据的个数越少,自助法的统计推断结果越不可信。再抽样样本的个数对推断结果有何影响、如何选择再抽样样本的个数、如何确定拟合分布或者经验分布和如何确定最少的数据个数等问题,目前均尚无定论。

下面介绍自助评定的相关内容。

1. 经验分布函数

设数据序列
$$X_{(1)} = (x_{(1)}, x_{(2)}, \cdots, x_{(k)}, \cdots, x_{(n)}), \quad k=1,2,\cdots,n$$
是总体 F 的一个容量为 n 的样本值。

按照从小到大的顺序排序后重新编号,即
$$x_1 \leqslant x_2 \leqslant \cdots \leqslant x_k \leqslant \cdots \leqslant x_n$$
则经验分布函数 $F_n(x)$ 的数据序列为
$$F_n(x) = \begin{cases} 0, & x < x_1 \\ \dfrac{k}{n}, & x_k \leqslant x < x_{k+1} \\ 1, & x \geqslant x_n \end{cases}$$

2. 自助样本及其特征参数

(1) 自助样本

设数据序列 X 为
$$X = (x_1, x_2, \cdots, x_k, \cdots, x_n)$$
式中,x 表示第 k 个数据,$k=1,2,\cdots,n$;n 表示数据的个数。

数据序列 X 可以是总体观测样本中的原始数据序列,也可以是由观测样本构成经验概率密度的数据序列。

从 X 中按照一定的规则如等概率可放回抽样,抽取的样本 X_b 为
$$X_b = (x_b(1), x_b(2), \cdots, x_b(k), \cdots, x_b(n))$$

式中，X_b 表示 Bootstrap 样本即自助样本，它也是一个数据序列；$x_b(k)$ 表示自助样本中的第 k 个数据；n 表示自助样本数据序列中数据的个数。

（2）特征参数

常见的特征参数有平均值、方差和矩等。

自助样本 X_b 的平均值为

$$x_{mb} = \frac{1}{n}\sum_{k=1}^{n} x_b(k)$$

自助样本 X_b 的方差为

$$s_b^2 = \frac{1}{n-1}\sum_{k=1}^{n}\left[x_b(k) - x_{mb}\right]^2$$

自助样本 X_b 的 h 阶原点矩为

$$m_{hb} = \frac{1}{n}\sum_{k=1}^{n} x_b(k)^h$$

3. 自助分布

考虑某特征参数 u，从数据序列 X 中得到 B 个自助样本，构成的向量为

$$\boldsymbol{X}_{\text{Bootstrap}} = \left[u_1, u_2, \cdots, u_b, \cdots, u_B\right]^T$$

式中，u_b 表示特征参数 u 的第 b 个估计值；$b = 1, 2, \cdots, B$。

B 可以是一个很大的数，故 $X_{\text{Bootstrap}}$ 是一个大样本量的数据序列，也称为自助样本，它有 B 个样本含量即数据。将 B 个数据从小到大排序，按照一定的间距分为 Q 组，得到各组的中值 X_{mq} 和自助分布即概率密度函数 $f(x)$ 或者离散频率 F_q，其中 $q = 1, 2, \cdots, Q$。

这里的 $f(x)$ 和 F_q 就是自助分布。

4. 参数的自助估计

以频率 F_q 为权重，定义加权平均值为估计真值 X_0：

$$X_0 = \sum_{q=1}^{Q} F_q X_{mq}$$

或

$$X_0 = \int_R f(x)x\,dx$$

式中，R 表示定积分区间。

估计真值 X_0 还可以用最大概率值表示为

$$X_0 = X_{mq} \mid F_q \to \max_{i=1}^{Q} F_i$$

或者用峰值表示为

$$X_0 = x^* \mid f(x^*) \to \max_{x \in R} f(x)$$

显然，有

$$\sum_{q=1}^{Q} F_q = 1$$

或

$$\int_R f(x)\mathrm{d}x = 1$$

设显著性水平为 $\alpha \in [0,1]$，则置信水准为

$$P = (1-\alpha) \times 100\%$$

在置信水准 P 下的估计区间为

$$[X_L, X_U] = [X_{\frac{\alpha}{2}}, X_{1-\frac{\alpha}{2}}]$$

式中，$X_{\frac{\alpha}{2}}$ 表示对应频数为 $\frac{\alpha}{2}$ 的参数值 x_m；$X_{1-\frac{\alpha}{2}}$ 表示对应频数为 $1-\frac{\alpha}{2}$ 的参数值 x_m；X_L 表示估计区间的下界值；X_U 表示估计区间的上界值。

参数指标 X_L 和 X_U 分别描述参数的极小值和极大值。

参数的扩展不确定度为

$$U = X_U - X_L$$

3.4.2 灰色预测模型

1. 灰色预测模型的定义

以非负数据序列 $X^{(0)}$ 为建模序列：

$$X^{(0)} = (x^{(0)}(1), x^{(0)}(2), \cdots, x^{(0)}(k), \cdots, x^{(0)}(n))$$

式中，$x^{(0)}(k) \geqslant 0$。

设数据序列 $X^{(1)}$ 为 $X^{(0)}$ 的一次累加生成序列为

$$X^{(1)} = (x^{(1)}(1), x^{(1)}(2), \cdots, x^{(1)}(k), \cdots, x^{(1)}(n))$$

式中，$x^{(1)}(k) = \sum_{i=1}^{k} x^{(0)}(i)$。

显然有

$$x^{(1)}(1) = x^{(0)}(1)$$

设 $Z^{(1)}$ 为 $X^{(1)}$ 的紧邻平均值序列：

$$Z^{(1)} = (z^{(1)}(2), z^{(1)}(3), \cdots, z^{(1)}(k), \cdots, z^{(1)}(n)); \quad k=2,3,\cdots,n$$

式中，$z^{(1)}(k) = 0.5x^{(1)}(k) + 0.5x^{(1)}(k-1)$。

定义灰色预测模型 GM(1,1) 为

$$x^{(0)}(k) + az^{(1)}(k) = b$$

式中，a 表示发展系数；b 表示灰作用量；$x^{(0)}(k)$ 表示灰导数；$z^{(1)}(k)$ 表示白化背景值。

参数 a 和 b 的最小二乘解为

$$(a,b)^{\mathrm{T}} = (\boldsymbol{B}^{\mathrm{T}}\boldsymbol{B})^{-1}\boldsymbol{B}^{\mathrm{T}}\boldsymbol{Y}$$

式中，$\boldsymbol{Y} = [x^{(0)}(2), x^{(0)}(3), \cdots, x^{(0)}(k), \cdots, x^{(0)}(n)]^{\mathrm{T}}$；$\boldsymbol{B} = \begin{bmatrix} -z^{(1)}(2) & 1 \\ -z^{(1)}(3) & 1 \\ \vdots & \vdots \\ -z^{(1)}(n) & 1 \end{bmatrix}$。

2. 灰色预测模型的白化形式

灰色预测模型 GM(1,1) 的白化形式为

$$\frac{\mathrm{d}x^{(1)}}{\mathrm{d}t} + ax^{(1)} = b$$

相应的解为

$$\hat{x}^{(1)}(k+1) = \left[x^{(0)}(1) - \frac{b}{a} \right] \mathrm{e}^{-ak} + \frac{b}{a}$$

通过一次累减生成可以得到数据序列 $X^{(0)}$ 的预测值为

$$\hat{x}^{(0)}(k+1) = \hat{x}^{(1)}(k+1) - \hat{x}^{(1)}(k)$$

3.4.3　灰自助的评定

灰色系统方法关注的是在系统信息严重缺失情况下瞬时预报值的大小。尽管灰微分方程的预报机制相对比较完善,但仍然难以有效地预报与检验置信区间;自助原理虽然为预报和检验提供了一种再抽样的方法,可以估计出置信区间,但由于缺乏有效的预报机制而使置信区间变小,导致预报的准确性降低和误差增大。在信息预报方面,灰色建模方法与自助原理的优缺点恰好可以互补。因此下面提出灰自助不确定度评定的动态模型。

1. 滚动灰自助分布

在动态试验过程中,需要将连续的时间变量 t 离散化。在设定的时间间隔采集到的动态数据序列向量 X 为

$$X = \{x(t); t = 1, 2, \cdots, T\} \tag{3-44}$$

式中,$x(t)$ 表示 t 时刻的数据,$t = 1, 2, \cdots, T$。

在式(3-44)中,为了满足 GM(1,1) 关于 $x(t) \geqslant 0$ 的要求,如果 $x(t) < 0$,则可以任选一个常数 q,使 $x(t) + q \geqslant 0$ 即可。

在实际计算时,数据序列向量 X 可以写成

$$X = \{x(t) + q; t = 1, 2, \cdots, T\}$$

若 $x(t) \geqslant 0$,则取 $q = 0$。

从 X 中取与 t 时刻紧邻的前 m 个数据(包括 t 时刻的数据),构成 t 时刻的滚动子序列向量:

$$X_m = \{x_m(u)\}; \quad u = t - m + 1, t - m + 2, \cdots, t; \quad t \geqslant m$$

式中,u 表示时刻;m 表示与 t 时刻紧邻的前 m 个数据。

滚动评估就是用 t 时刻前的 X_m 评估 t 时刻的属性状态。

在 t 时刻,从 X_m 中等概率可放回地随机抽取 1 个数据,共抽取 m 次,得到一个自助样本,包含 m 个数据。连续重复 B 次,得到 B 个自助再抽样样本,用向量表示为

$$Y_{\text{Bootstrap}} = (Y_1, Y_2, \cdots, Y_b, \cdots, Y_B)$$

式中,Y_b 表示第 b 个自助样本,$Y_b = \{y_b(u)\}; b = 1, 2, \cdots, B$,其中 $y_b(u)$ 表示 Y_b 中第 u 个自助再抽样数据。

设 GM(1,1) 中 Y_b 的一次累加生成序列向量为

$$\boldsymbol{X}_b = \{x_b(u)\} = \left\{ \sum_{j=t-m+1}^{u} y_b(j) \right\}$$

平均值生成序列向量为

$$\boldsymbol{Z}_b = \{z_b(u)\} = \{0.5x_b(u) + 0.5x_b(u-1)\}; u = t-m+2, t-m+3, \cdots, t$$

在滚动初始条件 $x_b(t-m+1) = y_b(t-m+1)$ 下的最小二乘解为

$$\hat{x}_b(j+1) = \left[y_b(t-m+1) - \frac{c_2}{c_1} \right] e^{-c_1 j} + \frac{c_2}{c_1}; \quad j = t-1, t \quad (c_1 \neq 0)$$

式中

$$(c_1, c_2)^{\mathrm{T}} = (\boldsymbol{D}^{\mathrm{T}}\boldsymbol{D})^{-1}\boldsymbol{D}^{\mathrm{T}}(\boldsymbol{Y}_b)^{\mathrm{T}}; \quad u = t-m+2, t-m+3, \cdots, t-1, t$$

$$\boldsymbol{D} = (-\boldsymbol{Z}_b, \boldsymbol{I})^{\mathrm{T}}$$

$$\boldsymbol{I} = (1, 1, \cdots, 1)$$

在时刻 $w = t+1$ 的预测值可以由累减生成得到

$$\hat{y}_b(w) = \hat{x}_b(w) - \hat{x}_b(w-1) - q; \quad w = t+1$$

在时刻 w 有 B 个数据,构成的序列向量为

$$\hat{\boldsymbol{X}}_w = \{\hat{y}_b(w)\}; \quad b = 1, 2, \cdots, B; \quad w = t+1$$

由于 B 很大,可以用 $\hat{\boldsymbol{X}}_w$ 建立 t 时刻关于属性 x_m 的频率函数为

$$F_w = F_w(x_m)$$

式中,F_w 表示频率函数。

频率函数 F_w 又称为滚动灰自助分布或者灰自助分布。

2. 灰自助动态预报模型参数

对动态测量过程中数据序列的实时预报与评定,目前还缺乏全面评价的参数指标。下面提出 10 个参数作为参考。

(1) 瞬时加权平均值

在 t 时刻的估计真值可以用加权平均值表示:

$$X_0 = X_0(w) = \sum_{q=1}^{Q} F_{wq} x_{mq}$$

式中,X_0 表示 t 时刻估计真值的加权平均值,属于趋势项;Q 表示分组数,$q = 1, 2, \cdots, Q$;x_{mq} 表示第 q 组的中值;F_{wq} 表示对应于 x_{mq} 的频数。

(2) 瞬时最大概率值

在 t 时刻的估计真值用最大概率值表示为

$$X_0 = x_{mq} \mid F_{wq} \xrightarrow{} \max_{i=1}^{Q} F_{wi}$$

式中,X_0 表示 t 时刻估计真值的最大概率,属于趋势项。

(3) 估计平均真值

为了从整体上评定属性参数的量值大小,定义估计平均真值为

$$X_{0\mathrm{mean}} = \frac{1}{T-m+1} \sum_{k=m}^{T} X_0(k)$$

$X_{0\mathrm{mean}}$ 是一个统计量,可以作为参数量值大小的统计评价指标。

（4）估计真值变动量

为了评定真值 X_0 的变化，定义估计真值变动量为

$$\mathrm{d}X_0 = \max_{k=m}^{T} X_0(k) - \min_{k=m}^{T} X_0(k)$$

$\mathrm{d}X_0$ 反映波动的测度，是参数变动的一个统计评价指标。

（5）动态估计区间

动态估计区间的计算与 3.4.1 小节自助评定方法中参数的自助估计方法相同，这里不再赘述。

（6）动态不确定性

定义 w 时刻的扩展不确定度为

$$U = U(w) = X_U - X_L$$

灰自助模型用 $w=t+1$ 时刻的预报值描述 t 时刻的瞬时不确定度，该不确定度随时间而变化，具有时间历程和动态变化的特征，因此也称为动态不确定度，它与经典统计方法的静态不确定度不同。它虽然也使用了频数的概念，但实际上并未涉及原始数据序列 X 的概率分布，意味着灰自助模型不依赖于特定的概率分布。

设总时间单位为 T，如果有 h 个实际参数值位于估计区间 $[X_L, X_U]$ 之外，则对应于置信水准 P 的真值估计可靠度 P_B 为

$$P_B = \left(1 - \frac{h}{T-m}\right) \times 100\%$$

P_B 用于描述灰自助模型的可信度，一般不等于 P。

（7）平均不确定度

由 $[X_L, X_U]$ 和 U 的定义可知，在 w 时刻的 P 越大，则 U 越大。若 $P=100\%$，则 U 取得最大值。

另一方面，U 越大，则 $[X_L, X_U]$ 越偏离真值，估计结果越失真。因此可以给出一个适当的平均值

$$U_{\mathrm{mean}} = U_{\mathrm{mean}}(m, B, P) = \frac{1}{T-m+1} \sum_{k=m}^{T} U(k) \mid_{P_B=100\%}$$

式中，U_{mean} 表示估计的平均不确定度，或者不确定度的平均值，也可以称为统计波动范围；$\mid_{P_B=100\%}$ 表示在 $P_B=100\%$ 的条件下。

考虑到最小不确定性，P 应当满足

$$U_{\mathrm{mean}} \mid_{m,B,P} \to \min$$

式中，"→"表示趋近于极限。

估计的平均不确定度 U_{mean} 实际上是一个统计量，可以作为参数随机波动状态的统计评价指标。最合适的评定结果是在 $P_B=100\%$ 的条件下使 U_{mean} 达到最小值。U_{mean} 越小，属性参数的波动范围越小，估计真值也就越稳定。可以结合具体的研究对象合理地选择 m、B 和 P 三个参数。

（8）最小不确定度

定义最小不确定度为

$$U_{\min} = \min_{t=m}^{T} U(t)$$

（9）最大不确定度

定义最大不确定度为

$$U_{\max} = \max_{t=m}^{T} U(t)$$

（10）平均标准差

定义平均标准差为

$$s_{\mathrm{mean}} = \frac{1}{T-m+1} \sum_{t=m}^{T} s(t)$$

式中，$s(t)$ 表示 t 时刻的标准差，$s(t) = \sqrt{\sum_{q=1}^{Q} F_{wq}(x_{mq}-X_0)^2}$。

仿照灰自助动态预报模型可以很容易得到自助动态预报模型 BM，这里不再赘述。

3.5　本章小结

现代不确定度评定方法是不确定度理论体系中的重要组成部分，对于促进现代精度理论的发展具有实际意义。本章在介绍 GUM 常规不确定度评定方法的基础上，重点介绍了不确定度评定的蒙特卡洛方法、贝叶斯方法和灰自助方法。

通过对蒙特卡洛方法基本原理的分析，介绍了蒙特卡洛随机抽样技术在不确定度评定中的应用优势。针对方和根法合成不确定度存在的问题，基于蒙特卡洛误差合成原理提出了不确定度合成的代数和方法。

基于贝叶斯统计推断的不确定度评定方法，可以使不确定度评定结果充分融合历史信息和当前样本信息。介绍了无信息先验与共轭先验两种贝叶斯不确定度评定方法，分别给出了不确定度模型的推导过程。在无信息先验与共轭先验贝叶斯不确定评定方法中，针对人为假设随机变量分布类型所引起的预估风险问题，提出了基于最大熵原理的贝叶斯不确定度评定方法；引入最优化算法提高了评定的效率，实现了不确定度的优化评定。基于蒙特卡洛随机抽样的基本原理，对贝叶斯不确定度评定方法的可靠性进行了验证。

灰预测方法不具备灰自助方法对真值及其区间的预报能力，灰自助方法预报的效果明显优于自助方法。在以动态数据序列为特征的预报中，灰自助方法的整个预报过程都是动态的，能够可靠地预报出系统属性参数未来的发展态势；灰自助方法的动态评定参数指标可以比较全面地描述动态过程中的瞬时状态和整体特征。

参考文献

［1］Uncertainty of measurement -Part 3：Guide to the expression of uncertainty in measurement：ISO/IEC GUIDE 98-3［S］. Switzerland：ISO，2008.

［2］Evaluation of Measurement Data -Supplement 1 to the 'Guide to the Expression of Uncertainty in Measurement' -Propagation of distributions using a Monte Carlo method：JCGM 101［S］. Switzerland：ISO，2008.

［3］测量不确定度评定与表示：JJF 1059.1—2012［S］. 北京：国家质量技术监督局，2012.

［4］用蒙特卡洛法评定测量不确定度：JJF 1059.2—2012［S］. 北京：国家质量技术监督局，2012.

［5］VIM 2008 with minor corrections. International Vocabulary of Metrology -Basic and General Concepts and

```
```

Associated Terms:JCGM 200[S]. Switzerland：ISO，2012.

[6] 王中宇，夏新涛，朱坚民.测量不确定度的非统计理论[M]. 北京：国防工业出版社，2000.

[7] 王中宇，夏新涛，朱坚民.非统计原理及其工程应用[M]. 北京：科学出版社，2005.

[8] 王中宇，刘志敏，夏新涛，等. 测量误差与不确定度评定[M]. 北京：科学出版社，2008.

[9] 王中宇. 误差分析导论：物理测量中的不确定度[M]. 北京：高等教育出版社，2015.

[10] 郑党儿. 简明测量不确定度评定方法与实例[M]. 北京：中国计量出版社，2005.

[11] 费业泰. 误差理论与数据处理[M]. 北京：机械工业出版社，2015.

[12] 沙定国. 误差分析与测量不确定度评定[M].北京：中国计量出版社，2003.

[13] 邓聚龙. 灰理论基础[M]. 武汉：华中科技大学出版社，2002.

[14] 钱绍圣. 测量不确定度:实验数据的处理与表示[M]. 北京：清华大学出版社，2002.

[15] 叶培德. 测量不确定度理解、评定与应用[M]. 北京：中国质检出版社，2013.

[16] 倪育才. 实用测量不确定度评定[M]. 4 版.北京：中国质检出版社，2014.

[17] 程银宝. 现代不确定度理论及应用研究[D]. 合肥：合肥工业大学，2017.

[18] 徐磊. CMM 面向形位测量任务的不确定度评定[D]. 合肥：合肥工业大学，2017.

[19] Cox M G，Harris P. GUM anniversary issue, Foreword[J]. Metrologia，2014，51(4):141-143.

[20] Bich W. Revision of the 'Guide to the Expression of Uncertainty in Measurement'. Why and how[J]. Metrologia，2014，51(4):155-158.

[21] Hack R S，Caten C S. Measurement uncertainty：literature review and research trends[J]. IEEE Transactions on Instrumentation and Measurement，2012，61(8):2116-2124.

[22] Eichstädt S，Link A，Harris P, et al. Efficient implementation of a Monte Carlo method for uncertainty evaluation in dynamic measurements[J]. Metrologia，2012，49(3)，401-410.

[23] Elster C. Bayesian uncertainty analysis compared with the application of the GUM and its supplements [J]. Metrologia, 2014，51(4):159-166.

[24] Elster C，Wübbeler G. Bayesian regression versus application of least squares-an example[J]. Metrologia, 2016，53(1):10-16.

[25] Harris P M，Cox M G. On a Monte Carlo method for measurement uncertainty evaluation and its implementation[J]. Metrologia，2014，51(4):176-182.

[26] Bich W，Cox M G，Harris P M. Evaluation of the guide to the expression of uncertainty in measurement [J]. Metrologia,2006，43(4):161-166.

[27] Harris P M，Matthews C E，Cox M G, et al. Summarizing the output of a Monte Carlo method for uncertainty evaluation[J]. Metrologia, 2014，51(3):243-252.

[28] Kok G J，Veen A M H，Harris P M, et al. Elster C. Bayesian analysis of a flow meter calibration problem[J]. Metrologia，2015，52(2):392-399.

[29] Lira I，Grientschnig D. Bayesian analysis of a simple measurement model distinguishing between types of information[J]. Measurement Science Review，2015，15(6):274-283.

[30] Efron B. Bootstrap methods[J]. The Annals of Statistics，1979，7：1-36.

[31] Lin Lu，Zhang Runchu. Bootstrap Wavelet in the Nonparametric Regression Model with Weakly Dependent Processes[J]. ACTA Mathematica Scientia，2004，24B(1):61-70.

[32] Efstathios Paparoditis，Dimitris N Politis. Bootstrap Hypothesis Testing in Regression Models[J]. Statistics & Probability Letters，2005，74：356-365.

[33] 陈晓怀，薄晓静，王宏涛.基于蒙特卡罗方法的测量不确定度合成[J]. 仪器仪表学报，2005，26(8)：759-761.

[34] 姜瑞，陈晓怀. 贝叶斯原理的不确定度评定方法比较[J]. 河南科技大学学报(自然科学版)，2016，37

(6):21-27.

[35] 朱鹤年. 测量不确定度表示指南 ISO 1993(E)的问题简析[J]. 物理实验, 2001, 21(1):18-22.

[36] 朱鹤年. 测量不确定度表示指南 ISO 1993(E)的问题简析(续)[J]. 物理实验, 2001, 21(2):19-23.

[37] 宋明顺, 王伟. Monte Carlo 方法评定测量不确定度中模拟样本数 M 的确定[J]. 计量学报, 2010, 31 (1):91-96.

[38] 方兴华, 宋明顺, 顾龙芳, 等. 基于自适应蒙特卡罗方法的测量不确定度评定[J]. 计量学报, 2016, 37 (4):452-456.

[39] 夏新涛, 陈晓阳, 张永振, 等. 滚动轴承噪声的灰自助动态评估[J]. 中国机械工程, 2007, 18(21): 2588-2591.

[40] Saviano A M, Lourenco F R. Measurement uncertainty estimation based on multiple regression analysis (MRA) and Monte Carlo (MC) simulations – Application to agar diffusion method[J]. Measurement, 2018, 115(2):269-278.

第4章 坐标测量机面向任务的不确定度评定

测量仪器在朝着精密化、智能化和多功能的方向发展，对精密仪器测量不确定度进行合理、可靠评定的难度也在随之增加。例如坐标测量机（Coordinate Measuring Machine，CMM）的测量不确定度评定就是其中的一个难点，具有典型性和很强的代表性。本章对 CMM 面向尺寸和形状测量任务的不确定度评定方法进行分析，研究如何系统地解决 CMM 面向任务的测量不确定度评定问题。这些分析方法还能够推广应用于其他精密仪器测量不确定度的评定，因此对于促进不确定度理论与测量实际的紧密结合，进一步完善现代不确定度的分析方法与工程应用具有重要意义。

4.1 CMM 面向任务的测量不确定度分析

4.1.1 坐标测量机的技术特点

几何量测量是计量测试领域中最早发展、最为重要和占最大比重的一个分支，已经成为现代计量学的基础。几何量测量目前已经发展了多种不同类型的测量技术或者仪器，并且呈现出多学科相互融合的良好态势，坐标测量技术就是其中的一个典型。按照坐标系的不同，坐标测量技术可以分为正交坐标系和非正交坐标系两种。正交坐标系也称直角坐标系，如桥式 CMM 和悬臂式 CMM 等；非正交坐标系包括关节式 CMM 和激光跟踪仪等。

传统的几何量测量仪器主要基于几何学理论的测量模式，借助于光学游标技术提高测量的精度和分辨力，不能数字化地表示和传递几何量，这也是机械制造领域长期存在的一个问题。坐标测量技术的出现从根本上改变了这种局面，已经成为现代工业和机械制造尤其是航空航天、汽车制造、模具加工领域中最常用和最基础的技术之一，如图 4-1 所示。

目前，制造领域在产品的研发、设计、加工、测量、验收、使用、维修、报废等生命周期的全过程都要参照产品几何技术规范（Geometrical Product Specifications，GPS）的标准体系。该体系涵盖产品的尺寸、几何形状、位置和表面形貌等多个方面，能够有效地消除国际贸易中的部分技术壁垒，对全球经济的一体化有重要的促进作用，已经成为现代制造业信息化和质量管理中的技术依据。上一代 GPS 由 ISO（国际标准化组织 International Organization for Standardization，简称 ISO）三个独立的技术委员会分别制定，是一种基于传统几何学精度设计的标准体系，适用于手工设计环境和传统公差理论，依赖的是功能量具和手工测量手段，不便于计算机的数字化表达和数据传递。当前的工业现代化程度越来越高，尤其在大规模批量生产中，要求产品及其零部件具备高度的互换性，这就对计量仪器和测量设备提出了更高的要求，传统的测量方法在很大程度上限制了批量制造和复杂零件的检测。不仅如此，在上一代 GPS 体系中还存在着图样规范不完整以及设计、制造和检测等过程的基础理论不统一等缺陷，使企业的研发、加工和计量人员之间缺少共同的技术语言，在产品生命周期的不同阶段很难开展有效的沟通和交流，导致不合格产品的数量增加。随着生产工艺和测量技术水平的不断提高，上一代

(a) 航天推进舱精密测量

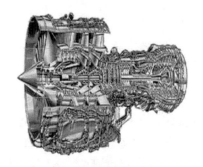

(b) 航空发动机精密测量

(c) 汽车整车结构测量

(d) 模具或零件测量

图 4-1　坐标测量机应用领域

GPS 在技术上的缺陷和问题显得愈加突出。为此 ISO 成立了 ISO/TC 213 技术委员会专门负责新一代 GPS 的重建工作。传统测量主要借助于光学游标技术,计算机在其中扮演的角色有限;CAD 技术的发展和 CMM 的出现则从本质上解决了几何量不能数字化表示和传递的问题,也使新一代 GPS 体系能够以计量数学理论为基础进行构建。CMM 与传统测量技术的比较见表 4-1。

表 4-1　CMM 与传统测量技术的比较

项　目	CMM	传统测量技术
测量原理	与实物标准器(体系)进行测量比较	与数学理论模型或数字模型进行测量比较
测量功能	一台测量机上的一次安装就可以解决所有几何量的测量任务	不同测量任务需要不同的专用仪器或量具,需要进行多次安装和测量
操作方式	可以手动测量单个零件,也可以自动编程测量批量产品;自动生成完整的数字信息(测量结果的报告)	以手动测量为主,需要准确定位被测件,批量产品检验时工作效率低;手工记录测量数据、计算测量结果
测量人员	合格的测量工程师方可较好地完成测量任务	熟练的测量技师即可完成测量任务
标准与规范	相关的标准或规范有待完善	基本已有相应的标准或规范
测量精度	测量精度比专用量具低,测量不确定度不容忽略	使用专用量具或仪器时,单个测量任务的不确定度比 CMM 小,甚至可以忽略

CMM 通过测量被测工件轮廓表面上离散点的坐标,利用几何要素的拟合进行误差评定,在理论上几乎可以完成全部具有几何特征的尺寸和误差的测量、评定任务,即全尺寸测量任务,使尺寸和几何误差的测量模式从过去的人工化、单一化向现代 CAD 全自动数控化和关联

化转变,不仅可以量化被测工件的质量状况,也为新一代 GPS 的数字化提供了条件,使 GPS 的基础由传统几何学理论转变为近代计量数学理论。CMM 在新一代 GPS 体系中的产品数字化计量框架如图 4-2 所示。作为具有产品几何特性的典型精密测量仪器,CMM 在 GPS 的指导下发挥了更加积极的作用,成为现代企业质量管控中不可或缺的重要计量设备。

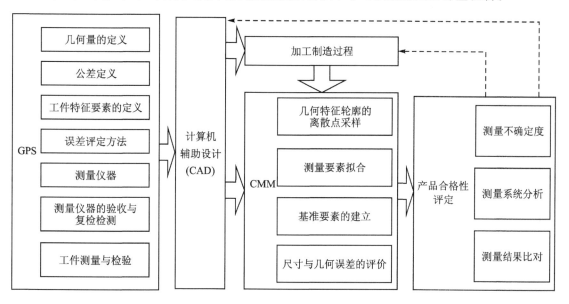

图 4-2　新一代 GPS 的产品数字化计量框架

CMM 能够完成对空间几何要素的测量,比较方便地实现尺寸、形状和位置参数的检测,具有测量范围大、测量效率高和通用性强的特点。CMM 属于一种万能的几何量测量仪器,测量策略的多样性往往使不同任务不确定度评定的过程和结果相差很大。影响 CMM 测量不确定度误差源的因素很多,这些误差源与测量结果之间的传递关系通常难以确定。在当前的测量结果中,CMM 通常仅能给出被测量的估计值,而很难提供一份完整的测量不确定度报告。因此在 GPS 标准体系框架内,研究解决 CMM 面向任务的测量不确定度分析问题,实现测量结果不确定度的合理、可靠评定,对于提高测量机的应用价值具有重要意义。

4.1.2　测量不确定度分析模型

不确定度溯源是不确定度应用中的难点之一;不确定度建模则是不确定度评定中的关键环节。误差溯源法是一种传统的常用方法;测量系统量值特性分析则是近些年来应用于不确定度评定中的一种新方法。通过不确定度分析所建立的模型决定评定结果的可靠程度。

1. 基于误差溯源的不确定度分析

一个完整的 CMM 测量过程是按照一定的采样策略获取工件表面的测量点坐标信息,测量软件以预先设定的拟合算法,由点的坐标信息计算出被测对象的尺寸、形状和位置参数。在测量过程中的所有相关因素均可能对测量结果产生不同程度的影响,根据产品质量管理中常用的"人、机、物、法、环"分析方法,可以将这些来源分为仪器自身误差引入的不确定度、被测工件引入的不确定度、测量人员引入的不确定度、测量方法引入的不确定度和外界环境因素引入的不确定度 5 大类。

（1）仪器自身误差引入的不确定度

仪器自身的计量特性偏离理想特性所产生的不确定度分量包括 CMM 的设计、标准量、探测系统、动态特性、拟合方法和评定算法等引入的不确定度，主要表现为 CMM 的 21 项机构误差和测头系统误差等对测量结果的影响。在通常情况下，CMM 对 21 项机构误差均会做出修正，对测头系统也会进行校准。因此 CMM 的自身误差往往体现为经过修正和校准之后残余系统误差的影响。

为了保证 CMM 的测量精度符合规定的要求，通常需要借助于计量校准程序对 CMM 的计量特性进行验收检测和复检检测。在 GPS 的 ISO 10360 系列标准中对 CMM 性能的评价作出了明确界定，给出了诸如尺寸测量中的示值误差 E、探测误差 P、扫描探测误差 T_{ij}、万向探测系统的尺寸误差 AS、形状误差 AF 与位置误差 AL 等测量机的性能参数及相应的评价方法。CMM 在出厂时一般都会给出上述性能参数所对应的技术指标即最大允许误差 MPE_X。在实际的测量工作中，最大允许示值误差 MPE_E 主要与距离等尺寸元素的误差相关；最大允许探测误差 MPE_P 和 MPE_{Tij} 等则表示整个系统在非常小的测试空间内的误差，一般仅对形状测量产生影响。

（2）被测工件引入的不确定度

工件本身的几何特征和物理特性均对测量结果产生影响。如被测要素的形状、波纹度和粗糙度等表面特性；测量原理、采样策略、计算方法与测头配置；工件的热膨胀系数变化与温度补偿；由工件定位方法和装夹方式产生的力变形等，都会对测量结果产生不同程度的影响。可以结合具体的测量任务对被测工件引入的不确定度进行分析评定。

（3）测量人员引入的不确定度

测量人员引入的不确定度除了职业素养等因素外，主要表现为对测量规范的理解不同所造成测量策略的不同，如定位方法和装夹方式、坐标系的建立、采样策略和测头配置等的不同。

（4）测量方法引入的不确定度

在实际测量中，测量规范通常仅对测量过程给出一般的指导和约束，很可能导致测量方法存在着一定的不规范性。例如关于 CMM 采样策略和测头配置的选择，当前还没有相应的标准或者规范作出明确的规定。不同的采样策略和测头配置方式很可能造成对同一被测件的测量结果不一致。

（5）外界环境因素引入的不确定度

温度及其空间变化梯度和时间变化梯度、湿度、振动、灰尘等环境因素均可能对测量结果产生影响。在使用 CMM 对尺寸进行测量时，通常需要对温度误差实施补偿。温度的变化、CMM 光栅尺和工件热膨胀系数的变化等均会在温度补偿的过程中引入不确定度。需要充分考虑可能影响测量结果的所有因素，面向具体的任务对测量不确定度进行合理评定。

经典的误差溯源分析法需要对误差源逐一进行量化，通过误差传递关系建立的不确定度模型也仅适用于测量系统简单和测量任务单一的情况。由于 CMM 测量任务的多样性和误差形式的复杂性，加之不确定度的来源众多、量化难度大、传递关系复杂、可操作性差等原因，将误差溯源分析法直接应用于 CMM 面向任务的不确定度评定具有一定的局限性。

2. 基于量值统计特性的不确定度分析

为了研究 CMM 面向任务的测量不确定度，下面提出一种以 GPS 规范为依据的量值特性分析方法。将测量结果的量值统计特性作为不确定度的主要来源,利用对量值特性指标的评价来解决测量不确定度分量的量化问题。

量值特性包括偏倚、线性、稳定性、分辨力、重复性和复现性六项指标。利用量值特性指标反映坐标测量系统的计量特性,可以评价某一类或者多类测量误差所产生的不确定度分量。偏倚和线性通常可以用校准后的测量仪器示值误差表征;稳定性、重复性和复现性则需要通过各指标对应的精密性条件,利用实验数据做出量化估计。

量值特性分析法将测量系统的量值统计分析与测量结果的不确定度分析融为一体,使不确定度来源的分析简单有效。它不需要进行误差溯源和误差传递,因此适用于各种测量仪器和测量任务。不确定度分量的量化规范具有良好的可操作性,对促进测量不确定度的应用具有重要作用。

3. 面向测量任务的不确定度评定黑箱模型

测量不确定度建模是不确定度评定中的一个关键环节,模型是否能够全面、合理地反映主要的不确定度来源,直接关系到对测量结果评定的效果及其可信度。

根据不确定度分析方法的不同,可以把测量不确定度模型分为透明箱模型和黑箱模型两种。其中透明箱模型采用误差溯源法,通过误差溯源和影响程度的大小分析测量结果中不确定度的主要来源。根据误差传递关系及相关性建立的测量不确定度评定模型一般比较复杂,不具有普遍的适应性。黑箱模型采用测量系统量值的统计分析法,将 6 个量值特性指标作为测量结果不确定度的主要来源,通过补充量值特性指标中未包含因素所建立的评定模型相对简单,具有普遍的适应性。

CMM 的功能强、任务多、结构复杂,仅主要的误差源就多达几十个,其间的传递关系因任务而异。对于 CMM 面向任务的不确定度评定应用而言,透明箱模型操作起来比较困难、实用性差;CMM 面向测量任务的不确定度黑箱模型则不考虑具体的测量模型,直接从测量结果出发,以量值特性指标来考察测量结果的不确定度。黑箱模型中的激励源输入量与输出量具有相同的单位,不需要考虑灵敏系数和相关系数,因此模型简单、操作方便。黑箱模型与透明箱模型相比较,虽然不能准确地反映测量模型对不确定度的影响,但只要科学地制定测量与实验方案,合理地评价量值特性指标,就能够有效地反映测量方法对不确定度的影响,真实、客观地对测量结果的不确定度做出评价。如 GB/T 24635.3—2009(等同于 ISO/TS 15530-3)中给出的合成标准不确定度形式就采用黑箱模型,可见黑箱模型在 CMM 测量不确定度评定中的应用更广,更有利于解决 CMM 面向任务的测量不确定度评定问题。

4.2　CMM 面向任务的不确定度评定方法

4.2.1　尺寸测量不确定度评定方法

1. CMM 尺寸测量不确定度分析

根据量值特性分析方法,CMM 面向任务的测量不确定度分量主要包括测量设备引入的不确定度分量、测量过程引入的不确定度分量、测量工件不均一性引入的不确定度分量、测量环境温度变化引入的不确定度分量,以及各修正值所引入的不确定度的合成分量。下面对各不确定度分量进行具体分析。

(1)测量设备引入的不确定度分量

可以根据测量设备的最大示值误差 MPE 直接进行评估;也可以利用测量设备的校准不确定度,如重复性、分辨力、偏倚、线性引入的不确定度以及其他不确定度分量进行综合评估。其中当重复性引入的不确定度大于分辨力引入的不确定度时,分辨力分量已经包含在重复性分量之中,无需重复考虑;否则需要单独考虑分辨力引入的不确定度。重复性、偏倚和线性引入的不确定度需要利用标准件或者已校准工件计算后追溯到国家或者国际标准。其他不确定度分量则可能由数值漂移等因素引入。

对于有校准证书提供扩展不确定度的,可以按照均匀分布计算得到相应的标准不确定度分量。

(2)测量过程引入的不确定度分量

其主要包括测量重复性和测量复现性引入的不确定度。重复性引入的不确定度分量可以由相同条件下多次测量结果的实验标准差给出;复现性引入的不确定度分量可以由不同条件下多次测量结果的实验标准差给出。

(3)测量工件不均一性引入的不确定度分量

在接触式测量中,工件的表面纹理、形状偏差和几何偏差等不均一性会引入不确定度分量。如果已知形状偏差的最大允许误差,可以按照均匀分布估计不均一性引入的标准不确定度;但如果工件的不均一性已经体现在最大测量结果中了,则可以忽略该不确定度分量。

(4)测量环境温度变化引入的不确定度分量

其包括温度差异和热膨胀系数差异引入的不确定度,可以根据方和根法合成得到测量环境温度变化引入的不确定度分量。

(5)各修正值所引入的不确定度的合成分量

如果为了提高精度对测量结果进行修正,则需要考虑修正值引入的不确定度。例如在采用实物标准器对长度测量误差进行修正时,就需要考虑长度测量误差修正值的不确定度,包括长度实物标准器的校准不确定度和对其进行测量的不确定度。对于有校准证书提供扩展不确定度的,可以按照均匀分布得到相应的标准不确定度分量;对于标准器的测量不确定度评估,可以根据测量结果按照贝塞尔公式计算标准差。将这些因素进行综合之后就可以得到各修正值引入的不确定度的合成分量。

2. CMM 尺寸测量不确定度建模

基于量值特性分析方法建立 CMM 面向测量任务不确定度评定模型的一般形式如下:

测量结果一般可以表示为

$$y = Y \pm U \tag{4-1}$$

式中,y 表示最终评定的测量结果;Y 表示测量结果的最佳估计值;U 表示扩展不确定度。

测量结果的最佳估计值为

$$Y = X + C \tag{4-2}$$

式中,X 表示由 CMM 测量数据得到的测量均值;C 表示各修正值之和,$C = \sum C_i$,其中 C_i 表示各个修正值。

修正值可以是温度的修正值、长度测量误差的修正值、测球直径误差的修正值等，一般可以通过查找校准证书或者对标准件、已校准工件进行测量获得，视具体情况决定。例如，倘若测量设备引入的不确定度直接利用 MPE_E 评估，则不需要重复考虑长度测量误差的修正值和测球直径误差的修正值；如果采用 CMM 测量时已经启用了温度补偿功能，则无需再对测量结果进行温度修正。

测量结果的合成标准不确定度为

$$u_c = \sqrt{u_E^2 + u_P^2 + u_W^2 + u_{Temp}^2 + u_{CORR}^2} \qquad (4-3)$$

式中，u_E 表示由测量设备引入的不确定度分量，可以直接利用 MPE_E 评估，也可以采用 CMM 的校准不确定度如重复性、分辨力、偏倚、线性引入的不确定度以及其他不确定度分量进行综合评估；u_P 表示由测量过程引入的不确定度分量，主要反映测量重复性与复现性对测量结果的影响；u_W 表示由测量工件不均一性引入的不确定度分量；u_{Temp} 表示由测量环境温度变化引入的不确定度分量；u_{CORR} 表示各修正值所引入的不确定度的合成，$u_{CORR} = \sqrt{\sum u_{CORRi}^2}$。

通过式（4-2）和式（4-3）可以看出，测量结果的修正值和测量设备引入不确定度分量都影响测量精度。不同方法的 CMM 面向任务的测量不确定度来源不同，也将使不确定度评定的结果有所不同。在具体应用时需要结合实际情况采用适当的测量方法，根据不确定度的具体来源，对式（4-3）做出相应的调整。

扩展不确定度为

$$U = k \times \sqrt{u_E^2 + u_P^2 + u_W^2 + u_{Temp}^2 + u_{CORR}^2} \qquad (4-4)$$

式中，k 表示包含因子，与测量结果的概率分布和置信概率有关。

3. 多种测量方法的不确定度评定

同一台坐标测量机对相同任务的测量，采用不同测量方法得到的结果往往不同。以尺寸测量为例，分别采用常规测量、替代测量和补偿测量三种方法，对影响测量结果精度的因素进行分析。

（1）常规测量不确定度评定

可以直接采用 CMM 测得的数值或者在相同条件下多次重复测量的平均值作为最佳估计值。这种估计方法的步骤简单，无需进行修正。与单次测量相比较，通过多次测量可以有效地减小重复性的影响，提高测量精度。

常规测量将 ISO 10360 国际标准《坐标测量机的验收、检测和复检检测》中给定的 CMM 检测已校准长度和形状能力的相关技术指标 MPE_E 作为主要不确定度来源，通过大量反复的试验对测量结果的影响因素进行分析，利用统计方法研究各种不确定度因素的影响，通过标准差给出各不确定度来源的量值，最后得出各不确定度分量对测量结果的影响。

基于量值特性的分析，可知常规测量中的主要不确定度来源为示值误差、测量重复性、测量复现性和环境温度 4 个因素，所引入的不确定度分量分别用 u_E、u_{RP}、u_{RD}、u_{Temp} 表示。其中示值误差主要由坐标测量机本身的机构误差引入，包括光栅尺的刻划误差、探测系统误差和测量软件引入的误差，集中地反映了测量设备的系统误差；重复性指在相同的测量条件下，对同一被测量所做连续多次测量结果之间的一致程度；复现性指在测量条件改变时，同一被测量的各测量结果之间的一致性；温度因素主要对尺寸测量结果的影响比较大，因为温度变化将同时引起工件尺寸和光栅尺的尺寸变化。虽然坐标测量机通常都应用温度补偿技术减小温度误差的影响,但是在温度补偿之后的残余误差仍然不可忽视。

常规测量中的不确定度主要分量与估计公式见表 4-2。

表 4-2　常规测量中的不确定度主要分量与估计公式

标准不确定度分量	不确定度来源	标准不确定度估计公式
u_E	示值误差	$\dfrac{MPE_E}{\sqrt{3}}$
u_{RP}	测量重复性	$\sqrt{\dfrac{1}{n_2 \cdot (n_2 - 1)} \sum\limits_{j=1}^{n_2} (y_{ij} - y_i)^2}$
u_{RD}	测量复现性	$\sqrt{\dfrac{1}{n_1 - 1} \sum\limits_{i=1}^{n_1} (y_i - \bar{y})^2}$
u_{Temp}	温度补偿	$\sqrt{u_T^2 + u_{CTE1}^2 + u_{CTE2}^2}$

　　注:MPE_E 表示 CMM 的最大允许示值误差;n_1 表示复现性实验的组数;n_2 表示重复性测量的次数;y_{ij} 表示测量数据,其中 i 表示不同的测量者($i = A, B, \cdots, n_1$),j 表示重复测量的次数($j = 1, 2, \cdots, n_2$);y_i 表示重复测量 n_2 次的算术平均值;$\bar{y}$ 表示所有 y_i 的算术平均值;u_T 表示环境温度变化引入的不确定度分量;u_{CTE1} 表示被测工件热膨胀系数变化引入的不确定度分量;u_{CTE2} 表示光栅尺热膨胀系数变化引入的不确定度分量。

若各不确定度分量之间相互独立,则测量结果的合成标准不确定度可以表示为

$$u_c = \sqrt{u_E^2 + u_{RP}^2 + u_{RD}^2 + u_{Temp}^2} \tag{4-5}$$

根据给定的置信概率 P,取包含因子 k,得到扩展不确定度为

$$U = k \cdot \sqrt{u_E^2 + u_{RP}^2 + u_{RD}^2 + u_{Temp}^2} \tag{4-6}$$

则最终的测量结果可以表示为

$$L = y_i \pm U \tag{4-7}$$

(2)替代测量不确定度评定

替代测量是为了修正系统误差而对被测工件和已校准工件都进行测量的一种检测手段。利用替代测量可以减小 CMM 示值误差的影响,提高测量精度。

替代测量是在尽量保证测量条件不变的情况下,用一个尺寸和形状均与实际工件相似的已校准工件替代被测工件;将坐标测量机的示值与校准值进行比较,确定被测工件的测量结果应附加的修正值,以修正后的测量结果作为被测参数的估计值;将测量结果与已校准工件值之差用于测量不确定度的评定。

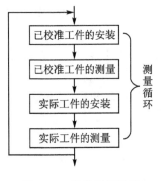

图 4-3　替代测量过程

替代测量可以用一个也可以用多个已校准工件代替被测工件的测量,是在相同方法和相同条件下所做的一系列测量。替代测量要求对已校准工件和被测工件进行多次测量循环,如图 4-3 所示。一个完整的测量循环包括已校准工件和实际工件的安装和测量。必须保证在同一个测量循环中的已校准工件与实际工件的测量条件完全一致,包括

装夹工件的位置和方向、测头系统的配置、采样策略、测量速度以及环境条件等。

　　不确定度的评估需要获得足够数量的样本。一般至少需要完成 10 次测量循环,对已校准工件至少进行 20 次测量。也就是说,如果每个循环只对已校准工件测量 1 次,则至少需进行 20 次测量循环。

　　在对已校准工件进行测量时,校准值与坐标测量机的示值之差 Δ_i 为

$$\Delta_i = x_{cal} - x_i^* \tag{4-8}$$

式中,x_{cal} 表示校准证书中提供的校准值;x_i^* 表示在每个测量循环中已校准工件的测量值,其中 i 表示某次测量循环,$i=1,2,\cdots,n$。

　　如果用 y_i^* 表示在每个测量循环中被测工件的示值,y_i 表示每个测量循环得到的已修正被测工件的结果,$\bar{y}$ 表示被测工件所有已修正测量结果的平均值,则

$$y_i = y_i^* + \Delta_i$$
$$\bar{y} = \frac{1}{n}\sum_{i=1}^{n} y_i = \frac{1}{n}\sum_{i=1}^{n}(y_i^* + \Delta_i) \tag{4-9}$$

　　通过量值特性分析方法可知,在替代测量中应当考虑已校准工件的标准不确定度、测量过程中的标准不确定度、实际工件与已校准工件的差异引入的不确定度三个来源,可以分别用 u_{cal}、u_p、u_w 表示。其中 u_{cal} 表示已校准工件的校准标准不确定度;u_p 表示坐标测量过程中的一切随机误差和变化的系统误差,包括坐标测量机的几何误差、测量重复性、探测系统的系统误差和随机误差、测量策略和操作过程引入的误差以及测量条件引入的误差等;u_w 反映实际工件与已校准工件在材料和表面特性方面可能存在的差异所引入的形状误差以及热膨胀系数、粗糙度、弹性等参数的变化对测量结果的影响。

　　替代测量中的不确定度主要分量及估计公式见表 4-3。

表 4-3　替代测量中的不确定度主要分量及估计公式

标准不确定度分量	不确定度的来源	标准不确定度估计公式
u_{cal}	工件校准值的不确定度	$\dfrac{U_{cal}}{k}$
u_p	测量过程引入的不确定度	$\sqrt{\dfrac{1}{n-1}\sum_{i=1}^{n}(y_i-\bar{y})^2}$
u_w	实际工件与已校准工件的差异引入的不确定度	$L \cdot (T-20℃) \cdot u_\alpha$

注:U_{cal} 表示校准证书提供的扩展不确定度;k 表示包含因子;n 表示重复性测量的次数;T 表示测量过程中的环境温度;u_α 表示工件热膨胀系数的标准不确定度;L 表示被测工件的尺寸。

　　如果各不确定度分量之间相互独立,则替代测量结果的合成标准不确定度为

$$u_c = \sqrt{u_{cal}^2 + u_p^2 + u_w^2} \tag{4-10}$$

根据给定的置信概率 P 确定包含因子 k,得到的扩展不确定度为

$$U = k \cdot \sqrt{u_{cal}^2 + u_p^2 + u_w^2} \tag{4-11}$$

被测工件经过修正之后的测量结果估计值 y_{corr} 为

$$y_{corr} = \bar{y} \tag{4-12}$$

则最终的测量结果可以表示为

$$L = y_{corr} \pm U = \bar{y} \pm U \tag{4-13}$$

（3）补偿测量的不确定度评定

未知系统误差也是 CMM 中测量不确定度的重要来源之一，这种误差不仅难以发现，它的大小和变化规律也往往难以准确掌握。

补偿测量通过对未知系统误差的补偿来提高测量精度。补偿测量的基本原理是通过改变测量条件进行多次重复测量，使测量具有足够高的"自由度"，这样就可以将测量过程中的一部分未知系统误差随机化，减小和消除未知系统误差的影响。以不同条件下多次重复测量的平均值作为测得值，对于测量过程中那些不变的系统误差如长度测量的示值误差和测头校验的直径补偿误差等，均通过对长度标准量和直径标准量的测量得到修正值，实现对测量结果的修正。如果无法进行修正，可以作为一项附加不确定度予以考虑。另外，还应当考虑其他因素如温度变化等对测量结果所产生的影响。

补偿测量需要长度实物标准器和直径实物标准器。长度实物标准器可以选用标准量规、步距规或球杆等，其标称长度值最好与被测工件几何特征的尺寸相仿或者稍大。直径实物标准器包括一个内径实物标准器（如标准环规）和外径实物标准器（如标准球、标准塞规）。标准器在使用之前必须经过校准，因此补偿测量的相对成本比较高。

1）测量过程

整个测量过程包括对工件的测量、长度实物标准器的测量和直径实物标准器的测量。

① 工件的测量。在 n_2 个方向对工件进行测量。在三维尺寸测量中建议至少选取 4 个方向，被测工件放置的方向应当有利于得到最佳的测量条件。若有需要可以选用不同的探针，在每一个方向的测头均独立标定。假设对工件进行 n_1（$n_1 \geqslant 5$）次测量，每次测量的采样点分布各不相同，但总的测点数量相同，且测点在工件表面的覆盖程度保持一致。对被测工件至少进行 $n_1 \times n_2$ 次独立测量，每次都是一个完整的测量循环，包括装夹工件、测头校验、建立工件坐标系、拟定采样策略、设置测量速度等全部过程。

从经济的角度考虑，被测工件的放置方向可以选用 4 个基本的方向，包括一个自然放置方向和绕测量机 X、Y、Z 三个坐标轴分别旋转 90° 的方向。在每个方向检测 5 种不同的测点分布，总计进行 20 次独立测量。

假如测点的数量及位置是已经规定好的，并且在测量报告书中已经明确注明，那么在测量时就不需要改变测点的分布，这时得到的结果仅对该次测点分布的测量有效。

② 长度实物标准器的测量。在与被测工件相同的测量空间内，从三个大致互相垂直的方向对长度实物标准器进行测量。一般选取的测量方向与机器的 X、Y、Z 三个坐标轴相互平行，测量线大致通过测量空间的中心。在每个方向重复测量的次数不少于 3 次，每次都是一个完整的测量过程，包括工件的装夹、测头的校验、工件坐标系的建立、采样策略的配置、较低测量速度的设置等过程。在每个方向对长度实物标准器进行测量时分别应用三种不同的探针，探针的方向及长度应当与测量工件时相类似。如果用 n_3 表示相互独立测量结果的个数，一般要求至少 $n_3 = 9$。

需要注意的是，为了使测量值不受探测误差的影响，最好选用步距规、孔棒或球棒作为长度标准器。如果不具备这样的标准器，也可以将短量块组合在一端成为一个单向的标准长度。

只要能够保证坐标测量机的特征参数没有发生变化，在测量新的工件时就不需要重新对长度实物标准器进行检测；在工件测量结果的计算和不确定度的评定中，可以直接应用之前得到的相关长度标准的测量数据。

③ 直径实物标准器的测量。在与被测工件相同的测量空间内，至少对一个内径和外径的实物标准器进行测量，建议采用坐标测量机测头校准时推荐的采样策略，采样点的数量为 25 个，均匀分布在标准器的被测表面上。

测量时应用三种不同的探针，与工件测量时所用的探针类似。在每种测头配置下至少进行 3 次相互独立的测量。用 n_4 表示测量结果的个数，则至少得到内径和外径标准器测量的各 $n_4=9$ 个测量数据。

同样，只要能够保证坐标测量机的特征参数没有发生变化，在测量新的工件时就不需要重新对直径实物标准器进行检测；在工件测量结果的计算和不确定度的评定中，可以直接应用之前得到的相关直径标准的测量数据。

2）测量不确定度评定

补偿测量的不确定度评定主要考虑 5 个分量：

① 测量重复性引入的不确定度。测量重复性引入的不确定度分量描述测量过程中随机误差的影响，包括坐标测量机的重复性、采样策略、工件表面的形状和粗糙度、工件表面的污物以及装夹找正等因素的影响。

② 测量复现性引入的不确定度。测量复现性引入的不确定度分量描述坐标测量机中部分系统误差的影响，包括测量机几何误差在空间的各向异性、测点分布的不同、被测工件表面与形状不理想、探针的位置、测球的方向特性、测球直径不确定度、工件对齐与否等的影响。

③ 长度测量误差补偿引入的不确定度。长度测量误差补偿引入的不确定度描述长度补偿后残余误差的影响。由于存在光栅尺的刻度系数误差，故 CMM 在不同测量空间内具有不同的尺寸测量误差。补偿测量策略通过对长度标准器的标定，分离出被测工件在该空间内的平均长度测量误差，并加以修正。

④ 测球直径误差补偿引入的不确定度。测球直径误差补偿引入的不确定度描述测球直径误差补偿后残余误差的影响。在使用坐标测量机之前需要对测头进行校验，得到测球的补偿直径。软件会在测量工件的内部尺寸时减去测球的直径；在测量工件的外部尺寸时则加上测球的直径。由于标定工具的磨损、测头标定过程中的随机因素以及测杆的受力变形等因素的影响，测球直径的补偿存在误差，而且该误差不能通过在不同方向的多次测量被充分地随机化。

补偿测量通过对内径和外径标准器的检测，标定出工件在测量空间内的平均测球直径误差。当工件的待测参数是纯粹的内部特征或者外部特征时，可以直接修正该项误差；当工件的待测参数同时包含内部特征和外部特征时，一般无法直接修正，这时可以将该误差的绝对值作为一项附加不确定度。

⑤ 温度补偿引入的不确定度。温度变化对尺寸测量结果的影响比较大。温度补偿引入的不确定度需要同时考虑对工件测量的温度补偿和对标准器测量的温度补偿。虽然已经应用温度补偿技术减小了坐标测量机受温度误差的影响，但温度补偿之后的残余误差仍然不可忽视。

总之，在补偿测量中不确定度的主要来源及估计公式见表 4 - 4。

表 4 - 4　补偿测量的不确定度来源及估计公式

标准不确定度分量	不确定度来源	标准不确定度估计公式	自由度
u_{rep}	测量重复性	$\dfrac{1}{\sqrt{n_1}}\sqrt{\dfrac{1}{n_2}\sum\limits_{j=1}^{n_2}(^{j}S)^2}$	$(n_1-1)\cdot n_2$
u_{geo}	几何误差等影响	$\dfrac{1}{\sqrt{n_2}}\sqrt{\dfrac{1}{n_2-1}\sum\limits_{j=1}^{n_2}(^{j}y-y)^2}$	n_2-1
u_{corrL}	长度测量误差补偿	$\sqrt{u_{L\text{measstd}}^2+u_{L\text{calstd}}^2}$	n_3-1
u_{D}	测球直径误差补偿	$\sqrt{u_{D\text{measstd}}^2+u_{D\text{calstd}}^2}$	n_4-1
u_{Temp}	温度因素	$\sqrt{u_{\text{TempW}}^2+u_{\text{TempN}}^2}$	∞

注:n_1 表示在每个方向进行重复测量的次数;n_2 表示重复性实验的方向数;^{j}S 表示各个方向单次测量的实验标准差;j 表示测量方向,$j=1,2,\cdots,n_2$;^{j}y 表示每个方向多次测量的平均值;y 表示 $n_1\times n_2$ 次所有测量值的总平均值;$u_{L\text{measstd}}$ 表示长度测量平均值的标准差;$u_{D\text{measstd}}$ 表示直径测量平均值的标准差;$u_{L\text{calstd}}$ 表示长度标准器的校准不确定度;$u_{D\text{calstd}}$ 表示直径标准器的校准不确定度;u_{TempW} 表示测量工件时温度补偿的标准不确定度,u_{TempN} 表示测量标准器时温度补偿的标准不确定度。

如果各项不确定度分量之间相互独立,则补偿测量结果的合成标准不确定度 u_c 为

$$u_c=\sqrt{u_{\text{rep}}^2+u_{\text{geo}}^2+u_{\text{corrL}}^2+u_D^2+u_{\text{Temp}}^2} \tag{4-14}$$

合成标准不确定度 u_c 的自由度可以由韦尔奇-萨特斯威特公式计算得到

$$v_{\text{eff}}=u_c^4\Big/\sum_{e=1}^{5}(u_e^4/v_e) \tag{4-15}$$

按给定的置信概率 P,查 t 分布表得到包含因子 k,可以得扩展不确定度

$$U=k\cdot\sqrt{u_{\text{rep}}^2+u_{\text{geo}}^2+u_{\text{corrL}}^2+u_D^2+u_{\text{Temp}}^2} \tag{4-16}$$

最终的测量结果可以根据不同的情况以不同的方式给出:

① 当工件的待测参数是纯粹的内部特征或者外部特征时,长度测量平均误差和测球直径误差均可以被修正。测量结果可以表示为

$$L=(y-E_L-E_D)\pm k\cdot\sqrt{u_{\text{rep}}^2+u_{\text{geo}}^2+u_{\text{corrL}}^2+u_D^2+u_{\text{Temp}}^2} \tag{4-17}$$

式中,E_L 表示长度测量的平均误差;E_D 表示测球的直径误差。

② 当工件的待测参数不需要对测球的直径误差进行修正时,可以只修正长度测量的平均误差。测量结果可以表示为

$$L=(y-E_L)\pm k\cdot\sqrt{u_{\text{rep}}^2+u_{\text{geo}}^2+u_{\text{corrL}}^2+u_{\text{Temp}}^2} \tag{4-18}$$

4.2.2　形状测量不确定度评定方法

形状测量作为 CMM 的典型测量任务之一,对于保证产品的配合性质和工作性能具有重要作用。与尺寸测量相比较,CMM 形状测量具有自身的特点,不能直接简单套用尺寸测量不确定度的评定模型。

1. CMM 形状测量不确定度分析

CMM 形状测量分为测量点的提取和形状误差的评定两个阶段。在形状测量中,CMM 的测头按照一定的采样策略在被测零件表面上提取一系列独立的测量点,获取相应的坐标。在 CMM 软件系统中,根据一定的规则将这些点的坐标拟合成为被测量的理想形状,根据各测量点相对于理想形状的最大偏差,计算出被测形状的误差值。

CMM 形状测量的过程和原理与尺寸的测量基本一致,在不确定度评定的过程中可以借鉴尺寸测量,通过量值特性分析方法对不确定度进行评定。对于那些在尺寸测量中可以忽略的量值特性指标,在形状测量中同样可以予以忽略。例如形状测量中分辨力的影响远小于重复性,其影响同样可以忽略。理论分析和实验研究表明,稳定性误差在几何量测量中的影响程度相对比较小,且稳定性是由时间变化引入的,在复现性指标中已经有所体现,因此无需重复考虑。

尽管 CMM 形状测量不确定度的评定可以借鉴尺寸测量,但是考虑到被测参数本身的不同,形状测量中不确定度的建模和不确定度分量的量化方法均不同于尺寸测量。

首先,形状测量不确定度评定对于"过量估计"比较敏感。与尺寸测量相比较,形状测量属于对微小量的测量,被测参数的公差间隔一般比较小。在各不确定度分量的量化过程中,为了保证不确定度评定结果的可靠性,如果对不确定度分量进行过量估计,就会导致测量不确定度评定结果的价值急剧下降。

其次,形状测量示值误差的表现形式、标定方法与尺寸测量有很大不同。尺寸测量属于对绝对量的测量,在测量的过程中既要关注某个具体尺寸测量值的偏倚,又要关注整个范围内测量结果的线性变化;形状测量则属于对微小量和相对变化量的测量,在示值误差的分析中一般只关注 CMM 残余系统误差引入的形状测量示值偏倚,线性的影响则往往可以忽略。由于示值误差表现形式的不同,造成对尺寸测量和形状测量示值误差的标定方法也不相同。在 CMM 的验收、检测和复检过程中,通过对不同长度的已校准量块进行测量,用测量结果和量块标称值之间的差值标定 CMM 尺寸测量的示值误差,可以表示 CMM 的尺寸测量能力;通过对标准球的球度进行测量,用球度的测量结果标定 CMM 形状测量的探测误差,则可以表示 CMM 对形状的探测能力。

再次,形状测量受采样策略和测头配置的影响尤为显著。采样点数不足将导致提取出来的信息无法真实地反映被测工件表面轮廓的变化,因此采样策略决定测量过程中信息的提取能力。形状测量属于对微小量的测量,在尺寸测量中可以忽略的粗糙度和波纹度等表面质量因素的影响,在形状测量中却不容忽略。CMM 测球直径的大小直接决定测量过程中对表面粗糙度、表面波纹度以及被测形状误差中高频分量的滤波效果,因此测头配置方式的不同对形状测量结果也具有显著的影响。

最后,在形状测量中可以忽略温度补偿因素的影响。尺寸测量属于对绝对量的测量,温度补偿因素是不确定度评定中的一个重要分量;而形状测量则属于对微小量和相对变化量的测量。因此在形状测量中无需进行温度补偿,温度补偿因素引入的不确定度分量往往可以忽略不计。

综合以上分析,在 CMM 形状测量不确定度评定的过程中,既要借鉴尺寸测量不确定度的评定模型,又要把握形状测量中被测量本身属于"微小量"和"相对变化量"的特点,建立有别于尺寸测量的不确定度评定模型,提出符合形状测量特点的不确定度分量的量化方法。

2. CMM 形状测量不确定度建模

考虑到 CMM 形状测量与尺寸测量原理的相似性,在不确定度建模时可以参考尺寸测量不确定度的评定模型,采用量值特性分析的方法,在模型中忽略分辨力和稳定性等因素的影响。同时,考虑到 CMM 形状测量和尺寸测量任务的不同,在不确定度评定中需要充分体现采样策略和测头配置等因素的影响;忽略温度补偿因素的影响。

形状测量不确定度的评定模型为

$$u_c = \sqrt{u_E^2 + u_{RP}^2 + u_{RD}^2 + u_{CY}^2 + u_{CT}^2} \qquad (4-19)$$

式中各不确定度分量的含义及其来源见表 4-5。

表 4-5　CMM 形状测量不确定度的含义及来源

不确定度分量	表示符号	反映的不确定度来源
示值误差	u_E	CMM 本身计量特性误差如机构误差、测头系统误差等修正后的残余误差引入的不确定度
测量重复性	u_{RP}	测量系统的随机误差引入的不确定度
测量复现性	u_{RD}	测量过程中系统的、未定的误差因素如测量人员的操作习惯、工件的装夹定位、坐标系的建立方法等因素引入的不确定度
采样策略	u_{CY}	采样信息不完整性引入的不确定度
测头配置	u_{CT}	测球大小对工件表面粗糙度等滤波效果不同引入的不确定度

形状测量不确定度的评定模型与尺寸测量相同的是,其中包含了示值误差、重复性、复现性等测量系统的量值特性指标,综合反映了 CMM 形状测量中各不确定度来源的影响;与尺寸测量不同的是示值误差的量化方法,另外还附加考虑了采样策略和测头配置等的影响。

在形状测量不确定度评定模型中,各不确定度分量的量化方法如下。

(1) 示值误差引入的不确定度分量

依据 CMM 校准规范,可以通过对标准球进行 25 点的球度测量来标定探测误差;或者以最大允许探测误差 MPE$_P$ 表示形状探测的能力,它反映 CMM 形状测量示值误差的最大允许分布半宽度(简称半宽)。

采用 MPE$_P$ 评定 CMM 形状测量示值误差引入的不确定度分量为

$$u_E = \frac{MPE_P}{\sqrt{3}} \qquad (4-20)$$

通过 MPE$_P$ 对形状测量的示值误差进行量化,评定结果的可靠性比较强,但在不确定度评定结果中存在一定的过量估计。为了减小对形状测量示值误差的过量估计,可以基于实验的方法面向特定形状测量任务对示值误差进行标定。在不同方向和不同位置,面向特定任务对标准器的形状误差进行测量,以 CMM 测量示值与标准器形状误差校准值之差来标定对应的示值误差。例如,可以通过对标准环规等标准器的圆度、圆柱度的测量来标定 CMM 圆度、圆柱度测量的示值误差;通过对平晶等标准器的平面度、直线度进行测量来标定 CMM 平面度、直线度测量的示值误差。

基于实验方法对 CMM 形状测量示值误差进行量化评定的具体步骤如下：

① 根据测量任务选择形状测量标准器，查阅形状误差的校准值 x_{cal} 和校准不确定度 u_{cal}。

② 根据日常产品检验操作的习惯确定测量方法，如测量模式、测量速度、测头配置、采样策略均应与日常测量相同。当无法确定日常测量的操作习惯时，为了尽可能保证示值误差量化结果的可靠性，测针的长度应当选择日常测量中可能用到的最长的一个，以充分放大 CMM 残余系统误差的影响；采样点数则可以参考 CMM 校准规范 JJF 1064，在 20～30 个测量点之间进行选取。

③ 在空间至少 4 个不同的方向对标准器的形状误差进行多组重复测量，计算出每个方向测量结果的均值，记 $\bar{x}_j$ 为第 j 个方向测量结果的均值。

④ 将空间不同方向的测量结果与标准器的形状误差校准值 x_{cal} 进行比较，计算偏倚值的最大值，作为示值误差可能分布区间的半宽：

$$b_{max} = \left| \bar{x}_j - x_{cal} \right|_{max} \qquad (4-21)$$

⑤ 取均匀分布，计算形状测量示值误差引入的不确定度分量为

$$u_E = \sqrt{\left(\frac{b_{max}}{\sqrt{3}}\right)^2 + u_{cal}^2} \qquad (4-22)$$

⑥ 当被测标准器形状误差校准值的不确定度 u_{cal} 比较小时，可以将其忽略。形状测量示值误差引入的不确定度分量计算公式可以简化为

$$u_E = \frac{b_{max}}{\sqrt{3}} \qquad (4-23)$$

（2）测量重复性、复现性引入的不确定度分量

测量重复性、复现性的评定过程和方法均与尺寸测量类似。由多名测量人员按照日常产品检验的方法对待检测零件进行 m 组独立测量，每组测量重复 n 次。在实验中应当尽可能覆盖日常产品检验的时间范围。在测量中采用"盲测"的方法，即测量人员互不影响，每名测量人员均按照日常习惯的操作方法进行测量，保证 m 组数据之间相互独立。记测量数据中的第 i 组、第 j 个测量结果为 x_{ij}。

1）测量重复性引入的不确定度分量

第 i 组测量数据的均值为

$$\bar{x}_i = \frac{1}{n} \sum_{j=1}^{n} x_{ij} \qquad (4-24)$$

采用贝塞尔公式计算第 i 组测量数据的组内标准差为

$$\sigma_i = \sqrt{\frac{\sum_{j=1}^{n} (x_{ij} - \bar{x}_i)^2}{n-1}} \qquad (4-25)$$

根据具体应用情况的不同，测量重复性引入的不确定度分量可以通过两种方法计算：

① 当不确定度评定与具体测量人员得到的特定结果相关联时，测量重复性引入的不确定度分量可以直接按照式（4-25）进行计算，则与第 i 组测量数据相关联的重复性指标为

$$u_{RP} = \sigma_i \qquad (4-26)$$

② 当重复性指标用于不确定度的估计时，可以采用合并样本标准差的方法，综合各组测量数据计算重复性引入的不确定度分量：

$$u_{RP} = \sqrt{\frac{\sum\limits_{i=1}^{m} \sigma_i^2}{m}} \tag{4-27}$$

式(4-26)和式(4-27)均表示单次测量重复性引入的不确定度分量。如果采用 n 次测量结果的均值表示,则 n 次测量均值的重复性引入的不确定度分量为

$$u_{RPN} = \frac{u_{RP}}{\sqrt{n}} \tag{4-28}$$

2) 测量复现性引入的不确定度分量

计算各组测量数据的总均值为

$$\bar{x} = \frac{1}{m} \sum_{i=1}^{m} \bar{x}_i \tag{4-29}$$

由此计算各组测量数据均值的组间标准差为

$$\sigma_z = \sqrt{\frac{\sum\limits_{i=1}^{m} (\bar{x}_i - \bar{x})^2}{m-1}} \tag{4-30}$$

当 m 值比较小时,组间标准差也可以用极差法计算为

$$\sigma_z = \frac{(\bar{x}_i)_{max} - (\bar{x}_i)_{min}}{d_m} \tag{4-31}$$

式中,d_m 表示极差系数,可以根据 m 的值查极差表获得。

考虑到 σ_z 是通过各组 n 次测量均值的变差求出的,其中既包含测量人员引入未知系统误差的影响,也包含 n 次测量均值重复性的影响,因此测量复现性引入的不确定度分量为

$$u_{RD} = \sqrt{\sigma_z^2 - \left(\frac{u_{RP}}{\sqrt{n}}\right)^2} \tag{4-32}$$

式(4-32)中的测量重复性 u_{RP} 应当基于合并样本标准差的方法,综合各组测量数据进行计算。

在实际应用中,结合具体测量条件可以对式(4-32)进行简化。当实验中的测量次数 n 比较大或者单次测量的重复性 u_{RP} 比较小时,式(4-32)可以简化为

$$u_{RD} = \sigma_z \tag{4-33}$$

(3) 采样策略引入的不确定度分量

该不确定度分量主要反映采样策略的选择与被测工件的综合作用对测量结果所产生的影响。采样策略主要包含采样点数和采样点分布两个要素。采样点数反映 CMM 对工件表面形状信息的提取能力;采样点分布则决定在同样采样点时提取到形状误差极值点的概率。

在测量复现性中已经包含了采样点分布的影响,因此在 CMM 采样策略引入的不确定度中,测量点分布的选择可以默认为日常测量中广泛采用的均匀分布。下面讨论在均匀分布的情况下,采样点数不同对测量结果的影响。

在 GB/T 24632.2 中给出的圆度测量最少采样点数计算公式为

$$n = 7 \times M \tag{4-34}$$

式中,n 表示圆轮廓的采样点数;M 表示被测圆度误差频谱中最高次谐波的阶数。

在 GB/T 24631.2 中给出的直线度测量采样点最大间距的计算公式为

$$d = \frac{\lambda_c}{7} \qquad (4-35)$$

式中，λ_c 表示直线度测量中滤波器的截止波长。对于长度为 l 的直线，最少采样点数为

$$n = \frac{l}{d} = 7 \times \frac{l}{\lambda_c} \qquad (4-36)$$

对于平面度和圆柱度，在国家标准中并未给出计算最少采样点数的方法。平面度的采样点数一般可以参考直线度确定；圆柱度的采样点数则可以综合圆度和直线度进行选取。

虽然采样点数越多，信息的提取能力越好，但对于接触触发式 CMM 的形状测量而言，由于采样效率和自身功能的限制，采样点数不可能过多。被测零件形状误差的频谱成分应当以低阶次谐波为主。一般而言，接触触发式 CMM 的采样点数以 20～30 个为宜。如在当前国家标准中规定的 CMM 验收检测和复检检测方法中，就是以对标准球采样 25 个点所得的探测误差来表征 CMM 的形状探测能力。

英国国家物理实验室（The National Physical Laboratory，简称 NPL）在《测量的良好实践指南——测量机检测策略》中给出的各几何要素测量最少点数要求见表 4-6。该表也被许多 CMM 专著采用。在海克斯康等 CMM 生产厂家提供的形状误差评定软件中，采样点数只需大于被测几何要素要求的最少点即可。

表 4-6　NPL 推荐的不同几何要素的采样点数

几何要素	数学要求最少点数	NPL 推荐的采样点数/个
直线	2	5
平面	3	9（3 条线，每条线 3 个点）
圆	3	7
球	4	9（3 个平行平面的 3 个圆）
圆锥	6	12（为得到轴线直线度信息时，探测 4 个平行平面的圆，每个圆上测 3 个点） 15（为得到表面圆度信息时，探测 3 个平行平面的圆，每个圆上测 5 个点）
椭圆	4	12
圆柱	5	12（为得到轴线直线度信息时，探测 4 个平行平面的圆，每个圆上测 3 个点） 15（为得到表面圆度信息时，探测 3 个平行平面的圆，每个圆上测 5 个点）
立方体	6	18（每个面至少测 3 个点）

考虑到实际测量中一般缺乏对工件信息的了解，最优采样点数通常未知，且采样策略引入的不确定度主要表现为采样点数不足对测量结果的影响，为了保证不确定度评定结果的可靠性，可以在 CMM 实际测量中采样点数的最大变化范围内进行形状测量，计算出测量结果可能变化区间的分布半宽，由此估计采样策略引入的不确定度分量。具体评定步骤如下：

① 基于测量任务确定采样点数的可能变化范围。采样点数的最小值应当不低于表 4-6 中推荐的点数；采样点数的最大值应当在 CMM 测量效率允许的范围内选取。

② 在步骤①确定采样点数的范围内，分别以不同采样点数对被测工件的形状误差进行重复测量。由操作经验丰富、技能熟练的技术人员执行测量，采样点均匀分布，其他测量条件均与日常测量相同。当单次测量的重复性比较大时，可以适当增加重复测量的次数，使测量均值

的重复性影响可以忽略。

③ 多次改变测量的起始点,重复步骤②的过程。避免在某些特定的测量起始点处,以最少采样点数也可能提取到形状误差中的极值点。

④ 计算采样点数不同造成的测量结果差异的最大值。分别以 $\bar{x}_i$ 和 $\bar{x}_j$ 表示第 i 种和第 j 种采样点数时不同测量起始点得到结果的总均值,则采样策略引入的测量结果变化分布半宽为

$$b_{\mathrm{CY}} = \left| \bar{x}_i - \bar{x}_j \right|_{\max} = \bar{x}_{\max} - \bar{x}_{\min} \tag{4-37}$$

式中,$\bar{x}_{\max}$ 和 $\bar{x}_{\min}$ 分别表示不同采样点数时测量结果的最大值和最小值。

⑤ 取均匀分布,计算采样策略引入的不确定度分量为

$$u_{\mathrm{CY}} = \frac{b_{\mathrm{CY}}}{\sqrt{3}} = \frac{\bar{x}_{\max} - \bar{x}_{\min}}{\sqrt{3}} \tag{4-38}$$

(4) 测头配置引入的不确定度分量

该分量主要反映测量过程中 CMM 测头配置与被测工件综合作用对测量结果产生的影响。测头配置包括测针长度的选择和测球直径的选择两个要素。

在 CMM 的测头配置方面已经形成的共识是:

① 尽可能使用短而稳定的测针。

② 应确保测针的长度和重量不超出测头传感器使用的限制。

③ 尽量选择测球直径较大的测针,以使被测零件表面粗糙度对测量精度的影响降至最低。

测针长度的影响在示值误差标定中已经有所体现,下面主要研究测球直径对测量结果的影响。

测球可以在一定程度上滤除工件表面粗糙度和表面波纹度的影响,测球直径的大小直接决定机械滤波的效果。在形状测量中,测球过大可能造成无法探测到形状变化的细节。为了避免测球直径过大的影响,国家标准规定了在圆度测量和直线度测量中测球直径的最大值。考虑到接触触发式 CMM 的适用领域,被测零件形状误差的频谱成分以低阶次谐波为主。根据 GB/T 24632.2 的规定,在低阶次圆度测量中,测球直径与被测圆轮廓直径之间的关系为

$$d \leqslant \frac{2}{5} D \tag{4-39}$$

式中,d 表示所选测球直径;D 表示被测圆轮廓直径。

在 GB/T 24631.2 中规定,对于低阶次直线度的测量,测球直径的最大值不应超过 10 mm。

为保证不确定度评定结果的可靠性,可以在测球直径的最大变化范围内进行形状测量,并且评定测量结果可能变化区间的分布半宽,由此估计测头配置引入的不确定度分量。具体步骤如下:

① 在实际测量中确定 CMM 测球直径的最大变化范围。测球直径的大小应当根据测量中采样点的便捷性、被测工件的尺寸和表面质量等因素综合考虑后选取。

② 在测球直径的变化范围内分别配置不同的测头,对被测工件的形状误差进行重复测量。由操作经验丰富、技能熟练的测量人员执行,其他测量条件均与日常条件相同。当单次测量的重复性比较大时,可以适当增加重复测量的次数,使测量均值的重复性影响可以忽略。

③ 多次改变测量的起始点,重复步骤②,全面反映测头与被测工件表面不同采样点的综

合作用对测量结果产生的影响。

④ 计算不同测头配置造成测量结果差异中的最大值。分别以 $\bar{x}_i$ 和 $\bar{x}_j$ 表示在第 i 种和第 j 种测头配置时不同测量起始点测量结果的总均值。测头配置引入测量结果变化的半宽为

$$b_{CT} = |\bar{x}_i - \bar{x}_j|_{max} = \bar{x}_{max} - \bar{x}_{min} \qquad (4-40)$$

式中，$\bar{x}_{max}$ 和 $\bar{x}_{min}$ 分别表示在不同测头配置时测量结果的最大值和最小值。

⑤ 取均匀分布，计算测头配置引入的不确定度分量为

$$u_{CT} = \frac{b_{CT}}{\sqrt{3}} = \frac{\bar{x}_{max} - \bar{x}_{min}}{\sqrt{3}} \qquad (4-41)$$

3. CMM 形状测量不确定度的二次评估

在 CMM 形状测量不确定度的评定中，为了保证评定过程的简便性和评定结果的可靠性，在考虑量化采样策略和测头配置引入的不确定度分量时，一般均采用"过量估计"的方法。但形状测量的公差区间一般比较小，为了尽可能提高 CMM 形状测量不确定度评定结果的使用价值，可以参考 GPS 标准 GB/T 18779.2 中推荐的"二次评估"方法，结合一般不确定度的评定结果，对形状测量不确定度进行二次评估。具体步骤如下：

① 找出形状测量各不确定度分量中比较大的那些分量。

② 对比较大的不确定度分量，进一步增加对测量过程的认识或者对测量过程实施改进。对这些不确定度分量进行二次评估，合理地减小不确定度的估计值。

③ 在二次评估不确定度分量的基础上，重新进行不确定度的合成。

考虑到 CMM 的示值误差和重复性受仪器自身测量能力的限制，一般无法减小其估计结果。因此可以考虑合理地减小其他不确定度的估计值，如测量复现性引入的不确定度分量、采样策略引入的不确定度分量和测头配置引入的不确定度分量等。

对于测量复现性引入的不确定度分量，由于测量人员的操作方式不同，不确定度评定的结果可能很小，也可能很大。如果测量复现性引入的不确定度分量比较大，则说明测量人员的操作对测量结果产生了比较显著的影响，应当通过加强对测量人员的培训或者制定更加详细的标准化、规范化的测量流程文件，合理地减小测量复现性的评定结果。

对于采样策略引入的不确定度分量，为了保证不确定度评定结果的可靠性，一般可以选择在采样点数的最大变化范围内评定测量结果的可能差异。如果对测量任务的先验信息掌握比较多，在不确定度的评定中也可以合理地减小采样点数的变化范围。例如通过频谱分析等方法可以确定产品检验的最佳采样策略，通过估计实际采样点数和最优采样点数之间的差异所造成测量结果的变化，可以评定采样策略引入的不确定度；当已知最优采样点数并在测量中按照该点数进行产品检验时，可以忽略采样策略引入的不确定度分量。

对于测头配置引入的不确定度分量，为了保证不确定度评定结果的可靠性，一般在配置测头的最大变化范围内评定测量结果的可能差异。如果已经对测头进行了严格的限定，那么在不确定度的评定中就可以适当地缩小测头配置的变化范围，通过估计所用测头与最优测头测量结果之间的差异，评定出测头配置引入的不确定度；当被测工件的加工质量比较好，表面粗糙度、表面波纹度等高频分量比较小时，不同测头对工件表面的滤波效果没有显著的差异，这时也可以忽略该项不确定度分量的影响。

4.3　CMM 典型任务的测量不确定度评定软件

研究 CMM 不确定度的目的在于方便用户使用相关的测量评定技术,提升坐标测量机的应用价值。目前在 CMM 的应用中,通过测量机的测量软件一般只能得到被测特征量的估计值,却无法给出带有不确定度的完整测量结果。下面根据测量不确定度的建模和评定方法,采用模块化编程,借助于 LabVIEW 图形化设计平台,开发编制 CMM 面向典型任务的测量不确定度评定软件。

CMM 不确定度智能评定软件可以方便用户实现典型尺寸和形状测量任务的不确定度评定,方便实现常规测量、替代测量和补偿测量方法的尺寸测量不确定度评定。

该软件的界面友好、功能丰富,能够实现对 CMM 的典型尺寸、形状测量任务的测量不确定度自动评定。它的特色如下:

① 综合了 CMM 典型尺寸测量任务在不同方法中的评定应用,方便用户根据需要进行选择。

② 适用面广,不局限于某一台具体的 CMM。

③ 可以与后台"测量不确定度评定数据库"相关联,使软件的应用更加灵活、功能更加丰富。它既方便评定结果数据的存储和管理,有利于形成大数据,实现数据共享,以及积累丰富的先验信息,又方便用户比较不同方法的评定效果。

在具体的评定模块中,用户可以根据界面的提示进行简单的操作,轻松完成测量结果的评定,得到具有不确定度的完整测量结果及评定报告。

4.3.1　尺寸常规测量不确定度评定

尺寸常规测量评定模块的流程如图 4-4 所示。

尺寸常规测量不确定度评定模块的软件界面如图 4-5 所示。用户在应用时需要首先在"参数设置"区输入相关参数,获取测量过程中的重复性误差和复现性误差。然后在"测量数据"区通过文件导入或者手动输入测量数据,用鼠标单击"确定评定"按钮启动自动评定,评定结果显示在"评定结果显示"区;用户可以选择直接对测量数据进行评定,也可以选择剔除粗大误差后再进行评定。最后通过"保存"按钮自动将评定结果保存到后台数据库对应的数据表,生成格式规范的评定报告,保存到软件安装目录下对应的文件夹中。如果需要返回开始新的评定任务,则可以单击"返回"按钮。

4.3.2　尺寸替代测量不确定度评定

尺寸替代测量评定模块的流程如图 4-6 所示。

尺寸替代测量评定模块的软件界面如图 4-7 所示。用户在应用时需要首先在"参数设置"区输入已校准件的值及其扩展不确定度、工件的热膨胀系数及环境温度等相关参数。然后在"导入测量数据"区通过文件分别导入已校准件的测量数据和待测工件的测量数据,用鼠标单击"确定评定"按钮启动自动评定,评定结果显示在"评定结果显示"区,数据处理的中间结果也显示在"导入测量数据"区。最后通过"保存"按钮自动将评定结果保存到后台数据库对应的数据表,生成格式规范的评定报告,保存到软件安装目录下对应的报告文件夹中。如果需要返回开始新的评定任务,则可以单击"返回"按钮。

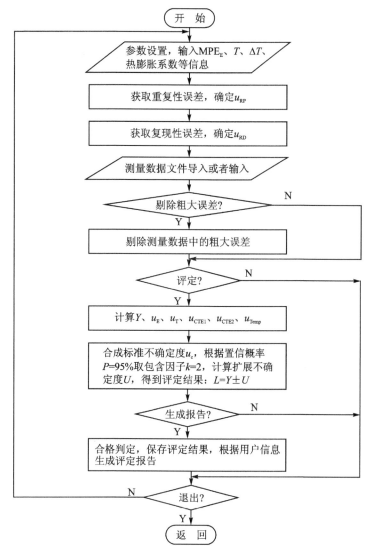

图 4-4　尺寸常规测量评定模块的流程

图 4-5　尺寸常规测量不确定度评定模块的软件界面

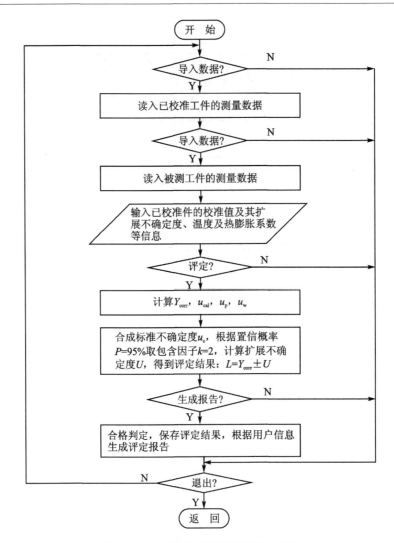

图 4-6 尺寸替代测量评定模块的流程

图 4-7 尺寸替代测量评定模块的软件界面

4.3.3　尺寸补偿测量不确定度评定

尺寸补偿测量评定模块的流程如图 4-8 所示。其主要包括工件测量评定、长度标准器测量评定和直径标准器测量评定，以及对温度因素引入的不确定度分量的评定。最后根据方和根法得到合成标准不确定度，计算出自由度，根据置信概率及自由度取包含因子，得到扩展不确定度以及完整的测量结果报告。

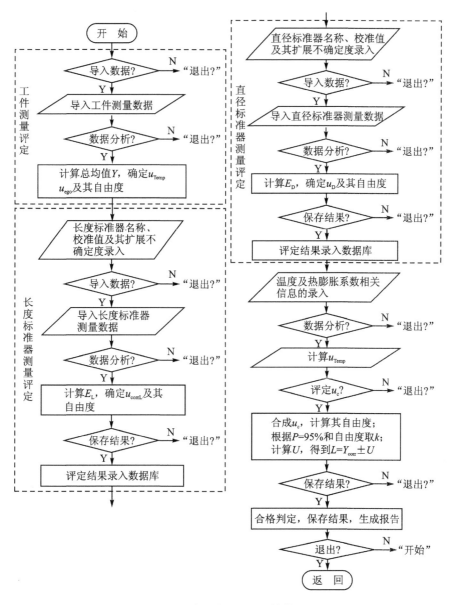

图 4-8　尺寸补偿测量评定模块流程图

尺寸补偿测量评定模块的软件界面包括五个标签项，分别是工件测量、长度测量误差补偿、测球直径误差补偿、温度因素和测量不确定度评定，如图 4-9～图 4-13 所示。用户在应用时要按照标签的顺序进行操作。

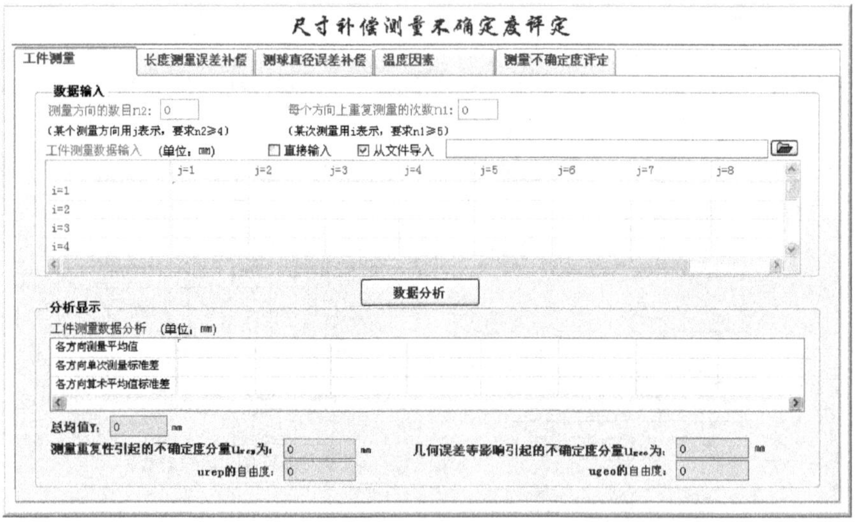

图 4-9　尺寸补偿测量评定模块中"工件测量"标签项

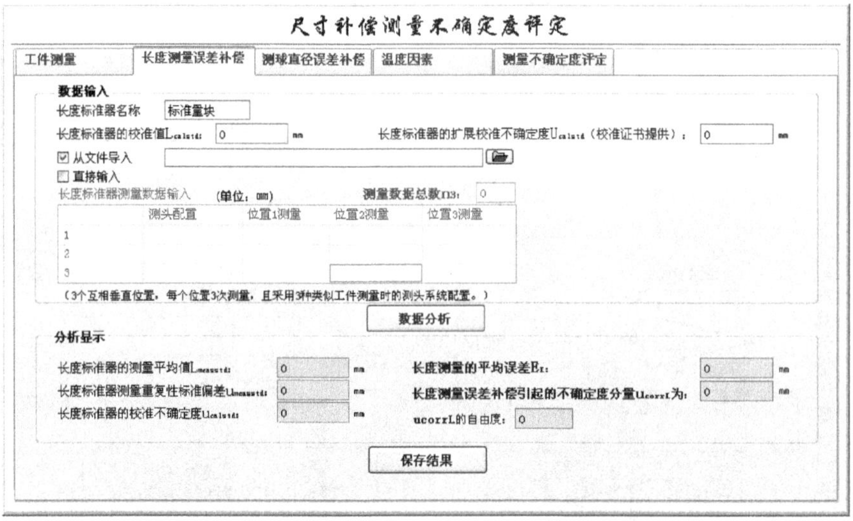

图 4-10　尺寸补偿测量评定模块中"长度测量误差补偿"标签项

在"工件测量"标签导入或者输入工件的测量数据,用鼠标单击"数据分析",由工件的测量数据得到重复性引入的不确定度分量、CMM 几何误差等影响引入的不确定度分量以及相关自由度信息。

在"长度测量误差补偿"标签输入长度标准器的名称、校准值及其扩展不确定度;导入或者输入测量数据,用鼠标单击"数据分析",评定出长度测量的平均误差、长度测量误差补偿引入的不确定度分量及其自由度;如果单击"保存结果",则将长度标准器测量评定的结果自动存入关联数据库的对应数据表中。

在"测球直径误差补偿"标签输入直径标准器的名称、校准值及其扩展不确定度;通过文件导入或者直接输入直径标准器的测量数据,用鼠标单击"数据分析",评定出测球直径误差、测球直径误差补偿引入的不确定度分量及其自由度;如果单击"保存结果",则将直径标准器测量

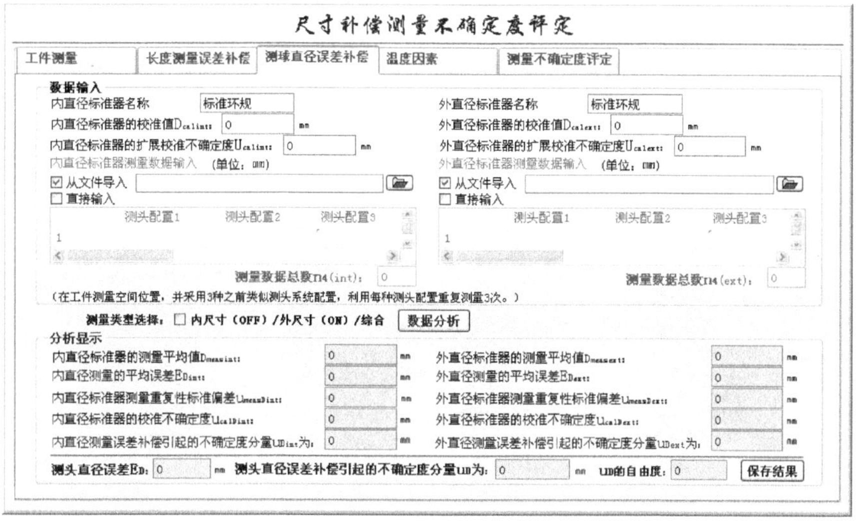

图 4-11　尺寸补偿测量评定模块中"测球直径误差补偿"标签项

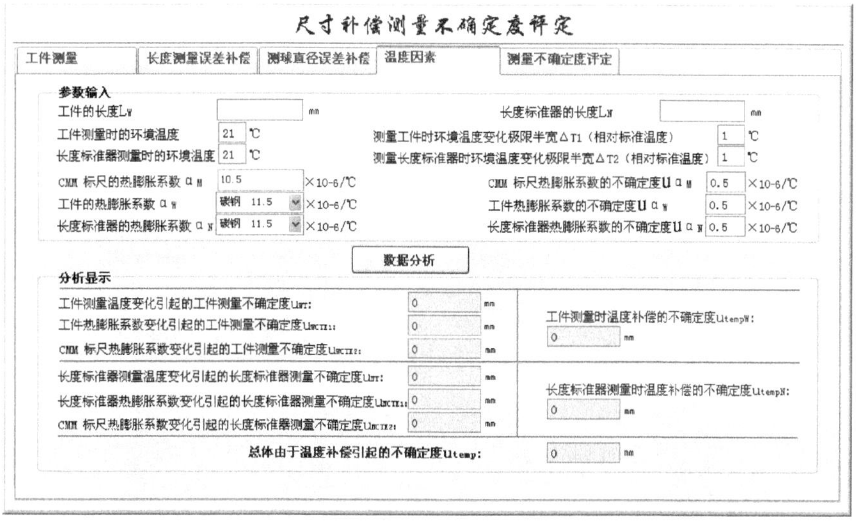

图 4-12　尺寸补偿测量评定模块中"温度因素"标签项

评定结果自动存入关联数据库的对应数据表中。

在"温度因素"标签输入测量环境温度和热膨胀系数等相关信息,用鼠标单击"数据分析",评定出由温度补偿引入的不确定度分量。

在"测量不确定度评定"标签还可以看到先前评定过程的结果。用鼠标单击"评定 u_c",可以得到合成标准不确定度及其自由度;选择对应的自由度,可以得到对应置信概率和自由度的包含因子 k,最后得到扩展不确定度及测量结果的完整表述。

在完成全部测量任务之后,用户可以通过"保存结果"按钮自动将评定结果保存到后台数据库对应的数据表中,生成格式规范的评定报告,保存到软件安装目录下对应的文件夹;如果要返回开始新的评定任务,则可以单击"回主菜单"按钮。

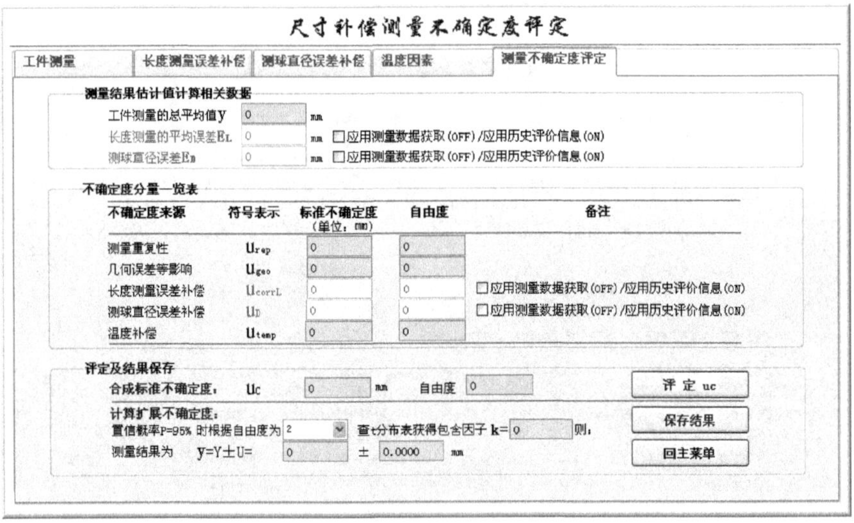

图 4 - 13 尺寸补偿测量评定模块中"测量不确定度评定"标签项

4.3.4 典型形状测量不确定度评定

形状测量不确定度评定软件界面如图 4 - 14 所示。

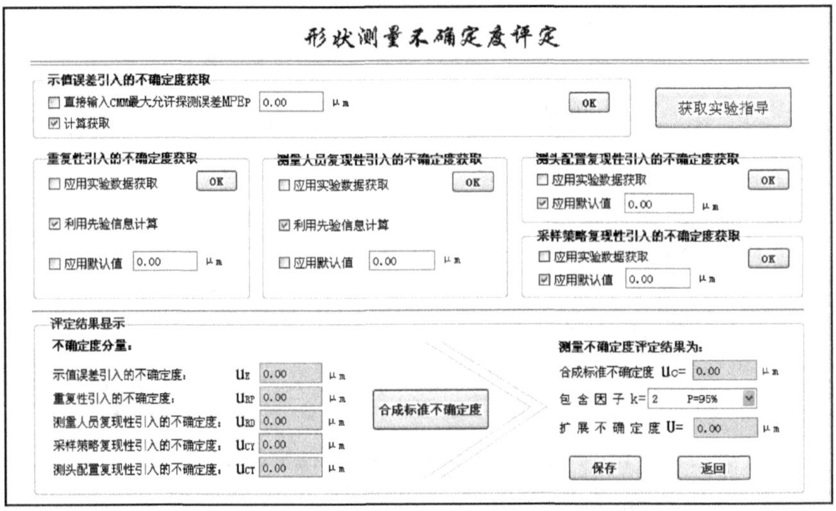

图 4 - 14 形状测量不确定度评定软件界面

对于每一个测量不确定度分量,用户既可以选择直接调用软件数据库中自动存储的上次评定结果,也可以选择通过实验重新进行评定。对于测量重复性和复现性分量,用户还可以选择贝叶斯统计推断方法,通过融合产品检验的日常测量信息与不确定度评定的前期实验信息,实现不确定度分量的实时、自动更新。

用户在实际操作中可以通过界面的引导采集数据。软件基于预存公式自动评定相应的不确定度分量,根据计算模型估计测量结果的不确定度。用户还可以通过软件界面获得相应的实验指导,方便对不确定度分量评定开展准确的实验操作。

形状测量不确定度评定软件的流程如图 4 - 15 所示。

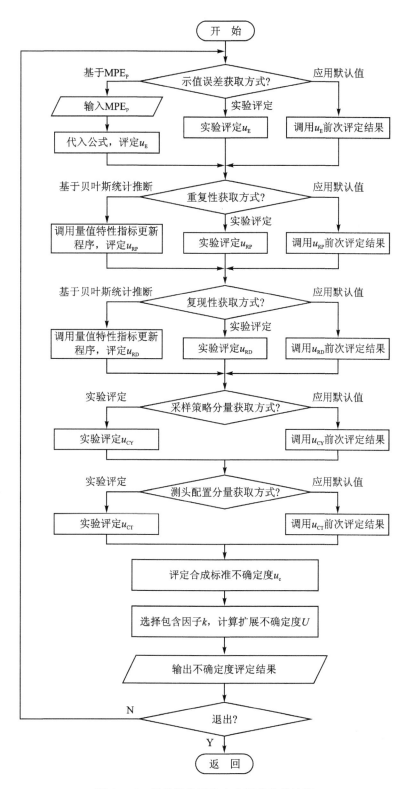

图 4-15　形状测量不确定度评定软件流程

4.4　CMM 典型任务的测量不确定度评定实例

　　下面通过测量不确定度评定的实例,进一步说明 CMM 面向任务的测量不确定度评定方法以及软件应用。

　　测量设备选用海克斯康公司 Micro－Hite 3D DCC 型坐标测量机,测量空间为 440 mm×500 mm×410 mm,最大允许示值误差 MPE_E 为 $(3+4L/1\ 000)$ μm(其中 L 表示待测尺寸的标称值,单位 mm),最大允许探测误差 MPE_P 为 3.5 μm,采用的光栅尺热膨胀系数 α_M 为 10.5×10^{-6}/℃,分布半宽 $\Delta\alpha_M$ 为 1.0×10^{-6}/℃。

　　选择汽车空调压缩机中的缸体为测量对象,如图 4－16 所示。中心孔用于固定主轴,非常关键;活塞孔的孔径和圆度参数对活塞配合的间隙均匀性和运动平稳性具有重要影响。选取中心孔径的测量、活塞孔的孔径及其圆度测量作为典型的尺寸和形状测量任务,具体说明 CMM 测量不确定度的评定方法。

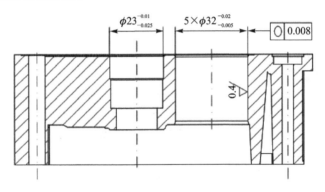

图 4－16　汽车空调压缩机缸体图样

　　根据图样可知,空调压缩机缸体的中心孔径为 $23^{-0.01}_{-0.025}$ mm,活塞孔的孔径公差为 $32^{+0.02}_{+0.005}$ mm,圆度公差为 8 μm;孔表面粗糙度小于 0.4 μm,可忽略其影响。缸体为铝合金材料,热膨胀系数 α_W 为 23.2×10^{-6}/℃,随温度变化的半宽 $\Delta\alpha_W$ 为 1.0×10^{-6}/℃。

4.4.1　活塞孔径和圆度不确定度评定

1. 活塞孔径测量不确定度评定

　　综合考虑测量精度和测量效率的要求,选择以 24 个测量点对活塞孔的中圆截面进行测量,同时获得内孔的尺寸和圆度信息;测量圆的拟合方法选择 CMM 默认的最小二乘法;开启 CMM 的测球直径补偿和温度补偿功能;在检验过程中的温度控制在 (20 ± 1)℃;测头的配置选用 3BY30。

　　活塞孔径测量不确定度评定的过程如下。

　　(1) 示值误差引入的不确定度分量

　　直接采用 MPE_E 量化示值误差引入的不确定度分量:

$$MPE_E=3+4L/1\ 000=(3+4\times32/1\ 000)\ \mu m=3.13\ \mu m$$

由此计算出尺寸测量示值误差引入的不确定度分量为

$$u_{\mathrm{E}} = \frac{\mathrm{MPE_E}}{\sqrt{3}} = 1.81 \ \mu\mathrm{m}$$

（2）测量重复性和复现性引入的不确定度分量

在覆盖日常产品检验的时间段内，由至少 3 名测量人员对被测工件进行多组独立的重复测量，包括工件的定位、装夹、测头校验、建立工件坐标系等。在新的循环中均要重新进行测量，每组测量均重复 10 次，得到的数据见表 4-7。

表 4-7 孔径测量重复性和复现性实验数据 mm

测量次数	第 1 组	第 2 组	第 3 组	第 4 组	第 5 组
1	32.004 3	32.006 7	32.005 4	32.003 3	32.004 8
2	32.004 2	32.006 5	32.006 1	32.004 4	32.005 3
3	32.003 6	32.007 0	32.005 7	32.004 2	32.005 8
4	32.004 2	32.006 4	32.006 1	32.004 1	32.005 0
5	32.004 0	32.006 8	32.005 7	32.004 3	32.005 3
6	32.004 5	32.006 5	32.005 3	32.004 3	32.005 1
7	32.004 0	32.006 5	32.005 7	32.004 8	32.004 8
8	32.003 8	32.006 5	32.004 8	32.004 5	32.004 9
9	32.003 6	32.006 5	32.005 6	32.004 1	32.004 2
10	32.002 9	32.007 2	32.005 6	32.004 5	32.005 2
平均值	32.003 9	32.006 6	32.005 6	32.004 3	32.005 0
标准差	0.000 46	0.000 30	0.000 39	0.000 40	0.000 42

测量次数	第 6 组	第 7 组	第 8 组	第 9 组	第 10 组
1	32.005 5	32.006 7	32.005 4	32.004 6	32.004 9
2	32.005 4	32.007 6	32.005 5	32.005 1	32.004 9
3	32.005 1	32.007 8	32.004 4	32.004 9	32.005 2
4	32.005 9	32.007 8	32.005 3	32.005 5	32.005 1
5	32.005 3	32.007 4	32.004 8	32.005 1	32.004 3
6	32.005 0	32.007 2	32.006 3	32.005 8	32.005 1
7	32.005 6	32.007 3	32.005 9	32.005 3	32.004 8
8	32.005 3	32.007 4	32.005 9	32.005 1	32.005 0
9	32.005 7	32.006 8	32.005 7	32.004 8	32.003 5
10	32.005 4	32.008 1	32.004 7	32.004 0	32.003 9
平均值	32.005 4	32.007 5	32.005 4	32.005 0	32.004 7
标准差	0.000 27	0.000 44	0.000 60	0.000 50	0.000 58

综合利用各组测量数据信息，采用合并样本标准差的方法对产品检验中测量重复性引入的不确定度分量进行估计，得到孔径测量重复性引入的不确定度分量为

$$u_{RP} = \sqrt{\frac{1}{10 \cdot (10-1)} \sum_{j=1}^{10} (y_{ij} - y_i)^2} = 0.000\ 145\ \text{mm}$$

测量复现性引入的不确定度分量为

$$u_{RD} = \sqrt{\frac{1}{10-1} \sum_{i=1}^{10} (y_i - \bar{y})^2} = 0.001\ 06\ \text{mm}$$

（3）温度补偿引入的不确定度分量

被测温度变化引入的不确定度分量为

$$u_T = L \cdot (\alpha_W - \alpha_M) \cdot \frac{\Delta T}{\sqrt{3}} = 32 \times (23.2 - 10.5) \times 10^{-6} \times \frac{1}{\sqrt{3}}\ \text{mm} = 0.000\ 23\ \text{mm}$$

被测工件热膨胀系数变化引入的不确定度分量为

$$u_{CTE1} = L \cdot (T - 20\ ℃) \cdot \frac{\Delta \alpha_W}{\sqrt{3}} = 32 \times 1 \times \frac{1}{\sqrt{3}} \times 10^{-6}\ \text{mm} = 0.000\ 02\ \text{mm}$$

CMM 光栅尺热膨胀系数变化引入的不确定度分量为

$$u_{CTE2} = L \cdot (T - 20\ ℃) \cdot \frac{\Delta \alpha_M}{\sqrt{3}} = 32 \times 1 \times \frac{1}{\sqrt{3}} \times 10^{-6}\ \text{mm} = 0.000\ 02\ \text{mm}$$

综合以上分量得到温度补偿引入的不确定度分量为

$$u_{Temp} = \sqrt{u_T^2 + u_{CTE1}^2 + u_{CTE2}^2} = 0.000\ 24\ \text{mm}$$

（4）孔径测量不确定度合成

孔径测量不确定度分量的概算见表 4-8。

表 4-8　孔径测量不确定度的概算

标准不确定度分量	不确定度来源	评定结果/mm
u_E	示值误差	0.001 81
u_{RP}	测量重复性	0.000 15
u_{RD}	测量复现性	0.001 06
u_{Temp}	温度补偿	0.000 24

计算孔径测量的合成标准不确定度为

$$u_c = \sqrt{u_E^2 + u_{RP}^2 + u_{RD}^2 + u_{Temp}^2} = 0.002\ 1\ \text{mm}$$

按照置信概率 $P = 95\%$，取包含因子为 $k = 2$，计算扩展不确定度为

$$U = 2 \times u_c = 0.004\ 2\ \text{mm}$$

可以选用尺寸常规测量评定软件进行自动评定，在完成评定之后自动生成并保存评定报告。

2. 活塞孔内孔圆度测量不确定度评定

活塞孔内孔圆度测量不确定度评定过程如下。

（1）示值误差引入的不确定度分量

如果直接采用 MPE_P 量化示值误差引入的不确定度分量，则

$$u_\mathrm{E} = \frac{\mathrm{MPE_P}}{\sqrt{3}} = \frac{3.5}{\sqrt{3}}\ \mu\mathrm{m} = 2.02\ \mu\mathrm{m}$$

当采用 $\mathrm{MPE_P}$ 对 CMM 形状测量的示值误差进行量化时,在评定结果中存在着一定的过量估计。为了减小示值误差的估计值,选择标准环规作为面向圆度测量的形状标准器,采用实验方法评定示值误差引入的不确定度。已知标准环规的圆度校准值为 $x_\mathrm{cal} = 0.60\ \mu\mathrm{m}$,校准不确定度为 $u_\mathrm{cal} = 0.03\ \mu\mathrm{m}$。

使用 CMM 分别沿 X 轴方向、Y 轴方向、Z 轴方向和空间对角线方向对标准环规的圆度进行重复测量,得到的测量结果见表 4 - 9。

表 4 - 9　不同方向的标准环规圆度测量结果

$\mu\mathrm{m}$

实验次序	Z 方向	X 方向	Y 方向	对角线方向
1	2.7	3.1	2.7	3.3
2	2.2	3.5	3.0	3.3
3	2.8	3.0	3.0	2.5
4	2.5	3.0	3.1	2.6
5	2.2	3.4	3.4	3.6
均值	2.48	3.20	3.04	3.06

分别计算各方向测量结果的均值 $\bar{x}_j$,计算在空间的不同方向和不同位置的测量偏倚最大值为

$$b_\mathrm{max} = |\bar{x}_j - x_\mathrm{cal}|_\mathrm{max} = |3.20 - 0.60|\ \mu\mathrm{m} = 2.60\ \mu\mathrm{m}$$

考虑到环规校准值的不确定度 $u_\mathrm{cal} = 0.03\ \mu\mathrm{m}$ 相对比较小,可以忽略不计,因此 CMM 圆度测量示值误差引入的不确定度分量为

$$u_\mathrm{E} = \frac{b_\mathrm{max}}{\sqrt{3}} = 1.50\ \mu\mathrm{m}$$

(2)测量重复性、复现性引入的不确定度分量

在孔径测量重复性、复现性的评定实验中,使用 CMM 测量软件进行圆度评定,得到圆度测量的重复性和复现性实验结果,见表 4 - 10。

计算出圆度测量重复性引入的不确定度分量为

$$u_\mathrm{RP} = \sqrt{\frac{\sum_{i=1}^{10}\sigma_i^2}{10}} = 0.54\ \mu\mathrm{m}$$

测量复现性引入的不确定度分量为

$$u_\mathrm{RD} = \sigma_z = \sqrt{\frac{\sum_{i=1}^{10}(\bar{x}_i - \bar{x})^2}{10-1}} = 0.30\ \mu\mathrm{m}$$

(3)采样策略引入的不确定度分量

CMM 圆度测量的示值误差通过标准环规进行标定,由于无法反映采样策略与被测工件的相互作用对测量结果的影响,因此需要通过附加实验来评定采样策略引入的不确定度分量。

为了保证评定结果的可靠性，可以在采样点数的最大变化范围内进行圆度测量，评定出测量结果可能变化区间的半宽。

表 4 - 10　圆度测量重复性和复现性实验数据　　μm

测量次数	第 1 组	第 2 组	第 3 组	第 4 组	第 5 组
1	4.3	3.9	3.3	4.5	4.4
2	3.5	3.5	3.2	3.9	3.5
3	4.4	3.8	2.9	4.3	4.4
4	3.9	3.6	3.4	4.0	3.5
5	3.9	3.6	2.5	4.5	2.6
6	5.3	4.1	3.2	4.6	3.9
7	4.6	3.7	2.7	3.6	3.0
8	3.9	4.2	4.9	4.4	3.9
9	3.7	4.2	2.9	3.6	3.8
10	3.8	5.1	2.5	4.2	4.5
平均值	4.13	3.97	3.15	4.16	3.75
标准差	0.53	0.47	0.69	0.37	0.62
测量次数	第 6 组	第 7 组	第 8 组	第 9 组	第 10 组
1	3.9	3.6	3.6	3.8	4.1
2	3.6	4.5	3.3	3.9	3.7
3	3.7	3.3	3.5	4.5	3.9
4	4.0	3.2	3.7	4.0	3.8
5	4.5	4.5	4.3	3.6	2.5
6	3.2	4.2	5.4	4.7	3.9
7	4.2	4.1	3.5	4.2	3.1
8	3.9	3.8	4.4	3.8	3.1
9	3.1	5.0	3.8	3.2	4.0
10	3.7	4.3	3.8	4.4	3.9
平均值	3.78	4.05	3.93	4.01	3.60
标准差	0.42	0.57	0.62	0.45	0.52

　　NPL 推荐在 CMM 圆度测量中的采样点数至少应当大于 7 个，实际测量时一般的取点习惯是 16 个、24 个或者 32 个。因此分别取 8 个、16 个、24 个、32 个采样点进行圆度测量，评定出测量结果变化区间的半宽。为了避免特定采样起始角度对测量结果的影响，在实验中需要变换测量的起始角度；为了防止重复测量同样的点，选择的起始角度应当尽可能不被 360° 整除。记录每种测量条件的 5 次重复测量均值，得到的测量结果见表 4 - 11。

　　计算出采样策略引入的不确定度分量为

$$u_{CY} = \frac{\bar{x}_{max} - \bar{x}_{min}}{\sqrt{3}} = \frac{4.08 - 2.42}{\sqrt{3}}\ \mu m = 0.96\ \mu m$$

表 4-11　圆度测量采样策略中不确定度分量评定实验数据

μm

起始 角度/(°)	8 点圆度 测量结果	16 点圆度 测量结果	24 点圆度 测量结果	32 点圆度 测量结果
0	2.3	3.4	3.8	4.3
7	2.1	3.0	4.1	4.1
19	3.0	3.7	3.9	4.2
26	2.8	3.2	3.7	4.0
33	1.9	3.2	3.2	3.8
均值	2.42	3.30	3.74	4.08

（4）测头配置引入的不确定度分量

CMM 圆度测量的示值误差通过标准环规进行标定，无法反映测头配置与被测工件的相互作用对测量结果的影响，因此需通过附加实验来评定测头配置引入的不确定度分量。为了保证评定结果的可靠性，可以使用在日常测量中 CMM 可能配置的所有测头进行圆度测量，评定测量结果可能变化区间的半宽。

在日常测量中，CMM 配置测头的测球直径分别为 2 mm、3 mm 和 4 mm 3 种。根据 GB/T 24632.2 的规定，按被测圆轮廓的直径计算出在低阶次圆度测量中测球直径的最大值为

$$d \leqslant \frac{2}{5}D = \frac{2}{5} \times 32 \text{ mm} = 12.8 \text{ mm}$$

在日常测量中 CMM 所配置测头的测球直径均在该范围之内，符合国家标准对圆度测量中测头测球直径最大值的要求。

本例测头配置引入的不确定度分量主要体现在测球的滤波效果不同对测量结果的影响。因此可以分别采用上述三种测头进行圆度测量，评定出测量结果变化区间的半宽。

与采样策略不确定度评定的实验相似，在实验中需要变换测量的起始角度，并且起始角度应当尽可能不被 360°整除。记录每种测量条件的 5 次重复测量均值，得到的测量结果见表 4-12。

表 4-12　圆度测量测头配置的不确定度分量评定实验数据

μm

起始角度/(°)	2BY30 测头测量结果	3BY30 测头测量结果	4BY30 测头测量结果
0	3.8	3.8	3.4
7	3.6	3.5	3.4
19	4.1	3.9	3.5
26	4.1	3.4	3.6
33	4.0	3.6	3.7
均值	3.92	3.64	3.52

计算出测头配置引入的不确定度分量为

$$u_{CT} = \frac{\bar{x}_{max} - \bar{x}_{min}}{\sqrt{3}} = \frac{3.92 - 3.52}{\sqrt{3}} \mu m = 0.23 \mu m$$

（5）圆度测量不确定度合成

综上所述，圆度测量不确定度分量概算见表 4-13。

表 4-13   圆度测量不确定度分量的概算

标准不确定度分量	不确定度来源	评定结果/μm
u_E	示值误差	1.50
u_{RP}	重复性	0.54
u_{RD}	复现性	0.30
u_{CY}	采样策略	0.96
u_{CT}	测头配置	0.23

圆度测量的合成标准不确定度为

$$u_/ = \sqrt{u_E^2 + u_{RP}^2 + u_{RD}^2 + u_{CY}^2 + u_{CT}^2} = 1.9 \mu m$$

按照置信概率 $P = 95\%$，取包含因子 $k = 2$，计算出扩展不确定度为

$$U = 2 \times u_c = 3.8 \mu m$$

可以选用形状测量不确定度评定软件进行自动评定，在评定完成之后自动生成并保存评定报告。

（6）圆度测量不确定度的二次评估

在上述各不确定度分量的估计中，仍然存在着一定程度的过量估计，降低了不确定度评定结果的使用价值。为了解决这一问题，需要对圆度的测量不确定度进行二次评估。

通过对表 4-13 中各不确定度分量的分析可知，在保证评定结果可靠的前提下，由于受到 CMM 自身形状测量能力的影响，示值误差分量已经无法进一步减小；测量重复性和复现性分量本身就比较小，无需进行二次评估。因此可以通过二次评估，减小采样策略和测头配置引入不确定度分量的过量估计对评定结果的影响。

在产品检验的测量文件中，已经严格限定采样点数为 24 个。根据日常测量经验和功能的要求，在使用 CMM 进行圆度测量时，最多选取的采样点数一般为 32 个。因此可以用 24 个点与 32 个点得到测量结果的平均值之差来评定采样策略引入的不确定度分量，即

$$u_{CY} = \frac{4.08 - 3.74}{\sqrt{3}} \mu m = 0.20 \mu m$$

在产品检验的测量文件中，也限定 CMM 的测头配置选用 3BY30。为了保证对工件表面粗糙度等高频分量的滤波效果，在可以选择的测针长度范围内，测球直径越大越好；在实验中配置的 CMM 测球直径均符合国家标准的要求。因此可以用 3BY30 与 4BY30 的测头所得测量结果的平均值之差来评定测头配置引入的不确定度分量，即

$$u_{CT} = \frac{3.64 - 3.52}{\sqrt{3}} \mu m = 0.07 \mu m$$

可以看出，测头配置引入的不确定度分量远远小于其他不确定度分量。这表明由于被测工件的表面粗糙度比较小，可以忽略测头配置引入的不确定度分量。

经过二次评估之后,各不确定度分量的计算结果见表 4 - 14。

表 4 - 14　经二次评估后的圆度测量不确定度

标准不确定度分量	不确定度来源	评定结果/μm
u_E	示值误差	1.50
u_{RP}	重复性	0.54
u_{RD}	复现性	0.30
u_{CY}	采样策略	0.20
u_{CT}	测头配置	忽略

根据表 4 - 14,再次对圆度测量不确定度进行估计:

$$u_c = \sqrt{u_E^2 + u_{RP}^2 + u_{RD}^2 + u_{CY}^2} = 1.6 \ \mu m$$

取包含因子 $k = 2$,则扩展不确定度为

$$U = 2 \times u_c = 3.2 \ \mu m$$

综上所述,在形状测量中,采样策略和测头配置引入的不确定度分量可能很小,也可能很大,不确定度分量评定结果的大小取决于在评定中所选取实验条件的变化范围。这个变化范围在根本上取决于测量人员对测量信息的掌握程度。当对测量信息掌握得比较少时,为了保证评定结果的可靠性,很可能不得不放大实验条件的变化范围;而当对测量信息掌握得比较充分时,则可以有根据地适当减小实验条件的变化范围,提高测量不确定度评定结果的使用价值。在产品检验中,为了尽可能减小采样策略和测头配置不确定度分量的影响,应当通过对工件信息的掌握程度,预先选择合理的采样策略和测头配置方法,并且在测量文件中做出严格的限定,合理地减小形状测量不确定度的评定结果。

4.4.2　不同测量方法的不确定度评定

下面通过工件中心孔径测量的评定实例,比较不同测量方法对 CMM 测量精度的影响。

测量过程符合 CMM 操作规范和使用条件。根据工件中心孔径情况选择测头探针配置 4BY30。在低速状态下选用坐标测量机的自动测量模式。

1. 常规测量评定

以自然状态将工件放置于测量平台上,测头的方向角度为 T1A0B0。在测量时的采样点数均取 25 个,测点均匀地分布在相同的圆孔深度。通过 3 位测量人员的 10 次独立测量结果考察复现性指标,各测量人员得到的测量数据见表 4 - 15。

任取某一个测量人员的 10 次重复测量结果考察重复性,如表 4 - 16 所列。不同测量人员的测量过程相互独立,包括工件放置位置、装夹固定、测头校验、工件坐标系建立、测点分布等完全独立。对于单个测量人员而言,10 次重复测量的条件尽量保持不变,在短时间内完成测量。测量工件时的环境温度为 (21 ± 1)℃。

应用尺寸常规测量不确定度评定软件对测量结果进行自动评定,得到的不确定度分量概算见表 4 - 17。

表 4-15　各测量人员得到的测量数据

mm

人员次数	$i=1$	$i=2$	$i=3$	$i=4$	$i=5$
$j=1$	22.983 4	22.983 3	22.983 6	22.983 9	22.980 8
$j=2$	22.981 4	22.983 3	22.984 2	22.983 8	22.983 5
$j=3$	22.983 0	22.983 6	22.983 7	22.982 4	22.983 6
$j=4$	22.983 4	22.983 5	22.985 9	22.983 4	22.983 4
$j=5$	22.985 5	22.984 4	22.984 0	22.983 7	22.983 6
$j=6$	22.982 5	22.983 1	22.983 9	22.983 9	22.982 4
$j=7$	22.983 3	22.983 0	22.983 9	22.981 0	22.983 4
$j=8$	22.983 2	22.983 4	22.983 6	22.983 8	22.983 9
$j=9$	22.981 7	22.982 9	22.984 2	22.983 9	22.983 6
$j=10$	22.983 1	22.983 3	22.983 9	22.983 8	22.986 6
人员次数	$i=6$	$i=7$	$i=8$	$i=9$	$i=10$
$j=1$	22.983 8	22.982 6	22.982 6	22.983 8	22.983 3
$j=2$	22.983 9	22.983 8	22.983 6	22.986 9	22.984 0
$j=3$	22.984 3	22.983 7	22.983 9	22.983 8	22.984 0
$j=4$	22.982 8	22.984 3	22.983 6	22.983 7	22.985 9
$j=5$	22.984 1	22.983 4	22.982 8	22.983 8	22.984 0
$j=6$	22.984 0	22.983 8	22.983 6	22.984 0	22.984 3
$j=7$	22.984 0	22.983 5	22.983 7	22.983 6	22.984 0
$j=8$	22.981 4	22.984 0	22.984 0	22.984 3	22.984 0
$j=9$	22.983 7	22.983 5	22.984 1	22.982 2	22.980 8
$j=10$	22.984 1	22.982 7	22.984 6	22.983 2	22.983 5

表 4-16　某个测量人员的测量数据

mm

序　号	1	2	3	4	5
测量值	22.980 8	22.983 5	22.983 6	22.983 4	22.983 6
序　号	6	7	8	9	10
测量值	22.982 4	22.983 4	22.983 9	22.983 6	22.986 6

表 4-17　工件孔径常规测量下的不确定度概算

标准不确定度分量	不确定度来源	评定结果/mm
u_E	示值误差	0.001 78
u_{RP}	测量重复性	0.000 45
u_{RD}	测量复现性	0.000 30
u_{Temp}	温度补偿	0.000 17

假定各不确定度分量之间彼此独立,则孔径测量的合成标准不确定度为

$$u_c = \sqrt{u_E^2 + u_{RP}^2 + u_{RD}^2 + u_{Temp}^2} = 0.001\ 87\ \text{mm}$$

按照置信概率 $P = 95\%$,取包含因子 $k = 2$,得到孔径测量的扩展不确定度为

$$U = 2 \times u_c = 0.003\ 7\ \text{mm}$$

根据表 4 - 16 测量数据的平均值,得到的最终测量结果为

$$L = (22.983\ 5 \pm 0.003\ 7)\text{mm}, \quad k = 2$$

2. 替代测量评定

选择一个形状、尺寸与待测工件近似的工件,送至计量部门进行检测,作为已校准工件,得到的校准值为 22.982 5 mm,校准的扩展不确定度为 0.002 0 mm。

进行 20 次测量循环,每次测量循环过程之间相互独立,包括工件放置位置、装夹固定、测头校验、工件坐标系建立、测点分布等完全独立。以自然状态将工件放置于测量平台上,测头的方向角度为 T1A0B0。在每个测量循环中,分别对已校准工件和待测工件进行测量。在测量时的采样点数均取为 25 个,测点均匀地分布在相同的圆孔深度。测量工件时的环境温度为 (21 ± 1)℃。经过 20 次测量循环得到的测量数据见表 4 - 18。

表 4 - 18　工件孔径替代测量的实验数据

mm

测量循环	1	2	3	4	5
已校准件	22.983 8	22.983 2	22.983 7	22.983 5	22.983 8
被测件	22.982 6	22.982 7	22.983 4	22.983 1	22.983 8
测量循环	6	7	8	9	10
已校准件	22.983 7	22.982 6	22.983 6	22.983 6	22.984 1
被测件	22.983 3	22.982 9	22.983 1	22.984 0	22.983 0
测量循环	11	12	13	14	15
已校准件	22.984 1	22.983 7	22.982 7	22.983 2	22.982 8
被测件	22.984 3	22.983 4	22.982 9	22.983 8	22.984 1
测量循环	16	17	18	19	20
已校准件	22.983 7	22.983 3	22.983 9	22.984 6	22.983 4
被测件	22.984 2	22.983 4	22.984 0	22.985 0	22.984 0

应用尺寸替代测量不确定度评定软件,可以实现测量结果的自动评定。

根据表 4 - 18 的测量数据,得到测量结果的估计值为

$$y_{corr} = \bar{y} = 22.982\ 5\ \text{mm}$$

不确定度分量概算见表 4 - 19。

由于各不确定度分量之间相互独立,因此合成标准不确定度为

$$u_c = \sqrt{u_{cal}^2 + u_p^2 + u_w^2} = 0.001\ 17\ \text{mm}$$

按照置信概率 $P = 95\%$,取包含因子 $k = 2$,得到孔径测量的扩展不确定度为

$$U = 2 \times u_c = 0.002\ 3\ \text{mm}$$

最终测量结果为

$$L = (22.982\ 5 \pm 0.002\ 3)\ \text{mm}, \quad k = 2$$

表 4 - 19　工件孔径替代测量下的不确定度分量概算

标准不确定度分量	不确定度来源	评定结果/mm
u_{cal}	工件校准值的不确定度	0.001 00
u_p	测量过程引入的不确定度	0.000 60
u_w	实际工件与已校准工件的差异引入的不确定度	0.000 02

3. 补偿测量评定

补偿测量的过程包括工件测量、长度实物标准器的测量和直径实物标准器的测量三个部分。

(1) 工件测量

选取 1 个自然放置方向和 3 个绕坐标轴旋转 90° 的方向共计 4 个方向,分别对工件进行独立测量。选择匹配的测头配置在每个方向测量 5 次。在相同的圆孔深度进行测量,采样点数相同,均取 25 个点,每次测量选取不同采样起始角。测量工件时的环境温度为 (20±1)℃。测量 20 次得到的数据见表 4 - 20。

表 4 - 20　工件孔径的测量数据

mm

序　号	方向 $j=1$	方向 $j=2$	方向 $j=3$	方向 $j=4$
1	22.984 2	22.985 5	22.981 2	22.984 7
2	22.985 1	22.985 2	22.984 1	22.987 2
3	22.985 8	22.985 6	22.983 1	22.985 2
4	22.984 4	22.985 2	22.984 6	22.986 2
5	22.984 7	22.985 2	22.984 6	22.985 0

(2) 长度实物标准器的测量

以已校准的 19.997 3 mm 标准量块作为长度实物标准器,用超级千分表校验的扩展不确定度为 0.000 3 mm。在测量工件的空间内对量块进行测量,在三个与坐标轴垂直的方向分别进行测量。在每个方向分别采用 3 种不同的测头配置,与测量工件时采用的测头配置一致。测量时的环境温度为 (20±1)℃,得到的 9 次测量数据见表 4 - 21。

表 4 - 21　标准量块的测量数据

mm

序　号	位置 1 测量	位置 2 测量	位置 3 测量
1	20.000 8	19.999 1	20.000 2
2	20.000 9	19.998 7	20.000 0
3	20.001 2	19.999 0	20.000 3

(3) 直径实物标准器的测量

以校准值为 56.999 0 mm 的标准环规作为内径的实物标准器,校验的扩展不确定度为

0.000 6 mm,根据"JJG 894—1995 标准环规检定规程"查出 3 等环规直径变动量的范围。采用上面 3 种测头配置进行测量,每种测头配置均测量 3 次,每次测量之间相互独立。测量时的环境温度为(20±1)℃,得到的 9 次测量数据见表 4 - 22。

表 4 - 22　标准环规的测量数据

mm

序　号	测头配置 1	测头配置 2	测头配置 3
1	56.998 5	57.000 6	56.998 3
2	56.998 2	56.999 4	56.999 2
3	56.998 4	57.000 9	56.998 7

应用尺寸补偿测量不确定度评定软件实现测量结果的自动评定。

表 4 - 20 所有测量数据的平均值为

$$y = 22.984\ 8\ \text{mm}$$

由表 4 - 21 得到长度测量的平均误差为

$$E_L = 0.002\ 72\ \text{mm}$$

由表 4 - 22 得到测球的直径误差为

$$E_D = 0.000\ 13\ \text{mm}$$

不确定度分量的概算见表 4 - 23。

表 4 - 23　工件孔径补偿测量下的不确定度概算

标准不确定度分量	不确定度来源	评定结果/mm	自由度
u_{rep}	测量重复性	0.000 42	16
u_{geo}	测量重现性	0.000 47	3
u_{corrL}	长度测量误差补偿	0.000 34	8
u_D	测球直径误差补偿	0.000 45	8
u_{Temp}	温度因素	0.000 17	∞

对标准不确定度进行合成,得到的合成标准不确定度为

$$u_c = \sqrt{u_{\text{rep}}^2 + u_{\text{geo}}^2 + u_{\text{corrL}}^2 + u_D^2 + u_{\text{Temp}}^2} = 0.000\ 86\ \text{mm}$$

自由度为

$$v_{\text{eff}} = 22.03$$

按照置信概率 $P = 95\%$,查 t 分布表得到包含因子 $k = 2.09$,则扩展不确定度为

$$U = 2.09 \times u_c = 0.001\ 8\ \text{mm}$$

使用长度测量的平均误差 E_L 和测球直径误差 E_D 对测量值进行修正,得到修正后测量结果的估计值为

$$y_{\text{corr}} = y - E_L - E_D = 22.982\ 0\ \text{mm}$$

最终测量结果可以表示为

$$L = (22.982\ 0 \pm 0.001\ 8)\ \text{mm}, \quad k = 2.09$$

4. 评定结果比较

将上述常规测量、替代测量和补偿测量方法得到的评定结果列于表 4 - 24。

表 4 - 24   不同测量方法得到的工件中心孔径测量评定结果

评定方法	L/mm	u_c/mm	k	U_{95}/mm	满足 $P=95\%$ 的置信区间
常规测量	22.983 5	0.001 87	2	0.003 7	[22.979 8, 22.987 2]
替代测量	22.982 5	0.001 17	2	0.002 3	[22.980 2, 22.984 8]
补偿测量	22.982 0	0.000 86	2.09	0.001 8	[22.980 2, 22.983 8]

假设服从 t 分布,分别生成不同测量方法评定结果的 100 000 个随机取值,用概率密度函数 $f(x)$ 表示,得到的结果如图 4 - 17 所示。

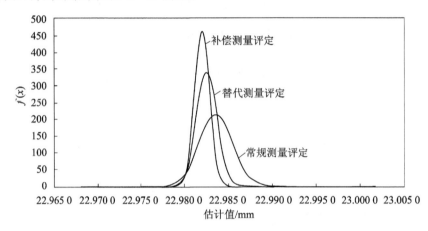

图 4 - 17   工件孔径测量结果的概率密度分布

由表 4 - 24 和图 4 - 17 可见,三种测量方法评定结果的分布区间大部分重合,并且三条曲线的取值中心所反映的测量结果最佳估计值非常接近,表明三种评定方法得到的测量结果均合理。补偿测量与替代测量得到的结果均已经得到修正,因此测量精度明显提高,补偿测量精度更高。由此可见,尽管采用同一台坐标测量机进行相同任务的测量,测量方法的不同却导致测量精度出现很大的差异。这说明测量方法的合理规划可以有效地降低不确定度。

在实际应用中,常规测量、替代测量和补偿测量各有利弊,适用场合也各不相同。三种测量方法的具体比较如下:

① 常规测量的操作简单,不确定度评定过程规范,成本低,易于应用;但测量精度取决于坐标测量机的固有精度和测量条件。其适用于对测量精度要求不高的单一或者批量工件尺寸的测量评定。

② 替代测量的操作比较方便,测量精度比常规测量的高;但由于需要额外提供已校准件或者标准件,导致成本比较高。其适用于精度要求比较高的大批量工件尺寸的测量评定。

③ 补偿测量虽然能够提高测量精度,但测量的过程复杂。为了在测量过程中使未知系统误差充分地随机化,要求从不同方向和位置对待测工件进行装夹测量,复杂工件的放置与装夹均有难度,而且补偿测量要求提供长度实物标准器和直径实物标准器,测量与评定的成本高,更适用于精度要求比较高的单一且结构对称工件尺寸的测量评定。此外,补偿测量还可以为替代测量服务,从待测的批量类似工件中任取一个进行补偿测量评定,用于替代测量中的已校准件。

　　综上所述,用户可以根据自身的条件和实际需求,选择合适的测量评定方法进行不确定度评定。

4.5　本章小结

　　基于 GPS 规范研究了 CMM 面向任务的测量不确定度评定问题。提出了一种基于测量系统量值特性的不确定度分析方法,将测量系统的量值统计分析与不确定度分析融为一体,使不确定度的分析变得简单有效;建立了基于量值特性的 CMM 典型测量任务的不确定度模型,有效地解决了 CMM 的任务多样性和误差复杂性所导致的不确定度建模问题;给出了 CMM 典型测量任务的不确定度分量实验及估计方法,实现了 CMM 测量结果的不确定度评定;编制了 CMM 尺寸和形状测量不确定度的评定流程,开发了 CMM 典型测量任务的不确定度智能评定软件。通过评定实例进一步说明了 CMM 典型测量任务的不确定度评定方法,分析总结了不同测量方法对 CMM 测量精度的影响。

参考文献

［1］ Geometrical Product Specifications (GPS) -Inspection by measurement of workpieces and measuring equipment -Part 1: Decision rules for proving conformity or nonconformity with specifications:ISO 14253-1［S］. Switzerland:ISO, 2013.

［2］ Geometrical Product Specifications (GPS) -Inspection by measurement of workpieces and measuring equipment -Part 2: Guide for the estimation of uncertainty in GPS measurement, in calibration of measuring equipment and in product verification:ISO 14253-2:［S］. Switzerland: ISO, 2011.

［3］ Geometrical Product Specifications (GPS) -Inspection by measurement of workpieces and measuring equipment -Part 3: Guidelines for achieving agreements on measurement uncertainty statements: ISO 14253-3［S］. Switzerland: ISO, 2011.

［4］ Geometrical product specifications (GPS) -Acceptance and reverification tests for coordinate measuring machines (CMM) -Part 1: Vocabulary:ISO 10360-1［S］. Switzerland: ISO, 2000.

［5］ Geometrical product specifications (GPS) -Acceptance and reverification tests for coordinate measuring machines (CMM) -Part 2: CMMs used for measuring linear dimensions:ISO 10360-2［S］. Switzerland: ISO, 2009.

［6］ Geometrical product specifications (GPS) -Acceptance and reverification tests for coordinate measuring machines (CMM) -Part 3: CMMs with the axis of a rotary table as the fourth axis:ISO 10360-3［S］. Switzerland: ISO, 2000.

［7］ Geometrical product specifications (GPS) -Acceptance and reverification tests for coordinate measuring machines (CMM) -Part 4: CMMs used in scanning measuring mode:ISO 10360-4［S］. Switzerland: ISO, 2000.

［8］ Geometrical product specifications (GPS) -Acceptance and reverification tests for coordinate measuring machines (CMM) -Part 5: CMMs using single and multiple stylus contacting probing systems:ISO 10360-5［S］. Switzerland: ISO, 2010.

［9］ Geometrical Product Specifications (GPS) -Coordinate measuringmachines(CMM): Technique for determining the uncertainty of measurement Part 1: Overview and metrological characteristics:ISO/TS 15530-1［S］. Switzerland: ISO, 2013.

［10］Geometrical Product Specifications (GPS) -Coordinate measuringmachines(CMM)：Technique for deter-
　　　mining the uncertainty of measurement Part 3：Use of calibrated workpieces or standards：ISO/TS
　　　15530-3［S］. Switzerland：ISO，2011.

［11］Geometrical Product Specifications (GPS) -Coordinate measuring machines(CMM)：Technique for deter-
　　　mining the uncertainty of measurement Part 4：Evaluating task-specific measurement uncertainty using
　　　simulation：ISO/TS 15530-4［S］. Switzerland：ISO，2008.

［12］Statistical methods in process management- Capability and performance - Part 7：Capability of measure-
　　　ment processes：ISO 22514-7—2012［S］. Switzerland：ISO，2012.

［13］产品几何量技术规范(GPS)工件与测量设备的测量检验 第2部分：测量设备校准和产品检验中GPS测
　　　量的不确定度评定指南：GB/T 18779.2—2004［S］. 国家质量监督检验检疫总局，2004.

［14］产品几何技术规范(GPS)直线度 第2部分：规范操作集：GB/T 24631.2—2009［S］. 国家质量监督检验
　　　检疫总局，2009.

［15］产品几何技术规范(GPS)圆度 第2部分：规范操作集：GB/T 24632.2—2009［S］. 国家质量监督检验检
　　　疫总局，2009.

［16］产品几何技术规范(GPS)坐标测量机(CMM)确定测量不确定度的技术 第3部分：应用已校准工件或标
　　　准件：GB/T 24635.3—2009［S］.国家质量监督检验检疫总局，2009.

［17］张国雄. 三坐标测量机［M］. 天津：天津大学出版社，1999.

［18］王中宇,等. 测量误差与不确定度评定［M］. 北京：科学出版社，2008.

［19］费业泰. 误差理论与数据处理［M］. 北京：机械工业出版社，2015.

［20］李明，费丽娜. 几何坐标测量技术及应用［M］. 北京：中国标准出版社，2012.

［21］全国产品几何技术规范标准化技术委员会. 产品几何技术规范(GPS)标准汇编——检测与器具［M］.
　　　北京：中国标准出版社，2014.

［22］杨桥. CMM 测量策略分析与不确定度评定［D］. 合肥：合肥工业大学，2014.

［23］李红莉. CMM 尺寸测量不确定度模型与评定方法［D］. 合肥：合肥工业大学，2015.

［24］王汉斌. CMM 产品检验不确定度评定及误判风险评估［D］. 合肥：合肥工业大学，2016.

［25］程银宝. 现代不确定度理论及应用研究［D］. 合肥：合肥工业大学，2016.

［26］张勇，黄之勇. 面向任务的测量不确定度评估原理和方法［J］. 机械工程与自动化，2010 (1)：190-191.

［27］石照耀，张斌，林家春,等. 坐标测量技术半世纪——演变与趋势［J］. 北京工业大学学报，2011，37
　　　(5)：648-656.

［28］宋明顺，方兴华，黄佳,等. 校准和检测中微小样本测量不确定度评定方法研究［J］. 仪器仪表学报，
　　　2014，35(2)：419-426.

［29］王东霞，宋爱国. 基于三坐标测量机的圆度误差不确定度评估［J］. 东南大学学报(自然科学版)，2014，
　　　44(5)：952-956.

［30］徐廷学，王浩伟，王立军. 测量不确定度自动评定的研究［J］. 计量学报，2014，35(2)：188-192.

［31］李红莉，陈晓怀，杨桥,等. CMM 面向任务的多测量策略测量不确定度评定［J］. 电子测量与仪器学报，
　　　2015，29(12)：1772-1780.

［32］陈晓怀，李红莉，杨桥,等. 坐标测量机面向任务的测量不确定度评定［J］. 计量学报，2015，36(6)：
　　　579-583.

［33］程银宝，陈晓怀，王汉斌,等. CMM 尺寸测量的不确定度评定模型研究［J］. 计量学报，2016，37(5)：
　　　462-466.

［34］程银宝，陈晓怀，王汉斌,等. 基于精度理论的测量不确定度评定与分析［J］. 电子测量与仪器学报，
　　　2016，30(8)：1175-1182.

［35］Jakubiec W，Płowucha W，Starczak M. Analytical estimation of coordinate measurement uncertainty［J］.

Measurement，2012，45(10)：2299-2308.

[36] Rubichev N A. Models of distributions of probability density incalculating measurement uncertainty[J]. Measurement Techniques，2013，56(7)：758-762.

[37] Salah H R Ali，Jariya Buajarern. New method and uncertainty estimation for plate dimensions and surface measurements[C]. 14th International Conference on Metrology and Properties of Engineering Surfaces，2014，483：1-14.

[38] Rosenda Valde's Arencibia，Cla'udio Costa Souza，Henara Lilian Costa，et al. Simplified model to estimate uncertainty in CMM[J]. The Brazilian Society of Mechanical Sciences and Engineering，2015，37 (1)：411-421.

[39] Cappetti N，Naddeo A，Villecco F. Fuzzy approach to measures correction on Coordinate Measuring Machines：The case of hole-diameterverification[J]. Measurement，2016，93：41-47.

[40] Li H L，Chen X H，Cheng Y B，et al. Uncertainty modeling and evaluation of CMM task oriented measurement based on SVCMM[J]. Meas. Sci. Rev.，2017，17(5)：226-231.

中篇 力与振动的不确定度评定

　　具备了测量系统的基础知识与不确定度评定的基本方法,就可以对一些常用的测量系统进行分析处理了。中篇首选介绍多传感器的数据融合与不确定度评定,这是测量系统分析与精度评定的前提。动态力校准与振动测量系统的静、动态性能测试与不确定度评定,也都是一般测量系统分析中经常用到的方法。

第5章　多传感器数据融合与不确定度评定

本章阐述多传感器测量数据的预处理、数据融合与不确定度评定问题,重点介绍小样本、乏信息观测的表征、分析、处理和评定方法。根据乏信息测量数据的特点,将乏信息数据处理方法与经典的统计学方法进行了比较,主要内容包括乏信息数据的预处理、多传感器数据融合和多传感器数据的不确定度评定方法。其中乏信息预处理技术主要分为离群值的判别和动态灰色滤波方法;在多传感器数据融合中介绍了动态灰色自助数据融合方法和模糊自助数据融合方法;在多传感器不确定度评定中介绍了测量数据的灰色加权评定和神经网络-熵两种方法的应用实例。

5.1　多传感器数据融合的基本问题

5.1.1　多传感器数据融合的基本原理

多传感器数据融合(Multi - Sensor Information Fusion,MSIF)于 1973 年在美国国防部资助开发的声呐信号处理系统中被首次提出来。它利用计算机技术从多信息的视角将来自不同位置的多个或者多种传感器的信息和数据,在一定的准则下加以分析、处理和综合,剔除其中无用的和错误的信息,保留正确的和有用的成分,将各种传感器进行多层次、多空间的信息互补和优化组合,得到各种信息的内在联系及其规律,实现对多种信息源的获取、表示及最优配置,完成所需要的决策和估计,是一种对信息综合处理和优化的过程。在这个过程中充分地利用多源数据的合理的支配与使用,基于各传感器获得的分离观测信息,通过对信息多级别、多方面组合导出更多的有用信息。这不仅是利用了多个传感器相互协同操作的优势,而且也综合处理了其他信息源的数据来提高整个传感器系统的智能化。

随着传感器应用技术、数据处理技术、计算机软硬件技术和工业化控制技术的发展成熟,多传感器数据融合技术已形成一门热门的、新兴的智能化、精细化数据信息图像等综合处理和研究的专门技术。它属于新兴的交叉技术领域,是近几年来发展起来的一门实践性很强的应用技术,涉及概率统计、随机过程、信号处理、模式识别、人工智能和模糊数学等多学科理论。它的基本原理是充分利用多个传感器的资源,采用计算机技术对按时间序列获得的多传感器观测数据及其观测信息的合理支配、分析、综合和使用,把多传感器在空间或者时间上冗余或者互补的信息,依据某种准则进行组合,获得被测对象的一致性解释或者描述,进而实现相应的决策和估计,使系统获得比它的各单个组成部分更加丰富的信息。

多传感器数据融合方法利用多个传感器所获取的关于对象和环境的全面、完整的信息,其核心问题是构造与选择合适的融合算法。多传感器系统中的信息具有多样性和复杂性,对数据融合方法的基本要求是具有鲁棒性和并行处理的能力;此外,还有方法的运算速度和精度的要求、与前续预处理系统和后续信息识别系统的接口性能、与不同技术和方法的协调能力、对信息样本数量的要求等。在一般情况下,基于非线性的数学方法如果具有容错性、自适应性、联想记忆和并行处理能力,则一般都可以用来作为融合方法。

根据数据处理方法的不同,数据融合系统的体系结构主要有三种方式,即分布式、集中式和混合式。

(1)分布式

先对各个独立传感器所获得的原始数据进行局部处理,然后再将结果送入数据融合中心进行智能优化组合来获得最终结果。分布式对通信带宽的需求低,计算速度快,可靠性和延续性好,但跟踪的精度没有集中式高;分布式的融合结构又可以分为带反馈的分布式融合结构和不带反馈的分布式融合结构两种。

(2)集中式

集中式将各传感器获得的原始数据直接送至中央处理器进行融合处理,可以实现实时融合,数据处理的精度高、算法灵活;缺点是对处理器的要求高、可靠性较低、数据量大,一般难以实现。

(3)混合式

在混合式多传感器数据融合框架中,部分传感器采用集中式融合的方式,剩余的传感器则采用分布式融合的方式。混合式融合具有较强的适应能力,兼顾了集中式融合和分布式融合的优点,稳定性强。混合式融合方式的结构比前两种融合方式的结构复杂,加大了通信和计算上的代价。

多传感器数据融合的主要步骤如下:

① 收集多个不同传感器的观测数据,这些传感器可以是有源的,也可以是无源的;

② 对多传感器输出的离散的或者连续的时间函数数据、矢量数据、成像数据进行特征提取的变换,提取代表观测数据的特征矢量;

③ 对特征矢量进行模式识别处理,如聚类算法、自适应神经网络或者其他将特征矢量变换成目标属性判决的统计模式识别算法等,完成各传感器关于目标的说明;

④ 将各传感器关于目标的说明数据按同一目标进行分组,即关联;

⑤ 利用融合算法将每一目标各传感器数据进行合成,得到该目标的一致性解释与描述。

5.1.2 多传感器数据融合的常用方法

目前,多传感器数据融合虽然还没有形成一套完整的理论体系和有效的融合算法,但是在不同的应用领域,根据具体的应用背景已经出现了许多相对成熟和有效的融合方法。多传感器数据融合的常用方法大致可概括为概率统计方法和人工智能方法两大类。

概率统计方法是多传感器数据融合中不可缺少的基础方法,它的发展最早,系统性强,算法成熟。概率统计方法主要有加权平均法、卡尔曼滤波法、多贝叶斯估计法、Dempster - Shafer(D - S)证据推理和产生式规则等。

人工智能方法又可以分为模糊逻辑推理方法和学习方法两种,其中逻辑推理方法对信息的描述存在很大的主观因素,对信息的表示和处理缺乏客观性;学习方法包括神经网络、粗糙集理论、专家系统、映射学习和数据挖掘等。学习方法也存在稳定性、泛化能力和有效机制等问题。

在测量数据的概率分布未知或者测量数据个数较少的小样本、乏信息的情况下,这两类融合方法都具有一定的局限性。自助法、模糊数学理论和灰色系统理论等方法在处理样本信息不全或者缺失的问题等方面具有一定的优势。

1. 概率统计方法包括的主要内容

（1）加权平均法

加权平均法是信号级融合方法中最简单和最直观的一种方法。该方法将一组传感器提供冗余信息的加权平均作为融合值，是一种直接对观测数据源进行操作的方法。

（2）卡尔曼滤波法

卡尔曼滤波主要用于融合低层次实时的、动态的多传感器冗余数据。该方法用测量模型的统计特性进行递推，决定统计意义下的最优融合和参数估计。如果系统具有线性动力学模型，且系统与传感器的误差符合高斯白噪声模型，则卡尔曼滤波可以为融合数据提供统计意义上的一种最优估计。在系统的处理方面，卡尔曼滤波的递推特性不需要大量的存储数据和计算。但如果采用单一的卡尔曼滤波器对多传感器组合系统进行数据统计，则很可能存在很多严重的问题，例如在组合信息大量冗余的情况下，计算量将以滤波器维数的三次方急剧递增，导致算法的实时性严重下降；传感器子系统的增加会导致故障率随之增加，在某一系统出现故障而没有及时检测出时，该故障会影响整个系统，使系统的可靠性降低。

（3）多贝叶斯估计法

贝叶斯估计可以为数据融合提供一种有效的方法，是静环境中融合多传感器高层信息的常用方法。它依据概率原则对多传感器信息进行适当的组合，以条件概率的形式表示测量不确定度。当不同传感器组之间的观测坐标一致时，可以直接对传感器的数据进行融合。在大多数的情况下，可以采用间接的方式对多传感器的测量数据进行贝叶斯融合估计。

多贝叶斯估计将每一个传感器作为一个独立的贝叶斯估计，用融合信息与环境的一个先验模型提供给整个环境一个特征描述，将各个单独物体的关联概率分布合成为一个联合的后验的概率分布函数，通过使联合分布函数的似然函数为最小，提供多传感器信息融合的最终结果。

（4）D-S证据推理方法

D-S证据推理是贝叶斯推理的一种扩展，其3个基本要点是基本概率赋值函数、信任函数和似然函数。D-S方法的推理结构自上而下分为三级。第一级为目标合成，其作用是把来自独立传感器的观测结果合成为一个总的输出结果。第二级为推断，其作用是获得传感器的观测结果并进行推断，将传感器观测结果扩展成为目标报告。这种推理的基础是，一定的传感器报告以某种可信度在逻辑上会产生可信的某些目标报告。第三级为更新，各种传感器一般都存在随机误差，在时间上充分独立地来自同一传感器的一组连续报告一般比任何单一的报告可靠。因此，在推理和多传感器合成之前，要先组合并且更新传感器的观测数据。

（5）产生式规则

产生式规则采用符号表示目标特征和相应传感器信息之间的联系，与每一个规则相联系的置信因子表示它的不确定程度。当在同一个逻辑推理过程中的2个或者多个规则形成一个联合规则时就形成融合。应用产生式规则进行融合的主要问题是，每个规则的置信因子定义与系统中其他规则的置信因子相关，如果在系统中引入新的传感器，则需要增加相应的附加规则。

2. 人工智能方法包括的主要内容

(1) 模糊逻辑推理

模糊逻辑推理通过指定 0～1 之间的一个实数表示真实度,允许将多传感器数据融合过程中的不确定性直接表示在推理过程中。如果采用某种系统化的方法对融合过程中的不确定性进行推理建模,则可以产生一致性的模糊推理。与概率统计方法相比较,逻辑推理存在许多优点,它在一定程度上克服了概率论中存在的问题,对信息的表示和处理更加接近人类的思维方式,比较适合于在高层次上的决策应用;但是逻辑推理本身还不够成熟和系统化。此外,由于逻辑推理对信息的描述存在很大的主观因素,故信息的表示和处理缺乏客观性。

模糊集合理论对于数据融合的实际价值在于它能够外延到模糊逻辑,模糊逻辑是一种多值逻辑,隶属度可以当做一个数据真值的不精确表示。在微软解决方案框架结构中存在的不确定性可以直接用模糊逻辑表示,然后使用多值逻辑进行推理,根据模糊集合理论的各种演算对不同命题进行合并,进而实现数据融合。

(2) 人工神经网络法

神经网络具有很强的容错性以及自学习、自组织和自适应能力,并且模拟复杂的非线性映射。神经网络的这些特性和强大的非线性处理能力,满足多传感器数据融合技术处理的基本要求。在多传感器系统中的各信息源提供的环境信息都具有一定程度的不确定性,对这些不确定信息的融合过程实际上是一个不确定性推理的过程。神经网络根据当前系统所接受的样本相似性来确定分类的标准,这种确定方法主要表现在网络的权值分布上。然后采用相应的学习算法获取知识,得到不确定性推理机制。利用神经网络的信号处理能力和自动推理功能实现多传感器数据融合。

5.1.3　多传感器数据融合的应用领域

数据融合技术几乎可以应用于一切信息处理系统中。随着传感器技术、数据处理技术、计算机技术、网络通信技术、并行计算软件和硬件技术等相关技术的进步与成熟,尤其是人工智能技术的发展,一些新的、更有效的数据融合方法不断出现,多传感器数据融合将成为未来复杂工业系统智能检测与数据处理中的重要技术,其应用的领域将不断扩大。

多传感器数据融合技术已成功地应用于众多的研究领域,作为一种可消除系统的不确定因素、提供准确的观测结果和综合信息的智能化数据处理技术,引起了多方面的广泛关注。运用多传感器数据融合技术在解决目标探测、跟踪和识别等问题方面,能够显著地增强观测系统的生存能力,提高整个系统的可靠性和鲁棒性,增强数据的可信度,提高系统的精度,扩展整个系统的时间、空间覆盖率,增加系统的实时性和信息利用率。军事应用是多传感器数据融合技术诞生的奠基石,主要包括军事防御系统和海洋监视系统。在民事应用领域方面,该技术主要用于智能处理以及工业化控制。智能处理包括医药方面的机器人微型手术和疾病监测,尤其是智能家居等方面。随着多传感器数据融合技术的发展,在民事应用领域还有很大的空间,如在复杂工业的过程控制、智能检测、机器人、图像分析、目标识别、航空管制、惯性导航、海洋监视和管理、农业、遥感、医疗诊断、图像处理、模式识别等军事和民用领域中都获得普遍应用。迄今为止,美、英、法、意、日、俄等国已先后研制出上百种军事数据融合系统,比较典型的有战术指挥控制系统(TCAC)、战场利用和目标截获系统(BETA)、炮兵情报数据融合(AIDD)等。

在当代发生的几次局部战争中,数据融合显示出强大的威力。特别是在海湾战争和科索沃战争中,多国部队的信息融合系统对于控制战争局面并且取得最终的胜利发挥了重要的作用。

多传感器数据融合的一些主要应用简单列举如下。

(1)军事应用

数据融合技术起源于军事领域,在军事上的应用时间最早、范围最广,涉及战术或者战略方面的检测、指挥、控制、通信和情报任务多个方面。一些典型的应用有:

① 用电子计算机将指挥、控制、通信和情报各分系统紧密联系在一起的指挥自动化技术系统;

② 对舰艇、飞机、导弹等目标的检测、定位、跟踪和识别,以及导弹和防空武器、电子支援接收机、远红外敌我识别传感器;

③ 自动识别武器、自主式运载制导、遥感、战场监视和自动威胁识别系统;

④ 海洋监视、监视系统中的传感器有雷达、声呐、远红外传感器、综合孔径雷达等,用于对潜艇、鱼雷、水下导弹等目标的检测、跟踪和识别;

⑤ 在空对空、地对空、地对地防御系统中的雷达、光电成像传感器跟踪识别。

(2)复杂工业过程控制

复杂工业过程控制是数据融合应用中的一个重要领域,已经在核反应堆和石油平台监视系统中得到具体应用。通过进行时间数列分析、频率分析和小波分析等,从各传感器获取的信号模式中提取出特征数据,然后输入神经网络模式识别器,在神经网络模式识别器中进行数据融合,识别出系统的特征参数,再输入到模糊专家系统进行融合后作出决策;专家系统在进行推理时,分别从知识库和数据库中取出领域知识规则和相关参数,与特征数据之间进行匹配和融合,分析得出引起系统状态超出正常运行范围的临界条件,最后决策出被测试系统的运行状态、设备工况和故障类型并据此触发预警。

(3)机器人

多传感器数据融合技术主要应用于移动机器人和机器人的一些复杂操作中。采用单个传感器的机器人不具有完整、可靠地感知外部环境的能力,智能机器人应当采用多个传感器,利用这些传感器的冗余和互补作用获得机器人外部环境动态变化的和更加完整的信息,并且对外部环境的变化做出实时的响应。如中国玉兔号登月车机器人通常工作在动态、非结构化与不确定的复杂环境中,这些特殊的环境要求机器人具有敏锐的感知能力和高度的自治能力,提高机器人系统感知能力和调控能力的有效方法就是多传感器数据融合技术。机器人向非结构化环境发展的核心问题之一就是多传感器系统的数据融合。

(4)遥感遥控

多传感器数据融合在遥感领域中的应用主要是通过高空间分辨率全色图像和低光谱分辨率图像之间的深层次融合,得到高空间分辨率和高光谱分辨率的图像,通过融合多波段和多时段的遥感图像来提高分类的准确度。

(5)交通管制系统

多传感器数据融合技术可应用于地面车辆的定位、车辆跟踪、车牌识别、车辆导航;空中交通管制系统所控制和监视的主要是进港、离港和空中飞行几大程序,主要包括:① 防止飞机在空中相撞;② 防止飞机在跑道滑行时与障碍物或其他行驶中的飞机、车辆相撞;③ 保证飞机按计划有秩序地飞行;④ 提高飞行空间的利用率等。

（6）全域监视

监视较大范围内的人和事物的运动和状态,需要综合运用数据融合技术。例如根据各种医疗传感器、病历、病史、气候、季节等观测信息对病人的自动监护;从空中和地面传感器监视无人机的飞行情况;根据卫星云图、气流、温度、压力等观测信息对天气进行预报等。

5.1.4　多传感器数据融合的发展趋势

多传感器数据融合是一个具有强烈不确定性的复杂系统数据的处理过程。融合的方法受到现有理论、技术和设备的限制。多传感器数据融合不是单一的技术,而是一门新发展的、跨学科的综合理论和方法,属于一个不很成熟的新兴研究领域,它的很多理论还不健全,尚处在不断变化、发展和完善的过程中。

多传感器数据融合存在的主要问题有两个:

一个是尚未建立起来一套完善的融合理论基础体系和有效的广义融合模型及其算法,对一些特定场合数据融合的具体方法尚处于起步阶段。因为绝大多数的融合技术都是在特定的应用领域开展的,需要针对实际问题建立一些定性或者定量的融合准则,形成有效的数据融合方案,建立完善的融合模型,避免融合过程中的盲目性。如异步数据融合算法、量子神经网络数据融合故障诊断方法和自组织映射神经网络数据融合方法等,都是值得关注的一些新方法。

另一个是在数据融合系统的设计中还存在着许多基础问题,在数据融合系统与融合方法的实施中还面临许多问题。例如数据融合的语义、表达、继承、关联中的二义性还没有很好地解决,其中关联的二义性是当前存在的首要不足。因为在一个多传感器的系统中,从各个分散的传感器获得的数据不可避免地受到许多因素的制约,要想更好地发挥多传感器融合技术的优势,对于降低关联的二义性需要给予充分的关注。另外,广义融合系统中的容错性或者鲁棒性问题需要很好地研究解决,还有各种传感器的资源配置和信息管理方法也都是现阶段亟待解决的关键问题。

多传感器数据融合的发展趋势是:

① 在未知和动态环境中的多平台、异类多信息源的背景下,采用并行计算机结构多传感器集成与融合的方法,利用有关先验信息提高数据融合的性能,建立计算复杂程度低,同时满足任务要求的数据处理模型和更先进的数据融合算法。

② 将人工智能技术如神经网络、遗传算法、模糊理论、专家理论等引入到数据融合领域中,利用一些集成的计算智能方法如模糊逻辑＋神经网络、遗传算法＋模糊＋神经网络等提高多传感器融合的性能,解决不确定性因素的广义表达和推理演算,建立一套相对统一完善的数据融合理论、体系结构和广义的融合模型。

③ 研究解决融合过程中的数据配准、数据预处理、数据库构建、数据库管理、人机接口、通用软件包开发等问题,利用相关成熟的计算机辅助技术建立面向具体应用需求的数据融合与接口系统,研究开发能够提供多种复杂融合算法的处理硬件,构建完善的数据融合测试评估平台和多传感器管理体系。

5.2　多传感器数据融合的乏信息预处理

科学研究中的完全信息是相对的,不完全信息则是绝对的,在任何时候都不可能得到所谓的"完全信息"。在测量的过程中,如果测量数据的概率分布已知但仅有很少的数据可供参考,或者无概率分布信息,或者只有少量的数据,或者数据发展的趋势未知,在这些情况下的特征信息不完整问题可以统称为小样本或者乏信息问题。随着科学技术的发展和测量精度的不断提高,在测量位移、振动、速度、加速度、应力、应变和压力等参量时,尤其是在高端精密仪器测量的过程中,测量数据乏信息的特征可能会更加突出。

在测量数据处理过程中的乏信息现象主要有两种:

一种是轻微乏信息问题,即测量数据的先验信息虽然很丰富,但是每次测量实验的数据都比较少;或者尽管单次测量的数据比较多,但是先验信息几乎没有。这种现象主要出现在精密仪器的改造过程中。

另一种是严重乏信息问题,即测量数据极少并且先验信息未知,这种现象主要集中在新型精密仪器的开发和制造过程中。

新型仪器的开发和生产制造的批量一般都比较少,特别是一些复杂的、大型的和高端精密仪器的类型尽管很多,但某一个具体型号仪器的产量每次很可能只生产极少的几台,并且几乎没有相关仪器概率分布的先验信息或者背景资料,属于严重的乏信息问题。对于这种情况只能通过极少次的实验分析,利用少量的测量数据来估计仪器的性能指标。针对高端精密仪器测量系统的特殊性,研究乏信息测量数据的处理方法,可以为科学地分析精密仪器测量系统、合理地进行精密仪器测量系统的检修与维护、提高精密仪器测量系统的有效性、有效地修正精密仪器的测量误差提供理论依据。

经典统计学与乏信息测量数据处理方法的比较见表 5-1。

表 5-1　经典统计学与乏信息数据处理方法的比较

序　号	比较指标	经典统计学方法	乏信息处理方法
1	概率分布	典型分布	非典型分布
2	数据量	大量	少量
3	评价形式	定量	定量或定性
4	模型类型	单一、静态	多变、动态
5	计算量	大	小

为了解决小样本条件下测量不确定度的评定问题,已经开展了许多相关的研究工作。近年来出现了一些应用比较广泛的方法,如蒙特卡洛方法和自助法等,还有依据先验信息的贝叶斯理论、高阶矩分析等方法。在解决小样本测量不确定度评定方面,这几种方法的共同点在于先验知识的使用。在开展评定之前,一般要给所有测量数据假定一个确定的概率密度函数以及该函数的均值和方差。由于测量数据的分布信息并非总是精确已知的或者服从特定的概率分布,因此如果始终假定分布是精确已知的则很可能得不到正确的评定结果。对于小样本和概率分布未知并存的严重乏信息问题,将一些新方法如灰色系统方法、模糊数学方法、神经网

络方法和最大熵方法等应用于虚拟仪器小样本测量不确定度的分析评定、动态测量过程中的不确定度评定和多维测量系统的不确定度评定中,很可能比较奏效。

许多原始数据可能是杂乱的或者没有规律性,如数据本身不完整,含有噪声,包含错误的点、粗大误差或者离群值等。如果直接采用这些数据进行测量结果的评定,其准确度将受到很大的影响,因此需要对观测数据进行适当的预处理。

5.2.1 离群值的判别

在测量过程中要想获得准确的测量结果,需要合理地识别和处理测量数据中的离群值,一旦发现离群值就应该在记录中予以剔除。离群值的剔除目前主要采用两种方法,第一种是采用统计分析的方法;第二种是通过测量结果及其不确定度的稳健估计来避免或者抑制离群值的影响。在一些破坏性的实验中,不仅可测量的数据很少,而且概率分布通常未知。在这种情况下,用经典统计分析的方法进行离群值的判别非常困难。对于这种小样本数据的处理可以采用基于灰色系统理论的离群值判别方法予以剔除。

1. 灰色累加判别准则

利用灰色系统理论中累加生成的方法研究离群值的判别问题。对于任意的一个非负的或者摆动的原始数列,在经过累加生成之后一般都可以转化为非减的递增数列,削弱原始数列中的随机性,突出趋势项,易于挖掘出隐藏在数据中的内在规律性。

累加生成的基本方法是,先将 n 个测量数据从小到大进行排序,即

$$x^{(0)} = \{x^{(0)}(1), x^{(0)}(2), \cdots, x^{(0)}(n)\} \qquad (5-1)$$

对数列 $x^{(0)}$ 作一次累加生成,得到新的测量值累加数列为

$$x^{(1)}(k) = \sum_{i=1}^{k} x^{(0)}(i), \quad k = 1, 2, \cdots, n \qquad (5-2)$$

累加曲线如图 5-1 中曲线 1 所示。测得值累加曲线可以用几段折线来包络,由于测量数据的中值最有可能是最大距离 $\Delta_{\max}$,因此可以取测量次数的中值 p 作为包络线的转折点。考虑到测量数据有一定程度的变化,可以将最大距离 $\Delta_{\max}$ 乘以 h,得到的包络折线 2 和折线 3,如图 5-1 所示。其中

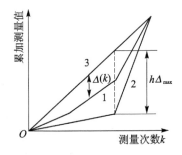

图 5-1 粗大误差的灰色判别

$$p = \begin{cases} \dfrac{n}{2}, & n \text{ 为偶数} \\[2mm] \dfrac{n+1}{2}, & n \text{ 为奇数} \end{cases} \qquad (5-3)$$

取通过坐标原点 $(0, 0)$ 和测量列累加终点 $(n, x^{(1)}(n))$ 的直线 3 为包络线的上界,该参考直线的方程为

$$x_{\max}^{(1)}(k) = \frac{1}{n} x^{(1)}(n) k = \left[\frac{1}{n} \sum_{i=1}^{n} x^{(0)}(i) \right] k = \bar{x} k, \quad k = 1, 2, \cdots, n \qquad (5-4)$$

式中,$\bar{x}$ 表示测量数据的均值。

包络线的下界为折线 2,方程为

$$x_{\min}^{(1)}(k)=\begin{cases}\bar{x}k-h\dfrac{\Delta_{\max}}{p}k, & 1\leqslant k\leqslant p\\[3mm]\bar{x}k-h\dfrac{\Delta_{\max}}{n-p}(n-k), & p<k\leqslant n\end{cases} \quad(5-5)$$

经过计算取常数 h 为 3.75。如果该测量数列都满足

$$x_{\min}^{(1)}(k)\leqslant x^{(1)}(k)\leqslant x_{\max}^{(1)}(k),\quad 1\leqslant k<n \quad(5-6)$$

则可以判定测量数据中不含有离群值。

累加生成方法对升序排列的终点即最大测量值是否为离群值无法判别,但是可以通过结合 GM(1,1)模型对数据进行处理来进行判定。

2. 灰色 GM(1,1)模型

根据灰色系统理论,由于测量数据的不确定性,测量数据可以看做在一定范围内变化的灰色量,利用灰色系统的相关理论可以对数据进行处理。

常用的数列预测模型 GM(1,1)为一阶单变量微分模型,是一种有效的外推模型。它通过原始数据的预处理和灰色模型的建立,发现和掌握测量系统的发展规律,对系统的未来状态做出定量的预测。

设原始数列为

$$x^{(0)}=\{x^{(0)}(1),x^{(0)}(2),\cdots,x^{(0)}(n)\} \quad(5-7)$$

计算级比 $\sigma(k)=\dfrac{x^{(0)}(k-1)}{x^{(0)}(k)}$,得到的级比数列为 $\sigma=(\sigma(2),\sigma(3),\cdots,\sigma(n))$,判断是否满足 $\sigma(k)\in\left(e^{-\frac{2}{n+1}},e^{\frac{2}{n+1}}\right)$。如果满足,则可以直接用原始数列进行 GM(1,1)建模;否则需要对原始数列进行变换处理,如平移变换、对数变换或者方根变换等,直到满足要求为止。

对原始数列进行 GM(1,1)建模,得到 GM(1,1)的灰色微分方程为

$$x^{(0)}(k)+az^{(1)}(k)=b \quad(5-8)$$

式中,a 为待估计参数,表示 GM(1,1)的发展系数;b 为待估计参数,表示 GM(1,1)的灰作用量;$z^{(1)}$ 表示 $x^{(1)}$ 的均值数列,$x^{(1)}$ 表示 $x^{(0)}$ 的一次累加数列。

$z^{(1)}(k)$ 可以通过下式求得,即

$$\left.\begin{array}{l}x^{(1)}=\{x^{(1)}(1),x^{(1)}(2),\cdots,x^{(1)}(n)\}\\[2mm]x^{(1)}(k)=\sum_{i=1}^{n}x^{(0)}(i)\\[2mm]z^{(1)}(k)=0.5x^{(1)}+0.5x^{(1)}(k-1)\\[2mm]z^{(1)}=\{z^{(1)}(2),z^{(1)}(3),\cdots,z^{(1)}(n)\}\end{array}\right\} \quad(5-9)$$

设 $\hat{a}=(a,b)^{\mathrm{T}}$ 为参数列,且

$$\boldsymbol{Y}=\begin{bmatrix}x^{(0)}(2)\\x^{(0)}(3)\\\vdots\\x^{(0)}(n)\end{bmatrix},\quad \boldsymbol{B}=\begin{bmatrix}-z^{(1)}(2) & 1\\-z^{(1)}(3) & 1\\\vdots & \vdots\\-z^{(1)}(n) & 1\end{bmatrix} \quad(5-10)$$

则灰色微分方程式中参数列的最小二乘估计为

$$\hat{a} = (\boldsymbol{B}^{\mathrm{T}}\boldsymbol{B})^{-1}\boldsymbol{B}^{\mathrm{T}}\boldsymbol{Y} \tag{5-11}$$

解出灰色微分方程式的外推模型为

$$\left.\begin{aligned}\hat{x}^{(1)}(k+1) &= \left[x^{(0)}(1) - \frac{b}{a}\right]\mathrm{e}^{-ak} + \frac{b}{a}, \\ \hat{x}^{(0)}(k+1) &= \hat{x}^{(1)}(k+1) - \hat{x}^{(1)}(k),\end{aligned}\quad k=1,2,\cdots,n\right\} \tag{5-12}$$

3. 灰色判别准则

如果 $x^{(1)}(n-1) < x_{\min}^{(1)}(n-1)$，则可以判定 $x^{(0)}(n-1)$ 和 $x^{(0)}(n)$ 都含有粗大误差，应当予以剔除；但当 $x^{(1)}(n-1) \geqslant x_{\min}^{(1)}(n-1)$ 时，无法判定最大测量值是否为离群值。这时可以引入 GM(1,1) 模型来解决，具体流程如图 5-2 所示。

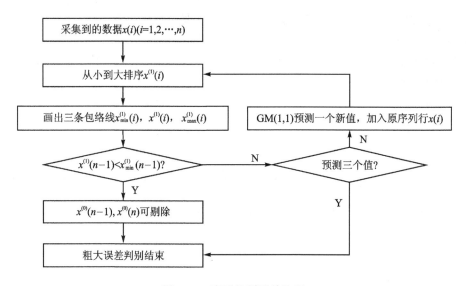

图 5-2　离群值判别的流程

计算步骤如下：

① 首先进行离群值的判别。如果测量数据满足 $x^{(1)}(n-1) < x_{\min}^{(1)}(n-1)$，则判定 $x^{(0)}(n-1)$ 和 $x^{(0)}(n)$ 都是离群值，应当剔除，判定结束；如果 $x^{(1)}(n-1) \geqslant x_{\min}^{(1)}(n-1)$，则进入步骤②。

② 为数据 $x^{(1)} = \{x^{(1)}(1), x^{(1)}(2), \cdots, x^{(1)}(n)\}$ 建立 GM(1,1) 模型，通过式（5-12）得到外推模型，获得一个预测值 $x^{(1)}(n+1)$。

③ 将步骤②中得到的预测值 $x^{(1)}(n+1)$ 添加到 $x^{(1)}$ 数列中，然后再次进行判定。

④ 如果 $x^{(1)}(n) < x_{\min}^{(1)}(n)$，则认为最大测量值为离群值，予以剔除；反之，则回到步骤②。

⑤ 如果在预测 3 个值后都没有发现离群值，则判定数列的最大测量值不是离群值，判定结束。

5.2.2　动态灰色滤波

在信号记录的过程中，受到随机噪声干扰的来源很多，如不良的检波器埋置、风动、记录电缆附近的瞬时移动和电子仪器的噪声等，这些随机噪声是影响信号信噪比的主要原因。近年来出现的一些分离干扰方法大都是针对信号的统计特性而提出的滤波方法。工程应用中的信号很可能表现为非平稳的统计特性,并且先验信息无法精确获得。将灰色系统理论应用于信号随机噪声的处理中,应用基于灰色新陈代谢 GM(1,1)模型的动态灰色滤波器,可以实现数据少和概率分布密度未知的信号随机噪声的抑制。

1. 新陈代谢灰色 GM(1,1)模型

随着时间的改变,在测量过程中不断获得新的测量数据。如果在灰色 GM(1,1)模型建立的过程中不断考虑新信息的影响,同时将旧的信息丢弃,就形成新陈代谢灰色 GM(1,1)模型,一般称为动态灰色滤波模型。

设第 m 时刻的测量数列为

$$x_m^{(0)} = \{x_m^{(0)}(1), x_m^{(0)}(2), \cdots, x_m^{(0)}(n)\} = \{x^{(0)}(m+1), x^{(0)}(m+2), \cdots, x^{(0)}(m+n)\}$$

$$(5-13)$$

则测量数据一次累加值的新陈代谢灰色 GM(1,1)模型的时间响应数列为

$$\hat{x}_m^{(1)}(k) = \left[x_m^{(0)}(1) - \frac{b_m}{a_m}\right] e^{-a_m(k-1)} + \frac{b_m}{a_m}, \quad k = 1, 2, \cdots, n \qquad (5-14)$$

测量数据的预测值数列为

$$\hat{x}_m^{(0)}(k+1) = \hat{x}_m^{(1)}(k+1) - \hat{x}_m^{(1)}(k), \quad k = 1, 2, \cdots, n-1 \qquad (5-15)$$

2. 多模型数列的合成

由于采用动态模型数列描述测量系统,故对原始数列中任意一个数据都可能有多个灰色预测值与之对应。这种一个采样点对应多个预测值的描述方式给结果的分析和评价带来不便。为了得到一一对应的测量系统描述方式,采用一种模型接续的方法将新陈代谢灰色 GM(1,1)模型预测数列进行合成,其原理如图 5-3 所示。

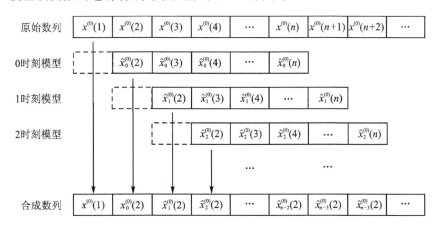

图 5-3　模型接续法合成模型数列

模型接续法生成的合成数列具有良好的动态特性,适合描述波动特性显著的数列。该方法将原始数列按照时刻划分为若干个子数列,分别建立相应的时刻模型。时刻模型的第一位数据与原始数列的第一位数据相同,将原始数列的第一位数据与其他各时刻模型的第二位数据依次连接,构成一个合成的新陈代谢灰色 GM(1,1)模型预测数列,最终合成的模型预测数

列为

$$\hat{x}_k' = \begin{cases} x^{(0)}(1), & k=1 \\ \hat{x}_{k-2}^{(0)}(2), & k>1 \end{cases} \tag{5-16}$$

式中，k 表示合成数列中数据的序号；$\hat{x}_k'$ 表示合成新陈代谢灰色 GM(1,1)模型预测数列值；$x^{(0)}(1)$表示原始数列的第一位数据；$\hat{x}_{k-2}^{(0)}(2)$表示每个时刻新陈代谢灰色 GM(1,1)模型预测数列的第二位数据。

5.2.3　若干应用实例

1. 离群值判别实例

(1) 乏信息实验

在无衍射光三角测量表面粗糙度的实验中，需要对表面粗糙度参数进行多次等精度测量。在测量过程中存在着很多干扰因素，导致离群值的出现。下面采用灰色判别准则对测量数据进行判别。

在无衍射光三角测量表面粗糙度过程中得到的一组数据（单位：mm）为

$$x^{(0)}(k)=\{26.600\,0\quad 19.800\,0\quad 20.300\,0\quad 21.200\,0\quad 20.000\,0\quad 19.100\,0$$
$$19.800\,0\quad 19.000\,0\quad 19.200\,0\quad 19.600\,0\}$$

已知数据 26.6 为离群值，以此为例说明离群值判别方法的应用过程。

步骤 1：将原始数列进行升序排列，得到的新数列为 $x^{(0)}(k)=\{19.000\,0\quad 19.100\,0$
$19.200\,0\quad 19.600\,0\quad 19.800\,0\quad 19.800\,0\quad 20.000\,0\quad 20.300\,0\quad 21.200\,0\quad 26.600\,0\}$。

由离群值判定方法得到的结果见表 5-2，可知最大测量值无法判定。

表 5-2　离群值的判别

序　号	$x_{min}^{(1)}(k)$	$x^{(1)}(k)$	$x_{max}^{(1)}(k)$	序　号	$x_{min}^{(1)}(k)$	$x^{(1)}(k)$	$x_{max}^{(1)}(k)$
1	15.30	19.00	20.46	6	102.12	116.50	122.76
2	30.60	38.10	40.92	7	127.74	136.50	143.22
3	45.90	57.30	61.38	8	153.36	156.80	163.68
4	61.20	76.90	81.84	9	170.90	178.00	184.14
5	76.50	96.70	102.30	10	204.6	204.60	204.60

步骤 2：利用数列 $x^{(0)}(k)=\{26.600\,0\quad 19.800\,0\quad 20.300\,0\quad 21.200\,0\quad 20.000\,0$
$19.100\,0\quad 19.800\,0\quad 19.000\,0\quad 19.200\,0\quad 19.600\,0\}$，建立 GM(1,1)模型，判断是否含有离群值。

通过计算，外推模型中的参数为 $a=-0.03, b=17.20$，得到的模型为 $\hat{x}^{(1)}(k+1)=\left[x^{(0)}(1)-\frac{17.20}{-0.03}\right]e^{-0.03k}+\frac{17.20}{-0.03}$；$\hat{x}^{(0)}(k+1)=\hat{x}^{(1)}(k+1)-\hat{x}^{(1)}(k)$。

预测值为 $x^{(1)}(n+1)=21.633\,0$。

步骤 3：新数列为 $x^{(0)}(k)=\{26.600\,0\quad 19.800\,0\quad 20.300\,0\quad 21.200\,0\quad 20.000\,0$
$19.100\,0\quad 19.800\,0\quad 19.000\,0\quad 19.200\,0\quad 19.600\,0\quad 21.633\,0\}$。

进行升序排列后得到 $x^{(0)}(k) = \{19.000\,0\quad 19.100\,0\quad 19.200\,0\quad 19.600\,0\quad 19.800\,0$
$19.800\,0\quad 20.000\,0\quad 20.300\,0\quad 21.200\,0\quad 21.633\,0\quad 26.600\,0\}$。

由判定方法得到的结果见表 5 - 3。

表 5 - 3　新数列的判定

序　号	$x_{\min}^{(1)}(k)$	$x^{(1)}(k)$	$x_{\max}^{(1)}(k)$	序　号	$x_{\min}^{(1)}(k)$	$x^{(1)}(k)$	$x_{\max}^{(1)}(k)$
1	15.7	19.0	20.5	7	120.7	136.5	143.9
2	31.4	38.1	41.13	8	147.1	156.8	164.5
3	47.2	57.3	61.69	9	173.5	178.0	185.0
4	62.9	76.9	82.26	10	199.8	199.6	205.6
5	78.66	96.7	102.8	11	226.2	226.2	226.2
6	94.4	116.5	123.3				

步骤 4：由于 $x^{(1)}(10) = 199.633\,0 < x_{\min}^{(1)}(10) = 199.866\,5$，所以数据 $x^0(10) = 21.633\,0$，
$x^0(11) = 26.600\,0$ 都为离群值，应予剔除。判别结束。

（2）大样本实验

为了更好地说明本算法的有效性，对另一组的 15 个测量数据进行离群值的判定。

依据 3σ 准则，数据 $x(8) = 20.30$ 为含有粗大误差数据。同时，使用灰色判别方法所得的结果见表 5 - 4，可以判定数据 20.30 为离群值，应当予以剔除。实验结果表明，在样本量相对比较大的情况下，灰色方法可以和统计方法中 3σ 准则保持一致的判定效果。

表 5 - 4　大样本测量数据的判定

序　号	测量值/mm	$x_{\max}^{(1)}(k)$	$x^{(1)}(k)$	$x_{\min}^{(1)}(k)$
1	20.42	20.40	20.30	20.36
2	20.43	40.80	40.69	40.63
3	20.40	61.21	61.08	61.07
4	20.43	81.61	81.47	81.46
5	20.42	102.02	101.87	101.82
6	20.43	122.42	122.27	122.19
7	20.39	142.82	142.67	142.56
8	20.30	163.23	163.08	162.92
9	20.40	183.63	183.50	183.40
10	20.43	204.04	203.92	203.84
11	20.42	224.44	224.34	224.29
12	20.41	244.84	244.77	244.73
13	20.39	265.25	265.20	265.17
14	20.39	285.65	285.63	285.61
15	20.40	306.06	306.06	306.06

2. 信号噪声抑制实例

选取美国地质勘探局(United States Geological Survey,USGS)公布的 *Whittier Narrows Earthquake* 中的地震测量系统记录数据进行灰色动态滤波实例分析。地震动加速度记录表的数据见表 5-5,取地震动加速度峰值 PGA(Peak Ground Acceleration)作为理论值。

表 5-5　地震动记录表

序 号	台 站	台 网	纬度/(°)	经度/(°)	PGA/(m·s^{-2})
1	Imperical Highway,Norwalk	USGS	33.92	−118.087	234.9
2	Alhambra Fremont School	CSMIP	34.07	−118.15	286.16
3	Altadema Eaton Canyon Park	CSMIP	34.177	−118.096	299.34
4	Arleta Nordhoff Ave Fire Station	CSMIP	34.24	−118.44	87.1
5	Castaic HasleyCanyon	CSMIP	34.459	−118.65	29.5
6	Castaic Old Ridge Route	CSMIP	34.564	−118.642	67.2
7	Downey County Maint. Bldg	CSMIP	33.924	−118.167	193
8	Featherly Park Park Maint. Bldg	CSMIP	33.869	−117.709	77
9	Hemet Stetson Ave Fire Station	CSMIP	33.729	−116.979	33.9
10	Huntington Beach Lake St. Fire St.	CSMIP	33.662	−116.997	37.77

在表 5-5 中,序号 4 的原始地震动记录信号如图 5-4(a)所示。

为了验证动态灰色滤波滤除高斯噪声的有效性,将图 5-4(a)的地震动记录数据叠加高斯噪声产生含噪信号,如图 5-4(b)所示,其中的横坐标为采样点数,纵坐标为地震动加速度值,单位为 m/s²。分别采用动态灰色滤波和中值滤波两种方法进行去噪处理。在动态灰色滤波的过程中对所建立的灰色模型数列采取模型接续法进行合成。仍然以序号 4 的地震动记录为例进行说明,在原始地震动记录信号上叠加高斯噪声后的信号如图 5-4(b)所示,分别实施动态灰色滤波和中值滤波后的地震动记录如图 5-5(a)和图 5-5(b)所示。

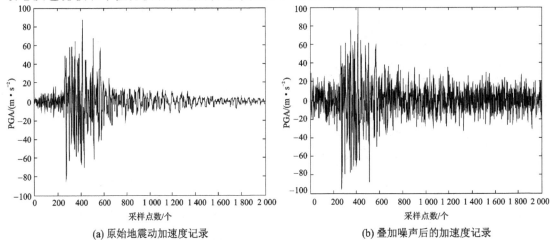

(a) 原始地震动加速度记录　　　　　　　　　(b) 叠加噪声后的加速度记录

图 5-4　地震动加速度信号图

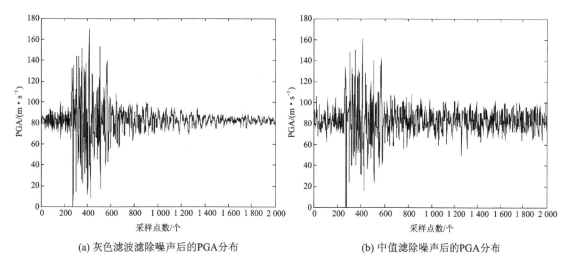

(a) 灰色滤波滤除噪声后的PGA分布　　　　　　(b) 中值滤除噪声后的PGA分布

图 5 - 5　两种方法的滤波效果

　　分别采用动态灰色滤波和中值滤波得到的结果见表 5 - 6 和表 5 - 7。在表 5 - 6 和表 5 - 7 中的 PGA 一栏为理论值;N1PGA、N5PGA、N10PGA 分别为添加不同水平高斯噪声后的 PGA 值。这几组数据显示噪声使 PGA 的值发生了变化。为了提高地震记录的精度,需要采取合适的信号处理方法去除噪声,恢复测得信号的真实性。P1PGA、P5PGA、P10PGA 分别为滤波处理后的 PGA 值。

表 5 - 6　动态灰色滤波数据分析表

m/s²

序　号	PGA	N1PGA	P1PGA	N5PGA	P5PGA	N10PGA	P10PGA
1	234.9	235.49	233.38	240.09	236.82	244.07	240.82
2	286.16	286.47	307.06	285.01	305.17	275.24	294.82
3	299.34	299.36	307.81	291.67	301.94	283.24	298.2
4	87.1	87.59	87.36	90.48	86.43	88.82	87.43
5	29.5	29.69	29.54	37.91	31.42	43.26	31.32
6	67.2	67.83	67.47	66.35	67.22	72.81	68.15
7	193	193.64	193.66	195.62	193.21	189.14	194.49
8	77	76.77	78.72	78.61	78.27	90.76	75.03
9	33.9	32.41	35.02	32.3	35.03	40.47	34.95
10	37.77	38.07	37.96	38.01	37.33	51.79	39.77

　　从表 5 - 6 和表 5 - 7 中可以看出,以序号 4 的 Arleta Nordhoff Ave Fire Station 地震动记录数据为例,在叠加不同噪声后的 PGA 值都有一定的变化。从图 5 - 5(a) 和图 5 - 5(b) 可以看出,经过滤波后 PGA 值得到了一定的还原。该序号数据采用动态灰色滤波在不同噪声水平下滤除噪声的误差分别为 0.30%、0.77% 和 0.38%;采用中值滤波在不同噪声水平下滤除噪声误差分别为 7.50%、2.01% 和 15.37%。可以看出,动态灰色滤波的误差优于中值滤波几乎一个数量级。

表 5-7 中值滤波数据分析表

m/s²

序 号	PGA	N1PGA	P1PGA	N5PGA	P5PGA	N10PGA	P10PGA
1	234.9	234.98	234.4	241.61	235.59	245.28	243.49
2	286.16	286.7	263.4	285.27	269.25	284.46	259.79
3	299.34	299.31	208.45	302.25	210.24	284.87	211.62
4	87.1	86.9	80.57	90.48	85.35	96.77	73.71
5	29.5	30.48	29.22	40.13	32.53	41.9	32.29
6	67.2	67.84	59.32	70.87	68.8	68.64	62.69
7	193	193.03	186.34	186.1	186.07	209.78	192.45
8	77	76.87	68.53	76.71	69.95	90.5	81.25
9	33.9	34.04	27	36.31	26.49	44.72	31.83
10	37.77	38.9	35.89	41.57	31.73	57.29	40.86

上面是对序号 4 的地震动记录数据进行的分析。下面再对 10 条数据分别进行误差分析，得到的结果如图 5-6 所示。其中图 5-6(a)～图 5-6(c) 为高斯噪声分别服从正态分布、均值为 0，且方差分别为 1、5 和 10 三个不同水平下动态灰色滤波算法（在图中的标注为"本文算法"）与"中值滤波算法"的误差比较。可以看出，动态灰色滤波算法的误差明显优于中值滤波

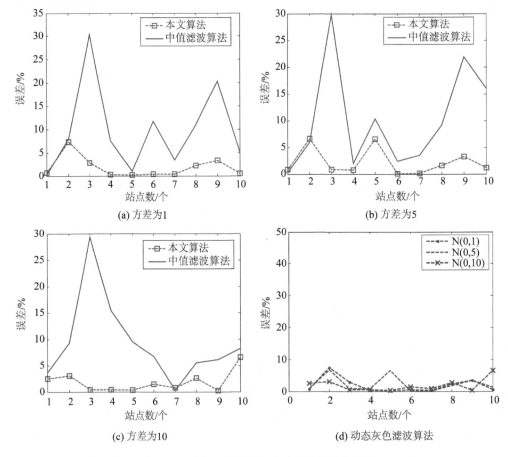

(a) 方差为1

(b) 方差为5

(c) 方差为10

(d) 动态灰色滤波算法

图 5-6 动态灰色滤波与中值滤波误差的比较

算法。图 5 - 6(d)为动态灰色滤波算法在随机噪声分别服从正态分布均值为 0,且方差分别为 1、5 和 10 三个不同水平下误差的比较。可以看出,动态灰色滤波算法在不同水平下的高斯噪声都能保持比较小的误差。

为了验证动态灰色滤波算法在不同噪声分布情况下的有效性,分别选取均匀分布、泊松分布、瑞利分布三种典型分布噪声对算法进行验证。地震动参数 PGA 处理结果的误差比较如图 5 - 7 所示。可以看出针对不同分布类型的噪声,动态灰色滤波算法得到的地震动参数 PGA 和实际 PGA 之间的相对误差均保持在 10% 以下。

为了进一步说明本算法的性能,将本算法应用到地震剖面一维信号滤波的 MATLAB 仿真实验中。该剖面的单炮道数为 80 道。从

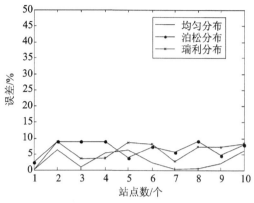

图 5 - 7　三种典型噪声分布的误差比较

图 5 - 8(a)的含噪剖面图可以看出,该剖面具有很强的随机噪声背景。使用动态灰色滤波器

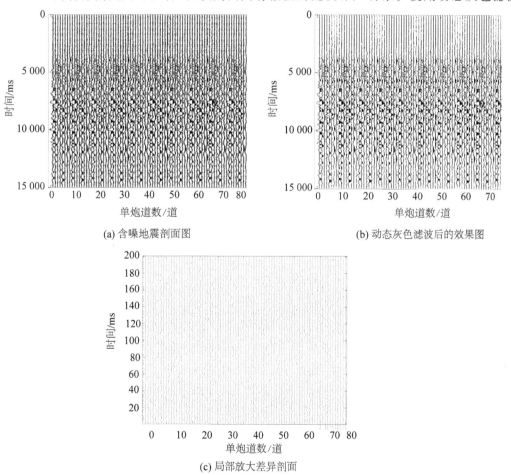

(a) 含噪地震剖面图　　　　　　　　　(b) 动态灰色滤波后的效果图

(c) 局部放大差异剖面

图 5 - 8　灰色动态滤波处理剖面的比较

进行处理后得到的处理剖面和局部放大差异剖面分别如图 5 - 8(b)和图 5 - 8(c)所示。从图 5 - 8(b)可以看出,经过滤波后的随机噪声得到有效抑制,剖面中的信号也得到了很好的改善。

再选取原始剖面和处理剖面中对应第 25 道的地震数据进行频谱分析,如图 5 - 9 所示。比较处理前后的频谱可以看出,经过处理之后的主频和有用信息均得到了很好的保留,其中在 350~500 Hz 范围内高频区域,随机噪声的幅度明显低于处理之前,因此动态灰色滤波器可以有效地保护有用信息,减弱随机噪声对地震信号的影响。实验结果表明,动态灰色滤波可以有效地将随机干扰成分减弱或者消除,并且在建模的过程中使确定性的信息得到了加强。动态灰色滤波的建模数据更新不仅使建模的运算简便,更重要的是所建立的模型不断地将新的随机扰动和影响因素考虑进来,反映出测量系统当前的最新状态,从而有效地抑制干扰因素的影响,为后续数据的分析及其参数的计算创造良好的条件。

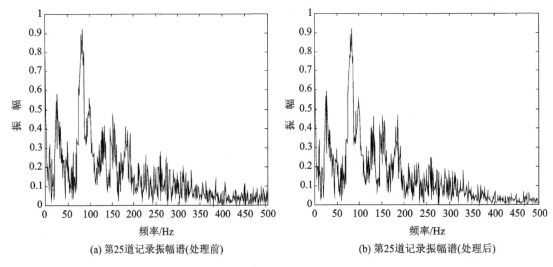

(a) 第25道记录振幅谱(处理前)　　　　　　　(b) 第25道记录振幅谱(处理后)

图 5 - 9　灰色动态滤波处理前后地震数据振幅谱比较

5.3　几种多传感器数据融合方法

5.3.1　动态灰色自助融合

动态灰色自助(Dynamic Grey Bootstrap Method,DGBM)融合是将自助法与动态灰色模型(Dynamic Grey Model,DGM)有机地结合起来,进行多传感器数据融合估计的一种方法,又称为动态灰自助法。这种方法有别于基于大数定律和中心极限定理的统计理论,能够实现在小样本和概率分布未知等乏信息条件下的测量数据融合和预测,主要包括自助融合和动态灰色预测两部分内容。

动态灰色自助数据融合的主要步骤如下:

① 自助估计各时刻的测量估计真值与标准不确定度。对某一时刻多次重复测量在各离散采样点所得的乏信息采样数据进行自助抽样。

② 利用最大熵算法构建多次重复测量同一采样点测量数据的自助概率分布密度函数,通

过加权均值获得测量结果的估计真值,利用贝塞尔公式计算出标准不确定度。

③ 依次对各时刻的重复测量数据进行自助建模,获得相应的测量估计真值与标准不确定度。

④ 对不同时刻的测量估计真值与标准不确定度进行动态灰色建模,获得测量值与测量不确定度的预测值,实现乏信息条件下测量结果与测量标准不确定度的动态灰自助融合估计结果。

1. 自助融合

自助融合的流程如图 5 – 10 所示。

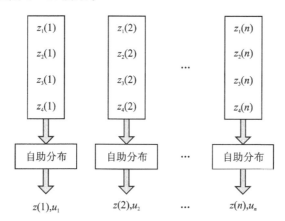

图 5 – 10 自助融合的流程

在测量过程中,设小样本空间中 s 重复测量获得的数据时间数列为初始数列 Z:

$$Z = \{z_m(k)\}, \quad k = 1, 2, \cdots, n; \quad m = 1, 2, \cdots, s \quad (5-17)$$

式中,$z_m(k)$ 表示第 m 次测量获得的第 k 个数据;k 表示时间;n 表示数据量。

由于随机误差的存在,重复测量得到的实验曲线不相同,如图 5 – 11 所示。

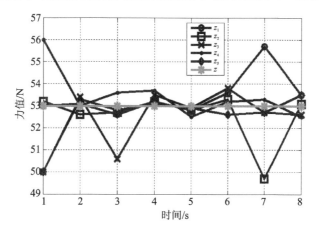

图 5 – 11 重复测量得到的实验曲线

在时间 k 经过 s 次重复测量得到的数据为

$$Z_k^{\mathrm{T}} = \{z_1(k), z_2(k), \cdots, z_s(k)\} \quad (5-18)$$

　　将 Z_k^{T} 当做初始样本,根据自助抽样的原理,在 Z_k^{T} 中等概率地随机抽取 S 次,每次抽取出 1 个数据,得到一个自助样本,则一共有 S 个数据。采取可再放回的方式抽取数据,即无论抽取多少次,Z_k^{T} 中的数据都不发生变化,始终保持抽样前的状态。重复 B 次可以获得的自助仿真样本为

$$Z_{kb} = \{z_{k,b}(u)\}, \quad u = 1,2,\cdots,s; \quad b = 1,2,\cdots,B; \quad k = 1,2,\cdots,n \qquad (5-19)$$

式中,$z_{k,b}(u)$ 表示时间为 k 的第 b 个自助样本中的第 u 个数据。

　　在 Z_{kb} 中每一列的均值为

$$\bar{Z}_{kb} = \left\{ \frac{1}{s} \sum_{u=1}^{s} z_{k,b}(u) \right\}, \quad b = 1,2,\cdots,B; \quad k = 1,2,\cdots,n \qquad (5-20)$$

　　在时间 k 将 $\bar{Z}_{kb}$ 中的 B 个数据按照升序进行排列,划分为 D 组,则其中第 d 组的频率为

$$P_d = \frac{n_d}{B}, \quad d = 1,2,\cdots,D \qquad (5-21)$$

式中,n_d 表示第 d 组的数据量。

　　将重复测量获得初始数列的离散值 $z_m(k)$ 变换为连续变量 x,根据最大熵算法获得的自助分布概率密度函数为

$$p(x) = \exp\left(\lambda_0 + \sum_{i=1}^{m_A} \lambda_i x_i \right), \quad i = 0,1,\cdots,m_A \qquad (5-22)$$

式中,m_A 表示原点矩的最高阶数,通常的取值范围为 $5 \sim 8$;λ_i 表示第 i 个拉格朗日乘子,可以用数值算法求解出来,且保证收敛精度 $\varepsilon \leqslant 10^{-10}$。

　　在时间 k 的 s 次重复测量数据融合均值估计可以用数学期望的积分形式表示为

$$z(k) = \int_R x p(x) \mathrm{d}x \qquad (5-23)$$

式中,R 表示积分空间。

　　数学期望的积分形式还可以用离散的形式表示为加权均值

$$z(k) = \sum_{d=1}^{D} Z_d P_d \qquad (5-24)$$

式中,Z_d 表示第 d 组的值。

　　在时间 k 的 s 次重复测量不确定度为

$$u(k) = \sqrt{\frac{\sum_{b=1}^{B} \left[\bar{Z}_{kb} - z(k) \right]^2}{B-1}} \qquad (5-25)$$

　　对于时间长度为 N 的 s 次重复测量数据,各时刻的测量真值估计 $z(k)$ 可以构成一个自助融合时间数列 Z,用矩阵表示为

$$\boldsymbol{Z} = \{z(k)\}, \quad k = 1,2,\cdots,n \qquad (5-26)$$

　　在各时刻的测量不确定度 $u(k)$ 可以构成一个时间融合数列 U,用矩阵表示为

$$\boldsymbol{U} = \{u(k)\}, \quad k = 1,2,\cdots,n \qquad (5-27)$$

2. 动态灰色预测

动态灰色预测模型的流程如图 5-12 所示。

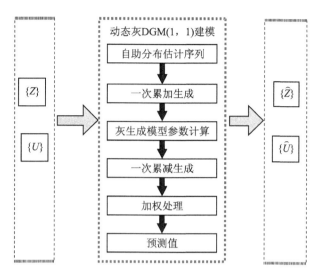

图 5 - 12　动态灰色预测模型流程

根据动态灰色模型 DGM(1，1)得到 U 的一次累加生成数列为

$$U^{(1)} = \{u^{(1)}(k)\} = \Big\{\sum_{j=1}^{k} u(j)\Big\}, \quad k = 1,2,\cdots,n \tag{5 - 28}$$

紧邻均值生成数列为

$$Z^{(1)} = (z^{(1)}(2),z^{(1)}(3),\cdots,z^{(1)}(n)) \tag{5 - 29}$$

式中，$z^{(1)}(k) = 0.5u^{(1)}(k) + 0.5u^{(1)}(k-1)$，其中 $k = 2,3,\cdots,n$。

灰色微分方程为

$$u(k) + c_1 z^{(1)}(k) = c_2 \tag{5 - 30}$$

式中，a 表示发展系数；b 表示灰作用量。

灰色微分方程的最小二乘解为

$$\widehat{u}^{(1)}(k) = \Big[u^{(1)}(1) - \frac{c_2}{c_1}\Big] \mathrm{e}^{-c_1(k-1)} + \frac{c_2}{c_1}, \quad k = 1,2,\cdots,n \tag{5 - 31}$$

$$(c_1,c_2)^{\mathrm{T}} = (\phi^{\mathrm{T}}\phi)^{-1}\phi^{\mathrm{T}}Y \tag{5 - 32}$$

$$\phi = (-Z^{(1)},I)^{\mathrm{T}}, \quad I = (1,1,\cdots,1) \tag{5 - 33}$$

$$Y = \{u(2),u(3),\cdots,u(n)\}^{\mathrm{T}} \tag{5 - 34}$$

原始数列的还原值数列为

$$\widehat{u}(k+1) = \widehat{u}^{(1)}(k+1) - \widehat{u}^{(1)}(k), \quad k = 1,2,\cdots,n-1 \tag{5 - 35}$$

随着时间的推移，在原始数列中不断获得新的测量数据。设第 m 时刻的数列为 $u_m = \{u(m+1),u(m+2),\cdots,u(m+n)\}$，则该时刻的时间响应数列为

$$\widehat{u}_m^{(1)}(k) = \Big[u_m^{(1)}(1) - \frac{c_{2m}}{c_{1m}}\Big] \mathrm{e}^{-c_{1m}(k-1)} + \frac{c_{2m}}{c_{1m}}, \quad k = 1,2,\cdots,n \tag{5 - 36}$$

还原值的动态模型数列为

$$\widehat{u}_m(k+1) = \widehat{u}_m^{(1)}(k+1) - \widehat{u}_m^{(1)}(k), \quad k = 1,2,\cdots,n-1 \tag{5 - 37}$$

上述模型为系统的新陈代谢 GM(1，1)模型。该模型不断地将新的随机扰动和影响因素考虑进来，同时丢弃一些过时的信息，使建立的模型更好地反映出系统当前的最新状态，可以

有效地抑制干扰因素的影响。还原值动态模型数列的主要特征是将系统的原始数列按照不同的时刻划分为若干个子数列,对每一个子数列分别进行灰色建模,通过模型反映出系统的动态性能。在采用动态模型数列对系统进行描述时,原始数列中的任意一个数据都可能有多个灰色模型与之对应,这对测量结果的分析和评价带来不便。为了获得系统的一一对应的描述方式,可以使用模型平均法将灰色模型数列进行合成。

如果某时刻模型的第一位数据与上一时刻模型的第一位数据相同,则将原始数列的第一位数据与其他各个时刻模型平均值连接构成的合成数列为

$$\overline{u}(k)=\begin{cases} \dfrac{1}{T_k}\displaystyle\sum_{m=0}^{T_k-1}\hat{u}_m(k-m), & 1\leqslant k<n \\[4mm] \dfrac{1}{T_k}\displaystyle\sum_{m=k-n}^{k-n+T_k-1}\hat{u}_m(k-m), & n\leqslant k \end{cases} \tag{5-38}$$

$$T_k=\begin{cases} 1, & k=1 \\ k-1, & 1<k\leqslant n \\ n-1, & k>n \end{cases} \tag{5-39}$$

式中,k 表示合成数列中数据的序号;T_k 表示有效的时刻模型的个数;m 表示时刻;n 表示时刻数列长度。

模型平均法通过计算多个时刻模型数据的算术平均值来生成合成数据,算术平均值对测量数据具有较强的平滑效果,适合于描述缓慢变化的系统。

5.3.2　模糊自助数据融合

模糊自助数据融合估计方法是将模糊数学中隶属函数的概念与自助法有机地结合起来进行数据分析的一种本征融合方法。它通过多传感器测量信息的融合,利用模糊隶属函数实现多传感器测量数据的真值与区间估计。

以压力测量中的多传感器数据融合为例,乏信息压力测量数据的模糊自助融合方法如图 5-13 所示。

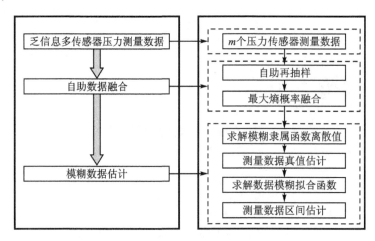

图 5-13　乏信息多传感器压力测量数据的模糊自助融合

1. 数据融合

由前面的分析可得,在时刻 k 的 m 个压力传感器数据的融合值可以用数学期望的积分形式表示为

$$y_j(k) = \int_R x p(x) \mathrm{d}x \tag{5-40}$$

式中,R 表示积分空间。

该数学期望的积分形式也可以用离散的形式表示为加权均值,即

$$y_j(k) = \sum_{t=1}^T Y_t P_t \tag{5-41}$$

式中,Y_t 表示第 t 组中的值。

对于 m 个压力传感器数据,其融合值 $y_j(k)$ 可以构成一个时间数列,称为自助融合数列 Y_j,即

$$Y_j = \{y_j(k)\}, \quad k = 1, 2, \cdots, n \tag{5-42}$$

2. 模糊估计

在模糊数学中将离散的数 $x(k)$ 看作模糊的数,那么连续的 x 即构成模糊变量。模糊隶属函数如图 5-14 所示,则 x 的隶属函数为

$$f(x) = \begin{cases} f_1(x), & x \leqslant X_0 \\ f_2(x), & x > X_0 \end{cases} \tag{5-43}$$

式中,$f(x) \in [0,1]$ 表示隶属函数;$f_1(x)$ 表示左增函数;$f_2(x)$ 表示右减函数;X_0 表示测量参数总体分布的估计真值。这里用 $[X_L, X_U]$ 表示在最优水平 λ 下的估计区间;X_L 表示区间下限;X_U 表示区间上限。

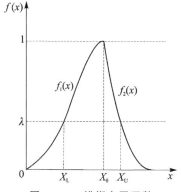

图 5-14　模糊隶属函数

用线性排序估计法可以求得多传感器压力测量数据的模糊隶属函数离散值。将 Y_j 从小到大进行排序,形成新的数列为 $Y = \{y(1), y(2), \cdots, y(n)\}$。

如果定义

$$\Delta_i = y(i+1) - y(i) \geqslant 0, \quad i = 1, 2, \cdots, n-1 \tag{5-44}$$

线性隶属函数为

$$\left. \begin{aligned} m_i &= 1 - \frac{\Delta_i - \Delta_{\min}}{\Delta_{\max}}, \\ \Delta_{\max} &= \max \Delta_i, \\ \Delta_{\min} &= \min \Delta_i, \end{aligned} \right\} \quad i = 1, 2, \cdots, n-1 \tag{5-45}$$

则满足区间 $[0, 1]$ 的离散隶属数值有

$$f_{1j}(y(j)) = m_j, \quad j = 1, 2, \cdots, v \tag{5-46}$$

$$f_{2j}(y(j)) = m_j, \quad j = v, v+1, \cdots, n-1 \tag{5-47}$$

根据隶属最大原则获得乏信息多传感器压力测量数据的估计真值 X_0。最大值 m_i 对应

的 $y(i)$ 为真值 X_0 的估计值 X_v。

利用无穷范数最小方法可以得到多传感器压力测量数据的模糊拟合函数。用如下两个多项式

$$f_1 = f_1(x) = 1 + \sum_{l=1}^{L} a_l (X_0 - x)^l \qquad (5-48)$$

$$f_2 = f_2(x) = 1 + \sum_{l=1}^{L} b_l (X_0 - x)^l \qquad (5-49)$$

分别逼近离散值 $f_{1j}(y(j))$ 和 $f_{2j}(y(j))$。式中，$a_l = a_l^*$ 和 $b_l = b_l^*$ 分别满足

$$\min_{a_l} \|r_1\|_\infty \qquad (5-50)$$

和

$$\min_{b_l} \|r_2\|_\infty \qquad (5-51)$$

令

$$r_{1j} = f_1(y(j)) - f_{1j}(y(j)), \quad j=1,2,\cdots,v \qquad (5-52)$$

$$r_{2j} = f_2(y(j)) - f_{2j}(y(j)), \quad j=v,v+1,\cdots,n-1 \qquad (5-53)$$

则 a_l^* 和 b_l^* 为 ∞ 范数意义下的最优逼近参数，其中 $l=1,2,\cdots,L$。L 一般取为 3。确定了系数 a_l^* 与 b_l^*，就可以得到隶属函数 $f_1(x)$ 和 $f_2(x)$。

根据模糊集合理论意义上的最优水平 λ，$\lambda \in [0,1]$，可以在模糊集合的意义上取 $\lambda = 0.5$。确定相应的水平截集后就可以得到乏信息多传感器压力测量数据的隶属区间 x_L 和 x_U 分别为

$$\min |f_1(x) - \lambda|_x = X_L \qquad (5-54)$$

$$\min |f_2(x) - \lambda|_x = X_U \qquad (5-55)$$

5.3.3 应用中的两个实例

1. 动态灰自助实例

在动态灰自助的实例应用中，对参数选择、小样本和大样本等不同情况分别开展实验。

（1）数据来源

使用两个数据库，其中数据库 1 为小样本数据，用于进行乏信息实验。在数据库 1 中包含 64 个压力测量数据，假设测量参数的真值为 $Z_0 = 53$，不确定度为 $U_0 = 0.5862$。为了建立 DGBM 模型，将数据库 1 分为 8 组，如表 5-8 所列和图 5-15 所示。数据库 2 为大样本数据，用于验证信息充足时该算法的有效性。

表 5-8   数据库 1 中的压力测量数据

时间 k/s	Z_1/N	Z_2/N	Z_3/N	Z_4/N	Z_5/N	Z_6/N	Z_7/N	Z_8/N
1	53.0	53.2	50.0	56.0	50.0	53.8	53.1	52.7
2	53.1	52.6	53.4	53.0	53.3	53.2	55.7	55.7
3	52.6	52.7	50.6	53.6	52.8	53.7	53.2	53.4

续表 5 - 8

时间 k/s	Z_1/N	Z_2/N	Z_3/N	Z_4/N	Z_5/N	Z_6/N	Z_7/N	Z_8/N
4	53.2	53.2	53.5	53.7	53.1	50.0	53.0	52.5
5	52.8	52.8	52.9	52.5	52.9	52.7	53.7	55.7
6	53.6	53.3	53.8	53.2	52.6	53.1	49.7	53.0
7	55.7	49.7	52.7	53.3	52.7	50.0	52.7	53.1
8	53.5	53.1	52.6	52.5	53.5	53.2	53.3	49.7

在数据库 2 中包含 1 024 个由 MATLAB 生成的数据,可以认为是服从高斯分布的大样本数据。假设该数据库中参数的真值为 $Z_0=53$,不确定度为 $U_0=0.586\,2$。为了建立 DGBM 模型,将数据库 2 分为 128 组,每组包含 8 个数据,如图 5 - 16 所示。

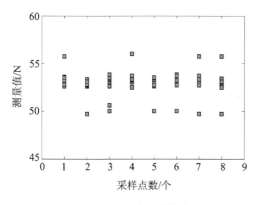

图 5 - 15　数据库 1 的散点图

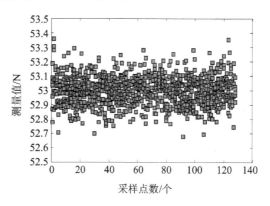

图 5 - 16　数据库 2 的散点图

（2）参数选择

为了实现最好的算法效果,需要选择合适的自助抽样长度参数 B 和灰色模型长度 m。从理论上讲,DGBM 并没有解决参数选择的问题,需要通过大量的计算来选择。在实验中的参数选择标准为误差的平方和 E_{sq} 和可靠性 P_r。

在参数 $B=20\sim1\,000$,$m=4\sim8$ 和 $P=99.7\%$ 的情况下,E_{sq} 的计算结果如表 5 - 9 所列和图 5 - 17 所示。

表 5 - 9　不同参数条件下的 E_{sq}

E_{sq}		m				
		4	5	6	7	8
B	20	0.143	0.147	0.162	0.175	0.195
	50	0.163	0.153	0.161	0.147	0.138
	100	0.121	0.137	0.111	0.158	0.144
	500	0.102	0.116	0.127	0.118	0.131
	1 000	0.096	0.107	0.111	0.118	0.124

在参数 $B=20\sim1\,000$,$m=4\sim8$ 和 $P=99.7\%$ 下,P_r 的计算结果如表 5 - 10 所列和

图 5-18 所示。

表 5-10　不同参数条件下的 P_r

$P_r/\%$		m				
		4	5	6	7	8
	20	98	98.2	96.5	96.3	95
	50	99.6	100	97.3	97.2	96.2
B	100	100	100	100	98.9	95.3
	500	99.7	100	100	100	98.7
	1 000	100	100	100	98.7	99.2

随着参数 B 的增大,虽然计算误差减小,可靠性增加,但计算的时间也随之增加。在计算过程中参数 B 的取值范围为 $100\sim500$。灰色模型长度 m 体现所含旧信息的多少,模型中的旧信息也使延时增长得很快。

从图 5-17 和图 5-18 可以看出,当 $m\leqslant6$ 时可以得到比较理想的估计结果;当 $m=4$ 时的延时和误差平方和最小,估计结果最好。因此,为了获得满意的估计结果,参数选择 B 的取值范围为 $500\sim1\,000$,m 的取值范围为 $4\sim6$。

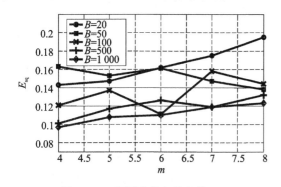

图 5-17　不同参数条件下的 E_{sq}

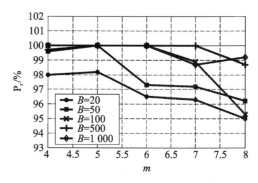

图 5-18　不同参数条件下的 P_r

（3）小样本实验

在数据库 1 中测量数据的结果可以由动态灰自助（DGBM）、灰自助（GBM）和蒙特卡洛法（MCM）分别进行评定。在 DGBM 中的参数为 $N=8,B=500$ 和 $m=4$。三种不同方法的评定结果分别见表 5-11 和图 5-19~图 5-22。

表 5-11　数据库 1 中测量数据评定结果比较

参　数	Z	$E_r/\%$	U	$E_U/\%$	$P/\%$	$P_r/\%$
DGBM	53.002 7	0.005	0.574 9	1.93	99.7	99.9
GBM	52.981 4	0.035	0.508 5	13.3	99.7	98.1
MCM	53.003 5	0.007	0.605 7	3.33	99.7	99.6

可以看出,DGBM 的评定误差比 GBM 更小。DGBM 和 GBM 评定测量期望值的相对误差分别为 0.005% 和 0.035%;DGBM 和 GBM 不确定度值的相对误差分别为 1.93% 和

13.3%,表明这两种方法的误差相差将近一个数量级。在置信水平为 99.7% 的情况下,DGBM 和 GBM 的可靠性分别为 99.9% 和 98.1%,表明 DGBM 能够更好地实时跟踪测量数据的变化,并且体现测量系统中最新的信息,因此 DGBM 的测量精度高于 GBM。

　　DGBM 的评定误差比 MCM 更小。DGBM 评定期望值与不确定度值的相对误差分别为0.005% 和 1.93%,MCM 的相对误差分别为 0.007% 和 3.33%,表明这两种方法的误差比较接近。两种方法的不同之处在于它们的数据来源不同,自助抽样法为原始数据;蒙特卡洛法则为由某种特定分布随机产生的数据。

　　为了更加直观地观察评定的结果,给出测量期望值的评定区间如图 5-19~图 5-22所示。

　　从图 5-19 可以看出,DGBM 能够很好地跟踪测量值的变化并且覆盖全部测量范围;从图 5-20 可以看出,GBM 很容易受到极大值和极小值的影响;从图 5-21 可以看出,MCM 能够很好地跟踪期望值,但是区间评估的效果则相对不足。三种不同方法的比较结果如图 5-22所示。

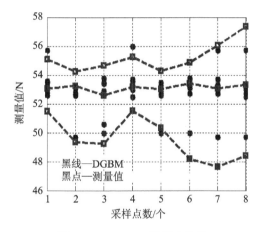

图 5-19　DGBM 的评定结果

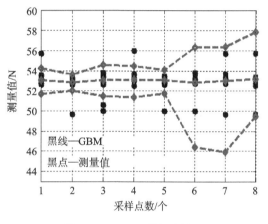

图 5-20　GBM 的评定结果

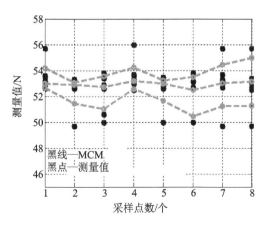

图 5-21　MCM 的评定结果

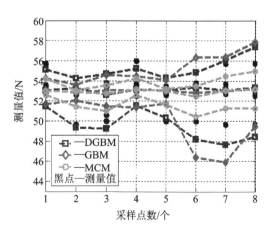

图 5-22　三种不同方法结果的比较

（4）大样本实验

从大样本数据库 2 中抽出 8 个子样本。每一个子样本中含有 8 个数据。用动态灰自助 DGBM 与贝塞尔方法 BM 分别评定测量结果的期望值和不确定度，结果见表 5 - 12 和图 5 - 23～图 5 - 25。

表 5 - 12　数据库 2 评定结果的比较

参　数	Z	$E_r/\%$	U	$E_U/\%$	$P/\%$	$P_r/\%$
DGBM	52.995 8	0.007	0.562 5	4.04	99.7	95.75
BM	52.998 2	0.004	0.664 8	13.4	99.7	93.94

可以看出，DGBM 的评定结果接近于 BM。两种方法评定测量期望值和不确定度的相对误差分别仅为 0.003% 和 9.36%，表明当测量数据的变动比较大时，DGBM 具有较高的准确度；当数据的变动比较小时，两种方法的评定结果比较一致。在置信水平为 99.7% 的情况下，DGBM 和 BM 的可靠性分别为 95.75% 和 93.94%，表明 DGBM 能够有效地对测量结果进行评定。

为了更加直观地观察评定的结果，给出测量的期望值和区间，见图 5 - 23～图 5 - 25。

从图 5 - 23 可以看出，DGBM 评定的测量区间可以很好地覆盖测量区域；从图 5 - 24 可以看出，BM 受到了测量极值的影响。两种方法的比较如图 5 - 25 所示。

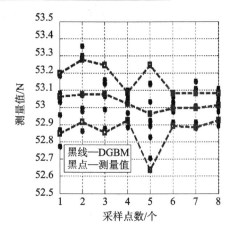

图 5 - 23　DGBM 的评定结果

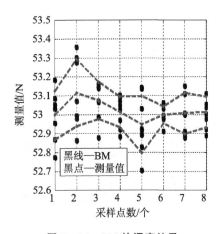

图 5 - 24　BM 的评定结果

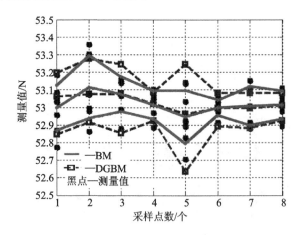

图 5 - 25　两种方法的比较

2. 模糊自助实例

（1）乏信息实验分析

选取某压力测量系统在 4 个检测点获得压力值的时间数列 $Y_1 \sim Y_4$，见表 5 - 13。分别利用模糊自助法、多模型跟踪法和均值融合法进行乏信息多传感器压力测量数据融合估计。

表 5-13　乏信息多传感器压力测量数据原始数列

时刻 k/s	4 个传感器的时间数列数据			
	Y_1/N	Y_2/N	Y_3/N	Y_4/N
1	50.3	53.1	52.6	53.2
2	52.8	53.6	55.7	53.1
3	53.2	52.6	52.7	53.2
4	52.8	53.3	49.7	53.1
5	53.0	53.4	50.6	53.5
6	52.9	53.8	52.7	52.6
7	56.0	53.0	53.6	53.7
8	52.5	53.2	53.3	52.5
9	50.0	53.3	52.8	53.1
10	52.9	52.6	52.7	53.5

取 $m=4$，$n=11$，$Y=\{Y_1,Y_2,Y_3,Y_4\}$ 和 $B=1\,000$。分别采用模糊自助法、多模型跟踪法和均值融合法得到的数列如表 5-14 中的 Y_5、Y_6 和 Y_7 所列。由模糊隶属函数得到三种方法的估计真值 X_0 分别为 52.60、53.84 和 52.98；由模糊隶属函数得到三种方法的估计区间 $[X_L,X_U]$ 分别为 [50.55，53.93]、[52.52，54.95] 和 [51.13，53.24]。Y_5 和 Y_6 的数据很接近，均能综合反映该测量过程的演化情况。

表 5-14　乏信息多传感器压力测量数据融合数列

时刻 k/s	Y_5/N	Y_6/N	Y_7/N	时刻 k/s	Y_5/N	Y_6/N	Y_7/N
1	52.60	52.98	52.98	6	52.85	52.35	53.00
2	54.42	53.90	53.90	7	53.62	54.52	54.08
3	52.64	55.64	52.93	8	52.75	53.84	52.88
4	52.13	53.68	52.23	9	51.34	51.20	52.30
5	51.98	53.20	52.63	10	50.36	51.95	52.93

为便于分析，不同方法得到的融合数列及其比较见图 5-26。可以看出，模糊自助法所得到的融合数列与原始测量数据之间的变化趋势接近，能够更加精确地反映测量系统的真实状态。

利用区间分析方法对测量数据进行分析，分别得到模糊自助法、多模型跟踪法和均值融合法三种方法的区间估计，如图 5-27 所示。可以看出，模糊自助模型区间判定的精度为 87%，多模型跟踪法为 82%，均值融合仅能达到 57%。这说明在乏信息条件下，模糊自助模型能有效地实现多传感器测量数据融合，融合过程中对测量数据个数及其分布规律都没有要求。

利用均值估计分析方法对测量数据进行分析，分别得到模糊自助法、多模型跟踪法和均值融合法三种方法的均值估计误差平方和，如图 5-28 所示。可以看出，模糊自助法与均值融合法接近，均优于多模型跟踪法。

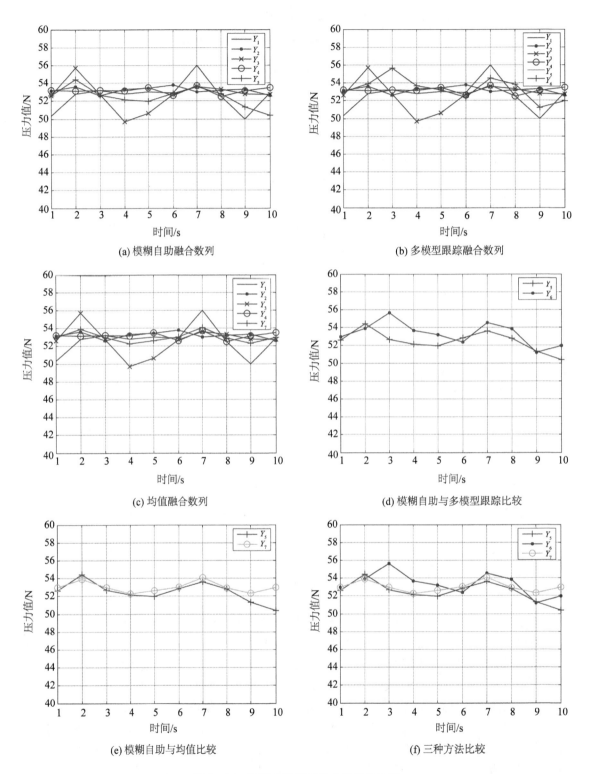

(a) 模糊自助融合数列

(b) 多模型跟踪融合数列

(c) 均值融合数列

(d) 模糊自助与多模型跟踪比较

(e) 模糊自助与均值比较

(f) 三种方法比较

图 5 - 26　不同方法得到融合数列的比较

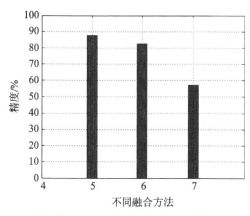

5—模糊自助法;6—多模型跟踪法;7—均值融合法

图 5 - 27　不同融合方法的区间估计

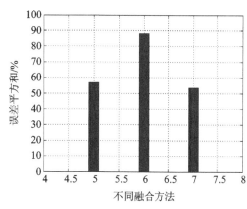

5—模糊自助法;6—多模型跟踪法;7—均值融合法

图 5 - 28　均值估计误差平方和

（2）大样本仿真实验分析

已知置信水平 P 的波动范围为

$$U = X_U - X_L \tag{5-56}$$

对波动范围真值 U_0 估计的相对误差为

$$e_U = \frac{|U - U_0|}{U_0} \times 100\% \tag{5-57}$$

在置信水平 P 的误报率为

$$P_E = \frac{e}{n} \times 100\% \tag{5-58}$$

式中，e 表示位于估计区间 U 之外的数据个数；n 表示乏信息子样本数据总数。

可靠度 P_r 为

$$P_r = (1 - P_E) \times 100\% \tag{5-59}$$

选取正态分布的测量数据进行仿真实验，特征参数的标准差为 $\sigma = 0.1$，真值为 $X_0 = 52$，仿真出 $N = 1\,024$ 个数据 $x(k)$。这 1 024 个数据可以当做大样本测量数据。用统计法进行估计得到大样本数据的 $\sigma = 0.097\,7$。取 $P = 99.73\%$，得到波动范围的约定真值为 $U_0 = 6\sigma = 0.586\,2$。

在该样本数列中抽取乏信息子样本。从 1 024 个数据中抽取 4 组数据，每组数据的个数为 $n = 10$，构成的数列为 $C_1 \sim C_4$。对这 4 组数据分别采用模糊自助法与统计方法进行融合估计，得到的结果见表 5 - 15。

表 5 - 15　仿真实验结果比较

方　法 ＼ 参　数	$P/\%$	U	$e_U/\%$	$P_E/\%$	$P_r/\%$
模糊自助法	99.7	0.512 5	12.75	5	95
统计方法	99.7	0.765 3	30.55	10	90

可以看出在乏信息的条件下，与统计方法相比较，模糊自助法的融合估计结果与约定真值之间的差异比较小。这表明模糊自助法可以很好地实现具有乏信息特征的测量数据融合估

计。模糊自助法估计较大样本约定真值的相对误差为 10% 左右,接近于真实的测量数据。在置信水平为 99.7% 时,区间估计的可靠性可以高达 95%,说明该方法可以比较准确地描述测量系统的特征参数,能够反映出测量过程的真实情况。

5.4　多传感器不确定度评定方法

采用神经网络-熵方法,在乏信息条件下对测量不确定度进行评定。这里不再区分 A 类评定和 B 类评定,因为对于经典统计方法所难以处理的情况,这种方法都能够给出比较可靠的评定结果。

5.4.1　神经网络-熵方法

多传感器径向压力测量系统测量不确定度的神经网络-熵评定方法融合了径向基函数神经网络(RBF)与最大熵理论的优势。首先利用神经网络求解出在概率分布未知条件下的融合加权系数,得到具有黑箱特点的多传感器测量数据融合数列;其次依据最大熵原理获得融合数列的概率密度函数;最后实现测量数据不确定度的评定。

乏信息多传感器测量不确定度神经网络-熵评定算法如图 5-29 所示。

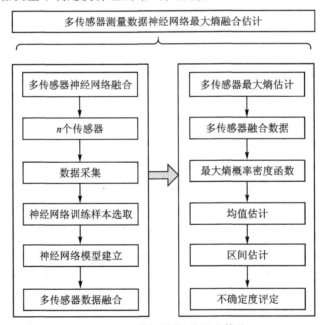

图 5-29　神经网络-熵评定算法

1. 神经网络融合

建立的基于 RBF 的多传感器测量数据融合模型如图 5-30 所示。

神经网络融合的主要步骤如下。

(1)设置隐层

在 RBF 中,将隐层中的非线性变换固定,实现输入空间到新空间的映射;在新空间中实现输出层的线性组合,实现非线性映射 $f: X = \{x_1, x_2, \cdots, x_n\} \rightarrow Z = \{z\}$。其中线性组合的权值

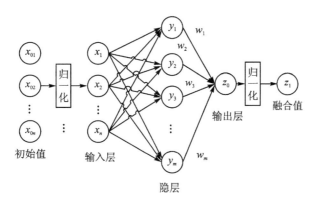

图 5-30　基于 RBF 的多传感器数据融合模型

可调。

在隐层中的各项输出为

$$y_i = \phi(\|X - c_i\|), \quad i = 1, \cdots, m \qquad (5-60)$$

式中，$\phi(\cdot)$ 表示隐层网络节点的高斯基函数，$\phi(v) = \exp(-v^2 \cdot \ln 2)$，$v \in \{\|X - c_i\|\}$；$y_i$ 表示第 i 个隐层单元的输出；X 表示输入；c_i 表示第 i 个隐层单元基函数中心；m 表示隐层中的节点数。

RBF 网络的输出可以表示为

$$z_0 = \sum_{i=1}^{m} w_i y_i \qquad (5-61)$$

式中，w_i 表示第 i 个隐层单元到输出层的连接权值。

（2）基函数中心确定——灰聚类

在 RBF 神经网络的建立过程中，基函数中心的选取是一个关键的环节。假设任取数据点作为基函数的中心，可能会出现某些病态条件，使网络的泛化能力变差。为了解决这个问题，需要对神经网络的训练数据进行聚类，使基函数中心能够更加全面地体现样本的特征。

灰聚类确定基函数中心算法的基本步骤是：首先计算特征向量的灰色绝对关联度；然后根据要求设定一个适当的临界值 r，实现特征向量的灰聚类；最后计算出每一类中特征向量的均值向量，作为基函数中心 c_i。

（3）样本训练学习

在 RBF 神经网络的学习过程中，利用训练数据确定隐层节点的权值 w_i。输出误差平方和最小是神经网络训练的目标，需要找到合适的权值使之满足

$$\min \|Z - WY\|^2 \qquad (5-62)$$

式中，$\|\cdot\|$ 表示欧氏范数；Z 表示输出期望；W 表示权值；Y 表示隐层输出，$Y = (y_1, y_2, \cdots, y_m)$。

根据隐层单元基函数中心得到隐层单元输出，其中可以通过线性方程组求解来计算神经网络中的连接权值。待训练学习结束之后，输入所求的样本数据即可求得多传感器 RBF 数据融合数列 Z。

2. 最大熵不确定度评定

最大熵方法通过计算样本的各阶矩获得基于样本信息的概率密度分布最优估计。

一个离散的信息源可以表示为

$$x : \begin{bmatrix} x_1 & x_2 & \cdots & x_n \\ f_1 & f_2 & \cdots & f_n \end{bmatrix} \qquad (5-63)$$

式中，f_i 表示离散随机变量 x 取值为 x_i 的概率，其中 $i=1,2,\cdots,n$。

$$f(x=x_i \bigcap x=x_j)=0, \quad i \neq j \qquad (5-64)$$

由归一化原理可知

$$\sum_{i=1}^{n} f_i = 1 \qquad (5-65)$$

信息熵为

$$H(x)=H(f_1,f_2,\cdots,f_n)=-k\sum_{i=1}^{n} f_i \log f_i \qquad (5-66)$$

基于熵原理的信息熵为

$$H(x)=-\int_R f(x)\ln f(x)\mathrm{d}x \qquad (5-67)$$

式中，x 表示连续随机变量；$f(x)$ 表示概率密度函数；R 表示积分空间。

最大熵的基本思想是在所有问题的可行解中，最大信息熵是最无偏的解。根据这个理论，令

$$H(x) \to \max \qquad (5-68)$$

约束条件为

$$\int_R f(x)\mathrm{d}x=1 \qquad (5-69)$$

$$\int_R x^i f(x)\mathrm{d}x=m_i, \quad i=1,2,\cdots,m \qquad (5-70)$$

式中，m 表示样本矩的总阶数；m_i 表示第 i 阶原点矩。

最大熵的值可通过调整 $f(x)$ 得到，问题的解可通过拉格朗日乘子法得到。

拉格朗日函数 $\overline{H}$ 为

$$\overline{H}=H(x)+(\lambda_0+1)\left[\int_R p(x)\mathrm{d}x-1\right]+\sum_{i=1}^{m}\lambda_i\left[\int_R x^i p(x)\mathrm{d}x-m_i\right] \qquad (5-71)$$

式中，$\lambda_0,\lambda_1,\cdots,\lambda_m$ 表示拉格朗日乘子。

令 $\dfrac{\mathrm{d}\overline{H}}{\mathrm{d}p(x)}=0$，得到最大熵概率密度函数为

$$p(x)=\exp\left(\lambda_0+\sum_{i=1}^{m}\lambda_i x^i\right) \qquad (5-72)$$

将式(5-71)与式(5-72)联立得

$$\mathrm{e}^{-\lambda_0}=\int_R \exp\left(\sum_{i=1}^{m}\lambda_i x^i\right)\mathrm{d}x \qquad (5-73)$$

$$\lambda_0=-\ln\left[\int_R \exp\left(\sum_{i=1}^{m}\lambda_i x^i\right)\mathrm{d}x\right] \qquad (5-74)$$

将式(5-73)对 λ_i 求微分可得

$$\frac{\partial \lambda_0}{\partial \lambda_i} = -\int_R x^i \exp\left(\lambda_0 + \sum_{i=1}^{m} \lambda_i x^i\right) \mathrm{d}x = -m_i \tag{5-75}$$

将式(5-74)对 λ_i 求微分可得

$$\frac{\partial \lambda_0}{\partial \lambda_i} = -\frac{\int_R x^i \exp\left(\sum_{i=1}^{m} \lambda_i x^i\right) \mathrm{d}x}{\int_R \exp\left(\sum_{i=1}^{m} \lambda_i x^i\right) \mathrm{d}x} \tag{5-76}$$

将式(5-75)与式(5-76)联立得

$$m_i = \frac{\int_R x^i \exp\left(\sum_{i=1}^{m} \lambda_i x^i\right) \mathrm{d}x}{\int_R \exp\left(\sum_{i=1}^{m} \lambda_i x^i\right) \mathrm{d}x} \tag{5-77}$$

第 i 阶原点矩 m_i 满足等式

$$m_i = \frac{\int_R x^i \exp\left(\sum_{i=1}^{m} \lambda_i x^i\right) \mathrm{d}x}{\int_R \exp\left(\sum_{i=1}^{m} \lambda_i x^i\right) \mathrm{d}x} \tag{5-78}$$

由此得到关于 $\lambda_i, \cdots, \lambda_m$ 的 m 个方程组,求解出 $\lambda_i, \cdots, \lambda_m$ 后,可以根据式(5-74)求解出 λ_0。待这些参数确定之后,就可以得到最大熵概率密度函数为

$$f(x) = \exp\left(\lambda_0 + \sum_{i=1}^{m} \lambda_i x^i\right) \tag{5-79}$$

假设 R_0 为区间的积分下限,则最大熵概率分布函数为

$$F(x) = \int_{R_0}^{x} f(x)\mathrm{d}x = \int_{R_0}^{x} \exp\left(\lambda_0 + \sum_{i=1}^{m} \lambda_i x^i\right) \mathrm{d}x \tag{5-80}$$

通过概率密度分布可以估计出融合数列的真值、区间和不确定度。

由可靠度 P_r 的定义可知,P_r 越大越好。估计区间越大,真实值落在估计区间的概率越大,可靠度 P_r 就越高,但并不意味着估计区间越大越好。一个好的估计区间应包含并且尽可能靠近真实值,即在满足给定 P_r 的条件下,估计区间越小越好,这就要求估计区间紧密包络真实值的波动。

5.4.2　仿真实验应用实例

1. 灰色加权评定实例

测量不确定度灰色加权评定方法的主要步骤是:首先对测量数据输出数列与理想输出数列进行灰关联分析;然后根据灰关联系数求出期望函数和加权值;最后通过灰色模型实现乏信息条件下的测量不确定度评定。

（1）仿真实验

对于分别服从正态分布、均匀分布、瑞利分布和三角分布的测量数据,利用灰色加权模型与贝塞尔公式计算不同样本量条件下的标准不确定度,结果见表 5-16。

表 5 - 16　两种方法计算的灰色不确定常系数 c

分布类型	标准差理论值	样本个数 n	贝塞尔标准差	灰色标准差
正态分布	0.5	10	0.35	0.43
		50	0.45	0.46
		100	0.47	0.47
三角分布	1	10	1.16	1.10
		50	1.04	1.03
		100	1.03	1.02
瑞利分布	1	10	0.82	0.85
		50	1.16	1.08
		100	1.09	1.04
均匀分布	1	10	1.12	1.05
		50	1.08	1.04
		100	1.03	1.02

　　可以看出在小样本的条件下,与贝塞尔公式相比较,灰色加权模型计算出来的标准差与标准差的理论值更加接近。随着样本量的增加,GRA 与 BM 能够获得比较一致的结果。这表明 GRA 在计算标准不确定度时与样本量无关,且能在乏信息条件下获得可靠的评估结果。

　　为了进一步验证本方法的有效性,分别比较了 GRA 与 BM 评定测量不确定度的结果,如图 5 - 31 所示。

　　--■--和--●--曲线分别表示 BM 与 GRA 评定结果的差异,--■--和--●--直线分别表示 BM 与 GRA 的平均差异。在正态分布下的两种方法评定结果比较接近,这是因为 BM 是以正态分布为前提的,而 GRA 则对分布没有要求。其他三种分布的 GRA 均保持在一个比较小的评定差异范围内,为 2%～15%;BM 的评定差异范围则为 2%～45%。从平均误差的曲线可以看出,GRA 的平均差异约为 5%,BM 则为 10% 左右。因此,GRA 在评定测量不确定度时不受到概率分布信息的影响,适用于解决乏信息测量的问题。

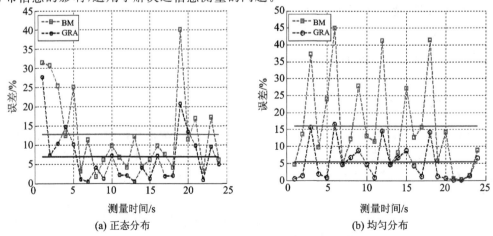

(a) 正态分布　　　　　　　　　　　　　(b) 均匀分布

图 5 - 31　不同方法计算的不确定度比较

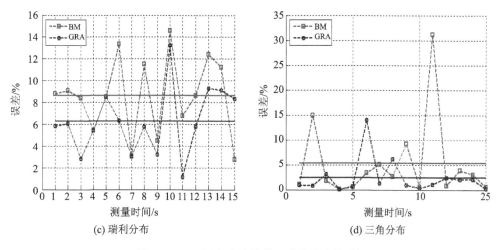

(c) 瑞利分布　　　　　　　　　　　　(d) 三角分布

图 5 – 31　不同方法计算的不确定度比较(续)

（2）压力实验

压力测量的实验装置如图 5 – 32 所示。

(a) 整体装置　　　　　　　　(b) 传感器局部　　　　　　　(c) 整体测量装置

图 5 – 32　压力测量实验装置

对某标准正弦压力信号 $x = 10\sin(2\pi t)$ 重复测量 4 次，进行离散化采样，每周期采样 128 个点，得到的采样数据列为 X_1、X_2、X_3 和 X_4，理想数据列为 X_0，如表 5 – 17 所列。

表 5 – 17　重复 4 次测量的采样数据列

采样点	X_1/V	X_2/V	X_3/V	X_4/V	X_0/V
1	0.009 7	0.001 2	−0.012 7	0.025 3	0
2	0.511 2	0.484 3	0.477 4	0.473 5	0.490 6
3	0.981 5	1.013 4	0.990 3	0.980 7	0.980 1
4	1.424 9	1.453 7	1.425 8	1.420 0	1.467 3
5	1.930 5	1.939 6	1.911 8	1.985 1	1.950 9
6	2.438 2	2.396 2	2.433 3	2.399 0	2.429 8
7	2.877 6	2.904 1	2.905 6	2.897 5	2.902 8
8	3.359 0	3.385 3	3.386 3	3.327 0	3.368 9

采样点	X_1/V	X_2/V	X_3/V	X_4/V	X_0/V
9	3.778 3	3.874 3	3.816 0	3.831 2	3.826 8
10	4.269 3	4.318 1	4.256 5	4.266 7	4.275 5
11	4.667 1	4.759 9	4.731 6	4.749 8	4.713 9
12	5.168 5	5.107 8	5.187 1	5.145 6	5.141 0
13	5.563 8	5.537 6	5.588 3	5.582 7	5.555 7
14	5.965 6	5.999 5	6.006 0	5.995 3	5.956 9
15	6.349 2	6.363 8	6.385 9	6.335 1	6.349 3

应用灰色方法进行动态测量数据处理的步骤如下：

① 求出各重复测量数列与理想数列之间的灰色关联系数，见表 5 - 18。

表 5 - 18 4 次重复测量的灰色关联系数

灰色关联系数	$\gamma(X_0, X_1)$	$\gamma(X_0, X_2)$	$\gamma(X_0, X_3)$	$\gamma(X_0, X_4)$
γ	0.551 5	0.567 6	0.547 7	0.550 2

② 求出加权系数，见表 5 - 19。

表 5 - 19 4 次重复测量的加权系数

加权系数	w_1	w_2	w_3	w_4
w	0.248 8	0.256	0.247	0.248 2

③ 计算重复测量的期望函数 y。

④ 测量不确定度的灰色加权方法、灰色方法、贝塞尔方法和蒙特卡洛方法 4 种方法评定动态测量不确定度结果，分别如表 5 - 20 所列和图 5 - 33 所示。

表 5 - 20 4 种方法的不确定度评定结果

序 号	GRA	GM	BM	MCM
1	0.014 5	0.014 9	0.015 9	0.015 4
2	0.015 4	0.015 8	0.017	0.017 3
3	0.014 1	0.013 9	0.014 8	0.014 2
4	0.014 5	0.014 6	0.014 8	0.014 5
5	0.027 1	0.027 9	0.031 3	0.031 8
6	0.023 6	0.023 8	0.022 2	0.023 2
7	0.011 7	0.011 6	0.012 9	0.012 3
8	0.026 9	0.026 5	0.027 7	0.026 7
9	0.035 2	0.034 6	0.039 6	0.039 2
10	0.025 9	0.025 6	0.027 8	0.027 9

续表 5 - 20

序　号	GRA	GM	BM	MCM
11	0.037 7	0.037 1	0.041 1	0.040 1
12	0.031 5	0.032 4	0.034 7	0.033 7
13	0.021 4	0.021 6	0.022 8	0.022 3
14	0.016 3	0.016 1	0.017 7	0.017 4
15	0.020 4	0.020 2	0.021 6	0.021 2

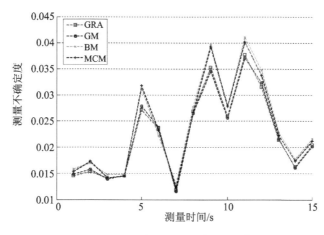

图 5 - 33　4 种评定方法的结果比较

可以看出,4 种方法评定测量不确定度的结果在各离散采样点都有很好的一致性。

在灰色加权方法评定压力测量不确定度的过程中,先通过灰色关联分析获得加权值,然后通过灰色累加生成模型计算不确定度。在计算过程中对测量数据的个数和测量分布信息均没有要求。与其他方法相比较,这样可以更好地估计出各种不同概率分布数据的不确定度,并且得到结果的差异比较小,可以满足工程应用的需求。

2. 神经网络-熵评定实例

选取多传感器径向压力测量系统的数据进行实验,然后与模糊自助法和统计法的结果进行比较,分析验证各算法的有效性。

选取多传感器径向压力测量系统中的 4 个传感器获得的压力值进行分析,测量数列见表 5 - 21。

表 5 - 21　4 个径向压力的原始测量数据

序　号	Y_1/N	Y_2/N	Y_3/N	Y_4/N
1	50.3	53.1	52.6	53.2
2	52.8	53.6	55.7	53.1
3	53.2	52.6	52.7	53.2
4	52.8	53.3	49.7	53.1

续表 5－21

序　号	Y_1/N	Y_2/N	Y_3/N	Y_4/N
5	53.0	53.4	50.6	53.5
6	52.9	53.8	52.7	52.6
7	56.0	53.0	53.6	53.7
8	52.5	53.2	53.3	52.5
9	50.0	53.3	52.8	53.1
10	52.9	52.6	52.7	53.5

对这 4 组数据分别使用神经网络-熵方法、模糊自助法与统计方法进行融合,得到的数列见表 5－22。

表 5－22　多传感器压力测量数据融合数列

时刻 k/s	F_1/N	F_2/N	F_3/N
1	52.80	52.60	52.98
2	53.70	54.42	53.90
3	53.64	52.64	52.93
4	51.90	52.13	52.23
5	52.10	51.98	52.63
6	52.55	52.85	53.00
7	53.40	53.62	54.08
8	53.20	52.75	52.88
9	51.55	51.34	52.30
10	50.05	50.36	52.93
X_0	52.25	52.6	52.98
$[X_L,X_U]$	[50.30,53.90]	[50.55,53.93]	[51.13,53.24]

分别使用神经网络-熵方法、模糊自助法和统计方法的计算结果见表 5－23。

表 5－23　仿真实验结果比较

参数 方法	$P/\%$	X_0	X_L	X_U	U	$P_r/\%$
神经网络-熵方法	99.7	52.65	50.30	53.90	3.60	87.5
模糊自助法	99.7	52.60	50.55	53.93	3.38	87
统计方法	99.7	52.90	51.13	53.24	2.11	57

可以看出,神经网络-熵方法和模糊自助法在乏信息条件下的适用性更强。神经网络-熵方法与模糊自助法相比较,区间估计精度和可靠性等结果均比较相近。

神经网络-熵方法、模糊自助法和统计方法的区间估计结果见图 5－34。

可以看出,神经网络-熵方法与模糊自助法的计算结果很接近,且均优于统计方法,表明神

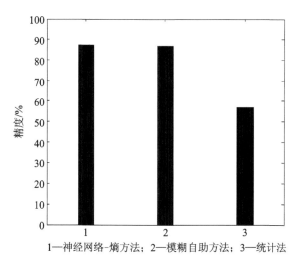

1—神经网络-熵方法；2—模糊自助方法；3—统计法

图 5 - 34　3 种方法的区间估计结果

经网络-熵方法与模糊自助法在乏信息条件下进行不确定度评定有效。

　　神经网络具有很强的非线性映射能力,它的主要局限性在于需要较多的样本量进行训练。为了能够更好地实现学习过程,使用灰色聚类来确定网络隐层节点基函数的中心,可以获得比较高的建模精度。最大熵估计是从概率分布的状态描述入手,利用原点矩的概念,通过求解拉格朗日乘子获取无偏分布,进而实现测量数据不确定度的有效评定。

5.5　本章小结

　　提出了基于灰色加权和神经网络-熵方法的乏信息多压力传感器测量不确定度评定方法。通过计算机仿真实验和实际测量实验可以看出,两种方法在评定测量不确定度时均不需要经典统计学方法中的先计算标准差,然后给出包含因子,最后获得不确定度的步骤,而是直接得到相应置信水平下真值的波动范围。这两种方法在测量数据概率分布未知的情况下,都能够实现乏信息测量不确定度的有效评定,但是它们的适用范围不同。

　　灰色加权评定方法主要基于灰色系统理论中的灰关联分析与 GM(1，N)模型,适用于小样本、乏信息和概率分布未知的问题。

　　神经网络-熵方法能够比较好地实现数据融合与不确定度评定,在应用过程中对样本量以及样本特征要求均比较高。

　　灰色加权评定的应用范围比较广。在样本信息比较充足的情况下,神经网络-熵方法的评定精度更高一些。

参考文献

[1] Hai Y，Wei C，Hong Z. TVAR time-frequency analysis for non-stationary vibration signals of spacecraft [J]. Chinese Journal of Aeronautics，2008，21(5):423-432.

[2] Carson J M，Bayard D S，Açikmese B. In-flight dynamical method to verify sample collection for small-body sample return mission[J]. Journal of Spacecraft and Rockets，2013，50(1):230-243.

[3] Wu Z，Peng L，Xie L，et al. Stochastic bounded consensus tracking of leader-follower multi-agent sys-

tems with measurement noises based on sampled-data with small sampling delay[J]. Physica A: Statistical Mechanics and its Applications, 2013, 392(4):915-928.

[4] Hejn N E. Small sample uncertainty aspects in relation to bullwhip effect measurement[J]. International Journal of Production Economics, 2013, 146(2):543-549.

[5] 朱坚明. 测量不确定度的非统计评定理论与方法[D]. 武汉:华中科技大学, 2001.

[6] Vepsalainen A, Chalapat K, Paraoanu G S. Measuring the microwave magnetic permeability of small samples using the short-circuit transmission line method[J]. IEEE Transactions on Instrumentation and Measurement, 2013, 62(9):2503-2510.

[7] Wang Y, Wei T, Qu X. Study of multi-objective fuzzy optimization for path planning[J]. Chinese Journal of Aeronautics, 2012, 25(1):51-56.

[8] Li J, Shen S. Research on the algorithm of avionic device fault diagnosis based on fuzzy expert system[J]. Chinese Journal of Aeronautics, 2007, 20(3):223-229.

[9] Zhuoning D, Rulin Z, Zongji C, et al. Study on UAV path planning approach based on fuzzy virtual force [J]. Chinese Journal of Aeronautics, 2010, 23(3):341-350.

[10] Ke S, Zhigang W, Chao Y, et al. Theoretical and experimental study of gust response alleviation using neuro-fuzzy control law for a flexible wing model[J]. Chinese Journal of Aeronautics, 2010, 23(3): 290-297.

[11] Xia X, Chen L. Fuzzy chaos method for evaluation of nonlinearly evolutionary process of rolling bearing performance[J]. Measurement, 2013, 46(3):1349-1354.

[12] Orszulik R R, Shan J. Fuzzy logic active flatness control of a space membrane structure[J]. Acta Astronautica, 2012, 77:65-76.

[13] An R, Liang W. Unobservable fuzzy petri net diagnosis technique[J]. Aircraft Engineering and Aerospace Technology, 2013, 85(3):215-221.

[14] Wang X Z, Dong C R. Improving generalization of fuzzy if-then rules by maximizing fuzzy entropy[J]. IEEE Transactions on Fuzzy Systems, 2009, 17(3):556-567.

[15] Wang Q, Fu J, Wang Z, et al. A seismic intensity estimation method based on the fuzzy-norm theory [J]. Soil Dynamics and Earthquake Engineering, 2012, 40:109-117.

[16] Phillips S J, Anderson R P, Schapire R E. Maximum entropy modeling of species geographic distributions[J]. Ecological modelling, 2006, 190(3):231-259.

[17] Reginatto M, Zimbal A. Bayesian and maximum entropy methods for fusion diagnostic measurements with compact neutron spectrometers[J]. Review of Scientific Instruments, 2008, 79(2):023505.

[18] Lira I. The generalized maximum entropy trapezoidal probability density function[J]. Metrologia, 2008, 45(4):L17-L20.

[19] D'Antona G, Monti A, Ponci F, et al. Maximum entropy multivariate analysis of uncertain dynamical systems based on the wiener-askey polynomial chaos[J]. IEEE Transactions on Instrumentation and Measurement , 2007, 56(3):689-695.

[20] Matsuo K, Iguchi H, Okamura S, et al. Investigation of a high spatial resolution method based on polar coordinate maximum entropy method for analyzing electron density fluctuation data measured by laser phase contrast[J]. Review of Scientific Instruments, 2012, 83(1):013501.

[21] BakeF, Richter C, Mühlbauer B, et al. The entropy wave generator :a reference case on entropy noise [J]. Journal of Sound and Vibration, 2009, 326(3):574-598.

[22] Leyko M, Moreau S, Nicoud F, et al. Numerical and analytical modelling of entropy noise in a supersonic nozzle with a shock[J]. Journal of Sound and Vibration, 2011, 330(16):3944-3958.

[23] Goh C S, Morgans A S. Phase prediction of the response of choked nozzles to entropy and acoustic disturbances[J]. Journal of Sound and Vibration, 2011, 330(21):5184-5198.

[24] Kong D R, Xie H B. Use of modified sample entropy measurement to classify ventricular tachycardia and fibrillation[J]. Measurement, 2011, 44(4):653-662.

[25] He K, Zhang Z, Xiao S, et al. Feature extraction of ac square wave SAW arc characteristics using improved Hilbert-Huang transformation and energy entropy[J]. Measurement, 2013, 46(4):1385-1392.

[26] Hajiyev C. Innovation approach based measurement error self-correction in dynamic systems[J]. Measurement, 2006, 39(7):585-593.

[27] Jinwen W, Yanling C. The geometric dynamic errors of CMMs in fast scanning-probing[J]. Measurement, 2011, 44(3):511-517.

[28] Yao T, Liu S, Xie N. On the properties of small sample of GM(1, 1) model[J]. Applied Mathematical Modelling, 2009, 33(4):1894-1903.

[29] Zhou W, He J M. Generalized GM(1, 1) model and its application in forecasting of fuel production[J]. Applied Mathematical Modelling, 2013, 37(9):6234-6243.

[30] Chen C I, Huang S J. The necessary and sufficient condition for GM(1, 1) grey prediction model[J]. Applied Mathematics and Computation, 2013, 219(11):6152-6162.

[31] Zhu T, Liu X X, Gaugh M D, et al. Evaluation of measurement uncertainties in human diffusion tensor imaging (dti)-derived parameters and optimization of clinical dti protocols with a wild bootstrap analysis [J]. Journal of Magnetic Resonance Imaging, 2009, 29(2): 422-435.

[32] Xia X T, Chen L, Meng F N. Uncertainty of rolling bearing friction torque as data series using grey bootstrap method[J]. Applied Mechanics and Materials, 2011, 44:1125-1129.

[33] Xia X T, Chen X Y, Zhang Y Z, et al. Grey bootstrap method of evaluation of uncertainty in dynamic measurement[J]. Measurement, 2008, 41(6):687-696.

[34] Prasanna J, Karunamoorthy L, Raman M V, et al. Optimization of process parameters of small hole drydrilling in Ti-6Al-4V using Taguchi and grey relational analysis [J]. Measurement, 2014, 48: 346-354.

[35] Shi J, Ding Z H, Lee W J, et al. Hybrid forecasting model for very-short term wind power forecasting based on grey relational analysis and wind speed distribution features[J]. IEEE Transactions on Smart Grid, 2014, 5(1):521-526.

[36] Taskesen A, Kutukde K. Experimental investigation and multi-objective analysis on drilling of boron carbide reinforced metal matrix composites using grey relational analysis[J]. Measurement, 2014, 47: 321-330.

[37] Singh S, Singh I, Dvivedi A. Multi objective optimization in drilling of Al6063/10% SiC metal matrix composite based on grey relational analysis[J]. Proceedings of The Institution of Mechanical Engineers Part B-Journal of Engineering Manufacture, 2013, 227(12):1767-1776.

[38] Rajyalakshmi G, Ramaiah P V. Multiple process parameter optimization of wire electrical discharge machining on Inconel 825 using Taguchi grey relational analysis[J]. International Journal of Advanced Manufacturing Technology, 2013, 69(5-8):1249-1262.

[39] Truong D Q, Ahn K K, Trung N T. Design of an advanced time delay measurement and a Smart adaptive unequal interval grey predictor for real-Time nonlinear control systems[J]. IEEE Transactions on Industrial Electronics, 2013, 60(10):4574-4589.

[40] Kasman S. Optimisation of dissimilar friction stir welding parameters with grey relational analysis[J]. Proceedings of the Institution of Mechanical Engineers Part B-Journal Of Engineering Manufacture, 2013, 227(9):1317-1324.

第6章 动态力测量系统不确定度评定

动态力是一种泛称,通常包括动态力值和动态压力两个方面。本章讨论动态力值和动态压力的校准及其不确定度评定方法,介绍动态力值校准方法的特点和分类,给出基于激光零差干涉法的动态力值校准原理,对正弦力校准和冲击力校准两种方法的不确定度进行评定。在动态压力的校准方面,介绍常用激波管校准系统的基本原理,对校准过程中介质参数的计算、压力传感器在阶跃力作用下的模型辨识、校准压力传感器的时频域动态特性参数等进行分析研究,最后给出激波管产生阶跃压力的幅值和传感器时频动态参数的不确定度评定结果。

6.1 动态力值的校准

6.1.1 动态力值校准方法

力是最常见的物理量之一,力的单位为 N,是国际单位制的一个导出单位。动态力值随时间发生变化。根据动态力值变化方式的不同,可以使用不同类型的力传感器进行测量,在实际工作中有时也把力值简称为力。

动态力值测量在材料试验、模态试验、结构强度试验、空气动力试验、机器人工程、汽车工程、精密机械加工与装配等领域中的重要性日益凸显。动态力值的准确测量是提高相关产品的质量、改善产品可靠性和降低成本的重要手段。随着科学技术的进步,计量检定部门对动态力值测量的准确度提出了更高的要求。动态力值校准技术已经成为国际计量领域中的热点问题之一,但是动态力值的计量体系却迄今尚未建立完善。在动态力值的校准中,由于校准的准确度难以得到有效的提高,力传感器长期处于一种静态标定动态使用的不合理状态,即存在所谓"静标动用"的问题。

动态力值的原级计量标准是建立动态力值校准体系的基础,其中基于激光干涉法的动态力值校准则是建立动态力值原级计量标准中的核心技术。目前,动态力值的校准一般通过加速度传感器或者参考力传感器进行间接溯源,所建立的校准装置属于次级计量标准。动态力值次级计量标准的测量不确定度水平普遍比较低,难以满足日益增长的科技发展需求。

经过几十年的发展,动态力值校准技术出现了多种不同的方法。如果按照动态力值激励源进行分类,主要有脉冲力校准法、正弦激振力校准法和阶跃力校准法三种;如果按照可溯源性进行分类,则主要有绝对法和比较法两种。

1. 按动态力值激励源分类的校准方法

(1) 脉冲力校准法

脉冲力校准法是利用脉冲实现力传感器动态校准的一种方法,如图 6-1 所示。

脉冲力通过特定的激励源产生,一般为半正弦脉冲信号。利用脉冲力信号中宽的幅频部分激发出力传感器的动态特性,实现力传感器的动态校准。脉冲力采用自由下落的重锤(简称落锤)与力传感器之间碰撞的方式产生,通过激光干涉仪进行间接测量。中国计量科学研究院目前能够实现 200 kN、脉宽不大于 0.6 ms 的冲击力校准;德国物理技术研究院(Physikalisch - Technische Bundesanstalt,PTB)能够实现 250 kN、脉宽为 0.5 ms 的冲击力校准。

脉冲力校准方法的主要特点如下:

① 脉冲力校准的范围在 100 N～1 MN 之间,输出脉宽在 0.5～10 ms 之间。

② 落锤在冲击面会产生局部应力与局部变形。在加速度测量中,如果将落锤上任一点的加速度作为落锤整体的加速度,则会产生一定的校准误差。

③ 较大的冲击力、较窄的脉宽易使波形产生畸变,进而产生比较大的校准误差。

④ 没有直接溯源到基本量,模型的累积误差会产生额外的校准不确定度。

(2) 正弦力校准法

正弦力校准法是利用正弦力实现力传感器动态校准的一种方法。图 6-2 所示装置为典型的基于正弦力校准法的实验设备。被校准力传感器、参考加速度计以及负载质量块依次同轴背靠背地安装在振动台上,利用波形发生器产生所需频率的标准正弦信号,经过功率放大器放大之后驱动振动台起振,产生满足频率及幅值要求的正弦力;正弦力激发被校准力传感器的稳态特性,实现力传感器的动态校准。通过改变正弦力的输出频率可以得到力传感器在不同频率下的灵敏度。

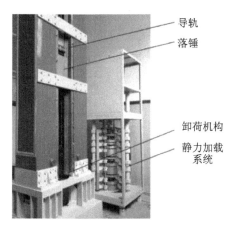

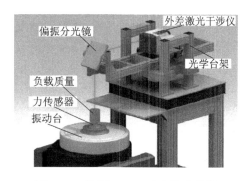

图 6-1　脉冲力校准法　　　　　　　　图 6-2　德国 PTB 正弦力校准装置

正弦力校准法的主要特点如下:

① 校准频带比较窄。动态校准频率的范围为 10 Hz～2 kHz,动态力值的范围为 1 N～10 kN;

② 动态校准精度受负载质量和力传感器附加质量惯性力的共同影响比较大。

(3) 阶跃力校准法

阶跃力校准法是利用阶跃力实现力传感器动态校准的一种方法。图 6-3 所示为一种典型的阶跃力校准装置,校准所需阶跃力由卸荷冲击的方式产生。质量块 M1 和 M2 置于气浮轴承内,其中被校准力传感器安装在质量块 M2 上。液压驱动器推动质量块 M1 以给定的加速度运动,直至与被校准力传感器发生碰撞冲击。碰撞冲击使质量块 M1 与被校准力传感器之间的作用面上产生一个大力值、宽频带的负阶跃力。碰撞冲击产生的加速度可通过 LDI 激光干涉仪测得,被校准力传感器的响应电压通过数据采集卡实时采集;基于所测加速度数据可以计算出标准输出力,比较标准输出力与测得的响应电压,得到被校准力传感器的灵敏度及幅频特性等参数。

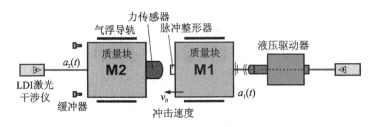

图 6-3　阶跃力校准装置

阶跃力校准法的主要特点如下:

① 校准力值的范围为 100 kN~1.2 MN,上升时间的范围为 10~100 μs;

② 在较宽的频率范围内有频谱分量的阶跃力信号不能反映力传感器在时间历程中的稳态特性。

2. 按溯源性分类的校准方法

(1) 绝对校准法

绝对校准法是通过激光多普勒系统直接测量安装在被校准力传感器上的质量块实现校准的一种方法。如图 6-4 所示,当质量块受到振动或者冲击的作用时,激光干涉仪实时记录运动体的速度随时间变化的情况,将测量的加速度直接溯源到时间和长度两个基本量,利用质量作为可靠的中间量,完成动态力值的绝对复现。激光干涉测量技术是建立动态力值原级计量标准的共性和核心技术。

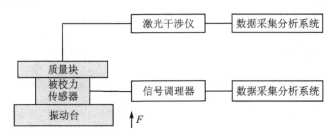

图 6-4　力传感器绝对校准法

在复现加速度量值的过程中,溯源的时间、长度和质量都与被校准力传感器的输出量独立,并且不依赖于对其他物理量的测量,因此这种绝对校准法的溯源过程符合计量学的基本要求。在完成动态力值的溯源之后,将复现的动态力值传递给被校准力传感器,就能够客观、完整地评价被校准力传感器的计量性能和动态特性。

(2) 比较校准法

比较校准法通过标准加速度计与被校准力传感器之间的直接比较实现校准。在进行校准时,质量块作用在被校准的力传感器上,产生的动态信号分别被标准加速度计与被校准力传感器记录下来。标准加速度计测量出质量块的加速度,利用质量作为可靠的中间量实现动态力值的复现,然后将复现的动态力值与被校准力传感器的测量结果进行比较,实现力传感器的动态校准,如图 6-5 所示。

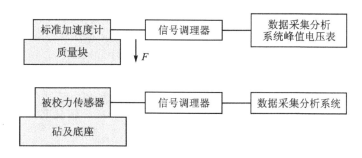

图 6-5　力传感器比较校准法

　　比较校准法的原理简单,校准实验操作简便;但由于将被校准力传感器的测量结果直接与加速度计进行比较,校准不确定度往往会受到标准加速度计的影响。

　　将比较校准法与绝对校准法进行比较,比较校准法一般通过标准加速度计对加速度的溯源实现校准;绝对校准法则通过激光干涉仪对时间和位移的溯源实现校准。在加速度的测量方面,与标准加速度传感器相比较,激光干涉仪有如下优点:

　　① 激光干涉仪的测量准确度高,能够有效地避免由加速度传感器的校准误差引入的量值传递误差;

　　② 激光干涉仪属于一种非接触式测量的手段,能够避免测量设备引起的附加加速度;

　　③ 激光干涉仪可以对质量块和力传感器上任意一点的加速度进行测量,不仅可以直观地测量出加速度的分布情况,还可以直接进行量值的溯源。

　　综上所述,绝对校准法对减小动态力值校准的不确定度具有重要意义。

　　在动态力值的校准中,两个最重要的环节分别为动态力值的激励和动态力值的溯源。

　　动态力值的激励源主要有冲击力、正弦力和阶跃力三种。其中冲击力一般通过撞击(即碰撞冲击)产生,它的主要特点是力值范围比较大和频谱范围比较宽;正弦力一般通过激振装置产生,它的主要特点是力值比较小和激振频率比较低;阶跃力一般通过脆性梁的瞬间断裂产生,它的主要特点是力值比较大和时间历程比较长。

　　动态力值一般采用加速度传感器或者参考力传感器进行间接溯源,所建立的计量装置均属于动态力值次级计量标准。间接溯源的准确度受限于参考传感器的计量水平。动态力值次级计量标准的计量精度一般比较低,难以满足现代科学技术发展的需要。

6.1.2　动态力值校准原理

　　动态力值的溯源以牛顿第二运动定律为基础,如图 6-6 所示。被校准力传感器的顶部与一个质量块 m 连接,底部与振动装置的起振台面连接。在理想的情况下,质量块表面各点的加速度相同。当振动装置驱动力传感器和质量块运动时,力传感器所受到的动态力值 F 可以表示为

$$F = ma \qquad (6-1)$$

式中,m 表示质量块的质量,单位为 kg;a 表示质量块的

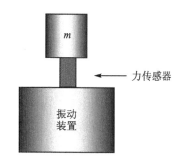

图 6-6　动态力值的溯源

加速度,单位为 m/s^2。

可以看出,m 可以直接溯源到基本质量单位;加速度 a 可以采用激光干涉法进行原级标准的校准。因此,动态力值可以直接溯源到质量单位 kg(千克)、长度单位 m(米)和时间单位 s(秒)这三个国际基本单位,以此可以建立动态力值的原级计量标准。

由于受到弹性模量的限制,质量块实际上不可能是一个刚体结构。当质量块在承受比较大的惯性力作用时,导致表面加速度的分布呈现出不均匀的现象。在计算动态力值时,应当考虑到质量块的加速度分布 $a(x,t)$ 和密度分布 $\rho(x)$,即

$$F = \int_V \rho(x)a(x,t)\mathrm{d}V \tag{6-2}$$

式中,x 表示质量块坐标系在空间中的位置。

在质量块加速度分布的测量中,上表面加速度的分布可以通过激光干涉仪和位移机构实现自动扫描式测量;轴向表面的加速度可以通过有限元法(FEM)或解析法求出。

在进行动态力值校准时,测量系统本身还可能产生一些额外的动态力值。例如,固定质量块和力传感器的连接件会对传感器施加一定的动态力值;力传感器在运动中的自重也会对敏感元件施加一定的动态力值。

传感器自重引起的动态力值可以用其等效质量表示,这部分力也称为力传感器的附加力,引起附加力的传感器自重称为等效质量。力传感器的附加质量介于力传感器的敏感面和外力施加点之间,可以通过静态或者动态测量的方法确定。

因此,施加在力传感器上的动态力值 F 是质量块、力传感器、连接件以及力传感器等效质量所产生的动态力值之和,即

$$F = (m_1 + m_2 + m_e)\bar{a}_0 k_0 \tag{6-3}$$

式中,m_1 表示质量块的质量;m_2 表示连接件的质量;m_e 表示力传感器的等效质量;$\bar{a}_0$ 表示质量块上表面的平均加速度;k_0 表示加速度的修正因子,它没有量纲。

6.1.3　动态力值校准系统

动态力值校准系统主要由动态力值激励源、隔震系统、激光干涉仪、二维位移机构、数据采集和处理系统等部分组成,如图 6-7 所示。

1. 动态力值激励源与隔震系统

动态力值的激励源采用三套振动装置,额定推力分别为 1 kN、5 kN 和 20 kN,激励源产生 10 mN～10 kN、频率覆盖 20～1 000 Hz 的动态力值。激振装置采用气浮轴系技术,限制振动装置台面的侧向运动,抑制侧向的干扰力和背景噪声。

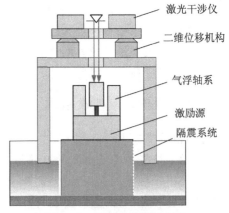

图 6-7　动态力值校准系统

在产生动态力的同时,振动装置也对地基施加动态载荷,导致周围地面和测量装置产生明显的振动,因此需要采取隔振措施。在隔振系统的设计方面,采用总质量为 22.6 t 的硅酸盐水泥和重晶石混合地基材料作为振动台地基,它的质量比振动台的动圈质量重 1 000 倍。在

振动的隔离方面,将振动台与激光干涉测量系统的地基之间进行物理隔离,把激光干涉仪及二维位移机构放置在隔振台上。经过隔振处理之后,10 Hz 以上的振动对激光干涉测量系统的干扰能够消除 90% 以上。

2. 激光干涉仪与二维位移机构

激光干涉测量技术是动态力校准过程中实现加速度测量的主要途径。二维位移机构在 LabVIEW 的控制下以 10 μm 的定位准确度在 200 mm×200 mm 的平面内运动。在二维位移机构和光学系统的辅助作用下,激光干涉仪能够以扫描的方式测量出质量块的加速度分布。

3. 数据采集与处理系统

激光干涉仪和力传感器的输出信号通过采样频率为 100 MHz 的 PXI 总线单元实现同步采集,激光干涉仪输出光电信号的频率为 1 MHz。数据分析软件采用 LabVIEW 平台实现正弦、冲击和随机力的绝对校准。

将激光干涉仪与信号发生器的输出信号混频,经过低通滤波之后由 PXI 高速数据采集单元实施同步采集。质量块位移随时间变化的数据序列 $s(n)$ 经过微分处理之后可以得到加速度信号 $a(n)$。力传感器的输出信号经过放大之后也由 PXI 高速数据采集单元进行采集。LabVIEW 平台根据力传感器输出的时间变化序列 $U_t(n)$ 和加速度信号 $a(n)$ 实现力传感器的动态校准。

6.1.4 激光零差干涉校准

1. 零差干涉的基本原理

在动态力值校准系统中,被测目标的位移量采用激光零差干涉法进行测量,如图 6-8 所示。激光零差干涉系统采用频率稳定度为 $1×10^{-9}$ 的 He-Ne 激光器作为测量光源,线偏振光通过 $\lambda/4$ 波片后变为圆偏振光,经过分光镜 BS 分成测量光 E_o 和参考光 E_r,其中测量光 E_o 入射到被测目标后沿原路返回;参考光 E_r 入射到固定参考镜,经过两次偏振之后返回。E_o 和 E_r 经过分光镜 BS 和偏振分光镜 PBS 之后均被分成 X 和 Y 分量,最后在光电转换器处形成干涉。

在光电转换器 X 和 Y 处的电场幅值分别为

$$E_y = E_{ry} + E_{oy} \tag{6-4}$$
$$E_{rx} = A_x \cos(\omega t + \varphi_r) \tag{6-5}$$
$$E_{ry} = A_y \cos(\omega t + \varphi_r) \tag{6-6}$$
$$E_{ox} = B \cos(\omega t + \varphi_o) \tag{6-7}$$
$$E_{oy} = B \sin(\omega t + \varphi_o) \tag{6-8}$$

式中,ω 表示激光的频率;φ_r、φ_o 分别表示参考光和测量光的相位。

光电转换器 X 和 Y 接收到的光强分别为

$$I_x = (E_{rx} + E_{ox})^2 = [A_x \cos(\omega t + \varphi_r)]^2 + [B \cos(\omega t + \varphi_o)]^2 +$$
$$A_x B \cos(2\omega t + \varphi_r + \varphi_o) + A_x B \cos(\varphi_o - \varphi_r) = \bar{I}_x + \tilde{I}_x \tag{6-9}$$

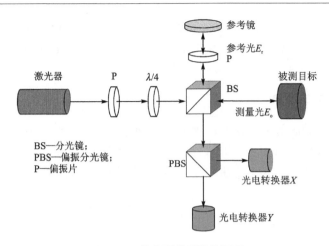

图 6 - 8   激光零差干涉的原理

$$I_y = (E_{ry} + E_{oy})^2 = [A_y\cos(\omega t + \varphi_r)]^2 + [B\sin(\omega t + \varphi_o)]^2 +$$
$$A_y B\cos(2\omega t + \varphi_r + \varphi_o) + A_y B\sin(\varphi_o - \varphi_r) = \bar{I}_y + \tilde{I}_y \qquad (6-10)$$

式中，$\bar{I}_x$ 表示光电转换器 X 可以分辨到的直流分量；$\tilde{I}_x = A_x B\cos(\varphi_o - \varphi_r)$ 表示光电转换器 X 可以分辨到的交流分量；$\bar{I}_y$ 表示光电转换器 Y 可以分辨到的直流分量；$\tilde{I}_y = A_y B\sin(\varphi_o - \varphi_r)$ 表示光电转换器 Y 可以分辨到的交流分量。

　　光电转换器将光信号转换为电信号，经过信号调理器放大之后，两路电信号可以分别表示为

$$U_x = h + a\cos\varphi \qquad (6-11)$$
$$U_y = k + b\sin\varphi \qquad (6-12)$$

式中，h 和 k 表示直流分量的幅值；a 和 b 表示交流分量的幅值；$\varphi = \varphi_o - \varphi_r$ 表示参考光与测量光之间的相位差。

　　当被测目标运动时，引起测量光的相位 φ_o 发生变化，U_x 和 U_y 的交流分量按照正弦规律变化，两者之间的相位差为 $\pi/2$。如果将 U_x 和 U_y 输出至示波器的 X 轴和 Y 轴，就会产生一个旋转矢量，形成 Lissajous 圆。旋转矢量每旋转一周，相位变化 2π，被测目标移动半个波长的位移。位移和电信号相位之间的关系为

$$s = \frac{\lambda}{4\pi} \times \varphi \qquad (6-13)$$

式中，λ 表示 He - Ne 激光器的波长，一般取 $\lambda = 0.632\,8\ \mu m$。

　　经过调整光路及信号调理器，可以使交流分量 U_x 和 U_y 的幅值相等。用滤波器去除直流分量之后，两路正交信号的相位可以表示为

$$\varphi = \arctan\left(\frac{U_y}{U_x}\right) \qquad (6-14)$$

　　用数据采集系统将 U_x 和 U_y 信号进行数字化处理，形成两个离散信号系列 $U_x(t_i)$ 和 $U_y(t_i)$，则被测目标的位移 $s(t_i)$ 可以表示为

$$s(t_i) = \frac{\lambda}{4\pi}\arctan\left[\frac{U_2(t_i)}{U_1(t_i)} + k\pi\right] \qquad (6-15)$$

式中，$i = 0,1,2,\cdots$ 表示离散信号系列变量；k 表示整数。

由上式位移随时间变化的离散时间序列 $\langle s(t_i)\rangle$，可以分别计算出被测目标的位移、速度和加速度。

正交信号的相位变化如图 6-9 所示，其中 A、B、C、D、E 均为位移信号的测量点。当激光干涉信号的相位增加时，测量点从 A 向 E 依次移动，区间的边界点 A 向点 B 移动，点 D 向点 E 移动，此时 k 加 1；当测量点 E 反方向地向点 A 移动时，k 减 1。在计算过程中的反正切值取的主值区间为 $[-0.5\pi, 0.5\pi]$。一般地，当相邻点之间的相位发生变化时，k 加 1；当 $\Delta\varphi < -0.5\pi$ 时，k 减 1。

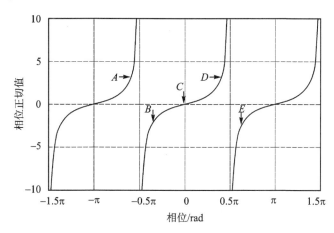

图 6-9　正交信号的相位变化

2. 激光零差干涉系统的非线性补偿

激光零差干涉系统输出信号的非线性补偿是提高测量准确度的关键环节。在实际工作中，偏振分光镜对光电转换器 X 和 Y 的混叠作用，往往导致激光干涉系统产生非线性，这种非线性随时间发生变化。为了使 U_x 和 U_y 中的 h 和 k 为零，且 a 和 b 相等，需要对非线性进行实时补偿。

当激光干涉系统的非线性达到最大时，相位误差也达到最大。最大相位误差为

$$\Delta\varphi = \arctan\left(\frac{\alpha\beta}{|\tilde{I}_x||\tilde{I}_y|}\right) \tag{6-16}$$

式中，α 和 β 分别表示 $\tilde{I}_x$ 和 $\tilde{I}_y$ 之间的互干扰分量。

零差干涉系统的输出电压可以表示为

$$U_x = h + a\cos(\varphi + \delta) \tag{6-17}$$

$$U_y = k + b\sin\varphi \tag{6-18}$$

式中，δ 表示正交信号的相位偏差。

除了偏振混叠外，干涉系统的非线性还可能由下面的因素引起：

① 信号调理器的增益、时变零点漂移和温度漂移；

② 光学系统的不稳定性；

③ 光学系统的非正交性。

从直观上来看，零差干涉系统的非线性可以用 Lissajous 图表示。当 Lissajous 图为圆形

时,系统表现为线性;当 Lissajous 图为椭圆形时,系统则表现为非线性。

根据干扰引起的零差干涉系统的输出电压,可以得到椭圆的方程为

$$U_x^2 + BU_xU_y + CU_y^2 + DU_x + EU_y + F = 0 \qquad (6-19)$$

式中,$B \sim F$ 表示椭圆方程的系数。

在测量时一旦采集到系统输出的 U_x 和 U_y,就可以通过最小二乘法拟合出椭圆方程中的系数 B、C、D、E 和 F,计算出 h、k、a、b 及 δ 的值。这就把对 U_x 和 U_y 的非线性补偿过程转换为对椭圆的修正过程。由此得到正交信号的相位为

$$\varphi = \arctan\left(\frac{\cos\delta}{\sin\delta + \dfrac{b}{a} \cdot \dfrac{U_x - h}{U_y - k}}\right) \qquad (6-20)$$

于是实现了 U_x 和 U_y 系列的非线性补偿,补偿前后的 Lissajous 圆如图 6-10 所示。

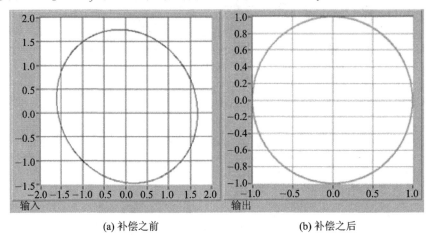

(a) 补偿之前　　　　　　　　　　　　　(b) 补偿之后

图 6-10　零差干涉系统的 Lissajous 圆

6.2　动态压力的校准

6.2.1　动态压力的校准方法

压力是工业生产和科学研究中经常需要测量和控制的基本参数之一,压力的单位为帕斯卡(Pa)。对压力的测量离不开压力传感器,压力传感器是按照一定的规律、以一定的精确度把压力转换为与之有函数关系的、便于定标应用的某种信号(一般为电压或者电流信号)的测量装置,在航空、航天、石油、化工等领域中的应用非常广泛。压力传感器一般具有测量范围宽、准确度高、便于在测试系统中控制和报警、可以远距离测量以及携带方便等特点,有些压力传感器还可用于高频变化动态压力的测量。

目前在动态压力的测量中还存在着很多问题。例如在发动机的研制、生产与使用过程中,经常出现对同一个压力测量不确定度评定结果相差悬殊的问题。动态压力测量过程中的不规范乃至于混乱的状况,严重地制约着我国在高端装备测试与研发过程中对力学性能指标的科学评价需求。随着我国经济发展和科学技术的不断进步,"中国制造 2025"计划也越来越深

入,很多新兴行业也对动态力值测量产生需求,与传统的应用领域相比较,测试的环境更加复杂,测试条件也更加苛刻,而且对动态压力测量结果的质量要求更高。通过校准得到压力传感器的动态性能是传感器设计中的首要指标,是评价传感器性能优劣的标准,是选择测试系统核心元件中的重要依据,也是提高动态压力测量质量的关键途径。

关于压力传感器的动态校准,许多国家制定了具有统一标准且严格、详细的检定规程。例如美国早在 1972 年就正式批准了美国国家标准《压力传感器动态校准指南(ANSIB88.1—1972)》。关于压力传感器的检定,我国先后制定了 JJG 624—1989《压力传感器动态校准试行检定规程》和 JJG 624—2005《动态压力传感器的检定规程》两个法规。根据这些法规,需要对压力传感器开展校准的情况有三种:

① 压力传感器在出厂之前或者经过修理之后,需要进行全面的、严格的校准,以保证压力测量值的准确传递;

② 压力传感器经过一定时间的使用之后需要重新进行校准,此时可以选择若干个主要的性能参数校准;

③ 在开展重要或者大型实验或者某些特殊实验之前,需要进行现场校准,按照特殊要求对某些特性参数进行校准。

动态校准在压力传感器的研究、生产和使用中是一道必不可少的程序,通过动态校准使传感器具有确定的动态性能指标,以满足科学研究、技术研发和国防军事中对压力动态测量的基本要求。

压力传感器的动态校准是通过实验的方法获得压力传感器的动态性能指标。压力传感器动态校准系统的组成如图 6-11 所示,主要包括:

① 动态激励压力信号发生器,用于产生标准压力的激励信号,作用于被校准压力传感器的敏感面上。

② 被校准压力传感器,感受压力信号并转化为可用于分析处理的电信号。

③ 放大器,对传感器的最初响应信号进行一定的调节、放大。

④ 瞬态记录仪,记录放大调节后传感器的响应信号。

⑤ 计算机,对最终记录的传感器响应信号进行处理,得到压力传感器的数学模型和动态性能指标。

图 6-11　压力传感器动态校准系统的组成

根据产生压力波形的不同,压力传感器动态校准的设备一般可以分为周期压力信号发生器和非周期压力信号发生器两大类。

根据工作原理的不同,周期压力信号发生器一般分为谐振空腔式、非谐振空腔式、阀门装置和喇叭式 4 种。谐振空腔式是使空腔内的气体产生谐振而得到周期变化的压力;非谐振空腔式的原理是通过压缩容器内的气体得到周期变化的压力;阀门装置一般产生低频的方波压力信号;喇叭式压力发生器通过正弦变化的电流产生同频率变化的磁场力,带动空腔内的压力做正弦变化。4 种装置产生的信号有一个共同特点:只有在压力峰值小且频率低的情况下,信号才能保持为良好的呈周期变换的正弦波或者方波;当峰值比较大或者频率比较高时,波形容易产生畸变并且变化不均匀。周期压力信号发生器一般仅用于小压力或者低频范围的标定，最常用的周期压力发生装置是正弦压力发生器。

对于压力比较大的测量系统，周期性压力的动态校准方法不再适用。因为利用压力比较低的动态校准装置对高压测量系统进行动态特性的测量，存在的严重问题是低压校准装置产生激励信号的压力值达不到高压系统压力量程的要求，激发不出在高压状态下存在的问题，得到的观测数据不能真实地反映高压状态下的动态特性。高压测量系统必须有相应的高压动态校准系统和校准方法。高压测量系统常采用非周期压力信号发生器，主要包括激波管、落锤液压式半正弦压力信号发生器和快速开启装置等，它们产生的是随时间变化的瞬变压力信号。不同的装置对高压系统的动态校准各有特色，适用于不同的场合。

1. 激波管

测量系统的时域响应特性以阶跃响应曲线的上升时间、峰值时间和超调量等特征值表示。由于激波管产生的稳定激波具有陡峭的前沿和较好的持续平台时间，可以视这种激励源为理想的阶跃压力；激波管也是目前使用最为广泛的阶跃信号发生器。激波管的工作原理是利用膜片将一个直管分隔为两段，设法使其中一段的压力高于另一段；破膜时产生的激波在介质中传播或者在刚性表面上反射产生阶跃压力，相应地在被校准系统上产生的响应就是阶跃响应；通过对输入、输出信号进行傅里叶变换，可以得到测量系统的频率响应特性。以激波管为代表的阶跃信号发生器所产生的阶跃信号具有相当宽的有效频带，使其也可用于高频响压力传感器的实验。目前激波管的使用虽然很广泛，但是也存在一些不足之处：一是产生压力范围相对比较窄，目前压力信号的上限只能达到 100 MPa，不能达到 100~1 000 MPa 之间的动态压力校准目的；二是压力信号的平台持续时间较短，一般在 5~10 ms 之间，无法获得 100 Hz 以下的频率特性。

2. 快速开启装置

另一类阶跃信号发生器是快速开启装置。典型的快速开启装置如快速阀，它的原理是将传感器安装在一个容积很小的容器壁上，当小容器通过快速开启阀门与一个高压容器接通时，作用在传感器上面的压力很快上升到一个稳定值；反之，如果小容器通过快速开启阀门与低压容器相连，压力就迅速降低到某一个稳定值。与高压气体激波管相比较，这种装置产生的阶跃信号的上升时间和平台持续时间都比较长，很容易获得系统的低频响应特性；但不足之处是难以得到相应的高频特性。

3. 准 δ 函数发生装置

瞬变压力信号发生器中除了用于产生阶跃信号的发生装置外，脉冲压力发生器也是其中常用的一种。倘若测量系统的输入信号是理想的冲击函数，则输出信号的傅里叶变换就是系统的频响函数。理想的冲击函数在实际中无法得到，只能用一种大幅度、窄脉宽的准 δ 函数近似代替。这类准 δ 函数发生装置的结构简单，容易产生很高的压力值，可校准的高、低频率分量也很丰富，适合于高频、高压传感器的动态校准。其唯一的不足之处是在准 δ 函数作用结束之后，某些传感器的输出在零压附近会产生振荡，在一定的幅度上出现负值，即所谓的"负压"现象，导致响应曲线丧失真实反映系统特性的能力，而且传感器特别是压电传感器还可能遭到损坏,这也制约了准 δ 函数发生装置的使用范围。

4. 落锤式液压动标装置

落锤式液压动标装置直接利用落锤的自由落体运动作用于液压系统,将落锤的动能在很短的时间内转化为压力能,产生一个类似于半正弦曲线的压力脉冲,又称为半正弦压力发生器。半正弦曲线信号的有效宽度比较小,一般在 1～15 ms 之间。它的上限频率与脉宽成反比,1 ms 脉宽信号的带宽上限通常仅在 1～1.5 kHz 之间,不适合于动态特性的校准。由于这类装置的特殊结构和工作原理,在测压系统的高频响准静态校准、低频响准动态校准和某些特性的摸底实验方面,应用仍然相当广泛。

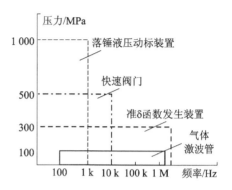

图 6 - 12　动态校准装置的覆盖范围

目前使用的各种高压动态校准装置能够覆盖的压力和频率范围,如图 6 - 12 所示。

常用瞬变压力信号发生器的特点及应用范围见表 6 - 1。

表 6 - 1　常用瞬变压力信号发生器的特点及应用范围

类　别	激波管	快速开启装置	准 δ 函数发生装置	落锤式液压动标装置
优点	阶跃压力的前沿陡峭,能够直接得到传感器的阶跃响应曲线,频响特性计算方便	压力上升缓慢,平台持续时间长,测量压力幅值精确	产生的脉宽窄,在一定频率范围内可以忽略真实信号,直接得到频响函数	能够方便、安全地获得高压力值的半正弦压力脉冲,便于进行准静态和准动态校准
缺点	压力值不准确,不适于传感器灵敏度的动态校准,难以得到信号的低频特性	只能使自振频率比较低的传感器激发自振,不适于动态响应特性的校准	压力信号作用后产生负压现象,影响动态特性的可信度,可能造成传感器损坏	产生信号的有效带宽小、上限频率低,不适于动态响应特性的校准
应用范围	在校准高频响传感器中应用最广泛	低频系统的校准和传感器灵敏度的动态校准	校准系统的动态特性	广泛应用于准静态和准动态的校准

气体激波管产生的阶跃信号压力值一般不高于 100 MPa,频率范围通常在 100 Hz～2.5 MHz 之间;准 δ 函数发生装置能产生压力幅值的上限为 300 MPa、频率分量丰富的冲击信号;快速开启装置产生的阶跃信号上升缓慢,频率范围在 0～20 kHz,压力幅值一般可以高达 500 MPa;落锤液压动标装置能够通过对重锤质量、落高、初始容积、活塞面积等参数的调整,改变压力的峰值和脉宽,获得高压的能力比较强,但产生半正弦信号的有效宽度则限制了上限频率的提高。

6.2.2　激波管动态校准系统

激波管一般由高压室和低压室两个腔体组成。在进行动态校准时,分别在高压室和低压室充入不同压力的气体介质,利用自然破膜法或控制破膜法刺破膜片。破膜之后的气体在激波管中快速流动,高压室的气体冲入低压室形成入射激波。激波后波阵面的压力突变形成正阶跃压力。入射波到达低压室端面后被反射,形成反射阶跃压力。

为了简化问题的分析,在动压校准中通常对激波管进行理想化的假定。这虽然导致激波管内气体的流动与实际气体的流动之间产生微小偏差,但从理论上却非常方便进行分析研究。这些假定条件主要有:

① 忽略激波管内流体的粘性和热传导作用;

② 激波管内气体的流动属于严格的一维流;

③ 膜片的破裂几乎是瞬间完成的;

④ 激波管内的气体为热完全气体,它的比热容为常数,满足理想气体的状态方程;

⑤ 在运动激波经过之前和经过之后的两个区域内,热力学过程是绝热的,在激波管内气流的总能量保持守恒;

⑥ 在中心稀疏波区域内的流动等熵;

⑦ 激波管的壁是刚性的。

一般把符合上述假定条件的激波管称为"理想的激波管"。

激波管校准系统如图6-13所示。入射激波阶跃压力和反射激波阶跃压力是激波管动态压力校准时可以采用的两个阶跃压力源。

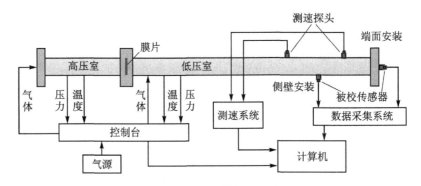

图 6-13 激波管校准系统

在压力传感器动态校准的过程中,激波管内介质的运动状态如图6-14所示。在高压室和低压室之间用膜片分隔开,校准之前的高、低压室通常都是大气压,压力值都是 p_1。在动态校准过程中,向高压室中充入驱动气体,直到高压室和低压室的压力差达到膜片破裂临界压力值时,膜片破裂,此时高压室的压力值为 p_4,激波管高、低压室的压力状态如图6-14(a)所示。膜片破裂之后,在激波管中产生的激波向低压室端面的方向传播,激波的前端称为波阵面。波阵面两侧的压力值分别为 p_2 和 p_1,接触面为驱动气体与低压室工作气体的边界,其传播速度低于波阵面的传播速度。在接触面左侧的气体压力 p_3 与 p_2 相等。在膜片破裂时产生的稀疏波沿着高压室端面的方向传播,稀疏波左右两侧的压力值分别为 p_4 和 p_3,此时在激波管高低压室的压力状态如图6-14(b)所示。稀疏波传播至高压室端面后形成沿相反方向传播的反射稀疏波,在反射稀疏波左右两侧的压力值分别为 p_6 和 p_3,且 $p_6 < p_3$,此时激波管高、低压室的压力状态如图6-14(c)所示。激波在低压室的端面发生反射,在左右两侧形成压力值分别为 p_2 和 p_5 的反射激波,且 $p_5 > p_2$,反射激波与入射激波的传播方向相反,此时激波管高低压室的压力状态如图6-14(d)所示。

阶跃压力的幅值主要取决于膜压比、低压室的压力值、马赫数、温度和激波速度。当介质

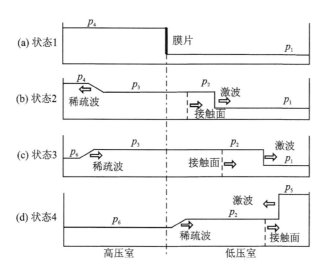

图 6 - 14　激波管内介质的运动状态

为空气时,管内的主要参数如下。

（1）入射激波马赫数

$$Ma_s = \frac{v_s}{c} = \left[\frac{1}{7}(6p_{21}+1)\right]^{\frac{1}{2}} \qquad (6-21)$$

式中,$v_s = L/t$ 表示激波速度,L 表示两个测速探头之间的距离,t 表示激波经过两个探头所用的时间;c 表示空气中的声速,$c = 331.45(T/273.15\ \mathrm{K})^{\frac{1}{2}}$,$T$ 表示低压室工作介质的初始温度;p_{21} 表示入射激波压力比。

（2）初始压力比

$$p_{41} = \frac{p_4}{p_1} = \frac{1}{6}(7Ma_s^2-1)\left[1-\frac{1}{6}\left(Ma_s - \frac{1}{M_s}\right)\right]^{-7} \qquad (6-22)$$

式中,p_1 表示破膜前的低压室压力;p_4 表示破膜前的高压室压力;Ma_s 表示入射激波马赫数。

（3）入射激波压力比

$$p_{21} = \frac{p_2}{p_1} = \frac{1}{6}(7Ma_s^2-1) \qquad (6-23)$$

式中,p_2 表示入射激波压力;p_1 表示破膜前的低压室压力。

（4）入射激波阶跃压力

$$\Delta p_2 = p_2 - p_1 = (p_{21}-1)p_1 = \frac{7}{6}(Ma_s^2-1)p_1 \qquad (6-24)$$

（5）入射激波温升比

$$T_{21} = \frac{T_2}{T_1} = \frac{(7Ma_s^2-1)(Ma_s^2+5)}{36Ma_s^2} \qquad (6-25)$$

式中,T_1 表示膜片破裂时刻低压室的温度;T_2 表示入射激波形成后低压室的温度。

（6）入射激波阶跃温升

$$\Delta T_2 = T_2 - T_1 = \frac{(7Ma_s^2+5)(Ma_s^2-1)}{36Ma_s^2}T_1 \qquad (6-26)$$

（7）反射激波压力比

$$p_{51} = \frac{p_5}{p_1} = \frac{1}{3}(7Ma_s^2 - 1)\left[(4Ma_s^2 - 1)/(Ma_s^2 + 5)\right] \tag{6-27}$$

（8）反射激波阶跃压力

$$\Delta p_5 = p_5 - p_1 = \frac{7}{3}(Ma_s^2 - 1)\left[(4Ma_s^2 + 2)/(Ma_s^2 + 5)\right]p_1 \tag{6-28}$$

（9）反射激波温升比

$$T_{51} = \frac{T_5}{T_1} = \frac{(4Ma_s^2 - 1)(Ma_s^2 + 2)}{9Ma_s^2} \tag{6-29}$$

式中，T_5 表示反射激波形成后低压室的温度。

（10）反射激波阶跃温升

$$\Delta T_5 = T_5 - T_1 = \frac{(2Ma_s^2 + 1)(2Ma_s^2 - 2)}{9Ma_s^2}T_1 \tag{6-30}$$

阶跃压力信号是压力传感器动态校准实验中应用最为广泛的瞬变激励信号，主要原因有两个：一是传感器的时域响应特性如上升时间和超调量等，都是以传感器的时域阶跃响应曲线的一些特征值表示的，一旦得到了传感器的阶跃响应曲线，就可以快速获取传感器的时域特性；二是只要借助于一定的数学处理软件，对阶跃响应曲线和阶跃函数分别进行傅里叶变换并相除，就可以求得传感器的频率响应特性，并且阶跃函数具有很宽的频带，这样获得传感器的频率响应特性比较完整。

激波管是常用的阶跃信号发生器，产生的阶跃压力具有如下优点：

① 阶跃压力信号的上升时间在 $0.1~\mu s$ 以内，能够作为标准输入信号；

② 平台压力在有限的时间内保持恒定，一般在 $5\sim10~ms$ 之间，足以保证比较完整地记录输出响应；

③ 频率范围宽，校准频率的上限可以达到 $2.5~MHz$。这个上限频率可以完全覆盖压力传感器频率的上限，能够得到压力传感器完整的频域动态特性，因为压力传感器的固有频率一般仅在 $1~MHz$ 以下。

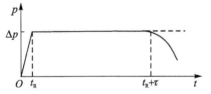

图 6-15　激波管产生的阶跃压力信号典型波形

激波管的这些特性确保了动态校准结果的准确与可靠，在压力校准领域中可以作为理想的阶跃信号发生器使用。激波管产生阶跃压力信号的典型波形如图 6-15 所示，通常可以采用阶跃压力幅值 Δp、上升时间 t_R 和持续时间 τ 这三个参量进行描述。

阶跃压力的幅值 Δp 决定校准压力的上限，在校准实验中通过更换不同材质的膜片可以调节幅值压力的大小。常用的纸膜片的幅值压力仅为几 MPa，金属膜片则能够达到几十 MPa。

上升时间 t_R 决定校准频率的上限。如果 t_R 比较大，在阶跃波中包含的高频分量就会相应地减少。通常用 t_R 为正弦波的 1/4 周期来估算阶跃波形的上限频率，即

$$t_R \leqslant \frac{T_{min}}{4} = \frac{1}{4f_{max}} \tag{6-31}$$

式中，f_{max} 和 T_{min} 分别表示阶跃波频谱中的上限频率和周期。

实验结果表明，激波管产生阶跃波的上升时间通常为 $t_R < 10^{-7}$ s，上限频率可以达到 2.5 MHz。

持续时间 τ 决定可校准频率的下限，在阶跃波的激励下传感器产生过渡过程。为了得到传感器的频率特性，在阶跃压力的持续时间内至少要观测传感器输出信号的一个完整振荡周期。持续时间一般可以用下式表示：

$$\tau \geqslant 1 T_{max} = \frac{1}{f_{min}} \tag{6-32}$$

从精度和可靠性的角度出发，τ 可以选择得尽可能大一些。激波管的持续时间一般为 $\tau = 5 \sim 10$ ms，可校准的下限频率为 $f_{min} > 100$ Hz。

6.2.3　传感器数学模型辨识

模型辨识是根据压力传感器的输入、输出数据估计出模型的参数和最优阶次，进而得到模型的传递函数。下面提出一种经验模态分解——自适应最小二乘建模方法。

1. 信号的预处理

在使用激波管对压力传感器进行动态校准的过程中，由于随机噪声的干扰，被校准传感器的输出会出现杂乱的现象。如果采用这种数据直接建模会得到不可靠的模型，故需要先对原始数据进行去噪等预处理。由于传感器的理想输出未知，传统滤波器难以估计出它的截止频率。这里采用经验模态分解（Empirical Mode Decomposition，EMD）方法将原始信号分解为不同频带的子序列，根据各频带的频谱与传感器输出数据频谱之间的关系将噪声数据剔除掉。分解后得到的子序列称为本征模态函数（Intrinsic Mode Function，IMF）。IMF 满足两个条件：

① 极值点和过零点的个数相等或者只相差一个；

② 上、下包络线的均值为零。

假设传感器的原始输出信号为 $y_0(t)$，则分解过程包括 5 个具体的步骤。

步骤 1：识别 $y_0(t)$ 的全部局部最大值和局部最小值。

步骤 2：采用三次样条曲线分别连接所有局部最大值和局部最小值，得到的曲线分别称为上包络线 $u(t)$ 和下包络线 $l(t)$。这两条包络线包含原始曲线的所有数据。

步骤 3：计算上下包络线的均值为

$$m_1(t) = \frac{1}{2}[u(t) + l(t)] \tag{6-33}$$

步骤 4：$y_0(t)$ 与 $m_1(t)$ 之间的差值为

$$h_1^{(1)}(t) = y_0(t) - m_1(t) \tag{6-34}$$

如果 $h_1^{(1)}(t)$ 满足 IMF 的两个条件，则 $h_1^{(1)}(t)$ 为 $y_0(t)$ 的第一个 IMF 分量；否则令 $y_0(t) = h_1^{(1)}(t)$，将步骤 1～步骤 4 重复 k 次，直到 $h_1^{(k)}(t)$ 满足 IMF 的两个条件为止。这时将第一个 IMF 分量记为

$$c_1(t) = h_1^{(k)}(t) \tag{6-35}$$

第一个 IMF 分量 $c_1(t)$ 包含原始信号中的最高频成分。

步骤 5：在原始信号 $y_0(t)$ 中减掉 $c_1(t)$，得到对应的残余分量为

$$r_1(t) = y_0(t) - c_1(t) \tag{6-36}$$

将 $r_1(t)$ 当作 $y_0(t)$，重复上述步骤 i 次，则第 i 个 IMF 分量被提取出来，表示为

$$c_i(t) = r_{i-1}(t) - r_i(t), \quad i = 2, 3, \cdots, m \tag{6-37}$$

继续执行分解过程，直到最终残余分量 $r_m(t)$ 成为单调函数或者只有一个极值点。这时已经不能再从该分量中提出更多的 IMF 了。

将式(6-36)和式(6-37)相加，原始信号可以表示为多个 IMF 分量和最终残余分量之和的形式：

$$y_0(t) = \sum_{i=1}^{m} c_i(t) + r_m(t) \tag{6-38}$$

分解出来 IMF 分量的频带从高到低。如果某个 IMF 分量的频带远离原始信号 $y_0(t)$ 的振铃频率，则可以认为该 IMF 为噪声分量，应当予以剔除。将剔除噪声分量后的 IMFs 之和进行重构，就可以得到处理后的信号 $y(t)$。

2. 压力传感器的建模

采用自适应最小二乘法估计传感器数学模型的最优阶数和参数。

压力传感器一般可以描述为一个单输入、单输出的时不变线性系统，它的差分方程为

$$y(k) + \sum_{i=1}^{n} a_i y(k-i) = \sum_{i=1}^{n} b_i x(k-i) + \varepsilon(k) \tag{6-39}$$

式中，$\{x(k), y(k)\}$ 表示输入、输出序列，其中 $k = 1, 2, \cdots, N$；N 表示序列的长度。$\varepsilon(k)$ 表示随机噪声。$\{a_i, b_i\}$ 表示模型参数，其中 $i = 1, 2, \cdots, n$；n 表示模型的阶数。

令

$$\varepsilon(k) = A(d^{-1}) e_y(k) - B(d^{-1}) e_x(k)$$

式中，$A(d^{-1}) = 1 + a_1 d^{-1} + \cdots + a_n d^{-n}$；$B(d^{-1}) = b_0 + b_1 d^{-1} + \cdots + b_n d^{-n}$；$d^{-1}$ 表示移位算子；$\{e_x(k), e_y(k)\}$ 表示 $\{x(k), y(k)\}$ 序列中的随机噪声。

故式(6-39)可以改写为

$$A(d^{-1})[y(k) - e_y(k)] = B(d^{-1})[x(k) - e_x(k)] \tag{6-40}$$

输入序列是激波管产生的阶跃压力信号，一般可以认为是理想的阶跃信号。因此输入信号中的随机噪声 $e_x(k)$ 可以忽略，则式(6-40)可以简化为

$$A(d^{-1})\tilde{y}(k) = B(d^{-1})\tilde{x}(k) + e_y(k) \tag{6-41}$$

式中，$\tilde{y}(k) = y(k)/A(d^{-1})$；$\tilde{x}(k) = x(k)/A(d^{-1})$。

可以看出，当 $\{a_i, b_i\}$ 和 n 确定之后，$\tilde{x}(k)$ 与 $\tilde{y}(k)$ 之间的关系也就随之确定了。

自适应最小二乘(Adaptive Least Squares, ALS)迭代方法的具体步骤如下：

步骤 1：根据输入序列 $x(k)$ 和输出序列 $y(k)$，将式(6-41)表示为

$$\boldsymbol{y}_n = \boldsymbol{\phi}_n \boldsymbol{\theta}_n + \boldsymbol{e}_y \tag{6-42}$$

式中

$$\boldsymbol{\theta}_n = \begin{bmatrix} -a_1 \\ \vdots \\ -a_n \\ b_1 \\ \vdots \\ b_n \end{bmatrix}, \quad \boldsymbol{y}_n = \begin{bmatrix} y(1) \\ y(2) \\ \vdots \\ y(N) \end{bmatrix}, \quad \boldsymbol{e}_y = \begin{bmatrix} e_y(1) \\ e_y(2) \\ \vdots \\ e_y(N) \end{bmatrix}$$

$$\boldsymbol{\phi}_n = \begin{bmatrix} y(0) & \cdots & y(1-n) & x(0) & \cdots & x(1-n) \\ y(1) & \cdots & y(2-n) & x(1) & \cdots & x(2-n) \\ \vdots & & \vdots & \vdots & & \vdots \\ y(N-1) & \cdots & y(N-n) & x(N-1) & \cdots & x(N-n) \end{bmatrix}$$

当 $k < 0$ 时，$x(k) = y(k) = 0$。

向量 $\boldsymbol{\theta}_n$ 可以用最小二乘法进行估计：

$$\hat{\boldsymbol{\theta}}_n^{(0)} = (\boldsymbol{\phi}_n^{\mathrm{T}} \boldsymbol{\phi}_n)^{-1} \boldsymbol{\phi}_n^{\mathrm{T}} \boldsymbol{y}_n \tag{6-43}$$

式中，$\hat{\boldsymbol{\theta}}_n^{(0)} = \begin{bmatrix} -\boldsymbol{a}^{(0)} \\ \boldsymbol{b}^{(0)} \end{bmatrix}$；$\boldsymbol{a}^{(0)}$ 和 $\boldsymbol{b}^{(0)}$ 表示模型参数的初值。

迭代的目标函数为

$$J = \sum_{k=1}^{N} e_y^2(k) = \boldsymbol{e}_y^{\mathrm{T}} \boldsymbol{e}_y \tag{6-44}$$

步骤 2：在进行第 l 次迭代时，模型参数为 $\boldsymbol{a}^{(l)} = [a_1^{(l)}, a_2^{(l)}, \cdots, a_n^{(l)}]$ 和 $\boldsymbol{b}^{(l)} = [b_1^{(l)}, b_2^{(l)}, \cdots, b_n^{(l)}]$，对应的 $\tilde{x}(k)$ 和 $\tilde{y}(k)$ 由下式计算，即

$$\left. \begin{aligned} \tilde{x}^{(l)}(k) &= x(k)/A^{(l)}(d^{-1}) = -\sum_{i=1}^{n} a_i^{(l)} \tilde{x}^{(l)}(k-i) + x(k) \\ \tilde{y}^{(l)}(k) &= y(k)/A^{(l)}(d^{-1}) = -\sum_{i=1}^{n} a_i^{(l)} \tilde{y}^{(l)}(k-i) + y(k) \end{aligned} \right\} \tag{6-45}$$

式中，$A^{(l)}(d^{-1})$ 为 $A(d^{-1})$ 的第 l 次迭代后的估计值；当 $k < 0$ 时，$\tilde{x}^{(l)}(k) = \tilde{y}^{(l)}(k) = 0$。

步骤 3：执行第 $l+1$ 次迭代，对下式采用最小二乘法估计出 $\boldsymbol{a}^{(l+1)}$ 和 $\boldsymbol{b}^{(l+1)}$。

$$A(d^{-1}) \tilde{y}^{(l)}(k) = B(d^{-1}) \tilde{x}^{(l)}(k) + e_y(k) \tag{6-46}$$

步骤 4：令 $l = l+1$，重复步骤 2 和步骤 3，直到 $|(J^{(l+1)} - J^{(l)})/J^{(l)}| < \delta$ 或者 $l = L$，其中 δ 和 L 分别为收敛指标和最大迭代次数。在迭代结束之后就可以得到最优模型参数。

需要注意的是，当主要噪声的频带靠近或者覆盖原始输出信号的振铃频率时，模型参数的估计精度降低甚至于得不到收敛的结果。这是因为 EMD 不能有效地消除该类噪声的影响，导致目标函数 J 的初值过大，在有限的迭代次数下不能满足迭代的终止条件 $|(J^{(l+1)} - J^{(l)})/J^{(l)}| < \delta$。再者，在描述压力传感器的动态特性时通常认为是二阶线性模型；在实际的动态校准过程中很容易被一些不可控的因素影响，如果仍然用二阶线性模型表示就会增大动态特性的估计误差。为了解决这个问题，可以采用残余方差准则估计模型的最优阶数。

残余方差的定义为

$$\hat{\sigma}_\varepsilon^2(n) = \frac{1}{N} (\boldsymbol{y} - \boldsymbol{\phi}_n \hat{\boldsymbol{\theta}}_n)^{\mathrm{T}} (\boldsymbol{y} - \boldsymbol{\phi}_n \hat{\boldsymbol{\theta}}_n) \tag{6-47}$$

式中，$\boldsymbol{y}$ 表示压力传感器的输出信号；$\hat{\boldsymbol{\theta}}_n$ 表示模型参数向量的估计值。

采用经验模态分解的自适应最小二乘方法（EMD - ALS）可以消除输出信号中的随机噪声，得到被校准压力传感器合理的数学模型。这种建模方法的基本流程如图 6 - 16 所示。

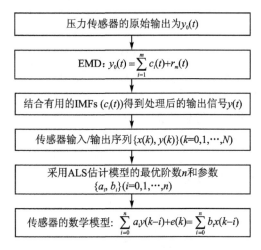

图 6-16　传感器建模的基本流程

6.2.4　传感器动态特性指标

传感器的动态特性是指传感器对于随时间变化的输入量的响应特性,包括时域特性和频域特性。

1. 压力传感器的时域指标

时域指标包括上升时间、峰值时间、调节时间和超调量等。传感器的阶跃输入和阶跃响应曲线如图 6-17 所示。

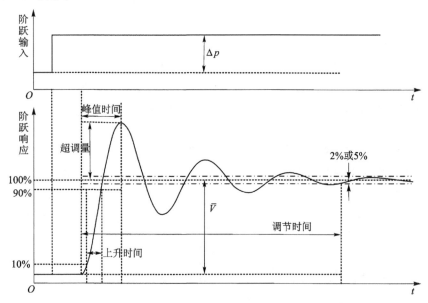

图 6-17　传感器的阶跃输入和阶跃响应曲线

上升时间 t_r:传感器的输出值从 10% 稳态值上升到 90% 稳态值所需要的时间;

峰值时间 t_p:传感器达到最大超调峰值(第一个超调峰值)所需要的时间;

调节时间 t_s：响应达到并保持在终值±95％(或者±98％)之内所需的时间，也称为响应时间；

超调量 σ：传感器输出响应的最大超调峰值超过输出稳态值的百分数；

频率 ω_d：单位时间内的振荡波数。

压力传感器的灵敏度指传感器响应输出的稳定值与输入阶跃压力值之比。

$$K = \frac{\overline{V}}{\Delta p} \tag{6-48}$$

式中，K 为压力传感器的灵敏度；$\overline{V}$ 为输出的稳定值；Δp 为输入阶跃压力值。

2. 压力传感器的频域指标

假设传感器为线性系统，它的频域特性可以用频响函数表示。线性系统的输入与输出之间的关系可以表示为

$$G(j\omega) = \frac{Y(j\omega)}{X(j\omega)} \tag{6-49}$$

式中，$G(j\omega)$表示线性系统的频响函数；$Y(j\omega)$表示线性系统输出函数 $y(t)$ 的拉氏变换；$X(j\omega)$表示线性系统输入函数 $x(t)$ 的拉氏变换。

频响函数是频域的复变函数，可以表示成振幅和相位特性：

$$G(j\omega) = A(\omega) + jB(\omega) \tag{6-50}$$

幅频特性和相频特性分别为

$$H(\omega) = |G(j\omega)| = \sqrt{A^2(\omega) + B^2(\omega)} \tag{6-51}$$

和

$$\phi(\omega) = \arctan \frac{B(\omega)}{A(\omega)} \tag{6-52}$$

在实际工作中可以用传感器频率特性曲线上的某些特征点作为频域动态特性指标，如图 6-18 所示。图中的 ω_{g1} 和 ω_{g2} 分别表示允许幅值误差为±10％和±5％(对应的相位误差分别为 $\phi(\omega_{g1})$ 和 $\phi(\omega_{g2})$)的工作频带和通频带 ω_b。对动态测试系统的要求是工作频带应当大于被测信号的有效带宽，以保证无失真地测量出动态参数的变化规律。如果不满足该要求或者幅频特性不够平坦，则需要对动态性能进行补偿。

传感器动态性能中的重复性是衡量多次动态校准结果分散程度的指标。一般可以用工作频带平均值的分散程度来衡量传感器的动态重复性。计算动态重复性的方法是对传感器进行多次动态校准，用同样的方法进行数据处理，每次都求出被校准传感器的工作频带。多个工作频带的平均值 $\overline{\omega}_g$ 为该传感器工作频带的最可信赖值，多个工作频带的标准差 σ 表示多次动态校准数据处理结果在平均值周围的分散程度。用标准差与工作频带平均值之比的百分数 R_d 表征测量系统的动态重复性。各参数的具体计算公式如下：

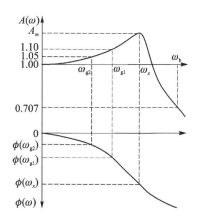

图 6-18 　传感器的频率特性曲线

工作频带的平均值为

$$\overline{\omega}_{g} = \frac{1}{n} \sum_{i=1}^{n} \omega_{gi} \qquad (6-53)$$

标准差为

$$\sigma = \sqrt{\frac{1}{n-1} \sum_{i=1}^{n} (\omega_{gi} - \overline{\omega}_{g})^2} \qquad (6-54)$$

动态重复性为

$$R_{d} = \frac{\sigma}{\overline{\omega}_{g}} \times 100\% \qquad (6-55)$$

以 ENDEVCO 8510C 压力传感器为例,重复测量 6 次得到归一化的时域曲线如图 6-19 (a)所示,从其中的小插图可以看出 6 次实验的时域重复性比较好。采用傅里叶变换分别计算 6 次实验的传递函数曲线,如图 6-19(b)所示。为了分析在 0~10 kHz 低频段范围内的动态重复性,求出频带的均值、标准差和相对标准差分别如图 6-19(c)和(d)所示。计算结果表明,在 0~10 kHz 范围内的相对标准不确定度小于 20%。

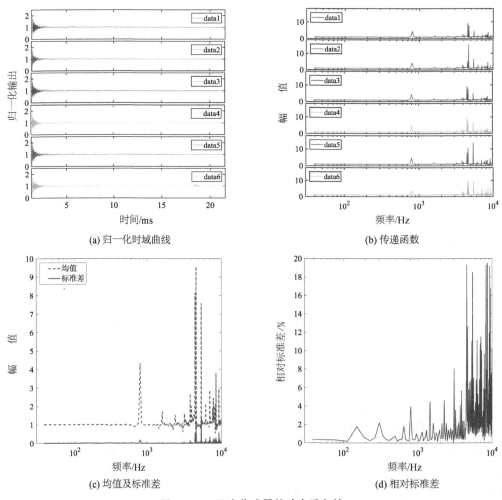

(a) 归一化时域曲线

(b) 传递函数

(c) 均值及标准差

(d) 相对标准差

图 6-19 压力传感器的动态重复性

6.3　动态力值校准不确定度评定

6.3.1　动态力值校准的现有方法

1. 正弦力校准法

振动台是正弦力校准系统的施力源,它产生的动态力值直接作用在被校准力传感器上,用激光零差干涉系统进行测量,如图 6-20 所示。激光零差干涉系统测量的力和力传感器输出的力均通过数据采集系统送到测控系统进行处理,实现对力传感的动态校准,如图 6-21 所示。

图 6-20　正弦力校准系统

图 6-21　正弦力测控系统

将质量块和力传感器安装在振动台的台面,如图 6-22 所示。不同大小的质量块用于实现 1 mN~10 000 N 范围内的正弦力校准。为了消除质量块表面加速度分布不均匀带来的误差,加速度通常取质量块上表面多个测量点的平均值。例如取 5 个测量点加速度的平均值作为质量块的修正加速度,如图 6-23 所示。

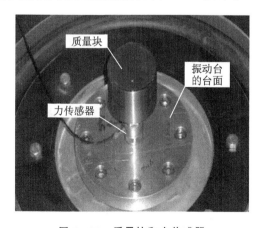

图 6-22　质量块和力传感器

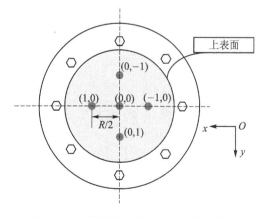

图 6-23　质量块上表面加速度的测量点

施加在力传感器上的动态力 F 是质量块、连接件以及力传感器等效质量所产生的动态

力值之和,即

$$F = (m_1 + m_2 + m_e)\overline{a}_0 k_0 \tag{6-56}$$

式中,m_1 表示质量块的质量;m_2 表示连接件的质量;m_e 表示力传感器的等效质量;$\overline{a}_0$ 表示质量块上表面的平均加速度;k_0 表示加速度的修正因子。

  质量块的加速度选取的是上表面 5 个测量点加速度的平均值。被校准传感器选用 Kistler 9331B 型力传感器。力传感器灵敏度的校准采用 4 kg 的质量块,当加速度为 200 m/s² 时,校准结果如图 6-24 所示。可以看出在同一频率下,不同测量点的灵敏度不同;随着频率的增大,灵敏度的离散程度逐渐增大;将 5 个测量点的加速度进行平均之后,灵敏度的离散程度得到明显抑制。

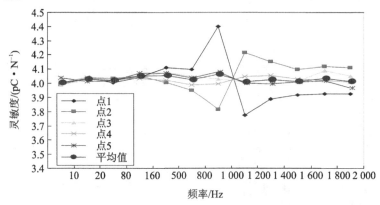

图 6-24 力传感器灵敏度的校准结果

  在加速度为 200 m/s² 时,采用直径为 60 mm 的 45 号钢,且长度分别为 50 mm、100 mm 和 200 mm 的三个质量块分别进行校准。不同质量块对力传感器校准结果的影响如图 6-25 所示。可以看出,归一化的灵敏度平均值与质量块的单独测量值之差均在 1% 左右。同一质量块在加速度分别为 $10g$、$20g$ 和 $40g$ 时的校准结果如图 6-26 所示。可以看出灵敏度偏差均在 1% 左右。

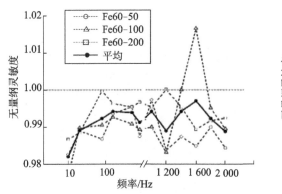

图 6-25 不同质量块的校准结果

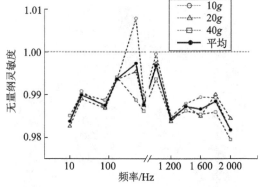

图 6-26 不同加速度的校准结果

  将不同质量块在不同加速度条件下的校准结果进行平均化处理之后,得到的灵敏度偏差小于 0.5%,如图 6-27 所示。无量纲校准灵敏度随正弦力幅值变化的关系如图 6-28 所示。

可以看出,当动态力值从 10 N 增加至 10 000 N 时,力传感器的灵敏度逐渐递增,增加的幅度超过 1%。由此可以得出结论,采用不同的质量块和加速度进行多次校准能够有效地提高校准结果的准确度。

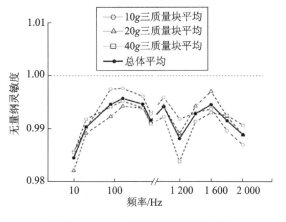

图 6 - 27　三个质量块的校准结果

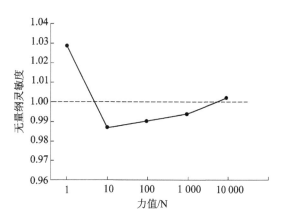

图 6 - 28　归一化灵敏度随正弦力值的变化

2. 冲击力校准法

（1）1～100 N 的冲击力校准

被校准对象选用量程为 ±20 kN 的 Kistler 9331B 型力传感器。半正弦冲击力由激励源通过闭环控制的方式产生,脉冲宽度的校准范围为 10～40 ms,动态力值的输出范围为 1～100 N。选用 4 种形式的脉冲宽度和 5 种不同大小的动态力值分别进行校准实验。在相同测试环境下进行 6 次校准,计算出归一化灵敏度的实验标准偏差的相对值,见表 6 - 2。

表 6 - 2　1～100 N 的冲击力校准

脉宽/ms	力值/N	归一化灵敏度	实验标准偏差相对值/%	脉宽/ms	力值/N	归一化灵敏度	实验标准偏差相对值/%
10	1	1.005	0.568	30	1	0.994	0.419
	5	1.005	0.483		5	0.994	0.385
	10	1.005	0.452		10	0.993	0.358
	50	1.000	0.475		50	0.993	0.406
	100	0.999	0.460		100	0.993	0.415
20	1	0.996	0.423	40	1	0.986	0.315
	5	0.998	0.435		5	0.986	0.371
	10	0.995	0.440		10	0.988	0.432
	50	0.996	0.455		50	0.990	0.337
	100	0.995	0.452		100	0.986	0.421

当脉冲宽度为 10 ms 时,实验标准偏差的相对值接近 0.6%,这时动态力值波形的信噪比稍差;当脉冲宽度为 40 ms 时,实验标准偏差的相对值小于 0.45%,这时动态力值波形的信噪

比则较好。

（2）100～10 000 N 的冲击力校准

被校准对象选用量程为±20 kN 的 Kistler 9331B 型力传感器。冲击力由激励源通过闭环控制的方式产生,脉冲宽度的校准范围为 10～40 ms,动态力值的输出范围为 1～10 000 N。分别选用 4 种形式的脉冲宽度和 5 种不同大小的动态力值进行校准试验。在同一工况分别进行 6 次校准,计算出归一化灵敏度的实验标准偏差相对值见表 6 - 3。

表 6 - 3　100～10 000 N 的冲击力校准

脉宽/ms	力值/N	归一化灵敏度	实验标准偏差相对值/%	脉宽/ms	力值/N	归一化灵敏度	实验标准偏差相对值/%
10	100	1.003	0.459	30	100	0.997	0.385
	500	1.003	0.417		500	0.997	0.368
	1 000	1.004	0.401		1 000	0.996	0.355
	5 000	1.001	0.413		5 000	0.996	0.379
	10 000	1.001	0.406		10 000	0.996	0.383
20	100	0.998	0.387	40	100	0.993	0.334
	500	0.999	0.393		500	0.993	0.362
	1 000	0.998	0.396		1 000	0.992	0.392
	5 000	0.998	0.403		5 000	0.993	0.345
	10 000	0.997	0.402		10 000	0.991	0.387

可以看出,在脉冲宽度为 10 ms 时,实验标准偏差的相对值接近 0.46%,这时动态力值的波形信噪比稍差;在脉冲宽度为 40 ms 时,实验标准偏差的相对值小于 0.40%,这时动态力值波形的信噪比则较好。

6.3.2　正弦力校准不确定度评定

1. 幅值灵敏度测量的不确定度评定

力传感器的灵敏度 S 可以表示为

$$S = \frac{U}{F} = \frac{U}{(m_1 + m_2 + m_e)\bar{a}_0 k_0} \tag{6-57}$$

式中,U 表示传感器的输出电压;m_1 表示质量块的质量;m_2 表示传感器与质量块之间连接机构的质量;m_e 表示力传感器的等效质量;$\bar{a}_0$ 表示质量块上表面的平均加速度;k_0 表示加速度修正因子。

传感器幅值灵敏度测量的不确定度来源见表 6 - 4。

幅值灵敏度测量合成不确定度的平方为

$$u_c^2(S) = (c_1)^2 u^2(m_1) + (c_2)^2 u^2(m_2) + (c_3)^2 u^2(m_e) +$$
$$(c_4)^2 u^2(a) + (c_5)^2 u^2(k_0) + (c_6)^2 u^2(U) + u_A^2(\bar{S}) \tag{6-58}$$

式中,$u_A(\bar{S})$ 表示幅值灵敏度测量的 A 类不确定度。

表 6 - 4　幅值灵敏度测量的不确定度来源

i	不确定度来源	不确定度分量 $u_i(S)$
1	质量块质量称量的不确定度分量	$u_1(S)$
2	连接件质量称量的不确定度分量	$u_2(S)$
3	传感器等效质量测量的不确定度分量	$u_3(S)$
4	加速度测量的不确定度分量	$u_4(S)$
5	加速度分布测量的不确定度分量	$u_5(S)$
6	振动台横向振动引起的加速度测量的不确定度分量	$u_6(S)$
7	台面输出失真度引起的加速度测量的不确定度分量	$u_7(S)$
8	电压测量的不确定度分量	$u_8(S)$
9	多次测量重复性的不确定度分量	$u_9(S)$

幅值灵敏度测量的相对合成不确定度平方为

$$u_{c,rel}^2(S) = \left[\frac{u_c(S)}{S}\right]^2 = u_{1,rel}^2 + u_{2,rel}^2 + u_{3,rel}^2 + u_{4,rel}^2 + u_{5,rel}^2 + u_{6,rel}^2 + u_{A,rel}^2(\bar{S})$$

(6 - 59)

式中 $u_{1,rel} = \frac{\partial S}{\partial m_1}\frac{u(m_1)}{S} = \frac{-u(m_1)}{m_1+m_2+m_e}$, $\quad u_{2,rel} = \frac{\partial S}{\partial m_2}\frac{u(m_2)}{S} = \frac{-u(m_2)}{m_1+m_2+m_e}$

$$u_{3,rel} = \frac{\partial S}{\partial m_e}\frac{u(m_e)}{S} = \frac{-u(m_e)}{m_1+m_2+m_e}, \quad u_{4,rel} = \frac{\partial S}{\partial a}\frac{u(a)}{S} = \frac{-u(\bar{a_0})}{\bar{a_0}}$$

$$u_{5,rel} = \frac{\partial S}{\partial k_0}\frac{u(k_0)}{S} = \frac{-u(k_0)}{k_0}, \quad u_{6,rel} = \frac{\partial S}{\partial U}\frac{u(U)}{S} = \frac{u(U)}{U}, \quad u_{A,rel}(\bar{S}) = \frac{u_A(\bar{S})}{S}$$

幅值灵敏度测量相对扩展不确定度为

$$U_{rel}(S) = k \cdot u_{c,rel}(S) = k\sqrt{u_{1,rel}^2 + u_{2,rel}^2 + u_{3,rel}^2 + u_{4,rel}^2 + u_{5,rel}^2 + u_{6,rel}^2 + u_{A,rel}^2(\bar{S})}$$

(6 - 60)

（1）质量测量的不确定度分量

以 $m_1 \approx 4$ kg 的质量块为例。质量块与传感器连接件的质量为 $m_2 \approx 509$ g，传感器端部的等效质量为 $m_e \approx 75$ g。其中 m_1 与 m_2 可以通过高精度电子秤直接测量，它们的扩展不确定度均为 0.02 g $(k=3)$。二者引入的相对标准不确定度分别为

$$u_{1,rel} = \frac{0.02}{4\ 584} \times \frac{1}{3} = 1.5 \times 10^{-6}$$

(6 - 61)

$$u_{2,rel} = \frac{0.02}{4\ 584} \times \frac{1}{3} = 1.5 \times 10^{-6}$$

(6 - 62)

传感器端部等效质量 m_e 可以在动态力值的测量过程中获得，它的标准测量不确定度为 4 g，引入的相对标准不确定度为

$$u_{3,rel} = \frac{4}{4\ 584} = 8.7 \times 10^{-4}$$

(6 - 63)

（2）加速度测量的不确定度分量

采用国际标准 ISO 16063 - 11 中的方法测量加速度，相对扩展不确定度为 0.2% $(k=2)$。

引入的相对标准不确定度为

$$u_{4,\text{rel}} = \frac{0.2\%}{2} = 0.1\% \tag{6-64}$$

（3）质量块加速度分布不均引起的测量不确定度分量

加速度分布修正因子 k_0 用于消除质量块加速度不均匀引起的动态力值测量误差，可以根据质量块的力学常数和几何参数获得。造成动态力值测量的相对标准不确定度为

$$u_{5,\text{rel}} = 0.3\% \tag{6-65}$$

（4）振动台横向振动引起的加速度测量不确定度分量

振动台在参考频率点的横向振动不宜超过 $T=5\%$。此时的加速度偏差为 $1-1/\sqrt{1+T^2} = 0.125\%$。假设加速度偏差服从均匀分布，则横向振动引入的相对标准不确定度为

$$u_{6,\text{rel}}^{\text{ref}} = \frac{0.001\,25}{\sqrt{3}} = 0.072\% \tag{6-66}$$

振动台在其他频率点的横向振动不宜超过 $T=10\%$。横向振动引入的相对标准不确定度为

$$u_{6,\text{rel}} = 0.286\% \tag{6-67}$$

（5）振动输出失真引起的加速度测量不确定度分量

振动台在参考频率点的加速度失真最大不宜超过 5%。假设振动输出的失真服从均匀分布，则引入的相对标准不确定度为

$$u_{7,\text{rel}}^{\text{ref}} = \frac{0.05^2/2}{\sqrt{3}} = 0.072\% \tag{6-68}$$

振动台在其他频率点的加速度失真不宜超过 10%，则振动输出失真引入的相对标准不确定度为

$$u_{7,\text{rel}} = 0.286\% \tag{6-69}$$

（6）电压测量的不确定度分量

以 12 位数据采集卡为例，电压输出波形测量的相对扩展不确定度为 $0.1\%(k=2)$，则电压测量的相对标准不确定度为

$$u_{8,\text{rel}} = \frac{0.1\%}{2} = 0.05\% \tag{6-70}$$

（7）多次测量重复性的不确定度分量

在不改变实验条件的情况下，幅值灵敏度是 10 次测量结果的平均值。在参考频率点的标准偏差小于 0.5%。测量重复性的相对标准不确定度为

$$u_{\text{A,rel}}^{\text{ref}}(\bar{S}) = \frac{0.5\%}{\sqrt{10}} = 0.16\% \tag{6-71}$$

在其他频率点的标准偏差小于 2%。测量重复性的相对标准不确定度为

$$u_{\text{A,rel}}(\bar{S}) = \frac{2\%}{\sqrt{10}} = 0.63\% \tag{6-72}$$

根据各不确定度分量的数据，可以获得在参考频率为 80 Hz 和 160 Hz 的合成标准不确定度为

$$u_{\text{c,rel}}(S) = \sqrt{(u_{1,\text{rel}})^2 + (u_{2,\text{rel}})^2 + (u_{3,\text{rel}})^2 + (u_{4,\text{rel}})^2 + (u_{5,\text{rel}})^2 + (u_{6,\text{rel}}^{\text{ref}})^2 + (u_{7,\text{rel}}^{\text{ref}})^2 + (u_{8,\text{rel}})^2 + (u_{\text{A,rel}}^{\text{ref}})^2}$$

$$= 0.38\%　　　　　　　　　　　　　　　　　　(6-73)$$

在参考频率点的扩展不确定度($k=2$)为

$$U_{rel} = 0.38\% \times 2 = 0.76\%　　　　　　　　　　　(6-74)$$

在其他频率点的合成标准不确定度($k=2$)为

$$u_{c,rel}(S) = \sqrt{(u_{1,rel})^2 + (u_{2,rel})^2 + (u_{3,rel})^2 + (u_{4,rel})^2 + (u_{5,rel})^2 + (u_{6,rel})^2 + (u_{7,rel})^2 + (u_{8,rel})^2 + (u_{A,rel})^2}$$

$$= 0.82\%　　　　　　　　　　　　　　　　　　(6-75)$$

在其他频率点的扩展不确定度为

$$U_{rel} = 0.82\% \times 2 = 1.64\%　　　　　　　　　　　(6-76)$$

2. 相位延迟测量的不确定度评定

力传感器的相位延迟可以表示为

$$\Delta\phi = \phi_U - \phi_F　　　　　　　　　　　　　(6-77)$$

式中，ϕ_U，ϕ_F 分别为力传感器的输出电压和激励力的相位。

相位延迟的合成方差为

$$u^2(\varphi) = (C_1)^2 u^2(\varphi_U) + (C_2)^2 u^2(\varphi_F)　　　　　　(6-78)$$

式中，$C_1 = 1$；$C_2 = -1$。

相位延迟测量的不确定度不仅来源于加速度校准，还来源于质量块的加速度相位与其作用力的相位之差。相位延迟测量的不确定度分量见表 6-5。

表 6-5　相位延迟测量的不确定度分量

i	不确定度来源	不确定度分量 $u_i(y)$
1	传感器输出电压相位测量；模/数转换分辨力和时钟准确度	$u_1(\Delta\varphi)$
2	电压滤波对传感器输出电压相位测量的影响	$u_2(\Delta\varphi)$
3	电压扰动对传感器输出电压相位测量的影响（如噪声）	$u_3(\Delta\varphi)$
4	横向、摇摆和弯曲加速度对传感器输出电压相位测量的影响（如横向灵敏度）	$u_4(\Delta\varphi)$
5	干涉仪正交输出信号扰动对位移相位测量的影响（如偏移、电压幅值偏差、与 90°名义角度差的偏差）	$u_5(\Delta\varphi)$
6	干涉仪信号滤波对位移相位测量的影响	$u_6(\Delta\varphi)$
7	电压扰动对位移相位测量的影响（如光电测量回路的随机噪声）	$u_7(\Delta\varphi)$
8	干扰运动对位移相位测量的影响（如漂移、加速度计参考平面与干涉仪的测量光点之间的相对运动）	$u_8(\Delta\varphi)$
9	相位扰动对位移相位测量的影响（如干涉仪信号的相位噪声）	$u_9(\Delta\varphi)$
10	其他干涉效应对位移相位测量的影响	$u_{10}(\Delta\varphi)$
11	质量块加速度相位与质量块作用力相位之差的不确定度影响	$u_{11}(\Delta\varphi)$
12	其他效应对相位延迟测量的影响（如重复测量中的随机影响、算术平均值的实验标准差）	$u_{12}(\Delta\varphi)$

在选定校准频率、振幅、放大器增益和截止频率的前提下，相位延迟的测量扩展不确定度

$U(\Delta\varphi)$可以表示为

$$U(\Delta\varphi)=ku_c(\Delta\varphi) \tag{6-79}$$

其中的合成标准不确定度为

$$u_c(\Delta\phi)=\sqrt{\sum_{i=1}^{12}u_i^2(\Delta\phi)} \tag{6-80}$$

下面对表 6-5 中的相位延迟测量不确定度分量逐一进行计算。

(1) 第 1～10 项的测量不确定度分量

加速度的测量依据《ISO 16063—11:1999》实施。在 80 Hz 参考频率点的扩展不确定度为 0.5°；其他频率点的扩展不确定度不超过 1.0°。在表 6-5 中 1～10 项的相位延迟测量不确定度可以用该标准中给定的扩展不确定度表示，即

在参考频率点

$$u_{c1,ref}(\Delta\varphi)=\sqrt{\sum_{i=1}^{10}u_i^2(\Delta\varphi)}=\frac{0.5°}{2}=0.25° \tag{6-81}$$

在其他频率点

$$u_{c1}(\Delta\varphi)=\sqrt{\sum_{i=1}^{10}u_i^2(\Delta\varphi)}=\frac{1°}{2}=0.5° \tag{6-82}$$

(2) 第 11 项的质量块加速度相位与其作用力相位之差的不确定度 $u_{11}(\Delta\varphi)$

质量块上表面的加速度相位与质量块作用力之间的相位之差不大于 0.2°，即

$$u_{11}(\Delta\varphi)=0.2° \tag{6-83}$$

(3) 第 12 项的多次测量重复性不确定度分量 $u_{12}(\Delta\varphi)$

在不改变其他实验条件的前提下，传感器的相位延迟是 10 次测量结果的平均值，它的标准偏差小于 0.2°。因此多次测量重复性的不确定度为

$$u_{12}(\Delta\varphi)=0.2° \tag{6-84}$$

根据各不确定度分量的数据，可以获得在参考频率为 80 Hz 和 160 Hz 时的相位延迟测量合成标准不确定度为

$$u_{c,ref}(\Delta\varphi)=\sqrt{u_{c1,ref}^2(\Delta\varphi)+u_{11}^2(\Delta\varphi)+u_{12}^2(\Delta\varphi)}=0.38° \tag{6-85}$$

在参考频率点的扩展不确定度($k=2$)为

$$U_{ref}(\Delta\varphi)=0.38°\times2=0.76° \tag{6-86}$$

在其他频率点的合成标准不确定度为

$$u_c(\Delta\varphi)=\sqrt{u_{c1}^2(\Delta\varphi)+u_{11}^2(\Delta\varphi)+u_{12}^2(\Delta\varphi)}=0.57° \tag{6-87}$$

在其他频率点的扩展不确定度($k=2$)为

$$U(\Delta\varphi)=0.57°\times2=1.14° \tag{6-88}$$

6.3.3　冲击力校准不确定度评定

力传感器的灵敏度 S 可以表示为

$$S=\frac{U}{F}=\frac{U}{(m_1+m_2+m_e)\bar{a}_0k_0} \tag{6-89}$$

式中，U 表示力传感器输出电压的峰值；m_1 表示质量块的质量；m_2 表示力传感器与质量块之

间连接件的质量;m_e 表示力传感器的等效质量;$\bar{a}_0$ 表示质量块上表面的平均峰值加速度;k_0 表示加速度修正因子。

传感器幅值灵敏度测量不确定度的主要来源及其分量见表 6-6。

表 6-6　幅值灵敏度测量不确定度的主要来源及其分量

i	不确定度来源	不确定度分量 $u_i(S)$
1	质量块质量称量的不确定度分量	$u_1(S)$
2	连接件质量称量的不确定度分量	$u_2(S)$
3	传感器等效质量测量的不确定度分量	$u_3(S)$
4	加速度峰值测量的不确定度分量	$u_4(S)$
5	加速度分布测量的不确定度分量	$u_5(S)$
6	振动台横向振动引起的加速度测量不确定度分量	$u_6(S)$
7	电压峰值测量的不确定度分量	$u_7(S)$
8	电压滤波对加速度计输出电压峰值的影响	$u_8(S)$
9	多次测量重复性的不确定度分量	$u_9(S)$

由表 6-6 可知,对于幅值灵敏度测量不确定度的评定,冲击力校准与正弦力校准两种方法具有相近的不确定度来源。

下面对表 6-6 中的幅值灵敏度不确定度分量逐一进行计算。

(1) 质量测量的不确定度分量

以 $m_1 \approx 4$ kg 的质量块为例。质量块与传感器连接件的质量为 $m_2 \approx 509$ g,传感器的等效质量为 $m_e \approx 75$ g。其中 m_1 与 m_2 可以通过高精度电子秤直接测量,扩展不确定度均为 0.02 g ($k=3$)。因此 m_1、m_2 和 m_e 的质量测量不确定度分别为

$$u_{1,\text{rel}} = \frac{0.02}{4\ 584} \times \frac{1}{3} = 1.5 \times 10^{-6} \tag{6-90}$$

$$u_{2,\text{rel}} = \frac{0.02}{4\ 584} \times \frac{1}{3} = 1.5 \times 10^{-6} \tag{6-91}$$

$$u_{3,\text{rel}} = \frac{4}{4\ 584} = 8.7 \times 10^{-4} \tag{6-92}$$

(2) 加速度测量的不确定度分量

采用激光干涉法测量冲击加速度峰值的相对扩展不确定度为 0.3%($k=2$),因此加速度的测量不确定度可以表示为

$$u_{4,\text{rel}} = \frac{0.3\%}{2} = 0.15\% \tag{6-93}$$

(3) 质量块加速度分布不均匀引起的测量不确定度分量

加速度分布的修正因子 k_0 用于消除质量块加速度分布不均匀引起的动态力值测量误差。对冲击力测量造成的相对不确定度为

$$u_{5,\text{rel}} = 0.6\% \tag{6-94}$$

(4) 振动台横向振动引起的加速度测量不确定度分量

在校准过程中,振动台横向振动不宜超过 $T=10\%$,因此加速度偏差为 $1-1/\sqrt{1+T^2} =$

0.5%。假设加速度偏差服从均匀分布,则引入的不确定度为

$$u_{6,\mathrm{rel}}=0.5\%/\sqrt{3}=0.287\% \tag{6-95}$$

(5) 电压测量峰值的不确定度分量

以 12 位数据采集卡为例,电压输出波形测量的相对扩展不确定度为 $0.1\%(k=2)$,则电压测量峰值的不确定度为

$$u_{7,\mathrm{rel}}=\frac{0.1\%}{2}=0.05\% \tag{6-96}$$

(6) 电压滤波对加速度计输出电压峰值影响的不确定度分量

假设冲击信号的脉冲宽度为 T,则低通滤波器的截止频率为 $10/T$。电压滤波对冲击信号峰值影响的不确定度为

$$u_{8,\mathrm{rel}}=0.3\% \tag{6-97}$$

(7) 多次测量重复性的不确定度分量

幅值灵敏度是在不改变其他实验条件的前提下进行 6 次重复测量获得的平均值,最大标准偏差为 0.6%。因此

$$u_{9,\mathrm{rel}}(\bar{S})=\frac{0.6\%}{\sqrt{6}}=0.24\% \tag{6-98}$$

根据各不确定度分量的数据获得冲击力校准峰值灵敏度的合成标准不确定度为

$$u_{c,\mathrm{rel}}(S)=\sqrt{(u_{1,\mathrm{rel}})^2+(u_{2,\mathrm{rel}})^2+(u_{3,\mathrm{rel}})^2+(u_{4,\mathrm{rel}})^2+(u_{5,\mathrm{rel}})^2+(u_{6,\mathrm{rel}})^2+(u_{7,\mathrm{rel}})^2+(u_{8,\mathrm{rel}})^2+(u_{9,\mathrm{rel}})^2}$$
$$=0.78\% \tag{6-99}$$

扩展不确定度为

$$U_{\mathrm{rel}}=0.78\%\times 2=1.6\%,\quad k=2 \tag{6-100}$$

6.4　动态压力校准不确定度评定

6.4.1　动态校准系统的不确定度评定

动态校准系统不确定度主要是指入射和反射激波压力的不确定度,即传感器输入信号的不确定度。可以用静态不确定度评定的方法进行计算。

(1) 入射激波阶跃压力

$$\Delta p_2=\frac{7}{6}(M_{\mathrm{S}}^2-1)p_1=\frac{7}{6}\left[\frac{L^2}{331.45^2 t^2(T/273.15\ \mathrm{K})}-1\right]p_1 \tag{6-101}$$

当各分量互不相关时,阶跃压力 Δp_2 的不确定度满足

$$u^2(\Delta p_2)=c_1^2 u^2(L)+c_2^2 u^2(t)+c_3^2 u^2(T)+c_4^2 u^2(p_1) \tag{6-102}$$

其中各灵敏系数分别为

$$c_1=\frac{\partial(\Delta p_2)}{\partial L}=\frac{7}{6}\left[\frac{2Lp_1}{331.45^2 t^2(T/273.15\ \mathrm{K})}\right] \tag{6-103}$$

$$c_2=\frac{\partial(\Delta p_2)}{\partial t}=\frac{7}{6}\left[\frac{-2L^2 p_1}{331.45^2 t^3(T/273.15\ \mathrm{K})}\right] \tag{6-104}$$

$$c_3 = \frac{\partial(\Delta p_2)}{\partial T} = \frac{7}{6}\left[\frac{-L^2 p_1}{331.45^2 t^2 (T/273.15 \text{ K})^2} \times \frac{1}{273.15}\right] \qquad (6-105)$$

$$c_4 = \frac{\partial(\Delta p_2)}{\partial p_1} = \frac{7}{6}\left[\frac{L^2}{331.45^2 t^2 (T/273.15 \text{ K})} - 1\right] \qquad (6-106)$$

（2）反射激波阶跃压力

$$\Delta p_5 = \frac{7}{3}\left[\frac{L^2}{331.45^2 t^2 (T/273.15 \text{ K})} - 1\right]\left[\frac{2 + 4 \times \dfrac{L^2}{331.45^2 t^2 (T/273.15 \text{ K})}}{5 + \dfrac{L^2}{331.45^2 t^2 (T/273.15 \text{ K})}}\right] p_1$$

$$(6-107)$$

当各分量互不相关时，阶跃压力 Δp_5 的不确定度满足

$$u^2(\Delta p_5) = c_5^2 u^2(L) + c_6^2 u^2(t) + c_7^2 u^2(T) + c_8^2 u^2(p_1) \qquad (6-108)$$

其中各灵敏系数分别为

$$c_5 = \frac{\partial(\Delta p_5)}{\partial L} = \frac{56 Ma_s^2 p_1 (Ma_s^4 + 10 Ma_s^2 - 2)}{3(5 + Ma_s^2)^2 L} \qquad (6-109)$$

$$c_6 = \frac{\partial(\Delta p_5)}{\partial t} = -\frac{56 Ma_s^2 p_1 (Ma_s^4 + 10 Ma_s^2 - 2)}{3(5 + Ma_s^2)^2 t} \qquad (6-110)$$

$$c_7 = \frac{\partial(\Delta p_5)}{\partial T} = -\frac{28 Ma_s^2 p_1 (Ma_s^4 + 10 Ma_s^2 - 2)}{3(5 + Ma_s^2)^2 T} \qquad (6-111)$$

$$c_8 = \frac{\partial(\Delta p_5)}{\partial p_1} = \frac{7}{3}(Ma_s^2 - 1)\left(\frac{2 + 4 Ma_s^2}{5 + Ma_s^2}\right) \qquad (6-112)$$

式中，$Ma_s^2 = \dfrac{L^2}{331.45^2 t^2 (T/273.15 \text{ K})}$。

（3）不确定度来源分析

影响阶跃压力测量结果的因素有低压腔室压力值、激波管内气体的温度、两个测速探头之间的距离、激波经过两个测速探头之间所用的时间和数据采集系统。可以根据各参数的资料和仪器设备的校准证书，分别对各因素进行分析。

假设激波管内的气体为理想气体。以空气为例，低压室的初始压力为 $p_1 = 1$ MPa，初始温度为 $T = 293.15$ K，测速探头之间的距离为 $L = 0.4$ m，激波经过两个测速探头之间所用的时间为 $t = 8 \times 10^{-4}$ s。经过计算可以得到入射激波的马赫数为 $Ma_s = 1.44$，入射激波的阶跃压力为 $\Delta p_2 = 1.25$ MPa，反射激波的阶跃压力为 $\Delta p_5 = 3.64$ MPa。

1）测速探头之间距离引入的不确定度分量 u_L

考虑到测速探头安装孔之间的孔距误差以及安装孔、接头、测速探头之间的配合公差，测速探头之间的距离可以准确测量到 1.3×10^{-4} m，该误差为极限误差。假设服从均匀分布，则 $u_L = (1.3 \times 10^{-4}/\sqrt{3})$ m $= 7.5 \times 10^{-5}$ m，用 u_1 表示该值。

2）激波经过两个测速探头之间所用时间引入的不确定度分量 u_t

通过调试，测量时间的准确度可达到 1 μs，即 $u_t = 1 \times 10^{-6}$ s，用 u_2 表示该值。

3）温度测量引入的不确定度分量 u_T

使用 PT100 标准铂电阻温度传感器，在 20 ℃测量的准确度为 0.15 ℃，即 $u_T = 0.15$ ℃，

用 u_3 表示该值。

4）测量低压腔压力值引入的不确定度分量 u_{p_1}

低压腔压力值由数字压力计进行测量，它的基本误差为 0.1%，该误差为极限误差。假设服从均匀分布，则在低压室压力为 $p_1 = 1$ MPa 时，$u_{p_1} = (1 \times 0.1\%/\sqrt{3})$ MPa $= 5.77 \times 10^{-4}$ MPa，用 u_4 表示该值。

5）数据采集系统与二次仪表引入的不确定度分量 u_5

根据数据采集系统的校准证书，交流增益测量不确定度为 $U = 2.4 \times 10^{-4}(k = 2)$。入射激波的压力为 $\Delta p_2 = 1.25$ MPa，则 $u_5 = 1.25 \times 1.2 \times 10^{-4}$ MPa $= 1.5 \times 10^{-4}$ MPa；反射激波的压力为 $\Delta p_5 = 3.64$ MPa，则 $u_5 = 3.64 \times 1.2 \times 10^{-4}$ MPa $= 4.4 \times 10^{-4}$ MPa。

6）重复测量引入的不确定度分量

对被校准压力测量系统进行 6 次校准，利用贝塞尔公式可以得到重复测量引入的不确定度分量。入射激波压力为 $\Delta p_2 = 1.25$ MPa，则 $u_6 = 4.9 \times 10^{-3}$ MPa；反射激波压力为 $\Delta p_5 = 3.64$ MPa，则 $u_6 = 3.9 \times 10^{-2}$ MPa。

综上所述，入射激波压力的不确定度分量见表 6-7。

表 6-7　入射激波压力的不确定度分量

序　号	不确定度分量	系数 c_i	不确定度 u_i	$(c_i u_i)^2$
1	长度 L	12.1	7.5×10^{-5}	8.1×10^{-5}
2	时间 t	-6.1×10^3	1×10^{-6}	3.7×10^{-5}
3	温度 T	-8.1×10^{-3}	0.15	1.5×10^{-7}
4	压力 p_1	1.25	5.77×10^{-4}	5.3×10^{-7}
5	数据采集系统	1	1.5×10^{-4}	2.3×10^{-8}
6	重复测量	1	4.9×10^{-3}	2.4×10^{-5}
$\sum\limits_{i=1}^{6}(c_i u_i)^2 = 1.44 \times 10^{-4}$				

反射激波压力的不确定度分量见表 6-8。

表 6-8　反射激波压力的不确定度分量

序　号	不确定度分量	系数 c_i	不确定度 u_i	$(c_i u_i)^2$
1	长度 L	45	7.5×10^{-5}	1.1×10^{-5}
2	时间 t	-2.2×10^4	1×10^{-6}	4.84×10^{-4}
3	温度 T	-3×10^{-2}	0.15	2×10^{-5}
4	压力 p_1	3.64	5.77×10^{-4}	4.4×10^{-6}
5	数据采集系统	1	4.4×10^{-4}	1.9×10^{-7}
6	重复测量	1	3.9×10^{-2}	15.5×10^{-4}
$\sum\limits_{i=1}^{6}(c_i u_i)^2 = 20.7 \times 10^{-4}$				

（4）合成标准不确定度

假设各分量之间彼此独立，则合成标准不确定度 u_c 的平方为 $u_c^2 = \sum_{i=1}^{6}(c_i u_i)^2$。

入射激波压力的合成标准不确定度为 $u_c = 0.012$。已知 $\Delta p_2 = 1.25$ MPa，则合成相对不确定度为 $u_c' = 0.012/1.25 = 1$ %。反射激波压力的合成标准不确定度为 $u_c = 0.045$。已知 $\Delta p_5 = 3.64$ MPa，则合成相对不确定度为 $u_c' = 0.045/3.64 = 1.25\%$。

（5）扩展不确定度

入射激波压力的扩展不确定度为 $U = ku_c' = 2 \times 1\% = 2\% (k=2)$；反射激波压力的扩展不确定度为 $U = ku_c' = 2 \times 1.25\% = 2.5\% (k=2)$。

6.4.2　传感器特性参数不确定度评定

压力传感器动态特性参数不确定度是表征动态校准结果的重要指标，包括时域动态特性参数不确定度和频域动态特性参数不确定度两项主要指标。其中时域动态特性参数主要包括上升时间、调节时间和超调量；频域动态特性参数主要包括谐振频率和幅值误差为 10% 的工作频带。

压力传感器动态特性参数不确定度的评定流程如图 6-29 所示。

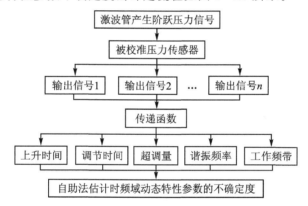

图 6-29　压力传感器动态特性参数不确定度的评定流程

具体评定步骤如下：

① 利用激波管系统对给定压力传感器进行动态校准，得到传感器的输出信号；

② 采用有效的参数模型辨识方法建立压力传感器的数学模型，得到相应的传递函数；

③ 根据传递函数模型分别获取压力传感器的时域输出曲线和幅频特性曲线，计算出时频域动态特性参数；

④ 开展多次重复校准实验，得到压力传感器的动态特性参数序列。采用自助法计算参数自助样本的概率密度直方图，估计出不同置信水平的扩展不确定度和相对不确定度。

得到压力传感器的数学模型之后，根据模型的时域输出曲线和幅频特性曲线分别计算出时频域动态特性参数。

采用激波管装置对压力传感器进行单次校准实验的时间一般比较长，校准的成本也比较大，实际校准的重复性实验次数普遍比较少。假设进行 n 次重复性校准实验分别得到时频域动态特性参数序列的长度都是 n。

使用激波管动态校准系统开展实验,如图 6-30 所示。激波管主要由高压室和低压室两部分构成,高、低压室的长度分别为 4 m 和 7 m,直径均为 0.1 m。在高压室与低压室之间用铝膜片分隔开。在进行动态校准实验时,先向高压室内充入空气。当高、低压室之间的差压达到铝膜片承受的最大压力时,膜片破裂,产生的激波由高压室向低压室的端面方向传播,在端面处形成反射激波阶跃压力。安装在端面上的被校准压力传感器 S6 接收到该阶跃激励产生的输出信号。图中的 S5 和 S1 为两个测压传感器,S2 为测温传感器,S3 和 S4 为两个测速传感器。

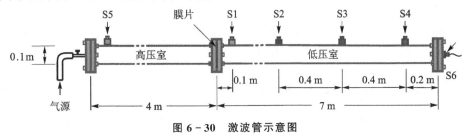

图 6-30　激波管示意图

被校准压力传感器的型号为 PCB M102A02,灵敏度为 2.67 mV/kPa,最大测量范围为 690 kPa,铝膜片的厚度为 0.07 mm,数据采集系统的采样频率为 5 MHz。得到被校准压力传感器输出的时域和频域曲线分别如图 6-31(a)和(b)所示。

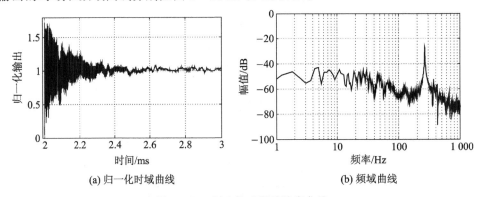

(a) 归一化时域曲线　　　　　　(b) 频域曲线

图 6-31　压力传感器的输出曲线

从图 6-31(a)中可以看出,压力传感器输出的振荡幅值没有随时间逐渐减小。例如,在 2.1 ms 处出现明显的下降段,在 2.6 ms 之后仍然存在波动。从图 6-31(b)的频谱曲线可以看出,在 1~100 kHz 频率范围内的频谱幅值比较大,并且存在明显的波动,这些现象会降低压力传感器的建模精度。在频谱曲线最大峰值处对应的频率称为振铃频率。

对压力传感器输出信号进行 EMD 处理的结果如图 6-32 所示。可以看出,原始输出信号被分解成了 8 个 IMF 分量和 1 个残余分量。

为了分离出原始输出信号中的噪声分量,分别计算 IMFs 和原始输出信号之间的相关系数和振铃频率处的幅值比,见表 6-9。可以看出,IMF1 与原始信号之间的相关系数为 0.942,远大于其他 IMFs 的相关系数,表明 IMF1 包含原始信号中的大部分有用信息。从表 6-9 的第三列还可以看出,IMF1、IMF2 和 IMF3 包含了原始输出信号在振铃频率处 99.653% 的频谱幅值;其他 IMFs 的幅值比均接近于 0,由此判断出其余 IMF 分量为不包含有用信息的噪声分量。因此可以选择 IMF1、IMF2 和 IMF3 为重构传感器的输出信号,其余 IMF 分量则予以剔除。

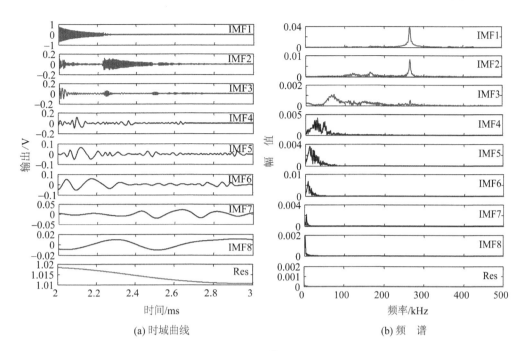

图 6 – 32 经验模态分解结果

表 6 – 9 有用 IMF 分量的选择

类　别	相关系数	幅值比/%	是否选择
原始输出	1	100	—
IMF1	0.942	80.316	是
IMF2	0.181	17.089	是
IMF3	0.116	2.248	是
IMF4	0.131	0.148	否
IMF5	0.106	0.059	否
IMF6	0.127	0.018	否
IMF7	0.092	0.009	否
IMF8	0.038	0.005	否

　　将 IMF1、IMF2 和 IMF3 相加得到传感器输出的重构信号,如图 6 – 33 所示。可以看出,在经过 EMD 预处理之后,原始输出信号中的低频噪声被剔除掉,特别是在 2.1 ms 处曲线的下降段被消除,在 2.6 ms 之后的曲线也趋于稳定。

　　在得到重构信号之后,采用自适应最小二乘法对压力传感器进行建模。首先确定模型的最优阶数,分别计算出不同阶数的模型残余方差和运行时间,如图 6 – 34 所示。可以看出随着模型阶数的变大,残余方差值减小。当阶数大于 4 时,残余方差的值趋于稳定。另一方面,运行时间随着阶数的变大明显增加。综合两个参数的变化判断出模型的最优阶数为 4。

　　一旦确定了传感器数学模型的最优阶数之后,模型参数 $\{a_i, b_i\}$(其中 $i = 1, 2, 3, 4$)就可以通过 ALS 估计出来。

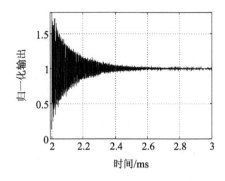

图 6 - 33 经过重构预处理的信号

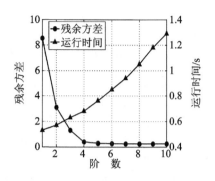

图 6 - 34 最优模型阶数的估计

压力传感器的差分方程模型为

$$y(k) = 1.291y(k-1) - 0.033y(k-2) - 0.299y(k-3) -$$
$$0.149y(k-4) - 2.766x(k) + 3.636x(k-1) -$$
$$0.085x(k-2) - 0.674x(k-3) - 0.281x(k-4) \qquad (6-113)$$

对式(6-113)进行 Z 变换,得到的离散传递函数为

$$G(z) = \frac{-2.766z^4 + 3.636z^3 - 0.085z^2 - 0.674z - 0.281}{z^4 - 1.291z^3 + 0.033z^2 + 0.299z + 0.149} \qquad (6-114)$$

令 $z = (1+s/2f)/(1-s/2f)$,其中 $f = 5$ MHz 为采样频率,则连续传递函数为

$$G(s) = \frac{-0.165s^4 + 1.057 \times 10^7 s^3 + 1.533 \times 10^{13} s^2 + 5.857 \times 10^{19} s + 1.716 \times 10^{26}}{s^4 + 2.991 \times 10^7 s^3 + 1.761 \times 10^{13} s^2 + 6.015 \times 10^{19} s + 1.708 \times 10^{26}}$$

$$(6-115)$$

传感器模型的时域曲线及其传递函数如图 6 - 35 所示。

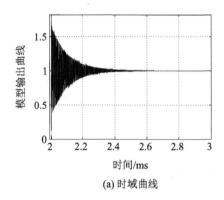

(a) 时域曲线

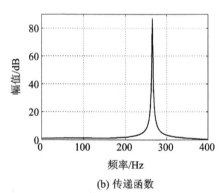

(b) 传递函数

图 6 - 35 传感器模型的时域曲线与传递函数

压力传感器重复校准实验 6 次,对每次的结果都进行预处理和建模,得到时频域动态特性参数,见表 6 - 10。

可以看出,实验结果并不完全相同。对校准结果的差异进行分析就可以评定出各动态特性参数的不确定度。以工作频带为例,采用自助法计算动态校准不确定度。设置采样次数为 $B = 3\,000$,组数为 $Q = 30$,得到的自助概率直方图、自助累加概率和工作频带的均值分别如图 6 - 36 和图 6 - 37 所示。

表 6 - 10　重复校准实验 6 次的时频域动态特性参数值

实验次数	$t_r/\mu s$	$t_s/\mu s$	$\sigma/\%$	ω_r/kHz	ω/kHz
1	0.80	360.58	79.61	264.82	34.79
2	0.81	365.21	76.58	263.95	32.58
3	0.80	362.48	78.92	264.87	36.14
4	0.79	357.49	81.25	265.21	34.05
5	0.81	363.72	77.84	264.18	33.47
6	0.80	360.90	79.28	263.46	36.57

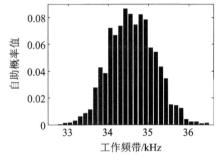

图 6 - 36　自助概率的直方图

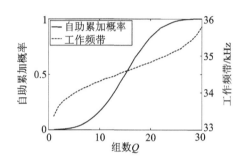

图 6 - 37　自助累加概率和工作频带的均值

从图 6 - 37 可以计算出工作频带在不同置信概率的扩展不确定度。类似地,采用自助法对其他动态特性参数序列进行采样,计算出自助累加概率和各组参数的均值,得到不同置信概率的扩展不确定度和估计真值,见表 6 - 11。

表 6 - 11　动态特性参数不确定度的评定结果

评定方法	本方法					贝塞尔法	
类　别	扩展不确定度				估计真值	扩展不确定度	估计真值
	$P=100\%$	$P=98\%$	$P=95\%$	$P=90\%$			
$t_r/\mu s$	0.012	0.005	0.003	0.002	0.802	0.014	0.802
$t_s/\mu s$	4.25	2.72	2.05	1.54	361.83	5.42	361.72
$\sigma/\%$	2.48	1.24	1.07	0.86	78.96	3.18	78.91
ω_r/kHz	1.05	0.68	0.47	0.34	264.44	1.32	264.42
ω/kHz	2.46	1.49	1.13	0.88	34.53	3.08	34.60

可以看出置信概率越小,动态特性参数的不确定度越小。因此在评定传感器的动态校准不确定度时,应当根据实际需要设置相应的置信水平,以便得到合适的不确定度评定结果。

对 6 次重复实验的动态特性参数值,采用贝塞尔公式分别计算出扩展不确定度和估计真值,得到的结果如表 6 - 11 中的最后两列所示(取包含因子为 $k=2$)。经过比较可知,两种方法得到动态特性参数估计真值之间的相对误差小于 1%;采用贝塞尔公式得到的扩展不确定度比置信概率在 100% 条件下自助法得到的扩展不确定度大得多。这说明在样本量比较少的情况下,如果仍然沿用贝塞尔公式,则得到的不确定度评定结果偏大。这是因为在采集数据样本量比较小的情况下,统计标准差无法准确地表征传感器动态特性分散性的真实情况。

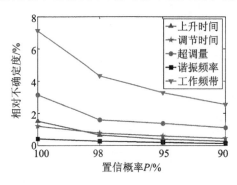

图 6-38 动态特性参数的相对不确定度

压力传感器动态特性参数的相对不确定度如图 6-38 所示。

就频域动态特性参数而言,在不同置信概率下的谐振频率相对不确定度都最小,说明传感器的重复动态校准对谐振频率的影响很小。工作频带的相对不确定度均大于 2%,在置信概率为 $P = 100\%$ 时的相对不确定度为 7.12%,说明在动态校准过程中存在着一定的噪声,并且对传感器工作频带的影响比较大。因此在压力传感器的动态校准过程中,应当尽量减小低频噪声的干扰,确保工作频带校准结果的可靠性。

在时域动态特性参数方面,上升时间和调节时间的相对不确定度相差很小,都小于 2%。超调量的相对不确定度略大,在置信概率为 $P = 100\%$ 时的相对不确定度为 3.14%。这可能是由于在每次实验中膜片的破裂情况不同,产生的激波到达低压室端面时的状态有所差异,导致压力传感器产生不同超调量的响应信号。

6.5 本章小结

本章介绍了动态力值和动态压力的校准过程及其结果的不确定度评定方法。动态力值的校准以牛顿第二运动定律为基础,可以直接通过质量、长度和时间三个国际基本单位进行溯源,能够实现动态力值的原级计量校准。动态压力则根据激波管系统中对产生的激波进行测速测压,进而计算阶跃压力的幅值来实现可溯源的动态校准。

动态力值校准系统中的位移量通过激光零差干涉法进行测量。激光零差干涉系统采用频率稳定度为 1×10^{-9} 的 He-Ne 激光器作为测量光源,其工作原理为线偏振光通过 $\lambda/4$ 波片之后变为圆偏振光,经过分光镜被分成测量光和参考光。测量光和参考光经过分光镜和偏振分光镜之后,均被分成两个分量,在光电转换器处形成干涉。在实际测量中,由于非理想光信号的影响,偏振分光镜对光电转换器 X 和 Y 的混叠作用往往会导致激光干涉系统产生随时间变化的非线性。零差干涉系统的非线性可以通过 Lissajous 图形的椭圆修正来实现补偿。

在动态压力校准方面,主要介绍了激波管的工作原理、压力传感器的模型辨识、动态特性参数、激波管产生的阶跃压力幅值不确定度评定和压力传感器时频域动态特性参数的不确定度评定方法。提出了一种压力传感器参数模型辨识的 EMD-ALS 方法,可以有效地消除压力传感器输出信号中的低频噪声,具有很高的模型参数辨识精度。关于激波管产生阶跃压力的幅值不确定度,采用基于 GUM 的 B 类评定方法分析了不确定度的来源,经过合成得到了幅值不确定度。关于压力传感器时频域动态特性的参数不确定度,在 EMD-ALS 压力传感器参数模型辨识的基础上,采用自助法实现了时频域动态特性参数的不确定度评定。

参考文献

[1] 国家质量监督检验检疫总局. 中华人民共和国国家计量检定系统表框图汇编(2015年修订)[M]. 北京：中国质检出版社，2015.

[2] 杨晓伟. 力学计量现状及发展综述[J]. 宇航计测技术，2008，28(4)：11-19.

[3] Pratt J R，Smith D T，Newell D B，et al. Progress toward systeme international d'Unités traceable force metrology for nano-mechanics[J]. Journal of Materials Research，2004，19(1)：366-379.

[4] 杨军，梁志国，燕虎，等. 欧洲动态计量技术发展[J]. 计测技术，2015，35(3)：1-9.

[5] Vlajic N，Chijioke A. Traceable dynamic calibration of force transducers by primary means[J]. Metrologia，2016，53(4)：S136.

[6] Leãoa L F，Silva，Guimarãesc Y T，et al. A compilation of patents related to mechanical metrology standards and high-precision measurement of mechanical quantities[J]. Measurement，2016，94(1)：523-530.

[7] 张元良，张洪潮，赵嘉旭，等. 高端机械装备再制造无损检测综述[J]. 机械工程学报，2013，9(7)：80-90.

[8] 郭东明，孙玉文，贾振元. 高性能精密制造方法及其研究进展[J]. 机械工程学报，2014，10(11)：119-134.

[9] Portoles J F，Cumpson P J. A compact torsional reference device for easy，accurate and traceable AFM piconewton calibration[J]. Nanotechnology，2013，24(33)：1-15.

[10] Pratt J R，Kramar J A，Newell D B，et al. Review of SI traceable force metrology for instrumented indentation and atomic force microscopy[J]. Measurement Science and Technology，2005，16(11)：2129-2137.

[11] A guide for the dynamic calibration of pressure transducers：ANSI ISA 37.16.01—2002[S]. North Carolina：Research Triangle Park，2002.

[12] Fujii Y. Method for generating and measuring the micro-newton level forces[J]. Mechanical Systems and Signal Processing，2006，20(6)：1362-1371.

[13] Braunisch D，Ponick B，Bramerdorfer G. Combined analytical-numerical noise calculation of electrical machines considering nonsinusoidal mode shapes[J]. IEEE Trans. Magnetics，2013，49(4)：1407-1415.

[14] Newell D B，Kramar J A，Pratt J R，et al. The NIST microforce realization and measurement project[J]. IEEE Trans. Instrumentation and Measurement，2003，52(2)：508-511.

[15] Khanam S，Dutt J K，Tandon N. Impact force based model for bearing local fault identification[J]. Vibration and Acoustics，2015，137(5)：1002-1005.

[16] Anna C，Miroslav V，Jaroslav Z，et al. Traceable measurements of small forces and local mechanical properties[J]. Measurement Science and Technology，2011，22(9)：94007-94013.

[17] Petrovic M，Mihailovic P，Brajovic L，et al. Intensity fiber-optic sensor for structural health monitoring calibrated by impact tester[J]. IEEE Sensors Journal，2016，16(9)：3047-3053.

[18] SaldinV I，Karpenko A A. Studying the effect of thermal impact on the mechanical properties of graphite oxide by means of atomic force spectroscopy[J]. Russian Journal of Physical Chemistry. A：Focus on Chemistry，2015，89(2)：324-326.

[19] Abdelali E B，Teidja S，Khamlichia A，et al. Predictability of impact force localization by using the optimization technique[J]. Procedia Technology，2016，22(1)：94-100.

[20] Oregui M，Li Z，Dollevoet R. Identification of characteristic frequencies of damaged railway tracks using field hammer test measurements[J]. Mechanical Systems and Signal Processing，2015,54(55)：224-242.

[21] Parsons D F，Walsh R B，Craig C，et al. Surface forces：surface roughness in theory and experiment[J].

The Journal of Chemical Physics，2014，140(16)：164701.

[22] Askarinejad H，Dhanasekar M，Boyd P，et al. Field measurement of wheel-rail impact force at insulated rail joint[J]. Experimental Techniques，2015，39(5)：61-69.

[23] Radni J，Matean D，Grgi N，et al. Impact testing of RC slabs strengthened with CFRP strips[J]. Composite Structures，2015，121(1)：90-103.

[24] Khoo S Y，Ismail Z，Kong K K，et al. Impact force identification with pseudo-inverse method on a lightweight structure for under-determined，even-determined and over-determined cases[J]. International Journal of Impact Engineering，2014，63(1)：52-62.

[25] Kobusch M，Bruns T，Klaus L，et al. The 250 kN primary shock force calibration device at PTB[J]. Measurement，2013，46(5)：1757-1761.

[26] 张力. 激光干涉法进行正弦力校准研究[J]. 计量学报，2005，26(4)：337-342.

[27] Aryafar M，Hamedi M，Ganjeh M M. A noveltemperature compensated piezoresistive pressure sensor [J]. Measurement，2015，63：25-29.

[28] Yu H，Huang J. Design and application of a high sensitivity piezoresistive pressure sensor for low pressure conditions[J]. Sensors，2015，15：22692-22704.

[29] 薛莉. 双膜激波管技术在动压校准中的研究[D]. 太原：中北大学，2014.

[30] 梁志国，张大治，吕华溢. 动态校准、动态测试与动态测量的辨析[J]. 计量、测试与校准，2017，37(1)：30-34.

[31] Robinson D C. Requirements for the calibration of mechanical shock transducer[J]. National Bureau of Standard Technical，1987.

[32] 航空航天部第三零四研究所. 压力传感器动态校准试行检定规程[S]. 1989.

[33] 中国计量出版社. 动态压力传感器检定规程[S]. 2005.

[34] Elkarous L，Robbe C，Pirlot M，et al. Dynamic calibration of piezoelectric transducers for ballistic highpressure measurement[J]. International Journal of Metrology and Quality Engineering，2016，7(2)：1-12.

[35] 雷霄. 压力传感器校准技术的研究[D]. 太原：中北大学，2014.

[36] Yongle X，Yong Z. Dynamic compensation and its application of shock wave pressure sensor[J]. Journal of Measurement Science & Instrumentation，2016，7(1)：48-53.

[37] Zhongyu Wang，Zhenjian Yao，Qiyue Wang. Improved scheme of estimating motion blur parameters for image restoration[J]. Digital Signal Processing，2017，65(6)：11-18.

[38] Zhenjian Yao，Zhongyu Wang，Jeffrey Yi-Lin Forrest，et al. Empirical mode decomposition-adaptive least squares method for dynamic calibration of pressure sensors[J]. Measurement Science & Technology，2017，28(4)：045010-045019.

[39] Jiang Wensong，Wang Zhongyu，Lv Jing. A fractional-order accumulative regularization filter for force reconstruction[J]. Mechanical Systems and Signal Processing，2018，(101)：405-423.

[40] 江文松，王中宇，张力，等. 力传感器惯性质量的改进 Monte Carlo 校准方法[J]. 北京航空航天大学学报，2018，44(2)：350-356.

第7章 低频微振动测量系统不确定度评定

振动测量是典型的动态测量之一,测量数据具有时变性、随机性、动态性和相关性等特性,很难采用传统的评定方法对振动测量结果的不确定度进行合理评定。为了研究测振系统的动态不确定度,本章根据数字通用光盘读取头低频测振系统的原理、结构、动态测量模型以及性能测试数据,分析了低频微振动测量系统的主要误差来源及其变化规律,结合理论分析与实验测试结果,给出各个误差来源的不确定度评定及其传播系数,对振动测量结果的不确定度进行了分析,经过合成得到振动测量结果的不确定度。

7.1 低频微振动测量系统的原理与结构

振动是外力作用于弹性体之后产生周期运动的一种自然现象,是指物体在其平衡点附近所做的往复性运动。振动在自然环境中广泛存在,例如地壳的运动、车辆的过往、人类的脚步等活动都会产生不同形式的振动。振动计量是振动冲击、振动应用技术领域中从事测量、校准与科学实验的技术基础。在这些振动中,有些振动信号的频率低于 50 Hz,一般属于低频振动;振动频率在 0.01～20 Hz 的振动通常称为超低频振动。大型发电设备、航空航天设备、重型机械、船舶、高层建筑物、铁路公路桥梁、水坝等很容易受到振动的影响。这类振动由于频率低、超低频成分丰富、振幅大、破坏力强等特点,已经受到设计和使用者的高度重视。

低频振动计量的应用领域十分广泛。在精密机械和工业制造方面,随着半导体和光学仪器的发展,现代精密加工和精密制造往往都在微米甚至纳米级的准确度上进行。对于这类精细加工过程中的低频、微幅振动进行准确的测量,可以保证产品的质量,提高制造工艺的准确度。低频振动测量技术以及相应的传感器和测量仪器的推广使用,涉及多个工程科学领域;尤其是量值溯源涉及低频、大振幅和微加速度两个研究方向,是一门多学科的综合技术。

低频振动在航空航天技术和国防工业方面也有很多应用。例如现代航空航天器的发动机监控是故障预测与健康管理中的重要组成部分,发动机的外置机匣、附件机匣和机体本身的振动值是监控的重要指标。使用低频振动测量技术可以实时、准确地监控发动机的工作状况,优化航空航天器的飞行模态,保障人员与设备的安全。太空环境下微振动的频率范围一般介于 0.01～1 Hz 之间,由于振动源的多样性及某些振动的超低频特性,传统的被动隔振方法难以取得预期的效果,需要研究新的微振动主动隔离方法。另外,采用连续跟踪扫描的方式监测发动机叶片的振动情况已经成为检测下一代航空航天器的一种新手段。核爆炸的监测也属于超低频振动测量的范围,对超低频振动信号的测量下限可以低至 0.003 Hz,这也对低频和超低频测振技术提出了更高的要求。

低频振动对于精密测量、精密加工、计量检定、高端装备和桥梁建筑等均会产生不利影响。低频振动的研究在工程应用和科学测量中占有重要地位。准确地测量低频振动对于改进隔震效果、提高测量和加工精度、保障计量检定质量、稳定高端装备的性能、保证建筑安全等具有重要意义。

7.1.1 低频微振动测量的现有方法

冲击和振动可以根据位移、速度、加速度和加速度变化率来测量和表征。

按照参考基准的不同,一般可以分为相对式和绝对式两种测振方法。相对式测振法以空间某一固定点作为参考点,测量物体上某一点对参考点的相对位移或者速度。绝对式测振法以大地即惯性空间为参考基准,测量振动物体相对于大地的绝对振动,又称为惯性测振法。惯性测振法的参考基准简便,在测振传感器中基于惯性原理的居多。

按照传感器工作原理的不同,测振方法可以分为机械测振法、电学测振法和光学测振法。下面简单介绍这三种测振方法的工作原理。

1. 机械测振法

机械式测振传感器主要利用连杆机构和弹簧传递被测物体的振动信号,图 7-1 为相对式机械测振传感器的基本原理。测振传感器的壳体与参考体固定连接,被测物体的振动经过探测杆和弹簧传递给记录笔杆,记录笔在记录纸带上将被测的振动信号记录下来。机械测振法常用于振动频率低、振幅大和精度不高的场合,很难满足微振动和高精度的测量需求。

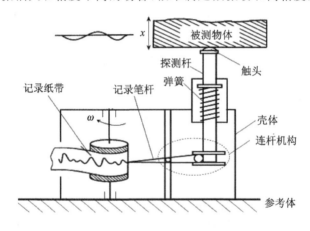

图 7-1 机械式测振传感器

2. 电学测振法

电学测振法大多采用加速度计的原理对振动进行测量。加速度计使用位移传感器记录振动质量块和基座之间的相对位移,然后计算出作用在基座上的加速度。压电式加速度传感器是其中最普遍的一种,属于惯性式传感器。它利用某些晶体如压电陶瓷等的压电效应,在加速度计受到振动时,质量块施加在压电陶瓷上的力随之发生变化,引起输出电信号发生相应的变化,进而实现振动的测量。当被测振动频率远低于加速度计的固有频率时,输出电信号的变化与被测加速度成正比。

某型压缩式压电加速度传感器的基本原理如图 7-2 所示。

压缩式压电加速度传感器由基座、壳体、质量块、弹簧和双晶压电陶瓷组成。将传感器的基座与被测物体固定并随之振动,引起壳体内部质量块的振动;双晶压电陶瓷感知振动的压力,输出正负极电信号,经过后续电路放大和滤波之后进行检测。

电学测振传感器的频率范围宽、体积
小、质量轻、安装方便,可用于大多数冲击
和振动的监测;但不足之处是测量的灵敏
度和精度不高。

3. 光学测振法

光学测振法具有非接触、响应快和测
量精度高的优点,在低频微振动领域受到
越来越广泛的关注。近年来,国内外相关
科研机构研究出多种精密光学微振动测量
系统,如激光测振法、机器视觉测振法和光
纤光栅测振法等。其中比较典型的有激光
测振法和机器视觉测振法。

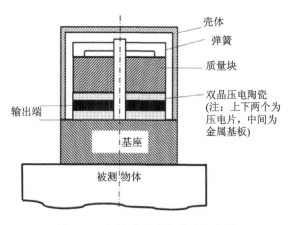

图 7 - 2　压缩式压电加速度传感器

激光测振法主要有激光干涉振动传感法和激光多普勒振动传感法两种。激光干涉振动传
感法除了传统的干涉方法如迈克尔逊干涉法、马赫–曾德(Mach – Zehnder)干涉法等之外,还
有激光自混合干涉法、自差干涉法以及激光全息法等。这些技术的应用使激光振动测量的分
辨力和精度在很大程度上得到了提高。

下面简单介绍激光自混合干涉测振法、激光自差干涉测振法、激光多普勒测振法和机器视
觉振动测量方法的基本原理。

(1) 激光自混合干涉测振法

如图 7 - 3 所示,利用激光自混合干涉进行振动测量时,激光器的输出端面与被测物体构
成外腔,当外腔的长度小于激光器的相干长度之半时,整个系统可以看作一个复合腔激光器。
被测物体的振动改变激光器外腔的长度,由此调制激光器的输出能量和光频。半导体激光器
输出的激光经过准直透镜和可变衰减器之后照射到被测物体上,激光被物体的表面散射;其中
一部分散射光经原路反馈回激光器,同激光器谐振腔内的光相混合,产生激光自混合效应。当
被测物体振动时,封装在半导体激光器内部的光电探测器监测到激光的自混合干涉信号,经过
信号处理电路之后由数据采集卡进行采集,送入计算机进行振动的检测与信号分析。放置于
激光器外腔的可变衰减器主要用于控制光反馈水平,使系统工作在稳定的状态。

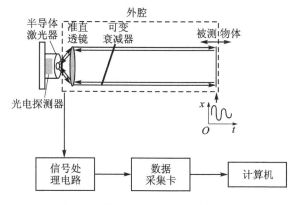

图 7 - 3　激光自混合干涉法测量振动

（2）激光自差干涉测振法

自差干涉测振法是相干探测中的一种。激光器发射的光束经分光棱镜分为两束，一束作为参考光束，另一束经过光学系统照射到被测物体之后再反射回来作为测量光束。将测量光束与参考光束混频之后进行探测。如果测量光束没有频移，则测量光束与参考光束的频率相同，即差频为零。因此自差干涉亦称零差干涉，在振动检测领域的应用较为广泛。

采用自差干涉原理基于硅酸铋（Bismuth Silicon Oxide，BSO）晶体的振动测量系统，如图 7-4 所示。以单纵模连续固体激光器为光源，发出的光束经过偏振分光棱镜（Polarized Beam Splitter，PBS）分成测量光束和参考光束，利用 1/2 波片与偏振分光棱镜调节两束光之间的光强比。测量光束经过 1/4 波片之后由振动的被测物体表面反射，再次通过 1/4 波片，改变偏振的状态。参考光束经过 1/4 波片之后由线偏振光变成圆偏振光，使干涉信号得到增强。测量光束和参考光束在 BSO 晶体内发生干涉，形成动态全息，生成布拉格（Bragg）光栅。两束光均满足 Bragg 条件，其中参考光束在测量光束传播的方向被衍射，衍射的参考光束与透射的测量光束则在光电探测器上发生干涉，输出信号由数据采集卡进行采集，送入计算机处理，解调出振动信息。

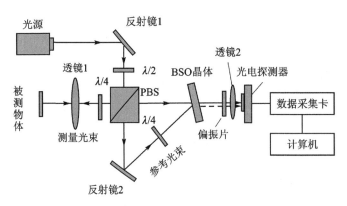

图 7-4　激光自差干涉测振光学系统

（3）激光多普勒测振法

激光多普勒测振法是利用光学多普勒效应的一种测量方法。光学多普勒效应指当光源与被测物体之间发生相对运动时，测量光束与参考光束之间产生频率偏移，其大小与光源和被测物体之间的相对速度有关。常用的激光测振仪大多采用该原理进行测量，如图 7-5 所示。激光束经过光学系统照射到被测物体上，被测物体的振动产生多普勒效应，反射光的频率随着振动速度发生偏移。反射光与参考光束在相同的空间位置发生干涉，两束光之间的频率差产生拍频。由接收器接收和光电转换之后对这束脉冲光进行频率检波，检出物体振动的速度和频率等参数。被测对象的速度矢量与多普勒频移之间呈线性关系，适合于检测比较复杂的物体运动，是一种高精度的振动测量方法。

（4）机器视觉振动测量方法

这种测量方法通过机器视觉产品将被测振动目标转换成图像信号，传送给专用的图像处理系统，根据像素的分布和亮度、颜色等信息转变成数字信号；图像系统对这些信号进行运算，抽取出目标特征，实现振动的测量。机器视觉系统属于非接触检测，不会对被测物产生损伤，可以提高系统的测量精度。机器视觉方法在多维振动测量领域中有很大的优势。

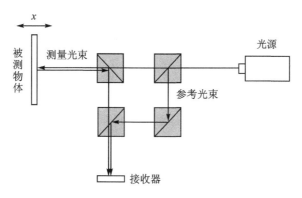

图 7 - 5　激光多普勒效应测量振动

图 7 - 6 所示是中国科学院某研究所研发的一套机器视觉测振系统,由两个单自由度运动平台、两个光学系统和计算机处理系统组成。以被测物上的圆心为图像特征,利用基于梯度霍夫变换的改进算法进行圆特征的提取。显微照相机由显微透镜和电荷耦合器件(Charge Coupled Device,CCD)构成,与带支撑机构的运动平台构成视觉单元,安装在一个隔振平台上。单自由度运动平台用于移动显微照相机,调整相机与被测物之间的距离。显微照相机捕捉到的图像信息由计算机系统采集处理之后得到被测物振动的特征参数。

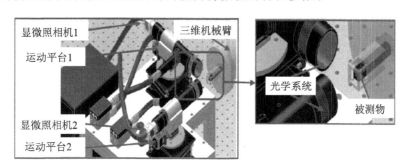

图 7 - 6　机器视觉测振系统

还有一些其他原理的振动测量装置,如基于 MEMS 原理的振动测量装置、基于光纤布拉格光栅的加速度计、光纤加速度计、隧道加速度计等。国内外研究机构提出的低频微振动测量方法很多,但是或多或少都存在一定的问题。在低频微振动测量方面的问题主要有两个:一个是基于激光的测振法需要考虑提高测量系统的环境适应性;另一个是基于惯性原理的振动测量方法不仅需要提高振动信号的提取精度和速度,采用新的信号提取方法如光纤布拉格光栅、光学干涉等,还需要优化惯性原理测振传感器的结构,减小自身重力对振动测量产生的干扰。

目前对于低频微振动测试方法和信号分析技术提出了更高的要求,检测的频率范围要求低于 10 Hz,对振幅的分辨力要求达到微米甚至于纳米级,并且能够进行实时高精度测量。现有的振动测试方法已经很难满足。

7.1.2　低频微振动测量系统的原理

在使用精密测量仪器时往往容易受到外界因素的干扰,其中低频微小振动是一个重要影响因素。为了测量这种低频微振动,研究人员基于数字通用光盘(Digital Versatile Disc,

DVD)光学读取头原理研制了一种惯性微振动测量系统,可用于控制低频微振动对微纳米坐标测量机的影响。惯性微振动测量系统具有精度高、响应速度快和成本低等特点。

将原 DVD 光学读取头中的全息物镜和音圈电机去掉,在 DVD 光学读取头的准直透镜和质量块之间增加一个聚焦透镜,在质量块上固定一个物面反射镜,形成改装的 DVD 光学读取头。微振动测量系统的基本结构如图 7-7 所示,主要包括基座、由悬臂梁和质量块组成的拾振模块和改装的 DVD 光学读取头等。将基座固定在被测物体上,拾振模块相对于基座的振动位移由改装的 DVD 光学读取头感测得到。

激光器发出的激光通过分光棱镜、反射镜和准直透镜之后变成准直光,经过聚焦透镜在物面反射镜上聚焦,如图 7-8 所示。反射光束按原光路返回经准直透镜和分光棱镜之后通过柱面像散透镜,投射到四象限光电探测器(Four Quadrant Photoelectric Device,QPD)上。聚焦光斑随着物面反射镜的振动位移发生变化。根据光斑在 QPD 的 A、B、C、D 四个象限所处的位置和形状,将光强进行 $(A+C)-(B+D)$ 运算之后输出聚焦误差信号(Focus Error Signal,FES),经过运算电路放大和滤波之后实现对低频微振动的测量。

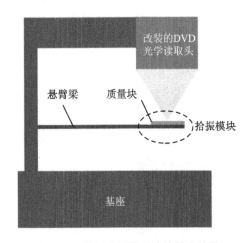

图 7-7　微振动测量系统的基本结构

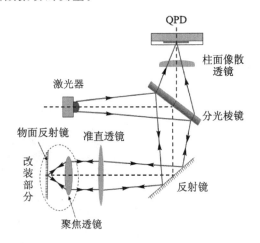

图 7-8　微振动测量系统的光学系统

FES 与物面反射镜微位移之间的关系可以根据像散测量位移的原理获得,如图 7-9 所示。利用柱面像散透镜在水平轴 X 和垂直轴 Y 两个方向的焦距不同,使入射光束发生像散,在四象限光电探测器上形成像散光斑。入射光进入柱面像散透镜之后,透过光聚焦成像。随着透过光成像距离的增大,成像的光斑逐渐变化。观察成像的长短轴,假设在近 X 轴焦点处光斑的长轴为 Y 轴,短轴为 X 轴。随着成像面与柱面透镜的距离增加,光斑的长、短轴慢慢接近,直到相等变成圆形。随后长短轴发生反转,由纵向椭圆变化为横向椭圆。经过以上聚焦过程,产生可供四象限光电探测器检测的光斑信号,经过适当的处理获得不同位移处被测物体的聚焦误差信号。

如图 7-10(a)、(b)所示,当被测物体位于聚焦透镜的焦平面时,在 QPD 上接收到的是圆形光斑,由四个象限的光强信号进行 $(A+C)-(B+D)$ 运算之后得到的 FES 信号为零;当被测物体由焦平面向聚焦透镜移动时,QPD 上接收到的是纵向椭圆光斑,输出的 FES 信号大于零;当被测物体由焦平面远离聚焦透镜时,在 QPD 上接收到的是横向椭圆光斑,输出的 FES 信号小于零。对于不同的感测平面,FES 信号表现为一条曲线,如图 7-10(c)所示。当被测

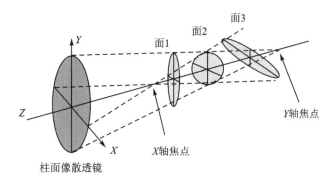

图 7 - 9　像散的原理

物体位于离焦平面 1 和离焦平面 2 之间时,输出的 FES 信号和被测位移之间存在明显的线性关系,在两个离焦平面之间的距离即为该位移感测系统的测量范围。聚焦误差信号的分辨率和精度高,适用于微纳米级的位移测量。

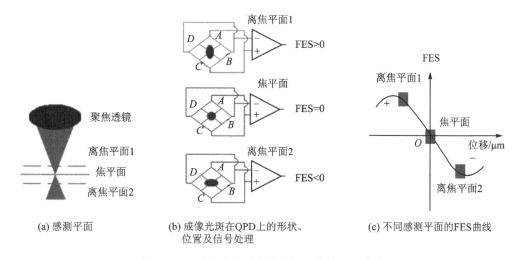

图 7 - 10　感测平面及其聚焦误差信号 FES 曲线

7.1.3　低频微振动测量系统的结构

微振动测量系统的结构和实物如图 7 - 11 所示。微振动测量系统主要由基座、悬臂梁、聚焦透镜、透镜架、微调座和改装的 DVD 光学读取头等组成,在悬臂梁的自由端固定着质量块和物面反射镜,如图 7 - 11(a) 所示。

将改装的 DVD 光学读取头固定在基座上。在接通电源之后,DVD 光学读取头发出的准直光经过聚焦透镜聚焦在物面反射镜上,然后被反射,经聚焦透镜变成准直光进入 DVD 光学读取头中,与振动微位移相关联的光斑信号由 DVD 内部的 QPD 接收并进行处理。聚焦透镜安装在透镜架上,透镜架通过螺钉固定在微调座上,保证聚焦透镜的空间位置可调。在准备进行振动测量时,需要先调整好聚焦透镜的位置,一方面使物面反射镜、聚焦透镜和改装的 DVD 光学读取头的光路基本同轴;另一方面使物面反射镜位于聚焦透镜的焦平面上,以便找到测量的基准位置。在进行调整时可以观察测量系统输出的 FES 信号,当 FES 接近于 0 时,说明光学系统已经调整好,可以进行测量了。微振动测量系统的实物如图 7 - 11(b)所示。

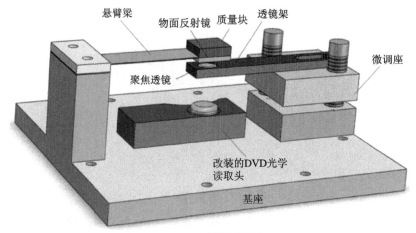

(a) 测量系统结构

(b) 测量系统实物

图 7 - 11　低频微振动测量系统

测振系统的电路主要包括供电和信号处理两部分。开关电源为电路板提供 5 V 电压,经过 3.3 V 和 2.5 V 电压转换电路分别对 DVD 内部的激光器和四象限光电探测器供电。采用 LM1117 - 3.3 V 稳压芯片实现 5 V 转换为 3.3 V 的功能,如图 7 - 12 所示。采用三端可控精密稳压源 TL431 实现 5 V 转换为 2.5 V 的功能,稳压芯片的脚 3 为输入,脚 1 为输出。输出电压由输入电压减去限流电阻 R_2 的压降得到,如图 7 - 13 所示。

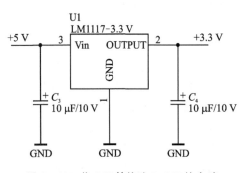

图 7 - 12　将 5 V 转换为 3.3 V 的电路

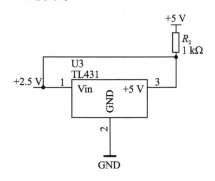

图 7 - 13　将 5 V 转换为 2.5 V 的电路

在进行测量时,DVD 光学读取头内部的 QPD 将接收到的光斑信号变成电流信号,经过内置 I/V 转换电路输出 U_A、U_B、U_C、U_D 四路电压信号。对输出的四路电压信号进行 $(U_A + U_C) - (U_B + U_D)$ 运算、放大和滤波处理。运算放大电路采用 AD8620 芯片,既实现了四路电压信号的加减运算,又对微弱的压差信号进行了两级放大,如图 7-14 所示。图中 X1 端输出放大 10 倍的 $(U_A + U_C) - (U_B + U_D)$ 信号,将其输入至芯片内部的第二级放大器中,再放大 20 倍之后由 X0 端输出。

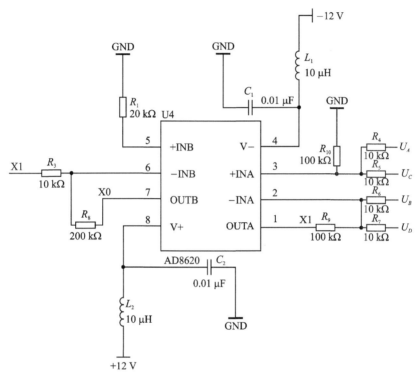

图 7-14　四路电压信号的运算放大电路

为了避免噪声对测量信号的干扰,对放大之后的聚焦误差信号 FES 进行滤波处理。对于测量 10 Hz 以下的低频振动,滤波电路的截止频率可以设定在 40 Hz 左右。采用运算放大器 ADA4075-2 设计的四阶有源低通滤波器如图 7-15 所示。待滤波信号由左端的 X IN 端输入,由右上角的 X 端输出。

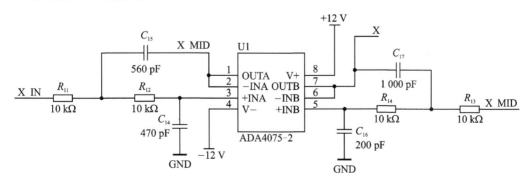

图 7-15　聚焦误差信号的滤波电路

根据截止频率设计的要求，$f_{0d}=40$ Hz。圆频率的设计值为

$$\omega_{0d}=2\pi \times 40 \text{ rad/s}=80 \text{ } \pi\text{rad/s} \tag{7-1}$$

选取电阻为 $R_{11}=R_{12}=R_{13}=R_{14}=R=10$ kΩ，则滤波电路的等效电容值为

$$C=\frac{1}{\omega_{0d}R}=3.979\times10^{-7} \text{ F} \tag{7-2}$$

根据四阶低通滤波器的巴特沃兹特性，采用正规化表对四个电容的设计值分别为 $C_{14d}=0.923 9C=367.53$ pF，$C_{15d}=1.082C=430.42$ pF，$C_{16d}=0.382 7C=152.24$ pF，$C_{17d}=2.613C=1 039.45$ pF。实际选取的电容值为 $C_{14}=330$ pF，$C_{15}=470$ pF，$C_{16}=220$ pF，$C_{17}=1 000$ pF。

将选取的电阻值和电容值代入四阶低通滤波电路的截止频率计算公式中，得到滤波电路的实际截止频率为

$$f_0=\frac{1}{2\pi \sqrt[4]{R_{11}R_{12}R_{13}R_{14}C_{14}C_{15}C_{16}C_{17}}}=37 \text{ Hz} \tag{7-3}$$

式(7-3)表明电路的截止频率满足低频测振系统的低通滤波要求。

7.2　低频微振动测量系统的数学模型

7.2.1　拾振系统的数学模型

微振动测量系统采用惯性式测振的原理，传感器可以简化为如图 7-16 所示的结构模型。将传感器的壳体固定在被测物体上，与被测物体一起振动。传感器的惯性系统由质量块、弹性元件和阻尼元件组成，惯性系统受到激振之后产生受迫振动，振动与壳体之间的关系可以由惯性系统的结构确定。只要测出质量块相对于壳体的振动参数，就可以得到被测物体相对于地球惯性空间参考基准的绝对振动。

假设 $x(t)$ 为被测物体运动的位移；$y(t)$ 为质量块的运动位移；m 为质量块的质量；k 为支撑质量块的弹性元件刚度；c 为阻尼元件的阻尼系数。

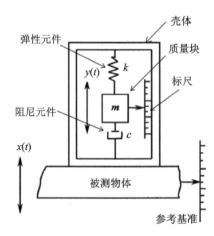

图 7-16　惯性式测振传感器的结构模型

如果质量块相对于壳体的运动位移为 $z(t)$，即 $z(t)=y(t)-x(t)$，则质量块的运动方程可以表示为

$$m\frac{\mathrm{d}^2y(t)}{\mathrm{d}t^2}+c\frac{\mathrm{d}z(t)}{\mathrm{d}t}+kz(t)=0 \tag{7-4}$$

将 $z(t)=y(t)-x(t)$ 代入式(7-4)得

$$m\frac{\mathrm{d}^2z(t)}{\mathrm{d}t^2}+c\frac{\mathrm{d}z(t)}{\mathrm{d}t}+kz(t)=-m\frac{\mathrm{d}^2x(t)}{\mathrm{d}t^2} \tag{7-5}$$

如果传感器的结构参数分别为 ω_n 和 ξ，其中 ω_n 为传感器惯性系统的固有频率，则 $\omega_n = \sqrt{\dfrac{k}{m}}$；$\xi$ 为传感器惯性系统的阻尼比，则 $\xi = \dfrac{c}{c_0} = \dfrac{c}{2\sqrt{km}}$。

设被测振动 $x(t)$ 为简谐振动，即

$$x(t) = x_m \sin \omega t$$

则式（7-5）可以改写为

$$\frac{\mathrm{d}^2 z(t)}{\mathrm{d}t^2} + 2\xi\omega_n \frac{\mathrm{d}z(t)}{\mathrm{d}t} + \omega_n^2 z(t) = x_m \omega^2 \sin \omega t \tag{7-6}$$

这是一个典型的二阶常系数线性非齐次微分方程，它的特解为受迫振动。测振传感器的输入/输出响应特性为

$$z(t) = \frac{\left(\dfrac{\omega}{\omega_n}\right)^2}{\sqrt{\left[1 - \left(\dfrac{\omega}{\omega_n}\right)^2\right] + \left[2\xi\left(\dfrac{\omega}{\omega_n}\right)\right]^2}} x_m \sin(\omega t - \varphi) \tag{7-7}$$

式中

$$\varphi = \arctan \frac{2\xi\dfrac{\omega}{\omega_n}}{1 - \left(\dfrac{\omega}{\omega_n}\right)^2} \tag{7-8}$$

质量块相对于壳体的运动位移 $z(t)$ 由改装的 DVD 光学读取头测得。从式（7-7）和式（7-8）可以看出，传感器的输出幅值和相移角与 $\dfrac{\omega}{\omega_n}$ 和 ξ 都相关。

按照惯性式测振的不同原理，传感器主要可以分为位移传感器和加速度传感器两种。根据式（7-7）可以得到惯性式位移传感器和加速度传感器的输入、输出响应特性。经过分析可知，位移传感器的响应特性不适用于低频振动的测量，应当选用加速度传感器。

惯性式加速度传感器的幅频和相频响应特性分别为

$$A(\omega) = \frac{z_m \omega_n^2}{x_m \omega^2} = \frac{1}{\sqrt{\left[1 - \left(\dfrac{\omega}{\omega_n}\right)^2\right] + \left[2\xi\left(\dfrac{\omega}{\omega_n}\right)\right]^2}} \tag{7-9}$$

$$\varphi = \arctan \frac{2\xi\dfrac{\omega}{\omega_n}}{1 - \left(\dfrac{\omega}{\omega_n}\right)^2} + \pi \tag{7-10}$$

式中，x_m 和 z_m 分别表示输入和输出位移的振幅。

加速度传感器的幅频特性曲线如图 7-17 所示。可以看出，为了保证传感器准确地反映出被测振动的加速度，应当满足两个条件：

① $\omega/\omega_n \ll 1$，一般取 $\omega/\omega_n \ll 1/3$。此时的幅频特性曲线相对平坦，测振传感器的输出信号可以准确地反映出振动加速度。尽管增加惯性系统的固有频率可以扩大测量频率的上限，但同时也会降低灵敏度。

② 选择合适的阻尼，使最高测量频率的幅值误差不超过 5%。适当地增加阻尼可以扩大

测量频率的上限。

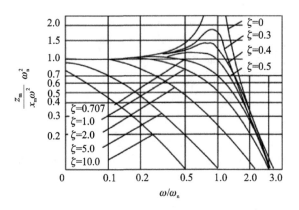

图 7-17　惯性式加速度测振传感器的幅频特性

在测量精密低频振动时需要首先确定固有频率 ω_n。

采用悬臂梁和质量块构成的拾振系统如图 7-18 所示。悬臂梁的形状为长方体,它的长、宽、高和质量块的质量分别用 l、b、h 和 m 表示。

将悬臂梁的一端固定,另一端作为自由端与质量块固定。质量块的重力为 $F=mg$,其中 g 为重力加速度。在静态条件下建立坐标系,以悬臂梁的固定端坐标为原点,沿长度方向为 x 轴,与悬臂梁的长度垂直向下的方向为 y 轴。悬臂梁受力弯曲的变形情况如图 7-19 所示。

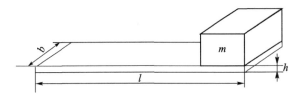

图 7-18　悬臂梁式拾振系统

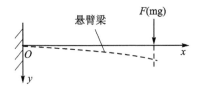

图 7-19　悬臂梁受力弯曲变形

由材料力学得到悬臂梁的弯矩方程为

$$M(x) = -F(l-x) \tag{7-11}$$

悬臂梁的挠曲线近似微分方程为

$$\frac{\mathrm{d}^2 y}{\mathrm{d}x^2} = -\frac{M(x)}{EI} \tag{7-12}$$

式中,E 表示悬臂梁的弹性模量;I 表示悬臂梁横截面对中性轴的惯性矩,对于矩形截面有 $I = bh^2/12$,代入式(7-12)可得

$$EIy''(x) = -M(x)x'' = F(l-x)x'' \tag{7-13}$$

将式(7-13)的两边积分得

$$EIy(x) = -\frac{F}{6}x^3 + \frac{Fl}{2}x^2 + Cx + D \tag{7-14}$$

悬臂梁固定端的转角和挠度均为零,即当 $x=0$ 时,$y(0)=0$,$y'(0)=0$,代入式(7-14)可得挠度曲线为

$$y(x) = \frac{Fx^2}{6EI}(3l-x) \tag{7-15}$$

悬臂梁的挠度在 $x=l$ 处取得最大值

$$y(l) = \frac{Fl^3}{3EI} \qquad (7-16)$$

类似于弹簧的弹性系数,悬臂梁的等效刚度可以看作静力与挠度的比值。因此悬臂梁右端的等效刚度 k 为

$$k = \frac{3EI}{l^3} \qquad (7-17)$$

将悬臂梁的静态变形近似成三角形,如果用 $v(l)_{max}$ 表示质量块的最大运动速度,则

$$\frac{v(l)_{max}}{y(l)} = \frac{v(x)_{max}}{y(x)} \qquad (7-18)$$

在悬臂梁上横坐标为 x 位置处的最大运动速度为

$$v(x)_{max} = \frac{y(x)}{y(l)} v(l)_{max} = \frac{x^2(3l-x)}{2l^3} v(l)_{max} \qquad (7-19)$$

在悬臂梁的 x 位置处,y 方向的动能为

$$\mathrm{d}W_x = \frac{1}{2}\rho bh\,\mathrm{d}x \left[\frac{x^2(3l-x)}{2l^3}\right]^2 v^2(l)_{max} \qquad (7-20)$$

积分之后得到整个悬臂梁的动能为

$$W_x = \int_0^l \rho bh \left[\frac{x^2(3l-x)}{2l^3}\right] v^2(l)_{max}\,\mathrm{d}x = \frac{33}{280}Mv^2(l)_{max} \qquad (7-21)$$

式中,M 表示悬臂梁的质量。

已知质量块 m 的动能为

$$W_m = \frac{1}{2}mv^2(l)_{max} \qquad (7-22)$$

则总动能为

$$W = W_x + W_m = \frac{33}{280}Mv^2(l)_{max} + \frac{1}{2}mv^2(l)_{max} = \frac{1}{2}\left(\frac{33}{140}M + m\right)v^2(l)_{max} \qquad (7-23)$$

同理,对悬臂梁上各处的势能进行积分,得到系统的总势能为

$$U = \frac{1}{2}ky^2(l)_{max} \qquad (7-24)$$

由能量守恒定律可知 $U=W$,即

$$\frac{1}{2}\left(\frac{33}{140}M + m\right)v^2(l)_{max} = \frac{1}{2}ky^2(l)_{max} \qquad (7-25)$$

假设系统的振动为简谐振动,即

$$v(l)_{max} = [y(t)\sin \omega_n t]_{max} = \omega_n y(l)_{max} \qquad (7-26)$$

根据式(7-25)和式(7-26)可以推导出测振系统的固有频率为

$$f_n = \frac{\omega_n}{2\pi} = \frac{1}{2\pi}\sqrt{\frac{k}{\frac{33}{140}M + m}} = \frac{1}{2\pi}\sqrt{\frac{420EI}{(33M + 140m)l^3}} \qquad (7-27)$$

将悬臂梁的尺寸和惯性矩代入式(7-27)得

$$f_n = \frac{1}{2}\sqrt{\frac{35Ebh^3}{(140m + 33\rho bhl)l^3}} \qquad (7-28)$$

可见系统的固有频率与弹性模量 E、质量块的质量 m 和悬臂梁的具体尺寸有关,其中弹性模量 E 由材料的性质决定。

所用材料的特性与几何尺寸分别见表 7-1 和表 7-2。

表 7-1　65Mn 弹簧钢材料的特性

材料属性	
弹性模量/(N·m⁻²)	2.11×10^{11}
泊松比	0.288
密度/(kg·m⁻³)	7 820
抗剪模量/(N·m⁻²)	2.11×10^{11}

表 7-2　悬臂梁的尺寸和质量块的质量

悬臂梁的尺寸/mm			质量块质量/g
l	b	h	
30	3	0.3	2.3

将材料的特性参数与几何尺寸代入式(7-28),求得加速度传感器的固有频率为 41.3 Hz,达到了期望的固有频率值。

7.2.2　传感系统的数学模型

光学传感系统利用像散原理测量质量块相对于壳体的振动位移,位移的变化导致 QPD 上光斑的形状改变,输出聚焦误差信号,该信号与位移信号近似呈线性关系。基于像散原理测量的光学系统如图 7-20 所示。

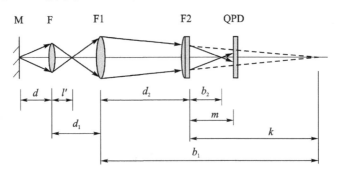

M—物面反射镜;F—聚焦透镜;F1—准直透镜;
F2—柱面像散透镜;QPD—四象限光电探测器
图 7-20　基于像散原理测量的光学系统

根据透镜成像公式得

$$\left.\begin{array}{l} \dfrac{1}{d}+\dfrac{1}{l'}=\dfrac{1}{f} \\[2mm] \dfrac{1}{l_1}+\dfrac{1}{b_1}=\dfrac{1}{f_1} \\[2mm] -\dfrac{1}{k}+\dfrac{1}{b_2}=\dfrac{1}{f_2} \end{array}\right\} \tag{7-29}$$

式中,f、f_1 和 f_2 分别表示透镜 F、F1 和 F2 的焦距;l' 表示聚焦透镜 F 的像方截距;l_1 表示准直透镜 F1 的物方截距,$l_1=d_1-l'$;d 表示聚焦透镜与物面反射镜 M 之间的距离,$d=d_0+\Delta d$;d_0 为当光斑形状呈圆形时,聚焦透镜与物面反射镜之间的位移;Δd 为位移的变化量。

设 r_x 和 r_y 分别为四象限光电探测器椭圆光斑的长轴和短轴；r 为聚焦透镜上的光束半径；r_1 和 r_2 分别为经过准直透镜和柱面像散透镜时的光束半径；m 为柱面像散透镜至四象限光电探测器的距离。

由几何关系可得

$$\left.\begin{array}{l} r_x = \dfrac{r_2(m-b_2)}{b_2} \\[3mm] r_y = \dfrac{r_2(k-m)}{k} \end{array}\right\} \qquad (7-30)$$

因为

$$\left.\begin{array}{l} k = b_1 - d_2 \\[2mm] r_2 = r_1 k / b_1 \end{array}\right\} \qquad (7-31)$$

所以

$$r_2 = r_1\left(1 - \frac{d_2}{b_1}\right) \qquad (7-32)$$

同时

$$r = r_1 \frac{l'}{l_1} = r_1 \frac{l'}{d_1 - l'} \qquad (7-33)$$

由式(7-29)～式(7-33)可得

$$r_x = r_1\left[1 - \frac{d_2(l_1-f_1)}{l_1 f_1}\right] \times \left[\frac{m}{f_2} - 1 + \frac{m(l_1-f_1)}{l_1 f_1 - l_1 d_2 + f_1 d_2}\right] \qquad (7-34)$$

$$r_y = r_1\left[1 - \frac{d_2(l_1-f_1)}{l_1 f_1}\right] \times \left[1 - \frac{m(l_1-f_1)}{l_1 f_1 - l_1 d_2 + f_1 d_2}\right] \qquad (7-35)$$

当四象限光电探测器上面的光斑形状为圆形时，$r_x = r_y$。对应的 d_0 值为测量的基准位置。

由式(7-34)和式(7-35)可以求得

$$l_1 = \frac{2m f_1 f_2 + 2d_2 f_1 f_2 - m d_2 f_1}{2m f_2 - 2f_1 f_2 + 2d_2 f_2 + m f_1 - m d_2} \qquad (7-36)$$

根据式(7-29)可以得到光学系统的测量基准位置为

$$d_0 = f + \frac{f_2}{d_1 - f - l_1} \qquad (7-37)$$

当物面反射镜 M 产生位移变化量 Δd 时，$d = d_0 + \Delta d$。此时，

$$l_1 = d_1 - \frac{fd}{d-f} \qquad (7-38)$$

将式(7-36)～式(7-38)分别代入式(7-34)和式(7-35)，可以得到落在 QPD 上光斑的长轴半径和短轴半径分别为 r_x 和 r_y，如图 7-21 所示。

QPD 的接缝与光斑在第一象限交点的坐标(x_0, y_0)为

$$x_0 = y_0 = \frac{r_x r_y}{\sqrt{r_x^2 + r_y^2}} \qquad (7-39)$$

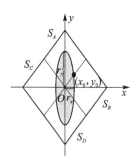

图 7-21　QPD 上面的光斑

四象限光电探测器接收光强的面积分别为

$$S_A = S_C = 2\int_0^{x_0} \left(r_y \sqrt{1 - \frac{x^2}{r_x^2}} - x \right) \mathrm{d}x$$

$$= \frac{r_y}{r_x} \left(x_0 \sqrt{r_x^2 - x_0^2} + r_x^2 \arcsin \frac{x_0}{r_x} \right) - x_0^2 \qquad (7-40)$$

$$S_B = S_D = 2\left(\int_0^{x_0} x \,\mathrm{d}x + \int_{x_0}^{r_x} r_y \sqrt{1 - \frac{x^2}{r_x^2}} \,\mathrm{d}x \right)$$

$$= x_0^2 + \frac{\pi}{2} r_x r_y - \frac{r_y}{r_x} \left(x_0 \sqrt{r_x^2 - x_0^2} + r_x^2 \arcsin \frac{x_0}{r_x} \right) \qquad (7-41)$$

则 QPD 上面光斑对角面积之和的差为

$$\Delta S = \left[(S_A + S_C) - (S_B + S_D) \right]$$

$$= 4 \frac{r_y}{r_x} \left(x_0 \sqrt{r_x^2 - x_0^2} + r_x^2 \arcsin \frac{x_0}{r_x} \right) - 4x_0^2 - \pi r_x r_y \qquad (7-42)$$

假设光强为均匀分布,则四象限光电探测器接收到的光功率分别为

$$\left. \begin{aligned} P_A = P_C = \frac{PS_A}{\pi r_x r_y} \\ P_B = P_D = \frac{PS_B}{\pi r_x r_y} \end{aligned} \right\} \qquad (7-43)$$

式中,P 表示四象限光电探测器接收到的总光强。

假定四象限光电探测器的光电转换系数为 η,则经过转换得到四象限的电流分别为

$$\left. \begin{aligned} I_A = I_C = \frac{\eta PS_A}{\pi r_x r_y} \\ I_B = I_D = \frac{\eta PS_B}{\pi r_x r_y} \end{aligned} \right\} \qquad (7-44)$$

一旦给出 f、f_1、f_2、d_1、d_2 和 Δd,由式(7-44)就可以求出当被测物体相对于基准位置有微位移 Δd 时各象限接收到的光功率。带有位移信息的光斑信号通过 QPD 转化为电流,再通过电路部分的 I/V 转换、加减运算和放大,得到输出的聚焦误差信号。对 QPD 输出的四路电压信号 U_A、U_B、U_C、U_D 进行加减运算和两级放大的电路如图 7-22 所示。

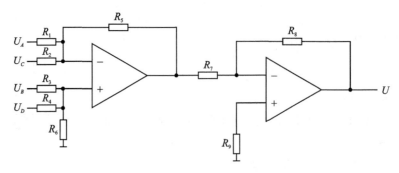

图 7-22 运算放大电路

输出聚焦误差的电压为

$$U = k_1 \frac{R_8}{R_7} \left[\left(\frac{R_5}{R_1} I_A + \frac{R_5}{R_2} I_C \right) - \left(\frac{R_5}{R_1 /\!/ R_2} + 1 \right) \left(\frac{R_4 /\!/ R_6}{R_3 + R_4 /\!/ R_6} I_B + \frac{R_3 /\!/ R_6}{R_4 + R_3 /\!/ R_6} I_D \right) \right]$$
$$(7-45)$$

式中,各电阻的值分别为 $R_1 = R_2 = R_3 = R_4 = 10$ kΩ, $R_5 = R_6 = 100$ kΩ, $R_7 = 10$ kΩ, $R_9 = 20$ kΩ, $R_8 = 200$ kΩ; k_1 表示 DVD 光学读取头对输出电流进行 I/V 转换的倍数,这里的 $k_1 = 10$。

故根据式(7-42)~式(7-45)可得

$$U = K [(I_A + I_C) - (I_B + I_D)]$$

$$= K \frac{\eta P \Delta S}{\pi r_x r_y} = \frac{8\,000 \eta P}{\pi} \left(\arcsin \frac{r_y}{\sqrt{r_y^2 + r_x^2}} - \frac{\pi}{4} \right) \qquad (7-46)$$

式中, K 表示电路部分总的放大倍数,通过计算得到 $K = 2\,000$。

所用 DVD 光学传感器的测量范围为 ± 2 μm,波长为 650 nm,激光的功率为 $P = 0.5$ mW,QPD 的转换效率为 0.4 A/W。

已知光学系统的其他参数值分别为 $d_1 = 6.4$ mm, $d_2 = 19.5$ mm, $m = 5$ mm, $f = 1.92$ mm, $f_1 = 21$ mm, $f_2 = 4.6$ mm,通过计算可以得到聚焦误差电压 U 与被测微位移 Δd 之间的具体函数关系。由于计算过程复杂,可以利用 MATLAB 根据式(7-36)和式(7-37)先求出测量的基准位置 d_0,然后令 $d = d_0 + \Delta d$,代入式(7-38)中得到 l_1 与 Δd 之间的关系式,进而分别得到 r_x 和 r_y;再代入式(7-46)计算并绘出在测量范围 ± 2 μm 内,聚焦误差电压 U 与物面反射镜相对于基准位置的微位移 Δd 之间的关系,如图 7-23 所示。

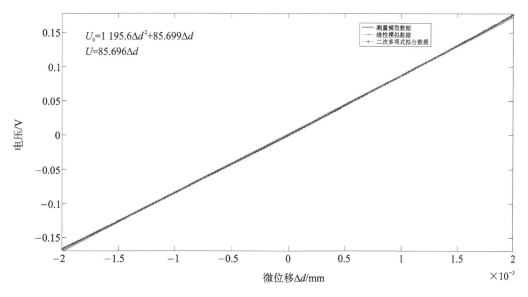

图 7-23　聚焦误差电压 U 与微位移 Δd 的关系

采用二次多项式进行拟合,得到的表达式为

$$U_0 = 1\,195.6 \Delta d^2 + 85.699 \Delta d \qquad (7-47)$$

采用线性模型进行测量时得到的拟合曲线为

$$U = 85.696 \Delta d \qquad (7-48)$$

7.3 低频微振动测量系统的性能测试

7.3.1 传感器灵敏度测试

为了对测振系统标定得到输入加速度与输出电压之间的线性关系,需要提供性能稳定的振源和高精度的标准输入信号。稳定的振源采用基于压电陶瓷致动器(Piezoelectric Stack Actuator,PSA)的低频微纳振动台,标准输入信号由高精度、低温漂的电涡流传感器(Eddy Current Sensor,ECS)提供。

基于 PSA 低频微纳米振动台的外观和内部结构如图 7-24 所示。将压电陶瓷致动器嵌装在底面封闭、顶面敞口的圆柱形基座上,其位移输出端通过转接板驱动工作台垂直运动,将压电陶瓷致动器的单点输出转化为面输出。以中央为圆形空腔的铍铜板簧作为弹性元件,用螺钉将板簧固定在基座上。板簧的上表面与工作台连接,构成弹性结构,使工作台在水平面获得限位,在垂直方向形成稳定、可靠的振动位移。

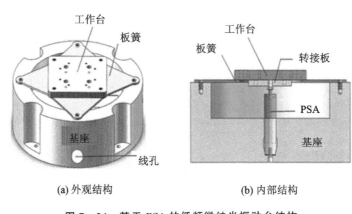

(a) 外观结构   (b) 内部结构

图 7-24 基于 PSA 的低频微纳米振动台结构

微纳米振动台由 Keysight 33519B 型高精度波形发生器和 Apex PA92 型功率放大器驱动。波形发生器的输出激励信号经过功率放大器放大之后,驱动振动台进行振动。

用高精度、低温漂电涡流传感器对微纳米振动台的各项性能指标进行测试,主要包括固有频率、工作频带、位移分辨力、生成的加速度范围和重复性。

测量得到微纳米振动台的固有频率为 427 Hz,工作频带为 0.6~50 Hz,位移分辨力为 3.1 nm,在工作频带内生成的加速度范围为 0.38~197.49 mg(mg 为重力加速度 g 的 1/1 000),输出信号重复性的相对标准差不超过 1.79%。从振动台的各项性能指标可以看出,振动台的工作频带和加速度范围满足低频微测振系统的性能要求,能够为低频微测振系统提供一种精度较高、性能稳定的振源。

为微纳米振动台和微测振系统提供标准信号的电涡流传感器具有分辨力高、温漂小和带宽宽的特点。传感器的灵敏度为 4.325 $\mu m/V$,测量范围为 50 μm,最大非线性误差小于 1%,总带宽为 0.1 Hz~10 kHz,分辨力为 0.07 nm,温漂优于 3 nm/℃。

测振系统标定的实验系统如图 7-25 所示。该系统由 Keysight 33519B 波形发生器、功率放大器、微纳振动台、被标定测振系统、电涡流传感器(ECS)、数据采集卡和计算机组成,如

图 7 - 25(a)所示。利用 Keysight 33519B 波形发生器产生具有一定幅值和频率的标准正弦信号,经过功率放大器之后驱动 PSA,使微纳米振动台产生不同频率或者幅值的振动,获得不同的激振加速度。采用高精度、低温漂的电涡流传感器(ECS)和测振系统同时测量振动台,以 ECS 测量得到的振动信号为参考标准。将两路信号通过数据采集卡 NI USB - 6002 采集到计算机系统中,经过滤波、拟合和峰峰值估计之后完成标定。标定实验系统的实物如图 7 - 25 (b)所示,将测振系统固定在微纳米振动台上,随着振动台一起振动;ECS 垂直架设在振动台的上方,实时感测振动台的振动,经过 ECS 处理电路之后输出标准信号,由采集卡采集到计算机中。将电涡流传感器测得的振动台位移量转化为加速度,采用回归分析的方法确定测振系统输出电压和输入加速度之间的关系,实现测振系统的标定。

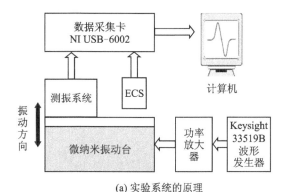

(a) 实验系统的原理

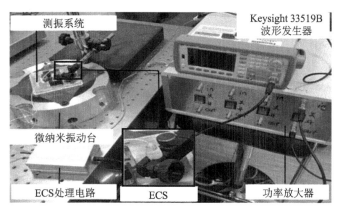

(b) 实验系统实物

图 7 - 25 测振系统标定实验系统

选取振动信号的频率为 8 Hz,调节波形发生器的电压在 1.5~6.5 V 之间,以 0.5 V 的电压间隔连续调节振动台的振幅,产生 1.12~3.93 mg 范围内的不同激振加速度。分别记录电涡流传感器和测振系统输入、输出信号的峰峰值,得到的实验数据见表 7 - 3。

表 7 - 3 测振系统标定的实验数据

输入加速度峰峰值/mg	输出电压峰峰值/mV
1.127 44	9.202 45
1.364 72	11.299 35

续表 7 - 3

输入加速度峰峰值/mg	输出电压峰峰值/mV
1.607 50	13.615 20
1.880 84	15.577 95
2.157 96	18.446 10
2.451 08	21.008 23
2.768 33	24.251 13
3.053 72	26.803 63
3.338 68	29.402 97
3.634 25	32.214 30
3.920 30	35.094 45

采用一元线性回归方法得到测振系统的输入标准加速度与输出电压之间的线性关系,如图 7 - 26 所示。

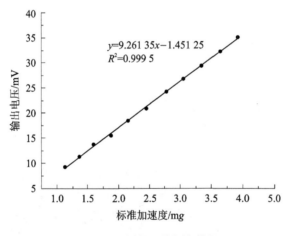

图 7 - 26　测振系统标定结果

经过标定得到测振传感器的动态输出电压为

$$U(t) = \hat{k}a(t) + \hat{b}$$
$$= 9.261\ 35a(t) - 1.451\ 25 \tag{7-49}$$

式中,$a(t)$ 表示被测加速度;$\hat{k}$ 表示测振传感器灵敏度的估计值;$\hat{b}$ 表示初始电平的估计值。

7.3.2　幅频响应特性测试

采用扫频的方式每间隔 1 Hz 对系统的幅频响应特性进行测试。在进行数据处理时,先将从测振系统和电涡流传感器得到的电压信号分别转换成位移信号和加速度信号,求出两者在不同频率的振幅比,经过归一化处理之后得到幅频响应特性曲线 $A(\omega) = \dfrac{z_m \omega_n^2}{x_m \omega^2}$,如图 7 - 27 所示。测振系统的幅频响应特性曲线峰值对应的频率为 $f_r = 44$ Hz,相应圆频率 $\omega_r = 2\pi f_r$ 的振幅比为 $A(\omega_r) = 43.33$。

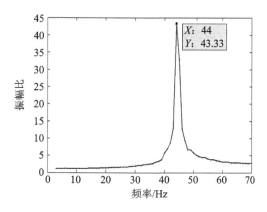

图 7 - 27　幅频响应特性曲线

已知 $\omega = 0$ 时，$A(0) = 1$。根据 $A(\omega_r)/A(0)$、ω_r 与阻尼比 ξ、固有频率 ω_n 之间的关系式：

$$\frac{A(\omega_r)}{A(0)} = \frac{1}{2\xi\sqrt{1-\xi^2}} \qquad (7-50)$$

$$\omega_r = \omega_n\sqrt{1-2\xi^2} \qquad (7-51)$$

估计出测振系统的阻尼比和固有频率分别为 $\hat{\xi} = 0.000\ 1$ 和 $\hat{\omega}_n = 44\ \text{Hz}$。固有频率的估计值与计算结果之间存在 6% 的差异，这主要是由零部件的制造误差引起的。为了保证测振系统的精度，规定振幅误差不超过 5%，则由幅频响应特性曲线可以确定该系统的工作频带小于或等于 10 Hz。

7.3.3　系统漂移性能测试

在测振系统的工作过程中，随着内部环境如零漂、温漂和外部环境如温度、振动、电磁干扰等的变化，系统元器件或者机构参数会发生漂移，降低测量结果的精度。在对测振系统的漂移性能进行测试时，先将测振系统在高洁净的恒温恒湿实验室(温控范围 20 ℃±0.5 ℃，相对湿度控制范围 45%～55%)中静置两小时，实时记录测振系统的输出电压，得到的结果如图 7 - 28 所示。可以看出，在较长时间的运行过程中，测振系统内部的机械元件和电路元件由于受到温

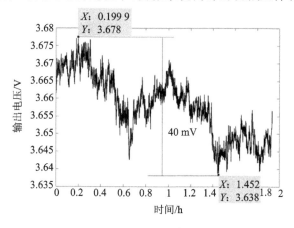

图 7 - 28　测振系统的漂移

度的影响,输出信号呈现出总体漂移的趋势明显。在本次测试实验中,输出电压的总体漂移趋势向下变化。由于受到实验平台低频振动的影响,漂移曲线存在着比较明显的波动特性,但波动主要反映平台的不规则振动,无法采用明确的数学模型进行描述,更难以将其分离出来,最终会反映在测量结果的不确定度中。由于受到测振系统各种噪声的影响,漂移曲线不光滑,存在着大量的毛刺。为了综合反映漂移对测量结果不确定度的影响,可以采用两小时内漂移数据的峰峰值来评定漂移引起的不确定度。漂移曲线的峰峰值不超过 40 mV。

7.4　低频微振动测量不确定度评定及其结果

7.4.1　输出电压噪声不确定度评定

首先采用贝叶斯动态线性模型得到输出电压的估计值。

对某振动信号进行测试,采样频率为 $f_s=4\,000$ Hz,测量时间为 0.5 s,得到的测量数据如图 7-29 所示。振动幅值随时间发生周期性的变化,可以采用贝叶斯动态周期模型对测量数据进行估计。

如图 7-30 所示,先对测量数据进行傅里叶变换,得到的信号频率为 $f=8$ Hz。根据采样频率计算得到每个周期对应的点数为 $p=f_s/f=500$。

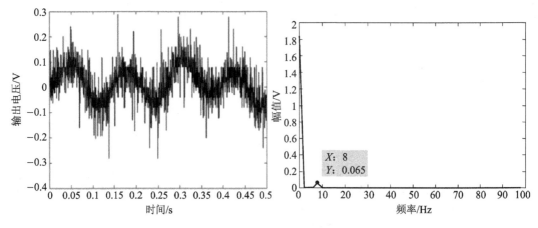

图 7-29　振动测量数据　　　　　　图 7-30　振动测量数据的傅里叶变换

根据贝叶斯动态线性建模方法,建立反映数据序列周期特征的观测方程和状态方程为

$$\left.\begin{array}{l} y_t = \boldsymbol{F}'\boldsymbol{\theta}_t + v_t \\ \boldsymbol{\theta}_t = \boldsymbol{G}\boldsymbol{\theta}_{t-1} + \boldsymbol{w}_t \end{array}\right\} \tag{7-52}$$

式中,$\boldsymbol{F}'$ 表示观测方程列矩阵 $\boldsymbol{F}$ 的转置矩阵;y_t 表示振动测量数据在 t 时刻的值;$\boldsymbol{\theta}_t=[\mu_t,\ b_t]'$ 表示状态参量,其中 μ_t 和 b_t 分别表示 t 时刻的水平分量及其增量;$\boldsymbol{F}'=[1\quad 0]$ 表示动态回归矩阵;$\boldsymbol{G}=\begin{bmatrix} \cos(2\pi/p) & \sin(2\pi/p) \\ -\sin(2\pi/p) & \cos(2\pi/p) \end{bmatrix}$ 表示状态转移矩阵;v_t 和 $\boldsymbol{w}_t$ 分别表示相互独立的观测误差随机变量和状态误差随机变量,都服从均值为零的随机分布,一般情况下可以假定为正态分布或者 T 分布。

如果 $\boldsymbol{\theta}_t = [\mu_t, b_t]'$ 并且 v_t 和 w_t 的先验分布已知,则可以根据贝叶斯原理采用递推算法进行预测和估计。对于绝大多数的测振过程而言,一般很难获取被测振动信号的先验信息,这时可以采用无信息先验分析法进行递推预测。

无信息先验分析法的基本思路是,在待估计参数的分布无任何先验信息的前提下,先假设观测误差 v_t 满足均值为 0、方差为 V 的正态分布 $N[0, V]$,状态误差为 $w_t = 0$。这时观测方程和状态方程的待估计参数有 3 个,分别为 μ_t、b_t、V。根据最先测得的 3 个数据确定 $\boldsymbol{\theta}_t = [\mu_t, b_t]'$ 和 V 的先验分布,然后采用贝叶斯动态线性模型递推算法对待估计参数进行递推预测和估计。

设 $\boldsymbol{D}_t$ 表示 t 时刻和 t 时刻之前全部有效信息的集合,$\boldsymbol{D}_0$ 为 $t = 0$ 时刻初始信息的集合。根据无先验分析法,假定 $\boldsymbol{\theta}_1 = [\mu_1, b_1]'$ 和 V 在具有初始信息 $\boldsymbol{D}_0$ 条件下的联合先验概率分布为

$$p(\boldsymbol{\theta}_1, V | \boldsymbol{D}_0) \propto V^{-1}, \quad V > 0 \qquad (7-53)$$

式中,$\propto$ 表示成正比关系。

根据贝叶斯公式,$\boldsymbol{\theta}_t$、V 的后验分布 $p(\boldsymbol{\theta}_t, V | \boldsymbol{D}_t)$ 正比于它的先验分布 $p(\boldsymbol{\theta}_t, V | \boldsymbol{D}_{t-1})$ 和测量样本分布 $p(y_t | \boldsymbol{\theta}_t, V)$,即

$$p(\boldsymbol{\theta}_t, V | \boldsymbol{D}_t) \propto p(\boldsymbol{\theta}_t, V | \boldsymbol{D}_{t-1}) \cdot p(y_t | \boldsymbol{\theta}_t, V), \quad t = 1, 2, 3 \qquad (7-54)$$

代入最先获得的数据点 y_1、y_2、y_3,得到无信息条件下待估计参数的后验联合概率条件分布 $p(\boldsymbol{\theta}_3, V | \boldsymbol{D}_3)$,进而获得两个边缘条件分布 $p(\boldsymbol{\theta}_3 | \boldsymbol{D}_3)$ 和 $p(V^{-1} | \boldsymbol{D}_3)$,以此作为它们的先验分布,然后采用贝叶斯动态线性模型递推算法对待估计参数进行预测和估计。

为了获得先验分布,定义 $\boldsymbol{H}_t = \boldsymbol{G}^{-1}{}'\boldsymbol{K}_{t-1}\boldsymbol{G}^{-1}$；$\boldsymbol{h}_t = \boldsymbol{G}^{-1}{}'\boldsymbol{k}_{t-1}$；$r_t = r_{t-1} + 1$；$\lambda_t = \delta_{t-1}$；$\delta_t = \lambda_t + y_t^2$。其中,$(\cdot)^{-1}$ 表示矩阵求逆,$\boldsymbol{K}_t = \boldsymbol{H}_t + \boldsymbol{F}\boldsymbol{F}'$,$\boldsymbol{k}_t = \boldsymbol{h}_t + \boldsymbol{F}y_t$。各量的初值分别为 $\boldsymbol{H}_1 = \boldsymbol{0}$,$h_1 = 0$,$r_0 = 0$,$\lambda_1 = 0$。

由贝叶斯公式推导求出 $\boldsymbol{\theta}_t (t = l, 2, 3)$,则 V 的联合先验分布与后验分布分别为

$$p(\boldsymbol{\theta}_t, V | \boldsymbol{D}_{t-1}) \propto V^{-\left(1 + \frac{r_{t-1}}{2}\right)} \exp\{-0.5 V^{-1} (\boldsymbol{\theta}_t{}'\boldsymbol{H}_t \boldsymbol{\theta}_t - 2\boldsymbol{\theta}_t{}'\boldsymbol{h}_t + \lambda_t)\} \qquad (7-55)$$

$$p(\boldsymbol{\theta}_t, V | \boldsymbol{D}_t) \propto V^{-\left(1 + \frac{r_t}{2}\right)} \exp\{-0.5 V^{-1} (\boldsymbol{\theta}_t{}'\boldsymbol{K}_t \boldsymbol{\theta}_t - 2\boldsymbol{\theta}_t{}'\boldsymbol{k}_t + \delta_t)\} \qquad (7-56)$$

按照上述递推过程获得 $p(\boldsymbol{\theta}_t, V | \boldsymbol{D}_t) (t = 1, 2, 3)$ 之后求出 $(\boldsymbol{\theta}_t | \boldsymbol{D}_t) \sim T_{n_t}[\boldsymbol{M}_t, \boldsymbol{C}_t]$ 和 $(V^{-1} | \boldsymbol{D}_t) \sim \Gamma[n_t/2, d_t/2]$。其中,$\boldsymbol{M}_t = \boldsymbol{K}_{t-1}\boldsymbol{k}_t$,$\boldsymbol{C}_t = S_t\boldsymbol{K}_t^{-1}$,$S_t = d_t/n_t$,$n_t = r_t - 2$,$d_t = \delta_t - \boldsymbol{M}_t \boldsymbol{k}_t'$,$n_t$ 为 T 分布随机变量的自由度。

以 $(\boldsymbol{\theta}_t | \boldsymbol{D}_t)$ 和 $(V^{-1} | \boldsymbol{D}_t)$ 的概率分布作为先验分布,对观测方程和状态方程分别进行预测和递推 $(t > 3)$ 的算法如下:

已知先验分布为

$$w_t \sim T_{n_{t-1}}[0, \boldsymbol{W}_t]$$

$$(\boldsymbol{\theta}_{t-1} | \boldsymbol{D}_{t-1}) \sim T_{n_{t-1}}[\boldsymbol{M}_{t-1}, \boldsymbol{C}_{t-1}]$$

$$(\boldsymbol{\theta}_t | \boldsymbol{D}_{t-1}) \sim T_{n_{t-1}}[\boldsymbol{A}_t, \boldsymbol{R}_t], \quad \boldsymbol{A}_t = \boldsymbol{G}\boldsymbol{M}_{t-1}, \quad \boldsymbol{R}_t = \boldsymbol{G}\boldsymbol{C}_{t-1}\boldsymbol{G}' + \boldsymbol{W}_t$$

$$(V^{-1} | \boldsymbol{D}_{t-1}) \sim \Gamma[n_{t-1}/2, d_{t-1}/2], \quad S_{t-1} = d_{t-1}/n_{t-1}$$

一步向前预测为

$$(y_t | \boldsymbol{D}_{t-1}) \sim T_{n_{t-1}}[f_t, Q_t], \quad f_t = \boldsymbol{F}'\boldsymbol{A}_t, \quad Q_t = \boldsymbol{F}'\boldsymbol{R}_t\boldsymbol{F} + S_{t-1}$$

待估计参数的修正递推过程为

$$(\boldsymbol{\theta}_t \mid \boldsymbol{D}_t) \sim T_{n_t}[\boldsymbol{M}_t, \boldsymbol{C}_t]$$

$$(V^{-1} \mid \boldsymbol{D}_t) \sim \Gamma[n_t/2, d_t/2]$$

$$\boldsymbol{M}_t = \boldsymbol{B}_t e_t + \boldsymbol{A}_t$$

$$\boldsymbol{C}_t = (S_t/S_{t-1})[\boldsymbol{R}_t - \boldsymbol{B}_t \boldsymbol{B}_t' \boldsymbol{Q}_t]$$

$$n_t = n_{t-1} + 1, \quad d_t = d_{t-1} + S_{t-1} e_t^2/\boldsymbol{Q}_t, \quad S_t = d_t/n_t$$

式中，$e_t = y_t - f_t$，$\boldsymbol{B}_t = \boldsymbol{R}_t \boldsymbol{F}/\boldsymbol{Q}_t$。

在上述递推算法中需要知道矩阵 $\boldsymbol{W}_t (t > 3)$，这里采用折扣因子法确定，即

$$\boldsymbol{W}_t = \boldsymbol{G} \boldsymbol{C}_{t-1} \boldsymbol{G}' (\rho^{-1} - 1) \tag{7-57}$$

式中，ρ 表示折扣因子。

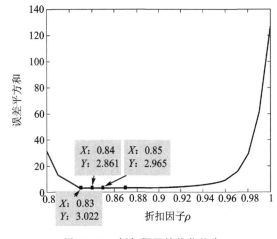

根据经验，折扣因子的取值范围一般在 $[0.8, 1]$ 之间。以动态测振数据的一步预测误差平方和最小为目标，采用数值仿真的方法得到递推算法所需的折扣因子 ρ，如图 7-31 所示。当 $\rho = 0.84$ 时，所有数据一步预测的误差平方和达到最小。

在结束数据的递推运算之后，状态矩阵 $\boldsymbol{M}_t$ 中水平分量 μ_t 的估计值即为测量数据序列的最佳估计值，即

$$\hat{y}_t = \hat{\mu}_t \tag{7-58}$$

最后得到的贝叶斯估计值如图 7-32 所示。

图 7-31　折扣因子的优化仿真

得到了被测振动的最佳估计值之后，再利用残差序列对输出电压的噪声进行不确定度评定。首先对图 7-33 的估计值残差序列特性进行分析与辨识，然后采用适当的动态线性模型对不确定度做出评定。

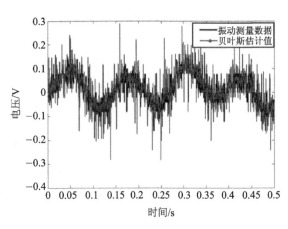

图 7-32　贝叶斯估计值

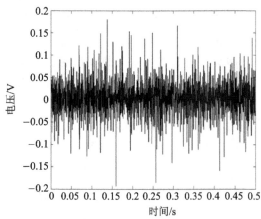

图 7-33　估计值的残差序列

残差序列的自相关分析如图 7 - 34 所示。标准自相关系数随着滞后点数的增加不再显著,说明贝叶斯估计值的残差序列可以看作各态历经序列。

下面采用贝叶斯常均值动态线性模型对不确定度进行评定。

贝叶斯常均值动态线性模型的结构与式(7 - 55)相同,当 $F' = 1, G = 1$ 时,即为贝叶斯常均值动态线性模型。采用无信息先验分析法,由前两个残差数据获得模型中待估计参数的先验分布,经过递推预测可以得到残差序列的预测值 f_t 及其方差 Q_t,则电压噪声的标准不确定度为

$$u_{\mathrm{n}}(t) = \sqrt{f_t^2 + Q_t} \tag{7 - 59}$$

电压噪声的标准不确定度评定结果见图 7 - 35,各个时刻的标准不确定度基本恒定。这说明在测量过程中的电压噪声信号统计特性非常稳定,是一个各态历经的平稳随机过程。因此,电压噪声的标准不确定度可以通过对各个时刻的标准不确定度取平均值得到:

$$u_{\mathrm{n}} = \frac{\sum_{t=1}^{N} u_{\mathrm{n}}(t)}{N} = 0.040\ 5\ \mathrm{V} \tag{7 - 60}$$

式中,N 表示残差序列的观测点数。

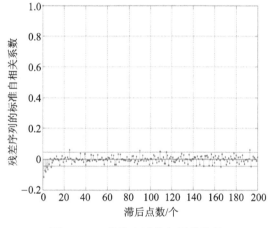

图 7 - 34　残差序列的自相关分析

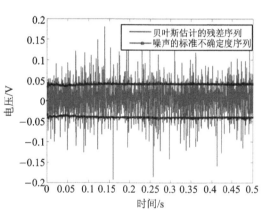

图 7 - 35　电压噪声的标准不确定度评定结果

7.4.2　光电传感系统不确定度评定

在加速度传感器的测量过程中,除了受到输出电压噪声的影响之外,还受到光电传感系统的影响。光电传感系统的影响主要包括非线性误差、电路参数误差和失调误差等。可以通过全系统误差建模的方法逐一进行分析评定。

1. 非线性误差

根据光学传感系统的测量模型可知,被测微位移与输出电压之间满足二次多项式的函数关系。在 $\pm 2\ \mu\mathrm{m}$ 的范围内,测量模型非线性产生的极限误差为

$$\delta U_1 = U - U_0 = 1\ 195.6\Delta d_{\max}^2 - 0.003\Delta d_{\max} \tag{7 - 61}$$

当 $\Delta d_{\max} = 2\ \mu\mathrm{m}$ 时,非线性产生的极限误差为

$$\delta U_1 = 4.8\ \mathrm{mV} \tag{7 - 62}$$

2. 电路参数误差

电路参数误差的影响主要体现在电阻的阻抗不匹配、电阻的阻值不准确以及放大器不理想三个方面。

电阻阻抗不匹配使聚焦误差信号不理想。经过阻抗匹配设计与选型之后,电阻阻值的精度可以达到 0.5%,因此取 $R'_i = (1+0.5\%)R_i$,$i=3,4,5$,$R'_j = (1-0.5\%)R_j$,$j=1,2,6$,则阻抗不匹配引起输出电压的极限误差 δU_b 为

$$\delta U_b = 2\,020\ \Omega(I_A + I_C) - 2\,018.4\ \Omega(I_B + I_D) \approx 3.2\ \Omega I_0 = 16\ \text{mV} \qquad (7-63)$$

式中,I_0 表示被测物体位于基准位置即光斑为圆形时,单一象限的输出电流。$I_0 = \eta P/4 = 0.005$ A。$2\,020$、$2\,018.4$ 和 3.2 均为 I/V 转换系数,由各电阻的阻值运算得到,其单位为 Ω。

根据阻抗匹配的要求,加减运算电路的电阻满足

$$\left. \begin{array}{l} R_1 = R_2 \\ R_3 = R_4 \\ (R_5/R_1) \cdot (R_4/R_6) = 1 \end{array} \right\} \qquad (7-64)$$

取

$$\Delta R_8 = 0.5\% R_8, \quad \Delta R_5 = 0.5\% R_5, \quad \Delta R_7 = -0.5\% R_7, \quad \Delta R_1 = -0.5\% R_1$$

则因电阻阻值不准确造成的放大倍数的极限误差为

$$\delta_K = k\frac{\Delta R_8}{R_7} \cdot \frac{R_5}{R_1} + \frac{R_8}{R_7} \cdot \frac{\Delta R_5}{R_1} - \frac{\Delta R_7 R_8}{R_7^2} \cdot \frac{R_5}{R_1} - \frac{\Delta R_1 R_5}{R_1^2} \cdot \frac{R_8}{R_7} = 40 \quad (7-65)$$

输出电压极限误差为

$$\delta U_K = \frac{40}{2\,000}\max\{U_0\} = \frac{40}{2\,000}(1\,195.6\Delta d_{\max}^2 + 85.699\Delta d_{\max}) = 3.5\ \text{mV} \quad (7-66)$$

3. 失调误差

运算放大器具有高输入阻抗、低输出阻抗和高共模抑制比等优点。实际运算放大器不理想的影响因素主要为失调误差,具体包括电压、偏置电流和失调电流。

所用运算放大器为 AD8620,它的内部有两级放大器。两级放大器的性能指标基本相同,其等效电路如图 7-36 所示。

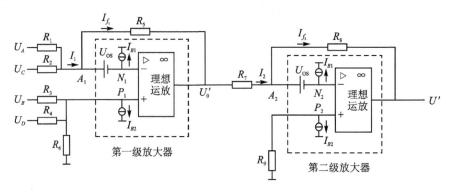

图 7-36 运算放大器的等效电路

图 7-36 中的 U_{OS} 为运算放大器的输入失调电压；$I_{B1} - I_{B2} = I_{OS}$ 为输入失调电流；$\dfrac{I_{B1} + I_{B2}}{2} = I_B$ 为输入偏置电流。

对于第一级放大器：

$$\left. \begin{aligned} I_1 &= \frac{U_A - U_{A_1}}{R_1} + \frac{U_C - U_{A_1}}{R_2} \\ I_{f_1} &= \frac{U_{A_1} - U'_0}{R_5} \\ I_1 &= I_{f_1} + I_{B1} \\ U_{A_1} &= U_{N_1} + U_{OS} \\ U_{N_1} &= U_{P_1} \\ I_{B2} &= \frac{U_B - U_{P_1}}{R_3} + \frac{U_D - U_{P_1}}{R_4} - \frac{U_{P_1}}{R_6} \end{aligned} \right\} \qquad (7-67)$$

经过整理可得

$$U'_0 = -\left(\frac{R_5}{R_1} U_A + \frac{R_5}{R_2} U_C \right) +$$

$$\left(1 + \frac{R_5}{R_1} + \frac{R_5}{R_2} \right) \left(\frac{R_4 R_6 U_B + R_3 R_6 U_D - R_3 R_4 R_6 I_{B2}}{R_3 R_4 + R_3 R_6 + R_4 R_6} + U_{OS} \right) + R_5 I_{B1} \quad (7-68)$$

对于第二级放大器：

$$\left. \begin{aligned} I_2 &= \frac{U'_0 - U_{A_2}}{R_7} \\ I_{f_2} &= \frac{U_{A_2} - U'}{R_8} \\ I_2 &= I_{f_2} + I_{B1} \\ U_{A_2} &= U_{N_2} + U_{OS} \\ U_{N_2} &= U_{P_2} \\ I_{B2} &= -\frac{U_{P_2}}{R_9} \end{aligned} \right\} \qquad (7-69)$$

经过整理可得

$$U' = -\frac{R_8}{R_7} U'_0 + \left(1 + \frac{R_8}{R_7} \right) (-R_9 I_{B2} + U_{OS}) + R_8 I_{B1}$$

$$= \frac{R_8}{R_7} \left(\frac{R_5}{R_1} U_A + \frac{R_5}{R_2} U_C \right) - \frac{R_8}{R_7} \left(1 + \frac{R_5}{R_1} + \frac{R_5}{R_2} \right) \left(\frac{R_4 R_6 U_B + R_3 R_6 U_D}{R_3 R_4 + R_3 R_6 + R_4 R_6} \right) +$$

$$\left(R_8 - \frac{R_5 R_8}{R_7} \right) I_{B1} + \left[\frac{R_8}{R_7} \left(1 + \frac{R_5}{R_1} + \frac{R_5}{R_2} \right) \frac{R_3 R_4 R_6}{R_3 R_4 + R_3 R_6 + R_4 R_6} - R_9 \left(1 + \frac{R_8}{R_7} \right) \right] I_{B2} +$$

$$\left[1 - \frac{R_8}{R_7} \left(\frac{R_5}{R_1} + \frac{R_5}{R_2} \right) \right] U_{OS} \qquad (7-70)$$

已知 $U_A = 10 I_A$，$U_C = 10 I_C$，$U_B = 10 I_B$，$U_D = 10 I_D$，将相应的电阻阻值代入上式，得到含

有失调误差的输出电压为

$$U' = 2\ 000(I_A + I_C) - 2\ 000(I_B + I_D) - 399U_{OS} - 2.2 \times 10^5 I_B - 1.69 \times 10^6 I_{OS}$$

$$\text{(7 - 71)}$$

由此引起的测量误差 δU_F 为

$$\delta U_F = -399U_{OS} - 2.2 \times 10^5 I_B - 1.69 \times 10^6 I_{OS} \qquad \text{(7 - 72)}$$

从 AD8620 的使用手册中查到失调电压为 $U_{OS} = 90\ \mu V$，偏置电流为 $I_B = 130$ pA，失调电流为 $I_{OS} = 20$ pA，代入上式得到

$$\delta U_F = -4.2\ \text{mV} \qquad \text{(7 - 73)}$$

因此，光电传感系统输出电压的合成极限误差由非线性产生的极限误差 δU_1、阻抗不匹配引起输出电压的极限误差 δU_b、电阻阻值不准确造成的极限误差 δU_k 和失调误差 δU_F 构成，即

$$\delta U_m = \sqrt{\delta U_1^2 + \delta U_b^2 + \delta U_k^2 + \delta U_F^2} = 17.6\ \text{mV} \qquad \text{(7 - 74)}$$

假定该误差服从正态分布，取置信概率 99.73%，则光电传感系统的标准不确定度为

$$u_m = \frac{\delta U_m}{3} = 5.87\ \text{mV} \qquad \text{(7 - 75)}$$

7.4.3　其他特性参数不确定度评定

1. 标定系数及其不确定度评定

输入的标准加速度值由高精度电涡流传感器测得。由电涡流传感器的特性可知标定位移范围内的非线性几乎为 0，传感器测量噪声的峰峰值为 1 mV，对应的位移测量误差峰峰值为 4.325 nm。如果输入标准数据的频率为 8 Hz，则将 $x_m \omega^2$ 转换成加速度之后的峰峰值误差为 0.01 mg，与测振系统的输出幅值误差相比较可以忽略不计。

根据最小二乘原理得到估计值 $\hat{b}$ 和 $\hat{k}$ 的不确定度分别为

$$u_{\hat{b}} = \sqrt{d_{11}\sigma_{\text{LMS}}^2} \qquad \text{(7 - 76)}$$

$$u_{\hat{k}} = \sqrt{d_{22}\sigma_{\text{LMS}}^2} \qquad \text{(7 - 77)}$$

式中，d_{11} 和 d_{22} 表示逆矩阵 $(\mathbf{A}^T\mathbf{A})^{-1}$ 主对角线上的数据。

根据灵敏度测试实验数据得到的系数矩阵为

$$\mathbf{A} = \begin{bmatrix} 1 & a_1 \\ 1 & a_2 \\ \vdots & \vdots \\ 1 & a_{11} \end{bmatrix} \qquad \text{(7 - 78)}$$

式中，$a_i (i = 1, 2, \cdots, 11)$ 表示输入的标准加速度值。

于是

$$(\mathbf{A}^T\mathbf{A})^{-1} = \begin{bmatrix} d_{11} & d_{12} \\ d_{21} & d_{22} \end{bmatrix} = \begin{bmatrix} 0.786\ 8 & -0.280\ 3 \\ -0.280\ 3 & 0.112\ 9 \end{bmatrix} \qquad \text{(7 - 79)}$$

由测试数据的估计残差 $v_i = V_i - 9.261\ 35a_i - 1.451\ 25$ 得到 σ_{LMS}^2 为

$$\sigma_{\mathrm{LMS}}^2 = \frac{\sum_{i=1}^{11} v_i^2}{11-2} = 0.041 \ (\mathrm{mV})^2 \tag{7-80}$$

将 σ_{LMS}^2 代入式(7-76)和式(7-77)中,得到 $\hat{b}$ 和 $\hat{k}$ 的不确定度分别为

$$u_{\hat{b}} = 0.180 \ \mathrm{mV} \tag{7-81}$$

$$u_{\hat{k}} = 0.068 \ \mathrm{mV/mg} \tag{7-82}$$

2. 频率响应特性不确定度评定

根据测振系统的二阶频率响应特性以及阻尼比、固有频率的估计值,采用 MATLAB 计算得到在 $0 \sim 10$ Hz 工作频带内的相频特性曲线,见图 7-37。可以看出,相频特性曲线在工作频带内基本呈线性变化,因此相频特性不理想引起的误差可以忽略不计,只需要考虑幅频响应特性不完善引起的失真误差即可。

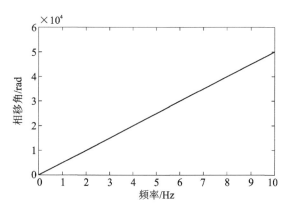

图 7-37　测振系统的相频特性曲线

根据幅频响应特性得到被测加速度的理论值为

$$a_0(t) = z(t)\hat{\omega}_{\mathrm{n}}^2 \sqrt{\left[1-\left(\frac{\omega}{\hat{\omega}_{\mathrm{n}}}\right)^2\right]^2 + \left[2\xi\left(\frac{\omega}{\hat{\omega}_{\mathrm{n}}}\right)\right]^2} \tag{7-83}$$

已知估计值

$$\hat{a}(t) = z(t)\hat{\omega}_{\mathrm{n}}^2 \tag{7-84}$$

则幅频响应特性不完善产生的被测加速度误差为

$$
\begin{aligned}
\Delta_{\mathrm{d}}(t) &= z(t)\hat{\omega}_{\mathrm{n}}^2 - z(t)\hat{\omega}_{\mathrm{n}}^2 \sqrt{\left[1-\left(\frac{\omega}{\hat{\omega}_{\mathrm{n}}}\right)^2\right]^2 + \left[2\xi\left(\frac{\omega}{\hat{\omega}_{\mathrm{n}}}\right)\right]^2} \\
&= \hat{a}(t)\left\{1 - \sqrt{\left[1-\left(\frac{\omega}{\hat{\omega}_{\mathrm{n}}}\right)^2\right]^2 + \left[2\hat{\xi}\left(\frac{\omega}{\hat{\omega}_{\mathrm{n}}}\right)\right]^2}\right\}
\end{aligned}
\tag{7-85}
$$

式中,$z(t)$ 表示光学传感器测得的质量块振幅。

由于在工作频带范围内幅频响应特性的振幅比误差不超过 5%,即

$$\frac{1}{\sqrt{\left[1-\left(\frac{\omega}{\hat{\omega}_{\mathrm{n}}}\right)^2\right]^2 + \left[2\xi\left(\frac{\omega}{\hat{\omega}_{\mathrm{n}}}\right)\right]^2}} - 1 = 0.05 \tag{7-86}$$

故频率响应特性不完善引起的极限误差为

$$\delta_d(t) = 0.048\hat{a}(t) = 0.048\frac{\hat{U}(t) - \hat{b}}{\hat{k}} = 0.005\,2[\hat{U}(t) + 1.451\,25] \quad (\text{mV})$$

$$(7-87)$$

根据贝叶斯估计值得到 $\hat{U}(t)$ 的峰峰值为 370.8 mV,则被测加速度峰峰值的极限误差为

$$\delta_{dm} = \max[\Delta_d(t)] = 1.936 \text{ mg} \qquad (7-88)$$

假定该误差服从均匀分布,则频率响应特性的标准不确定度为

$$u_d = \frac{\delta_{dm}}{\sqrt{3}} = 1.12 \text{ mg} \qquad (7-89)$$

7.4.4　合成不确定度评定及其结果

1. 测量不确定度评定模型

根据测振系统的标定结果得到被测加速度的估计值为

$$\hat{a}(t) = \frac{\hat{U}(t) - \hat{b}}{\hat{k}} \qquad (7-90)$$

测振系统的误差主要由输出电压误差 $\delta_{\hat{U}(t)}$、标定系数误差 $\delta_{\hat{k}}$、$\delta_{\hat{b}}$ 和频率响应特性误差 δ_d 引起。

测量不确定度模型可以表示为

$$\delta_{\hat{a}(t)} = \frac{\delta_{\hat{U}(t)}}{\hat{k}} - \frac{\hat{U}(t) - \hat{b}}{\hat{k}^2}\delta_{\hat{k}} - \frac{1}{\hat{k}}\delta_{\hat{b}} + \delta_d \qquad (7-91)$$

根据量值特性分析可知,电压测量误差 $\delta_{\hat{U}(t)}$ 主要来源于测振系统的噪声、漂移和测量模型误差;标定系数误差 $\delta_{\hat{k}}$ 和 $\delta_{\hat{b}}$ 主要来源于标定数据的误差和最小二乘原理的估计误差;频率响应特性误差 δ_d 主要来源于工作频带内的幅频系数波动误差。

动态测振结果的合成标准不确定度评定模型为

$$u_{\hat{a}(t)} = \sqrt{\frac{1}{\hat{k}^2}(u_n^2 + u_s^2 + u_m^2) + \frac{[\hat{U}(t) - \hat{b}]^2}{\hat{k}^4}u_{\hat{k}}^2 + \frac{u_{\hat{b}}^2}{\hat{k}^2} + u_d^2} \qquad (7-92)$$

式中,u_n、u_s、u_m 分别表示输出电压的测量噪声、漂移和测量模型误差引起的标准不确定度;$u_{\hat{k}}$、$u_{\hat{b}}$、u_d 分别表示标定系数估计值 $\hat{k}$ 和 $\hat{b}$ 的误差以及频率响应特性误差引起的标准不确定度。

2. 测量不确定度评定结果

根据输出电压的贝叶斯估计值和测振传感器的标定方程,得到被测加速度的动态估计值为

$$\hat{a}(t) = \frac{\hat{U}(t) - \hat{b}}{\hat{k}} = \frac{\hat{U}(t) + 1.451\,25 \times 10^{-3}}{9.261\,35} \quad (g) \qquad (7-93)$$

根据测振系统的漂移性能测试结果,在两小时内的漂移峰峰值不超过 40 mV。假定服从均匀分布,则性能漂移引起的输出电压标准不确定度为

$$u_s = \frac{40}{\sqrt{3}} \text{ mV} = 23.1 \text{ mV} \tag{7-94}$$

将各误差来源的标准不确定度代入到测振系统不确定度的评定模型中,得到加速度动态估计值的合成标准不确定度为

$$
\begin{aligned}
u_{\hat{a}(t)} &= \sqrt{\frac{1}{\hat{k}^2}(u_n^2 + u_s^2 + u_m^2) + \frac{[\hat{U}(t) - \hat{b}]^2}{\hat{k}^4}u_{\hat{k}}^2 + \frac{u_{\hat{b}}^2}{\hat{k}^2} + u_d^2} \\
&= 10^{-3} \times \sqrt{27 + 0.629[\hat{U}(t) + 1.451\,25 \times 10^{-3}]^2} \quad (g)
\end{aligned}
\tag{7-95}
$$

被测加速度动态估计值及其扩展不确定度(取 2 倍标准不确定度)的评定结果如图 7 - 38 所示。振动测量结果的不确定度随着被测加速度估计值的动态变化而发生相应的变化,反映了估计值的动态分散性。这主要是由于在加速度估计值的不确定度评定模型中,灵敏度估计值不确定度的传播系数是随着加速度估计值变化的动态函数,说明动态测振结果的不确定度与输入加速度的动态变化密切相关,一般也是随时间变化的函数。

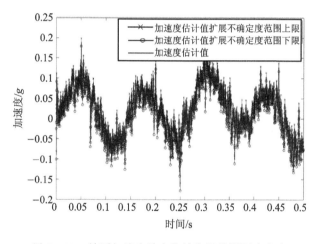

图 7 - 38 被测加速度动态估计值及扩展不确定度

从微振动测量系统的不确定度分析与评定过程来看,引起该测量结果不确定度的主要因素有电压噪声、漂移、阻抗匹配误差、幅频响应特性误差等。根据分析过程可知,在实际使用该系统时,可以根据误差建模与不确定度评定模型,对系统内部参数或外部测量环境进行相应的优化、补偿与改进,减小测量结果的不确定度,提高测量系统的动态精度水平。

7.5 本章小结

本章介绍了现有低频微振动测量系统的基本原理、测量方法及其发展趋势;阐述了基于改装 DVD 光学读取头的微振动测量系统的工作原理与结构组成;建立了测量系统的数学模型;完成了测振系统的灵敏度、幅频响应特性和漂移性能测试;结合数学模型和性能测试结果,分析了测振系统的主要误差来源,包括输出电压噪声、测量模型误差、性能漂移、标定系数误差、

幅频响应特性误差等;给出了相应的不确定度评定过程与结果,最终合成得到了振动测量结果总的动态不确定度。

参考文献

[1] SINGIRESU S R. 机械振动[M]. 4 版. 李欣业,译. 北京:清华大学出版社,2009.

[2] 王伯雄. 测试技术基础. 北京:清华大学出版社,2003.

[3] 戴红艳. 压电式加速度传感器[D]. 常州:江苏技术师范学院,2010.

[4] 丛琳. 基于数字全息的激光远程微振动探测技术及系统研究[D]. 北京:北京航空航天大学,2014.

[5] 禹延光,郭常盈,叶会英. 基于适度光反馈自混合干涉技术的振动测量[J]. 光学学报,2007,27(8):1430-1434.

[6] 禹延光,强锡富,魏振禄,等. 差动型激光自混合干涉式位移测量系统[J]. 光学学报,1999 ,19(9):1269-1273.

[7] 张斌,冯其波,由凤玲,等. 基于 BSO 晶体的振动测量系统[J]. 光学学报,2012(3):90-94.

[8] 张斌,韩旭光,冯其波,等. 基于 BSO 晶体反射式全息光栅的振动测量系统[J]. 光学精密工程,2014,22(7):1781-1786.

[9] 陈益萍. 激光多普勒测速技术原理及其应用[J]. 电子世界,2013(7):35-37.

[10] Xian Tao, De Xu, Zhengtao Zhang, et al. Vibration Measurement in High Precision for Flexible Structure Based on Microscopic Vision[J]. Robotics , 2016 , 5(2):9.

[11] Sabato A, Feng M Q. Feasibility of Frequency-Modulated Wireless Transmission for a Multi-Purpose MEMS-Based Accelerometer[J]. Sensors,2014,14(9):16563-16585.

[12] Kaviha S, Daniel R J, Sumangala K. Design and Analysis of MEMS Comb Drive Capacitive Accelerometer for SHM and Seismic Applications[J]. Measurement, 2016,93:327-339.

[13] Weng Y Y, Qiao X G, Feng Z Y, et al. Compact FBG diaphragm accelerometer based on L-shaped rigid cantilever beam[J]. Chinese Optics Letters, 2011,9(10):18-21.

[14] Lin Q, Chen L, Li S, et al. A high-resolution fiber optic accelerometer based on intracavity phase-generated carrier(PGC) modulation[J]. Measurement Science & Technology, 2011,22(22):15303-15308(6).

[15] Liu C H, Kenny T W. A high-precision, wide-bandwidth micromachined tunneling accelerometer[J]. Journal of Microelectro mechanical Systems, 2001,10(3):425-433.

[16] Li K, Chan T H, Yau M H, et al. Very sensitive fiber Bragg grating accelerometer using transverse forces with an easy over-range protection and low cross axial sensitivity[J]. Applied Optics, 2013, 52(25):6401-6410.

[17] 曾宇杰,王俊,杨华勇,等. 基于 L 形刚性梁与弹性膜片结构的低频光纤光栅加速度传感器[J]. 光学学报, 2015(12):90-98.

[18] Shen H, He B, Zhang J, et al. Obtaining four-dimensional vibration information for vibrating surfaces with a Kinect sensor[J]. Measurement, 2015,65:149-165.

[19] 陶胜,张珂,张晴. 基于 DVD 光学读取头的测微力计[J]. 计测技术,2012,32(4):27-29.

[20] 李瑞君,钱剑钊,龚伟,等. 基于 DVD 光学读取头的大量程高精度扫描探头[J]. 合肥工业大学学报(自然科学版),2011,34(12):1761-1763.

[21] 李瑞君. 纳米三坐标测量机三维大量程接触扫描探头系统的研制[D]. 合肥:合肥工业大学,2013.

[22] [日]马场清太郎. 运算放大器应用电路设计[M]. 何希才,译. 北京:科学出版社,2016.

[23] 施文康,余晓芬. 检测技术[M]. 3 版. 北京:机械工业出版社,2010.

[24] 孙承文. 基于 DVD 光读取头的超低频振动传感器机理的研究[D]. 合肥:合肥工业大学,2009.

［25］闻邦春. 机械振动学［M］. 北京：冶金工业出版社，2000.

［26］胡玉禧. 应用光学［M］. 2 版. 合肥：中国科学技术大学出版社，2009.

［27］陈力，王军华，徐敏. 像散法离焦检测系统的分析与校准［J］. 激光与光电子学进展，2016(5)：225-231.

［28］孙仕凯. 基于像散原理的薄膜厚度测量系统设计与实现［D］. 绵阳：西南科技大学，2017.

［29］Hongbo Wang, Zhihua Feng. Ultrastable and highly sensitive eddy current displacement sensor using self-temperature compensation［J］. Sensors and Actuators A：Physical，2013，203：362-368.

［30］Hongbo Wang, Yongbin Liu, Wei Li, et al. Design of ultrastable and high resolution eddy-current displacement sensor system ［C］. IECON 2014-40th Annual Conference of IEEE Industrial Electronics，2014：2333-2339.

［31］王洪波. 亚纳米精度电涡流传感器的理论和设计研究［D］. 合肥：中国科学技术大学，2015.

［32］高伟，陈晓怀，陈贺. 一种基于 DVD 读取头的非接触触发探头［J］. 计量学报，2014，35(1)：35-40.

［33］张孝令，等. 贝叶斯动态模型及其预测［M］. 济南：山东科学技术出版社，1992.

［34］陈晓怀，程真英，费业泰. 基于贝叶斯模型的动态误差实时修正方法研究［J］. 计量学报，2006，27(s1)：31-34.

［35］费业泰. 误差理论与数据处理［M］. 6 版. 北京：机械工业出版社，2013.

［36］陈晓怀，黄强先，费业泰. 广义动态测量精度模型及不确定度研究［J］. 中国科学技术大学学报，2001，31(6)：107-112.

［37］程真英. 动态测试系统均匀精度寿命优化设计理论与方法［D］. 合肥：合肥工业大学，2015.

［38］Li Rui Jun, Lei Ying Jun, Zhang Lian Sheng, et al. High-precision and low-cost vibration generator for low-frequency calibration system［J］. Measurement Science and Technology，2018，29(034008).

［39］刘纪堂，何建忠. 主动隔振平台的低频微振动测量研究［J］. 上海理工大学学报，2005，27(2)：185-189.

［40］何建忠. 精密隔振平台主动阻尼系统的低频微振动测量研究［J］. 仪器仪表学报，2006，27(6)：583-587.

第8章 机载平台振动的小样本不确定度评定

本章根据机载平台振动信号的特点,提出机载平台振动数据样本的自助统计归纳方法,引入评估指标并对自助样本数、置信水平和样本数量的取值进行详细分析;介绍机载平台振动信号不确定度的几种非统计评定方法,包括模糊范数法、自助最大熵法和自助灰方法,分别对符合正态分布、瑞利分布、均匀分布和三角分布的仿真数据进行研究,验证了所提出的方法在小样本数据分析与评定中的有效性。

8.1 机载平台振动数据的评估

8.1.1 平台振动评估的相关问题

为了保证飞行安全,飞机的机载设备使用环境越来越复杂,使用条件越来越苛刻,机载设备产品承受的各种应力也越来越大。机载平台作为机载设备系统的重要组成部分,也是一种常见的航空装备。在航空飞行中的机载设备一般位于机载平台上,如图8-1所示。机载平台的振动会减少机载设备的使用寿命,导致机载设备在使用过程中发生损坏,很可能产生难以想象的严重后果。因此,只有对机载平台振动数据做出准确、可靠的评估,才能够保障机载设备的稳定运行,保证飞行过程中的安全性。在飞机的可靠性实验中,机载平台实测振动数据的评估是反映实际振动环境条件真实性的一个关键环节。

图 8-1 机载设备平台

机载平台实测振动数据的评估一般包括静态评估和动态评估两种。静态评估是指对某一个频率点的测量数据提出静态模型并对估计真值、估计区间和不确定度进行评定。静态评估模型的性能可以通过可靠度和相对误差进行量化分析。在静态评估中一般不考虑某频率点的动态变化趋势或者规律,这也是与动态评估之间的本质区别。

对于随机振动,除了利用统计归纳方法研究容差的上限之外,还需要对估计真值、估计区间和不确定度等指标进行评定。其中估计真值表示最优估计值或者最佳代表值;估计区间表示随机振动数据的变化域;测量不确定度则表示估计真值的变化范围。测量不确定度一般分为 A 类和 B 类两种。当处理概率未知的小样本数据时,A 类不确定度和 B 类不确定度均缺乏相应的理论依据。后面介绍的一些小样本随机振动数据评估方法不需要考虑样本的先验信息和概率分布情况,可以作为对现有统计归纳方法和 GUM 方法的某种补充。

机载平台振动主要由高频振动和低频扰动造成,此外还有高动态因素对机载平台系统的综合作用。机载平台同时受到多种振动形式的影响,其中引起抖动的随机振动是最常见的一种振动形式,也是机载平台振动评估中的关键问题之一。在高分辨率的机载光电设备中,尽管可以使用高质量光电传感器获得振动图像,但图像的质量一般并不理想。限制高分辨率成像的主要原因往往不是光学系统本身的问题,而是由放置光电设备的机载平台所产生的随机振动引起的。因此,机载平台振动数据的准确评估及其测量不确定度评定,在航空装备的研制和生产过程中发挥着重要的作用,它不仅是提高机载设备的使用寿命和性能的前提,也是保障机载设备正常运行的先决条件,更是保证飞行安全性和稳定性的基础。

机载平台振动数据评估的传统方法主要包括极值包络法、统计容差法和改进统计容差法等,这些方法均要求观测数据的样本数量大。例如现有的统计归纳方法(GJB/Z 126 - 99)是在大样本数量的条件下,对服从正态分布的振动、冲击测量数据进行归纳的一种数学方法。它基于统计理论求出振动数据中每一个频率点对应的容差上限,在工程中的适用性已经得到广泛验证。

8.1.2　平台振动及其小样本评估

在航空工程中有时很难得到机载平台大样本数量的振动数据。例如在飞行实验阶段,起飞的架次和次数受到严格的限制,仅能得到一些小样本的随机振动数据。由于样本量很少,如果使用推荐的统计归纳方法分析这种数据,就很难得到具有说服力的结果;况且传统方法一般是对服从典型分布的大样本数据进行统计分析,对概率分布未知的小样本数量振动数据则缺乏相应的理论依据。

机载平台数据评估中的小样本问题主要包括两点:

一是研制与开发的批量比较小,特别是在一些新型装备的组件中,尽管品种很多,但每个品种组件仅有小批量的样本可供分析评估;同时,缺乏该类产品的相关先验信息。对于这种情况,只能通过小样本实验数据来评估装备的实际性能。

二是在先验信息条件下对已有装备的改进,需要对少量改进装备进行测量数据的评估,以获取和预测改进装备能够达到的实际性能。

小样本数据是指研究数据信息不完备或者不充分。小样本评估的范畴包括概率分布等先验信息已知但仅有少量测量数据可供分析,以及尽管单次测量数据较多但总的次数较少的情况。无先验信息或者趋势项规律未知的小样本数据一般属于极小样本问题,对于极小样本的评估更加困难。经典的统计理论需要大样本量的数据并且服从典型的概率分布;对于概率分布未知的小样本数据,若仍然采用统计理论进行评估则缺乏相应的理论依据。本章的小样本数据评估是为了解决测量数据少、概率分布未知的静态评估和动态评估两个问题。

在对小样本数据进行评估时,目前常采用经典统计理论的方法进行处理,得到小样本数据评估的结果往往缺乏理论依据,也很难满足高精度评估的需要。小样本评估是继概率论之后新出现的一种数据处理方法,可以有效地弥补经典统计理论中的一些不足。近年来,已经逐渐开始借助于一些新的数学工具对小样本数据进行评估,如自助法(Bootstrap)、模糊集合方法、最大熵方法和灰色系统理论方法等,这些方法在实际工程中也得到了一定的应用。从经济的角度出发,小样本数据评估方法能够降低研究开发的成本;在实验次数比较少或者实验费用昂贵的情况下,能够充分地挖掘数据信息,寻找隐藏在数据中的内在规律,给出比较可靠的评估结果。相对于建立在大样本数量基础上的经典统计理论而言,小样本数据评估的发展历程还很短,在基础理论等研究方面也还很不成熟。

统计方法与各种小样本数据评估方法的比较见表8-1。

表 8-1　统计方法与各种小样本数据评估方法比较

评估方法		研究对象	特点或基本要求	限制或问题
统计方法		可以进行统计分析的系统	要求典型分布、大样本量数据	不适于概率分布未知或者小样本
小样本数据评估方法	自助法	未知或已知的分布	允许数据的个数有限	估计区间狭窄,有附加不确定度
	最大熵方法	信息源的不确定性	需要概率分布或频率信息,数据的个数有限	不适于概率分布未知,难以进行误差分离
	模糊方法	模糊系统	要求隶属函数信息,允许数据个数很少	不适于隶属函数未知,难以评估出置信水平
	灰色系统理论方法	内涵不清但边界清楚的小样本系统	不考虑概率分布信息,允许数据个数很少,对原始数据有一定的要求	难以进行误差分离,难以评估置信水平

8.2　平台振动的小样本自助统计归纳方法

8.2.1　自助统计归纳方法简介

自助统计归纳方法建模的流程如图8-2所示。

假设对特征样本 X_b 进行统计归纳,经过变换得到的样本为

$$x_p(k) = \sqrt{X_b(k)}, \quad k = 1, 2, \cdots, B \tag{8-1}$$

式中,B 表示自助样本数。

样本 $x_p(k)$ 的均值为

$$\bar{x}_p = \frac{1}{B} \sum_{i=1}^{B} x_p(i) \tag{8-2}$$

样本 $x_p(k)$ 的方差为

$$S_p^2 = \frac{1}{B-1} \sum_{i=1}^{B} [x_p(i) - \bar{x}_p]^2 \tag{8-3}$$

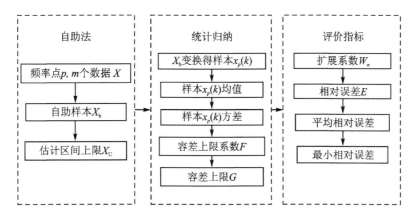

图 8 - 2　自助统计归纳方法建模的流程

对于置信水平 $P = 1 - \alpha$、分位点为 β 的容差上限系数为

$$F = \frac{t_{B-1;(1-\alpha)}}{\sqrt{B}} + Z_\beta \sqrt{\frac{B-1}{\chi^2_{B-1;\alpha}}} \tag{8-4}$$

式中,$t_{B-1;(1-\alpha)}$ 表示中心 t 分布的 $1 - \alpha$ 的分位点;Z_β 表示概率为 $P(Z \leqslant Z_\beta) = \beta$ 的正态分布分位点;$\chi^2_{B-1;\alpha}$ 表示 χ^2 分布的 α 分位点。

特征样本 X_b 的容差上限估计为

$$G = (\bar{x}_p + F \cdot S_p)^2 \tag{8-5}$$

式中,G 表示在频点 p 的容差上限值。它是在小样本条件下得出的,也称为小样本容差上限。

在 GJB/Z 126 - 99 中,对服从正态分布的大样本随机振动数据的统计归纳结果为 G_0,也称为大样本容差上限,在精度分析中可以把 G_0 当做 G 的约定真值。

对每个频率点的特征样本 X_b 进行容差上限估计,可以得到置信水平为 P、分位点为 β 的自助统计归纳谱线。

机载平台振动数据小样本自助统计归纳方法,可以作为现有静态评估和动态评估统计方法的一种补充。

8.2.2　自助统计归纳评估指标

在利用小样本随机振动数据进行自助统计归纳时,得到的小样本容差上限 G 总是略小于约定真值 G_0 的大样本容差上限,但两个容差上限的整体变化趋势基本一致。通过引入扩展系数 W_n 对小样本容差上限进行修正,可以使之更加准确。修正后的容差上限为 $W_n \times G$。

经过大量的研究发现,扩展系数 W_n 与原始数据样本数 m 有关。通过对不同样本数 m 得到的小样本容差上限 G 与大样本容差上限 G_0 之间进行分析比较,得到扩展系数 W_n 与原始数据组数 m 之间的关系为

$$W_n = -0.001\,2 \times m^2 + 0.033 \times m + 1.132\,6 \tag{8-6}$$

在精度分析中,将小样本容差上限的修正值 $W_n \times G$ 与大样本容差上限 G_0 进行比较,得到容差上限的相对误差为

$$E_1 = \left| \frac{G - G_0}{G_0} \right| \times 100\% \tag{8-7}$$

直接利用自助法也可以对随机振动数据的上限进行估计。区间估计上限 X_U 的相对误差为

$$E_2 = \left| \frac{X_U - G_0}{G_0} \right| \times 100\% \qquad (8-8)$$

小样本容差上限 G 的最大相对误差、最小相对误差和平均相对误差分别为

$$E_{1max} = \max_{p=P_1}^{P_2} E_1(p) \qquad (8-9)$$

$$E_{1min} = \min_{p=P_1}^{P_2} E_1(p) \qquad (8-10)$$

$$E_{1m} = \frac{1}{P_2 - P_1 + 1} \sum_{p=P_1}^{P_2} E_1(p) \qquad (8-11)$$

式中，P_1 表示起始频率点；P_2 表示截止频率点。

估计区间上限 X_U 的最大相对误差、最小相对误差和平均相对误差分别为

$$E_{2max} = \max_{p=P_1}^{P_2} E_2(p) \qquad (8-12)$$

$$E_{2min} = \min_{p=P_1}^{P_2} E_2(p) \qquad (8-13)$$

$$E_{2m} = \frac{1}{P_2 - P_1 + 1} \sum_{p=P_1}^{P_2} E_2(p) \qquad (8-14)$$

8.2.3　自助统计归纳参数取值

取 100 组服从正态分布的大样本随机振动数据进行统计归纳，用现有统计归纳方法得到的大样本容差上限 G_0 作为约定真值。取大样本数据中的前 m 组数据作为小样本的研究对象，其中 m 的取值范围为 6～20。用自助统计归纳方法得到小样本容差上限为 G，用自助法得到小样本数据估计区间上限为 X_U。将相对误差作为统计归纳的精度评定指标。假设要求小样本数据统计归纳的平均相对误差小于 10%。

利用机载平台后舱振动数据选择统计归纳方法中的参数，分别对自助样本数 B、置信水平 P 和样本数量 m 进行讨论。为了保证实验结果的可靠，选取不同的频段分别进行讨论。

1. 自助样本数的取值

选取不同频段分析自助样本数 B 的取值。在自助统计归纳中取小样本数为 $m=10$，置信水平为 $P=90\%$，自助样本数 B 的取值范围为 100～1 000。首先在 200～300 Hz 频段进行分析，因为该频段的数据波动相对比较平缓。当分别取 $B=100$、200、500 和 1 000 时，得到的小样本容差上限 G、估计区间上限 X_U 与大样本容差上限 G_0 如图 8-3 所示。

可以看出，对于不同的自助样本数 B，估计区间上限 X_U 总是比大样本容差上限 G_0 小。小样本容差上限 G 与大样本容差上限 G_0 的变化趋势基本一致，并且随着自助样本数 B 值的增加，二者越来越接近。

当 $B=100$、200、500 和 1 000 时，得到的小样本容差上限 G 的相对误差 E_1 与估计区间上限 X_U 的相对误差 E_2 如图 8-4 所示。

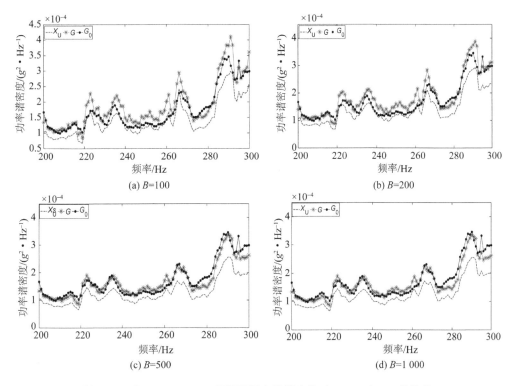

图 8 - 3　在 200～300 Hz 频段不同自助样本数时 G、X_U 与 G_0 的比较

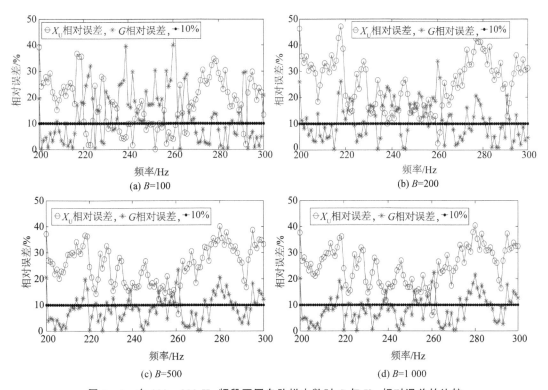

图 8 - 4　在 200～300 Hz 频段不同自助样本数时 G 与 X_U 相对误差的比较

可以看出,当自助样本数 $B > 500$ 时,小样本容差上限 G 的相对误差 E_1 和估计区间上限 X_U 的相对误差 E_2 变化都很小。

当自助样本数 B 的取值范围为 $100 \sim 1\,000$ 时,得到小样本容差上限 G 与估计区间上限 X_U 的相对误差见表 8-2。

表 8-2 在 200~300 Hz 不同自助样本数时 G 和 X_U 的相对误差

自助样本数 B	$E_{1\text{min}}/\%$	$E_{2\text{min}}/\%$	$E_{1\text{m}}/\%$	$E_{2\text{m}}/\%$
100	0.139	0.58	18.33	20.3
200	0.135	1.73	13.88	21.6
300	0.097	3.52	11.53	22.3
400	0.093	5.44	10.59	23.7
500	0.082	7.64	9.46	24.8
600	0.071	7.74	8.80	25.1
700	0.041	7.81	8.35	25.5
800	0.043	7.83	8.33	25.9
900	0.021	7.89	8.31	26.2
1 000	0.024	8.09	8.25	26.6

可以看出,估计区间上限 X_U 的最小相对误差 $E_{2\text{min}}$ 和平均相对误差 $E_{2\text{m}}$ 都比较大,无法满足评定精度的要求;但小样本容差上限 G 的最小相对误差 $E_{1\text{min}}$ 均小于 0.2%。当自助样本数 $B \geqslant 500$ 时,平均相对误差的变化很小,并且均有 $E_{1\text{m}} < 10\%$。

其次,取 400~500 Hz 频段继续进行分析,该频段的数据波动相对比较剧烈。当 $B = 100$、200、500 和 1 000 时,得到的小样本容差上限 G、估计区间上限 X_U 与大样本容差上限 G_0 如图 8-5 所示。

可以看出,该频率段的分析结果与 200~300 Hz 频段的分析结果基本一致,即随着自助样本数 B 值的增加,小样本容差上限 G 与大样本容差上限 G_0 越来越贴近,而估计区间上限 X_U 与大样本容差上限 G_0 相比较一直偏小。

当 $B = 100$、200、500 和 1 000 时,小样本容差上限 G 相对误差 E_1 和估计区间上限 X_U 相对误差 E_2 如图 8-6 所示。

可以看出,小样本容差上限 G 的平均相对误差 $E_{1\text{m}}$ 与 200~300 Hz 频率段相比略有增加,当自助样本数 $B \geqslant 500$ 时,平均相对误差 $E_{1\text{m}} < 10\%$。

当自助样本数 B 的取值范围为 $100 \sim 1\,000$ 时,小样本容差上限 G 和估计区间上限 X_U 的相对误差见表 8-3。

综上所述,当自助样本数 $B \geqslant 500$ 时,小样本容差上限 G 和估计区间上限 X_U 的相对误差均无明显的变化趋势,小样本容差上限 G 的平均相对误差 $E_{1\text{m}}$ 均小于 10%,满足评定精度的要求;随着自助样本数 B 的增加,计算时间明显增加。为了达到理想的评定精度且不增加额外的计算时间,自助样本数 B 的取值范围一般可以取为 $500 \sim 1\,000$。

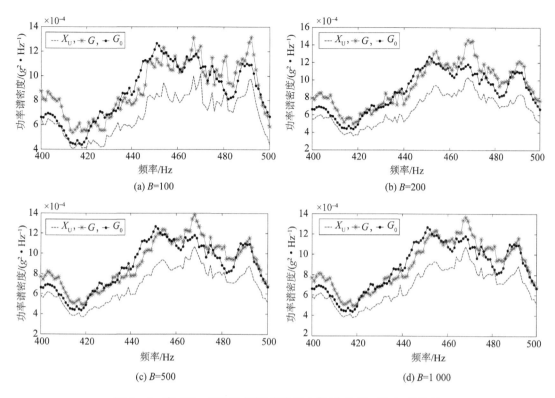

图 8-5　在 400～500 Hz 不同自助样本数时 G、X_U 与 G_0 的比较

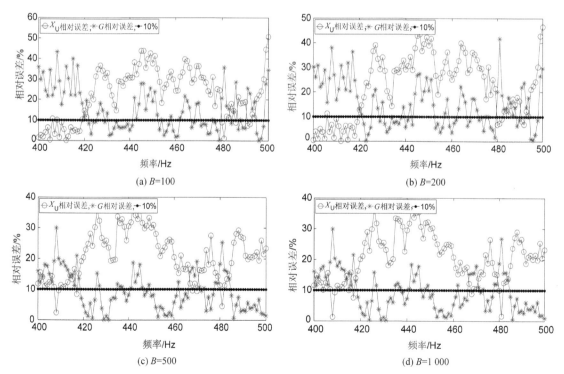

图 8-6　在 400～500 Hz 不同自助样本数时 G 和 X_U 相对误差的比较

表 8 - 3　在 400～500 Hz 不同自助样本数时 G 和 X_U 的相对误差

自助样本数 B	$E_{1min}/\%$	$E_{2min}/\%$	$E_{1m}/\%$	$E_{2m}/\%$	自助样本数 B	$E_{1min}/\%$	$E_{2min}/\%$	$E_{1m}/\%$	$E_{2m}/\%$
100	0.109	0.51	19.70	24.2	600	0.067	1.86	9.41	23.0
200	0.116	0.33	17.89	23.8	700	0.060	2.05	9.38	22.8
300	0.083	1.31	14.43	23.6	800	0.043	1.94	9.31	22.8
400	0.098	1.75	11.87	23.3	900	0.061	1.85	9.26	22.6
500	0.075	2.05	9.85	23.1	1 000	0.054	1.31	9.20	22.5

2. 置信水平的取值

　　分别选取 200～400 Hz 和 400～600 Hz 两个频段分析置信水平 P 的取值。在自助统计归纳中，取小样本数为 $m=10$，自助样本数为 $B=1\ 000$，置信水平 P 的取值范围在 70%～95% 之间。由 GJB/Z 126—99 可知，当置信水平 P 为 100% 时，统计容差上限趋近于无穷大。在容差上限的分析中，置信水平 P 的最大值一般可以取为 95%。

　　(1) 在 200～400 Hz 频段

　　当置信水平分别为 $P=70\%$、80%、90% 和 95% 时，得到的小样本容差上限 G、估计区间上限 X_U 与大样本容差上限 G_0 如图 8 - 7 所示。

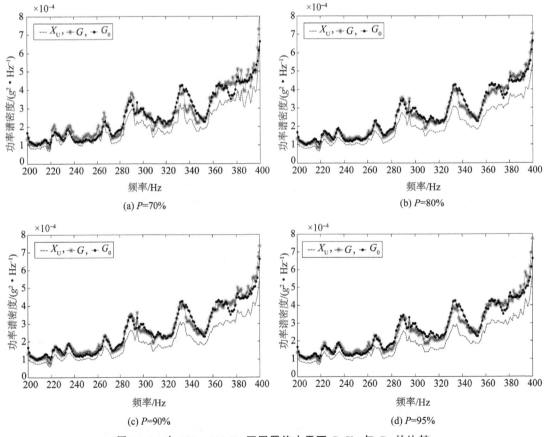

图 8 - 7　在 200～400 Hz 不同置信水平下 G、X_U 与 G_0 的比较

可以看出,当置信水平 P 逐渐增加时,小样本容差上限 G 与大样本容差上限 G_0 越来越接近,特别是在随机振动数据比较平缓的频段,小样本容差上限 G 与大样本容差上限 G_0 基本重合。但估计区间上限 X_U 总是低于大样本容差上限 G_0。

当置信水平分别为 $P=70\%$、80%、90% 和 95% 时,得到的小样本容差上限 G 的相对误差 E_1 与估计区间上限 X_U 的相对误差 E_2 如图 8-8 所示。

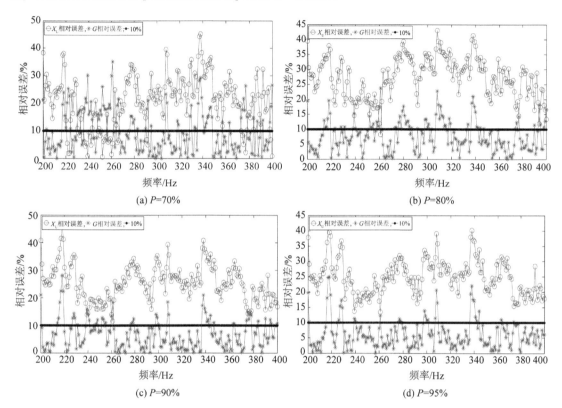

图 8-8　在 200～400 Hz 不同置信水平下 G 与 X_U 相对误差的比较

小样本容差上限 G 和估计区间上限 X_U 在不同置信水平 P 下的相对误差见表 8-4。

表 8-4　在 200～400 Hz 不同置信水平下 G 和 X_U 的相对误差

置信水平 P	$E_{1min}/\%$	$E_{2min}/\%$	$E_{1m}/\%$	$E_{2m}/\%$
0.7	0.163	0.91	14.74	20.9
0.75	0.119	4.85	12.27	22.4
0.8	0.078	7.1	9.10	23.9
0.85	0.069	8.28	8.05	24.5
0.9	0.063	10.83	7.59	25.1
0.95	0.061	12.25	6.98	25.8

估计区间上限 X_U 在该频段内的最小相对误差 E_{2min} 逐渐增大,平均相对误差 E_{2m} 均超过 20%;小样本容差上限 G 的最小相对误差 E_{1min} 接近于零,当置信水平 $P\geqslant 80\%$ 时,平均相对误差 $E_{1m}<10\%$。

（2）在 $400 \sim 600$ Hz 频段

当置信水平分别为 $P = 70\%$、80%、90% 和 95% 时，得到的小样本容差上限 G、估计区间上限 X_U 与大样本容差上限 G_0 如图 $8 - 9$ 所示。

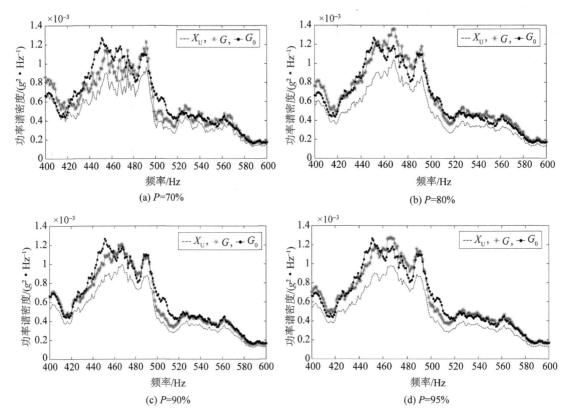

图 $8 - 9$ 在 $400 \sim 600$ Hz 不同置信水平下 G、X_U 与 G_0 的比较

可以看出，随着置信水平 P 的增加，小样本容差上限 G 与大样本容差上限 G_0 的变化趋势保持一致。特别是在 $500 \sim 600$ Hz 频段，小样本容差上限 G 与大样本容差上限 G_0 的重合程度很高。

当置信水平分别为 $P = 70\%$、80%、90% 和 95% 时，得到的小样本容差上限 G 与估计区间上限 X_U 的相对误差如图 $8 - 10$ 所示。

小样本容差上限 G 和估计区间上限 X_U 在不同置信水平 P 下的相对误差见表 $8 - 5$。

表 $8 - 5$ 在 $400 \sim 600$ Hz 不同置信水平下 G 和 X_U 的相对误差

置信水平 P	$E_{1\min}/\%$	$E_{2\min}/\%$	$E_{1m}/\%$	$E_{2m}/\%$
0.7	0.300	1.06	17.2	25.8
0.75	0.131	5.51	13.7	25.1
0.8	0.052	8.54	9.52	24.1
0.85	0.043	8.73	9.32	23.8
0.9	0.027	10.12	8.61	23.1
0.95	0.012	10.35	7.85	22.5

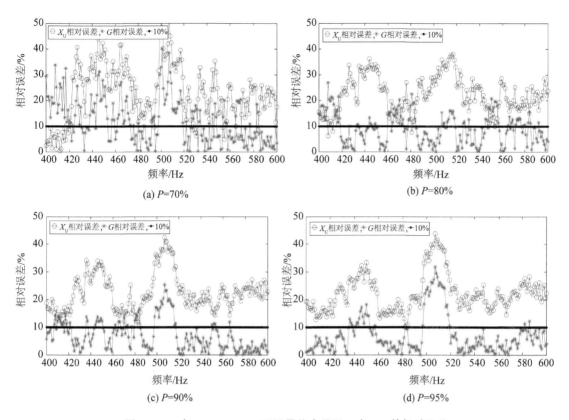

(a) $P=70\%$　　　　　　(b) $P=80\%$

(c) $P=90\%$　　　　　　(d) $P=95\%$

图 8-10　在 400～600 Hz 不同置信水平下 G 与 X_U 的相对误差

可以看出,当置信水平 $P \geqslant 0.8$ 时,小样本容差上限 G 的平均相对误差 $E_{1m} < 10\%$。

对于不同频段分析的结果可知,随着置信水平 P 的增加,小样本容差上限 G 的相对误差整体呈现出变小的趋势。

综合考虑两个频段的评定精度,置信水平 P 的取值一般不应小于 85%。

3. 样本数量的取值

样本数量 m 的大小对自助统计归纳结果的影响很大。总的来说,随着样本数量的不断增加,统计归纳的结果将逐渐变好。

下面具体讨论样本数量 m 对自助统计归纳结果的影响。

在自助统计归纳方法中,选取不同的频段分析样本数量 m 的取值。取自助样本数为 $B=1\,000$、置信水平为 $P=90\%$,样本数量 m 的取值范围为 $6\sim 20$。当样本数量 m 超过 20 时,一般可以认为不再属于小样本的研究范畴。

(1) 在 $300\sim 400$ Hz 频段

当分别为 $m=6$、8、10、15 和 20 时,得到的小样本容差上限 G、估计区间上限 X_U 与大样本容差上限 G_0 如图 8-11 所示。

可以看出,随着样本数量 m 的增加,小样本容差上限 G 与大样本容差上限 G_0 越来越接近。特别是在 $380\sim 400$ Hz 频段,小样本容差上限 G 随着样本数量 m 的增加,波动的程度逐渐变得平缓。

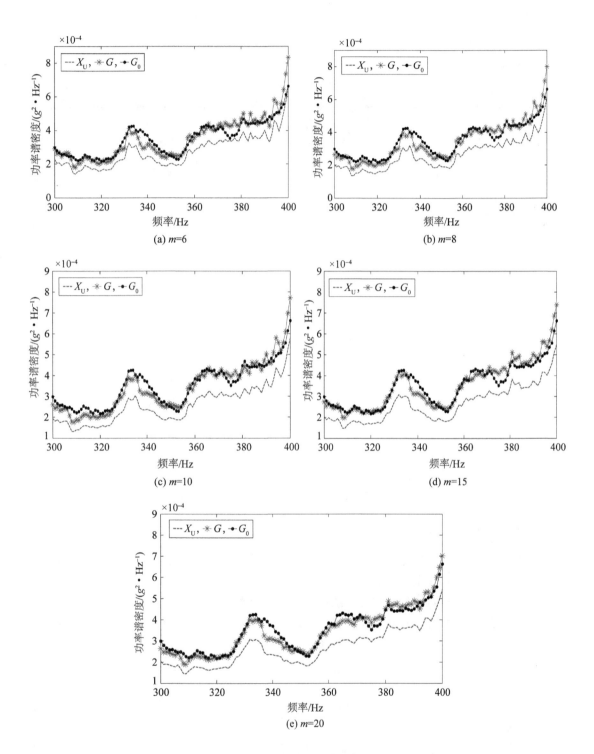

图 8 - 11   在 300~400 Hz 的不同样本数量时的 G、X_U 与 G_0

当样本数量分别为 $m=6$、8、10、15 和 20 时，得到的小样本容差上限 G 与估计区间上限 X_U 的相对误差如图 8 - 12 所示。

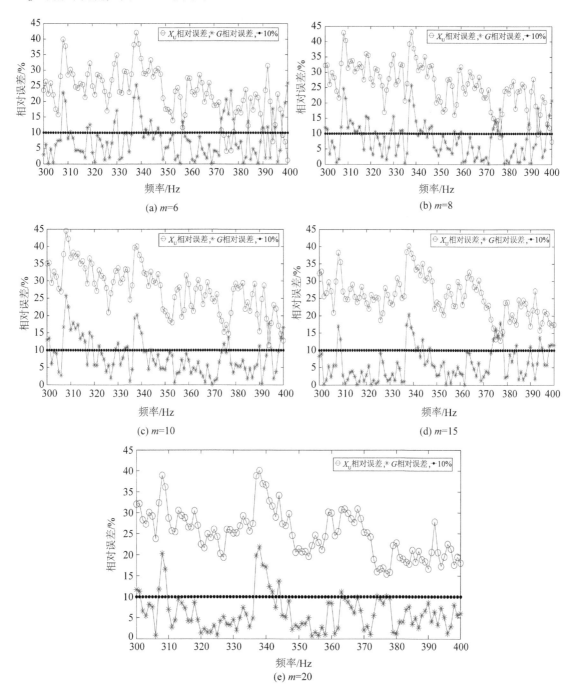

图 8 - 12　在 300～400 Hz 的不同样本数量时 G 和 X_U 的相对误差

对于不同的样本数量 m，得到小样本容差上限 G 和估计区间上限 X_U 的相对误差见表 8 - 6。区间上限 X_U 的最小相对误差 E_{2min} 和平均相对误差 E_{2m} 均随着样本数量 m 的增加而逐渐变大;但小样本容差上限 G 的最小相对误差 E_{1min} 和平均相对误差 E_{1m} 则随着样本数量 m 的增加而逐渐变小。当样本数量 $m \geqslant 10$ 时,平均相对误差 $E_{1m} < 10\%$。

表 8 - 6　在 300~400 Hz 不同样本数量时 G 和 X_U 的相对误差

样本数 m	$E_{1min}/\%$	$E_{2min}/\%$	$E_{1m}/\%$	$E_{2m}/\%$
6	0.341	2.79	12.7	22.8
8	0.253	6.84	11.1	23.0
10	0.197	10.9	9.87	23.2
12	0.174	11.7	9.71	24.1
14	0.162	12.7	9.57	24.7
16	0.098	13.4	8.71	25.1
18	0.065	14.5	8.09	25.4
20	0.042	15.2	7.82	25.8

(2) 在 400~500 Hz 频段

当样本数量分别为 $m = 6$、8、10、15 和 20 时,得到的小样本容差上限 G、估计区间上限 X_U 与大样本容差上限 G_0 如图 8 - 13 所示。

可以看出,随着样本数量的增加,小样本容差上限 G 与大样本容差上限 G_0 越来越接近。但是在随机振动数据波动剧烈的频段,二者之间的差异依然很大。

当分别取 $m = 6$、8、10、15 和 20 时,得到的小样本容差上限 G 与估计区间上限 X_U 的相对误差如图 8 - 14 所示。

对于不同的样本数量,得到小样本容差上限 G 和估计区间上限 X_U 的相对误差见表 8 - 7。

表 8 - 7　在 400~500 Hz 不同样本数时 G 和 X_U 的相对误差

样本数 m	$E_{1min}/\%$	$E_{2min}/\%$	$E_{1m}/\%$	$E_{2m}/\%$
6	0.382	0.55	14.7	20.4
8	0.107	0.44	12.1	20.8
10	0.068	2.19	9.97	21.3
12	0.066	4.27	9.01	21.8
14	0.041	8.61	8.13	22.7
16	0.032	9.91	7.75	22.9
18	0.038	10.1	6.73	23.4
20	0.022	11.2	6.50	23.7

可以看出,随着样本数量的增加,估计区间上限 X_U 的评定结论与在 200~300 Hz 频段内的评定结论一致。当样本数量 $m \geqslant 10$ 时,小样本容差上限 G 的平均相对误差 $E_{1m} < 10\%$。

当样本数量增加时,小样本容差上限 G 的平均相对误差 E_{1m} 逐渐减小;当样本数量 $m < 10$ 时,小样本容差上限 G 的平均相对误差 E_{1m} 超过 10%,无法满足精度要求。因此在进行小样本数据自助统计归纳时,样本数量的取值范围选择在 10~15 比较合适。

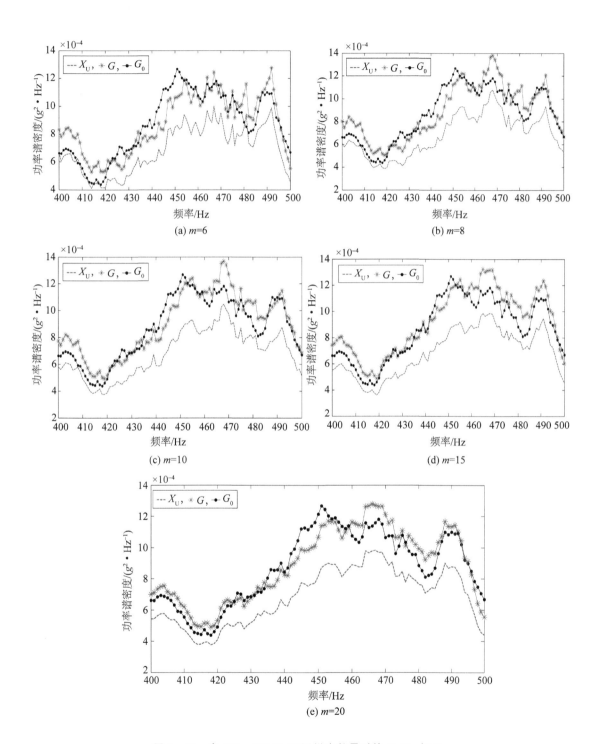

图 8 - 13 在 400~500 Hz 不同样本数量时的 G、X_U 与 G_0

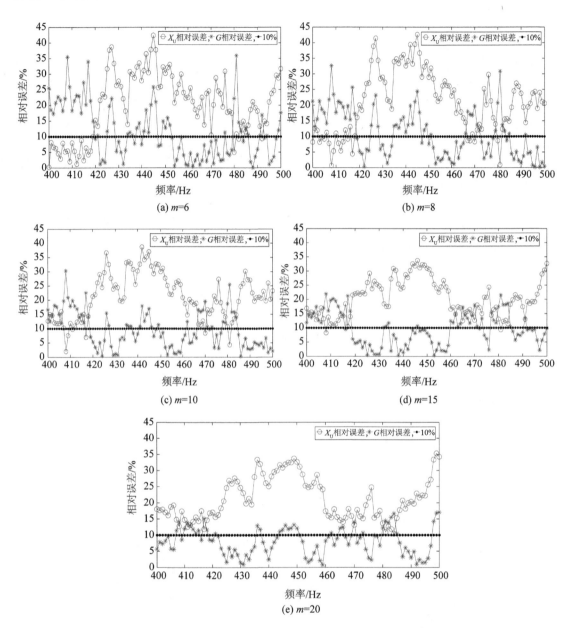

图 8-14 在 400~500 Hz 不同样本数量时 G 与 X_U 的相对误差

8.3 平台振动不确定度的静态评定方法

8.3.1 不确定度评定的方法一

不确定度评定的一种方法为模糊范数方法。模糊范数方法从有限的数据中挖掘系统信息,不需要考虑样本的概率分布。将模糊理论和范数理论的优点相结合,通过无穷范数逼近得到模糊隶属函数的最佳逼近值,用于量化有限多个数据之间的内在联系。

1．模糊范数建模

模糊范数方法的建模流程如图 8 - 15 所示。

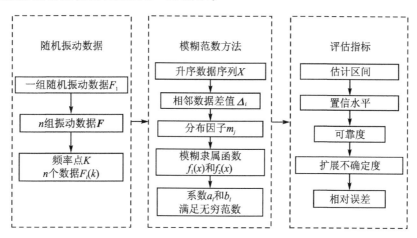

图 8 - 15　模糊范数方法的建模流程

假设单次飞行测试中机载平台的随机振动数据为

$$F_1 = \{ f_1(1), \cdots, f_1(k), \cdots, f_1(m) \} \tag{8-15}$$

式中，$f_1(k)$ 表示 F_1 中第 k 个随机振动数据；m 表示所有频率点。

假设飞行实验次数为 n，则 n 组随机振动数据可以用向量 $\boldsymbol{F}$ 表示为

$$\boldsymbol{F} = \begin{bmatrix} F_1 \\ \vdots \\ F_i \\ \vdots \\ F_n \end{bmatrix} = \begin{bmatrix} f_1(1) \cdots f_1(k) \cdots f_1(m) \\ \vdots \\ f_i(1) \cdots f_i(k) \cdots f_i(m) \\ \vdots \\ f_n(1) \cdots f_n(k) \cdots f_n(m) \end{bmatrix} \tag{8-16}$$

在第 k 个频率点，n 个随机振动数据可以表示为

$$F_i(k) = \{ f_1(k), \cdots, f_i(k), \cdots, f_n(k) \} \tag{8-17}$$

得到 $F_i(k)$ 的模糊隶属函数 $f_1(x)$ 和 $f_2(x)$，可以分别表示为

$$f_1(x) = 1 + \sum_{l=1}^{L} a_l (X_0 - x)^l, \quad x \leqslant X_0 \tag{8-18}$$

$$f_2(x) = 1 + \sum_{l=1}^{L} b_l (x - X_0)^l, \quad x \geqslant X_0 \tag{8-19}$$

式中，a_l 和 b_l 分别表示多项式系数；X_0 表示真值；l 表示多项式阶数，其中 $l = 1, 2, \cdots, L$。当测量数据有限时，l 通常取 2 或者 3。

分别定义

$$r_{1j} = f_1(x_j) - f_{1j}(x_j), \quad j = 1, 2, \cdots, v \tag{8-20}$$

$$r_{2j} = f_2(x_j) - f_{2j}(x_j), \quad j = v, v+1, \cdots, n-1 \tag{8-21}$$

向量 $\boldsymbol{x}$ 的范数用 $\| \boldsymbol{x} \|$ 或者 $\| \cdot \|$ 表示，它是一个非负数。

无穷范数为

$$\| \boldsymbol{x} \|_{\infty} = \max_{i} | x_i | \tag{8-22}$$

模糊隶属函数中的多项式系数 a_l 和 b_l 分别满足：

$$\min_{a_l} \| r_1 \|_{\infty} \tag{8-23}$$

$$\min_{b_l} \| r_2 \|_{\infty} \tag{8-24}$$

式中，a_l 和 b_l 表示满足无穷范数条件下的最佳逼近值。

约束条件为

$$\frac{\mathrm{d}f_1}{\mathrm{d}x} \geqslant 0 \tag{8-25}$$

$$\frac{\mathrm{d}f_2}{\mathrm{d}x} \leqslant 0 \tag{8-26}$$

$$0 \leqslant f_1(x) \leqslant 1 \tag{8-27}$$

$$0 \leqslant f_2(x) \leqslant 1 \tag{8-28}$$

模糊范数模型不考虑先验信息和数据的概率分布，它的性能可以用一组评估指标表示。

2. 模糊范数方法的评估指标

在模糊范数方法中，系统属性的转换函数可以表示为

$$G(x) = \begin{cases} 1(\text{true}), & q \geqslant q^* \\ 0(\text{false}), & q < q^* \end{cases} \tag{8-29}$$

式中，$G(x)$ 表示系统属性的转换函数；q^* 表示最优模糊水平，模糊水平 $q \in [0, 1]$，q^* 通常取值为 0.5。小样本测量数据的模糊水平 q 取值范围为 $0.4 \sim 0.5$；大样本测量数据的模糊水平 q 取值范围为 $0.5 \sim 0.65$。

估计区间表示为

$$\min | f_1(x) - q |_x = X_L \tag{8-30}$$

$$\min | f_2(x) - q |_x = X_U \tag{8-31}$$

式中，X_L 表示估计区间的下限；X_U 表示估计区间的上限。

在模糊范数方法中，概率密度函数 p 为模糊隶属函数 $f_1(x)$ 和 $f_2(x)$ 与横坐标之间所围成的面积之和：

$$p = \frac{f(x)}{\int_{x_L}^{X_0} f_1(x)\mathrm{d}x \mid_{q=0} + \int_{X_0}^{x_U} f_2(x)\mathrm{d}x \mid_{q=0}} \tag{8-32}$$

式中，$|_{q=0}$ 表示在模糊水平 $q=0$ 的条件下。

置信水平为

$$P = \frac{\int_{x_L}^{X_0} f_1(x)\mathrm{d}x \mid_q + \int_{X_0}^{x_U} f_2(x)\mathrm{d}x \mid_q}{\int_{x_L}^{X_0} f_1(x)\mathrm{d}x \mid_{q=0} + \int_{X_0}^{x_U} f_2(x)\mathrm{d}x \mid_{q=0}} \times 100\% \tag{8-33}$$

式中，$|_q$ 表示在模糊水平 q 条件下；置信水平 P 的取值同时受到模糊参数 l 和 q 的影响。为了满足置信水平 P，需要合理调节模糊参数 l 和 q。

在给定置信水平 P 下的可靠度为

$$P_r = \left(1 - \frac{e}{N}\right) \times 100\% \qquad (8-34)$$

式中,e 表示溢出个数,即落到估计区间$[X_L, X_U]$之外的检测数据个数;N 表示检测数据总数。在实际工程测量中,最好的估计结果应满足可靠度 $P_r \geqslant$ 置信水平 P。

故扩展不确定度的相对误差为

$$dU = \frac{|U - U_T|}{U_T} \times 100\% \qquad (8-35)$$

式中,U_T 表示扩展不确定度的真值。

上面所求出的估计区间$[X_L, X_U]$、扩展不确定度 U 和扩展不确定度的相对误差 dU 都是相应于频率点 k 的;对于其他频率点或者某个频率段的评估,只需重复上述步骤即可。

3. 模糊范数方法仿真实验

(1) 小样本数据评估

① 用模糊范数方法进行仿真实验分析,验证该方法在小样本数据中的适用性和评估效果。

通过 MATLAB 仿真得到服从正态分布的小样本数据。设数据样本大小为 $N = 100$,真值为 $X_0 = 100$,标准差为 $\sigma = 0.1$,扩展不确定度的真值为 $U_T = 6\sigma = 0.6$,模糊参数为 $l = 3$ 和 $q = 0.4$。从仿真数据样本中取前 10 个数据,用模糊范数法计算估计区间$[X_L, X_U]$、扩展不确定度 U 和扩展不确定度相对误差 dU。利用前 4、6、8 和 10 个数据得到的评估结果见表 8-8。

表 8-8　模糊范数法在不同数据个数时的评估结果

序　号	4 个数据	6 个数据	8 个数据	10 个数据
1	100.239 45	100.239 45	100.239 45	100.239 45
2	99.998 00	99.998 00	99.998 00	99.998 00
3	100.119 13	100.119 13	100.119 13	100.119 13
4	99.842 71	99.842 71	99.842 71	99.842 71
5		99.983 35	99.983 35	99.983 35
6		100.098 80	100.098 80	100.098 80
7			100.038 64	100.038 64
8			100.259 77	100.259 77
9				99.993 93
10				100.050 03
$[X_L, X_U]$	[99.783, 100.481]	[99.796, 100.321]	[99.814, 100.400]	[99.809, 100.411]
U	0.698	0.525	0.586	0.602
$dU/\%$	16.3	12.5	2.33	0.3

扩展不确定度 U 可以通过贝塞尔公式、最大残差法、极差法和彼得斯法等多种统计方法计算得到。用不同方法计算表 8-8 中的 10 个仿真数据样本,得到扩展不确定度 U 及其相对

误差 dU 见表 8-9。

表 8-9 不同方法的扩展不确定度及其相对误差

方　法	U	dU/%
贝塞尔公式	0.745 2	24.2
最大残差法	0.751 2	25.2
极差法	0.812 4	35.4
彼得斯法	0.928 8	54.8
模糊范数法	0.601 8	0.3

可以看出,利用模糊范数法计算小样本数据得到的扩展不确定度评定精度,远远优于传统的统计方法。

② 对于不同的概率分布,模糊范数方法对小样本数据评估的适用性。

考虑常见的正态分布、瑞利分布、三角分布和均匀分布等概率分布。

通过 MATLAB 仿真得到不同分布下的大样本数据。设模糊参数为 $l=3$ 和 $q=0.4$。依次取不同分布下大样本数据中的前 10 个数据进行分析,用模糊范数法得到的评估结果见表 8-10。

表 8-10 不同分布数据模糊范数法的评估结果

序　号	正态分布	瑞利分布	三角分布	均匀分布
1	50.021 70	1.620 10	5.544 24	0.773 74
2	50.042 82	2.138 00	5.625 905	0.724 49
3	50.066 41	0.859 20	5.705 9	0.557 77
4	49.922 50	1.541 93	5.691 365	0.844 82
5	49.711 10	1.209 55	5.801 535	0.406 97
6	50.002 18	1.743 25	5.455 76	0.819 39
7	50.125 76	1.189 94	5.374 095	0.344 11
8	50.032 76	1.526 84	5.294 1	0.698 31
9	50.021 37	1.522 00	5.308 635	0.343 16
10	49.912 43	1.659 53	5.198 465	0.723 74
U_T	0.6	1.723	1	1
U	0.574 51	1.842 46	1.016 38	0.957
dU/%	4.25	6.94	1.64	4.3

对于 4 组小样本数据,模糊范数方法与贝塞尔公式评定扩展不确定度的相对误差如图 8-16 所示。

可以看出,用模糊范数方法计算得到的扩展不确定度相对误差平均值为(4.25%+6.94%+1.64%+4.3%)/4=4.28%;用贝塞尔公式计算得到的扩展不确定度相对误差平均值为(15.09%+21.75%+22.56%+17%)/4=19.1%。因此模糊范数方法的评定精度优于贝塞

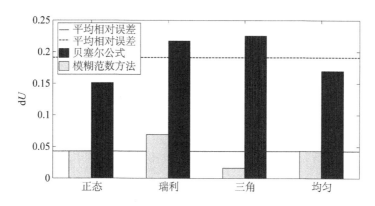

图 8-16 小样本扩展不确定度的相对误差

尔公式。

（2）大样本数据评估

① 用模糊范数方法进行仿真实验分析，验证该方法在大样本数据中的适用性和评估效果。

通过 MATLAB 仿真分别得到服从正态分布、瑞利分布、三角分布和均匀分布的大样本数量。数据样本数量为 $N=500$，扩展不确定度的真值为 $U_T=6\sigma=1$，模糊参数为 $l=3$ 和 $q=0.65$。用模糊范数方法计算得到的扩展不确定度 U 和扩展不确定度相对误差 dU 见表 8-11。

表 8-11 不同分布下大样本数据模糊范数方法评估结果

取 值	正态分布	瑞利分布	三角分布	均匀分布
U_T	1	1	1	1
U	1.020 50	0.982 33	1.088 88	1.058 57
$dU/\%$	2.05	1.77	8.89	5.86

对于 4 组大样本数据，模糊范数方法与贝塞尔公式评定扩展不确定度的相对误差如图 8-17 所示。

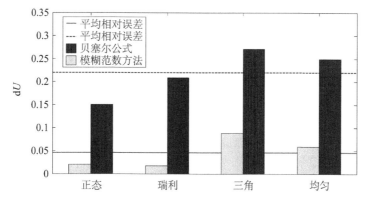

图 8-17 大样本扩展不确定度的相对误差

可以看出，用模糊范数方法计算得到的扩展不确定度相对误差平均值为（2.05%＋1.77%＋

8.89%＋5.86%)/4＝4.64%；用贝塞尔公式计算得到的扩展不确定度相对误差平均值为
(15.05%＋20.87%＋27.12%＋24.95%)/4＝21.99%。因此模糊范数方法的评估精度优于
贝塞尔公式。

② 模糊范数方法的置信水平 P_1 与贝塞尔公式的置信水平 P_2 见表 8-12。

表 8-12   不同分布下两种方法的置信水平

%

置信水平	正态分布	瑞利分布	三角分布	均匀分布
P_1	78.55	91.47	75.97	77.69
P_2	99.73	99.73	100	100

可以看出，模糊范数方法置信水平 P_1 的取值范围为 75.97%～91.47%，贝塞尔公式置信
水平 P_2 的取值范围为 99.73%～100%。很明显 $P_1 < P_2$，这就是说，用模糊范数方法中较低
的置信水平 P_1 能够达到统计理论中较高的置信水平 P_2，因此模糊范数方法的评估精度能够
达到所需的评估要求。

（3）估计区间和可靠度

① 通过仿真实验，分析在不同概率分布的情况下，模糊范数方法对小样本数据估计区间
$[X_L, X_U]$ 的评估性能，用可靠度 P_r 作为评估指标，即 P_r 越大，则评估效果越理想；否则评估
效果越差。

假设不同概率分布的仿真样本数量均为 1 000 个，仿真数据序列如图 8-18 所示。其中
混合分布是三角分布和均匀分布数据融合的结果。

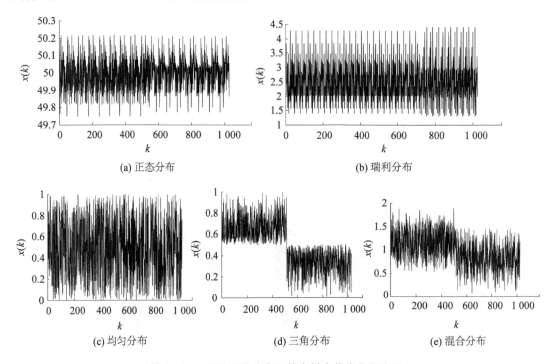

图 8-18   不同概率分布下的大样本仿真数据序列

取每种概率分布数据序列中的前 10 个计算估计区间 $[X_L, X_U]$，剩余的 $N=990$ 个数据作

为检验样本来计算可靠度 P_r。模糊范数方法中的参数为 $l=3$ 和 $q=0.4$,评估结果见表 8 - 13。

表 8 - 13　模糊范数方法的估计区间和可靠度

分　布	实际波动区间	估计区间	溢出个数 e	$P_r/\%$
正态分布	[49.750 4, 50.214 62]	[49.299 16, 50.406 51]	0	100
瑞利分布	[1.324 16, 4.393 01]	[0.080 55, 4.231 72]	32	96.8
均匀分布	[0.002 04, 0.997 90]	[−0.066 21, 0.940 01]	40	95.9
三角分布	[0.007 84, 0.992 155]	[−0.035 97, 1.035 97]	0	100
混合分布	[0.069 995, 1.888 17]	[−0.006 65, 1.952 288]	0	100

可以看出,模糊范数方法的可靠度 P_r 均超过 95%,说明对不同概率分布的区间估计均比较理想,因此满足工程分析中的可靠度要求。

② 用统计方法得到的可靠度 P_{r1} 和模糊范数方法得到的可靠度 P_{r2} 见表 8 - 14。

表 8 - 14　不同分布下两种方法的可靠度

概率分布	$P_r/\%$	
	统计方法 P_{r1}	模糊范数方法 P_{r2}
正态分布	100	100
瑞利分布	86.7	96.8
均匀分布	81.1	95.9
三角分布	94.3	100
混合分布	97.6	100

可以看出,对于不同的概率分布,统计方法的可靠度平均值仅为 91.9%;模糊范数方法的可靠度平均值为 98.54%。这表明模糊范数方法能够用于小样本数据的区间估计。

4. 平台振动数据的不确定度评定

(1) 模糊参数取值

根据航空标准的相关要求,置信水平 P 的取值通常需要大于 95%。模糊范数中的置信水平 P 由模糊参数 l 和 q 共同决定。下面详细讨论模糊参数 l 和 q 的取值,以满足置信水平 P 的需要。

分别选取不同的频段,每次只改变模糊参数 l 和 q 中的一个值。模糊参数优化的过程如下:

首先分析模糊参数 l。选取频率段范围在 100~200 Hz 的 5 组随机振动数据,如图 8 - 19 所示。

当模糊参数 $q=0.4$,l 分别等于 2 和 3 时,估计区间 $[X_L, X_U]$ 如图 8 - 20 所示;置信水平 P 如图 8 - 21 所示。

可以看出,当 $l=3$ 时的估计区间 $[X_L, X_U]$ 更大一些。当 $l=2$ 和 3 时,所有检测数据都被估计区间 $[X_L, X_U]$ 包络,可靠度均为 $P_r=100\%$。置信水平的平均值分别为 $P_1=87.09\%$ 和 $P_2=95.6\%$。因此,为了满足置信水平 $P>95\%$ 的要求,模糊参数 l 的最优取值为 3。

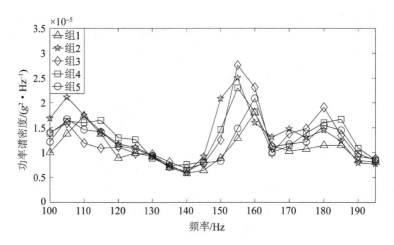

图 8 – 19 100～200 Hz 的 5 组随机振动数据

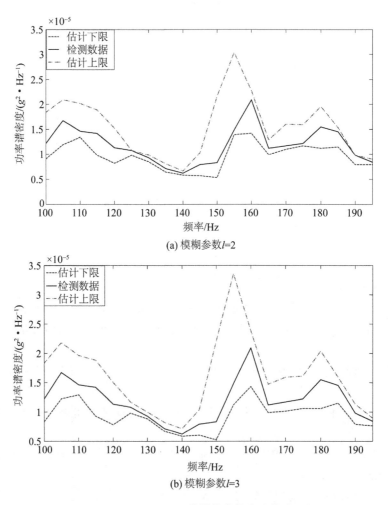

(a) 模糊参数l=2

(b) 模糊参数l=3

图 8 – 20 100～200 Hz 的模糊范数方法估计区间

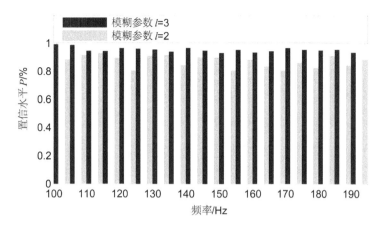

图 8 - 21　当 $l=2$ 和 3 时的置信水平

其次分析模糊参数 q。选取频段范围在 $200\sim300$ Hz 的 5 组随机振动数据,如图 8 - 22 所示。

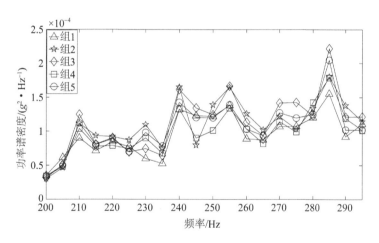

图 8 - 22　$200\sim300$ Hz 的 5 组随机振动数据

当模糊参数 $l=3$、$q=0.4$ 和 $q=0.5$ 时的估计区间 $[X_\mathrm{L},X_\mathrm{U}]$ 如图 8 - 23 所示。$q=0.4$ 和 0.5 时的置信水平 P 结果如图 8 - 24 所示。

可以看出,当 $q=0.4$ 时的平均置信水平 $P_1=96.88\%$,可靠度 $P_\mathrm{r}=100\%$。相比较而言,当 $q=0.5$ 时的平均置信水平 $P_2=87.62\%$,对于 $N=20$ 个检测数据而言,有 $e=1$ 个数据落在估计区间 $[X_\mathrm{L},X_\mathrm{U}]$ 之外,可靠度为 $P_\mathrm{r}=95\%$。因此,为了保证置信水平 $P>95\%$,同时可靠度 $P_\mathrm{r}=100\%$,模糊参数 q 的最优取值为 0.4。

（2）扩展不确定度评定

选择 5 组随机振动数据,取前 4 组数据或全部数据计算扩展不确定度 U。利用前 4 组数据在 $1\,000\sim1\,100$ Hz 频段得到的扩展不确定度 U_1 如图 8 - 25 所示。利用全部数据在相同频段得到的扩展不确定度 U_2 如图 8 - 26 所示。扩展不确定度 U_1 和 U_2 的结果如图 8 - 27 所示。

可以看出,对于相同频段而言,扩展不确定度 U_1 和 U_2 的变化趋势基本吻合。扩展不确定度的最大值分别为 $U_{1\max}=6.71\times10^{-5}g^2\cdot\mathrm{Hz}^{-1}$ 和 $U_{2\max}=7.51\times10^{-5}g^2\cdot\mathrm{Hz}^{-1}$,所在的频

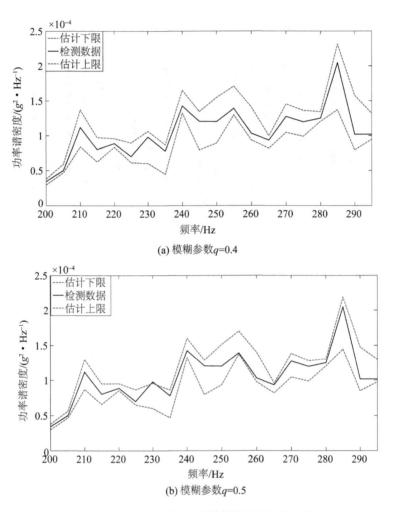

(a) 模糊参数q=0.4

(b) 模糊参数q=0.5

图 8 - 23　200～300 Hz 的模糊范数法估计区间

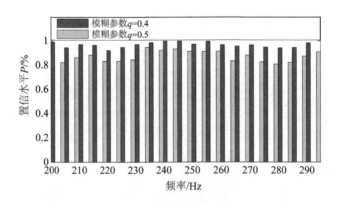

图 8 - 24　当 l=2 和 3 时的置信水平

率点均为 1 015 Hz。扩展不确定度的最小值分别为 $U_{1min}=0.69\times10^{-5}g^2\cdot Hz^{-1}$ 和 $U_{2min}=1.07\times10^{-5}g^2\cdot Hz^{-1}$,都在频率点 1 055 Hz。因此,扩展不确定度 U_1 和 U_2 在相同频段内的评定结果一致。

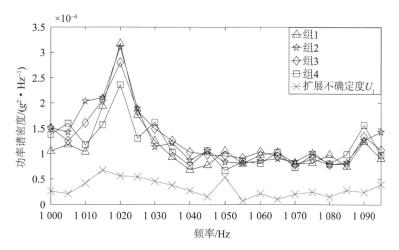

图 8 - 25　1 000～1 100 Hz 扩展不确定度 U_1

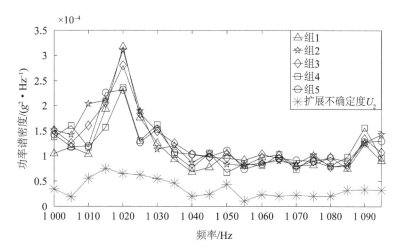

图 8 - 26　1 000～1 100 Hz 扩展不确定度 U_2

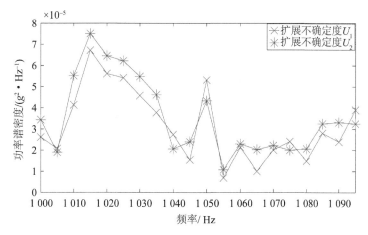

图 8 - 27　扩展不确定度 U_1 和 U_2 的结果

利用模糊范数方法计算全部随机振动数据在全频段范围 $15\sim2\,000$ Hz 的扩展不确定度，结果表明最大扩展不确定度为 $U_{max}=55.7\times10^{-5}g^2\cdot\mathrm{Hz}^{-1}$，对应于频率点为 505 Hz。最小扩展不确定度为 $U_{min}=0.4\times10^{-5}g^2\cdot\mathrm{Hz}^{-1}$，对应于频率点为 80 Hz。对于小样本随机振动数据而言，由于扩展不确定度的真值 U_T 未知，因此扩展不确定度的相对误差目前尚无法评定。

8.3.2　不确定度评定的方法二

不确定度评定的另一种方法为自助最大熵方法。自助法通过对小样本数据的自助抽样对概率分布进行仿真，可用于概率分布未知的小样本数据，能够单独用于真值估计、区间估计和不确定度评定。值得注意的是，计算精度受估计区间过于狭窄的影响，并且自助抽样会带来附加不确定度。最大熵方法基于原点矩的概念，通过计算拉格朗日乘子得到无偏概率密度函数，当原始测量数据的数量为有限多时，评估结果不能准确地描述整个数据信息的特征。

自助最大熵方法将自助法和最大熵方法的优点相结合，可以很好地用于估计小样本随机振动数据。先用自助法作为数据预处理方法得到仿真大样本和原点矩；然后应用最大熵方法在原点矩已知的情况下得到拉格朗日乘子，计算出概率密度函数；最后采用一组评估指标包括估计真值、估计区间和扩展不确定度，通过相对误差和可靠度对评估精度进行计算。

将自助最大熵方法的评估结果分别与自助法、最大熵方法和传统的统计方法进行比较，通过仿真分析来验证不同概率分布下自助最大熵方法的适用性。

1. 自助最大熵方法建模

自助最大熵方法的建模流程如图 8 - 28 所示。

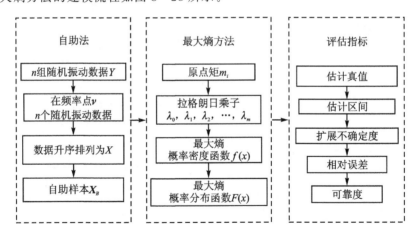

图 8 - 28　自助最大熵方法的建模流程

将 $\boldsymbol{X}_B$ 分为 Q 组，Q 的取值范围一般为 $8\sim12$。样本 $\boldsymbol{X}_B$ 的第 i 阶原点矩为

$$m_i=\sum_{q=1}^{Q}x_q^iF_q,\quad i=1,2,\cdots,m;q=1,2,\cdots,Q \tag{8-36}$$

式中，m 表示原点矩的阶数；q 表示第 q 组；x_q 表示第 q 组的中值；F_q 表示第 q 组的概率。

首先利用自助法对小样本数据样本数量进行扩充，通过原点矩计算得到拉格朗日乘子；然后用仿真大样本可以得到更精确的概率密度函数和估计指标。

2. 最大熵的收敛解法

最大熵的收敛解法具有一定的难度,可以采用牛顿迭代和积分区间映射的方法,它的优点是具有很快和很好的收敛性。

（1）牛顿迭代法

对于 m 个拉格朗日乘子 $\lambda_1,\lambda_2,\cdots,\lambda_m$,

$$g(\lambda_i)=1-\frac{\displaystyle\int_R x^i \exp\left(\sum_{j=1}^m \lambda_j x^j\right)\mathrm{d}x}{m_i\displaystyle\int_R \exp(\lambda_i x^i)\mathrm{d}x}=0,\quad i=1,2,\cdots,m \tag{8-37}$$

用向量表示为

$$\boldsymbol{G}=\boldsymbol{G}(\boldsymbol{\lambda})=\{g_i\}^{\mathrm{T}}=0,\quad i=1,2,\cdots,m \tag{8-38}$$

且有

$$\boldsymbol{\lambda}=\{\lambda_i\}^{\mathrm{T}},\quad i=1,2,\cdots,m \tag{8-39}$$

式中,$\boldsymbol{\lambda}$ 表示拉格朗日乘子向量。

牛顿迭代法为

$$\boldsymbol{\lambda}^{j+1}=\boldsymbol{\lambda}^j-\boldsymbol{G}'(\boldsymbol{\lambda}^j)^{-1}\boldsymbol{G}(\boldsymbol{\lambda}^j),\quad j=0,1,\cdots \tag{8-40}$$

式中,$\boldsymbol{G}'(\boldsymbol{\lambda}^j)$ 表示迭代到第 j 步的雅可比矩阵。

迭代收敛的范数准则为

$$\|\boldsymbol{G}^{j+1}-\boldsymbol{G}^j\|_1\leqslant\varepsilon \tag{8-41}$$

式中,ε 表示收敛精度,一般取 $\varepsilon=10^{-12}$。

（2）积分区间映射

一个连续随机变量 x 的离散形式为

$$x=\{x_i\},\quad i=1,2,\cdots,N \tag{8-42}$$

将 x_i 从小到大排序后分成 $Q-2$ 组,得到各组的中值 ξ_q 和频率 F_q,其中 $q=2,3,\cdots,Q-1$;将直方图扩展成 Q 组,即 $q=1,2,\cdots,Q$,令 $F_1=F_Q=0$。

为了牛顿迭代法能够更好地收敛,将数据序列无量纲化地映射到区间 $[-\mathrm{e},\mathrm{e}]$ 中:

$$t=ax+b \tag{8-43}$$

$$x=\frac{t}{a}-\frac{b}{a} \tag{8-44}$$

$$\mathrm{d}x=\mathrm{d}\,\frac{t}{a} \tag{8-45}$$

$$a=\frac{2\mathrm{e}}{\xi_Q-\xi_1} \tag{8-46}$$

$$b=\mathrm{e}-a\xi_Q \tag{8-47}$$

式中,$\mathrm{e}=2.718\,282$。

积分区间 R 被映射为 $[-\mathrm{e},\mathrm{e}]$,最大熵分布为

$$f(x)=\exp\left[\lambda_0+\sum_{i=1}^m \lambda_i(ax+b)^i\right] \tag{8-48}$$

3. 自助最大熵方法的评估指标

估计真值 x_0、估计区间 $[x_L, x_U]$ 和扩展不确定度 U 都是相应于频率点 ν 的，对于其他频率点的评估，只需重复上述步骤即可。相对误差和可靠度用于量化分析自助最大熵方法的评估性能。

假设约定真值为 x_T，则估计真值的相对误差为

$$E = \frac{|x_0 - x_T|}{x_T} \times 100\% \tag{8-49}$$

在给定置信水平 P 下的可靠度 P_r 如式（8-34）所示，在实际评估中，可靠度 P_r 越大，则估计性能越好。

假设 U_T 为扩展不确定度的真值，则扩展不确定度的相对误差如式（8-35）所示。

4. 自助最大熵方法的仿真实验

（1）典型概率分布

对自助最大熵方法进行仿真分析，验证在不同概率分布下的适用性。用 MATLAB 仿真得到不同概率分布下的大样本数据，假设不同分布的扩展不确定度真值均为 $U_T=1$。取自助样本数 $B=1\,000$，分组数 $Q=8$，原点矩阶数 $m=5$，给定置信水平 $P=100\%$。考虑正态分布、瑞利分布、均匀分布和三角分布 4 种典型的概率分布。在每种分布中挑选数据序列的前 8 个数据样本作为小样本分析对象，见表 8-15。

表 8-15 不同概率分布的小样本仿真数据

序 号	正态分布	瑞利分布	均匀分布	三角分布
1	9.478 85	11.018 76	9.789 10	10.024 32
2	9.985 33	10.860 63	9.845 25	9.845 12
3	10.252 79	10.814 65	9.956 53	10.277 92
4	9.831 67	11.018 56	10.320 08	9.981 40
5	9.760 54	10.587 50	10.282 86	9.730 60
6	9.493 07	11.114 95	10.458 78	9.677 84
7	9.686 60	10.708 79	9.532 81	10.497 91
8	10.568 71	11.654 58	10.116 57	9.542 03

用自助最大熵方法对各组数据的扩展不确定度 U 进行评定，拉格朗日乘子 λ_i 在计算过程中的结果见表 8-16。

表 8-16 不同概率分布的拉格朗日乘子

拉格朗日乘子	正态分布	瑞利分布	均匀分布	三角分布
λ_0	−0.004 039	0.030 915	0.514 821	0.264 870
λ_1	−0.340 157	−0.661 462	−0.303 447	−0.209 200
λ_2	−0.131 806	0.002 297	−0.351 701	−0.117 529
λ_3	−0.245 123	−0.001 376	−0.053 809	0.216 572

拉格朗日乘子	正态分布	瑞利分布	均匀分布	三角分布
λ_4	$-0.027\ 675$	$-0.037\ 217$	$-0.001\ 402$	$-0.010\ 362$
λ_5	$0.036\ 655$	$0.010\ 458$	$0.005\ 771$	$-0.028\ 981$

用自助最大熵方法对各组数据的扩展不确定度 U 进行评定,原点矩 m_i 在计算过程中的结果见表 8 - 17。

表 8 - 17　不同概率分布的原点矩

原点矩	正态分布	瑞利分布	均匀分布	三角分布
m_1	$-0.833\ 77$	$-0.760\ 13$	$-0.472\ 98$	$0.147\ 28$
m_2	$1.845\ 68$	$1.832\ 00$	$1.401\ 11$	$1.759\ 69$
m_3	$-2.692\ 97$	$-2.230\ 69$	$-1.548\ 93$	$0.530\ 16$
m_4	$6.356\ 07$	$6.240\ 32$	$4.661\ 20$	$6.512\ 64$
m_5	$-10.741\ 00$	$-8.498\ 96$	$-6.749\ 35$	$1.782\ 05$

不同概率分布的自助样本 X_B 和最大熵概率密度函数 $f(x)$ 如图 8 - 29 所示。

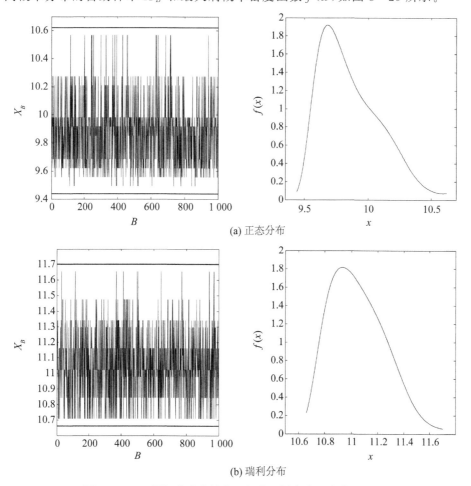

(a) 正态分布

(b) 瑞利分布

图 8 - 29　不同概率分布的自助样本和最大熵概率密度函数

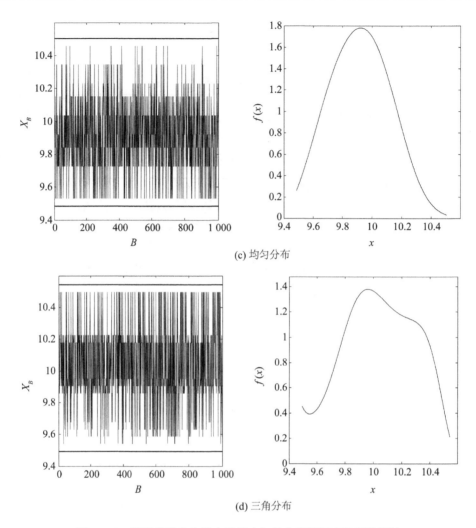

(c) 均匀分布

(d) 三角分布

图 8 - 29　不同概率分布的自助样本和最大熵概率密度函数(续)

（2）评定精度

分别将自助最大熵方法与自助法、最大熵方法和传统统计方法的评定精度进行比较。

自助最大熵方法与自助法、最大熵方法的评定结果如图 8 - 30 所示。

可以看出，自助最大熵方法计算扩展不确定度的相对误差 $dU \leqslant 5\%$，不同概率分布的平均相对误差为 $dU_{m1} = (4.7\% + 4.0\% + 1.8\% + 5.0\%)/4 = 3.88\%$。自助法和最大熵方法的平均相对误差分别为 $dU_{m2} = (8.9\% + 13.9\% + 3.7\% + 6.9\%) = 8.35\%$ 和 $dU_{m3} = (19\% + 17\% + 3.0\% + 6.2\%) = 11.3\%$。

再与传统统计方法进行比较。考虑到仿真样本 $n < 10$，选择无偏贝塞尔公式计算得出的扩展不确定度为 $U = C_n 3\sigma$，其中修正系数 $C_n = 0.965\,0$。

自助最大熵方法与极差法、无偏贝塞尔公式的评定结果如图 8 - 31 所示。

可以看出，极差法和无偏贝塞尔公式计算得出扩展不确定度的平均相对误差分别为 $dU_{m4} = (14.7\% + 12.3\% + 2.5\% + 1\%)/4 = 7.625\%$ 和 $dU_{m5} = (8.8\% + 5.6\% + 9.5\% + 7.6\%) = 7.88\%$。

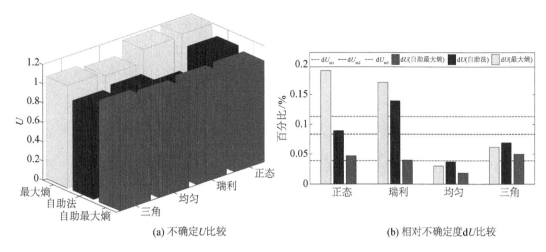

(a) 不确定U比较　　　　　　　　　　(b) 相对不确定度dU比较

图 8 - 30　自助最大熵方法与自助法、最大熵方法的评定结果

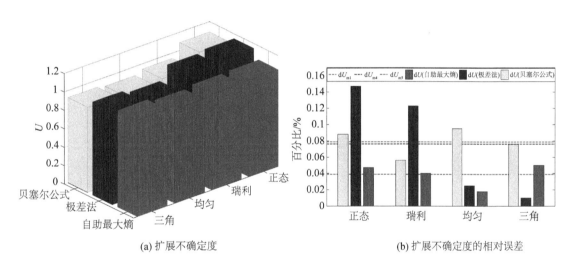

(a) 扩展不确定度　　　　　　　　　(b) 扩展不确定度的相对误差

图 8 - 31　最大熵方法与极差法、无偏贝塞尔公式的评定结果

通过仿真实验分析可知,对于不同的概率分布,自助最大熵方法计算的扩展不确定度相对误差小于或等于 5%,因此比自助法、最大熵方法和传统统计方法更加精确。

5. 自助最大熵方法分析机载平台振动数据

(1) 真值估计

选择频段范围 200~400 Hz 分析估计真值 x_0。8 组随机振动数据如图 8 - 32 所示。

对于每一个频率点,选择前 6 个数据计算估计真值 x_0,将后 2 个的平均值作为约定真值 x_T。由于随机振动数据的时变性,加之随机振动数据的测量个数有限,真值估计的相对误差通常比较大。

首先,自助最大熵方法在频段范围 200~300 Hz 的估计结果如图 8 - 33 所示。

可以看出,对于每个频率点而言,估计真值 x_0 和约定真值 x_T 基本吻合。该频段相对误差的最大值、最小值和平均值分别为 $E_{max}=9.97\%$、$E_{min}=1.04\%$、$E_m=5.99\%$。

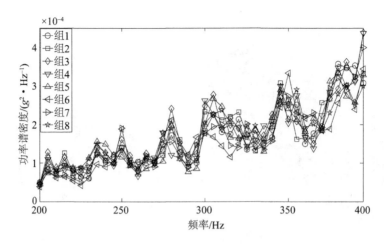

图 8 - 32　200～400 Hz 频率段 8 组振动数据

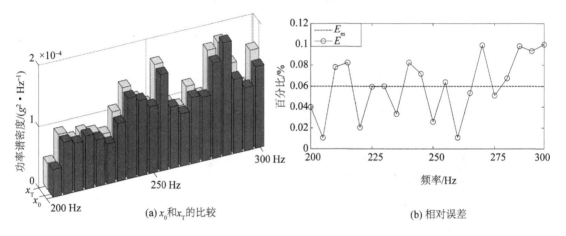

(a) x_0和x_T的比较　　　　　　　　　　(b) 相对误差

图 8 - 33　200～300 Hz 自助最大熵方法的评估结果

为了进一步说明自助最大熵方法的评估效果,在参数完全相同的情况下,将自助最大熵方法的评估结果 x_0 与最大熵方法的结果 x_1 进行比较。两种方法在频段范围 300～400 Hz 的评估结果如图 8 - 34 所示。

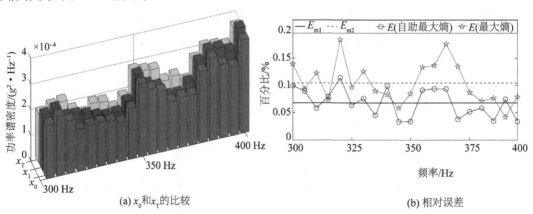

(a) x_0和x_T的比较　　　　　　　　　　(b) 相对误差

图 8 - 34　300～400 Hz 自助最大熵方法和最大熵方法的评估结果

可以看出，自助最大熵方法的相对误差比最大熵方法的小。该频段的自助最大熵方法平均相对误差 E_{m1} 比最大熵方法的平均相对误差 E_{m2} 减小 3.61%。

两种方法的相对误差见表 8-18。

表 8-18　自助最大熵方法和最大熵方法的相对误差

方　法	200～400 Hz			15～2 000 Hz		
	$E_{max}/\%$	$E_{min}/\%$	$E_m/\%$	$E_{max}/\%$	$E_{min}/\%$	$E_m/\%$
自助最大熵	11.3	1.04	6.39	19.6	0.75	7.11
最大熵	18.4	2.19	11.2	37.6	1.59	12.5

在整个频率范围内，自助最大熵方法算出的平均相对误差 E_m 比最大熵方法减少 5.39%。因此，在计算估计真值 x_0 时，自助最大熵方法的性能优于最大熵方法；并且自助最大熵方法的相对误差 E 小于 10%，满足航空标准的要求。

（2）区间估计

选择频段范围 400～800 Hz 分析估计区间 $[x_L, x_U]$，将自助最大熵方法的估计结果与自助法进行比较，两种方法的参数取值相同。对于每一个频率点，选择前 6 个随机振动数据计算估计区间 $[x_L, x_U]$，取后 2 个随机振动数据作为检测数据计算可靠度 P_r。根据航空工程的严格要求，可靠度 P_r 一般要求超过 90%。频段范围 400～800 Hz 的 8 组随机振动数据如图 8-35 所示。

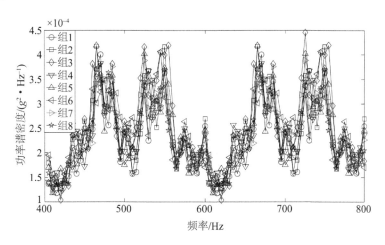

图 8-35　400～800 Hz 频率段 8 组振动数据

在频段 400～600 Hz 时自助最大熵方法和自助法得到的估计区间 $[x_L, x_U]$ 如图 8-36 所示。

可以看出，在这个频率范围内，随机振动数据的波动比较剧烈，最大差值为 $9.69\times10^{-4}g^2 \cdot Hz^{-1}$。很明显，自助法得到的估计区间 $[x_L, x_U]$ 比自助最大熵方法的狭窄。在自助法中，数据总个数是 $N=40$，有 $e=17$ 个数据落在估计区间 $[x_L, x_U]$ 之外，因此可靠度 P_r 为 57.5%。相比之下，自助最大熵方法仅有 $e=4$ 个测量数据落在估计区间 $[x_L, x_U]$ 之外，可靠度 $P_r=90\%$。

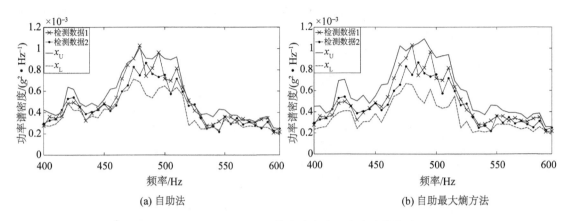

(a) 自助法　　　　　　　　　　　　(b) 自助最大熵方法

图 8 - 36　400～600 Hz 自助最大熵方法和自助法的估计区间

为了进一步量化两种方法的评估效果,两种方法可靠度 P_r 的计算结果见表 8 - 19。

表 8 - 19　自助最大熵方法和自助法的可靠度

方　法	400～800 Hz			15～2 000 Hz		
	$>x_U$ 个数	$<x_L$ 个数	$P_r/\%$	$>x_U$ 个数	$<x_L$ 个数	$P_r/\%$
自助法	12	19	61.3	67	81	62.7
自助最大熵方法	3	4	91.3	13	17	92.4

在整个频率范围内,自助最大熵方法计算得到的可靠度 P_r 达到 92.4%>90%,估计结果符合航空工程标准,自助最大熵方法计算的可靠度 P_r 比自助法提高了 29.7%。因此,对于计算估计区间 $[x_L, x_U]$ 而言,自助最大熵方法的评估表现远远优于自助法。

（3）扩展不确定度评定

选择频段范围 1 400～1 600 Hz 评定扩展不确定度 U。选择不同样本量的随机振动数据来比较评定结果;选择相同频段相同参数下不同方法的评定结果进行比较。8 组随机振动数据如图 8-37 所示。

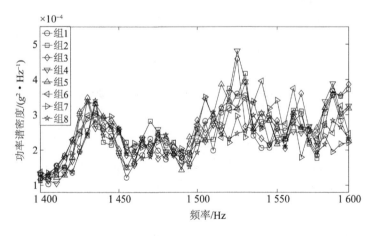

图 8 - 37　1 400～1 600 Hz 频率段 8 组振动数据

因为对于每个频点有 8 个随机振动数据,故选择不同样本量的随机振动数据评定扩展不确定度 U。选择每个频点的前 6 个随机振动数据,计算频段范围 $1\,400 \sim 1\,500$ Hz 的扩展不确定度 U_1;考虑每个频点 8 个随机振动数据,计算相同频段的扩展不确定度 U_2;最后将扩展不确定 U_1 和 U_2 进行比较,见图 8-38。

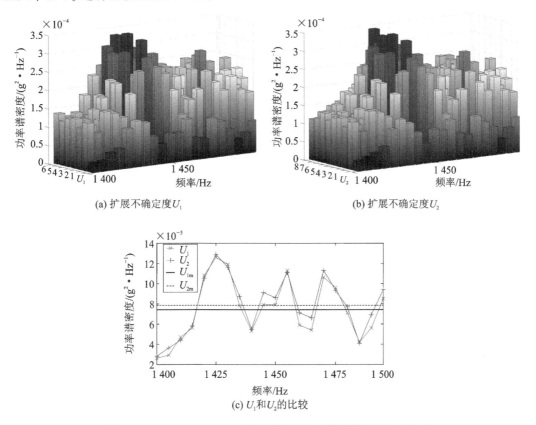

(a) 扩展不确定度 U_1　　　　　　　　(b) 扩展不确定度 U_2

(c) U_1 和 U_2 的比较

图 8-38　$1\,400 \sim 1\,500$ Hz 自助最大熵方法的扩展不确定度评定

可以看出,U_1 和 U_2 的变化趋势基本吻合。最大不确定度分别是 $U_{1\max} = 1.26 \times 10^{-4}$ $g^2 \cdot$ Hz^{-1} 和 $U_{2\max} = 1.29 \times 10^{-4}$ $g^2 \cdot Hz^{-1}$,都对应于频点 $1\,485$ Hz。在这个频段扩展不确定度的平均值分别为 $U_{1m} = 7.41 \times 10^{-5}$ $g^2 \cdot Hz^{-1}$ 和 $U_{2m} = 7.85 \times 10^{-5}$ $g^2 \cdot Hz^{-1}$。因此,不同数量的随机振动数据估计结果在相同频段内基本一致。

由于随机振动数据扩展不确定度的真值 U_T 未知,目前尚不能对扩展不确定度的相对误差 dU 进行评定。

8.4　平台振动的动态预报与评估方法

8.4.1　动态预报评估的自助灰方法

在动态数据的评估与预报中,自助法和灰色方法中的 GM(1,1)模型在航空工程领域都有一定的应用。GM(1,1)模型对于给定置信水平下的不确定度无法评定;自助法的自助抽样原理会产生附加的不确定度,导致蒙特卡洛逼近精度损失。

自助灰方法克服了 GM(1,1)模型与自助法各自的不足,将自助法的概率分布仿真和 GM(1,1)模型的信息预报功能相结合,可用于概率分布未知的小样本数据动态评估与预报。

1. 自助灰方法模型

自助灰方法的建模流程如图 8-39 所示。

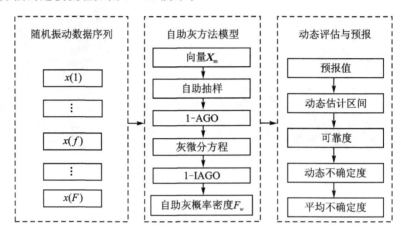

图 8-39 自助灰方法的建模流程

2. 自助灰方法仿真实验分析

(1)自助灰参数的取值

在自助灰方法中需认真考虑自助样本数 B 和灰色滚动因子 m 两个参数,以解决动态预报中的参数选择问题。在置信水平 $P=100\%$ 的情况下,这两个参数对可靠度 P_B 的影响见表 8-20。

表 8-20 自助样本数和灰色滚动因子对可靠度的影响

序 号	m	B	$P_B/\%$	序 号	m	B	$P_B/\%$
1	8	2 000	96.87	4	5	200	100
		1 000	91.40			100	99.80
2	7	2 000	99.80	5	4	100	100
		1 000	99.41			50	100
3	6	500	100	6	3	50	100
		100	98.44			25	100

可以看出,在置信水平 $P=100\%$ 的条件下,B 随着 m 的增大而增大,随着 m 的减小而减小。若参数 m 和 B 同时很小,则会因为抽样次数不够而影响预报的效果。在用自助灰方法进行动态评估与预报时,为了保证可靠度 $P_B=100\%$,自助样本数 B 的取值范围一般为 500～1 000,灰色滚动因子 m 的取值范围为 4～6。

(2)典型分布的动态预报与评估

取参数 $m=4,B=1\ 000,P=100\%$ 和 95%。设仿真数据个数 $N=500$,扩展不确定度的真值为 U_{True}。对于正态分布、瑞利分布、三角分布和均匀分布等典型分布的评估结果见

表 8 - 21。

表 8 - 21　典型分布的自助灰方法评估结果

编　号	随机变量	$P/\%$	U_m	$P_B/\%$	U_{True}
1	正态分布	95	0.524	100	0.6
		100	0.619	100	
2	瑞利分布	95	0.534	100	0.6
		100	0.581	100	
3	三角分布	95	0.117	100	0.1
		100	0.108	100	
4	均匀分布	95	0.271	100	0.2
		100	0.219	100	

可以看出,自助灰方法对典型分布的评估效果很理想,可靠度 P_B 达到 100%。这表明自助灰方法估计结果的可靠性高。当置信水平 $P=100\%$ 时,平均不确定度 U_m 与不确定度真值 U_{True} 非常接近。

对于正态分布数据序列 X,用自助灰方法计算得到的预报值、动态估计区间和动态不确定度如图 8 - 40 所示。

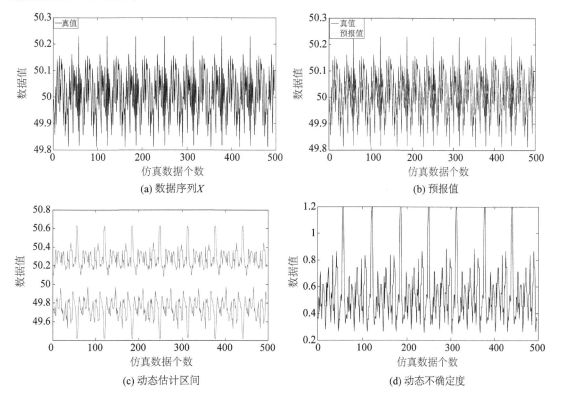

(a) 数据序列 X　　　　　　　　(b) 预报值

(c) 动态估计区间　　　　　　　(d) 动态不确定度

图 8 - 40　正态分布的自助灰评估

可以看出,预报值的动态跟踪特性较好,准确地描述了数据序列的瞬态波动,数据序列的波动轨迹被完美地包络在动态估计区间中。此外,在给定置信水平 $P=100\%$ 下,可靠度 P_B

能达到 100%。

对于正态分布数据序列 X，当置信水平 $P=99\%$、95%、90% 和 85% 时，得到的动态估计区间和动态不确定度，如图 8-41 所示。

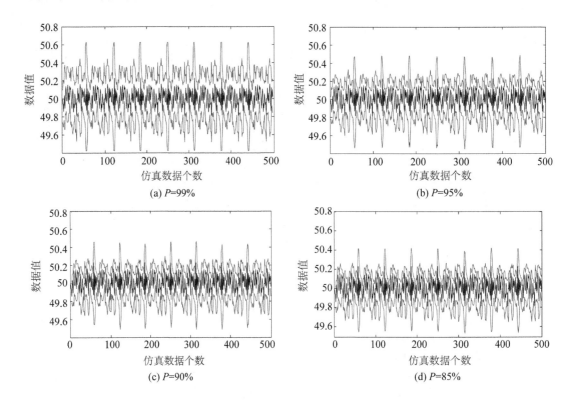

图 8-41　不同置信水平下的动态估计区间

可以看出，随着置信水平的降低，估计区间越来越接近于真值。当置信水平分别为 $P=$ 99%、95%、90% 和 85% 时，可靠度 P_B 都能达到 100%。说明该方法在可靠的前提下能够达到好的动态跟踪效果。

同理，对于瑞利分布、三角分布和均匀分布，自助灰方法的动态评估与预报效果都比较理想，在给定置信水平 P 的范围为 90%～100% 时，可靠度 P_B 都能够达到 100%。因此，自助灰方法满足航空工程中分布未知的随机振动数据的评估要求。

（3）混合分布的动态预报与评估

为了进一步研究自助灰方法的适用性，对混沌时间序列进行仿真研究。混沌时间序列具有非周期和非收敛的特性，可以看作时变性和不确定性的综合体现，符合动态测量数据的输出特性。自助灰方法对混沌时间序列的动态评估结果如图 8-42 所示。

将自助灰方法对包含趋势项与随机项的混合随机过程进行动态评估。假设混合分布是受到瑞利分布和正态分布干扰的一个正弦函数。在自助灰方法中各参数的取值为 $P=90\%$，$m=4$，$B=1\,000$。对于具有趋势项的混合分布的评估结果如图 8-43 所示。

可以看出，尽管混合分布数据序列比较复杂，但自助灰方法评估的可靠度 $P_B=100\%$。混合分布数据序列的波动轨迹被完全包络在动态估计区间之中，预报值动态追踪周期变化趋势的规律，动态不确定度有效地评估出随机变量的变化区域。

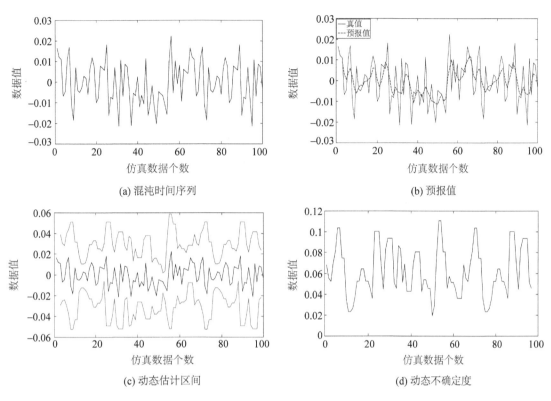

(a) 混沌时间序列

(b) 预报值

(c) 动态估计区间

(d) 动态不确定度

图 8 - 42　混沌时间序列的自助灰评估结果

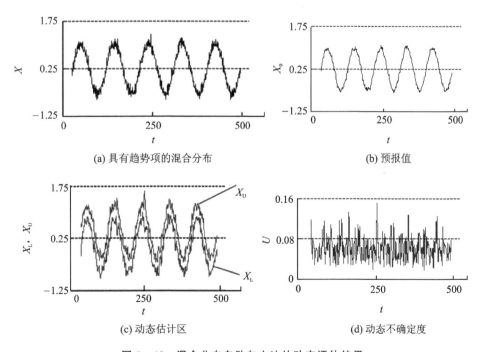

(a) 具有趋势项的混合分布

(b) 预报值

(c) 动态估计区

(d) 动态不确定度

图 8 - 43　混合分布自助灰方法的动态评估结果

8.4.2 不同预报与评估方法的比较

1. 动态数据预报比较

以后舱随机振动数据为例进行动态数据预报,测量范围为 $10 \sim 2\,000$ Hz,取分辨率为 5 Hz,共 398 个测量数据。在自助灰方法中,取参数 $m=4$、$B=1\,000$ 和 $P=100\%$。自助法和 GM(1,1) 模型也具有数据预报功能,在相同参数条件下,不同方法的预报结果和预报误差如图 8 - 44 所示。

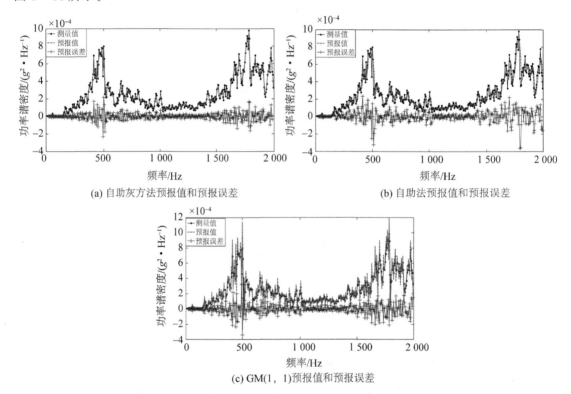

(a) 自助灰方法预报值和预报误差   (b) 自助法预报值和预报误差

(c) GM(1,1)预报值和预报误差

图 8 - 44 不同方法预报值和预报误差

自助灰方法对于数据的预报是一个动态过程,即预报中仅利用已知测量值中最新的 4 个数($m=4$)进行自助抽样,充分挖掘系统信息,不考虑以前的旧信息,而在下一次数据预报中,依然取与预报值紧邻的最新的 4 个测量值,整个预报过程是动态进行的。

可以看出,自助灰方法对数据预报效果最好且误差波动最小,预报值与测量值相比无滞后性。相比之下,自助法预报值略有滞后性但总体一致,而 GM(1,1) 预报值及预报误差波动最大,三种方法的预报误差对比情况见表 8 - 22。

表 8 - 22 自助灰方法、自助法和 GM(1,1)的预报误差比较

方　法	最大误差/$(g^2 \cdot Hz^{-1})$	最小误差/$(g^2 \cdot Hz^{-1})$	误差平方和/$(g^2 \cdot Hz^{-1})$
自助灰方法	2.14×10^{-4}	-2.32×10^{-4}	7.69×10^{-7}
自助法	2.33×10^{-4}	-3.66×10^{-4}	1.73×10^{-6}
GM(1,1)	4.49×10^{-4}	-3.42×10^{-4}	2.16×10^{-6}

通过对比可知,自助灰方法预报效果最好,自助法次之,GM(1,1)预报效果最差。

2. 动态估计区间比较

以前舱振动数据为例进行动态区间估计,测量范围为 $10 \sim 1\ 998$ Hz,取分辨率为 4 Hz,共 497 个测量值。在自助灰方法中,取参数 $m=4$、$B=1\ 000$ 和 $P=100\%$,对于全频段的区间估计结果如图 8-45 所示。

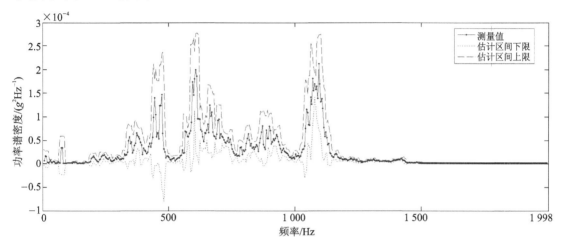

图 8-45 $10 \sim 1\ 998$ Hz 前舱数据动态区间估计

自助法也具有区间估计功能,在相同参数条件下,将自助法与自助灰方法进行定量比较。两种方法在频率段 $800 \sim 1\ 000$ Hz 和 $1\ 000 \sim 1\ 200$ Hz 区间估计的局部放大图,如图 8-46 和图 8-47 所示。

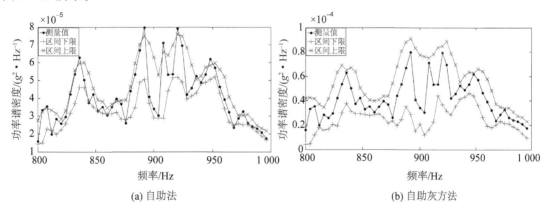

(a) 自助法   (b) 自助灰方法

图 8-46 $800 \sim 1\ 000$ Hz 自助灰方法和自助法的估计区间比较

可以看出,自助法的估计区间对于数据波动较大的峰值点处估计效果差,且估计区间与测量值相比略有滞后性;自助灰方法的动态估计区间随着测量值的变化而动态变化,将数据波动较大的峰值点准确包络在内部,具有较好的动态跟踪特性,但在数据波动激烈峰值点处动态估计区间 $[X_L, X_U]$ 的宽度会明显变宽。两种方法区间估计可靠度 P_B 的对比情况见表 8-23。

可以看出,自助法在相同置信水平下的估计区间较窄,对于数据波动较大的峰值点评估效果较差,在对 497 个测量值区间的估计中,有 161 个落在估计区间之外,可靠度 P_B 仅为

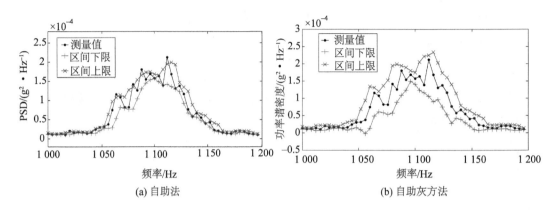

图 8-47　1 000~1 200 Hz 自助灰方法和自助法的估计区间比较

67.3%。对比可知,自助灰方法准确地预报了测量值的变化趋势,动态估计区间紧密包络在全部测量值外面,可靠度 P_B 达到 100%。

表 8-23　自助灰方法和自助法的区间估计可靠度 P_B

区间估计	低于 X_L 个数	高于 X_U 个数	$P_B/\%$
自助灰方法	0	0	100
自助法	78	83	67.3

8.5　本章小结

模糊范数方法采用模糊隶属函数量化了有限多个数据之间的内在联系。小样本数据和大样本数据的仿真实验结果均表明,模糊范数方法的评定精度优于传统的统计方法。

采用自助最大熵方法对估计真值、估计区间和扩展不确定度进行评定,评估性能由可靠度和相对误差量化表示。仿真实验结果表明,自助最大熵方法的评定精度优于自助法、最大熵方法和传统的统计方法。

在灰色方法中包括灰色不确定度和灰色不确定度常系数的确定。仿真实验结果表明,对于不同概率分布的数据,灰色不确定度的评定精度优于统计方法中标准不确定度的评定精度。

自助灰方法模型将自助法和 GM(1,1)模型相结合,通过对于典型概率分布、混沌时间序列和具有趋势项的混合分布的仿真数据进行的动态预报与评估,验证了自助灰方法的适用范围及其评估精度。

对于动态预报与评估方法,自助灰方法动态数据预报精度均优于自助法和传统灰色预报模型。自助灰方法对于动态区间估计的可靠度达到 100%。

参考文献

[1] 振动、冲击环境测量数据归纳方法:GJB/Z 126-99[S]. 北京:中国标准出版社,1999.
[2] 飞机飞行振动环境测量数据的归纳方法:HB/Z 87-84[S]. 北京:中国航空综合技术研究所,1985.
[3] 王中宇,夏新涛,朱坚民,等. 精密仪器的小样本非统计分析原理[M]. 北京:北京航空航天大学出版社,2010.

[4] 汪启跃，王中宇，王岩庆，等. 乏信息空间机械臂随机振动信号的灰自助评估[J]. 北京航空航天大学学报，2016(4):859-864.

[5] Efron B. Correlated z-values and the accuracy of large-scale statistical estimates[J]. Journal of the American Statistical Association，2010，105(491):1042-1055.

[6] Henderson A R. The bootstrap:a technique for data-driven statistics. Using computer-intensive analyses to explore experimental data[J]. Clinica Chimica Acta，2005，359(1):1-26.

[7] Cyrino Oliveira F L，Costa Ferreira P G，Castro Souza R. Aparsimonious bootstrap method to model natural inflow energy series[J]. Mathematical Problems in Engineering，2014,10:1-10.

[8] Abbasi B，Guillen M. Bootstrap control charts in monitoring value at risk in insurance[J]. Expert Systems with Applications，2013，40(15):6125-6135.

[9] Zadeh L A. A note on web intelligence，world knowledge and fuzzy logic[J]. Dataand Knowledge Engineering，2004，50(3):291-304.

[10] Zadeh L A. Toward extended fuzzy logic—A first step[J]. Fuzzy Sets and Systems，2009，160(21):3175-3181.

[11] Sriramdas V，Chaturvedi S K，Gargama H. Fuzzy arithmetic based reliability allocation approach during early design and development[J]. Expert Systems with Applications，2014，41(7):3444-3449.

[12] Soualhi A，Razik H，Clerc G，et al. Prognosis of bearing failures using hidden markov models and the adaptive neuro-fuzzy inference system[J]. IEEE Transactions on Industrial Electronics，2013，61(6):2864-2874.

[13] Sakawa M，Matsui T. Interactive fuzzy stochastic multi-level 0-1 programming using tabu search and probability maximization[J]. Expert Systems with Applications，2014，41(6):2957-2963.

[14] Avikal S，Mishra P K，Jain R. Afuzzy AHP and promethee method-based heuristic for disassembly line balancing problems[J]. International Journal of Production Research，2013(ahead-of-print):1-12.

[15] Nunkaew W，Phruksaphanrat B. Lexicographic fuzzy multi-objective model for minimisation of exceptional and void elements in manufacturing cell formation[J]. International Journal of Production Research，2013(ahead-of-print):1-24.

[16] Zalnezhad E，Sarhan A A D. A fuzzy logic predictive model for better surface roughness of Ti-TiN coating on AL7075-T6 alloy for longer fretting fatigue life[J]. Measurement，2014，49:256-265.

[17] Aghaarabi E，Aminravan F，Sadiq R，et al. Comparative study of fuzzy evidential reasoning and fuzzy rule-based approaches:an illustration for water quality assessment in distribution networks[J]. Stochastic Environmental Research and Risk Assessment，2014，28(3):655-679.

[18] Shannon C E. A mathematical theory of communication[J]. The Bell System Technical Journal，1948，27:379-423，623-656.

[19] Selin Aviyente，William J Williams. Minimum entropy time-frequency distributions[J]. IEEE Signal Processing Letters，2005，12(1):37-40.

[20] Politis Dimitris Nicolas. Nonparametric maximum entropy[J]. IEEE Transactions on Information Theory，1993，39(4):1409-1413.

[21] Kontoyiannis I，Harremoës P，Johnson O. Entropy and the law of small numbers[J]. IEEE Transactions on Information Theory，2005，51(2):466-472.

[22] Zhang H，Yu Y J，Liu Z Y. Study on the maximum entropy principle applied to the annual wind speed probability distribution:A case study for observations of intertidal zone anemometer towers of rudong in east china sea[J]. Applied Energy，2014，114:931-938.

[23] Macedo P，Silva E，Scotto M. Technical efficiency with state-contingent production frontiers using maxi-

mum entropy estimators[J]. Journal of Productivity Analysis, 2014, 41(1):131-140.

[24] Burns B, Wilson N E, Furuyama J K, et al. Non-uniformly under-sampled multi-dimensional spectroscopic imaging in vivo:maximum entropy versus compressed sensing reconstruction[J]. Nuclear Magnetic Resonance in Biomedicine, 2014, 27(2):191-201.

[25] Fernandez J E, Scot V, Di Giulio E. Spectrum unfolding in X-ray spectrometry using the maximum entropy method[J]. Radiation Physics and Chemistry, 2014, 95:154-157.

[26] Verkley W T M, Severijns C A. The maximum entropy principle applied to a dynamical system proposed by Lorenz[J]. The European Physical Journal B, 2014, 87(1):1-20.

[27] Wang Zhongyu, Gao Yongsheng. Detection of gross measurement errors using the grey system method [J]. The International Journal of Advanced Manufacturing Technology, 2002, 19(11):801-804.

[28] Xia X T, Wang Z Y, Gao Y S. Estimation of non-statistical uncertainty using fuzzy-set theory[J]. Measurement Science and Technology, 2000, 11(4):430-435.

[29] Zhang J, Zhao Y, Zhang Y, et al. Identification of the power spectral density of vertical track irregularities based on inverse pseudo-excitation method and symplectic mathematical method[J]. Inverse Problems in Science and Engineering, 2014, 22(2):334-350.

[30] Wolfsteiner P, Breuer W. Fatigue assessment of vibrating rail vehicle bogie components under non-Gaussian random excitations using power spectral densities[J]. Journal of Sound and Vibration, 2013, 332(22):5867-5882.

[31] Bayram D, Şeker S. Wavelet basedneuro-detector for low frequencies of vibration signals in electric motors[J]. Applied Soft Computing, 2013, 13(5):2683-2691.

[32] Yu Y, Jiang T. Generation of non-gaussian random vibration excitation signal for reliability enhancement test[J]. Chinese Journal of Aeronautics, 2007, 20(3):236-239.

[33] Zheng D, Wang S, Fan S. Nonlinear vibration characteristics of coriolis mass flowmeter[J]. Chinese Journal of Aeronautics, 2009, 22(2):198-205.

[34] Cui X, Chen H, He X, et al. Matrix power control algorithm for multi-input multi-output random vibration test[J]. Chinese Journal of Aeronautics, 2011, 24(6):741-748.

[35] Wang Yanqing, Wang Zhongyu, Sun Jianyong, et al. Airborne platform vibration environmental spectrum data processing via bootstrap method[C]. 8th International Symposium on Precision Engineering Measurement and Instrumentation. Chengdu. SPIE, 2013.

[36] Wang Yanqing, Wang Zhongyu, Sun Jianyong, et al. Gray bootstrap method for estimating frequency-varying random vibration signals with small samples[J]. Chinese Journal of Aeronautics, 2014, 27(2):383-389.

[37] Wang Zhongyu, Wang Yanqing, Wang Qian, et al. Fuzzy norm method for evaluating random vibration of airborne platform from limited PSD data [J]. Chinese Journal of Aeronautics, 2014, 27(6):1442-1450.

[38] Wang Yanqing, Zhou Weihu, Dong Dengfeng, et al. Estimation of random vibration signals with small samples using bootstrap maximum entropy method[J]. Measurement, 2017, 7(105):45-55.

[39] Wang Yanqing, Wang Zhongyu, Sun Jianyong, et al. Dynamic Uncertainty Analysis for Random Vibration Signals in Flight Test[J]. Journal of Aircraft, 2014, 51(6):1966-1972.

[40] Suna Naixun, Zhang Xiaoqing, Wang Yanqing. Multi-sensor Data Fusion and Estimation with Poor Information Based on Bootstrap-fuzzy Model[C]. Advanced Sensor Systems and Applications. Beijing. SPIE,2016.

下篇　典型实例与综合应用

下篇给出的是球面曲率半径测量系统不确定度分析计算、机械臂视觉测量系统精度分析、自动化测试系统精度分析、酶免分析系统精度分析和实际应用中的一些例子。最后一章包括 6 节典型的应用,每一节均为一个独立的例子,在内容上各节之间没有前后顺序的关系。读者可以根据自己的需要与兴趣,按照任意的顺序进行阅读。

第9章 非完整球面曲率测量不确定度评定

本章叙述非完整球面曲率的非接触测量问题,简单地介绍了非接触测量的一些常用方法,包括自准直仪测量法、牛顿干涉仪测量法、近轴成像测量法、数字全息测量法、斐索干涉仪法和干涉轮廓仪法等;给出了激光差动共焦曲率测量方法的基本原理及系统构成,开展了测量精度的影响因素分析和测量系统的不确定度评定。结果表明,激光差动共焦曲率测量技术可以作为部分散射非完整球面曲率非接触、高精度测量的一种有效方法。

9.1 非完整球面曲率的测量方法

非完整球面具有优异的加工和应用性能,常作为标准器具应用于精密轮廓仪、三坐标机、激光跟踪仪、球径仪和激光扫描仪等设备的校准。常用的非完整球面曲率的非接触测量主要采用光学原理,例如自准直技术、全息技术和干涉技术等。这些测量方法仅适用于抛光的非完整球面曲率的高精度测量;未抛光或部分抛光的具有散射性的非完整球面标准器也在广泛应用,其曲率的高精度测量则是一个亟待解决的问题。激光差动共焦曲率测量方法基于激光差动共焦定焦技术,具有定焦精度高、抗散射等优势,为具有散射性的非完整球面曲率的高精度测量提供了一种有效的解决途径。

9.1.1 非接触曲率测量常用方法

1. 自准直仪

自准直仪测量曲率的基本原理如图 9-1 所示。光源发出的光线照射到十字标线后准直为平行光,经过扫描五棱镜折转 90°后反射到被测件表面的顶点,反射回来的光线再次经过五棱镜照射到十字标线的中心,被探测器接收。五棱镜的作用是将光线折转 90°并且不受其位置微小变化的影响。在测量的过程中,当五棱镜沿着自准直仪光轴的方向移动时,经过被测件反射回来的光线照射到自准直仪十字标线上的位置发生变化,精确地测量出该位置的变化,计算出被测件表面的斜率,就可以得到被测的曲率。

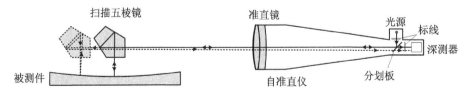

图 9-1 自准直仪的测量原理

2. 牛顿干涉仪

用于产生牛顿环的类似装置都可以称之为牛顿干涉仪。图 9-2 是一种典型的牛顿干涉仪,透镜 L1 和透镜 L2 的焦距 f 相同,被测面顶点到透镜 L1 的距离和参考反射面到透镜 L2 的距离相等,都是 $2f$;像平面到透镜 L1 和透镜 L2 的距离也都是 $2f$,被测面和参考反射面在像平面上的成像比率均为 1:1。通过显微镜观察像平面上的牛顿环,就可以计算出被测球面的曲率。

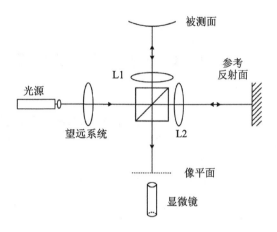

图 9-2　牛顿干涉仪的测量原理

3. 近轴成像测量

将近轴成像公式与 Zygo 干涉仪相结合,利用 Zygo 干涉仪实现定焦,如图 9-3所示。先在补偿镜组的后面放置一块平面反射镜(图中简称为平面镜),移动补偿镜组使它的焦点与标准参考镜的焦点 F 重合,被平面镜反射回的光与参考光发生干涉,Zygo 干涉仪通过干涉条纹实现定焦。然后被测件与补偿镜组放置在同一个平台上,用被测件替换平面反射镜,记录被测件与平面镜之间的距离 k。移动补偿镜组和被测件,使被测件反射回来的光与参考光之间发生干涉,Zygo 干涉仪通过判读干涉条纹实现定焦。记录此时的移动量 x,设补偿镜组的焦距为 f,根据近轴成像公式可以得到被测件的曲率为

$$R = k - f - \frac{f^2}{x} \qquad (9-1)$$

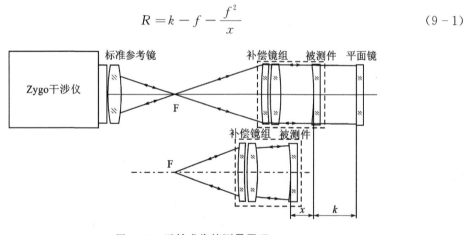

图 9-3　近轴成像的测量原理

4. 数字全息测量

如图 9-4 所示,激光光源发出的光被汇聚镜聚焦到焦点后耦合进光纤并分为两路:一路为参考光,另一路为测量光。参考光经光纤输出后被准直,照射到 CCD 探测器上。测量光经光纤输出后被准直,经过分光镜后到达汇聚镜,再照射在被测件上;经过被测件反射之后测量光再次被汇聚镜准直,最后照射在 CCD 探测器上。仅当被测件表面或被测件球心与汇聚镜的焦点重合时,测量光和参考光才会发生全息重构。记录两点之间的位置,就可以得到被测件的曲率值。

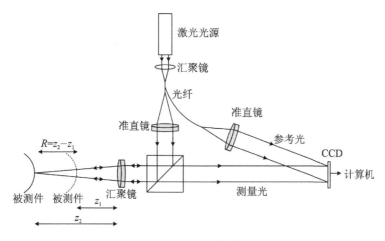

图 9 - 4　数字全息的测量原理

5. 斐索干涉仪

如图 9 - 5 所示,当被测件位于猫眼位置时,测量光的汇聚点与被测件表面重合;当被测件位于共焦位置时,测量光的汇聚点与被测件的球心重合。通过对干涉条纹的分析计算,精确定位出猫眼和共焦位置,使用干涉仪精确测量这两个位置之间的距离,得到被测件的曲率。

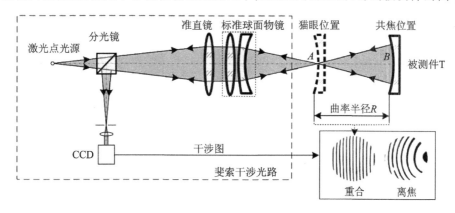

图 9 - 5　斐索干涉仪的测量原理

6. 干涉轮廓仪

传统双光束干涉测量的原理如图 9 - 6 所示,采用白光光源辐射整个可见光谱区域的光。当参考光与测量光之间的光程差为 0 时,每个波长的光所产生干涉条纹中的零级条纹重合;当光程差增加时,各波长的光所产生干涉条纹之间逐渐错开,干涉条纹的对比度急剧下降,直到干涉条纹消失,光源的光谱范围变宽,由此精确定位出零光程差的位置。用白光干涉轮廓仪定位被测表面各个位置的零光程差,获得各个位置的坐标,构建出被测表面的轮廓,可以用于粗糙表面的测量。

以上非接触曲率测量方法所采用的技术途径主要有两种:一是通过测量被测件表面的轮廓信息,通过矢高计算和曲面拟合得到曲率;二是通过分别定位被测件表面的顶点和球心的位

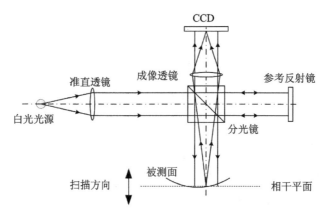

图 9 - 6 干涉轮廓仪的测量原理

置,测量出两个位置之间的距离,进而得到待求的曲率值。

测量被测件表面轮廓信息的方法可以用于具有部分散射的非完整球面曲率的测量,但通过矢高计算得到曲率的方法只适用于曲率较小的非完整球面,因为测量不确定度随着曲率的增大而急剧增加。通过曲面拟合测量曲率的方法存在拟合不确定度高和不确定度不易溯源的问题,并且测量扫描的点数多,效率比较低,无法实现高精度的测量。

通过定位被测件表面的顶点和球心位置测量曲率的方法效率比较高,测量精度取决于被测表面的顶点和球心的定位精度,常用的高精度定焦方法是斐索干涉法,这种方法的精度虽然很高,但对环境的要求高,容易受到外界干扰的影响,且不适用于具有部分散射特性的非完整球面曲率的测量。

因此,具有部分散射特性的非完整球面曲率的高精度测量仍然是一个亟待解决的问题。

9.1.2 激光差动共焦曲率测量法

激光差动共焦曲率测量原理如图 9 - 7 所示。轴向强度响应曲线 I_A 和 I_B 的过零点 O_A 和 O_B 与物镜 Lo 的焦点 P 精确对应,对被测件 T 的猫眼位置 A 和共焦位置 B 进行触发瞄准定位,通过激光干涉仪测量猫眼位置 A 和共焦位置 B 之间的距离得到被测件的曲率。

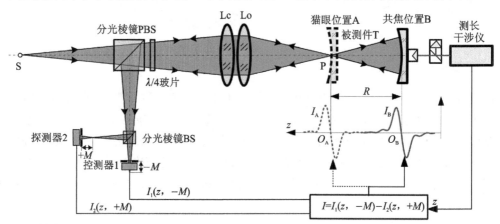

图 9 - 7 激光差动共焦曲率测量原理

点光源 S 发出的球面波被准直镜 Lc 准直为平行光,经物镜 Lo 汇聚于焦点 P。当被测件 T 位于猫眼位置 A 附近时,表面顶点位于物镜 Lo 焦点 P 附近,测量光经被测件反射和散射后沿原路返回,被位于准直镜 Lc 焦前－M 位置和焦后＋M 位置的两个探测器分别接收;当被测件 T 位于共焦位置 B 附近时,球心位于物镜 Lo 焦点 P 附近,测量光同样经被测件 T 反射和散射后沿原路返回,由两路探测器分别接收。将两路反向离焦探测器接收到的强度信号差相减,得到轴向强度响应曲线 I_A 和 I_B,于是 I_A 和 I_B 的过零点 O_A 和 O_B 分别精确地对应于猫眼位置 A 和共焦位置 B,也就是被测件的表面顶点和球心。精确记录过零点 O_A 和 O_B 的位置分别为 z_A 和 z_B,则被测件 T 的曲率为

$$R = z_B - z_A \tag{9-2}$$

下面讨论非完整球的散射模型,具体包括猫眼位置和共焦位置两部分的散射模型。

1. 猫眼位置的散射模型

在猫眼的位置,被测件表面的测量光汇聚在一个很小的区域内,然后散射到各个方向。

当 θ_i 方向的入射测量光强为 $I_i(\theta_i)$ 时,入射光的总光强可以表示为

$$I_A = 2\pi \int I_i(\theta_i)\mathrm{d}\theta_i \tag{9-3}$$

散射光在 (θ_s, φ_s) 方向的光强为所有角度入射光在该角度散射的总和,猫眼位置的散射光在 (θ_s, φ_s) 方向的光强分布为

$$i_{sA} = \frac{1}{I_i(\theta_i)}\left(\frac{\mathrm{d}I}{\mathrm{d}w}\right)_s \mathrm{d}w_s = \int 4k^4 \cos\theta_i \cos^2\theta_s \cdot Q \cdot W(p,q)\mathrm{d}w_s\mathrm{d}\theta_i \tag{9-4}$$

散射光的总光强为

$$I_{sA} = 2\pi \iiint I_i(\theta_i)4k^4\cos\theta_i\cos^2\theta_s \cdot Q \cdot W(p,q)\sin\theta_s\mathrm{d}\theta_s\mathrm{d}\varphi_s\sin\theta_i\mathrm{d}\theta_i \tag{9-5}$$

散射光强与入射光强之比为

$$R_{sA} = \frac{I_{sA}}{I_A} \tag{9-6}$$

反射光强与入射光强之比为

$$R_{rA} = 1 - R_{sA} \tag{9-7}$$

忽略入射光的透射,假设激光差动共焦曲率测量系统的物镜口径为 $D=100$ mm,焦距为 $f_o=150$ mm,则最大入射角为 $\max(\theta_i)=18.4°$。在猫眼位置处,对应于不同粗糙度的散射光强比例如图 9-8 所示。

2. 共焦位置的散射模型

在共焦的位置,光束垂直入射到被测件的表面,每个位置的入射角均为 $\theta_i=0$。

设被测件表面的入射光强为 $I_i(x_i, y_i)$,则入射光的总光强为

$$I_B = \iint I_i(x_i, y_i)\mathrm{d}x_i\mathrm{d}y_i \tag{9-8}$$

在球心的位置,径向平面内的散射光强为

$$I_s(x_s, y_s) = \iint 4I_i(x_i, y_i)k^4\cos^2\theta_s \cdot Q \cdot W(p,q)\mathrm{d}x_i\mathrm{d}y_i$$

$$= \iint 4I_i(x_i, y_i)k^4 \left[\frac{x_i(x_i - x_s) + y_i(y_i - y_s) \mid R^2}{\sqrt{x_i^2 + y_i^2 + R^2} \sqrt{(x_i - x_s)^2 + (y_i - y_s)^2 + R^2}} \right]^2 \cdot Q \cdot W(p, q) \mathrm{d}x_i \mathrm{d}y_i$$

$$(9-9)$$

散射光的总光强为

$$I_{sB} = \iint I_s(x_s, y_s) \mathrm{d}x_s \mathrm{d}y_s \qquad (9-10)$$

散射光强与入射光强之比为

$$R_{sB} = \frac{I_{sB}}{I_B} \qquad (9-11)$$

反射光强与入射光强之比为

$$R_{rB} = 1 - R_{sB} \qquad (9-12)$$

在共焦位置处,对应于不同表面粗糙度的散射光强比例如图 9-9 所示。

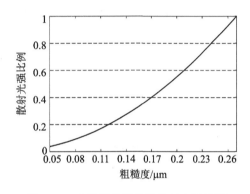

图 9-8　在猫眼位置处的散射光强比例

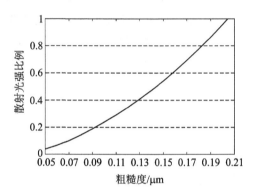

图 9-9　在共焦位置处的散射光强比例

9.2　激光差动共焦曲率测量系统

当光束照射到部分散射非完整球面的表面时,如果不考虑透射现象即忽略入射光的透射,则入射光束的一部分被散射,另一部分被反射。散射光、反射光的光强与被照射表面的粗糙度、材料等特征参数有关,激光差动共焦曲率测量模型的构建需要对散射部分的光和反射部分的光分别进行分析,在此基础上构建激光差动共焦曲率的测量系统。

9.2.1　三维点扩散函数模型

该模型包括猫眼位置的三维点扩散函数模型和共焦位置的三维点扩散函数模型两个部分。

1. 猫眼位置的三维点扩散函数模型

猫眼位置的激光差动共焦定焦光路如图 9-10 所示。

位于准直镜 Lc 焦点位置的点光源发出的光,被准直镜 Lc 准直后经物镜 Lo 汇聚于焦点。当被测件的顶点在物镜 Lo 的焦点附近移动时,测量光沿着原路返回,然后被位于焦后+M 位置处的探测器 1 和位于焦前-M 位置处的探测器 2 分别接收,两个探测器接收到的光强响应

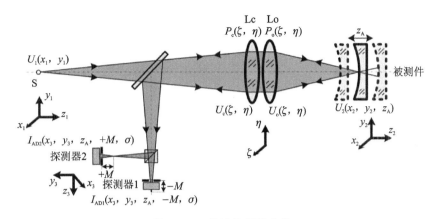

图 9-10　猫眼位置的定焦

信号分别为 $I_{AD1}(x_3,y_3,z_A,+M,\sigma)$ 和 $I_{AD2}(x_3,y_3,z_A,-M,\sigma)$。将两路光强信号差动相减，得到差动共焦响应曲线 $I_A(x_3,y_3,z_A,M,\sigma)$，它的过零点精确地对应于猫眼位置。

光源 S 位于准直镜 Lc 焦点的位置，其光场为 $U_1(x_1,y_1)$ 传输到准直镜 Lc 前的光场，可以通过惠更斯-菲涅尔衍射积分公式得到

$$U_c(\xi,\eta)=\frac{\mathrm{i}\exp(-\mathrm{i}kf_c)}{\lambda f_c}\iint_{-\infty}^{\infty}U_1(x_1,y_1)\cdot\exp\left\{-\frac{\mathrm{i}k}{2f_c}\left[(\xi-x_1)^2+(\eta-y_1)^2\right]\right\}\mathrm{d}x_1\mathrm{d}y_1$$

$$(9-13)$$

式中，λ 表示光的波长；k 表示光波数，$k=\dfrac{2\pi}{\lambda}$；f_c 表示准直镜 Lc 的焦距。

准直镜 Lc 和物镜 Lo 的通过率函数分别为

$$t_c(\xi,\eta)=P_c(\xi,\eta)\exp\left[\frac{\mathrm{i}k(\xi^2+\eta^2)}{2f_c}\right]\tag{9-14}$$

和

$$t_o(\xi,\eta)=P_o(\xi,\eta)\exp\left[\frac{\mathrm{i}k(\xi^2+\eta^2)}{2f_o}\right]\tag{9-15}$$

式中，$P_c(\xi,\eta)$ 和 $P_o(\xi,\eta)$ 分别表示准直镜 Lc 和物镜 Lo 的光瞳函数；f_o 表示物镜 Lo 的焦距。

传输到物镜后的光场为

$$
\begin{aligned}
U_o(\xi,\eta)&=U_c(\xi,\eta)\cdot t_c(\xi,\eta)\cdot t_o(\xi,\eta)\\
&=\frac{\mathrm{i}\exp(-\mathrm{i}kf_c)}{\lambda f_c}\iint_{-\infty}^{\infty}U_1(x_1,y_1)\cdot P_c(\xi,\eta)\cdot P_o(\xi,\eta)\cdot\\
&\quad\exp\left[-\frac{\mathrm{i}k(x_1^2+y_1^2)}{2f_c}+\frac{\mathrm{i}k(x_1\xi+y_1\eta)}{f_c}+\frac{\mathrm{i}k(\xi^2+\eta^2)}{2f_o}\right]\mathrm{d}x_1\mathrm{d}y_1\quad(9-16)
\end{aligned}
$$

当被测件在猫眼位置沿着光轴扫描时，测量光在被测件表面的光场 $U_2(x_2,y_2,z_A)$ 可以通过惠更斯-菲涅尔衍射积分公式得到

$$
\begin{aligned}
U_2(x_2,y_2,z_A)&=\frac{\mathrm{i}\exp[-\mathrm{i}k(f_o+z_A)]}{\lambda(f_o+z_A)}\iint_{-\infty}^{\infty}U_o(\xi,\eta)\cdot\\
&\quad\exp\left\{-\frac{\mathrm{i}k}{2(f_o+z_A)}\left[(x_2-\xi)^2+(y_2-\eta)^2\right]\right\}\mathrm{d}\xi\mathrm{d}\eta
\end{aligned}
$$

$$= \frac{\mathrm{iexp}(-\mathrm{i}kf_c)}{\lambda f_c} \frac{\mathrm{iexp}[-\mathrm{i}k(f_o + z_A)]}{\lambda(f_o + z_A)} \cdot$$

$$\exp\left[-\frac{\mathrm{i}k(x_2^2 + y_2^2)}{2(f_o + z_A)}\right] \iiint\int_{-\infty}^{\infty} U_1(x_1, y_1) P_c(\xi, \eta) P_o(\xi, \eta) \cdot$$

$$\exp\left[-\frac{\mathrm{i}k(x_1^2 + y_1^2)}{2f_c} + \frac{\mathrm{i}k(x_1\xi + y_1\eta)}{f_c} + \frac{\mathrm{i}k(x_2\xi + y_2\eta)}{f_o + z_A} + \right.$$

$$\left. \frac{\mathrm{i}kz_A(\xi^2 + \eta^2)}{2f_o(f_o + z_A)}\right] \mathrm{d}x_1\mathrm{d}y_1\mathrm{d}\xi\mathrm{d}\eta \tag{9-17}$$

式中，z_A 表示被测件的顶点与物镜 Lo 的焦点之间的距离。

为了便于计算，忽略其中的常数项和微小量，则式（9-17）可以简化为

$$U_2(x_2, y_2, z_A) = \exp\left[-\frac{\mathrm{i}k(x_2^2 + y_2^2)}{2f_o}\right] \iiint\int_{-\infty}^{\infty} U_1(x_1, y_1) P_c(\xi, \eta) P_o(\xi, \eta) \cdot$$

$$\exp\left[-\frac{\mathrm{i}k(x_1^2 + y_1^2)}{2f_c}\right] \cdot \exp\left[\frac{\mathrm{i}kz_A(\xi^2 + \eta^2)}{2f_o^2}\right] \cdot$$

$$\exp\left[\frac{\mathrm{i}k}{f_c}\xi\left(x_1 + \frac{f_c}{f_o}x_2\right) + \frac{\mathrm{i}k}{f_c}\eta\left(y_1 + \frac{f_c}{f_o}y_2\right)\right] \mathrm{d}x_1\mathrm{d}y_1\mathrm{d}\xi\mathrm{d}\eta$$

$$= \exp\left[-\frac{\mathrm{i}k(x_2^2 + y_2^2)}{2f_o}\right] \iint_{-\infty}^{\infty} U_1(x_1, y_1) \cdot$$

$$\exp\left[-\frac{\mathrm{i}k(x_1^2 + y_1^2)}{2f_c}\right] h_1\left(x_1 + \frac{f_c}{f_o}x_2, y_1 + \frac{f_c}{f_o}y_2, z_A\right) \mathrm{d}x_1\mathrm{d}y_1 \tag{9-18}$$

式中，离焦三维点扩散函数 $h_1(x, y, z)$ 可以表示为

$$h_1(x, y, z) = \iint_{-\infty}^{\infty} P_c(\xi, \eta) P_o(\xi, \eta) \exp\left[\frac{\mathrm{i}kz(\xi^2 + \eta^2)}{2f_o^2}\right] \exp\left[\frac{\mathrm{i}k}{f_c}(\xi x + \eta y)\right] \mathrm{d}\xi\mathrm{d}\eta \tag{9-19}$$

根据卷积的定义，式（9-18）可以进一步表示为

$$U_2(x_2, y_2, z_A) = \exp\left[-\frac{\mathrm{i}k(x_2^2 + y_2^2)}{2f_o}\right] \cdot$$

$$\left\{\left\{U_1(-x, -y) \cdot \exp\left[-\frac{\mathrm{i}k(x^2 + y^2)}{2f_c}\right]\right\} \otimes_2 h_1(x, y, z_A)\Big|_{x = \frac{f_c}{f_o}x_2, y = \frac{f_c}{f_o}y_2}\right\} \tag{9-20}$$

为了便于讨论，这里均不考虑被测件的透射情况。

测量光照射到被测件表面之后发生部分反射和部分散射。散射光强比例和反射光强比例可以分别计算出来。

探测器接收到的光强为散射光强与反射光强之和。在猫眼位置处，两探测器接收到的归一化光强响应曲线分别为

$$I_{\mathrm{AD1}}(0, u_A, -u_M, \sigma) = \frac{I_{\mathrm{sAD1}}(0, u_A, -u_M, \sigma) + I_{\mathrm{rAD1}}(0, u_A, -u_M, \sigma)}{I_{\mathrm{AD1}}(0, 0, 0, 0)} \tag{9-21}$$

和

$$I_{AD2}(0,u_A,+u_M,\sigma) = \frac{I_{sAD2}(0,u_A,+u_M,\sigma) + I_{rAD2}(0,u_A,+u_M,\sigma)}{I_{AD2}(0,0,0,0)} \quad (9-22)$$

在猫眼位置处的差动共焦归一化响应曲线为

$$I_A(u_A,u_M,\sigma) = I_{AD1}(0,u_A,-u_M,\sigma) - I_{AD2}(0,u_A,+u_M,\sigma) \quad (9-23)$$

设离焦量为 $u_M = 5.21$，在猫眼位置处的共焦归一化响应曲线如图 9-11 所示。

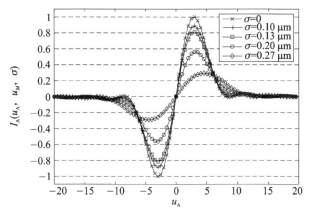

图 9-11　在猫眼位置处的共焦归一化响应曲线

可以看出，过零点精确地对应于被测件表面的顶点位置；过零点的斜率随着被测件表面粗糙度的增大而减小。定焦灵敏度由响应曲线过零点的斜率决定，所以在猫眼位置处的定焦灵敏度随着被测件表面粗糙度的增大而减小。

2. 共焦位置的三维点扩散函数模型

共焦位置的定焦光路如图 9-12 所示。被测件的球心位于物镜 Lo 的焦点附近，测量光垂直照射到被测件表面后沿着原路返回，被位于焦后 +M 位置处的探测器 1 和位于焦前 -M 位置处的探测器 2 分别接收。两探测器接收到的光强响应信号分别为 $I_{BD1}(x_3,y_3,z_B,+M,\sigma)$ 和 $I_{BD2}(x_3,y_3,z_B,-M,\sigma)$。将两路光强信号进行差动相减，得到差动共焦响应曲线 $I_B(x_3, y_3,z_B,M,\sigma)$，它的过零点精确地对应于共焦位置。

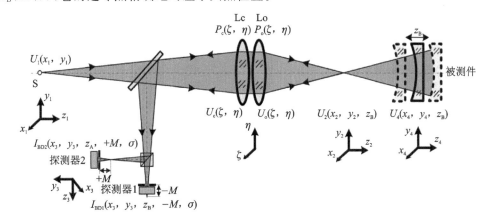

图 9-12　共焦位置的定焦

当被测件位于共焦位置附近时，球心处的光场 $U_2(x_2,y_2,z_B)$ 可以表示为

$$U_2(x_2,y_2,z_B) = \exp\left[-\frac{ik(x_2^2+y_2^2)}{2f_o}\right] \cdot$$

$$\left\{\left\{U_1(-x,-y)\cdot\exp\left[-\frac{ik(x^2+y^2)}{2f_c}\right]\right\}\otimes h_1(x,y,z_B)\Big|_{x=\frac{f_c}{f_o}x_2,\,y=\frac{f_c}{f_o}y_2}\right\}$$

$$= \exp\left[-\frac{ik(x_2^2+y_2^2)}{2f_o}\right]\iint_{-\infty}^{\infty} U_1(x_1,y_1)\cdot$$

$$\exp\left[-\frac{ik(x_1^2+y_1^2)}{2f_c}\right] h_1\left(x_1+\frac{f_c}{f_o}x_2,y_1+\frac{f_c}{f_o}y_2,z_B\right)\mathrm{d}x_1\mathrm{d}y_1 \qquad (9-24)$$

式中，z_B 表示被测件球心与物镜 Lo 焦点之间的距离。

根据惠更斯-菲涅尔衍射积分公式，在被测件表面顶点处的径向平面光场分布可以表示为

$$U_4(x_4,y_4,z_B) = \frac{i\exp(-ikR)}{\lambda R}\iint_{-\infty}^{+\infty} U_2(x_2,y_2,z_B)\cdot$$

$$\exp\left\{-\frac{ik}{2R}\left[(x_4-x_2)^2+(y_4-y_2)^2\right]\right\}\mathrm{d}x_2\mathrm{d}y_2 \qquad (9-25)$$

被测件对光场的变换因子为

$$t_T(x_4,y_4) = \exp\left(ik\,\frac{x_4^2+y_4^2}{2R}\right)\exp[ik\Phi(x_4,y_4)] \qquad (9-26)$$

式中，$\Phi(x_4,y_4)$ 表示被测件的面型。

被测件的表面光场为

$$U_T(x_4,y_4,z_B) = U_4(x_4,y_4,z_B)\cdot t_T(x_4,y_4) \qquad (9-27)$$

假设光源 S 为理想的点光源；被测件为理想的球面，即面型 $\Phi(x_4,y_4)=0$。经过进一步的简化可得

$$U_T(x_4,y_4,z_B)$$

$$= \iint_{-\infty}^{+\infty} U_2(x_2,y_2,z_B)\cdot\exp\left(-ik\,\frac{x_2^2+y_2^2}{2R}\right)\exp\left(ik\,\frac{x_2x_4+y_2y_4}{R}\right)\mathrm{d}x_2\mathrm{d}y_2$$

$$= \iint_{-\infty}^{+\infty}\left\{\iint_{-\infty}^{+\infty} P_c(\xi,\eta)\cdot P_o(\xi,\eta)\cdot\exp\left[\frac{ikz_B(\xi^2+\eta^2)}{2f_o^2}\right]\cdot\exp\left[\frac{ik}{f_o}\xi x_2+\frac{ik}{f_o}\eta y_2\right]\mathrm{d}\xi\mathrm{d}\eta\right\}\cdot$$

$$\exp\left[\frac{-ik(x_2^2+y_2^2)}{2}\left(\frac{1}{R}+\frac{1}{f_o}\right)\right]\exp\left(ik\,\frac{x_2x_4+y_2y_4}{R}\right)\mathrm{d}x_2\mathrm{d}y_2 \qquad (9-28)$$

光场 $U_T(x_4,y_4,z_B)$ 将发生散射和反射，在被测件的球心位置处，散射光的光强为 $I_{5s}(x_5,y_5,z_B,\sigma)$，反射光的光场为 $U_{5r}(x_5,y_5,z_B,\sigma)$。散射光和反射光在经过物镜 Lo 和准直镜 Lc 之后，被探测器接收到的光强为散射光的光强与反射光的光强之和。

由于探测器接收到的散射光强十分微弱，可以忽略不计，因此在共焦位置处接收到的光强主要是反射光的光强。两探测器接收到的归一化光强信号分别为

$$I_{BD1}(0,u_B,-u_M,\sigma) = \frac{I_{rBD1}(0,u_B,-u_M,\sigma)}{I_{rBD1}(0,0,0,0)} = R_{rB}(\sigma)\left[\frac{\sin(u_B/2-u_M/4)}{u_B/2-u_M/4}\right]^2$$

$$(9-29)$$

和

$$I_{BD2}(0,u_B,+u_M,\sigma) = \frac{I_{rBD2}(0,u_B,+u_M,\sigma)}{I_{rBD2}(0,0,0,0)} = R_{rB}(\sigma)\left[\frac{\sin(u_B/2+u_M/4)}{u_B/2+u_M/4}\right]^2$$

$$(9-30)$$

在该位置处的差动共焦响应曲线为

$$I_B(u_B, u_M, \sigma) = I_{BD1}(0, u_B, -u_M, \sigma) - I_{BD2}(0, u_B, +u_M, \sigma) \tag{9-31}$$

设 $u_M = 5.21$，则该位置处的共焦响应曲线如图 9-13 所示。

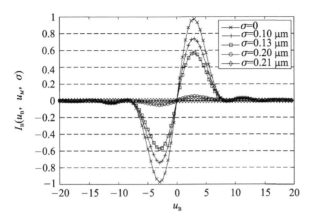

图 9-13　激光差动共焦响应曲线

可以看出，过零点精确地对应于被测件的球心位置；过零点的斜率随着被测件表面粗糙度的增加而减小，这时共焦位置的定焦灵敏度随之降低。

9.2.2　测量系统的总体构成

部分散射非完整球面的激光差动共焦曲率测量系统如图 9-14 所示。

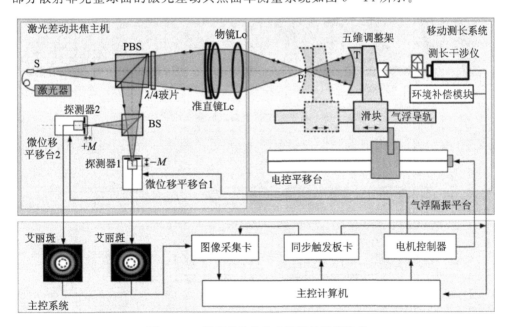

图 9-14　激光差动共焦曲率测量系统构成

测量系统主要包括激光差动共焦主机、移动测长系统、主控系统和气浮隔振平台 4 个部分。激光差动共焦主机用于照明和探测光强信号，实现差动共焦系统的定焦；移动测长系统用于实现被测件的调整和移动；主控系统用于控制整个测量系统；气浮隔振平台用于降低外部振动对测量系统的影响。

共焦主机使用波长为 632.8 nm 的 He－Ne 激光器作为光源,光路中使用偏振分光棱镜 PBS 和 1/4λ 玻片的组合结构,提高光强的利用率并且降低返回激光器的回馈光;准直镜 Lc 是一个口径和焦距分别为 $D=100$ mm 和 $f_c=1\ 000$ mm 的双胶合消球差透镜,以便减少球差 的影响;物镜 Lo 选用 4 英寸的标准球面镜头;探测器采用 CCD,放置在微位移平移台上,通过 电机控制器驱动高精度运动,镜头的放大倍率为 25×。

采用高精度花岗岩余气回收式气浮导轨,可有效地消除阻尼和爬行现象,减小导轨运动对 测量的影响;余气回收装置避免了气浮导轨间隙排出的气流对测量光路的影响。用双频激光 干涉仪实现位置测量,并且自动对测长数据进行补偿。共焦主机和移动测长系统放置在一个 气浮隔振平台上,降低地面振动对测量光路的影响。

共焦曲率测量系统的实物如图 9－15 所示。

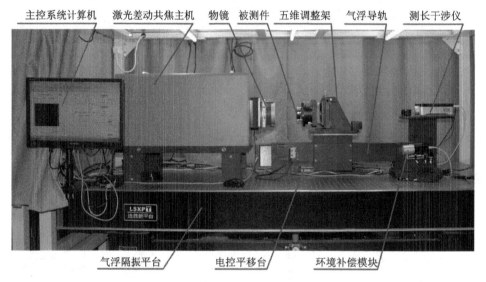

图 9－15　激光差动共焦曲率测量系统实物

测量系统的软件主要分为测量控制模块、实时显示模块和数据处理模块,如图 9－16 所示。

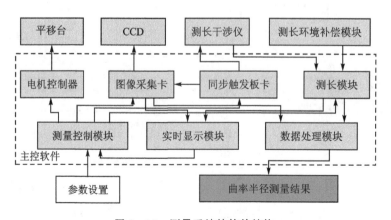

图 9－16　测量系统的软件结构

在开始测量之前,先根据被测件的特征设置测量参数。测量控制模块根据测量参数和实时显示模块反馈回的系统状态信息,控制电机的运动速度和移动距离;同步触发板卡触发测长干涉仪的位置采集和图像采集卡图像;驱动 CCD 采集的图像,将图像信息传输给实时显示模块和数据处理模块;测长模块对干涉仪进行初始化和位置信息采集,根据环境补偿模块测得的数据对采集到的位置进行修正,最后传输给实时显示模块和数据处理模块。

9.3 曲率测量精度影响因素分析

影响激光差动共焦测量系统的因素很多,如表面粗糙度、探测器的偏移、针孔的大小、光学系统的像差、点光源偏移、气浮导轨误差、测长光轴对准误差等。这些因素综合决定着测量系统的整体精度水平。

9.3.1 粗糙度及其影响

被测件的表面粗糙度决定散射光和反射光的光强,影响共焦响应曲线的峰值和过零点斜率。峰值的大小关系到粗糙度的测量范围;过零点的斜率则关系到测量的精度。下面逐一进行分析。

1. 对峰值的影响

在猫眼位置和共焦位置分别分析粗糙度对峰值产生的影响。

对于不同的表面粗糙度,激光差动共焦归一化响应曲线 $I_A(u_A,u_M,\sigma)$ 在猫眼位置的峰值如图 9-17 所示。

可以看出,激光差动共焦归一化响应曲线 $I_A(u_A,u_M,\sigma)$ 在猫眼位置的峰值随着粗糙度的增加而降低。例如,当被测件的表面粗糙度为 $\sigma=0.27\ \mu m$ 时,测量光几乎全部在被测件表面散射,此时的 $I_A(u_A,u_M,0.27)$ 峰值仅为 0.29。

对于不同的表面粗糙度,共焦位置激光差动共焦归一化响应曲线的 $I_B(u_B,u_M,\sigma)$ 峰值如图 9-18 所示。

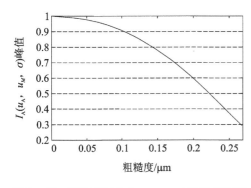

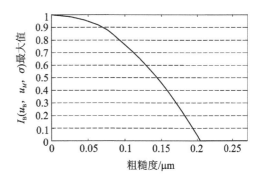

图 9-17　粗糙度与 $I_A(u_A,u_M,\sigma)$ 峰值的关系　　图 9-18　粗糙度与 $I_B(u_B,u_M,\sigma)$ 峰值的关系

可以看出,$I_B(u_B,u_M,\sigma)$ 峰值同样随着粗糙度的增加而降低。例如,当被测件的表面粗糙度为 $\sigma=0.21\ \mu m$ 时,测量光几乎全部在被测件表面散射,此时 $I_B(u_B,u_M,0.21)$ 的峰值为 0;

当被测件表面粗糙度为 $\sigma = 0.20~\mu m$ 时，$I_B(u_B,u_M,0.20)$ 的峰值仅为 0.05。

比较图 9-17 与图 9-18 可以看出，对于相同的表面粗糙度，猫眼位置响应曲线的 $I_A(u_A,u_M,\sigma)$ 峰值大于 $I_B(u_B,u_M,\sigma)$ 峰值，说明激光差动共焦曲率系统测量表面粗糙度的范围由能否实现共焦位置的定焦决定。

2. 对过零点斜率的影响

测量系统的定焦灵敏度可以由归一化共焦响应曲线过零点斜率的模表示。斜率的模越大，表明在过零点处的激光差动共焦响应曲线越陡峭，定焦的灵敏度越高。

在猫眼位置处，过零点的斜率可以表示为

$$k_A(\sigma) = \left.\frac{\partial I_A(u_A,u_M,\sigma)}{\partial u_A}\right|_{u_A=0} \tag{9-32}$$

对于不同的表面粗糙度，在猫眼位置的激光差动共焦归一化响应曲线 $I_A(u_A,u_M,\sigma)$ 过零点的斜率如图 9-19 所示。

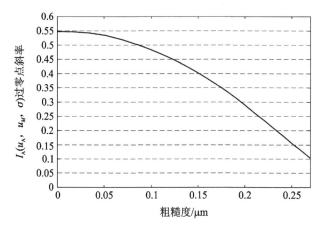

图 9-19 粗糙度与 $I_A(u_A,u_M,\sigma)$ 过零点斜率的关系

可以看出，被测件的表面粗糙度越大，斜率越小，定焦灵敏度越低；当粗糙度为 0 时，测量光全部被反射掉，猫眼位置的定焦灵敏度为 0.55；当粗糙度为 $\sigma = 0.27~\mu m$ 时，测量光全部被散射，猫眼位置定焦灵敏度为 0.11。

在共焦位置处，共焦响应曲线过零点的斜率可以表示为

$$k_B(\sigma) = \left.\frac{\partial I_B(u_B,u_M,\sigma)}{\partial u_B}\right|_{u_B=0} \tag{9-33}$$

对于不同的表面粗糙度，在共焦位置的激光差动共焦归一化响应曲线 $I_B(u_B,u_M,\sigma)$ 过零点的斜率如图 9-20 所示。

可以看出，定焦灵敏度同样随着被测件表面粗糙度的增加而降低；当测量光在被测表面全部反射时，共焦位置过零点的斜率为 0.55；当粗糙度 $\sigma = 0.20~\mu m$ 时，共焦位置过零点的斜率为 0.04；当粗糙度 $\sigma = 0.21~\mu m$ 时，测量光在被测表面全部散射，探测器没有光强响应，过零点的斜率为 0。

表面粗糙度对激光差动共焦曲率测量的影响可以概括为，随着粗糙度的增加，共焦归一化响应曲线的峰值和过零点斜率都减小，定焦灵敏度同样减小；对于相同的表面粗糙度，共焦归

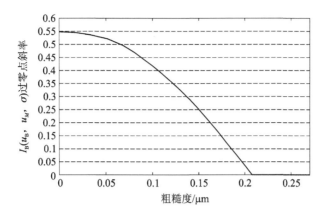

图 9 - 20　粗糙度与 $I_B(u_B, u_M, \sigma)$ 过零点斜率的关系

一化响应曲线的峰值和过零点斜率都比猫眼位置的小,测量系统的适用范围由共焦位置的特性决定。

9.3.2　探测器及其影响

探测器的轴向离焦量、径向偏移量和针孔尺寸对测量结果都有影响,下面分别进行讨论。

1. 轴向离焦量的影响

探测器的轴向离焦量对猫眼位置和共焦位置均产生影响。在猫眼位置处,对于不同的表面粗糙度,轴向离焦量对共焦响应曲线的影响如图 9 - 21 所示。

可以看出,离焦量对共焦响应曲线的峰值和过零点斜率都有影响。随着轴向离焦量的增加,过零点斜率先增大,后减小。当共焦响应曲线过零点斜率最大时,系统的定焦灵敏度最高。

就猫眼位置而言,为了分析探测器的最佳轴向离焦量,对于不同的表面粗糙度,作出探测器轴向离焦量与过零点斜率之间的关系曲线,如图 9 - 22 所示。

可以看出,对于不同的表面粗糙度,当共焦响应曲线过零点斜率取得最大值时,探测器的归一化轴向离焦量并不相同,这是由于猫眼位置的共焦响应曲线半高宽(FWHM)与被测件的表面粗糙度有关。当粗糙度为 $\sigma = 0$ 时,探测器的最佳轴向离焦量为 $u_M = 5.21$,响应曲线过零点斜率为 0.54;当粗糙度为 $\sigma = 0.13$ μm 时,最佳归一化轴向离焦量为 $u_M = 5.29$,过零点斜率为 0.42;当粗糙度为 $\sigma = 0.20$ μm 时,最佳归一化轴向离焦量为 $u_M = 5.47$,过零点斜率为 0.28;当粗糙度为 $\sigma = 0.27$ μm 时,最佳归一化轴向离焦量为 $u_M = 6.01$,过零点斜率为 0.11。

在共焦位置处,由于受到针孔的影响,探测器几乎接收不到散射光,仅接收到反射光。对于不同的表面粗糙度,探测器的轴向离焦量对共焦响应曲线的影响如图 9 - 23 所示。

与猫眼位置的讨论相似,对于相同的表面粗糙度,随着探测器轴向离焦量的增加,共焦响应曲线过零点斜率先增大,后减小。

对于不同的表面粗糙度,轴向离焦量与共焦位置过零点斜率的关系如图 9 - 24 所示。对于不同的表面粗糙度,探测器的最佳归一化轴向离焦量都为 $u_M = 5.21$。

在共焦位置,最佳探测器归一化的轴向离焦量为 $u_M = 5.21$,保持不变;在猫眼位置,最佳

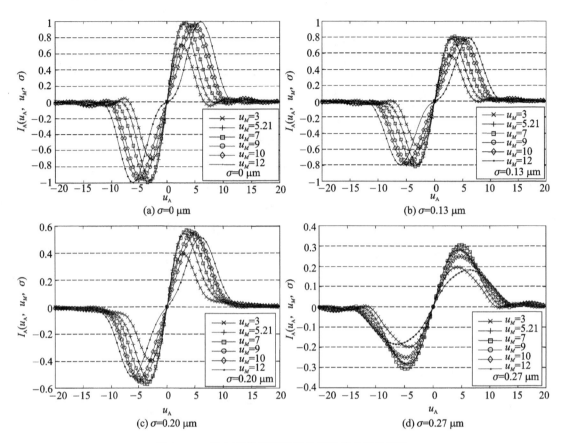

图 9 - 21　轴向离焦量对猫眼位置响应曲线的影响

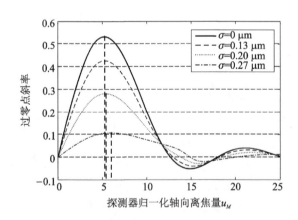

图 9 - 22　轴向离焦量对猫眼位置过零点斜率的影响

探测器的离焦量随着粗糙度的变化而改变。如果将归一化轴向离焦量设为定值 $u_M = 5.21$，则在猫眼位置响应曲线的过零点斜率与最佳离焦量的斜率相差很小，即定焦灵敏度的下降非常小。因此在测量系统的构建中，探测器归一化轴向离焦量可以选定为 $u_M = 5.21$，这样省却了测量过程中探测器轴向离焦量调整的麻烦。对 $u_M = 5.21$ 进行反归一化处理后得到实际探测器的最佳轴向离焦量为

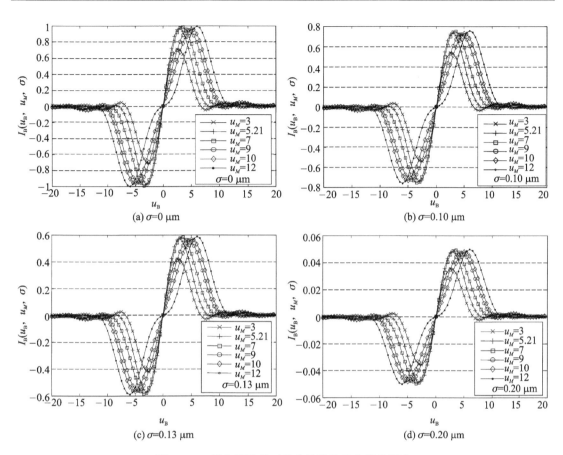

图 9 - 23　轴向离焦量对共焦位置响应曲线的影响

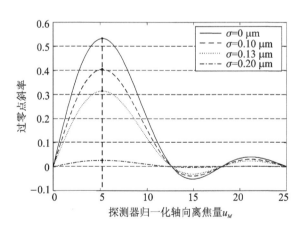

图 9 - 24　轴向离焦量对共焦位置过零点斜率的影响

$$M_{\mathrm{opt}} = \frac{2\lambda f_c^2}{\pi D^2} u_M = \frac{10.42\lambda f_c^2}{\pi D^2} \tag{9-34}$$

最佳轴向离焦量与激光器的波长、准直镜 Lc 的焦距 f_c 和口径 D 有关,但与被测件参数和物镜参数无关。因此在测量不同的被测件时,不需要反复调整探测器的轴向离焦量。

2. 径向偏移量的影响

在前面的讨论中,均假设点探测器与系统的光轴重合;而在实际应用中,无法保证点探测器与系统的光轴完全重合。设两路探测器位置的归一化坐标分别为(v_3,θ_3,u_M)和$(v_3,\theta_3,-u_M)$,探测器在猫眼位置处接收到的散射光强分别为

$$I_{3sA}(v_3,\theta_3,u_A,u_M,\sigma)=\frac{\lambda^2 f_o^2}{\pi^2 D^2}\int_0^1\int_0^{2\pi}R_{sA}(\sigma)\left|\frac{D^2}{4}\int_0^1 P_c(\rho)\cdot P_o(\rho)\cdot\exp\left(\frac{iu_A\rho^2}{2}\right)\cdot\right.$$
$$J_0(\rho v_2)2\pi\rho d\rho\left|^2\cdot\right|\frac{D^2}{4}\int_0^1\int_0^{2\pi}P_c(\rho)\cdot P_o(\rho)\exp\left[\frac{i\rho^2(u_A+u_M)}{2}\right]\cdot$$
$$\exp[i\rho v_3\cos(\theta-\theta_3)]\exp[i\rho v_2\cos(\theta-\theta_2)]2\pi\rho d\rho d\theta\Big|^2 v_2 dv_2 d\theta_2$$
$$(9-35)$$

和

$$I_{3sA}(v_3,\theta_3,u_A,-u_M,\sigma)=\frac{\lambda^2 f_o^2}{\pi^2 D^2}\int_0^1\int_0^{2\pi}R_{sA}(\sigma)\left|\frac{D^2}{4}\int_0^1 P_c(\rho)\cdot P_o(\rho)\cdot\exp\left(\frac{iu_A\rho^2}{2}\right)\cdot\right.$$
$$J_0(\rho v_2)2\pi\rho d\rho\left|^2\cdot\right|\frac{D^2}{4}\int_0^1\int_0^{2\pi}P_c(\rho)\cdot P_o(\rho)\exp\left[\frac{i\rho^2(u_A-u_M)}{2}\right]\cdot$$
$$\exp[i\rho v_3\cos(\theta-\theta_3)]\exp[i\rho v_2\cos(\theta-\theta_2)]2\pi\rho d\rho d\theta\Big|^2 v_2 dv_2 d\theta_2$$
$$(9-36)$$

如果忽略像差,根据傅里叶变换的性质和自相关定理,式(9-35)和式(9-36)可以分别简化为

$$I_{3sA}(v_3,\theta_3,u_A,u_M,\sigma)=R_{sA}(\sigma)\cdot F\left\{R_{f_1}\left[\exp\left(\frac{iu_A\rho^2}{2}\right)\right]\cdot\right.$$
$$\left.R_{f_2}\left\{\exp\frac{i\rho^2(u_A+u_M)}{2}\cdot\exp[i\rho v_3\cos(\theta-\theta_3)]\right\}\right\}\quad(9-37)$$

和

$$I_{3sA}(v_3,\theta_3,u_A,-u_M,\sigma)=R_{sA}(\sigma)\cdot F\left\{R_{f_1}\left[\exp\left(\frac{iu_A\rho^2}{2}\right)\right]\cdot\right.$$
$$\left.R_{f_2}\left\{\exp\frac{i\rho^2(u_A-u_M)}{2}\cdot\exp[i\rho v_3\cos(\theta-\theta_3)]\right\}\right\}\quad(9-38)$$

探测器接收到的反射光强分别为

$$U_{3rA}(v_3,\theta_3,u_A,u_M,\sigma)=\int_0^1\int_0^{2\pi}\left\{\sqrt{R_{rA}(\sigma)}\int_0^1\exp\left(\frac{iu_A\rho^2}{2}\right)\cdot J_0(\rho v_2)\rho d\rho\right\}\cdot$$
$$\left\{\int_0^1\int_0^{2\pi}\exp\left[\frac{i\rho^2(u_A+u_M)}{2}\right]\exp[i\rho v_3\cos(\theta-\theta_3)]\cdot\right.$$
$$\exp[i\rho v_2\cos(\theta-\theta_2)]\rho d\rho d\theta\Big\}v_2 dv_2 d\theta_2$$
$$=\sqrt{R_{rA}(\sigma)}\int_0^1\int_0^{2\pi}\exp\left[i\rho^2\left(u_A+\frac{u_M}{2}\right)\right]\exp[i\rho v_3\cos(\theta-\theta_3)]\rho d\rho d\theta$$
$$(9-39)$$

和

$$U_{3\mathrm{rA}}(v_3,\theta_3,u_\mathrm{A},-u_M,\sigma)=\int_0^1\int_0^{2\pi}\left\{\sqrt{R_{\mathrm{rA}}(\sigma)}\int_0^1\exp\left(\frac{\mathrm{i}u_\mathrm{A}\rho^2}{2}\right)\cdot\mathrm{J}_0(\rho v_2)\rho\,\mathrm{d}\rho\right\}\cdot$$

$$\left\{\int_0^1\int_0^{2\pi}\exp\left[\frac{\mathrm{i}\rho^2(u_\mathrm{A}-u_M)}{2}\right]\exp[\mathrm{i}\rho v_3\cos(\theta-\theta_3)]\cdot\right.$$

$$\left.\exp[\mathrm{i}\rho v_2\cos(\theta-\theta_2)]\rho\,\mathrm{d}\rho\,\mathrm{d}\theta\right\}v_2\,\mathrm{d}v_2\,\mathrm{d}\theta_2$$

$$=\sqrt{R_{\mathrm{rA}}(\sigma)}\int_0^1\int_0^{2\pi}\exp\left[\mathrm{i}\rho^2\left(u_\mathrm{A}-\frac{u_M}{2}\right)\right]\exp[\mathrm{i}\rho v_3\cos(\theta-\theta_3)]\rho\,\mathrm{d}\rho\,\mathrm{d}\theta$$

$$(9-40)$$

因此,猫眼位置的共焦归一化响应曲线为

$$I_\mathrm{A}(v_3,\theta_3,u_\mathrm{A},u_M,\sigma)=\frac{I_{3\mathrm{sA}}(v_3,\theta_3,u_\mathrm{A},u_M,\sigma)+|U_{3\mathrm{rA}}(v_3,\theta_3,u_\mathrm{A},u_M,\sigma)|^2}{|U_{3\mathrm{rA}}(0,0,0,0,0)|^2}-$$

$$\frac{I_{3\mathrm{sA}}(v_3,\theta_3,u_\mathrm{A},-u_M,\sigma)+|U_{3\mathrm{rA}}(v_3,\theta_3,u_\mathrm{A},-u_M,\sigma)|^2}{|U_{3\mathrm{rA}}(0,0,0,0,0)|^2}$$

$$(9-41)$$

对于不同的表面粗糙度,探测器径向偏移量对共焦响应曲线的影响如图 9-25 所示。

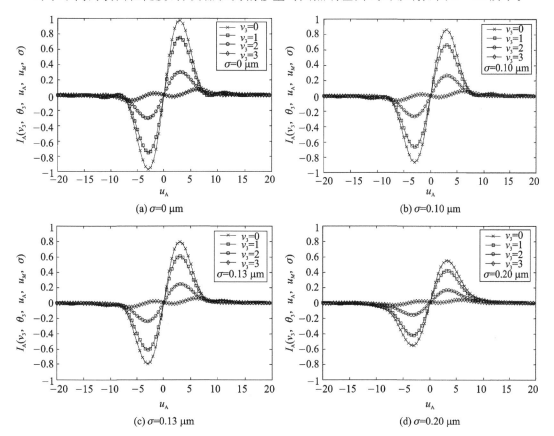

图 9-25　径向偏移量对响应曲线的影响

可以看出，探测器径向偏移造成共焦响应曲线峰值和过零点斜率减小。当归一化径向偏移量为 $v_3 = 1$ 时，响应曲线峰值下降约 0.15；当 $v_3 = 3$ 时，响应曲线严重畸变，无法实现猫眼位置的定焦。

在共焦位置处，两路探测器接收到的光强分别为

$$
\begin{aligned}
U_{3rB}(v_3,\theta_3,u_B,u_M,\sigma) &= \int_0^1 \int_0^{2\pi} \left\{ \sqrt{R_{rB}(\sigma)} \int_0^1 \exp\left(\frac{iu_B\rho^2}{2}\right) \cdot J_0(\rho v_2)\rho d\rho \right\} \cdot \\
&\quad \left\{ \int_0^1 \int_0^{2\pi} \exp\left[\frac{i\rho^2(u_B+u_M)}{2}\right] \exp[i\rho v_3\cos(\theta-\theta_3)] \cdot \right. \\
&\quad \left. \exp[i\rho v_2\cos(\theta-\theta_2)]\rho d\rho d\theta \right\} v_2 dv_2 d\theta_2 \\
&= \sqrt{R_{rB}(\sigma)} \int_0^1 \int_0^{2\pi} \exp\left[i\rho^2\left(u_B+\frac{u_M}{2}\right)\right] \exp[i\rho v_3\cos(\theta-\theta_3)]\rho d\rho d\theta
\end{aligned}
$$

$$(9-42)$$

和

$$
\begin{aligned}
U_{3rB}(v_3,\theta_3,u_B,-u_M,\sigma) &= \int_0^1 \int_0^{2\pi} \left\{ \sqrt{R_{rB}(\sigma)} \int_0^1 \exp\left(\frac{iu_B\rho^2}{2}\right) \cdot J_0(\rho v_2)\rho d\rho \right\} \cdot \\
&\quad \left\{ \int_0^1 \int_0^{2\pi} \exp\left[\frac{i\rho^2(u_B-u_M)}{2}\right] \exp[i\rho v_3\cos(\theta-\theta_3)] \cdot \right. \\
&\quad \left. \exp[i\rho v_2\cos(\theta-\theta_2)]\rho d\rho d\theta \right\} v_2 dv_2 d\theta_2 \\
&= \sqrt{R_{rB}(\sigma)} \int_0^1 \int_0^{2\pi} \exp\left[i\rho^2\left(u_B-\frac{u_M}{2}\right)\right] \exp[i\rho v_3\cos(\theta-\theta_3)]\rho d\rho d\theta
\end{aligned}
$$

$$(9-43)$$

共焦归一化响应曲线为

$$
I_B(v_3,\theta_3,u_B,u_M,\sigma) = \frac{\left|U_{3rB}(v_3,\theta_3,u_B,u_M,\sigma)\right|^2}{\left|U_{3rB}(0,0,0,0,0)\right|^2} - \frac{\left|U_{3rB}(v_3,\theta_3,u_B,-u_M,\sigma)\right|^2}{\left|U_{3rB}(0,0,0,0,0)\right|^2}
$$

$$(9-44)$$

对于不同的表面粗糙度，径向偏移量对共焦响应曲线的影响如图 9-26 所示。

可以看出，径向偏移造成共焦响应曲线峰值和过零点斜率减小。当归一化径向偏移量为 $v_3 = 1$ 时，共焦归一化响应曲线峰值下降约 0.2；当 $v_3 = 3$ 时，共焦响应曲线同样产生严重畸变，无法实现共焦位置的定焦。

3. 针孔尺寸的影响

探测器的针孔有一定的尺寸，不是一个理想的点。这导致共焦响应曲线偏离理想的位置，影响定焦灵敏度。

假设探测器的针孔大小为 r_D，它的归一化尺寸为

$$
v_D = \frac{\pi D}{\lambda f_c} r_D \tag{9-45}
$$

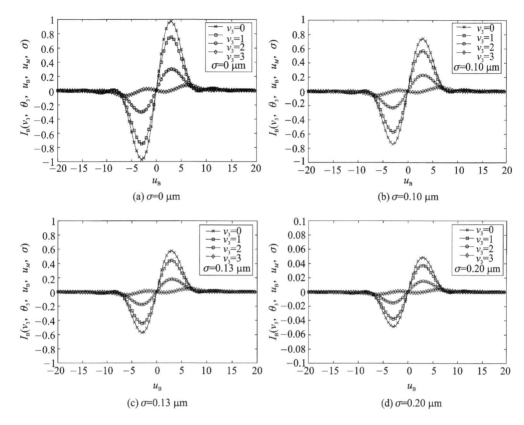

图 9 - 26　径向偏移量对响应曲线的影响

则猫眼位置和共焦位置的响应曲线分别为

$$I_A(v_D, u_A, u_M, \sigma) = \int_0^{2\pi} \int_0^{v_D} I_A(v_3, \theta_3, u_A, u_M, \sigma) v_3 \mathrm{d}v_3 \mathrm{d}\theta_3$$

$$= 2\pi \int_0^{v_D} I_A(v_3, \theta_3, u_A, u_M, \sigma) v_3 \mathrm{d}v_3 \qquad (9-46)$$

和

$$I_B(v_D, u_B, u_M, \sigma) = \int_0^{2\pi} \int_0^{v_D} I_B(v_3, \theta_3, u_B, u_M, \sigma) v_3 \mathrm{d}v_3 \mathrm{d}\theta_3$$

$$= 2\pi \int_0^{v_D} I_B(v_3, \theta_3, u_B, u_M, \sigma) v_3 \mathrm{d}v_3 \qquad (9-47)$$

当离焦量为 $u_M = 5.21$ 时,在猫眼位置处,不同针孔尺寸对共焦响应曲线的影响如图 9-27 所示。

不同针孔尺寸对共焦响应曲线过零点斜率的影响如图 9-28 所示。

可以看出,随着探测器针孔尺寸的增大,系统的定焦灵敏度降低。

通过仿真分析,得到共焦位置处不同针孔尺寸对共焦响应曲线的影响如图 9-29 所示。

不同针孔尺寸对共焦响应曲线过零点斜率的影响如图 9-30 所示。

从图 9-29 和图 9-30 可以看出,针孔的尺寸越小,定焦灵敏度越高。但针孔过小会导致接收到的光强信号过弱,探测器的零漂噪声对测量的影响增大。因此可以选择针孔的归一化

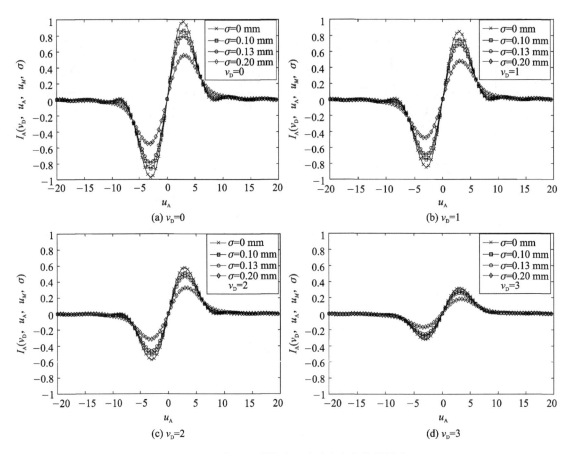

图 9 - 27　猫眼位置针孔尺寸对响应曲线的影响

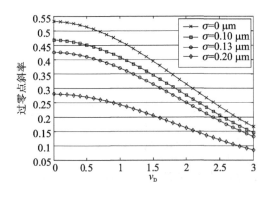

图 9 - 28　猫眼位置针孔尺寸对过零点斜率的影响

曲率 v_D 的取值范围为 $1\sim1.5$,通过反归一化处理得到实际针孔的尺寸为

$$r_D = \frac{v_D \lambda f_c}{\pi D} \qquad (9-48)$$

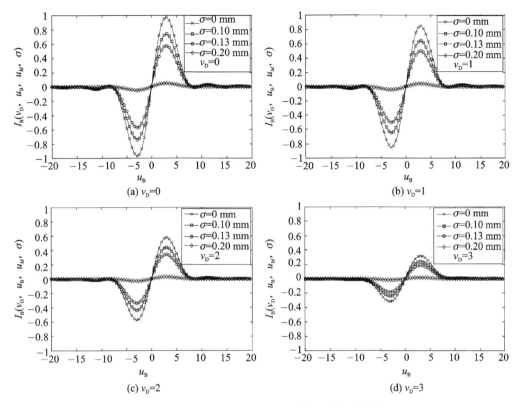

图 9 - 29　共焦位置针孔尺寸对响应曲线的影响

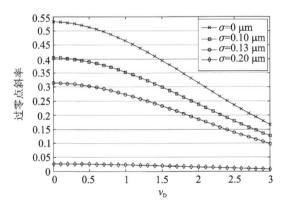

图 9 - 30　共焦位置针孔尺寸对过零点斜率的影响

9.3.3　光学系统的影响

1. 像差的影响

如果只考虑初级像差,像差 $W(\rho,\theta)$ 可以用赛德尔像差公式表示为

$$W(\rho,\theta) = A_{040}\rho^4 + A_{031}\rho^3\cos\theta + A_{022}\rho^2\cos^2\theta + A_{120}\rho^2 + A_{111}\rho\cos\theta + \cdots \quad (9-49)$$

式中, $A_{040}\rho^4$ 表示初级球差; $A_{031}\rho^3\cos\theta$ 表示彗差; $A_{022}\rho^2\cos^2\theta$ 表示像散; $A_{120}\rho^2$ 表示场曲;

$A_{111}\rho\cos\theta$ 表示畸变。

当测量系统存在像差时,猫眼位置和共焦位置的共焦归一化响应曲线分别为

$$I_A(u_A,u_M,\sigma,W)=I_{3A}(0,u_A,-u_M,\sigma,W)-I_{3A}(0,u_A,+u_M,\sigma,W) \quad (9-50)$$

和

$$I_B(u_B,u_M,\sigma,W)=I_{3B}(0,u_B,-u_M,\sigma,W)-I_{3B}(0,u_B,+u_M,\sigma,W) \quad (9-51)$$

像差对曲率测量的影响如图 9-31 所示。

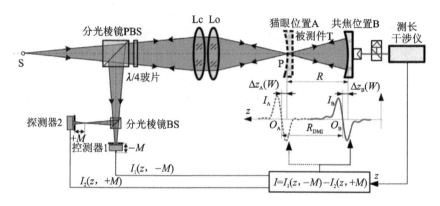

图 9-31　像差对曲率测量的影响

曲率的测量结果 R_{DMI} 是响应曲线 I_A 和 I_B 过零点 O_A 和 O_B 之间的距离。当存在像差时,响应曲线 I_A 的过零点 O_A 偏离猫眼位置 A 的距离为 $\Delta z_A(W)$;响应曲线 I_B 的过零点 O_B 偏离共焦位置 B 的距离为 $\Delta z_B(W)$。

故像差引起的曲率测量不确定度为

$$\Delta R(W)=R_{DMI}-R=\Delta z_A(W)-\Delta z_B(W) \quad (9-52)$$

用移相干涉仪分别标定不包含物镜和包含物镜时的像差,然后合成得到整个测量系统的像差。

如图 9-32 所示,当不包含物镜时,移相干涉仪使用标准平面镜头,测量光为平面波,入射光被标准球面反射镜反射后沿原路返回,与标准平面镜头的参考光形成干涉。通过分析可以得到不包含物镜时的像差 $W_1(\rho,\theta)$。

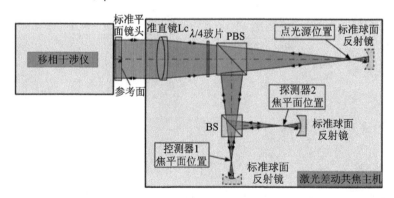

图 9-32　不包含物镜时像差的标定

如图 9-33 所示,当包含物镜时,移相干涉仪使用标准球面镜头,测量光为球面波,被测物

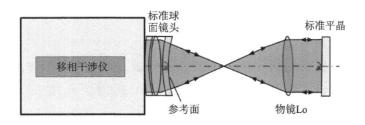

图 9-33　物镜像差的标定

镜 Lo 的焦点与测量光的汇聚点重合,在物镜 Lo 后面放置标准平晶,测量光被标准平晶反射后沿原路返回,与标准球面镜头的参考光形成干涉,通过分析可以得到物镜的像差为 $W_2(\rho,\theta)$。

不包含物镜时像差的标定结果如图 9-34 所示,其中 PV 值为 0.261λ,RMS 值为 0.042λ。

物镜像差的标定结果如图 9-35 所示,其中 PV 值为 0.872λ,RMS 值为 0.171λ。

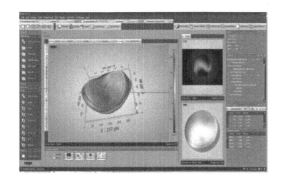
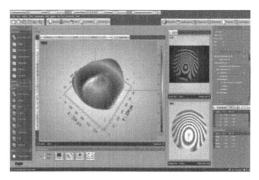

图 9-34　不包含物镜时像差的标定结果　　　　　图 9-35　物镜像差的标定结果

对于不同的表面粗糙度,猫眼位置的响应曲线如图 9-36 所示,过零点偏移量为 $\Delta u_{wA}=-0.62$,经过反归一化处理后的实际偏移量为 $\Delta z_{wA}=-0.57\ \mu m$。

对于不同的表面粗糙度,共焦位置的响应曲线如图 9-37 所示,过零点偏移量为 $\Delta u_{wB}=-0.49$,经过反归一化处理后的实际偏移量为 $\Delta z_{wB}=-0.45\ \mu m$。

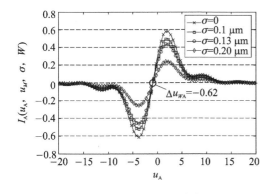
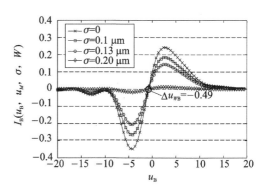

图 9-36　像差对猫眼位置的响应曲线　　　　　图 9-37　像差对共焦位置的响应曲线

像差 $W(\rho,\theta)$ 引起的测量不确定度为 $\Delta R_W = \Delta z_{WA} - \Delta z_{WB} = -0.12~\mu\mathrm{m}$。

2. 点光源偏移的影响

当点光源 S 偏离准直镜的焦点 O_c 时,假设两路探测器调整位置产生的偏离为 Δ_s,如图 9-38 所示。光斑聚焦点 p_1 和 p_2 偏离准直镜 Lc 焦点 O_{c1}' 和 O_{c2}' 的距离分别为 Δz_{p1} 和 Δz_{p2}:

$$\Delta z_{p1} = \Delta z_{p2} = -\frac{\Delta_s f_c}{f_c + 2\Delta_s} \tag{9-53}$$

式中,f_c 表示差动共焦系统准直镜 Lc 的焦距。

测量系统扫描到猫眼和共焦位置零点时的光路如图 9-39 所示。被测件把 S′ 成像到了 p′,其中 p′ 为 p_1 和 p_2 在物镜 Lo 后的共轭点;S′ 为点光源 S 在物镜 Lo 后的共轭点。

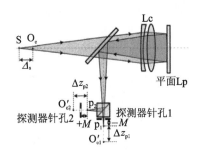

图 9-38 点光源偏移对探测器调整的影响

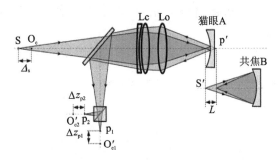

图 9-39 点光源偏移对曲率测量的影响

S′ 与 p′ 之间的距离为

$$L = -\frac{2\Delta_s f_o^2}{f_c^2} \tag{9-54}$$

在猫眼位置处,根据光线追迹原理可知 S′ 与 p′ 之间的距离为

$$L = \int_0^{\arctan(D/2f_o)} \frac{4(-R - z_{ce})\sin(\varphi - \alpha_{ce})\cos\alpha_{ce}\tan\varphi}{\sin(2\alpha_{ce} - \varphi)(D/2f_o)^2}\mathrm{d}\varphi \tag{9-55}$$

式中,φ 表示 S′ 点光的发散角;z_{ce} 表示 S′ 点到被测件的距离。

α_{ce} 可以表示为

$$\alpha_{ce} = \arcsin\frac{(R + z_{ce})\sin\varphi}{R} \tag{9-56}$$

在共焦位置处,根据光线追迹原理可知 S′ 与 p′ 之间的距离为

$$L = \int_0^{\arctan(D/2f_o)} \frac{4(z_{cf} + R)\sin(\varphi + \alpha_{cf})\cos\alpha_{cf}\tan\varphi}{\sin(2\alpha_{cf} + \varphi)(D/2f_o)^2}\mathrm{d}\varphi \tag{9-57}$$

式中,z_{cf} 表示共焦位置 S′ 点到被测件的距离。

α_{cf} 可以表示为

$$\alpha_{cf} = \arcsin\frac{-(z_{cf} + R)\cdot\sin\varphi}{R} \tag{9-58}$$

点光源偏移造成的曲率测量不确定度为

$$\Delta R_s = (z_{ce} - z_{cf}) - R \tag{9-59}$$

当准直镜的焦距为 $f_c = 1~000~\mathrm{mm}$、物镜的焦距为 $f_o = 150~\mathrm{mm}$ 时,点光源偏移准直镜焦

点对曲率测量的影响如图 9－40 所示。点光源偏移量越大,曲率测量不确定度越大;在相同的点光源偏移量下,曲率越小,测量不确定度越大。

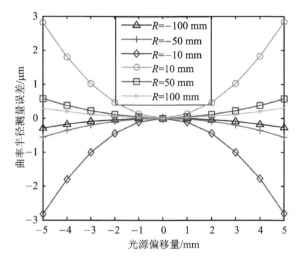

图 9－40　点光源偏移对曲率测量的影响

在不同的物镜焦距下,点光源位置偏移引起的最大不确定度如图 9－41 所示。在测量相同的被测件时,物镜焦距越小,点光源偏移引起的测量不确定度越小。

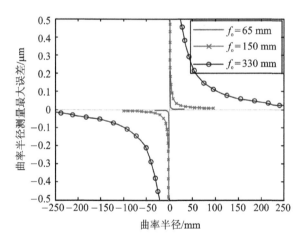

图 9－41　点光源偏移引起的最大不确定度

3. 探测器离焦量不一致的影响

如图 9－42 所示,假设两路探测器的离焦量都是 Δ_M,则针孔相对位置的中点 P_{PH1} 和 P_{PH2} 偏离准直镜 Lc 焦点 O'_{c1} 和 O'_{c2} 的距离为

$$\Delta z_{PH1} = \Delta z_{PH2} = \frac{\Delta_M}{2} \tag{9-60}$$

P_{PH1} 和 P_{PH2} 在物镜 Lo 后的共轭点为 P'_{PH};P'_{PH} 与物镜 Lo 焦点 F_o 之间的距离为

$$L_{PH} = -\frac{2\Delta z_{PH1} f_o^2}{f_c^2} = -\frac{\Delta_M f_o^2}{f_c^2} \tag{9-61}$$

当系统扫描到过零点位置时,相当于把被测件从 F_o 成像到了 P'_{PH} 的位置。

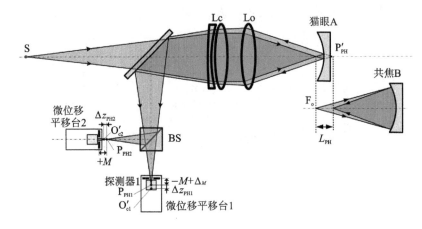

图 9 - 42　探测器离焦量不一致的影响

根据光线追迹原理,在猫眼位置处,P'_{PH} 与物镜 Lo 焦点 F_o 之间的距离为

$$L_{PH} = \int_0^{\arctan(D/2f_o)} \frac{4(-R - z_{Mce})\sin(\varphi - \alpha_{Mce})\cos \alpha_{Mce}\tan \varphi_M}{\sin(2\alpha_{Mce} - \varphi_M)(D/2f_o)^2} d\varphi_M \qquad (9-62)$$

式中,z_{Mce} 表示焦点 F_o 到被测件的距离。

α_{Mce} 可以表示为

$$\alpha_{Mce} = \arcsin \frac{(R + z_{Mce})\sin \varphi_M}{R} \qquad (9-63)$$

在共焦位置处

$$L_{PH} = \int_0^{\arctan(D/2f_o)} \frac{4(z_{Mcf} + R)\sin(\varphi + \alpha_{Mcf})\cos \alpha_{Mcf}\tan \varphi_M}{\sin(2\alpha_{Mcf} + \varphi_M)(D/2f_o)^2} d\varphi_M \qquad (9-64)$$

式中,z_{Mcf} 表示焦点 F_o 到被测件的距离。

α_{Mcf} 可以表示为

$$\alpha_{Mcf} = \arcsin \frac{-(z_{Mcf} + R) \cdot \sin \varphi_M}{R} \qquad (9-65)$$

探测器离焦量不一致引起的测量不确定度为

$$\Delta R_M = (z_{Mce} - z_{Mcf}) - R \qquad (9-66)$$

4. 被测件球心偏移的影响

如图 9 - 43 所示,被测件球心与光轴之间的偏移量 Δ_T 对曲率测量产生影响。在猫眼位置,较小的偏移不会对定焦产生影响;在共焦位置,球心偏移使艾里斑偏移探测器的中心。追踪艾里斑的偏移量可以得到被测件球心的偏移矢量 $[\Delta_{Tx}, \Delta_{Ty}]$,其中 Δ_{Tx} 和 Δ_{Ty} 分别为

$$\Delta_{Tx} = \frac{n_x \cdot p \cdot f_o}{2N \cdot f_c} \qquad (9-67)$$

$$\Delta_{Ty} = \frac{n_y \cdot p \cdot f_o}{2N \cdot f_c} \qquad (9-68)$$

式中,p 表示虚拟针孔 CCD 像素的大小;N 表示探测器镜头的放大倍率。

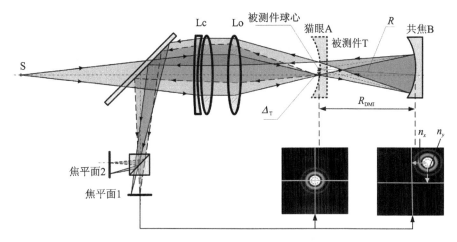

图 9-43　被测件光轴偏移的影响

球心的偏移量为

$$\Delta_{\mathrm{T}} = \sqrt{\Delta_{\mathrm{T}x}^2 + \Delta_{\mathrm{T}y}^2} \tag{9-69}$$

由此产生的曲率测量不确定度为

$$\Delta R_{\mathrm{T}} = R \left[1 - \cos\left(\arctan\frac{\Delta_{\mathrm{T}}}{R_{\mathrm{DMI}}}\right) \right] \tag{9-70}$$

9.3.4　测长系统的影响

1. 气浮导轨的影响

如图 9-44 所示,当滑块沿气浮导轨的 z 轴运动时,滑块分别存在着沿 x 轴和 y 轴方向的径向平移 δ_x、δ_y,以及绕 x 轴、y 轴、z 轴的旋转 ε_x、ε_y、ε_z。如图 9-45 所示,气浮导轨的径向平移导致被测件对光轴发生径向平移 δ_x 和 δ_y,由此产生的测量不确定度为

$$\Delta R_{\delta xy} = \begin{cases} -R - \sqrt{R^2 - (\delta_x^2 + \delta_y^2)}, & R < 0 \\ -R + \sqrt{R^2 - (\delta_x^2 + \delta_y^2)}, & R > 0 \end{cases} \tag{9-71}$$

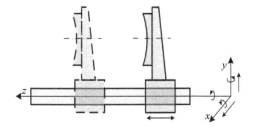

图 9-44　导轨的运动

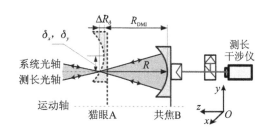

图 9-45　径向平移的影响

滑块沿 x、y 轴的旋转 ε_x、ε_y 对测量的影响如图 9-46 所示。设干涉仪的光轴与系统光轴之间的距离为 $(x_{\mathrm{DMI}}, y_{\mathrm{DMI}})$,测量光束光轴与运动轴之间的径向距离为 $(x_{\mathrm{m}}, y_{\mathrm{m}})$。当被测件随导轨从共焦位置 B 运动到猫眼位置 A 时,滑块旋转 ε_x、ε_y 引起的测量不确定度分别为

$$\Delta R_{\varepsilon x} = -y_{DMI} \cdot \tan \varepsilon_x - \left[\sqrt{R^2 + y_m^2(1 - \cos \varepsilon_x)^2} - |R| \right] \tag{9-72}$$

$$\Delta R_{\varepsilon y} = x_{DMI} \cdot \tan \varepsilon_y + \frac{x_m \tan \varepsilon_y |R|}{2\sqrt{R^2 + x_m^2}} \tag{9-73}$$

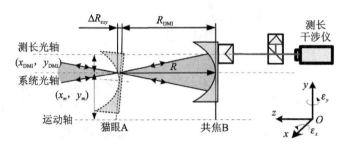

图 9-46　旋转 ε_x 和 ε_y 的影响

滑块沿 z 轴旋转 ε_z 对测量的影响如图 9-47 所示。当被测件从共焦位置 B 移动到猫眼位置 A 时，曲面中心的径向偏移为

$$\Delta_{\varepsilon z} = \sqrt{x_m^2 + y_m^2}\, \varepsilon_z \tag{9-74}$$

测量不确定度为

$$\Delta R_{\varepsilon z} = \begin{cases} -R - \sqrt{R^2 - \Delta_{\varepsilon z}^2}, & R < 0 \\ -R + \sqrt{R^2 - \Delta_{\varepsilon z}^2}, & R > 0 \end{cases} \tag{9-75}$$

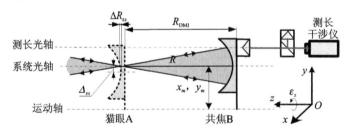

图 9-47　旋转 ε_z 的影响

2. 气浮导轨的标定

双频激光干涉仪对气浮导轨在运动过程中的径向平移误差 δ_x、δ_y 的标定结果如图 9-48 所示，对旋转误差 ε_x、ε_y 的标定结果如图 9-49 所示。

将电子水平仪放置在滑块上对旋转误差 ε_z 进行标定，如图 9-50 所示；在滑块移动的过程中，记录电子水平仪读数与起始位置读数的差值，得到的标定结果如图 9-51 所示。

3. 测长光轴未对准的影响

如图 9-52 所示，测量系统的光轴和干涉仪的光轴之间存在一定的夹角 γ，由此带来的测量不确定度为

$$\Delta R_\gamma = R(1 - \cos \gamma) \tag{9-76}$$

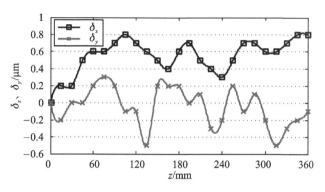

图 9 - 48　平移误差 δ_x、δ_y 的标定结果

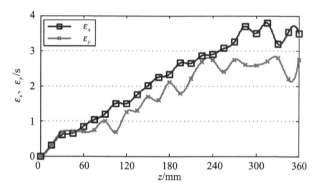

图 9 - 49　旋转误差 ε_x、ε_y 的标定结果

图 9 - 50　旋转误差 ε_z 的标定装置

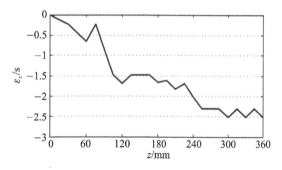

图 9 - 51　旋转误差 ε_z 的标定结果

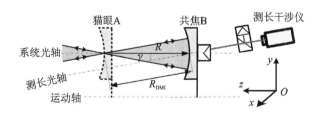

图 9 - 52　光轴不一致的影响

干涉仪光轴的调整方法如图 9-53 所示。在不安装物镜 Lo 时,使干涉仪光束进入主机,光束被准直镜 Lc 汇聚到 P_{DMI};调整激光干涉仪的光轴,使汇聚点 P_{DMI} 与点光源 S 重合。P_{DMI} 与 S 的重合度可以调整到 1 mm 以内,对于准直透镜焦距为 1 000 mm 的系统,γ 角的调整不确定度为

$$\gamma = \arctan \frac{\Delta}{f_c} = \arctan 0.001 = 3.4'　　　　　　　　(9-77)$$

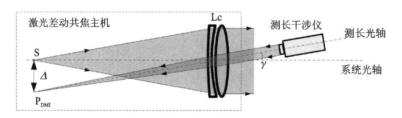

图 9-53　光轴的调整方法

9.4　曲率测量系统不确定度评定

非完整球面激光差动共焦曲率测量的不确定度评定过程是,首先评定影响测量精度的各个因素引起的曲率测量不确定度分量;然后构建激光差动共焦曲率测量不确定度合成的数学模型;最后使用蒙特卡洛(MCM)方法进行不确定度评定。

9.4.1　不确定度分量分析

在测量过程中,不确定度的主要来源如图 9-54 所示。

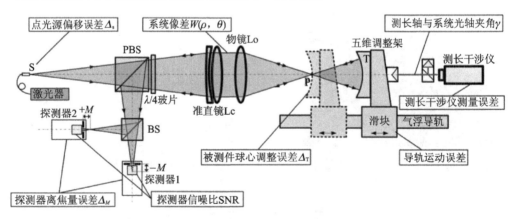

图 9-54　不确定度来源

下面逐一进行分析。

1. 点光源偏移引起的测量不确定度分量

点光源偏移使点光源与两路探测器针孔相对位置的中点不共轭,造成响应曲线的过零点偏移。点光源偏移 Δ_s 引起的曲率测量不确定度可以通过计算获得。在选择合适物镜的情况

下,最大不确定度 ΔR_s 可以控制在 $\pm 0.1\ \mu m$ 之内。

2. 系统像差引起的测量不确定度分量

像差 $W(\rho, \theta)$ 对猫眼和共焦位置响应曲线的影响不仅降低了峰值和过零点斜率,还降低了定焦灵敏度和过零点平移。用移相干涉仪对像差进行标定,由此引起的测量不确定度为

$$\Delta R_{\delta_W} = 0.1\delta_W \tag{9-78}$$

ΔR_{δ_W} 一般小于 0.005λ。

3. 测长轴与光轴的夹角引起的测量不确定度分量

假设干涉仪的光轴与系统光轴之间有一个夹角 γ,引起的测量不确定度为

$$\Delta R_\gamma = R(1 - \cos \gamma) \tag{9-79}$$

ΔR_γ 服从投影分布,它的期望和标准差分别为

$$\left.\begin{aligned} \mu_{R_\gamma} &= \frac{0.001\ 2^2}{6} \times R \\ \sigma_{R_\gamma} &= \frac{3 \times 0.001\ 2^2}{20} \times R \end{aligned}\right\} \tag{9-80}$$

4. 干涉仪测长不确定度分量

激光干涉仪的测量精度为 $\pm 0.5 \times 10^{-6}(k=2)$,引起的测量不确定度为

$$\Delta d_{DMI} = 0.5 \times 10^{-6} \cdot R_{DMI} \tag{9-81}$$

5. 被测件球心调整误差引起的测量不确定度分量

被测件球心与测量系统光束的轴线之间存在一定的偏移 Δ_T,引起的测量不确定度为

$$\Delta R_T \approx \frac{\Delta_T^2}{2R_{DMI}} \tag{9-82}$$

对偏移 Δ_T 的标定受到 CCD 尺寸的限制,存在着残余不确定度 δ_T。CCD 追踪不确定度在 x 和 y 方向均小于 $\pm p/2$。因此残余不确定度为

$$\delta_T = \sqrt{\left(\frac{p \cdot f_o}{4N \cdot f_c}\right)^2 + \left(\frac{p \cdot f_o}{4N \cdot f_c}\right)^2} = \frac{\sqrt{2}\, p \cdot f_o}{4N \cdot f_c} \tag{9-83}$$

由此引起的测量不确定度为

$$\Delta R_{\delta_T} = \frac{1}{4R_{DMI}}\left(\frac{\sqrt{2}\, p \cdot f_o}{4N \cdot f_c}\right)^2 \tag{9-84}$$

6. 导轨运动误差引起的测量不确定度分量

径向平移 δ_x、δ_y 可以通过双频激光干涉仪的直线度测量模块进行标定;旋转 ε_x、ε_y 可以通过角度测量模块进行标定;旋转 ε_z 可以通过电子水平仪进行标定。经过标定后,δ_x、δ_y、ε_x、ε_y、ε_z 的残余不确定度 $\Delta\delta_x$、$\Delta\delta_y$、$\Delta\varepsilon_x$、$\Delta\varepsilon_y$、$\Delta\varepsilon_z$ 分别为 $0.5\%\delta_x$、$0.5\%\delta_y$、$0.2\%\varepsilon_x$、$0.2\%\varepsilon_y$、$1\%\varepsilon_z$。

7. 探测器离焦引起的测量不确定度分量

两个探测器的离焦量不可能完全相同,假设存在一个偏差 Δ_M。使用微位移平移台对离焦量进行调整,调整精度可以控制在 $10~\mu m$ 之内。由此引起的测量不确定度为 $1.6 \times 9^{-5}~\mu m$。

8. 探测器噪声引起的测量不确定度分量

探测器的 CCD 噪声影响接收到的光强信号,经过归一化后光强信号的不确定度为 $1/SNR$,其中 SNR 为 CCD 的信噪比。当归一化探测器的轴向离焦量为 $u_M = 5.21$ 时,猫眼和共焦位置的响应曲线过零点的斜率分别为 $k_A(\sigma)$ 和 $k_B(\sigma)$,猫眼和共焦位置过零点位置的不确定度分别为

$$\Delta z_{ASNR} = \frac{2\lambda f_\circ^2}{SNR \cdot k_A(\sigma)\pi D^2} \tag{9-85}$$

和

$$\Delta z_{BSNR} = \frac{2\lambda f_\circ^2}{SNR \cdot k_B(\sigma)\pi D^2} \tag{9-86}$$

由此引起的测量不确定度为

$$\Delta R_{SNR} = \frac{2\lambda f_\circ^2}{SNR \cdot k_A(\sigma)\pi D^2} + \frac{2\lambda f_\circ^2}{SNR \cdot k_B(\sigma)\pi D^2} \tag{9-87}$$

9.4.2　测量不确定度模型

根据影响的机理不同,首先对测量不确定度的来源进行分类。

1. 影响系统定焦类

点光源偏移误差 Δ_s、系统像差 $W(\rho,\theta)$、探测器离焦量误差 Δ_M 和探测器信噪比 SNR 这 4 项误差影响猫眼和共焦位置的响应曲线,引起响应曲线过零点的偏移量可以分别表示为

$$\Delta z_A = \Delta z_{WA} + /z_{\delta A}(\Delta_s,\delta_W,\Delta_M,SNR) \tag{9-88}$$

和

$$\Delta z_B = \Delta z_{WB} + \Delta z_{\delta B}(\Delta_s,\delta_W,\Delta_M,SNR) \tag{9-89}$$

式中,Δz_{WA} 和 Δz_{WB} 分别表示像差引起的猫眼和共焦位置定焦偏移的补偿量;$\Delta z_{\delta A}(\Delta_s,\delta_W,\Delta_M,SNR)$ 和 $\Delta z_{\delta B}(\Delta_s,\delta_W,\Delta_M,SNR)$ 分别表示点光源偏移误差 Δ_s、系统像差补偿残差 δ_W、探测器离焦量 Δ_M、探测器信噪比 SNR 引起的猫眼位置和共焦位置的定焦不确定度。

点光源偏移 Δ_s 和探测器离焦量 Δ_M 共同引起的不确定度,与像差补偿残差 δ_W 和探测器信噪比(SNR)之间相互独立,满足

$$\Delta z_{\delta A}(\Delta_s,\delta_W,\Delta_M,SNR) = \{\Delta z_{As},\Delta z_{A\delta W},\Delta z_{AM},\Delta z_{ASNR}\}$$
$$= F_{\delta A}(\Delta_s,\Delta_M) + \Delta z_{A\delta W} + \Delta z_{ASNR} \tag{9-90}$$

和

$$\Delta z_{\delta B}(\Delta_s,\delta_W,\Delta_M,SNR) = \{\Delta z_{Bs},\Delta z_{B\delta W},\Delta z_{BM},\Delta z_{BSNR}\}$$
$$= F_{\delta B}(\Delta_s,\Delta_M) + \Delta z_{B\delta W} + \Delta z_{BSNR} \tag{9-91}$$

式中,$F_{\delta A}(\Delta_s,\Delta_M)$,$F_{\delta B}(\Delta_s,\Delta_M)$ 分别表示光源偏移 Δ_s、探测器离焦量 Δ_M 共同引起的猫眼

位置和共焦位置的定焦不确定度。

2. 影响干涉仪测量结果类

干涉仪测量误差 Δd_{DMI} 和测长轴与系统光轴夹角 γ 这两项不确定度,都对干涉仪的测量结果产生影响。假设它们之间相互独立,则干涉仪的测量不确定度可以表示为

$$\Delta R_{\mathrm{DMI}} = \{\Delta d_{\mathrm{DMI}}, \Delta R_{\gamma}\} = F_{R\mathrm{DMI}}(\Delta d_{\mathrm{DMI}}, \gamma) = \Delta d_{\mathrm{DMI}} + \Delta R_{\gamma} \qquad (9-92)$$

3. 影响被测件位置类

导轨运动不确定度 $\{\delta_x, \delta_y, \varepsilon_x, \varepsilon_y, \varepsilon_z\}$ 引起被测件光轴在猫眼和共焦位置的不一致。被测件球心调整误差 Δ_{T} 是被测件光轴与系统光轴之间的偏差,引起曲率的测量不确定度为

$$\Delta R_{\mathrm{TP}} = \{\Delta R_{\delta x}, \Delta R_{\delta y}, \Delta R_{\varepsilon x}, \Delta R_{\varepsilon x}, \Delta R_{\mathrm{T}}\}$$
$$= F_{\mathrm{RTP}}(\delta_x, \delta_y, \varepsilon_x, \varepsilon_y, \varepsilon_z, \Delta_{\mathrm{T}}) \qquad (9-93)$$

根据以上分类,曲率的测量不确定度模型可以表示为

$$R = \{R_{\mathrm{DMI}}, \Delta z_{\mathrm{A}}, \Delta z_{\mathrm{B}}, \Delta R_{\mathrm{DMI}}, \Delta R_{\mathrm{TP}}\}$$
$$= F\left[R_{\mathrm{DMI}}, \Delta R_{\mathrm{DMI}}, \Delta z_{\mathrm{A}}, \Delta z_{\mathrm{B}}, \delta_x, \delta_y, \varepsilon_x, \varepsilon_y, \varepsilon_z\right] \qquad (9-94)$$

为了描述各个误差源对测量不确定度的综合影响,构建如图 9-55 所示的三个坐标系。第一个是固定参考坐标系 O^{r},用上标 r 表示该坐标系中的矢量;第二个是猫眼位置的导轨坐标系 O^{sce},用上标 sce 表示该坐标系中的矢量;第三个是共焦位置的导轨坐标系 O^{scf},用上标 scf 表示该坐标系中的矢量。

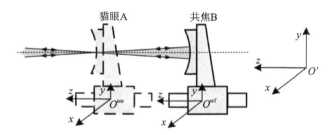

图 9-55　各个误差源的坐标系

曲率测量系统模型如图 9-56 所示。$X_{\mathrm{cfO}}^{\mathrm{scf}}$ 表示在共焦位置的导轨坐标系中的共焦位置被测件球心坐标。由于位置调整误差 Δ_{T} 和共焦位置定焦误差 Δz_{B} 的存在,使得

$$X_{\mathrm{cfO}}^{\mathrm{scf}} = X_{\mathrm{p}}^{\mathrm{r}} + \Delta_{\mathrm{T}} + \Delta z_{\mathrm{B}} - X_{\mathrm{ocf}}^{\mathrm{r}} = \begin{bmatrix} x_{\mathrm{p}}^{\mathrm{r}} + \Delta_{\mathrm{T}x} - x_{\mathrm{ocf}}^{\mathrm{r}} \\ y_{\mathrm{p}}^{\mathrm{r}} + \Delta_{\mathrm{T}y} - y_{\mathrm{ocf}}^{\mathrm{r}} \\ z_{\mathrm{p}}^{\mathrm{r}} + \Delta z_{\mathrm{B}} - z_{\mathrm{ocf}}^{\mathrm{r}} \\ 1 \end{bmatrix} \qquad (9-95)$$

被测件的曲率矢量为

$$\boldsymbol{R} = \boldsymbol{X}_{\mathrm{p}}^{\mathrm{r}} + \Delta \boldsymbol{z}_{\mathrm{A}} - \boldsymbol{X}_{\mathrm{ceO}}^{\mathrm{r}} \qquad (9-96)$$

式中,$\boldsymbol{X}_{\mathrm{ceO}}^{\mathrm{r}}$ 表示在参考坐标系中的猫眼位置时,被测件球心的坐标。

猫眼位置的导轨坐标系与共焦位置的导轨坐标系之间的齐次变换矩阵为

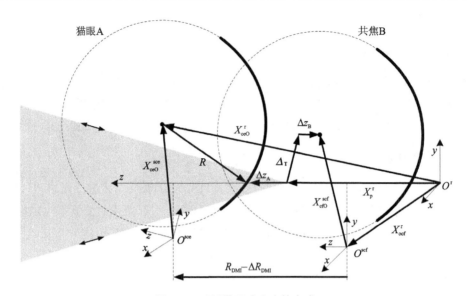

图 9 - 56 测量不确定度的合成

$$
\boldsymbol{H} = \begin{bmatrix}
1 & -\varepsilon_z & \varepsilon_y & \delta_x \\
\varepsilon_z & 1 & -\varepsilon_x & \delta_y \\
-\varepsilon_y & \varepsilon_x & 1 & R_{DMI} + \Delta R_{DMI} \\
0 & 0 & 0 & 1
\end{bmatrix}
\qquad (9-97)
$$

在共焦位置导轨坐标系中的矢量 $\boldsymbol{X}^{scf}$ 与猫眼位置导轨坐标系中的矢量 $\boldsymbol{X}^{sce}$ 之间的转换关系为

$$
\boldsymbol{X}^{scf} = \boldsymbol{H} \cdot \boldsymbol{X}^{sce} \qquad (9-98)
$$

在式(9 - 96)中，$\boldsymbol{X}^r_{ceO}$ 可以表示为

$$
\boldsymbol{X}^r_{ceO} = \boldsymbol{X}^{scf}_{ceO} + \boldsymbol{X}^r_{ocf} \qquad (9-99)
$$

式中，$\boldsymbol{X}^{scf}_{ceO}$ 表示在共焦位置的导轨坐标系中猫眼位置被测件球心的坐标。

把 $\boldsymbol{X}^r_{ceO}$ 变换为

$$
\boldsymbol{X}^r_{ceO} = \boldsymbol{H} \cdot \boldsymbol{X}^{sce}_{ceO} + \boldsymbol{X}^r_{ocf} \qquad (9-100)
$$

式中，$\boldsymbol{X}^{sce}_{ceO}$ 表示在猫眼位置的导轨坐标系中被测件球心的坐标。

被测件的球心相对于导轨滑块而言，不会随着滑块的移动、旋转而发生改变，因此 $\boldsymbol{X}^{sce}_{ceO} = \boldsymbol{X}^{scf}_{cfO}$，则

$$
\boldsymbol{X}^r_{ceO} = \boldsymbol{H} \cdot \boldsymbol{X}^{scf}_{ceO} + \boldsymbol{X}^r_{ocf} \qquad (9-101)
$$

经过推导得到曲率的测量结果为

$$
|\boldsymbol{R}| = |\boldsymbol{X}^r_p + \Delta z_A - \boldsymbol{H} \cdot (\boldsymbol{X}^r_p + \boldsymbol{\Delta}_T + \Delta z_B - \boldsymbol{X}^r_{ocf}) - \boldsymbol{X}^r_{ocf}|
$$

$$
= \left\| \begin{bmatrix}
x^r_p - x^r_{ocf} \\
y^r_p - y^r_{ocf} \\
z^r_p + \Delta z_A - z^r_{ocf} \\
1
\end{bmatrix} - \begin{bmatrix}
1 & -\varepsilon_z & \varepsilon_y & \delta_x \\
\varepsilon_z & 1 & -\varepsilon_x & \delta_y \\
-\varepsilon_y & \varepsilon_x & 1 & R_{DMI} + \Delta R_{DMI} \\
0 & 0 & 0 & 1
\end{bmatrix} \cdot \begin{bmatrix}
x^r_p + \Delta_{Tx} - x^r_{ocf} \\
y^r_p + \Delta_{Ty} - y^r_{ocf} \\
z^r_p + \Delta z_B - z^r_{ocf} \\
1
\end{bmatrix} \right\|
$$

$$
(9-102)
$$

9.4.3　曲率测量实验结果

1. 完整标准球曲率测量结果的比较

完整标准球的材料为乳白玻璃,标定出直径的测量结果为

$$\Phi_{标定}=(29.994\ 9\pm0.000\ 1)\ \text{mm} \tag{9-103}$$

用激光差动共焦曲率测量系统得到标准球的强度响应曲线如图 9-57 所示。通过最小二乘法对过零点附近的曲线进行直线拟合,得到猫眼位置响应曲线 I_A 的过零点为 $z_A=-0.000\ 6$ mm;共焦位置响应曲线 I_B 的过零点为 $z_B=14.996\ 9$ mm,则标准球的曲率测量结果 $R_{DMI}=z_B-z_A=14.997\ 5$ mm。

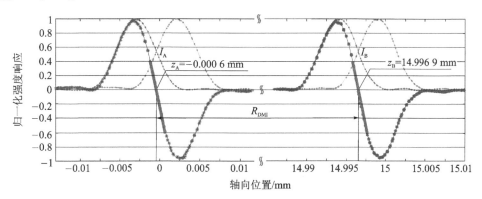

图 9-57　标准球曲率测量的响应曲线

经过 10 次重复测量得到的结果见表 9-1,曲率的平均值为 14.997 5 mm,标准差为 0.1 μm。

表 9-1　标准球曲率测量结果

序　号	1	2	3	4	5
测量值/mm	14.997 5	14.997 6	14.997 5	14.997 5	14.997 4
序　号	6	7	8	9	10
测量值/mm	14.997 6	14.997 4	14.997 5	14.997 5	14.997 4

导轨运动不确定度和球心偏差的标定值见表 9-2。

表 9-2　导轨运动不确定度与球心偏差的标定值

不确定度量	$\delta_x/\mu m$	$\delta_y/\mu m$	ε_x/s	ε_y/s	ε_z/s	$\delta_{Tx}/\mu m$	$\delta_{Ty}/\mu m$
标定值	-0.2	0.3	0.3	0.3	0.2	-0.8	0.5

经过补偿之后,标准球的曲率测量结果为

$$R=(14.997\ 4\pm0.000\ 2)\ \text{mm} \tag{9-104}$$

2. 部分散射非完整球面曲率测量实验

如图 9-58 所示,实验中选用的 1♯ 被测件为部分散射陶瓷标准球;2♯ 被测件为部分散

射碳化钨标准球;3#被测件为石英材料精磨凹球面;4#被测件为 K9 材料精磨凸球面。

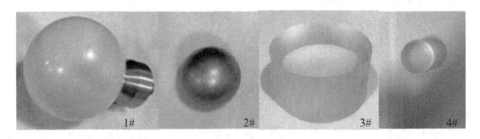

图 9-58   被测件实物图

1#被测件的强度响应曲线如图 9-59 所示。使用最小二乘法对过零点附近的曲线进行拟合,得到猫眼位置响应曲线 I_A 的过零点为 $z_A = -25.033\ 8$ mm,共焦位置响应曲线 I_B 的过零点为 $z_B = -0.000\ 5$ mm,则 1#被测件的曲率测量值为 $R_{1DMI} = z_B - z_A = 25.033\ 3$ mm。10 次测量结果的平均值为 $\overline{R}_{1DMI} = 25.033\ 1$ mm,标准差为 $s_1 = 0.2\ \mu$m。

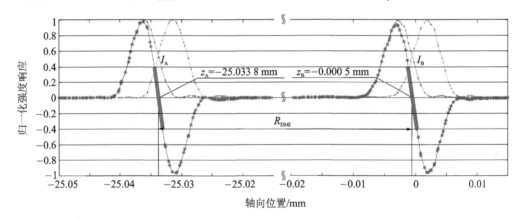

图 9-59   1#被测件曲率测量的响应曲线

2#被测件的强度响应曲线如图 9-60 所示。使用最小二乘法对过零点附近曲线进行拟合,得到猫眼位置响应曲线 I_A 的过零点为 $z_A = 0.001\ 4$ mm,共焦位置响应曲线 I_B 的过零点

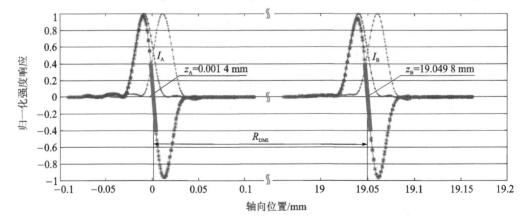

图 9-60   2#被测件曲率测量的响应曲线

为 $z_B = 19.049\ 8$ mm,则 2♯ 被测件的曲率测得值为 $R_{2DMI} = z_B - z_A = 19.048\ 4$ mm。10 次测量结果的平均值为 $\bar{R}_{2DMI} = 19.048\ 6$ mm,标准差为 $s_2 = 0.3\ \mu$m。

　　3♯ 被测件的强度响应曲线如图 9 - 61 所示。使用最小二乘法对过零点附近曲线进行拟合,得到猫眼位置的响应曲线 I_A 的过零点为 $z_A = 98.742\ 4$ mm,共焦位置的响应曲线 I_B 的过零点为 $z_B = -1.057\ 5$ mm,则 3♯ 被测件的曲率的测得值为 $R_{3DMI} = z_B - z_A = -99.799\ 9$ mm。10 次测量结果的平均值为 $\bar{R}_{3DMI} = -99.799\ 5$ mm,标准差为 $s_3 = 0.6\ \mu$m。

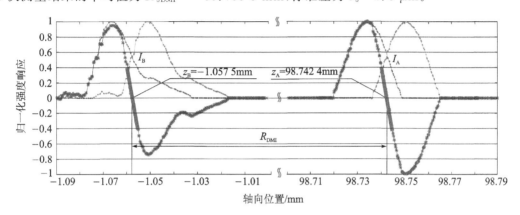

图 9 - 61　3♯ 被测件曲率测量响应曲线

　　4♯ 被测件的强度响应曲线如图 9 - 62 所示,使用最小二乘法对过零点附近曲线进行拟合,得到响应曲线的过零点对应的猫眼 $z_A = 0.007\ 6$ mm 和共焦 $z_B = 27.749\ 9$ mm,则 4♯ 被测件的曲率的测得值为 $R_{4DMI} = z_B - z_A = 27.742\ 3$ mm。10 次测量结果的平均值为 $\bar{R}_{4DMI} = 27.743\ 1$ mm,标准差为 $s_4 = 0.5\ \mu$m。

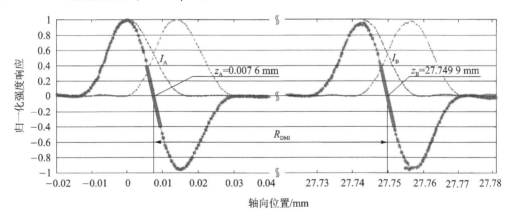

图 9 - 62　4♯ 被测件曲率测量响应曲线

9.4.4　测量不确定度计算

1. 测量不确定度分量的计算

激光干涉仪的长度测量精度为 $\pm 0.5 \times 10^{-6}(k=2)$,示值不确定度 Δd_{DMI} 的标准差为

$$\sigma(\Delta d_{DMI}) = \frac{0.5 \times 10^{-6}}{2} \cdot d \qquad (9-105)$$

分布函数为

$$\text{PDF}(\Delta d_{DMI}) = N[0, 0.25 \times 10^{-6} \cdot d] \quad (\text{mm}) \qquad (9-106)$$

取 n 次测量结果计算出平均值,平均值的标准差为

$$\sigma(\bar{R}_{DMI}) = \frac{s}{\sqrt{n}} \qquad (9-107)$$

则测量结果重复性引起的不确定度分量的分布满足

$$\text{PDF}(\delta_{DMI}) = N[0, 0.32s] \quad (\text{mm}) \qquad (9-108)$$

测长轴与系统光轴之间夹角 γ 引起的曲率测量不确定度为

$$\Delta R_\gamma = R(1 - \cos\gamma) \qquad (9-109)$$

期望和标准差分别为

$$\mu_{R\gamma} = \frac{0.001\,2^2}{6} \cdot R \quad \text{和} \quad \sigma_{R\gamma} = \frac{3 \cdot 0.001\,2^2}{20} \cdot R \qquad (9-110)$$

点光源位置调整精度可以达到 ± 0.7 mm,则偏移量的分布为

$$\text{PDF}(\Delta_s) = R[-0.7, 0.7] \quad (\text{mm}) \qquad (9-111)$$

使用的微位移平移台调整精度可以达到 $\pm 10\ \mu$m,探测器离焦量不确定度的分布满足

$$\text{PDF}(\Delta_M) = R[-10, 10] \quad (\mu\text{m}) \qquad (9-112)$$

像差 $W(\rho, \theta)$ 标定的精度为 $\frac{\lambda}{20}$,残余不确定度分量 δ_W 满足的分布为

$$\text{PDF}(\delta_W) = R\left[-\frac{\lambda}{20}, \frac{\lambda}{20}\right] \qquad (9-113)$$

归一化光强信号的不确定度满足均匀分布,其分布函数为

$$\text{PDF}(\Delta_{SNR}) = R\left[-\frac{1}{SNR}, \frac{1}{SNR}\right] \qquad (9-114)$$

光强信号引起猫眼位置和共焦位置过零点位置不确定度的分布函数分别为

$$\text{PDF}(\Delta z_{ASNR}) = R\left[-\frac{2\lambda f_o^2}{SNR \cdot k_A(\sigma)\pi D^2}, \frac{2\lambda f_o^2}{SNR \cdot k_A(\sigma)\pi D^2}\right] \qquad (9-115)$$

和

$$\text{PDF}(\Delta z_{BSNR}) = R\left[-\frac{2\lambda f_o^2}{SNR \cdot k_A(\sigma)\pi D^2}, \frac{2\lambda f_o^2}{SNR \cdot k_B(\sigma)\pi D^2}\right] \qquad (9-116)$$

使用双频激光干涉仪的直线度测量模块对径向平移不确定度 δ_x 和 δ_y 进行标定;角度测量模块对旋转不确定度 ε_x 和 ε_y 进行标定;电子水平仪对旋转不确定度 ε_z 进行标定。经过标定后的残余不确定度 $\Delta\delta_x$、$\Delta\delta_y$,以及 $\Delta\varepsilon_x$、$\Delta\varepsilon_y$、$\Delta\varepsilon_z$ 分别为

$$\left.\begin{aligned}\sigma(\Delta\delta_x) = \frac{0.5 \times 10^{-2}}{2} \cdot \delta_x \\[2mm] \sigma(\Delta\delta_y) = \frac{0.5 \times 10^{-2}}{2} \cdot \delta_y\end{aligned}\right\} \qquad (9-117)$$

和

$$\left.\begin{array}{l} \sigma(\Delta\varepsilon_x) = \dfrac{0.2\times10^{-2}}{2} \cdot \varepsilon_x \\[3mm] \sigma(\Delta\varepsilon_y) = \dfrac{0.2\times10^{-2}}{2} \cdot \varepsilon_y \\[3mm] \sigma(\Delta\varepsilon_z) = \dfrac{10^{-2}}{2} \cdot \varepsilon_z \end{array}\right\} \tag{9-118}$$

分布函数分别为

$$\left.\begin{array}{l} \mathrm{PDF}(\Delta\delta_x) = N[0,0.25\times10^{-2} \cdot \delta_x] \\[2mm] \mathrm{PDF}(\Delta\delta_y) = N[0,0.25\times10^{-2} \cdot \delta_y] \end{array}\right\} \tag{9-119}$$

和

$$\left.\begin{array}{l} \mathrm{PDF}(\Delta\varepsilon_x) = N[0,0.1\times10^{-2} \cdot \varepsilon_x] \\[2mm] \mathrm{PDF}(\Delta\varepsilon_y) = N[0,0.1\times10^{-2} \cdot \varepsilon_y] \\[2mm] \mathrm{PDF}(\Delta\varepsilon_z) = N[0,0.5\times10^{-2} \cdot \varepsilon_z] \end{array}\right\} \tag{9-120}$$

被测件球心偏移标定的残余不确定度为

$$\delta_T = \sqrt{\delta_{Tx}^2 + \delta_{Ty}^2} \tag{9-121}$$

式中，δ_{Tx} 和 δ_{Ty} 分别表示 Δ_{Tx} 和 Δ_{Ty} 的标定残余不确定度。

CCD 追踪不确定度在 x 和 y 方向分别满足 $\left[-\dfrac{p}{2},\dfrac{p}{2}\right]$ 的均匀分布，其中 p 为 CCD 像素尺寸。

因此残余不确定度 δ_{Tx}、δ_{Ty} 的分布函数为

$$\mathrm{PDF}(\delta_{Tx}) = \mathrm{PDF}(\delta_{Ty}) = R\left[-\dfrac{p \cdot f_o}{4N \cdot f_c},\dfrac{p \cdot f_o}{4N \cdot f_c}\right] \tag{9-122}$$

2. 测量不确定度的合成

激光差动共焦曲率测量系统的模型复杂且具有非线性，各不确定度分量之间则存在相关性，可以采用 MCM 方法进行不确定度评定。

以 1♯ 被测件为例，用蒙特卡洛方法评定不确定度的步骤如下。

（1）模型输入量的分布及其特征值

测量模型的输入量见表 9 - 3。

表 9 - 3　1♯ 被测件的模型输入量

输入量	分　布	μ 或 $(a+b)/2$	σ	$(b-a)/2$
$\Delta d_{\mathrm{DMI}}/\mathrm{mm}$	$N(\mu,\sigma^2)$	0	6.25×9^{-6}	—
$\delta_{\mathrm{DMI}}/\mathrm{mm}$	$N(\mu,\sigma^2)$	0	6.4×9^{-5}	—
$\Delta R_\gamma/\mathrm{mm}$	投影分布(μ,σ)	6×9^{-6}	5.5×9^{-6}	—
Δ_s/mm	$R(a,b)$	0	—	0.7
$\Delta_M/\mu\mathrm{m}$	$R(a,b)$	0	—	10
δ_W	$R(a,b)$	0	—	$\lambda/20$

输入量	分　布	μ 或 $(a+b)/2$	σ	$(b-a)/2$
Δ_{SNR}	$R(a,b)$	0	—	$1/40$
$\Delta\delta_x/\mu m$	$N(\mu,\sigma^2)$	0	5×9^{-4}	—
$\Delta\delta_y/\mu m$	$N(\mu,\sigma^2)$	0	1.25×9^{-3}	—
$\Delta\varepsilon_x/s$	$N(\mu,\sigma^2)$	0	0.4×9^{-3}	—
$\Delta\varepsilon_y/s$	$N(\mu,\sigma^2)$	0	0.4×9^{-3}	—
$\Delta\varepsilon_z/s$	$N(\mu,\sigma^2)$	0	0.5×9^{-3}	—
$\delta_{Tx}/\mu m$	$R(a,b)$	0	—	0.03
$\delta_{Ty}/\mu m$	$R(a,b)$	0	—	0.03

（2）计算蒙特卡洛模拟的次数 M_c

从理论上说，蒙特卡洛的计算次数越多，不确定度估计的精度越高。一般而言，M_c 至少是 $1/(1-p)$ 的 10^4 倍，其中 p 为置信概率。如果取 $p=95\%$，则 M_c 的取值应当满足

$$M_c > \frac{10^4}{1-p} = 2\times10^5 \tag{9-123}$$

（3）生成输入源

根据被测件模型输入量的分布函数，分别随机生成 5×10^5 个随机数作为输入源，每个输入量可以表示为

$$
\left.
\begin{aligned}
\Delta d_{DMI} &= [\Delta d_{DMI-1}, \Delta d_{DMI-2}, \cdots, \Delta d_{DMI-n}, \cdots, \Delta d_{DMI-5\times10^5}] \\
\delta_{DMI} &= [\delta_{DMI-1}, \delta_{DMI-2}, \cdots, \delta_{DMI-n}, \cdots, \delta_{DMI-5\times10^5}] \\
\Delta R_\gamma &= [\Delta R_{\gamma-1}, \Delta R_{\gamma-2}, \cdots, \Delta R_{\gamma-n}, \cdots, \Delta R_{\gamma-5\times10^5}] \\
\Delta_s &= [\Delta_{s-1}, \Delta_{s-2}, \cdots, \Delta_{s-n}, \cdots, \Delta_{s-5\times10^5}] \\
\Delta_M &= [\Delta_{M-1}, \Delta_{M-2}, \cdots, \Delta_{M-n}, \cdots, \Delta_{M-5\times10^5}] \\
\delta_W &= [\delta_{W-1}, \delta_{W-2}, \cdots, \delta_{W-n}, \cdots, \delta_{W-5\times10^5}] \\
\Delta_{SNR} &= [\Delta_{SNR-1}, \Delta_{SNR-2}, \cdots, \Delta_{SNR-n}, \cdots, \Delta_{SNR-5\times10^5}] \\
\Delta\delta_x &= [\Delta\delta_{x-1}, \Delta\delta_{x-2}, \cdots, \Delta\delta_{x-n}, \cdots, \Delta\delta_{x-5\times10^5}] \\
\Delta\delta_y &= [\Delta R_{y-1}, \Delta\delta_{y-2}, \cdots, \Delta\delta_{y-n}, \cdots, \Delta\delta_{y-5\times10^5}] \\
\Delta\varepsilon_x &= [\Delta\varepsilon_{x-1}, \Delta\varepsilon_{x-2}, \cdots, \Delta\varepsilon_{x-n}, \cdots, \Delta\varepsilon_{x-5\times10^5}] \\
\Delta\varepsilon_y &= [\Delta\varepsilon_{y-1}, \Delta\varepsilon_{y-2}, \cdots, \Delta\varepsilon_{y-n}, \cdots, \Delta\varepsilon_{y-5\times10^5}] \\
\Delta\varepsilon_z &= [\Delta\varepsilon_{z-1}, \Delta\varepsilon_{z-2}, \cdots, \Delta\varepsilon_{z-n}, \cdots, \Delta\varepsilon_{z-5\times10^5}] \\
\delta_{Tx} &= [\delta_{Tx-1}, \delta_{Tx-2}, \cdots, \delta_{Tx-n}, \cdots, \delta_{Tx-5\times10^5}] \\
\delta_{Ty} &= [\delta_{Ty-1}, \delta_{Ty-2}, \cdots, \delta_{Ty-n}, \cdots, \delta_{Ty-5\times10^5}]
\end{aligned}
\right\} \tag{9-124}
$$

5×10^5 个输入量可以表示为

$$
\left.
\begin{aligned}
X_1 &= \left[\Delta d_{\text{DMI}-1}, \delta_{\text{DMI}-1}, \Delta R_{\gamma-1}, \Delta_{s-1}, \Delta_{M-1}, \delta_{W-1}, \Delta_{\text{SNR}-1}, \right. \\
&\quad \left. \Delta \delta_{x-1}, \Delta \delta_{y-1}, \Delta \varepsilon_{x-1}, \Delta \varepsilon_{y-1}, \Delta \varepsilon_{z-1}, \delta_{Tx-1}, \delta_{Ty-1} \right] \\
X_2 &= \left[\Delta d_{\text{DMI}-2}, \delta_{\text{DMI}-2}, \Delta R_{\gamma-2}, \Delta_{s-2}, \Delta_{M-2}, \delta_{W-2}, \Delta_{\text{SNR}-2}, \right. \\
&\quad \left. \Delta \delta_{x-2}, \Delta \delta_{y-2}, \Delta \varepsilon_{x-2}, \Delta \varepsilon_{y-2}, \Delta \varepsilon_{z-2}, \delta_{Tx-2}, \delta_{Ty-2} \right] \\
&\quad \vdots \\
X_n &= \left[\Delta d_{\text{DMI}-n}, \delta_{\text{DMI}-n}, \Delta R_{\gamma-n}, \Delta_{s-n}, \Delta_{M-n}, \delta_{W-n}, \Delta_{\text{SNR}-n}, \right. \\
&\quad \left. \Delta \delta_{x-n}, \Delta \delta_{y-n}, \Delta \varepsilon_{x-n}, \Delta \varepsilon_{y-n}, \Delta \varepsilon_{z-n}, \delta_{Tx-n}, \delta_{Ty-n} \right] \\
&\quad \vdots \\
X_{5 \times 10^5} &= \left[\Delta d_{\text{DMI}-5\times10^5}, \delta_{\text{DMI}-5\times10^5}, \Delta R_{\gamma-5\times10^5}, \Delta_{s-5\times10^5}, \Delta_{M-5\times10^5}, \delta_{W-5\times10^5}, \Delta_{\text{SNR}-5\times10^5}, \right. \\
&\quad \left. \Delta \delta_{x-5\times10^5}, \Delta \delta_{y-5\times10^5}, \Delta \varepsilon_{x-5\times10^5}, \Delta \varepsilon_{y-5\times10^5}, \Delta \varepsilon_{z-5\times10^5}, \delta_{Tx-5\times10^5}, \delta_{Ty-5\times10^5} \right]
\end{aligned}
\right\}
\tag{9-125}
$$

（4）计算输出量

将 5×10^5 组输入量 X_n 代入不确定度模型，可以得到 5×10^5 个曲率测量结果的输出量为

$$
R = \left[R_1, R_2, \cdots, R_n, \cdots, R_{5 \times 10^5} \right]
\tag{9-126}
$$

得到蒙特卡洛法仿真输出量的分布如图 9-63 所示。

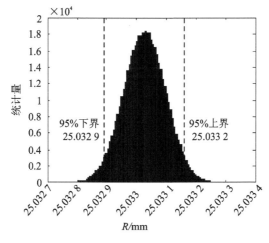

图 9-63　1♯ 被测件的蒙特卡洛分布

（5）计算出期望和标准差

分别计算出输出量 R 的期望和标准差作为蒙特卡洛评定的估计值及其标准不确定度。

$$
\left.
\begin{aligned}
\bar{R} &= \frac{1}{5 \times 10^5} \sum_{n=1}^{5 \times 10^5} R_n = 25.033\,0 \text{ mm} \\
u(R) &= \sqrt{\frac{1}{5 \times 10^5 - 1} \sum_{n=1}^{5 \times 10^5} (R_n - \bar{R})^2} = 0.07 \ \mu\text{m}
\end{aligned}
\right\}
\tag{9-127}
$$

（6）估计置信区间

将输出量 R 的值从小到大排列，记为 R'。

对于不同的置信概率 p，蒙特卡洛评定的扩展不确定度为

$$U_p = \frac{R'_{(1+p)M_c/2} - R'_{(1-p)M_c/2}}{2} \tag{9-128}$$

选取置信概率为 $p=95\%$，则扩展不确定度为

$$U_{95} = \frac{R'_{487\,500} - R'_{12\,500}}{2} = 0.14 \ \mu m \tag{9-129}$$

包含因子为

$$k_{95} = \frac{U_{95}}{u(R)} = 2.0 \tag{9-130}$$

相对扩展不确定度为

$$U_{rel} = \frac{U_{95}}{R} = 5.4 \times 10^{-6} \tag{9-131}$$

最后得到 1♯ 被测件的不确定度评定结果，见表 9-4。

表 9-4 1♯ 被测件不确定度评定结果

估计值/mm	估计值标准差/μm	扩展不确定度/μm	U_{95} 上限/mm	U_{95} 下限/mm	包含因子	10^6·相对扩展不确定度
25.033 0	0.07	0.14	25.033 2	25.032 9	2.0	5.4

用同样的步骤对 2♯、3♯ 和 4♯ 被测件进行测量不确定度评定。

2♯ 被测件的不确定度评定结果见表 9-5。

表 9-5 2♯ 被测件不确定度评定结果

估计值/mm	估计值标准差/μm	扩展不确定度/μm	U_{95} 上限/mm	U_{95} 下限/mm	包含因子	10^6·相对扩展不确定度
19.048 5	0.08	0.15	19.048 7	19.048 4	1.9	8.9

3♯ 被测件的不确定度评定结果见表 9-6。

表 9-6 3♯ 被测件不确定度评定结果

估计值/mm	估计值标准差/μm	扩展不确定度/μm	U_{95} 上限/mm	U_{95} 下限/mm	包含因子	10^6·相对扩展不确定度
−99.799 0	0.2	0.4	−99.798 6	−99.799 4	2.0	3.7

4♯ 被测件的不确定度评定结果见表 9-7。

表 9-7 4♯ 被测件不确定度评定结果

估计值/mm	估计值标准差/μm	扩展不确定度/μm	U_{95} 上限/mm	U_{95} 下限/mm	包含因子	10^6·相对扩展不确定度
27.743 0	0.16	0.3	27.743 3	27.742 7	1.9	10.8

在诸多的不确定度分量中，与测量结果相关性较大的分量是测量结果的重复性、干涉仪的示值误差和光源偏差，其中对测量结果影响最大的是测量结果的重复性。重复性为随机误差，主要由干涉仪的重复性、猫眼和共焦位置的定焦重复性组成，主要受温度、湿度、气压、气流和

震动等环境扰动的影响。猫眼和共焦位置定焦重复性除了受环境扰动的影响外,还受到定焦误差的影响。

9.5　本章小结

本章针对非完整球面的激光差动共焦曲率测量问题,根据菲涅尔衍射理论推导了激光差动共焦曲率测量的三维点扩散函数,构建了激光差动共焦曲率测量系统;分析了表面粗糙度、探测器的偏移量、针孔大小、光学系统像差、点光源偏移等因素,以及测长系统光轴对准误差、气浮导轨运动误差等因素对曲率测量结果的影响,对所研制测量系统的像差和导轨运动误差进行了标定;构建了激光差动共焦曲率测量系统的不确定度合成模型,其中主要包括点光源偏移等 8 项不确定度分量。由于分量之间不完全独立,分别构建了 3 个直角坐标系,用于表征分量对测量系统的综合作用;选择完整标准球作为被测件,先用测长机测量出它的直径,然后在激光差动共焦系统上进行测量,对曲率的测量结果进行了比较实验,验证了激光差动共焦曲率测量系统的精度;对部分散射非完整球面的曲率进行了测量实验,把系统像差、气浮导轨运动误差和被测件的球心偏差等标定结果代入到误差模型中予以补偿,最后用蒙特卡洛法对测量不确定度进行了评定。

参考文献

[1] Tsutsumi H, Yosizumi K. Ultrahigh accurate 3-D profilometer using atomic force probe measure nanometer[C]. JSME annual Meeting, 2002:285-286.

[2] Su P, Parks R E, Wang Y, et al. Swing-arm optical coordinate measuring machine:modal estimation of systematic errors from dual probe shear measurements[J]. Optical Engineering, 2012, 51(4):0436044.

[3] Wang Y, Su P, Parks R E, et al. Swing arm optical coordinate-measuring machine:high precision measuring ground aspheric surfaces using a laser triangulation probe[J]. Optical Engineering, 2012, 51(7):0736037.

[4] Li J, Wu S. Fast and accurate measurement of large optical surfaces before polishing using a laser tracker[J]. Chinese Optics Letters, 2013, 11(9):0912029.

[5] Ding X, Hong B, Sun X, et al. Approach to accuracy improvement and uncertainty determination of radius of curvature measurement on standard spheres[J]. Measurement, 2013, 46(9):3220-3227.

[6] Rui D, Zhang W, Yang H. Calibrating the pupil fill balance for hypernumerical aperture lithographic objective[J]. Optical Engineering, 2015, 54(9):0951039.

[7] Chen M, Wang Y, Zeng A, et al. Flat Gauss illumination for the step-and-scan lithographic system[J]. Optics Communications, 2016, 372:201-209.

[8] 郑万国,邓颖,周维,等. 激光聚变研究中心激光技术研究进展[J]. 强激光与粒子束, 2013, 25(12):3082-3090.

[9] Zotov S A, Trusov A A, Shkel A M. Three-Dimensional Spherical Shell Resonator Gyroscope Fabricated Using Wafer-Scale Glassblowing[J]. Journal Of Microelectromechanical Systems, 2012, 21(3):509-510.

[10] Cui D P, Yao Y X, Qin D L. Study on the dynamic characteristics of a new type externally pressurized spherical gas bearing with slot-orifice double restrictors[J]. Tribology International, 2010, 43(4):822-830.

[11] Ding X, Sun R D, Li F, et al. Experimental Research on Radius of Curvature Measurement of Spherical

Lenses Based on Laser Differential Confocal Technique[C]. Proceedings of SPIE, 2011, 8201:822-830.

[12] Divakar R K, Udupa D V, Prathap C, et al. Optical coherence tomography for shape and radius of curvature measurements of deeply curved machined metallic surfaces: a comparison with two-beam laser interferometry[J]. Optics and Lasers in Engineering, 2015, 66:204-209.

[13] Franaszek M, Cheok G S, Saidi K S. Gauging the Repeatability of 3-D Imaging Systems by Sphere Fitting[J]. IEEE Transactions on Instrumentation and Measurement, 2011, 60(2):567-576.

[14] Yi H, Zhang R, Hu X, et al. A novel compensation method for the measurement of radius of curvature [J]. Optics & Laser Technology, 2011, 43(4):911-915.

[15] Li Q, Liu X, Lei Z, et al. A vertical scanning positioning system with large range and nanometer resolution for optical profiler[C]. Proceedings of SPIE, 2015, 9446:94463C.

[16] Zheng Y, Liu X, Lei Z, et al. Coarse-fine vertical scanning based optical profiler for structured surface measurement with large step height[C]. Proceedings of SPIE, 2015, 9446:94463G.

[17] Montgomery P C, Salzenstein F, Gianto G, et al. Multi-scale roughness measurement of cementitious materials using different optical profilers and window resizing analysis[C]. Proceedings of SPIE, 2015, 9525:95250Z.

[18] Zhao W, Tan J, Qiu L. Bipolar absolute differential confocal approach to higher spatial resolution[J]. Optics Express, 2004, 12(21):5013-5021.

[19] Qiu L, Zhao W, Feng Z, et al. A lateral super-resolution differential confocal technology with phase-only pupil filter[J]. OPTIK, 2007, 118(2):67-73.

[20] Zhao W, Sun R, Qiu L, et al. Lenses axial space ray tracing measurement[J]. Optics Express, 2010, 18(4):3608-3617.

[21] Zhao W, Sun R, Qiu L, et al. Laser differential confocal radius measurement[J]. Optics Express, 2010, 18(3):2345-2360.

[22] Wang Y, Qiu L, Song Y, et al. Laser differential confocal lens thickness measurement[J]. MeasurementScience and Technology, 2012, 23:55204.

[23] Zhao W, Wang Y, Qiu L, et al. Laser differential confocal lens refractive index measurement[J]. Applied Optics, 2011, 50(24):4769-4778.

[24] Wang Y, Qiu L, Yang J, et al. Measurement of the refractive index andthickness for lens by confocal technique[J]. Optik, 2013, 17(124):2825-2828.

[25] Yang J, Qiu L, Zhao W, et al. Laser differential reflection-confocal focal-length measurement[J]. Optics Express, 2012, 20(23):26027-26036.

[26] Yang J, Qiu L, Zhao W, et al. Measuring the lens focal length by laser reflection-confocal technology [J]. Applied Optics, 2013, 52(16):3812-3817.

[27] Li Z, Qiu L, Zhao W, et al. Laser multi-reflection differential confocal long focal-length measurement [J]. Applied Optics, 2016, 55(18):4910-4916.

[28] Li Z, Qiu L, Zhao W, et al. Laser multi-reflection confocal long focal-length measurement[J]. Measurement Science and Technology, 2016, 27:0650086.

[29] Yang J, Qiu L, Zhao W, et al. Laser differential confocal paraboloidal vertex radius measurement[J]. Optics letters, 2014, 39(4):830-833.

[30] 孙若端,邱丽荣,杨佳苗,等. 激光差动共焦曲率半径测量系统的研制[J]. 仪器仪表学报, 2011(12): 2833-2838.

[31] 田来科,滕霖. 角度与光散射[J]. 光子学报, 1997, 26(11):1028-1030.

[32] Sun R, Qiu L, Yang J, et al. Laser differential confocal radius measurement system[J]. Applied Op-

tics，2012，51(26):6275-6281.

[33] Korte P A D，Laine R. Assessment of surface roughness by x-ray scattering and differential interference contrast microscopy[J]. Applied Optics，1979，18(2):236-242.

[34] Zhao W，Zhang X，Wang Y，et al. Laser reflection differential confocal large-radius measurement[J]. Applied Optics，2015，54(31):9308-9314.

[35] Zhao W，Li Z，Qiu L，et al. Large-aperture laser differential confocal ultra-long focal length measurement and its system[J]. Optics Express，2015，23(13):17379-17393.

[36] Zhao W，Qiu L，Xiao Y，et al. Laser differential confocal interference multi-parameter comprehensive measurement method and its system for spherical lens[J]. Optics Express，2016，24(20):22813-22829.

[37] Qiu L，Xiao Y，Zhao W，et al. Laser Confocal Interference Multi-Parameter Measurement Method for Spherical Lens[J]. IEEE Photonics Technology Letters，2016，28(23):2716-2719.

[38] Li Z，Qiu L，Zhao W，et al. Laser differential confocal ultra-large radius measurement for convex spherical surface[J]. Optics Express，2016，24(17):19746-19759.

[39] Li Z，Qiu L，Zhao W，et al. Large-aperture ultra-long focal length measurement and its system by laser confocal techniques[J]. Measurement Science and Technology，2015，26:0952069.

[40] Zang X，Qiu L，Li Z，et al. A laser reflection confocal large-radius measurement[J]. Measurement Science and Technology，2015，26:12500712.

第10章 空间机械臂视觉测量系统精度分析

视觉测量系统为空间机械臂的高精度操作提供技术保障。空间机械臂相机系统所处的测量环境条件有限,因此很难得到大量的实验数据。在研究测量距离与位置精度之间的关系时,由于测量数据很少且总体概率分布未知,很难用经典的统计学方法解决。本章采用基于灰色系统理论的小样本视觉测量数据分析方法,首先对空间机械臂相机系统进行误差溯源,找出影响相机测量精度的主要因素;然后对影响精度的主要因素进行误差合成,根据总的精度要求为相机系统的各部分参数分配相应的精度指标;最后通过计算软件对空间机械臂相机系统的测量精度进行评定。

10.1 位姿测量系统建模

10.1.1 机械臂与视觉系统

空间机械臂是实现空间站的舱段转位、航天员出舱活动和舱外状态检查等各项空间站任务的重要技术保障。它贯穿空间站的整个寿命周期,帮助航天员实现空间站的建造与维护工作,提升空间站的运营效率,对于空间站的建设有着重要的意义。

空间机械臂在轨工作的过程中,需要在一定的范围内运动,实现一系列精度高、稳定性强的精准操作。视觉系统用于实现对空间机械臂在轨工作区域的监控以及对空间目标三维位姿的测量,为机械臂操控提供图像视觉信息和目标位姿信息。高精度的相机系统是空间机械臂成功完成空间任务的技术保障。图 10-1 所示的空间机械臂为加拿大臂 2 号。

影响相机测量位姿精度的因素很多,包括测量距离、图像处理的误差、图像的量化误差、相机参数的标定误差、目标的模型误差和外界环境引起的误差等。在这些众多的误差源中,图像处理误差和图像量化误差都可以归结到特征点图像坐标的检测误差中。而外界环境的误差诸如温度、照明环境和振动等误差,则可以归结到相机参数的标定误差和目标模型的误差中。因此相机系统的误差源可以简单地分为测量距离、相机内参标定误差、图像坐标检测误差及目标模型误差 4 类。

空间机械臂视觉系统由集成光源腕部相机、集成光源肘部相机、肘部相机云台和视觉标记等组成,如图 10-2 所示。相机和光源采取结构一体化的方式进行设计。相机系统包括肘部相机和腕部相机两类不同技术指标的相机,分布在空间的不同位置。机械臂在轨执行任务的过程中,从远距离定位目标到中距离逼迫目标直至近距离精确操作目标,都是通过视觉系统实时获取空间目标的三维位姿实现的。

肘部相机主要帮助机械臂完成对工作区域和自身工作状态的监控。在中远距离处对可视范围内的空间目标进行检测、识别和初步定位,控制机械臂末端执行器向目标的方向移动,引导机械臂末端执行器不断地靠近舱段标记。当舱段标记的有效观测区域进入腕部相机的视场之后,机械臂改用腕部相机获取目标的高精度三维位姿信息,控制机械臂末端执行器进一步逼

图 10 - 1　某空间机械臂系统

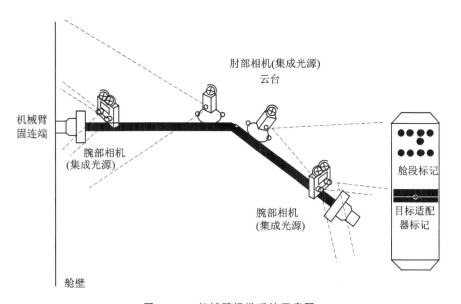

图 10 - 2　机械臂视觉系统示意图

近目标适配器,完成对目标适配器的捕获或抓取等精度高、稳定性强的精准操作。腕部相机主要用于在近距离处检测和识别空间目标。肘部相机和腕部相机的工作范围如图 10 - 3 所示。

肘部相机采用单目视觉的测量方式;腕部相机则为双目相机,具备单目和双目两种视觉测量方式。当采用单目视觉的测量方式时,腕部相机分别根据左目相机和右目相机图像计算出目标的三维位姿并输出。

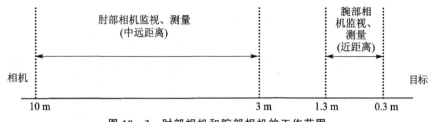

图 10 - 3　肘部相机和腕部相机的工作范围

10.1.2　位姿测量及其标定

机械臂视觉系统的位姿指目标相对于相机的位置与姿态,在数学意义上就是两个坐标系之间的平移与旋转变换关系,包括 3 个位置量和 3 个旋转角共 6 个位姿量。摄像机的透视变换模型如图 10 - 4 所示,包括世界坐标系 $O_w x_w y_w z_w$、摄像机坐标系 $O_c x_c y_c z_c$、像平面坐标系 $O_1 X_1 Y_1$ 和计算机图像坐标系 Ouv 4 个坐标系。

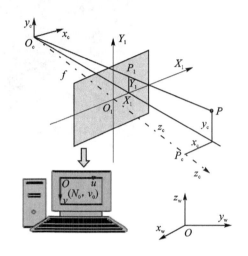

空间某一点 P 经摄像机成像之后,其像面坐标(X_1, Y_1)与摄像机坐标(x_c, y_c, z_c)之间的关系为

$$\frac{X_1}{x_c} = \frac{f}{z_c} = \frac{Y_1}{y_c} \qquad (10-1)$$

图 10 - 4　摄像机透视变换模型

式中,f 表示摄像机成像镜头的有效焦距,即摄像机坐标系原点到像面的距离。

P 点在世界坐标系 $O_w x_w y_w z_w$ 中的坐标 $P(x_w, y_w, z_w)$ 和在摄像机坐标系 $O_c x_c y_c z_c$ 中的坐标 $P(x_c, y_c, z_c)$ 之间的关系为

$$\begin{bmatrix} x_c \\ y_c \\ z_c \end{bmatrix} = \boldsymbol{R} \begin{bmatrix} x_w \\ y_w \\ z_w \end{bmatrix} + \boldsymbol{T} \qquad (10-2)$$

式中,$\boldsymbol{R} = \begin{bmatrix} r_1 & r_2 & r_3 \\ r_4 & r_5 & r_6 \\ r_7 & r_8 & r_9 \end{bmatrix}$ 表示旋转矩阵;$\boldsymbol{T} = \begin{bmatrix} t_x \\ t_y \\ t_z \end{bmatrix}$ 表示平移矢量。

$\boldsymbol{R}$ 和 $\boldsymbol{T}$ 分别决定摄像机相对于世界坐标系的方向和位置。$\boldsymbol{T}$ 代表两个坐标系之间的位置变换关系;姿态变化则包含在旋转矩阵 $\boldsymbol{R}$ 中,可以由 $\boldsymbol{R}$ 矩阵通过式(10 - 3)求出绕 x、y、z 轴沿逆时针方向的旋转角 α、β、γ,旋转的顺序为 $x \rightarrow y \rightarrow z$。

$$\left.\begin{aligned} \gamma &= -\arctan \frac{r_2}{r_1} \\ \beta &= \arctan \frac{r_7}{r_1 \cos \gamma - r_4 \sin \gamma} \\ \alpha &= \arctan \frac{r_3 \sin \gamma + r_6 \cos \gamma}{r_2 \sin \gamma + r_5 \cos \gamma} \end{aligned}\right\} \qquad (10-3)$$

引入镜头畸变之后,空间点 P 的实际像点 $P_d(X_d,Y_d)$ 和理想像点 $P_1(X_1,Y_1)$ 之间的位置关系为

$$
\left.
\begin{array}{l}
X_1 = X_d(1 + k_1 r^2) \\
Y_1 = Y_d(1 + k_1 r^2)
\end{array}
\right\} \tag{10-4}
$$

式中,k_1 表示摄像机镜头的径向畸变系数;$r = \sqrt{X_d^2 + Y_d^2}$。

实际像点坐标 $P_d(X_d,Y_d)$ 和计算机图像坐标 $P(u,v)$ 之间的关系为

$$
\left.
\begin{array}{l}
X_d = s_x^{-1} d_x(u - u_0) \\
Y_d = d_y(v - v_0)
\end{array}
\right\} \tag{10-5}
$$

式中,(u_0,v_0) 表示成像中心在计算机图像坐标系中的坐标;d_x 和 d_y 分别表示 CCD 感光面在 X 和 Y 方向的光敏单元中心距;s_x 表示 X 方向的不确定图像比例因子。

由式(10-1)~式(10-5)得出空间坐标 $P(x_w,y_w,z_w)$ 和计算机图像坐标 $P(u,v)$ 之间的关系为

$$
\left.
\begin{array}{l}
X_1 = s_x^{-1} d_x(u - u_0)(1 + k_1 r^2) \\
Y_1 = d_y(v - v_0)(1 + k_1 r^2) \\
f \dfrac{r_1 x_w + r_2 y_w + r_3 z_w + t_x}{r_7 x_w + r_8 y_w + r_9 z_w + t_z} = X_1 \\
f \dfrac{r_4 x_w + r_5 y_w + r_6 z_w + t_y}{r_7 x_w + r_8 y_w + r_9 z_w + t_z} = Y_1
\end{array}
\right\} \tag{10-6}
$$

式(10-6)表示 CCD 摄像机的透视成像模型,在计算机坐标系中建立了空间点的三维坐标和像点的二维坐标之间的关系。

世界坐标到计算机坐标之间的变换如图 10-5 所示。

摄像机的标定就是通过已知一些点的三维世界坐标和它的计算机图像坐标,求解出摄像机的内部参数(简称内参)和外部参数(简称外参)。

旋转矩阵 R 和平移矩阵 T 为摄像机的外部参数,反映三维世界坐标系到摄像机坐标系之间的转换关系。

摄像机的内部参数表征摄像机本身的一些性质,包括 5 个参数:

f:有效焦距或像平面到投影中心的距离;

k_1:一阶透镜的径向畸变系数;

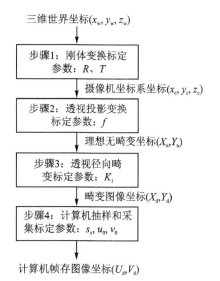

图 10-5　世界坐标到计算机坐标的变换

s_x:在扫描或抽样采集时,延误差引起不确定度水平方向的比例因子;

u_0,v_0:像面的中心坐标。

标定靶分为腕部相机标定靶和肘部相机标定靶两种,分别用于腕部相机和肘部相机的内参标定。借助于 MATLAB 标定工具箱可以对摄像机的内参进行标定。

理论上只要已知空间不共线的 3 个点在世界坐标系和摄像机坐标系中的坐标,就能够唯

一地确定两个坐标系之间的位姿关系。位姿测量的关键是如何得到特征点在这两个坐标系中的坐标。

对目标位姿测量的首要条件是求出各特征点在摄像机坐标系中的三维坐标。设第 i 个特征点 P_i 的图像坐标为 (u_i, v_i)，空间坐标为 (x_i, y_i, z_i)，则有

$$I = CS \tag{10-7}$$

式中，$I = \begin{bmatrix} u_i t_i \\ v_i t_i \\ t_i \end{bmatrix}$ 表示图像坐标，其中 t_i 为系数；$C = \begin{bmatrix} c_{00} & c_{01} & c_{02} & c_{03} \\ c_{10} & c_{11} & c_{12} & c_{13} \\ c_{20} & c_{21} & c_{22} & c_{23} \end{bmatrix}$ 表示变换矩阵；

$S = \begin{bmatrix} x_i \\ y_i \\ z_i \\ 1 \end{bmatrix}$ 表示空间坐标。

由此可见，通过某一特征点的空间坐标可以唯一地确定其图像坐标。如果将式(10-7)中的 t_i 消去，就可以得到下面的形式：

$$\begin{aligned} (u_i c_{20} - c_{00})x_i + (u_i c_{21} - c_{01})y_i + (u_i c_{22} - c_{02})z_i = c_{03} - u_i c_{23} \\ (v_i c_{20} - c_{10})x_i + (v_i c_{21} - c_{11})y_i + (v_i c_{22} - c_{12})z_i = c_{13} - v_i c_{23} \end{aligned} \right\} \tag{10-8}$$

这是一条直线方程，表示图像上的一个点对应于空间中的一条直线。仅知某一特征点的图像坐标无法计算空间坐标。求解特征点的三维空间坐标有两种方式：一种是将特征点之间的位置关系作为一种约束条件，构成单目视觉测量系统；另一种是引入第 2 个摄像机，使同一个特征点分别在两个摄像机中成像，得到两个空间直线方程，交点的坐标即为特征点的空间坐标，这样就构成了一个双目立体视觉测量系统。

肘部相机和腕部相机具有单目和双目视觉测量方式，下面分别介绍单目和双目位姿测量的数学建模方法。

10.1.3 单目位姿测量建模

单目视觉位姿测量方法包括基于结构光三维视觉检测模型的测量方法、传统的无模型立体视觉方法和基于模型的单目位姿测量方法。基于结构光三维视觉检测模型的方法使用激光投射器，需要考虑激光投射器在测量过程中引入的误差；传统的无模型立体视觉方法无法满足位姿测量中的刚性约束，会引起很大的测量误差。引入模型约束后的单目视觉方法可以达到很高的测量精度，因此在肘部相机的位姿测量中应当采用基于模型的单目视觉方法。

基于模型的单目视觉原理是只用一台摄像机对目标成像，利用目标点之间固有的几何约束关系进行求解，在计算机视觉领域称为 PNP(Perspective N - Points Problem)问题，其中 N 为选取特征点的个数。

按照摄像机的小孔成像原理，采用 P5P 的方式建立测量模型。这里选取 5 个特征点，即 $N=5$，如图 10-6 所示。

通过合作目标上的 5 个参考点 $P_i(i=0,1,\cdots,4)$ 建立世界坐标系 $O_w x_w y_w z_w$。任选一点作为世界坐标系的原点，5 个特征点所在的平面为 $x-y$ 平面。摄像机坐标系中心 O_c 到像平面之间的距离 f 可以通过对摄像机的标定获得。考虑到径向畸变，特征点的理想图像坐标

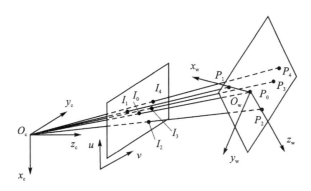

图 10-6　5 点小孔成像模型

$\boldsymbol{I}_i=(u_i,v_i)^{\mathrm{T}}(i=0,1,\cdots,4)$可以通过公式(10-5)获得。在坐标的表示格式中,以$^c\boldsymbol{P}_i$为例,左上角标 c 表示 P 是定义在摄像机坐标系中的点,右下角标 i 代表特征点的编号;同理$^w\boldsymbol{P}_i$表示的是定义在世界坐标系中的第 i 个点。

根据摄像机透视模型,特征点的理想像点在摄像机坐标系中的坐标是$^c\boldsymbol{I}_i=(u_i,v_i,f)^{\mathrm{T}}$($i=0,1,\cdots,4$)。由式(10-1)可知,在摄像机坐标系中的参考点$P_i(i=0,1,\cdots,4)$经过摄像机成像之后,像面坐标和摄像机坐标之间的关系为$\dfrac{x_c}{u_i}=\dfrac{y_c}{v_i}=\dfrac{z_c}{f}=w_i$。

参考点在摄像机坐标系中的坐标可以表示为

$$^c\boldsymbol{P}_i=\begin{bmatrix}x\\y\\z\end{bmatrix}=\begin{bmatrix}w_i\bullet u_i\\w_i\bullet v_i\\w_i\bullet f\end{bmatrix}\tag{10-9}$$

式中,w_i表示比例因子,便于坐标P_i的表示和相关计算。

参考点P_i在摄像机坐标系中的相对位置关系和在世界坐标系中的相对位置关系相同,因此w_i可以通过求解下述方程组得到:

$$\left.\begin{aligned}&\|^c\boldsymbol{P}_i{}^c\boldsymbol{P}_j\|=\|^c\boldsymbol{P}_j{}^c\boldsymbol{P}_i\|\quad(i=0,1,\cdots,3,j=i+1)\\&\angle(\overrightarrow{^c\boldsymbol{P}_i{}^c\boldsymbol{P}_j},\overrightarrow{^c\boldsymbol{P}_m{}^c\boldsymbol{P}_n})=\angle(\overrightarrow{^w\boldsymbol{P}_i{}^w\boldsymbol{P}_j},\overrightarrow{^w\boldsymbol{P}_m{}^w\boldsymbol{P}_n})\quad(i,j,m,n\text{ 共有 45 种组合})\\&(\overrightarrow{^c\boldsymbol{P}_i{}^c\boldsymbol{P}_j}\times\overrightarrow{^c\boldsymbol{P}_i{}^c\boldsymbol{P}_m})\bullet\overrightarrow{^c\boldsymbol{P}_i{}^c\boldsymbol{P}_n}=0\quad(i,j,m,n\text{ 四点共面})\end{aligned}\right\}$$

$$(10-10)$$

式中,$^w\boldsymbol{P}_i$表示世界坐标系中参考点的坐标,在合作目标设计时确定。

式(10-10)中的第一组方程代表特征点之间距离形成的约束;第二组代表特征点之间的角度约束;第三组代表特征点的共面约束。

特征点之间的距离约束指的是在摄像机坐标系中,任意两个点之间的距离都应该与它们在世界坐标系中的距离相等,5 个特征点之间形成的距离约束共有$C_5^2=10$个。同理,特征点之间的角度约束是指在摄像机坐标系中,特征点构成的向量之间的夹角应该与其在世界坐标系中对应的夹角相等。任取 5 个特征点中的两个构成$C_5^2=10$个向量,任意两个向量之间都有夹角,因此角度约束共有$C_{10}^2=45$个。

合作目标上的特征点共面,因此共面约束也应该加入方程组。$(\overrightarrow{^c\boldsymbol{P}_i{}^c\boldsymbol{P}_j}\times\overrightarrow{^c\boldsymbol{P}_i{}^c\boldsymbol{P}_m})\bullet$

$\overline{{}^{c}P_{i}{}^{c}P_{n}}=0$ 代表向量 $\overline{{}^{c}P_{i}{}^{c}P_{j}}$、$\overline{{}^{c}P_{i}{}^{c}P_{m}}$ 和 $\overline{{}^{c}P_{i}{}^{c}P_{n}}$ 共面,即点 i,j,m,n 共面。通过排列组合计算得出共形成 C_5^4 个共面约束。

按照式(10-10)构造的无约束最优目标函数为

$$F = \sum \left(\parallel {}^{c}\boldsymbol{P}_{i}{}^{c}\boldsymbol{P}_{j} \parallel - \parallel {}^{w}\boldsymbol{P}_{i}{}^{w}\boldsymbol{P}_{j} \parallel \right)^{2} + \sum \left[\angle(\overline{{}^{c}P_{i}{}^{c}P_{j}}, \overline{{}^{c}P_{m}{}^{c}P_{n}}) - \right.$$
$$\left. \angle(\overline{{}^{w}P_{i}{}^{w}P_{j}}, \overline{{}^{w}P_{m}{}^{w}P_{n}}) \right]^{2} + \sum (\overline{{}^{c}P_{i}{}^{c}P_{j}} \times \overline{{}^{c}P_{i}{}^{c}P_{m}}) \cdot \overline{{}^{c}P_{i}{}^{c}P_{n}} \qquad (10-11)$$

P_0 点定义为世界坐标系的原点,它对于合作目标位置估计的重要性高于其他 4 个点。在与 P_0 相关的约束中乘以罚因子 M_1、M_2 和 M_3,得到最终的无约束最优目标函数为

$$F = M_1 \cdot \sum_{j=1}^{4} \left(\parallel {}^{c}\boldsymbol{P}_0{}^{c}\boldsymbol{P}_j \parallel - \parallel {}^{w}\boldsymbol{P}_0{}^{w}\boldsymbol{P}_j \parallel \right)^2 + M_3 \cdot \sum (\overline{{}^{c}P_0{}^{c}P_j} \times \overline{{}^{c}P_0{}^{c}P_m}) \cdot \overline{{}^{c}P_0{}^{c}P_n} +$$
$$M_2 \cdot \sum_{i,j,m,n=0} \left[\angle(\overline{{}^{c}P_i{}^{c}P_j}, \overline{{}^{c}P_m{}^{c}P_n}) - \angle(\overline{{}^{w}P_i{}^{w}P_j}, \overline{{}^{w}P_m{}^{w}P_n}) \right]^2 +$$
$$\sum_{i=1}^{3} \sum_{j=i+1}^{4} \left(\parallel {}^{c}\boldsymbol{P}_i{}^{c}\boldsymbol{P}_j \parallel - \parallel {}^{w}\boldsymbol{P}_i{}^{w}\boldsymbol{P}_j \parallel \right)^2 + \sum (\overline{{}^{c}P_1{}^{c}P_2} \times \overline{{}^{c}P_1{}^{c}P_3}) \cdot \overline{{}^{c}P_1{}^{c}P_4} +$$
$$\sum_{i,j,m,n \neq 0} \left[\angle(\overline{{}^{c}P_i{}^{c}P_j}, \overline{{}^{c}P_m{}^{c}P_n}) - \angle(\overline{{}^{w}P_i{}^{w}P_j}, \overline{{}^{w}P_m{}^{w}P_n}) \right]^2 \qquad (10-12)$$

通过解算上述最优目标函数,可以得到 5 个特征点在摄像机坐标系中的坐标 ${}^{c}P_i({}^{c}x_i, {}^{c}y_i, {}^{c}z_i)$。这 5 组坐标确定了合作目标平面的位姿。

10.1.4 双目位姿测量建模

在空间机械臂视觉系统中,机械臂腕部相机采用双目视觉结合光源的配置方式,双摄像机从不同角度同时获取周围景物的两幅数字图像,基于视差原理恢复出物体的三维几何信息,重建周围景物的三维形状与位置的双目位姿。用这种测量方法建立合作目标位姿测量的数学模型。

如图 10-7 所示,设左摄像机 $Oxyz$ 位于世界坐标系的原点且无旋转,图像坐标系为 $O_1X_1Y_1$,有效焦距为 f_1,右摄像机坐标系为 $O_r x_r y_r z_r$,图像坐标系为 $O_r X_r Y_r$,有效焦距为 f_r。由摄像机的透视变换模型可得

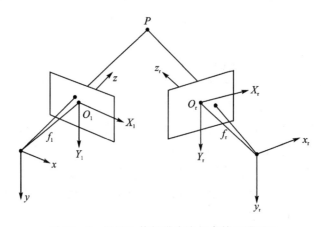

图 10-7 双目立体视觉中空间点的三维重建

$$s_1 \begin{bmatrix} X_1 \\ Y_1 \\ 1 \end{bmatrix} = \begin{bmatrix} f_1 & 0 & 0 \\ 0 & f_1 & 0 \\ 0 & 0 & 1 \end{bmatrix} \begin{bmatrix} x \\ y \\ z \end{bmatrix} \tag{10-13}$$

$$s_r \begin{bmatrix} X_r \\ Y_r \\ 1 \end{bmatrix} = \begin{bmatrix} f_r & 0 & 0 \\ 0 & f_r & 0 \\ 0 & 0 & 1 \end{bmatrix} \begin{bmatrix} x_r \\ y_r \\ z_r \end{bmatrix} \tag{10-14}$$

$Oxyz$ 坐标系与 $O_r x_r y_r z_r$ 坐标系之间的相互位置关系可以通过空间转换矩阵 $\boldsymbol{M}_{lr}$ 表示为

$$\begin{bmatrix} x_r \\ y_r \\ z_r \end{bmatrix} = \boldsymbol{M}_{lr} \begin{bmatrix} x \\ y \\ z \\ 1 \end{bmatrix} = \begin{bmatrix} r_1 & r_2 & r_3 & t_x \\ r_4 & r_5 & r_6 & t_y \\ r_7 & r_8 & r_9 & t_z \end{bmatrix} \begin{bmatrix} x \\ y \\ z \\ 1 \end{bmatrix}, \quad \boldsymbol{M}_{lr} = [\boldsymbol{R}, \boldsymbol{T}] \tag{10-15}$$

式中，$\boldsymbol{R} = \begin{bmatrix} r_1 & r_2 & r_3 \\ r_4 & r_5 & r_6 \\ r_7 & r_8 & r_9 \end{bmatrix}$ 和 $\boldsymbol{T} = \begin{bmatrix} t_x \\ t_y \\ t_z \end{bmatrix}$ 分别表示 $Oxyz$ 坐标系与 $O_r x_r y_r z_r$ 坐标系之间的旋转矩阵和原点之间的平移变换矢量。

由式（10-13）～式（10-15）可知，坐标系中的空间点在两个摄像机中像面点之间的对应关系为

$$\rho_r \begin{bmatrix} X_r \\ Y_r \\ 1 \end{bmatrix} = \begin{bmatrix} f_r r_1 & f_r r_2 & f_r r_3 & f_r t_x \\ f_r r_4 & f_r r_5 & f_r r_6 & f_r t_y \\ r_7 & r_8 & r_9 & t_z \end{bmatrix} \begin{bmatrix} z X_1 / f_1 \\ z Y_1 / f_1 \\ z \\ 1 \end{bmatrix} \tag{10-16}$$

则空间点的三维坐标可以表示为

$$\left. \begin{aligned} x &= \frac{z X_1}{f} \\ y &= \frac{z Y_1}{f} \\ z &= \frac{f_1 (f_r t_x - X_r t_z)}{X_r (r_7 X_1 + r_8 Y_1 + f_1 r_9) - f_r (r_1 X_1 + r_2 Y_1 + f_1 r_3)} \\ &= \frac{f_1 (f_r t_y - Y_r t_z)}{X_r (r_7 X_1 + r_8 Y_1 + f_1 r_9) - f_r (r_4 X_1 + r_5 Y_1 + f_1 r_6)} \end{aligned} \right\} \tag{10-17}$$

已知焦距 f_1、f_r 和空间点在左右摄像机中的图像坐标 (X_1, Y_1)、(X_r, Y_r)，只需求出旋转矩阵 $\boldsymbol{R}$ 和平移矢量 $\boldsymbol{T}$，就可以得到被测物体点的三维空间坐标。其中 $\boldsymbol{R}$、$\boldsymbol{T}$ 为摄像机的外参，可以通过 MATLAB 标定工具箱对摄像机外参的标定得到。

在双目立体视觉系统中，左右摄像机的外参分别为 R_1、T_1 与 R_r、T_r，其中 R_1、T_1 表示左摄像机与世界坐标系之间的相对位置；R_r、T_r 表示右摄像机与世界坐标系之间的相对位置。对于任意一点，如果它在世界坐标系、左摄像机坐标系和右摄像机坐标系中的非齐次坐标分别为 X_w、X_1 和 X_r，则

$$X_1 = R_1 X_w + T_1, \quad X_r = R_r X_w + T_r \tag{10-18}$$

如果消去 X_w，就可以得到 $X_r = R_r R_1^{-1} X_1 + T_r - R_r R_1^{-1} T_1$。

因此,两个摄像机之间的几何关系 R、T 可以表示为

$$R = R_r R_l^{-1}, \quad T = T_r - R_r R_l^{-1} T_l \qquad (10-19)$$

式(10-19)表明如果对双摄像机分别标定得到 R_l、T_l 和 R_r、T_r,则双摄像机的相对几何位置就可以计算出来。

全局标定的误差源主要是在标定点获取中产生的误差,包括二维像点和三维物点的坐标误差。在对双摄像机分别进行标定时如果出现坐标误差,则对应的旋转矩阵和平移矩阵也会产生相应的变化。

以左摄像机为例,如果标定时 X_l 出现坐标误差,则相应的 R_l、T_l 也可能发生变化。若 X_l 的坐标误差由 R_l、T_l 误差共同产生,则位姿参数变化量 ΔR、ΔT 也会发生变化;若 X_l 的坐标误差仅由 R_l 误差产生,则位姿参数变化量 ΔR、ΔT 都会发生变化;若 X_l 的坐标误差仅由 T_l 误差产生,则位姿参数变化量 ΔR 为 0 但 ΔT 发生变化。同理,可以得到右摄像机的坐标误差对位姿参数变化量的影响。

根据式(10-17)可以得出,空间点三维坐标算法的误差源主要如下:

① 左右摄像机内参的标定误差;

② 左右摄像机外参 R_l、T_l 和 R_r、T_r 的标定误差;

③ 左右摄像机外参求取摄像机之间几何关系的误差。

标定点的二维像点和三维物点的坐标误差的主要来源如下:

① 采用靶标的基准误差,同时影响二维像点坐标和三维物点坐标;

② 采用设备(如经纬仪系统)对合作目标的三维坐标进行观测的误差,仅影响三维物点坐标;

③ 硬件性能误差如 CCD 的分辨率、镜头的畸变、图像采集卡的离散误差等;

④ 相机模型的算法误差;

⑤ 空间环境因素如温度影响产生的误差。

其中摄像机内部结构参数误差和温度影响产生的误差均属于系统误差;摄像机在标定过程中产生的误差则属于随机误差。

视觉位姿测量系统的精度主要取决于输入参数的误差和测量系统对误差的传递。输入参数包括特征点在模型坐标系中的三维坐标、特征点在图像坐标系中的图像坐标和摄像机模型参数三类。

对机械臂视觉位姿测量系统的精度分析,主要是指相对位置和相对位姿的误差和输入参数误差之间的关系。

10.2　位姿精度计算方法

10.2.1　位姿初值的计算

由相机、靶标及左右经纬仪组成实验系统,机械臂相机对靶标进行拍摄,相机的光轴沿 Z 轴的方向。相机与靶标的坐标原点在同一条直线上,左右经纬仪分别放置在相机的左右方向,用于校准相机与靶标的位置,测量靶标上标记点的三维坐标值 (X, Y, Z),如图 10-8 所示。相机沿着移动轨迹进行测量,得到不同距离处靶标上标记点的图像坐标 (u, v) 数据。相

机的内参矩阵 $\boldsymbol{A}$ 通过相机标定得到。

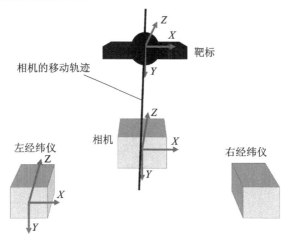

图 10 - 8　位姿测量的实验系统

位姿单目测量的计算公式为

$$s \begin{bmatrix} u \\ v \\ 1 \end{bmatrix} = \boldsymbol{A} [\boldsymbol{R}, \boldsymbol{T}] \begin{bmatrix} X \\ Y \\ Z \\ 1 \end{bmatrix} \tag{10-20}$$

式中，s 表示非零比例因子；$\boldsymbol{A} = \begin{bmatrix} a_x & 0 & u_0 \\ 0 & a_y & v_0 \\ 0 & 0 & 1 \end{bmatrix}$；$[\boldsymbol{R}, \boldsymbol{T}] = \begin{bmatrix} r_1 & r_2 & r_3 & t_x \\ r_4 & r_5 & r_6 & t_y \\ r_7 & r_8 & r_9 & t_z \end{bmatrix}$。

设 $\boldsymbol{M} = \boldsymbol{A}[\boldsymbol{R}, \boldsymbol{T}] = \begin{bmatrix} m_{11} & m_{12} & m_{13} & m_{14} \\ m_{21} & m_{22} & m_{23} & m_{24} \\ m_{31} & m_{32} & m_{33} & m_{34} \end{bmatrix}$，则式（10-20）可以简化为

$$s_i \begin{bmatrix} u_i \\ v_i \\ 1 \end{bmatrix} = \begin{bmatrix} m_{11} & m_{12} & m_{13} & m_{14} \\ m_{21} & m_{22} & m_{23} & m_{24} \\ m_{31} & m_{32} & m_{33} & m_{34} \end{bmatrix} \begin{bmatrix} X_{wi} \\ Y_{wi} \\ Z_{wi} \\ 1 \end{bmatrix} \tag{10-21}$$

式中，(u_i, v_i) 表示第 i 个点的图像坐标；(X_{wi}, Y_{wi}, Z_{wi}) 表示第 i 个特征点在世界坐标系中的坐标；M_{ij} 表示投影矩阵 $\boldsymbol{M}$ 的第 i 行、第 j 列元素。

由式（10-21）可以得到三个方程

$$\left. \begin{aligned} s_i u_i &= m_{11} X_{wi} + m_{12} Y_{wi} + m_{13} Z_{wi} + m_{14} \\ s_i v_i &= m_{21} X_{wi} + m_{22} Y_{wi} + m_{23} Z_{wi} + m_{24} \\ 1 &= m_{31} X_{wi} + m_{32} Y_{wi} + m_{33} Z_{wi} + m_{34} \end{aligned} \right\} \tag{10-22}$$

利用式（10-22）中的第一个方程和第二个方程分别除以第三个方程，消去 s_i 后得到关于 m_{ij} 的两个线性方程

$$\left. \begin{aligned} X_{wi} m_{11} + Y_{wi} m_{12} + Z_{wi} m_{13} + m_{14} - u_i X_{wi} m_{31} - u_i Y_{wi} m_{32} - u_i Z_{wi} m_{33} = u_i m_{34} \\ X_{wi} m_{21} + Y_{wi} m_{22} + Z_{wi} m_{23} + m_{24} - v_i X_{wi} m_{31} - v_i Y_{wi} m_{32} - v_i Z_{wi} m_{33} = v_i m_{34} \end{aligned} \right\}$$

$$\tag{10-23}$$

由式(10-23)可知,若靶标上有 n 个特征点,则可以得到 $2n$ 个方程。这些方程可以简写成

$$Km = U \tag{10-24}$$

M 矩阵乘以任意不为零的常数不影响特征点的世界坐标与图像坐标之间的关系,因此可以令 $m_{34} = 1$。

在式(10-24)中,K 为包含特征点世界坐标及图像坐标的 $2n \times 11$ 维矩阵,m 为未知的 11 维向量,K、U 均为已知量。

当 $2n > 11$ 时,通过最小二乘法求解出

$$m = (K^T K)^{-1} K^T U \tag{10-25}$$

$$M = A[R,T] = \begin{bmatrix} m_{11} & m_{12} & m_{13} & m_{14} \\ m_{21} & m_{22} & m_{23} & m_{24} \\ m_{31} & m_{32} & m_{33} & m_{34} \end{bmatrix} = \begin{bmatrix} a_x & 0 & u_0 \\ 0 & a_y & v_0 \\ 0 & 0 & 1 \end{bmatrix} \begin{bmatrix} r_1 & r_2 & r_3 & t_x \\ r_4 & r_5 & r_6 & t_y \\ r_7 & r_8 & r_9 & t_z \end{bmatrix}$$

$$\tag{10-26}$$

式(10-26)可以改写成

$$m_{34} \begin{bmatrix} m_1^T & m_{14} \\ m_2^T & m_{24} \\ m_3^T & 1 \end{bmatrix} = \begin{bmatrix} \alpha_x & 0 & u_0 & 0 \\ 0 & \alpha_y & v_0 & 0 \\ 0 & 0 & 1 & 0 \end{bmatrix} \begin{bmatrix} R_1^T & t_x \\ R_2^T & t_y \\ R_3^T & t_z \\ 0^T & 1 \end{bmatrix} \tag{10-27}$$

式中,$m_i^T (i=1,2,3)$ 表示求得 m 矩阵中第 i 行前三个元素组成的行向量;R_i^T 表示旋转矩阵 R 的第 i 行,其中 $i=1,2,3$。

$$\begin{bmatrix} R_1 \\ R_2 \\ R_3 \end{bmatrix} = \begin{bmatrix} r_1 & r_2 & r_3 \\ r_4 & r_5 & r_6 \\ r_7 & r_8 & r_9 \end{bmatrix} \tag{10-28}$$

由式(10-27)可得

$$\left. \begin{aligned} R_1 &= \frac{m_{34}}{\alpha_x}(m_1 - u_0 m_3) \\ R_2 &= \frac{m_{34}}{\alpha_y}(m_2 - v_0 m_3) \\ R_3 &= m_{34} m_3 \\ t_x &= \frac{m_{34}}{\alpha_x}(m_{14} - u_0) \\ t_y &= \frac{m_{34}}{\alpha_x}(m_{14} - v_0) \\ t_z &= m_{34} \end{aligned} \right\} \tag{10-29}$$

旋转矩阵 R 与姿态角之间的转换关系可以表示为

$$\left. \begin{aligned} \alpha &= \arctan\left(\frac{r_8}{r_9}\right) \\ \beta &= -\arcsin(r_7) \\ \gamma &= \arctan\left(\frac{r_4}{r_1}\right) \end{aligned} \right\} \tag{10-30}$$

根据式(10-25)～式(10-31)可以求出位姿 $[\boldsymbol{R},\boldsymbol{T}]=[\alpha,\beta,\gamma,t_x,t_y,t_z]$ 的初值。这种方法适用于由 6 个及以上特征点的目标靶标计算位姿的初值。对于 6 个特征点以下的目标靶标,采用这种方法会出现多解的现象,需要另附其他几何约束条件来增加方程的数量,便于求得唯一解。

仿真所需的参数值见表 10-1。

表 10-1　各参数的值

归一化焦距/pixel	$a_x=621.6472, a_y=620.3077$					
主点坐标/pixel	$u_0=579.7956, v_0=452.4307$					
测量距离/mm	图像点坐标 (u,v)/mm					
400	(594.2523, 400.2727) (578.6484, 384.2445) (543.3262, 385.2585) (518.4309, 398.6983) (494.8930, 379.7234) (521.1931, 365.0941) (533.4132, 340.0057) (508.8731, 315.5755) (614.5959, 457.883)					
700	(592.4050, 414.9486) (585.2954, 406.7368) (565.2733, 431.3281) (549.4801, 411.3280) (539.3384, 402.4246) (555.7891, 396.9495) (565.7171, 386.8511) (575.8630, 376.7868) (602.7270, 459.2319)					
1 000	(579.7300, 412.2535) (568.6905, 425.1174) (563.6376, 412.4402) (552.8336, 417.4757) (569.5856, 431.4808) (579.6668, 426.2356) (594.6969, 426.0983) (604.1403, 426.9468) (606.6049, 448.6947)					
1 300	(594.9653, 430.7304) (572.8938, 428.6705) (576.4915, 435.149) (572.258, 443.6605) (569.5236, 441.7075) (573.8817, 432.9371) (576.4081, 423.9325) (573.7667, 421.5476) (620.3269, 435.4085)					
特征点世界坐标/mm (9 个点)	(54.5369, -0.58637, 0.07426) (30.0443, -0.561511, 0.017607) (13.15367, 17.87115, 0.15796) (13.59854, 37.65189, 0.33443) (-14.8691, 38.03793, 0.28339) (-15.2538, 18.09705, 0.131278) (-30.0445, 0.561507, -0.01762) (-57.4358, 0.911196, -0.0207) (-1.46500, -16.1204, -80.2163)					

测量距离/mm	姿态真值/(°)			位置真值/mm		
	α	β	γ	t_x	t_y	t_z
400	0.49315	-1.0173	0.69069	-15.153	-56.885	400.39
700	0.66660	-1.2480	0.69162	-5.7138	-60.940	701.09
1 000	1.0919	-1.7943	0.64636	-6.1404	-66.495	1 005.9
1 300	0.48964	-1.2606	0.77148	-21.440	-70.792	1 313.009

利用 9 个特征点组成的目标靶标在 4 个不同测量距离处的位姿初值,通过上述方法计算得到的结果见表 10-2。

表 10-2　位姿初值

距离/mm	姿态初值/(°)			位置初值/mm		
	α	β	γ	t_x	t_y	t_z
400	0.4999	-0.9789	0.6939	-14.2260	-56.6564	401.7003
700	0.6053	-1.1027	0.7140	-4.3260	-61.1126	697.8849
1 000	0.5713	-0.9615	0.5869	-4.4202	-66.7468	991.2137
1 300	-0.0821	-1.0861	0.6477	-17.8477	-65.4726	1 176.5

10.2.2　非线性优化算法

机械臂在执行位姿测量任务时,视觉相机通过对合作目标表面安装的靶标进行检测、识别和计算,得到特定观测目标与相机之间的相对位姿关系。为了获得高精度的位姿关系,一般需要采用非线性优化算法对求得的位姿初值进行优化。

计算机视觉及摄影测量学中常用的非线性优化算法有最小二乘法、最速下降法、罚函数法、光束法平差、牛顿下山法和 LM(Levenberg – Marquardt)算法。各种非线性优化算法的优缺点及其适用性现状见表 10 – 3。

表 10 – 3　非线性优化算法比较

算法名称	现　状	优　点	缺　点
最小二乘法	最基本的非线性优化算法	估计的性能好	对初始值要求较高,受测量误差的影响较大
最速下降法	求解无约束最优化方法的基础	计算量小,存储变量少,对初始点无特别要求,且全局收敛、线性收敛	收敛速度随迭代点接近极小值变慢,适于开始阶段,效率不高
罚函数法	将有约束非线性规划转化为无约束规划问题	应用范围广,对目标函数要求不高	计算量大,收敛速度慢,罚函数的性态随罚因子趋于极限变差,精确求解难
光束法平差	摄影测量学的重要方法	精度高,抗扰动,可对多方位图像数据进行平差处理,理论体系完整,模型参数完备	对初始值和约束方程的精度要求较高
牛顿下山法	研究非线性方程迭代方法的起点,有许多变形方法	形式简单,收敛快;对初始值要求不高	每次迭代都要求导数的矩阵和逆矩阵,计算量大
LM算法	最小二乘法的修正,应用广泛的无条件约束优化方法	收敛速度快,效率高;迭代步长可调;对过参数化不敏感,能处理冗余参数	需要对每一个待估参数求偏导,参数多的时候计算量大

为了比较各种非线性优化算法的优缺点,下面对牛顿下山法和 LM 算法进行分析,利用 MATLAB 软件编程仿真。

1. 确定目标函数

由 CCD 摄像机透视变换模型可知,空间点 P 经摄像机成像之后,像面坐标和摄像机坐标之间的关系为

$$\frac{u}{x_c} = \frac{f}{z_c} = \frac{v}{y_c} \tag{10 – 31}$$

式中,u 与 v 分别表示像平面坐标系 Ouv 中的坐标;x_c、y_c 与 z_c 分别表示摄像机坐标系 $O_c x_c y_c z_c$ 中的坐标;f 表示摄像机成像镜头的有效焦距,$f = (a_x, a_y)$。

考虑到主点坐标 (u_0, v_0),式(10 – 31)可以改写为

$$\frac{u - u_0}{x_c} = \frac{a_x}{z_c}, \quad \frac{v - v_0}{y_c} = \frac{a_y}{z_c} \tag{10 – 32}$$

P 点在目标坐标系 $O_w x_w y_w z_w$ 中的坐标 $P(x_w, y_w, z_w)$ 与在摄像机坐标系 $O_c x_c y_c z_c$ 中

的坐标 $P(x_c, y_c, z_c)$ 之间的关系为

$$\begin{bmatrix} x_c \\ y_c \\ z_c \end{bmatrix} = \boldsymbol{R} \begin{bmatrix} x_w \\ y_w \\ z_w \end{bmatrix} + \boldsymbol{T} \qquad (10-33)$$

式中，$\boldsymbol{R} = \begin{bmatrix} r_1 & r_2 & r_3 \\ r_4 & r_5 & r_6 \\ r_7 & r_8 & r_9 \end{bmatrix}$ 表示旋转矩阵；$\boldsymbol{T} = \begin{bmatrix} t_x \\ t_y \\ t_z \end{bmatrix}$ 表示平移矢量。

　　旋转矩阵 $\boldsymbol{R}$ 和平移矢量 $\boldsymbol{T}$ 分别表示摄像机坐标系相对于世界坐标系的角度和位置。$\boldsymbol{R}$ 也可以用三个旋转角表示，分别为俯仰角 α、方位角 β 和滚转角 γ。这三个角度描述世界坐标系相对于摄像机坐标系的三维位姿。根据欧拉定理，三维位姿以 xyz 内序的形式进行旋转。

　　旋转矩阵 $\boldsymbol{R}$ 由下式计算出来：

$$\boldsymbol{R} = R_3 R_2 R_1 = \begin{bmatrix} r_1 & r_2 & r_3 \\ r_4 & r_5 & r_6 \\ r_7 & r_8 & r_9 \end{bmatrix}$$

$$= \begin{bmatrix} \cos\gamma\cos\beta & -\sin\gamma\cos\alpha + \cos\gamma\sin\beta\sin\alpha & \sin\gamma\sin\alpha + \cos\gamma\sin\beta\cos\alpha \\ \sin\gamma\cos\beta & \cos\gamma\cos\alpha + \sin\gamma\sin\beta\sin\alpha & -\cos\gamma\sin\alpha + \sin\gamma\sin\beta\cos\alpha \\ -\sin\beta & \cos\beta\sin\alpha & \cos\beta\cos\alpha \end{bmatrix}$$
$$(10-34)$$

　　由式（10-32）和式（10-33）可得

$$\left. \begin{aligned} u - u_0 - a_x \cdot \frac{r_1 x_w + r_2 y_w + r_3 z_w + t_x}{r_7 x_w + r_8 y_w + r_9 z_w + t_z} = 0 \\ v - v_0 - a_y \cdot \frac{r_4 x_w + r_5 y_w + r_6 z_w + t_y}{r_7 x_w + r_8 y_w + r_9 z_w + t_z} = 0 \end{aligned} \right\} \qquad (10-35)$$

由式（10-34）和式（10-35）可得

$$\left. \begin{aligned} u - u_0 - a_x \cdot \frac{\cos\gamma\cos\beta x_w + (-\sin\gamma\cos\alpha + \cos\gamma\sin\beta\sin\alpha)y_w + (\sin\gamma\sin\alpha + \cos\gamma\sin\beta\cos\alpha)z_w + t_x}{-\sin\beta x_w + (\cos\beta\sin\alpha)y_w + \cos\beta\cos\alpha z_w + t_z} = 0 \\ v - v_0 - a_y \cdot \frac{\sin\gamma\cos\beta x_w + (\cos\gamma\cos\alpha + \sin\gamma\sin\beta\sin\alpha)y_w + (-\cos\gamma\sin\alpha + \sin\gamma\sin\beta\cos\alpha)z_w + t_y}{-\sin\beta x_w + (\cos\beta\sin\alpha)y_w + \cos\beta\cos\alpha z_w + t_z} = 0 \end{aligned} \right\}$$
$$(10-36)$$

　　由式（10-36）得到目标方程为

$$\left. \begin{aligned} (u - u_0)(-\sin\beta x_w + (\cos\beta\sin\alpha)y_w + (\cos\beta\cos\alpha)z_w + t_z) - a_x[(\cos\gamma\cos\beta)x_w + \\ (-\sin\gamma\cos\alpha + \cos\gamma\sin\beta\sin\alpha)y_w + (\sin\gamma\sin\alpha + \cos\gamma\sin\beta\cos\alpha)z_w + t_x] = 0 \\ (v - v_0)(-\sin\beta x_w + (\cos\beta\sin\alpha)y_w + (\cos\beta\cos\alpha)z_w + t_z) - a_y[(\sin\gamma\cos\beta)x_w + \\ (\cos\gamma\cos\alpha + \sin\gamma\sin\beta\sin\alpha)y_w + (-\cos\gamma\sin\alpha + \sin\gamma\sin\beta\cos\alpha)z_w + t_y] = 0 \end{aligned} \right\}$$
$$(10-37)$$

2. 非线性优化算法

（1）牛顿下山法

牛顿法的收敛性依赖于初值 x_0 的选取，如果 x_0 偏离所求的根 x^* 比较远，那么牛顿法可

能发散。如果对迭代过程另外附加一个单调性的要求

$$|f(x_{k+1})| < |f(x_k)| \qquad (10-38)$$

则满足这个要求的算法称为下山法。

利用下山法保证函数值的稳定下降,牛顿法则加快了收敛的速度。牛顿法与下山法的这种结合称为牛顿下山法。

$$x_{k+1} = x_k - \lambda \frac{f(x_k)}{f'(x_k)} \qquad (10-39)$$

式中,λ 表示下山因子,$0<\lambda<1$。

下山因子从 $\lambda=1$ 开始,逐次将 λ 减半计算,直到使下降条件成立为止。

基于牛顿下山法优化求解目标位姿参数的流程如图 10-9 所示。

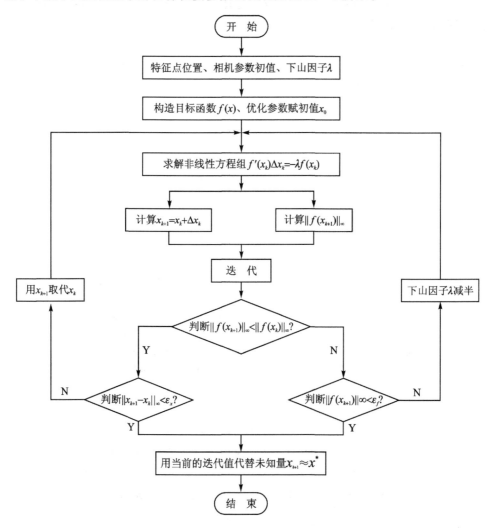

图 10-9 牛顿下山法优化求解目标位姿参数的流程

用 $G(F(k))$ 表示目标函数方程,$\boldsymbol{F}^{(k)} = [\alpha,\beta,\gamma,t_x,t_y,t_z]$ 表示待优化的参数,得到牛顿下山法的迭代方程为

$$\boldsymbol{F}^{(k+1)} = \boldsymbol{F}^{(k)} - \lambda \boldsymbol{G}'(\boldsymbol{F}^{(k)})^{-1} \boldsymbol{G}(\boldsymbol{F}^{(k)}) \qquad (10-40)$$

式中,λ 表示下山因子。

$$\boldsymbol{G}'(\boldsymbol{F}^{(k)}) = \left[\begin{matrix} \dfrac{\partial G_{11}}{\partial F} & \dfrac{\partial G_{12}}{\partial F} & \dfrac{\partial G_{21}}{\partial F} & \dfrac{\partial G_{22}}{\partial F} & \dfrac{\partial G_{n1}}{\partial F} & \dfrac{\partial G_{n2}}{\partial F} \end{matrix}\right]^{\mathrm{T}} \quad (10-41)$$

（2）LM 算法

LM 算法可以看作最速下降法和 Gauss - Newton 法的结合,是对最小二乘法的一种修正。如果当前值与真值差距很大,则该方法类似于最速下降法;如果当前值与真值接近,则该方法类似于 Gauss - Newton 法。LM 算法也是对最小二乘法的修正,可以避免最小二乘中 $\boldsymbol{A}_k^{\mathrm{T}}\boldsymbol{A}_k$ 为病态矩阵的情况。在 LM 算法中,下降方向由下式给出:

$$d^{(k)} = -(\boldsymbol{A}_k^{\mathrm{T}}\boldsymbol{A}_k + \alpha_k \boldsymbol{I})^{-1}\boldsymbol{A}_k^{\mathrm{T}}\boldsymbol{f}^{(k)} \quad (10-42)$$

目标函数方程如式(10-37)所示,优化参数为 $[\alpha, \beta, \gamma, t_x, t_y, t_z]$。

LM 算法的流程如图 10-10 所示。

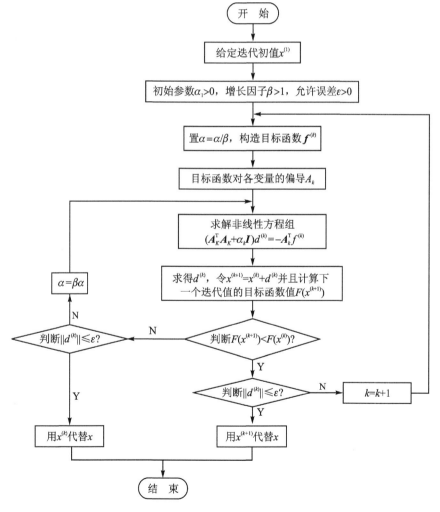

图 10-10　LM 算法的迭代流程

LM 算法的具体步骤如下:

① 给定初始点 $x^{(1)}$、初始参数 $\alpha_1 > 0$、增长因子 $\beta > 1$ 和允许误差 $\varepsilon > 0$,计算出 $F(x^{(1)})$。

令 $\alpha = \alpha_1, k = 1$。

② 令 $\alpha = \alpha/\beta$，计算出

$$\boldsymbol{f}^{(k)} = [f_1(x^{(k)}), \cdots, f_m(x^{(k)})]^{\mathrm{T}} \tag{10-43}$$

$$\boldsymbol{A}_k = \begin{bmatrix} \dfrac{\partial f_1(x^{(k)})}{\partial x_1} & \cdots & \dfrac{\partial f_1(x^{(k)})}{\partial x_n} \\ \vdots & & \vdots \\ \dfrac{\partial f_m(x^{(k)})}{\partial x_1} & \cdots & \dfrac{\partial f_m(x^{(k)})}{\partial x_n} \end{bmatrix} \tag{10-44}$$

③ 解方程

$$(\boldsymbol{A}_k^{\mathrm{T}} \boldsymbol{A}_k + \alpha_k \boldsymbol{I}) d^{(k)} = -\boldsymbol{A}_k^{\mathrm{T}} \boldsymbol{f}^{(k)} \tag{10-45}$$

求出方向 $d^{(k)}$，令

$$x^{(k+1)} = x^{(k)} + d^{(k)} \tag{10-46}$$

④ 计算出 $F(x^{(k+1)})$。若

$$F(x^{(k+1)}) < F(x^{(k)}) \tag{10-47}$$

则转到步骤⑥；否则，进行步骤⑤。

⑤ 若 $\| \boldsymbol{A}_k^{\mathrm{T}} \boldsymbol{f}^{(k)} \| \leqslant \varepsilon$，则停止计算，得到解 $\bar{x} = x^{(k)}$；否则，令 $\alpha = \beta\alpha$，转到步骤③。

⑥ 若 $\| \boldsymbol{A}_k^{\mathrm{T}} \boldsymbol{f}^{(k)} \| \leqslant \varepsilon$，则停止计算，得到解 $\bar{x} = x^{(k+1)}$；否则，令 $k = k+1$，返回步骤②。

10.2.3 位姿精度的计算

假设 $[\boldsymbol{R}_0, \boldsymbol{T}_0] = [\alpha_0, \beta_0, \gamma_0, t_{x0}, t_{y0}, t_{z0}]$ 为给定位姿真值，$[\boldsymbol{R}, \boldsymbol{T}] = [\alpha, \beta, \gamma, t_x, t_y, t_z]$ 为利用非线性优化算法得到的位姿优化值，用位姿优化值减去位姿真值得到位姿误差为 $[\Delta \boldsymbol{R}, \Delta \boldsymbol{T}] = [\boldsymbol{R}, \boldsymbol{T}] - [\boldsymbol{R}_0, \boldsymbol{T}_0]$。

利用各初始参数值和位姿参数初值进行仿真实验，给出不同特征点的个数、不同距离以及两种不同非线性优化算法的位姿初值优化结果及位姿精度的计算结果。

分别讨论两种非线性优化算法在不同特征点个数和不同测量距离情况下的仿真试验情况。

1. 牛顿下山法仿真试验

(1) 不同特征点个数的位姿计算误差

在 $L = 700$ mm 处，对目标特征点个数不同时的位姿及其误差进行仿真计算。为了分析初值对两种优化算法精度的影响，利用 6 个特征点以上的位姿初值计算方法，得到 3～9 个特征点的位姿初值。位姿优化值与位姿误差值见表 10-4，其中 k 表示特征点的个数。

当特征点为 3～5 时，个别位姿参数的计算误差比较大。

对于不同的特征点个数，牛顿下山法趋于稳定时的迭代次数以及 du、dv 的值见表 10-5。其中 $du = u' - u$，$dv = v' - v$；u'、v' 是将优化得到的位姿值代入式(10-20)中计算出的图像坐标值；u、v 是由位姿真值解算的图像坐标。如果 du 和 dv 的值比较小，则说明求得的位姿就是方程组的解。当最小二乘法计算出的位姿初值不准确时，通过牛顿下山法不能迭代得到理想的位姿值，导致非线性方程组存在多解。实验表明，当至少有一个特征点异面时，位姿计算误差明显减小；当只有一个特征点异面时，增加特征点的数量对位姿计算精度基本没有

影响。

表 10 - 4　不同特征点数下的位姿优化值与误差值

距离 L=700 mm		α/(°)	β/(°)	γ/(°)	t_x/mm	t_y/mm	t_z/mm
位姿真值		0.666 6	−1.248	0.691 62	−5.713 8	−60.94	701.09
k=3	位姿	0.614 24	24.025 0	6.997 15	−4.337 2	−61.269	699.668
	绝对误差	0.052 36	25.273	6.305 53	1.376 6	0.329	1.422
k=4	位姿	−5.668 95	−1.107 74	0.713 97	−4.337 1	−64.464	743.886
	绝对误差	6.335 55	0.140 3	0.022 35	1.376 7	3.524	42.796
k=5	位姿	−0.596 65	0.984 37	0.831 54	−6.150 4	−61.268 4	699.664
	绝对误差	1.263 25	2.232 38	0.139 92	0.436 6	0.328 4	1.426
k=6	位姿	0.614 24	−1.107 8	0.713 97	−4.337 06	−61.268	699.664
	绝对误差	0.052 36	0.140 2	0.022 35	1.376 74	0.328	1.426
k=7	位姿	0.614 24	−1.107 8	0.713 965	−4.337 07	−61.269	699.664
	绝对误差	0.052 36	0.140 2	0.022 34	1.376 73	0.329	1.426
k=8	位姿	0.614 24	−1.107 7	0.713 966	−4.337 06	−61.269	699.664
	绝对误差	0.052 36	0.140 3	0.022 34	1.376 73	0.329	1.426
k=9	位姿	0.614 24	−1.107 7	0.713 966	−4.337 07	−61.269	699.664
	绝对误差	0.052 36	0.140 3	0.022 34	1.376 74	0.329	1.426

表 10 - 5　牛顿下山法在不同特征点的迭代次数

特征点个数	迭代次数	du	dv
k=3	46	0.000 16	0.001 64
k=4	23	0.882 22	2.040 70
k=5	51	7.508 88	5.509 84
k=6	2	0.009 70	0.019 03
k=7	3	0.009 70	0.019 04
k=8	2	0.009 70	0.019 05
k=9	2	0.010 08	0.019 08

（2）不同测量距离处的位姿精度

选取目标特征点的个数为 k=9，利用牛顿下山法仿真计算在不同测量距离 400 mm、700 mm、1 000 mm 和 1 300 mm 处的位姿优化值及其误差，见表 10 - 6。

在 9 个特征点的情况下，牛顿下山算法的优化精度很好，在各距离处的位置误差满足工程精度要求 L×1%，姿态误差也满足工程精度要求 1.2°。位姿精度随着测量距离的增大而变大。

表 10 - 6　在不同测量距离处的位姿精度计算结果

测量距离 L/mm		α/(°)	β/(°)	γ/(°)	t_x/mm	t_y/mm	t_z/mm
400	真值	0.493 15	−1.017 3	0.690 69	−15.153	−56.885	400.39
	位姿	0.496 43	−0.975 99	0.693 926	−14.198 2	−56.545 9	400.917
	绝对误差	0.003 28	0.041 31	0.003 24	0.954 8	0.339 1	0.527
700	真值	0.666 6	−1.248	0.691 62	−5.713 8	−60.94	701.09
	位姿	0.614 24	−1.107 8	0.713 966	−4.337 07	−61.268	699.664
	绝对误差	0.052 36	0.140 2	0.022 34	1.376 74	0.328	1.426
1 000	真值	1.091 9	−1.794 3	0.646 36	−6.140 4	−66.495	1 005.9
	位姿	0.590 58	−2.166 56	0.586 93	−4.461 9	−67.376 3	1 000.6
	绝对误差	0.501 32	0.372 26	0.059 43	1.678 5	0.881 3	5.300 0
1 300	真值	0.489 64	−1.260 6	0.771 48	−21.44	−70.792	1 313.009
	位姿	−0.195 592	−1.362 18	0.647 613	−19.723	−72.353 2	1 300.100
	绝对误差	0.685 23	0.101 58	0.123 87	1.716 7	1.561 2	12.909

2. LM 算法仿真试验

（1）不同特征点个数的位姿计算误差

在 $L=700$ mm 处，利用 LM 算法对特征点个数不同时的位姿及其误差进行仿真计算，见表 10 - 7。其中 k 表示特征点的个数。

表 10 - 7　不同特征点数下的位姿优化值及其误差

测量距离 $L=700$ mm		α/(°)	β/(°)	γ/(°)	t_x/mm	t_y/mm	t_z/mm
位姿真值		0.666 6	−1.248	0.691 62	−5.713 8	−60.94	701.09
$k=3$	位姿	−0.423 49	−5.208 5	0.923 35	−3.117 57	−61.590	720.456
	绝对误差	1.090 09	3.960 5	0.231 73	−2.596 23	0.650	19.366
$k=4$	位姿	−0.414 08	−5.237 7	0.907 71	−3.793 9	−63.694	741.262
	绝对误差	1.080 68	3.989 7	0.216 09	1.919 9	2.754	40.172
$k=5$	位姿	6.758 17	−7.263 7	−2.306 25	6.159 81	64.528	−743.820
	绝对误差	6.091 57	6.015 7	2.997 87	11.873 6	125.468	1 444.91
$k=6$	位姿	0.614 24	−1.107 8	0.713 966	−4.337 06	−61.268	699.664
	绝对误差	0.052 36	0.140 2	0.022 35	1.376 74	0.328	1.426
$k=7$	位姿	0.614 24	−1.107 7	0.713 965	−4.337 07	−61.268	699.664
	绝对误差	0.052 36	0.140 3	0.022 34	1.376 73	0.328	1.426
$k=8$	位姿	0.614 24	−1.107 7	0.713 966	−4.337 06	−61.268	699.664
	绝对误差	0.052 36	0.140 3	0.022 35	1.376 74	0.328	1.426
$k=9$	位姿	0.614 24	−1.107 7	0.713 966	−4.337 07	−61.268	699.664
	绝对误差	0.052 36	0.140 3	0.022 35	1.376 73	0.328	1.426

当特征点取 3～5 时,位姿计算误差比较大。

在不同特征点处的迭代次数见表 10-8。如果 du 与 dv 的值比较小,则说明求得的位姿就是方程组的解。由于非线性方程组存在多解,当最小二乘法计算出的位姿初值不准确时,通过 LM 算法不能迭代到理想的位姿值。实验表明,当至少有一个特征点异面时,位姿计算误差明显减小。增加特征点的数量对位姿计算精度基本没有影响。

表 10-8　LM 算法在不同特征点的迭代次数

特征点个数	迭代次数	du	dv
$k=3$	117	0.043 62	0.443 55
$k=4$	86	0.882 22	2.040 70
$k=5$	146	7.451 48	5.417 46
$k=6$	4	0.009 70	0.019 03
$k=7$	6	0.009 70	0.019 04
$k=8$	5	0.009 701	0.019 05
$k=9$	3	0.010 077	0.019 082

将表 10-5 的牛顿下山法与表 10-8 的 LM 算法迭代次数进行比较,可以发现在初值相同时,LM 算法比牛顿下山法需要更多的迭代次数。

(2) 不同测量距离处的位姿精度

选取目标特征点的个数 $k=9$,利用 LM 算法仿真不同测量距离处的位姿及其误差见表 10-9。

表 10-9　不同测量距离处的位姿优化值与误差

测量距离 L/mm		α/(°)	β/(°)	γ/(°)	t_x/mm	t_y/mm	t_z/mm
400	真值	0.493 15	−1.017 3	0.690 69	−15.153	−56.885	400.39
	位姿	0.496 43	−0.975 99	0.693 926	−14.198 2	−56.545 9	400.917
	绝对误差	0.003 28	0.041 31	0.003 24	0.954 8	0.339 1	0.527
700	真值	0.666 6	−1.248	0.691 62	−5.713 8	−60.94	701.09
	位姿	0.614 24	−1.107 8	0.713 966	−4.337 07	−61.268	699.664
	绝对误差	0.052 36	0.140 2	0.022 35	1.376 73	0.328	1.426
1 000	真值	1.091 9	−1.794 3	0.646 36	−6.140 4	−66.495	1 005.9
	位姿	0.590 58	−2.166 56	0.586 935	−4.461 86	−67.376 3	1 000.56
	绝对误差	0.501 31	0.372 26	0.059 425	1.678 54	0.881 3	5.34
1 300	真值	0.489 64	−1.260 6	0.771 48	−21.44	−70.792	1 313.009
	位姿	−0.195 592	−1.362 18	0.647 613	−19.723	−72.353 2	1 300.100
	绝对误差	0.685 232	0.101 58	0.123 867	1.717	1.561 2	12.909

在 9 个特征点的情况下,LM 算法的优化精度很好,各距离处的位置误差满足工程精度要求 $L×1\%$,姿态误差也满足工程精度要求 1.2°。位姿精度随着测量距离的增大而变大。

取测量距离为 $L=700$ mm,特征点个数为 $k=9$,比较两种非线性优化算法的位姿优化值及其误差,见表 10-10。

表 10-10　不同非线性优化算法计算的位姿优化值及误差

优化算法	类别	$A/(°)$	$B/(°)$	$\Gamma/(°)$	t_x/mm	t_y/mm	t_z/mm
优化算法	真值	0.666 6	−1.248	0.691 62	−5.713 8	−60.94	701.09
LM算法	位姿	0.614 24	−1.107 7	0.713 966	−4.337 07	−61.268	699.664
LM算法	绝对误差	0.052 36	0.140 3	0.022 35	1.376 73	0.328	1.426
牛顿下山法	位姿	0.614 24	−1.107 7	0.713 966	−4.337 07	−61.268 4	699.664
牛顿下山法	绝对误差	0.052 36	0.140 3	0.022 34	1.376 74	0.328 4	1.426

可以看出,两种非线性优化算法在 $k=9$、$L=700$ mm 处的优化精度相差不大;在不同参数处的优化精度各有好坏,没有哪一种算法的优化精度绝对优于另一种算法。

将两种非线性优化算法计算得到不同距离或不同特征点的位姿优化值与位姿真值进行比较,就可以得到位姿的精度。对不同距离、不同特征点数及不同非线性优化算法得到的位姿精度进行分析可知,位姿误差随着测量距离的增加而增大;对于 3~5 个特征点模型,由最小二乘法求得的位姿初值不准确,需要增加更多的约束条件。对于 6 个及 6 个以上特征点的模型,初值求解方法可行;当至少有一个点异面时,优化精度最好。牛顿下山法与 LM 算法的优化精度接近一致,LM 算法比牛顿下山法对初值的要求更高。

10.3　位姿精度影响因素分析

10.3.1　测量距离与姿态精度的关系

1. 实验数据的小样本分析

空间实验平台中的测量环境苛刻,实验的次数受到严重限制,很难获取大量的观测数据。这里将灰色预测模型、灰色关联度分析与曲线拟合有机地结合起来,对测量距离与位置精度之间的关系进行拟合,如图 10-11 所示。

(1) 不同距离处位置精度数据的灰色预测

将 n 个不同距离处测得的位置精度数据构成原始序列为

$$X^{(0)}=\{x^{(0)}(1),x^{(0)}(2),\cdots,x^{(0)}(n)\} \tag{10-48}$$

式中,$x^{(0)}(k)\geqslant 0,k=1,2,\cdots,n$。

若 $x^{(0)}(k)<0,k=1,2,\cdots,n$,则有

$$X^{(0)}=\{x^{(0)}(k)+c\},\quad k=1,2,\cdots,n \tag{10-49}$$

式中,c 表示常数,使 $x^{(0)}(k)+c\geqslant 0$。

灰色预测的具体步骤如下:

步骤 1:对原始数列进行处理,得到新序列。

引入二阶弱化算子 D^2,令

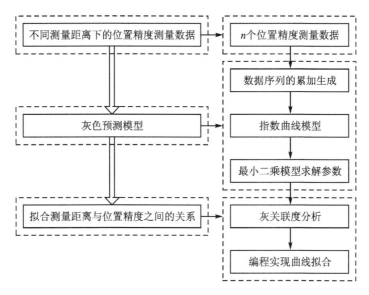

图 10-11　测量距离与位置精度关系的拟合

$$X^{(0)}D = \{x^{(0)}(1)d, x^{(0)}(2)d, \cdots, x^{(0)}(n)d\} \tag{10-50}$$

$$X^{(0)}D^2 = \{x^{(0)}(1)d^2, x^{(0)}(2)d^2, \cdots, x^{(0)}(n)d^2\} \tag{10-51}$$

在式(10-50)中,

$$x^{(0)}(k)d = \frac{1}{n-k+1}\left[x^{(0)}(k) + x^{(0)}(k+1) + \cdots + x^{(0)}(n)\right], \quad k=1,2,\cdots,n \tag{10-52}$$

在式(10-51)中,

$$x^{(0)}(k)d^2 = \frac{1}{n-k+1}\left[x^{(0)}(k)d + x^{(0)}(k+1)d + \cdots + x^{(0)}(n)d\right], \quad k=1,2,\cdots,n \tag{10-53}$$

得到的新序列为

$$X'X^{(0)}D^2 = \{x'(1), x'(2), \cdots, x'(n)\} \tag{10-54}$$

步骤 2:求参数 a、b 的值。

X' 的原始序列为

$$X'^{(0)} = \{x'^{(0)}(1), x'^{(0)}(2), \cdots, x'^{(0)}(n)\} \tag{10-55}$$

X' 的累加生成序列 $X'^{(1)}$ 为

$$X'^{(1)} = \{x'^{(1)}(1), x'^{(1)}(2), \cdots, x'^{(1)}(n)\} \tag{10-56}$$

在式(10-56)中, $x'^{(1)}(k) = \sum_{i=1}^{k} x'^{(0)}(i), k=1,2,\cdots,n$。

故

$$d(k) = x'^{(0)}(k) = x'^{(1)}(k) - x'^{(1)}(k-1) \tag{10-57}$$

$Z'^{(1)}$ 表示 $X'^{(1)}$ 的紧邻均值生成序列

$$Z'^{(1)} = \{z'^{(1)}(2), z'^{(1)}(3), \cdots, z'^{(1)}(n)\} \tag{10-58}$$

式中, $z'^{(1)}(k) = 0.5x'^{(1)}(k) + 0.5x'^{(1)}(k-1), k=2,3,\cdots,n$。

灰色模型由微分方程描述：

$$d(k) + az'^{(1)}(k) = b, \quad 即 \quad x'^{(0)}(k) + az'^{(1)}(k) = b \tag{10-59}$$

式中，a 表示发展系数；b 表示灰色作用量。

当 $k = 2, 3, \cdots, n$ 时，式(10-59)变为

$$\left.\begin{array}{c} x'^{(0)}(2) + az'^{(1)}(2) = b \\ x'^{(0)}(3) + az'^{(1)}(3) = b \\ \vdots \\ x'^{(0)}(n) + az'^{(1)}(n) = b \end{array}\right\} \tag{10-60}$$

令 $\boldsymbol{Y} = \{x'^{(0)}(2), x'^{(0)}(3), \cdots, x'^{(0)}(n)\}^{\mathrm{T}}$，$\boldsymbol{u} = (a, b)^{\mathrm{T}}$，$\boldsymbol{B} = \begin{bmatrix} -z'^{(1)}(2) & 1 \\ -z'^{(1)}(3) & 1 \\ \vdots & \vdots \\ -z'^{(1)}(n) & 1 \end{bmatrix}$，该模型可由

矩阵方程表示为

$$\boldsymbol{Y} = \boldsymbol{Bu} \tag{10-61}$$

利用最小二乘法估计出参数 a、b 的值为

$$\hat{\boldsymbol{u}} = (\hat{a}, \hat{b})^{\mathrm{T}} = (\boldsymbol{B}^{\mathrm{T}}\boldsymbol{B})^{-1}\boldsymbol{B}^{\mathrm{T}}\boldsymbol{Y} \tag{10-62}$$

步骤 3：构造预测模型。

预测模型为

$$\left.\begin{array}{c} \hat{x}^{(1)}(k+1) = \left[x^{(0)}(1) - \dfrac{b}{a}\right]\mathrm{e}^{-ak} + \dfrac{b}{a}, \quad k = 1, 2, \cdots, n \\ \hat{x}^{(0)}(k+1) = \hat{x}^{(1)}(k+1) - \hat{x}^{(1)}(k), \end{array}\right\} \tag{10-63}$$

根据预测模型的数据得到预测序列为

$$\hat{X} = \{\hat{x}(1), \hat{x}(2), \cdots, \hat{x}(n)\} \tag{10-64}$$

步骤 4：预测精度的评定。

残差序列

$$\begin{aligned} \varepsilon^{(0)} &= \{\varepsilon^{(0)}(1), \varepsilon^{(0)}(2), \cdots, \varepsilon^{(0)}(n)\} \\ &= \{[\hat{x}(1) - x'^{(0)}(1)], [\hat{x}(2) - x'^{(0)}(2)], \cdots, [\hat{x}(n) - x'^{(0)}(n)]\} \end{aligned} \tag{10-65}$$

相对误差序列

$$\Delta = \left\{\left|\frac{\varepsilon^{(0)}(1)}{x'^{(0)}(1)}\right|, \left|\frac{\varepsilon^{(0)}(2)}{x'^{(0)}(2)}\right|, \cdots, \left|\frac{\varepsilon^{(0)}(n)}{x'^{(0)}(n)}\right|\right\} \tag{10-66}$$

平均相对误差

$$\bar{\Delta} = \frac{1}{n}\sum_{k=1}^{n}\Delta_k \tag{10-67}$$

(2) 位置精度的灰关联分析

将不同距离处测得的位置坐标误差 Δt_x 作为序列 X_i，Δt_y 为序列 X_j，Δt_z 为序列 X_k。三个序列的长度相同，分别计算这三个序列中两两之间的灰色绝对关联度。

假设序列可以表示为下式的形式：

$$X_m = \{x_m(1), \cdots, x_m(n), \cdots, x_m(N)\}, \quad m = i, j, k \tag{10-68}$$

式中,$x_m(n)$表示 X 的 n 次测量值;n 表示当前测量的组数;N 表示样本的总数。

灰色绝对关联度的计算步骤如下:

步骤 1:任取两个序列如 X_i,X_j,用序列中的每一项减去序列中的第一项,分别得到这两个序列的初始零化像 X_i^0,X_j^0。

$$X_i^0 = \{x_i^0(1),x_i^0(2),x_i^0(3),\cdots,x_i^0(n)\}$$
$$= \{x_i(1)-x_i(1),x_i(2)-x_i(1),\cdots,x_i(n)-x_i(1)\} \quad (10-69)$$

$$X_j^0 = \{x_j^0(1),x_j^0(2),x_j^0(3),\cdots,x_j^0(n)\}$$
$$= \{x_j(1)-x_j(1),x_j(2)-x_j(1),\cdots,x_j(n)-x_j(1)\} \quad (10-70)$$

步骤 2:计算 $|s_i|$、$|s_i|$ 和 $|s_i-s_j|$。

$$|s_i| = \left| \sum_{k=1}^{n-1} x_i^0(k) + \frac{1}{2} x_i^0(n) \right| \quad (10-71)$$

$$|s_j| = \left| \sum_{k=1}^{n-1} x_j^0(k) + \frac{1}{2} x_j^0(n) \right| \quad (10-72)$$

$$|s_i-s_j| = \left| \sum_{k=1}^{n-1} \left[x_i^0(k) - x_j^0(k) \right] + \frac{1}{2} \left[x_i^0(n) - x_j^0(n) \right] \right| \quad (10-73)$$

步骤 3:计算灰色绝对关联度 ε_{ij}。

$$\varepsilon_{ij} = \frac{1 + |s_i| + |s_j|}{1 + |s_i| + |s_j| + |s_i-s_j|} \quad (10-74)$$

两个序列之间的灰色绝对关联度取值范围在 0~1 之间。如果 $0.6 < \varepsilon_{ij} \leqslant 1$,则说明两个序列有显著的关联性;如果 $0 < \varepsilon_{ij} < 0.5$,则说明两个序列之间的关联度可以忽略;如果 $0.5 \leqslant \varepsilon_{ij} \leqslant 0.6$,则说明两个序列之间的关联度不显著。

2. 实验分析

选取不同距离处测得的三个位置坐标误差进行实验分析,原始数据如图 10-12 所示。

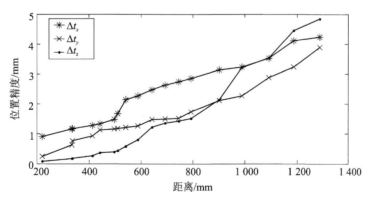

图 10-12　原始实验数据

在不同距离处测得的位置精度数据(Δt_x,Δt_y,Δt_z)有 18 组($n=18$),无法满足三元三阶多项式拟合至少要有 21 组数据量的要求。

可以利用灰色预测模型扩充样本量。这种方法在等间隔位置预测下一等间隔数据的效果最好,但在工程测量中不能保证每次都在等间隔的位置进行测量,需要基于非等间隔序列来建立等间隔序列模型。利用测量距离分别为 496 mm、413 mm 和 335 mm 处的 3 组位置精度数据来预测距离为 253 mm 处的数据,此时 $n=3$。利用测量距离为 542 mm、587 mm、642 mm、691 mm、745 mm、793 mm 处的 6 组数据来预测距离 845 mm 处的数据,此时 $n=6$。在距离 1 388 mm 处的数据可以由距离为 792 mm、904 mm、988 mm、1 092 mm、1 188 mm、1 287 mm 处的 6 组数据预测得到,此时 $n=6$。

　　如图 10-13 所示,黑色圈处的数据为 253 mm、845 mm、1 388 mm 处的数据,是通过小样本灰色预测模型得到的。

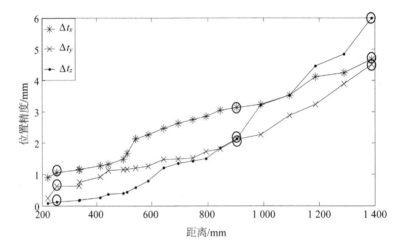

图 10-13　3 组小样本灰色预测模型的数据

　　对预测前后数据的变化趋势进行比较,如图 10-14 所示。其中实线代表预测前的数据,虚线代表预测后的数据。可以看出预测前后数据的变化趋势保持一致。

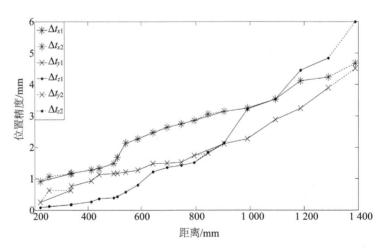

图 10-14　预测前后数据的变化趋势

　　利用平均相对误差对小样本数据预测方法的精度进行评定,可以分为 1 级(小于0.01%)、2 级(0.01%~0.05%)、3 级(0.05%~0.10%)和 4 级(大于 0.10%)精度。在实验中预测 9 个数据,其中 6 个数据达到 1 级精度,3 个数据达到 2 级精度,见表 10 - 11。

表 10 - 11 数据预测的精度评定

距离/mm	坐标轴测量误差		平均相对误差/%
	坐标轴	平均误差/mm	
253	Δt_x	1.063 1	0.000 1
	Δt_y	0.621 4	0.000 2
	Δt_z	0.122 1	0.000 1
845	Δt_x	3.050 2	0.002 0
	Δt_y	1.812 3	0.008 0
	Δt_z	1.842 8	0.030 0
1 388	Δt_x	4.671 3	0.012 0
	Δt_y	4.506 8	0.006 9
	Δt_z	5.998 1	0.045 0

在两个序列之间进行灰色绝对关联度计算。灰色绝对关联度的计算结果均在 0.9 以上,如表 10 - 12 所列,表明这三个位置坐标误差的关联性显著。

表 10 - 12 位置坐标误差的灰色绝对关联度计算结果

类 别	Δt_x	Δt_y	Δt_z
Δt_x	1	0.976 5	0.999 2
Δt_y	0.976 5	1	0.977 2
Δt_z	0.999 2	0.977 2	1

将三个位置坐标误差 Δt_x、Δt_y、Δt_z 作为整体与测量距离进行曲线拟合。考虑到三个位置坐标误差各自与测量距离之间关系的变化趋势基本呈现为线性,如图 10 - 15 所示,可以将拟合曲线设为三元三阶多项式的形式。

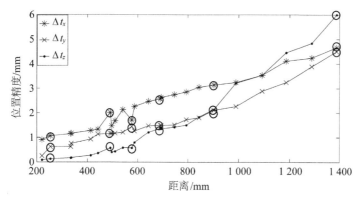

图 10 - 15 6 组小样本灰色预测模型的数据

　　三元三阶多项式的拟合至少需要 21 组数据,灰色预测方法至少需要 3 个数据来预测 1 个数据才能保证较好的精度。从现有的 18 组数据来看,如果预测 6 组以上的数据,在理论上不能满足精度要求,只能预测 3 组或 6 组数据。因此分别利用 21 组数据和 24 组数据进行两次曲线拟合,第一次实验中的 21 组数据由前面得到的 3 组数据与原始数据共同组成;再利用灰色预测模型预测 6 组数据,与原始数据共同组成第二次实验中的 24 组数据。

　　由 21 组数据和 24 组数据拟合得到的函数分别如下两式所示:

$$L = -2301.2 + 4756.2x_1 - 707.6x_2 + 806.8x_3 + 166.7x_1x_2 - 271.8x_2x_3 + 262.9x_1x_3 - $$
$$263.2x_1^2 + 863.8x_2^2 + 177.9x^3 + 197.4x_1x_2^2 - 991.8x_1x_3^2 - 8x_2x_3^2 - 162.8x_2x_1^2 - $$
$$247.5x_3x_1^2 - 483.6x_3x_2^2 + 1\,558.7x_1x_2x_3 + 853.9x_1^3 - 1\,001.6x_2^3 + 257.9x_3^3 \quad (10-75)$$

$$L = 5\,998 - 11\,221x_1 - 4\,321x_2 + 23\,890x_3 + 18\,687x_1x_2 - 5\,350x_2x_3 - 23\,612x_1x_3 + $$
$$2\,488x_1^2 - 11\,724x_2^2 + 11\,564x^3 + 3\,062x_1x_2^2 - 8\,107x_1x_3^2 + 6\,363x_2x_3^2 - 8\,494x_2x_1^2 + $$
$$3\,618x_3x_1^2 - 14\,784x_3x_2^2 + 13\,734x_1x_2x_3 + 1\,148x_1^3 + 4\,654x_2^3 + 141x_3^3 \quad (10-76)$$

式中,$x_1 = \Delta t_x$,$x_2 = \Delta t_y$,$x_3 = \Delta t_z$。

　　精度评定指标包括残差和相对误差;相对误差又包括最大相对误差、最小相对误差和平均相对误差。

　　残差为

$$r = L' - L \quad (10-77)$$

　　相对误差为

$$\delta = \left| \frac{L' - L}{L} \times 100\% \right| = \left| \frac{r}{L} \times 100\% \right| \quad (10-78)$$

式中,L' 表示根据拟合曲线函数计算出的距离值;L 表示实际的测量距离值;i 表示当前的测量 L 组序号。相对误差中的最大相对误差为 $\max(\delta_i)$,最小相对误差为 $\min(\delta_i)$。

　　分别对两次曲线拟合进行精度评定,见表 10-13。

表 10-13　曲线拟合的精度评定

类　　别	21 组数据曲线拟合	24 组数据曲线拟合
最大相对误差/%	0.812 1	3.288
最小相对误差/%	0.002 2	0.004 25
平均相对误差/%	0.178 0	0.593 2

　　可以看出,利用 21 组数据进行曲线拟合的精度高于 24 组数据曲线拟合的精度,不符合数据量越多拟合效果越好的推论。这是因为在第二次拟合数据中,参与拟合的预测数据比较多,导致数据序列不能很好地遵循原始数据的变化规律。因此可以推论出,如果只预测 3 组数据,则利用 21 组数据进行曲线拟合的效果更优。在 21 组数据的曲线拟合精度评定指标中,最大相对误差为 0.812 1%,最小相对误差为 0.002 2%,平均相对误差为 0.780%,平均相对误差小于工程误差 5% 的要求,曲线拟合的精度优于 99%。最大相对误差与最小相对误差的差值都在可以接受的范围之内。因此,拟合曲线形式的选取正确,拟合精度也满足工程精度的要求,进一步验证了基于灰色系统理论的小样本数据分析方法的有效性。

　　实验分析表明,采用灰色小样本数据分析方法对样本进行预测,最少仅需要 3 个数据,无需测量数据概率分布的任何信息;经过灰色关联度分析之后,利用扩充后的样本进行三元三阶曲线拟合,最终得到了测量距离与位置精度之间的关系;这种预测数据方法的精度可以达到一级,位置精度与测量距离之间关系的拟合精度优于 99%。

10.3.2　内部参数中标定误差的影响

1. 理论分析

理论分析表明,在基于特征点模型的视觉位姿测量系统中,内参标定误差、图像坐标检测误差和目标模型误差三类输入误差之间相互独立,其中相机内参和图像坐标无法通过直接测量得到,必须通过对直接测量的量进行复杂计算间接得到。间接测量误差不仅包括直接测量误差,还包括计算过程中的误差传递,因此最终的误差可能比较大。目标模型坐标的误差属于直接测量得到的量,没有误差传递的问题,只要测量设备的精度足够高,就可以保证很高的精度。

在单目视觉测量系统中,三个特征点的靶标布置最简单。选取 3 个特征点 $P_1(x_1, y_1, z_1)$、$P_2(x_2, y_2, z_2)$ 和 $P_3(x_3, y_3, z_3)$,其中 $P_1 P_2 = P_3 P_2$。以 O_c 为摄像机坐标系、O_o 为目标坐标系建立测量模型,如图 10-16 所示。

对少于 6 个特征点(至少 3 个特征点)的单目位姿测量,位姿初值不能通过最小二乘法直接求出,还需具备其他的约束条件。对于 3 个特征点的单目位姿测量问题,为了保证获得唯一解,必须令这 3 个点构成的三角形为等腰三角形,并且对摄像机坐标系与目标坐标系的相对位置和方向均具有约束。对于 4 个和 5 个特征点的位姿求解问题,同样需要给出相应的约束条件。下面仅讨论 3 个特征点的单目位姿初值求解方法。

如图 10-17 所示,O_c 表示光心,特征点 P_1、P_2、P_3 之间的距离分别为 l_1、l_2、l_3,I_1、I_2、I_3 为特征点在图像平面上的投影,f 表示焦距,三个特征点与光心间连线的夹角分别为 α、β、γ,其值可以由 I_1、I_2、I_3 和 f 通过计算得到。

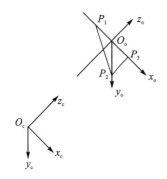
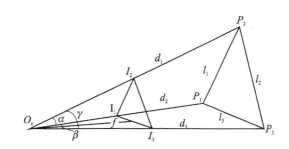

图 10-16　单目视觉测量模型　　　　图 10-17　3 个特征点位姿初值的求解

设三个特征点与光心之间的距离分别为 d_1、d_2、d_3。由余弦定理得到

$$
\left.
\begin{aligned}
d_1^2 + d_2^2 - 2d_1 d_2 \cos \alpha &= l_1^2 \\
d_1^2 + d_3^2 - 2d_1 d_3 \cos \beta &= l_2^2 \\
d_2^2 + d_3^2 - 2d_2 d_3 \cos \gamma &= l_3^2
\end{aligned}
\right\}
\tag{10-79}
$$

式(10-79)的三元二次非线性方程组可以利用最优两分迭代法求解出来。

先赋予 d_1 一个初值，由式(10-79)中的前两个方程得到 d_2 和 d_3 的值，代入第三个方程中得到 l_3' 的值，将 l_3' 与实际值 l_3 进行比较得到 d_1 的值。

重复上述迭代过程，直到 $|l_3'-l_3|<\varepsilon$ 为止。得到三个特征点与光心之间的距离 d_1、d_2、d_3 之后，就可以知道这三个特征点在摄像机坐标中的坐标 (X_{ci},Y_{ci},Z_{ci})。由下式通过向量叉乘的方式求出位姿的初值。

$$\begin{bmatrix} X_{ci} \\ Y_{ci} \\ Z_{ci} \end{bmatrix} = \begin{bmatrix} \boldsymbol{R},\boldsymbol{T} \end{bmatrix} \begin{bmatrix} X_{wi} \\ Y_{wi} \\ Z_{wi} \\ 1 \end{bmatrix} \tag{10-80}$$

式中，(X_{wi},Y_{wi},Z_{wi}) 表示特征点在世界坐标系中的坐标值。

在仿真中需要的参数值见表10-14。

表 10-14 　 仿真需要的参数值

焦距 f/mm	12
归一化焦距/pixel	$a_x=621.6472,a_y=620.3077$
主点坐标/pixel	$u_0=579.7956,v_0=452.4307$
图像点坐标(u,v)/mm	$P_1(585.7525,435.1034);P_2(583.0442,432.0904);P_3(573.0001,432.8499)$
特征点世界坐标/mm	$P_1(-50,0,0);P_2(0,-100,0);P_3(50,0,0)$

通过计算得到3个特征点组成的目标靶标在 $L=700$ mm 处的位姿初值之后，利用牛顿下山法对位姿初值进行优化，得到的优化结果见表10-15。

表 10-15 　 由3个特征点的位姿初值及优化结果

姿态/(°)	α	β	γ
初值	0.6004	-1.1018	0.7641
优化值	0.614237	-1.10774	0.713966
位置/mm	t_x	t_y	t_z
初值	-4.3220	-62.1320	686.8640
优化值	-4.33706	-61.2684	699.664

对于3个特征点模型，可以将式(10-36)写成

$$\left.\begin{aligned}
F_1 &= (u_1-u_0)\cdot(r_7 x_{w1}+r_8 y_{w1}+r_9 z_{w1}+t_z)-a_x\cdot(r_1 x_{w1}+r_2 y_{w1}+r_3 z_{w1}+t_x) \\
F_2 &= (v_1-v_0)\cdot(r_7 x_{w1}+r_8 y_{w1}+r_9 z_{w1}+t_z)-a_y\cdot(r_4 x_{w1}+r_5 y_{w1}+r_6 z_{w1}+t_y) \\
F_3 &= (u_2-u_0)\cdot(r_7 x_{w2}+r_8 y_{w2}+r_9 z_{w2}+t_z)-a_x\cdot(r_1 x_{w2}+r_2 y_{w2}+r_3 z_{w2}+t_x) \\
F_4 &= (v_2-v_0)\cdot(r_7 x_{w2}+r_8 y_{w2}+r_9 z_{w2}+t_z)-a_y\cdot(r_4 x_{w2}+r_5 y_{w2}+r_6 z_{w2}+t_y) \\
F_5 &= (u_3-u_0)\cdot(r_7 x_{w3}+r_8 y_{w3}+r_9 z_{w3}+t_z)-a_x\cdot(r_1 x_{w3}+r_2 y_{w3}+r_3 z_{w3}+t_x) \\
F_6 &= (v_3-v_0)\cdot(r_7 x_{w3}+r_8 y_{w3}+r_9 z_{w3}+t_z)-a_y\cdot(r_4 x_{w3}+r_5 y_{w3}+r_6 z_{w3}+t_y)
\end{aligned}\right\}$$

$$\tag{10-81}$$

式中

$$\left.\begin{array}{l} r_1 = \cos\gamma\cos\beta \\ r_2 = -\sin\gamma\cos\alpha + \cos\gamma\sin\beta\sin\alpha \\ r_3 = \sin\gamma\sin\alpha + \cos\gamma\sin\beta\cos\alpha \\ r_4 = \sin\gamma\cos\beta \\ r_5 = \cos\gamma\cos\alpha + \sin\gamma\sin\beta\sin\alpha \\ r_6 = -\cos\gamma\sin\alpha + \sin\gamma\sin\beta\cos\alpha \\ r_7 = -\sin\beta \\ r_8 = \cos\beta\sin\alpha \\ r_9 = \cos\beta\cos\alpha \end{array}\right\} \quad (10-82)$$

将位姿对 a_x 求偏导,则目标方程可以简化为

$$\left.\begin{array}{l} F_1(\alpha,\beta,\gamma,t_x,t_y,t_z,a_x)=0 \\ F_2(\alpha,\beta,\gamma,t_x,t_y,t_z,a_x)=0 \\ F_3(\alpha,\beta,\gamma,t_x,t_y,t_z,a_x)=0 \\ F_4(\alpha,\beta,\gamma,t_x,t_y,t_z,a_x)=0 \\ F_5(\alpha,\beta,\gamma,t_x,t_y,t_z,a_x)=0 \\ F_6(\alpha,\beta,\gamma,t_x,t_y,t_z,a_x)=0 \end{array}\right\} \quad (10-83)$$

对 a_x 求偏导则有

$$\begin{bmatrix} \dfrac{\partial\alpha}{\partial a_x} \\[2mm] \dfrac{\partial\beta}{\partial a_x} \\[2mm] \dfrac{\partial\gamma}{\partial a_x} \\[2mm] \dfrac{\partial t_x}{\partial a_x} \\[2mm] \dfrac{\partial t_y}{\partial a_x} \\[2mm] \dfrac{\partial t_z}{\partial a_x} \end{bmatrix} = - \begin{bmatrix} \dfrac{\partial F_1}{\partial\alpha} & \dfrac{\partial F_1}{\partial\beta} & \dfrac{\partial F_1}{\partial\gamma} & \dfrac{\partial F_1}{\partial t_x} & \dfrac{\partial F_1}{\partial t_y} & \dfrac{\partial F_1}{\partial t_z} \\[2mm] \dfrac{\partial F_2}{\partial\alpha} & \dfrac{\partial F_2}{\partial\beta} & \dfrac{\partial F_2}{\partial\gamma} & \dfrac{\partial F_2}{\partial t_x} & \dfrac{\partial F_2}{\partial t_y} & \dfrac{\partial F_2}{\partial t_z} \\[2mm] \dfrac{\partial F_3}{\partial\alpha} & \dfrac{\partial F_3}{\partial\beta} & \dfrac{\partial F_3}{\partial\gamma} & \dfrac{\partial F_3}{\partial t_x} & \dfrac{\partial F_3}{\partial t_y} & \dfrac{\partial F_3}{\partial t_z} \\[2mm] \dfrac{\partial F_4}{\partial\alpha} & \dfrac{\partial F_4}{\partial\beta} & \dfrac{\partial F_4}{\partial\gamma} & \dfrac{\partial F_4}{\partial t_x} & \dfrac{\partial F_4}{\partial t_y} & \dfrac{\partial F_4}{\partial t_z} \\[2mm] \dfrac{\partial F_5}{\partial\alpha} & \dfrac{\partial F_5}{\partial\beta} & \dfrac{\partial F_5}{\partial\gamma} & \dfrac{\partial F_5}{\partial t_x} & \dfrac{\partial F_5}{\partial t_y} & \dfrac{\partial F_5}{\partial t_z} \\[2mm] \dfrac{\partial F_6}{\partial\alpha} & \dfrac{\partial F_6}{\partial\beta} & \dfrac{\partial F_6}{\partial\gamma} & \dfrac{\partial F_6}{\partial t_x} & \dfrac{\partial F_6}{\partial t_y} & \dfrac{\partial F_6}{\partial t_z} \end{bmatrix}^{-1} \begin{bmatrix} \dfrac{\partial F_1}{\partial a_x} \\[2mm] \dfrac{\partial F_2}{\partial a_x} \\[2mm] \dfrac{\partial F_3}{\partial a_x} \\[2mm] \dfrac{\partial F_4}{\partial a_x} \\[2mm] \dfrac{\partial F_5}{\partial a_x} \\[2mm] \dfrac{\partial F_6}{\partial a_x} \end{bmatrix} \quad (10-84)$$

由式(10-84)可以分别求得 $\dfrac{\partial T_i}{\partial a_x}$ 和 $\dfrac{\partial A_i}{\partial a_x}$,它们是关于各参数 a_x、a_y、u_0、v_0、u_1、v_1、u_2、v_2、u_3、v_3、x_1、y_1、z_1、x_2、y_2、z_2、x_3、y_3、z_3、α、β、γ、t_x、t_y、t_z 的函数,如下式所示:

$$\left.\begin{array}{l} \dfrac{\partial T_i}{\partial a_x} = f(a_x,a_y,u_0,v_0,u,v,x_1,y_1,z_1,x_2,y_2,z_2,x_3,y_3,z_3,t_x,t_y,t_z,\alpha,\beta,\gamma) \\[3mm] \dfrac{\partial A_i}{\partial a_x} = f(a_x,a_y,u_0,v_0,u,v,x_1,y_1,z_1,x_2,y_2,z_2,x_3,y_3,z_3,t_x,t_y,t_z,\alpha,\beta,\gamma) \end{array}\right\}$$

$$(10-85)$$

式中,$T_i = (t_x,t_y,t_z)$;$A_i = (\alpha,\beta,\gamma)$。

T_i 和 A_i 表示 a_x、a_y、u_0、v_0、u_1、v_1、u_2、v_2、u_3、v_3、x_1、y_1、z_1、x_2、y_2、z_2、x_3、y_3、z_3 的函数。

上面的表达式非常复杂,这里不再给出具体的求解方法。各位姿量对其他参数的偏导求法与式(10-84)相同,不再赘述。

为了研究这三类参数对 T_i 和 A_i 的影响,将各位姿变量在各输入参数处进行一阶泰勒展开,得到

$$\Delta T_i = \frac{\partial T_i}{\partial N_j} \Delta N_j, \quad \Delta A_i = \frac{\partial A_i}{\partial N_j} \Delta N_j \qquad (10-86)$$

式中,$N_j = (a_x, a_y, u_0, v_0, u_1, v_1, u_2, v_2, u_3, v_3, x_1, y_1, z_1, x_2, y_2, z_2, x_3, y_3, z_3)$。

测量系统的三类输入参数之间互相独立,输入参数的误差之间也相互独立。为了简化起见,当分析某类输入参数误差对位姿精度的影响时,可以假定其他参数没有误差,将待分析参数以外的其他参数代入初值,以便获得简化的表达式。

2. 仿真实验

利用基于 3 个特征点的单目位姿测量模型进行实验。

根据概率密度函数的不同,噪声可以分为高斯噪声、椒盐噪声、均匀分布噪声和瑞利噪声等,其中高斯噪声和椒盐噪声最常见。有些噪声只能附加在图像上,不能用于量化分析数据变化的影响。下面以高斯噪声和均匀分布噪声为例,量化分析内参的标定误差、图像坐标误差及目标模型误差对位姿精度的影响。

如果已知各偏导的表达式,通过给各参数加入噪声可以量化分析各参数对位姿精度的影响。

本测量系统中相机的分辨率为 1 184×864 像素,归一化焦距误差限制在 ±0.05% 之内,主点坐标误差限制在 ±2.5% 像素之内,图像点坐标误差限制在 ±0.25 像素之内,目标模型标记点坐标测量误差限制在 ±0.1 mm 之内。

得到的归一化焦距、主点坐标、图像点坐标和目标模型标记点坐标的限制范围见表 10-16。

表 10-16 各参数误差限制范围

参　数	误差限制范围
归一化焦距 Δa_x，Δa_y/pixel	$[-6.25, 6.25]$
主点坐标 Δu_0，Δv_0/pixel	$[-3, 3]$
图像坐标 Δu，Δv/pixel	$[-0.25, 0.25]$
目标模型标记点坐标/mm	$[-0.01, 0.01]$

根据加入的各类参数误差计算出位姿的测量误差。

为了比较这几类参数对位姿测量的影响,每次仅对一种输入参数加入误差,其他参数保持不变,分别分析这几类参数误差对位姿测量精度的影响。

为了分析比较两种噪声对各参数误差与位姿精度之间关系的影响,以 a_x 为例,对 a_x 分别加高斯噪声及均匀分布噪声,得到 a_x 的变化对各位姿精度的影响分别如图 10-18 和图 10-19 所示。

可以看出无论加入何种噪声,得到的结果均相同。因此下面仅加入高斯噪声进行分析。

相机各内参标定误差 a_x, a_y, u_0, v_0 对 6 个位姿参数精度的影响如图 10-20 所示。

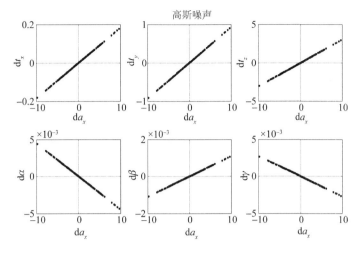

图 10 – 18　加入高斯噪声

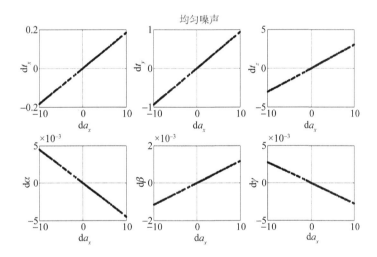

图 10 – 19　加入均匀分布噪声

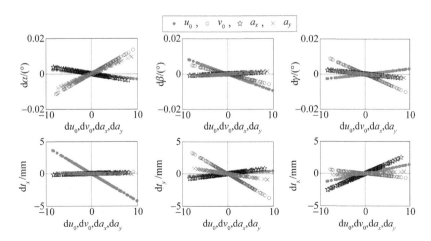

图 10 – 20　各内参标定参数误差对位姿精度的影响

可以看出在一定的误差限制范围内,各内参标定参数误差与位姿精度之间均呈线性关系。

10.3.3 图像坐标与目标模型的影响

1. 图像坐标误差的影响

图像坐标 u_1,v_1 误差对 6 个位姿精度参数的影响如图 10-21 所示。

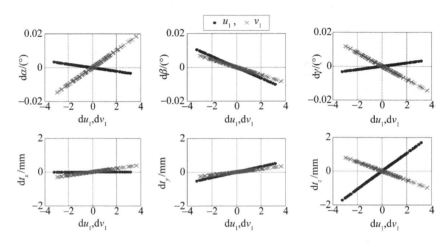

图 10-21 图像坐标误差对位姿精度的影响

可以看出,在一定的误差限范围内,各图像坐标误差与位姿精度之间的关系均呈线性关系。

以 u_1 的变化量为横坐标、各位姿精度为纵坐标,得到的拟合直线方程见表 10-17。

表 10-17 u_1 的误差与各位姿精度的拟合

Δu_1 与位姿精度	拟合直线	
$\Delta u_1 - \Delta t_x$	$f(x) = 0.004\,133x - 1.057 \times 10^{-8}$	其中 $x = \Delta u_1, f(x) = \Delta t_x$
$\Delta u_1 - \Delta t_y$	$f(x) = 0.160\,5x - 4.524 \times 10^{-7}$	其中 $x = \Delta u_1, f(x) = \Delta t_y$
$\Delta u_1 - \Delta t_z$	$f(x) = 0.533\,9x - 1.421 \times 10^{-6}$	其中 $x = \Delta u_1, f(x) = \Delta t_z$
$\Delta u_1 - \Delta \alpha$	$f(x) = -0.001\,042x + 2.859 \times 10^{-9}$	其中 $x = \Delta u_1, f(x) = \Delta \alpha$
$\Delta u_1 - \Delta \beta$	$f(x) = -3.233x + 7.084 \times 10^{-10}$	其中 $x = \Delta u_1, f(x) = \Delta \beta$
$\Delta u_1 - \Delta \gamma$	$f(x) = 0.000\,99x - 2.556 \times 10^{-9}$	其中 $x = \Delta u_1, f(x) = \Delta \gamma$

各拟合直线如图 10-22 和图 10-23 所示。

以 v_1 的变化量为横坐标,各位姿精度为纵坐标,作出拟合直线方程见表 10-18。

表 10-18 v_1 的误差与各位姿精度的拟合

Δv_1 与位姿精度	拟合直线	
$\Delta v_1 - \Delta t_x$	$f(x) = 0.102\,7x - 2.101 \times 10^{-7}$	其中 $x = \Delta v_1, f(x) = \Delta t_x$
$\Delta v_1 - \Delta t_y$	$f(x) = 0.088\,36x - 1.549 \times 10^{-7}$	其中 $x = \Delta v_1, f(x) = \Delta t_y$

Δv_1 与位姿精度	拟合直线	
$\Delta v_1 - \Delta t_z$	$f(x) = -0.269x + 5.446 \times 10^{-7}$	其中 $x = \Delta v_1, f(x) = \Delta t_z$
$\Delta v_1 - \Delta \alpha$	$f(x) = 0.005\,019x - 9.412 \times 10^{-9}$	其中 $x = \Delta v_1, f(x) = \Delta \alpha$
$\Delta v_1 - \Delta \beta$	$f(x) = -0.002\,281x + 4.688 \times 10^{-9}$	其中 $x = \Delta v_1, f(x) = \Delta \beta$
$\Delta v_1 - \Delta \gamma$	$f(x) = -0.003\,935x + 8.015 \times 10^{-9}$	其中 $x = \Delta v_1, f(x) = \Delta \gamma$

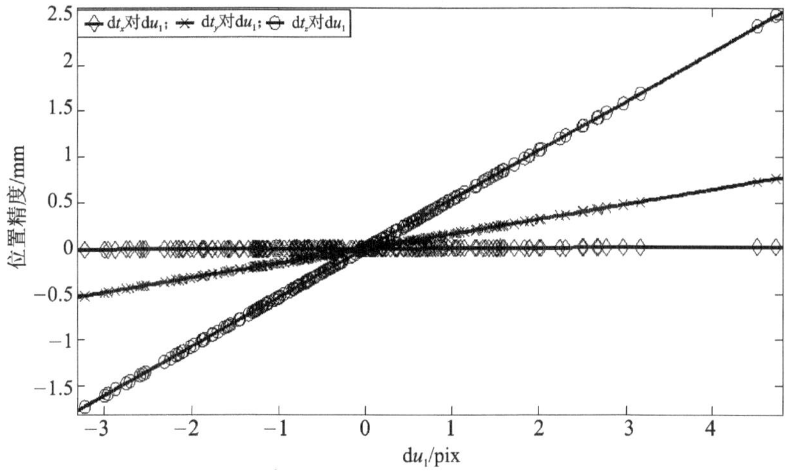

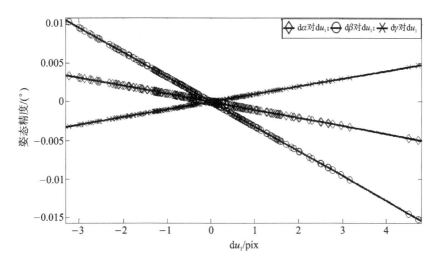

图 10 - 22　Δu_1 与各位置参数精度之间的关系

图 10 - 23　Δu_1 与各姿态参数精度之间的关系

各拟合直线如图 10 - 24 和图 10 - 25 所示。

2. 目标模型误差的影响

目标模型 x_1, y_1, z_1 误差对 6 个位姿参数精度的影响如图 10 - 26 所示。可以看出,在一定的误差限范围内,各目标模型误差与位姿精度之间的关系均呈线性关系。

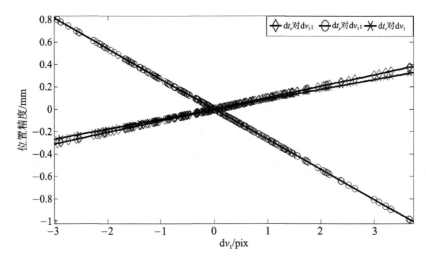

图 10 - 24　Δv_1 与各位置参数精度之间的关系

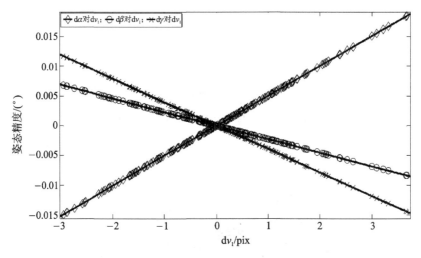

图 10 - 25　Δv_1 与各姿态参数精度之间的关系

目标靶经过标定为 3 点模型。取其中任一点的坐标，量化分析坐标误差与位姿精度之间的关系。以 x_1 的变化量为横坐标、各位姿精度为纵坐标，得到的拟合直线方程见表 10 - 19。

表 10 - 19　x_1 的误差与各位姿精度的拟合

Δx_1 与位姿精度	拟合直线	
$\Delta x_1 - \Delta t_x$	$f(x) = 0.036\ 35x - 3.287 \times 10^{-11}$	其中 $x = \Delta x_1, f(x) = \Delta t_x$
$\Delta x_1 - \Delta t_y$	$f(x) = -0.455\ 3x - 2.051 \times 10^{-9}$	其中 $x = \Delta x_1, f(x) = \Delta t_y$
$\Delta x_1 - \Delta t_z$	$f(x) = -1.784x + 4.192 \times 10^{-9}$	其中 $x = \Delta x_1, f(x) = \Delta t_z$
$\Delta x_1 - \Delta \alpha$	$f(x) = 0.005\ 634x + 2.994 \times 10^{-12}$	其中 $x = \Delta x_1, f(x) = \Delta \alpha$
$\Delta x_1 - \Delta \beta$	$f(x) = 0.008\ 819x - 5.864 \times 10^{-12}$	其中 $x = \Delta x_1, f(x) = \Delta \beta$
$\Delta x_1 - \Delta \gamma$	$f(x) = -0.004\ 949x - 1.599 \times 10^{-12}$	其中 $x = \Delta x_1, f(x) = \Delta \gamma$

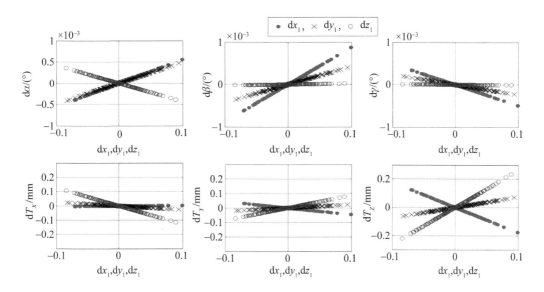

图 10 - 26　目标模型误差对位姿精度的影响

各拟合直线如图 10 - 27 和图 10 - 28 所示。

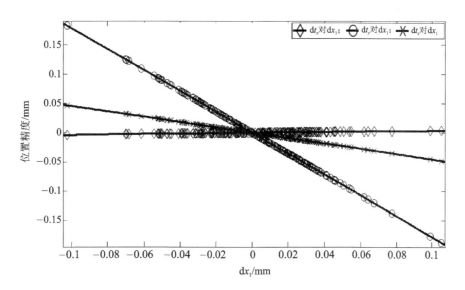

图 10 - 27　Δx_1 与各位置参数精度之间的关系

以 y_1 的变化量为横坐标、各位姿精度为纵坐标,得到的拟合直线方程见表 10 - 20。

表 10 - 20　y_1 的误差与各位姿精度的拟合

Δy_1 与位姿精度	拟合直线	
$\Delta y_1 - \Delta t_x$	$f(x) = 0.752\,3x - 8.667 \times 10^{-10}$	其中 $x = \Delta y_1, f(x) = \Delta t_x$
$\Delta y_1 - \Delta t_y$	$f(x) = 0.233\,6x - 1.792 \times 10^{-9}$	其中 $x = \Delta y_1, f(x) = \Delta t_y$
$\Delta y_1 - \Delta t_z$	$f(x) = 0.752\,3x - 8.667 \times 10^{-10}$	其中 $x = \Delta y_1, f(x) = \Delta t_z$

Δy_1 与位姿精度	拟合直线
$\Delta y_1 - \Delta \alpha$	$f(x) = 0.004\ 984x + 9.332 \times 10^{-12}$　　其中 $x = \Delta y_1, f(x) = \Delta \alpha$
$\Delta y_1 - \Delta \beta$	$f(x) = 0.004\ 301x - 2.945 \times 10^{-11}$　　其中 $x = \Delta y_1, f(x) = \Delta \beta$
$\Delta y_1 - \Delta \gamma$	$f(x) = -0.002\ 414x - 4.621 \times 10^{-13}$　　其中 $x = \Delta y_1, f(x) = \Delta \gamma$

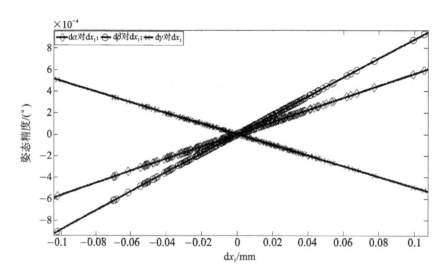

图 10 - 28　Δx_1 与各姿态参数精度之间的关系

各拟合直线如图 10 - 29 和图 10 - 30 所示。

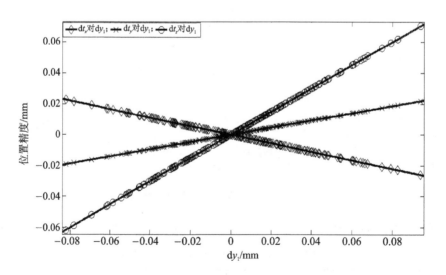

图 10 - 29　Δy_1 与各位置参数精度之间的关系

以 z_1 的变化量为横坐标、各位姿精度为纵坐标,得到的拟合直线方程见表 10 - 21。

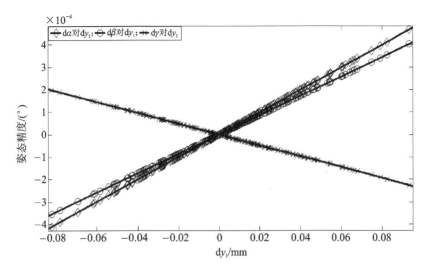

图 10 - 30　Δy_1 与各姿态参数精度之间的关系

表 10 - 21　z_1 的误差与各位姿精度的拟合

Δz_1 与位姿精度	拟合直线	
$\Delta z_1 - \Delta t_x$	$f(x) = -1.291x - 4.563 \times 10^{-10}$	其中 $x = \Delta z_1, f(x) = \Delta t_x$
$\Delta z_1 - \Delta t_y$	$f(x) = 0.868\,5x - 1.273 \times 10^{-9}$	其中 $x = \Delta z_1, f(x) = \Delta t_y$
$\Delta z_1 - \Delta t_z$	$f(x) = 2.63x + 6.323 \times 10^{-9}$	其中 $x = \Delta z_1, f(x) = \Delta t_z$
$\Delta z_1 - \Delta\alpha$	$f(x) = -0.004\,335x - 7.032 \times 10^{-12}$	其中 $x = \Delta z_1, f(x) = \Delta\alpha$
$\Delta z_1 - \Delta\beta$	$f(x) = 0.000\,216\,5x - 7.564 \times 10^{-13}$	其中 $x = \Delta z_1, f(x) = \Delta\beta$
$\Delta z_1 - \Delta\gamma$	$f(x) = -0.000\,121\,5x - 5.905 \times 10^{-13}$	其中 $x = \Delta z_1, f(x) = \Delta\gamma$

各拟合直线见图 10 - 31 和图 10 - 32。

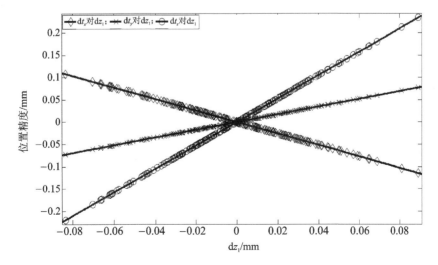

图 10 - 31　Δz_1 与各位置参数精度之间的关系

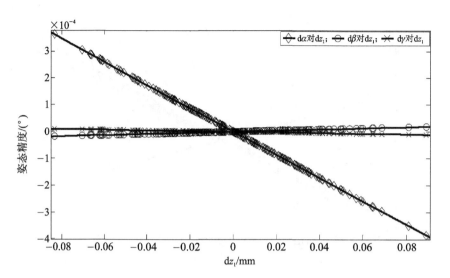

图 10 - 32 Δz_1 与各姿态参数精度之间的关系

10.4   位姿测量误差的合成与分配

10.4.1   位姿测量误差的合成

图像坐标的检测误差属于随机误差；摄像机内参数标定误差和目标模型参数的误差属于未定系统误差，即由 u_1、v_1、u_2、v_2、u_3、v_3 引起的误差为随机误差，由 a_x、a_y、u_0、v_0、x_1、y_1、z_1、x_2、y_2、z_2、x_3、y_3、z_3 引起的误差为未定系统误差。

1. 各位姿量误差可以按照随机误差合成

$$\delta(\alpha) =$$
$$\pm\sqrt{\left[\frac{\partial\alpha}{\partial u_1}\delta(u_1)\right]^2 + \left[\frac{\partial\alpha}{\partial v_1}\delta(v_1)\right]^2 + \left[\frac{\partial\alpha}{\partial u_2}\delta(u_2)\right]^2 + \left[\frac{\partial\alpha}{\partial v_2}\delta(v_2)\right]^2 + \left[\frac{\partial\alpha}{\partial u_3}\delta(u_3)\right]^2 + \left[\frac{\partial\alpha}{\partial v_3}\delta(v_3)\right]^2}$$

$$(10-87)$$

$$\delta(\beta) =$$
$$\pm\sqrt{\left[\frac{\partial\beta}{\partial u_1}\delta(u_1)\right]^2 + \left[\frac{\partial\beta}{\partial v_1}\delta(v_1)\right]^2 + \left[\frac{\partial\beta}{\partial u_2}\delta(u_2)\right]^2 + \left[\frac{\partial\beta}{\partial v_2}\delta(v_2)\right]^2 + \left[\frac{\partial\beta}{\partial u_3}\delta(u_3)\right]^2 + \left[\frac{\partial\beta}{\partial v_3}\delta(v_3)\right]^2}$$

$$(10-88)$$

$$\delta(\gamma) =$$
$$\pm\sqrt{\left[\frac{\partial\gamma}{\partial u_1}\delta(u_1)\right]^2 + \left[\frac{\partial\gamma}{\partial v_1}\delta(v_1)\right]^2 + \left[\frac{\partial\gamma}{\partial u_2}\delta(u_2)\right]^2 + \left[\frac{\partial\gamma}{\partial v_2}\delta(v_2)\right]^2 + \left[\frac{\partial\gamma}{\partial u_3}\delta(u_3)\right]^2 + \left[\frac{\partial\gamma}{\partial v_3}\delta(v_3)\right]^2}$$

$$(10-89)$$

$$\delta(t_x) =$$
$$\pm\sqrt{\left[\frac{\partial t_x}{\partial u_1}\delta(u_1)\right]^2 + \left[\frac{\partial t t_x}{\partial v_1}\delta(v_1)\right]^2 + \left[\frac{\partial t_x}{\partial u_2}\delta(u_2)\right]^2 + \left[\frac{\partial t_x}{\partial v_2}\delta(v_2)\right]^2 + \left[\frac{\partial t_x}{\partial u_3}\delta(u_3)\right]^2 + \left[\frac{\partial t_x}{\partial v_3}\delta(v_3)\right]^2}$$

$$(10-90)$$

$$\delta(t_y) =$$

$$\pm \sqrt{\left[\frac{\partial t_y}{\partial u_1}\delta(u_1)\right]^2 + \left[\frac{\partial t_y}{\partial v_1}\delta(v_1)\right]^2 + \left[\frac{\partial t_y}{\partial u_2}\delta(u_2)\right]^2 + \left[\frac{\partial t_y}{\partial v_2}\delta(v_2)\right]^2 + \left[\frac{\partial t_y}{\partial u_3}\delta(u_3)\right]^2 + \left[\frac{\partial t_y}{\partial v_3}\delta(v_3)\right]^2}$$

$$(10-91)$$

$$\delta(t_z) =$$

$$\pm \sqrt{\left[\frac{\partial t_z}{\partial u_1}\delta(u_1)\right]^2 + \left[\frac{\partial t_z}{\partial v_1}\delta(v_1)\right]^2 + \left[\frac{\partial t_z}{\partial u_2}\delta(u_2)\right]^2 + \left[\frac{\partial t_z}{\partial v_2}\delta(v_2)\right]^2 + \left[\frac{\partial t_z}{\partial u_3}\delta(u_3)\right]^2 + \left[\frac{\partial t_z}{\partial v_3}\delta(v_3)\right]^2}$$

$$(10-92)$$

2. 各位姿量误差可以按照未定系统误差合成

$$e(\alpha) = \sqrt{\left[\frac{\partial \alpha}{\partial a_x}e(a_x)\right]^2 + \left[\frac{\partial \alpha}{\partial a_y}e(a_y)\right]^2 + \left[\frac{\partial \alpha}{\partial u_0}e(u_0)\right]^2 + \left[\frac{\partial \alpha}{\partial v_0}e(v_0)\right]^2 + B}$$

$$(10-93)$$

式中

$$B = \left[\frac{\partial \alpha}{\partial x_1}e(x_1)\right]^2 + \left[\frac{\partial \alpha}{\partial y_1}e(y_1)\right]^2 + \left[\frac{\partial \alpha}{\partial z_1}e(z_1)\right]^2 + \left[\frac{\partial \alpha}{\partial x_2}e(x_2)\right]^2 + \left[\frac{\partial \alpha}{\partial y_2}e(y_2)\right]^2 +$$

$$\left[\frac{\partial \alpha}{\partial z_2}e(z_2)\right]^2 + \left[\frac{\partial \alpha}{\partial x_3}e(x_3)\right]^2 + \left[\frac{\partial \alpha}{\partial y_3}e(y_3)\right]^2 + \left[\frac{\partial \alpha}{\partial z_3}e(z_3)\right]^2$$

$$e(\beta) = \sqrt{\left[\frac{\partial \beta}{\partial a_x}e(a_x)\right]^2 + \left[\frac{\partial \beta}{\partial a_y}e(a_y)\right]^2 + \left[\frac{\partial \beta}{\partial u_0}e(u_0)\right]^2 + \left[\frac{\partial \beta}{\partial v_0}e(v_0)\right]^2 + C}$$

$$(10-94)$$

式中

$$C = \left[\frac{\partial \beta}{\partial x_1}e(x_1)\right]^2 + \left[\frac{\partial \beta}{\partial y_1}e(y_1)\right]^2 + \left[\frac{\partial \beta}{\partial z_1}e(z_1)\right]^2 + \left[\frac{\partial \beta}{\partial x_2}e(x_2)\right]^2 + \left[\frac{\partial \beta}{\partial y_2}e(y_2)\right]^2 +$$

$$\left[\frac{\partial \beta}{\partial z_2}e(z_2)\right]^2 + \left[\frac{\partial \beta}{\partial x_3}e(x_3)\right]^2 + \left[\frac{\partial \beta}{\partial y_3}e(y_3)\right]^2 + \left[\frac{\partial \beta}{\partial z_3}e(z_3)\right]^2$$

$$e(\gamma) = \sqrt{\left[\frac{\partial \gamma}{\partial a_x}e(a_x)\right]^2 + \left[\frac{\partial \gamma}{\partial a_y}e(a_y)\right]^2 + \left[\frac{\partial \gamma}{\partial u_0}e(u_0)\right]^2 + \left[\frac{\partial \gamma}{\partial v_0}e(v_0)\right]^2 + D}$$

$$(10-95)$$

式中

$$D = \left[\frac{\partial \gamma}{\partial x_1}e(x_1)\right]^2 + \left[\frac{\partial \gamma}{\partial y_1}e(y_1)\right]^2 + \left[\frac{\partial \gamma}{\partial z_1}e(z_1)\right]^2 + \left[\frac{\partial \gamma}{\partial x_2}e(x_2)\right]^2 + \left[\frac{\partial \gamma}{\partial y_2}e(y_2)\right]^2 +$$

$$\left[\frac{\partial \gamma}{\partial z_2}e(z_2)\right]^2 + \left[\frac{\partial \gamma}{\partial x_3}e(x_3)\right]^2 + \left[\frac{\partial \gamma}{\partial y_3}e(y_3)\right]^2 + \left[\frac{\partial \gamma}{\partial z_3}e(z_3)\right]^2$$

$$e(t_x) = \sqrt{\left[\frac{\partial t_x}{\partial a_x}e(a_x)\right]^2 + \left[\frac{\partial t_x}{\partial a_y}e(a_y)\right]^2 + \left[\frac{\partial t_x}{\partial u_0}e(u_0)\right]^2 + \left[\frac{\partial t_x}{\partial v_0}e(v_0)\right]^2 + E}$$

$$(10-96)$$

式中

$$E = \left[\frac{\partial t_x}{\partial x_1}e(x_1)\right]^2 + \left[\frac{\partial t_x}{\partial y_1}e(y_1)\right]^2 + \left[\frac{\partial t_x}{\partial z_1}e(z_1)\right]^2 + \left[\frac{\partial t_x}{\partial x_2}e(x_2)\right]^2 + \left[\frac{\partial t_x}{\partial y_2}e(y_2)\right]^2 +$$

$$\left[\frac{\partial t_x}{\partial z_2}e(z_2)\right]^2+\left[\frac{\partial t_x}{\partial x_3}e(x_3)\right]^2+\left[\frac{\partial t_x}{\partial y_3}e(y_3)\right]^2+\left[\frac{\partial t_x}{\partial z_3}e(z_3)\right]^2$$

$$e(t_y)=\sqrt{\left[\frac{\partial t_y}{\partial a_x}e(a_x)\right]^2+\left[\frac{\partial t_y}{\partial a_y}e(a_y)\right]^2+\left[\frac{\partial t_y}{\partial u_0}e(u_0)\right]^2+\left[\frac{\partial t_y}{\partial v_0}e(v_0)\right]^2+F}$$

$$(10-97)$$

式中

$$F=\left[\frac{\partial t_y}{\partial x_1}e(x_1)\right]^2+\left[\frac{\partial t_y}{\partial y_1}e(y_1)\right]^2+\left[\frac{\partial t_y}{\partial z_1}e(z_1)\right]^2+\left[\frac{\partial t_y}{\partial x_2}e(x_2)\right]^2+\left[\frac{\partial t_y}{\partial y_2}e(y_2)\right]^2+$$

$$\left[\frac{\partial t_y}{\partial z_2}e(z_2)\right]^2+\left[\frac{\partial t_y}{\partial x_3}e(x_3)\right]^2+\left[\frac{\partial t_y}{\partial y_3}e(y_3)\right]^2+\left[\frac{\partial t_y}{\partial z_3}e(z_3)\right]^2$$

$$e(t_z)=\sqrt{\left[\frac{\partial t_z}{\partial a_x}e(a_x)\right]^2+\left[\frac{\partial t_z}{\partial a_y}e(a_y)\right]^2+\left[\frac{\partial t_z}{\partial u_0}e(u_0)\right]^2+\left[\frac{\partial t_z}{\partial v_0}e(v_0)\right]^2+G}$$

$$(10-98)$$

式中

$$G=\left[\frac{\partial t_z}{\partial x_1}e(x_1)\right]^2+\left[\frac{\partial t_z}{\partial y_1}e(y_1)\right]^2+\left[\frac{\partial t_z}{\partial z_1}e(z_1)\right]^2+\left[\frac{\partial t_z}{\partial x_2}e(x_2)\right]^2+\left[\frac{\partial t_z}{\partial y_2}e(y_2)\right]^2+$$

$$\left[\frac{\partial t_z}{\partial z_2}e(z_2)\right]^2+\left[\frac{\partial t_z}{\partial x_3}e(x_3)\right]^2+\left[\frac{\partial t_z}{\partial y_3}e(y_3)\right]^2+\left[\frac{\partial t_z}{\partial z_3}e(z_3)\right]^2$$

在重复测量中,系统误差一般固定不变,但随机误差具有抵偿性。因此位姿精度合成公式中的随机误差项应除以重复次数 n。6 个位姿精度的总误差合成分别为

$$\Delta(t_x)_{总}=\pm\sqrt{[e(t_x)]^2+\frac{1}{n}[\delta(t_x)]^2}\qquad(10-99)$$

$$\Delta(t_y)_{总}=\pm\sqrt{[e(t_y)]^2+\frac{1}{n}[\delta(t_y)]^2}\qquad(10-100)$$

$$\Delta(t_z)_{总}=\pm\sqrt{[e(t_z)]^2+\frac{1}{n}[\delta(t_z)]^2}\qquad(10-101)$$

$$\Delta(\alpha)_{总}=\pm\sqrt{[e(\alpha)]^2+\frac{1}{n}[\delta(\alpha)]^2}\qquad(10-102)$$

$$\Delta(\beta)_{总}=\pm\sqrt{[e(\beta)]^2+\frac{1}{n}[\delta(\beta)]^2}\qquad(10-103)$$

$$\Delta(\gamma)_{总}=\pm\sqrt{[e(\gamma)]^2+\frac{1}{n}[\delta(\gamma)]^2}\qquad(10-104)$$

3. 姿态角误差的合成和位置误差的合成

通过灰色绝对关联度计算得到的 3 个位置误差之间的关联性很大,同样可以得到 3 个姿态角误差之间关联性很小的结论。因此在对姿态角误差进行误差合成时不需要考虑相关系数;在对位置误差进行合成时则要考虑 $\Delta(t_x)_{总}$、$\Delta(t_y)_{总}$ 和 $\Delta(t_z)_{总}$ 之间的相关系数。

按照姿态角和位置误差的合成公式分别为

$$\Delta(姿态)_{总}=\sqrt{[\Delta(\alpha)_{总}]^2+[\Delta(\beta)_{总}]^2+[\Delta(\gamma)_{总}]^2}\qquad(10-105)$$

$\Delta(位置)_总 =$

$$\sqrt{[\Delta(t_x)_总]^2 + [\Delta(t_y)_总]^2 + [\Delta(t_z)_总]^2 + 2\rho_{xy}\Delta(t_x)_总\Delta(t_y)_总 + 2\rho_{yz}\Delta(t_y)_总\Delta(t_z)_总 + 2\rho_{xz}\Delta(t_x)_总\Delta(t_z)_总}$$

$$(10-106)$$

其中

$\Delta(t_x)_总$、$\Delta(t_y)_总$ 和 $\Delta(t_z)_总$ 之间的相关系数为

$$\rho_{xy} = \frac{\sum\left[(\Delta(t_x)_总)_i - \overline{\Delta(t_x)_总}\right]\left[(\Delta(t_y)_总)_i - \overline{\Delta(t_y)_总}\right]}{\sqrt{\sum\left[(\Delta(t_x)_总)_i - \overline{\Delta(t_x)_总}\right]^2\left[(\Delta(t_y)_总)_i - \overline{\Delta(t_y)_总}\right]^2}} \qquad (10-107)$$

$$\rho_{xz} = \frac{\sum\left[(\Delta(t_x)_总)_i - \overline{\Delta(t_x)_总}\right]\left[(\Delta(t_z)_总)_i - \overline{\Delta(t_z)_总}\right]}{\sqrt{\sum\left[(\Delta(t_x)_总)_i - \overline{\Delta(t_x)_总}\right]^2\left[(\Delta(t_z)_总)_i - \overline{\Delta(t_z)_总}\right]^2}} \qquad (10-108)$$

$$\rho_{yz} = \frac{\sum\left[(\Delta(t_y)_总)_i - \overline{\Delta(t_y)_总}\right]\left[(\Delta(t_z)_总)_i - \overline{\Delta(t_z)_总}\right]}{\sqrt{\sum\left[(\Delta(t_y)_总)_i - \overline{\Delta(t_y)_总}\right]^2\left[(\Delta(t_z)_总)_i - \overline{\Delta(t_z)_总}\right]^2}} \qquad (10-109)$$

4. 位姿的总误差合成

在位姿的总误差合成中,由于各姿态角误差及各位置量误差的量纲不同,可以用相对误差的形式将二者进行合成,计算公式为

$$\Delta(t_x)_{相对总} = \frac{\pm\sqrt{[e(t_x)]^2 + \frac{1}{n}[\delta(t_x)]^2}}{L} \qquad (10-110)$$

$$\Delta(t_y)_{相对总} = \frac{\pm\sqrt{[e(t_y)]^2 + \frac{1}{n}[\delta(t_y)]^2}}{L} \qquad (10-111)$$

$$\Delta(t_z)_{相对总} = \frac{\pm\sqrt{[e(t_z)]^2 + \frac{1}{n}[\delta(t_z)]^2}}{L} \qquad (10-112)$$

$$\Delta(\alpha)_{相对总} = \frac{\pm\sqrt{[e(\alpha)]^2 + \frac{1}{n}[\delta(\alpha)]^2}}{A} \qquad (10-113)$$

$$\Delta(\beta)_{相对总} = \frac{\pm\sqrt{[e(\beta)]^2 + \frac{1}{n}[\delta(\beta)]^2}}{A} \qquad (10-114)$$

$$\Delta(\gamma)_{相对总} = \frac{\pm\sqrt{[e(\gamma)]^2 + \frac{1}{n}[\delta(\gamma)]^2}}{A} \qquad (10-115)$$

式中,L 表示测量的实时距离;A 表示测量的全视场角。

姿态角的相对总误差为

$$\Delta(姿态)_{相对总} = \sqrt{[\Delta(\alpha)_{相对总}]^2 + [\Delta(\beta)_{相对总}]^2 + [\Delta(\gamma)_{相对总}]^2} \qquad (10-116)$$

位置的相对总误差为

$$\Delta(位置)_{相对总} =$$

$$\left\{ \left[\Delta(t_x)_{相对总} \right]^2 + \left[\Delta(t_y)_{相对总} \right]^2 + \left[\Delta(t_z)_{相对总} \right]^2 + 2\rho_{xy1}\Delta(t_x)_{相对总}\,\Delta(t_y)_{相对总} + \right.$$

$$\left. 2\rho_{yz1}\Delta(t_y)_{相对总}\,\Delta(t_z)_{相对总} + 2\rho_{xz1}\Delta(t_x)_{相对总}\,\Delta(t_z)_{相对总} \right\}^{\frac{1}{2}} \tag{10-117}$$

由于姿态角误差与位置误差对位姿总误差的影响权重相同,所以总的位姿相对误差为

$$\Delta_{位姿精度} = \sqrt{\Delta(姿态)_{相对总}^2 + \Delta(位置)_{相对总}^2} \tag{10-118}$$

5. 仿真实验

选取 3 个特征点构成等腰三角形,测量距离为 700 mm,合成过程中的误差来源为高斯误差,$n=50$。计算影响各位姿精度的因素的最终合成结果。

在合成过程中采用最小二乘法求位姿初值。对于 3 个点的位姿优化,在三种非线性优化算法中,牛顿下山法的精度较好且迭代次数少、速度快,因此采用牛顿下山法优化位姿结果。

误差合成的结果见表 10-22。可以看出,各姿态角的误差合成结果均小于工程要求的 1.2°,各位置量的误差合成结果均小于工程要求的 $L \times 1\%$,其中 L 为当前的测量距离,这里 $L=700$ mm。

表 10-22　误差合成结果

$\Delta\alpha/(°)$	$\Delta\beta/(°)$	$\Delta\gamma/(°)$	$\Delta t_x/\text{mm}$	$\Delta t_y/\text{mm}$	$\Delta t_z/\text{mm}$
0.395 2	0.184 0	0.363 3	1.827 8	2.009 5	0.756 2
姿态角误差合成结果/(°)			位置量误差合成结果/mm		
0.568 1			3.177 2		
位姿总误差合成结果(按照相对误差合成)/无量纲					
0.883 8					

10.4.2　位姿测量误差的分配

1. 理论分析

未定系统误差和随机误差在分配时可以同等对待,分配的方法相同。影响位姿精度的因素有 3 类共计 19 项参数,分别为 $\delta(u_1)$、$\delta(v_1)$、$\delta(u_2)$、$\delta(v_2)$、$\delta(u_3)$、$\delta(v_3)$、$e(a_x)$、$e(a_y)$、$e(u_0)$、$e(v_0)$、$e(x_1)$、$e(y_1)$、$e(z_1)$、$e(x_2)$、$e(y_2)$、$e(z_2)$、$e(x_3)$、$e(y_3)$、$e(z_3)$。

已知 $\Delta(\alpha)_总$、$\Delta(\beta)_总$、$\Delta(\gamma)_总$、$\Delta(t_x)_总$、$\Delta(t_y)_总$、$\Delta(t_z)_总$,可以通过对该 6 项总误差的分配得到 19 项参数的误差分配值。考虑到这些项误差因素为随机误差或未定系统误差且彼此互不相关,可以假设 19 项误差因素均为随机误差。

假设各部分误差对整体误差的影响程度相同,误差分配的公式为

$$\sigma_i = \frac{\sigma_y}{\sqrt{n}} \frac{1}{\partial f/\partial x_i} = \frac{\sigma_y}{\sqrt{n}} \frac{1}{a_i} \tag{10-119}$$

式中

$$\sigma_y = \left[\Delta(\alpha)_总, \Delta(\beta)_总, \Delta(\gamma)_总, \Delta(t_x)_总, \Delta(t_y)_总, \Delta(t_z)_总 \right]$$

$$\sigma_i = \left[\delta(u_1), \delta(v_1), \delta(u_2), \delta(v_2), \delta(u_3), \delta(v_3), e(a_x), e(a_y), e(u_0), e(v_0), e(x_1), \right.$$

$$e(y_1),e(z_1),e(x_2),e(y_2),e(z_2),e(x_3),e(y_3),e(z_3)]$$

$$a_i=\left(\frac{\partial N}{\partial u_1},\frac{\partial N}{\partial v_1},\frac{\partial N}{\partial u_2},\frac{\partial N}{\partial v_2},\frac{\partial N}{\partial u_3},\frac{\partial N}{\partial v_3},\frac{\partial N}{\partial a_x},\frac{\partial N}{\partial a_y},\frac{\partial N}{\partial u_0},\frac{\partial N}{\partial v_0},\right.$$

$$\left.\frac{\partial N}{\partial x_1},\frac{\partial N}{\partial y_1},\frac{\partial N}{\partial z_1},\frac{\partial N}{\partial x_2},\frac{\partial N}{\partial y_2},\frac{\partial N}{\partial z_2},\frac{\partial N}{\partial x_3},\frac{\partial N}{\partial y_3},\frac{\partial N}{\partial z_3}\right)$$

式中,$N=(\alpha,\beta,\gamma,t_x,t_y,t_z)$;$n=19$。

由此可以得到 6 个位姿参数误差的 19 项参数的误差分配值。将这 19 项误差因素中绝对值的最小值作为误差分配的结果,即

$$\delta(u_1)=\min|\delta(u_1)_i|,\delta(v_1)=\min|\delta(v_1)_i|,\delta(u_2)=\min|\delta(u_2)_i|,\delta(v_2)=\min|\delta(v_2)_i|$$

$$\delta(u_3)=\min|\delta(u_3)_i|,\delta(v_3)=\min|\delta(v_3)_i|,e(a_x)=\min|e(a_x)_i|,e(a_y)=\min|e(a_y)_i|$$

$$e(u_0)=\min|e(u_0)_i|,e(v_0)=\min|e(v_0)_i|,e(x_1)=\min|e(x_1)_i|,e(y_1)=\min|e(y_1)_i|$$

$$e(z_1)=\min|e(z_1)_i|,e(x_2)=\min|e(x_2)_i|,e(y_2)=\min|e(y_2)_i|,e(z_2)=\min|e(z_2)_i|$$

$$e(x_3)=\min|e(x_3)_i|,e(y_3)=\min|e(y_3)_i|,e(z_3)=\min|e(z_3)_i|$$

式中,$i=6$。

经过等作用原则分配得到的误差结果,还需要根据实际情况做出适当的调整:对于位姿精度影响比较小的误差进行适当扩大;对于位姿精度影响比较大的误差尽可能缩小。最后将调整后的误差结果再进行合成,得到实际的总误差。若总误差超出给定的位姿误差允许范围,则需要重新对分配后的误差进行调整,直到满足总误差的要求为止。

2. 仿真实验

选取 3 个特征点,测量距离为 700 mm。利用 3 个特征点的世界坐标、测得的图像坐标、内参标定参数以及位姿精度分配要求进行仿真实验,见表 10 - 23。

表 10 - 23　误差分配仿真参数

归一化焦距/pixel	$a_x=621.647\,2,a_y=620.307\,7$		
主点坐标/pixel	$u_0=579.795\,6,v_0=452.430\,7$		
图像点坐标(u,v)/mm	$P_1(585.752\,5,435.103\,4)$;$P_2(583.044\,2,432.090\,4)$;$P_3(573.000\,1,432.849\,9)$		
特征点世界坐标/mm	$P_1(-50,0,0)$;$P_2(0,-100,0)$;$P_3(50,0,0)$		
位姿精度分配要求	姿态角:$\Delta\alpha=\Delta\beta=\Delta\gamma=1.2°$		
	位置量:$\Delta t_x=\Delta t_y=\Delta t_z=L\times1\%=7$ mm		

对于 3 个点的位姿优化,非线性优化算法中牛顿下山法的精度最高。因此在分配过程中先采用最小二乘法求出位姿的初值,然后用牛顿下山法优化位姿结果。影响各位姿精度因素的最终分配结果见表 10 - 24。

把表 10 - 24 的误差分配结果与表 10 - 16 的误差限进行比较,内参分配误差均在给定的误差限之内;图像坐标分配误差基本在误差限附近;目标模型的分配误差稍大于根据实际情况得到的误差限 0.01,这种现象也是合理的。内参标定参数及图像坐标的分配误差与误差限相差不大,验证了该参数对位姿精度的影响大,因此允许分配的误差相对小。目标模型的分配误差比误差限的范围稍大,验证了该参数对位姿精度的影响小,因此允许分配的误差大。

表 10 - 24 误差分配结果

内参分配 误差/pixel	Δa_x	Δa_y	Δu_0	Δv_0					
	5.883 4	1.980 7	1.451 3	1.449 2					
图像坐标分 配误差/pixel	Δu_1	Δv_1	Δu_2	Δv_2	Δu_3	Δv_3			
	0.255 8	0.222 7	0.361 6	0.291 1	0.438 7	0.237 0			
目标模型分 配误差/mm	Δx_1	Δy_1	Δz_1	Δx_2	Δy_2	Δz_2	Δx_3	Δy_3	Δz_3
	0.915 4	0.239 0	0.360 7	0.497 9	0.294 9	0.312 4	0.564 2	0.410 3	0.245 6

为了进一步验证误差分配的合理性,将上面的误差分配结果进行合成,见表 10 - 25。

表 10 - 25 误差分配结果的合成

$\Delta\alpha/(°)$	$\Delta\beta/(°)$	$\Delta\gamma/(°)$	$\Delta t_x/\text{mm}$	$\Delta t_y/\text{mm}$	$\Delta t_z/\text{mm}$
0.197 5	0.135 7	0.187 7	0.342 1	0.449 6	1.295 7

可以看到,各姿态角的误差合成结果均远远小于工程要求的 1.2°,各位置量的误差合成结果均远远小于工程要求的 $L \times 1\%$,其中 L 表示当前的测量距离($L = 700$ mm)。虽然分配的结果合理,但是与给定的误差要求相距还比较大,因此需要人为地进一步调整各误差的分配结果。由于目标模型误差对位姿精度的影响不大,可以试着给目标模型误差的每个参数增加 1 mm。经过调整后误差的分配结果见表 10 - 26。

表 10 - 26 目标模型误差的每个参数增加 1 mm 后的误差分配结果

$\Delta\alpha/(°)$	$\Delta\beta/(°)$	$\Delta\gamma/(°)$	$\Delta t_x/\text{mm}$	$\Delta t_y/\text{mm}$	$\Delta t_z/\text{mm}$
0.665 1	0.325 6	0.595 3	0.521 6	0.538 3	4.190 1

经过进一步的观察可以发现,在目标模型误差的每个参数增加 1 mm 后合成得到的位姿精度,并不能充分地利用位姿的允许误差。再试着分别给目标模型误差的每个参数增加 2 mm、1.8 mm 和 1.85 mm,见表 10 - 27~表 10 - 29。结果发现表 10 - 29 中的数据与位姿精度的要求值最接近。因此选取增加 1.85 mm 的结果为最终误差分配的结果,见表 10 - 30。

表 10 - 27 目标模型误差的每个参数加 2 mm 后的误差分配验证结果

$\Delta\alpha/(°)$	$\Delta\beta/(°)$	$\Delta\gamma/(°)$	$\Delta t_x/\text{mm}$	$\Delta t_y/\text{mm}$	$\Delta t_z/\text{mm}$
1.374 8	0.716 8	1.260 9	0.670 9	0.760 9	7.474 6

表 10 - 28 目标模型误差的每个参数加 1.8 mm 后的误差分配验证结果

$\Delta\alpha/(°)$	$\Delta\beta/(°)$	$\Delta\gamma/(°)$	$\Delta t_x/\text{mm}$	$\Delta t_y/\text{mm}$	$\Delta t_z/\text{mm}$
1.077 5	0.435 7	0.865 7	0.485 6	0.625 0	5.569 0

表 10 - 29 目标模型误差的每个参数加 1.85 mm 后的误差分配验证结果

$\Delta\alpha/(°)$	$\Delta\beta/(°)$	$\Delta\gamma/(°)$	$\Delta t_x/\text{mm}$	$\Delta t_y/\text{mm}$	$\Delta t_z/\text{mm}$
1.085 6	0.561 2	1.000 3	0.640 3	0.781 7	6.346 6

表 10 - 30　误差分配最后结果

内参分配 误差/pixel	Δa_x	Δa_y	Δu_0	Δv_0				
	5.883 4	1.980 7	1.451 3	1.449 2				
图像坐标分 配误差/pixel	Δu_1	Δv_1	Δu_2	Δv_2	Δv_3			
	0.255 8	0.222 7	0.361 6	0.291 1	0.237 0			
目标模型分 配误差/mm	Δx_1	Δy_1	Δz_1	Δx_2	Δz_2	Δx_3	Δy_3	Δz_3
	2.765 4	2.089 0	2.210 7	2.347 9	2.162 4	2.414 2	2.260 3	2.095 6

10.5　本章小结

本章对空间机械臂相机系统精度的测量距离、内参标定误差、图像坐标检测误差和目标模型误差四个主要误差因素对位姿精度的影响,进行了理论分析和仿真实验研究。

在计算出位姿的初值之后,利用牛顿下山法和 LM 算法两种非线性优化方法分别对初值进行优化,将优化后的位姿值与给定的真值进行了比较,得出了位姿精度的具体数值。

利用灰色系统理论的小样本视觉测量数据分析方法,研究了测量距离与位置误差之间的关系。通过拟合得到测量距离与三个位置坐标之间的表达式,拟合精度均优于 99%。利用傅里叶拟合得到了测量距离与各姿态角误差之间的函数关系。

通过建立数学模型及仿真实验的方式,研究了相机内参标定误差、图像坐标的检测误差及目标模型误差对位姿精度的影响。研究结果表明,相机内参标定误差及图像坐标检测误差是影响位姿精度的主要因素,其中相机内参标定误差中的主点坐标 u_0,v_0 误差对位姿精度的影响比较大;目标模型误差对位姿精度的影响则可以忽略不计。

对各种误差进行分类,得到了测量误差合成的表达式,实现了位置误差合成、姿态误差合成以及位姿总误差的合成。对测量数据进行了误差合成与分配的仿真实验,验证了误差合成与误差分配方法的可靠性,对影响相机精度的各因素进行了误差合成与误差分配。

参考文献

[1] Sallaberger C. Canadian Space Agency S P T F. Canadian space robotic activities[J]. Acta Astronautica, 1997, 41(4-10):239-246.

[2] 孙汉旭,王凤翔. 加拿大、美国空间机器人研究情况[J]. 航天技术与民品,1999(4):35-37.

[3] Boumans R, Heemskerk C. The European Robotic Arm for the International Space Station[J]. Robotics and Autonomous Systems,1998,23(1-2):17-27.

[4] Stieber M F, Trudel C P, Hunter D G. Robotic systems for the International Space Station[C]. Albuquerque, USA, 1997.

[5] Rodrigues A B, Da Silva M D G. Confidence Intervals Estimation for Reliability Data of Power Distribution Equipments Using Bootstrap[J]. IEEE TRANSACTIONS ON POWER SYSTEMS, 2013, 28(3): 3283-3291.

[6] 刘景泰,吴水华,孙雷,等. 基于视觉的遥操作机器人精密装配系统[J]. 机器人,2005(2):178-182.

[7] 吴宏鑫,胡海霞,解永春,等. 自主交会对接若干问题[J]. 宇航学报,2003(2):132-137.

[8] Miller K, Masciarelli J, Rohrschneider R. Advances in multi-mission autonomous rendezvous and docking

and relative navigation capabilities[C]. Montana, USA, 2012.

[9] Doehler M, Mevel L, Hille F. Subspace-based damage detection under changes in the ambient excitation statistics[J]. MECHANICAL SYSTEMS AND SIGNAL PROCESSING, 2014, 45(1):207-224.

[10] Chiodi R, Ricciardelli F. Three issues concerning the statistics of mean and extreme wind speeds[J]. JOURNAL OF WIND ENGINEERING AND INDUSTRIAL AERODYNAMICS, 2014, 125:156-167.

[11] Gonzalez De La Rosa J J, Agueera-Perez A, Carlos Palomares-Salas J, et al. A novel virtual instrument for power quality surveillance based in higher-order statistics and case-based reasoning[J]. MEASURE-MENT, 2012, 45(7):1824-1835.

[12] Shirono K, Tanaka H, Ehara K. Bayesian statistics for determination of the reference value and degree of equivalence of inconsistent comparison data[J]. METROLOGIA, 2010, 47(4):444-452.

[13] Rukhin A L. Weighted means statistics in interlaboratory studies[J]. METROLOGIA, 2009, 46(3): 323-331.

[14] Willink R. Principles of probability and statistics for metrology[J]. METROLOGIA, 2006, 43(4SI): S211-S219.

[15] Kolhe P S, Agrawal A K. A novel spectral analysis algorithm to obtain local scalar field statistics from line-of-sight measurements in turbulent flows[J]. MEASUREMENT SCIENCE & TECHNOLOGY, 2009, 20(11540211).

[16] Kettlitz S W, Valouch S, Lemmer U. Statistics of Particle Detection From Single-Channel Fluorescence Signals for Flow Cytometric Applications[J]. IEEE TRANSACTIONS ON INSTRUMENTATION AND MEASUREMENT, 2013, 62(7):1960-1971.

[17] Taskesen A, Kutukde K. Experimental investigation and multi-objective analysis on drilling of boron car-bide reinforced metal matrix composites using grey relational analysis[J]. MEASUREMENT, 2014, 47: 321-330.

[18] Singh S, Singh I, Dvivedi A. Multi objective optimization in drilling of Al6063/10% SiC metal matrix composite based on grey relational analysis[J]. PROCEEDINGS OF THE INSTITUTION OF ME-CHANICAL ENGINEERS PART B-JOURNAL OF ENGINEERING MANUFACTURE, 2013, 227 (12):1767-1776.

[19] Rajyalakshmi G, Ramaiah P V. Multiple process parameter optimization of wire electrical discharge ma-chining on Inconel 825 using Taguchi grey relational analysis[J]. INTERNATIONAL JOURNAL OF ADVANCED MANUFACTURING TECHNOLOGY, 2013, 69(5-8):1249-1262.

[20] Dinh Q T, Ahn K K, Nguyen T T. Design of An Advanced Time Delay Measurement and A Smart A-daptive Unequal Interval Grey Predictor for Real-Time Nonlinear Control Systems[J]. IEEE TRANS-ACTIONS ON INDUSTRIAL ELECTRONICS, 2013, 60(10):4574-4589.

[21] Kasman S. Optimisation of dissimilar friction stir welding parameters with grey relational analysis[J]. PROCEEDINGS OF THE INSTITUTION OF MECHANICAL ENGINEERS PART B-JOURNAL OF ENGINEERING MANUFACTURE, 2013, 227(9):1317-1324.

[22] Pradhan M K. Estimating the effect of process parameters on surface integrity of EDMed AISI D2 tool steel by response surface methodology coupled with grey relational analysis[J]. INTERNATIONAL JOURNAL OF ADVANCED MANUFACTURING TECHNOLOGY, 2013, 67(9-12):2051-2062.

[23] 王中宇,李萌. 激光通信系统性能的灰色聚类分析[J]. 光电工程, 2009, 36(4):64-69.

[24] Henderson A R. The bootstrap:A technique for data-driven statistics. Using computer-intensive analyses to explore experimental data[J]. CLINICA CHIMICA ACTA, 2005, 359(1-2):1-26.

[25] Yatracos Y. Assessing the quality of bootstrap samples and of the bootstrap estimates obtained with fi-

nite resampling[J]. STATISTICS & PROBABILITY LETTERS,2002, 59(PII S0167-7152(02)00196-73):281-292.

[26] Bonnini S. Testing for Heterogeneity with Categorical Data:Permutation Solution vs. Bootstrap Method [J]. COMMUNICATIONS IN STATISTICS-THEORY AND METHODS,2014,43(4SI):906-917.

[27] Hoai-Thu T,Mentre F,Holford N H G, et al. Evaluation of bootstrap methods for estimating uncertainty of parameters in nonlinear mixed-effects models:a simulation study in population pharmacokinetics [J]. JOURNAL OF PHARMACOKINETICS AND PHARMACODYNAMICS,2014,41(1):15-33.

[28] Cyrino Oliveira F L, Costa Ferreira P G, Souza R C. A Parsimonious Bootstrap Method to Model Natural Inflow Energy Series[J]. MATHEMATICAL PROBLEMS IN ENGINEERING,2014(158689).

[29] Shi J, Ding Z, Lee W, et al. Hybrid Forecasting Model for Very-Short Term Wind Power Forecasting Based on Grey Relational Analysis and Wind Speed Distribution Features[J]. IEEE TRANSACTIONS ON SMART GRID,2014, 5(1):521-526.

[30] Abbasi B, Guillen M. Bootstrap control charts in monitoring value at risk in insurance[J]. EXPERT SYSTEMS WITH APPLICATIONS,2013, 40(15):6125-6135.

[31] Hashemi H, Mousavi S M, Tavakkoli-Moghaddam R, et al. Compromise Ranking Approach with Bootstrap Confidence Intervals for Risk Assessment in Port Management Projects[J]. JOURNAL OF MANAGEMENT IN ENGINEERING,2013, 29(4):334-344.

[32] Park C. Determination of the joint confidence region of the optimal operating conditions in robust design by the bootstrap technique[J]. INTERNATIONAL JOURNAL OF PRODUCTION RESEARCH, 2013, 51(15):4695-4703.

[33] 喻夏琼,高岩,陈向宁. 基于非线性优化的摄像机 2D 标定法[J]. 测绘工程,2013, 22(5):25-28, 33.

[34] Gonçalves S, White H. Maximum likelihood and the bootstrap for nonlinear dynamic models[J]. Journal of Econometrics,2004, 119(1):199-219.

[35] Paparoditis E, Politis D N. Bootstrap hypothesis testing in regression models[J]. Statistics & Probability Letters,2005, 74(4):356-365.

[36] Reeves J J. Bootstrap prediction intervals for ARCH models[J]. International Journal of Forecasting, 2005, 21(2):237-248.

[37] Farrelly F A, Brambilla G. Determination of uncertainty in environmental noise measurements by bootstrap method[J]. Journal of Sound and Vibration,2003, 268(1):167-175.

[38] 郝颖明,朱枫,欧锦军. 目标位姿测量中的三维视觉方法[J]. 中国图像图形学报 A 辑,2002,7(12):1247-1251.

[39] 王晓凯. 图像椒盐噪声及高斯噪声去噪方法研究[D]. 上海:复旦大学,2010.

[40] 赵同阳,张晓帆,周可法,等. 小波变换在遥感图像降噪中的应用[J]. 中国科技信息,2007(1):248-249,252.

第11章　配电自动化测试系统精度分析

配电自动化测试系统不确定度评定是可靠地开展相关测试与检验工作的前提,对于配电自动化终端及主站的检测与验收工作具有重要的作用。配电自动化测试系统涉及测量设备的种类繁多,逻辑关系复杂,不确定度来源的分布比较分散,理论分析的难度和工作量都比较大。本章采用最小二乘支持向量机的方法对测试精度进行建模,给出配电自动化测试系统不确定度的分析与计算方法,将评定结果作为进一步改善测试系统性能的基础,为优化构建配电自动化系统的相关配置提供依据。

11.1　配电自动化测试系统分析

我国在电力工业发展的初期,由于缺乏电力建设的整体规划,存在着配电网基础建设相对薄弱和发展不均衡的问题,导致"重发,轻输,不管用"的局面。近年来,配电网的网架虽然得到改善,但全国的配电网仍然存在着运行监控设备少、搜集信息量小、故障处理自动化水平低、故障影响范围广和恢复时间长等问题。近年以来实施的"两网"改造工程,提高了供电的可靠性和电压的质量,降低了线路的损耗;一些新的技术与设备如双工通信技术(通信的双方可以同时发送和接收信息的一种信息交互方式)、全面监测设备、变电站和开关元件的自动控制等相继投入使用,有效地提升了电力系统运行的自动化程度和可靠性水平。

在20世纪末到21世纪初,由于缺乏先进的测试手段,对故障处理的功能未做严格测试,只能依靠长期运行等待故障发生的时候才能发现、检修和处理。这种被动的方式导致在早期不能充分暴露和及时解决问题,严重地影响电力系统的运行水平。

11.1.1　配电自动化测试系统结构

1. 配电自动化测试系统结构的组成

配电自动化测试系统由配电自动化系统底层仿真环境、配电自动化终端和配电自动化主站组成,其中配电自动化底层的仿真环境包括动模仿真模块、网络拓扑切换仿真模块和数字仿真模块,如图11-1所示。

配电自动化测试系统的数据流主要由上行数据流和下行数据流两部分组成。

上行数据流中的一部分来源于测试环境中物理仿真模块的PT(Potential Transformer,电压互感器)和CT(Current Transformer,电流互感器)采集到的配电网运行环境中的电气量数据(包括遥测和遥信两部分),通过光纤或者无线通道传输到配电自动化终端设备(包括配电站所测控终端DTU、配电馈线测控终端FTU、配电配变测控终端TTU和配电线路故障指示器);另一部分来源于数字仿真模块的输出数据(包括遥测和遥信两部分)。配电自动化终端将接收到的这两部分数据通过无线或者光纤通信网络上传至配电自动化主站系统。

下行数据流由配电自动化主站系统下发的总召唤或者控制指令,通过通信网络传送到配

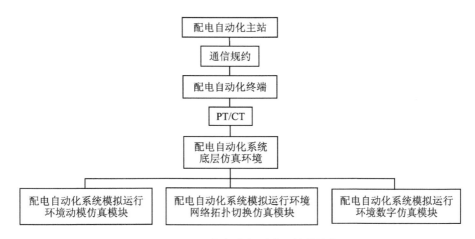

图 11 - 1　配电自动化测试系统的结构

电自动化终端;配电自动化终端按照指令上传数据或者执行相应的操作。

配电自动化测试系统中涉及到的数据信息包括配电网络运行数据(遥测、遥信)、配电线路短路或者接地故障数据(遥测、遥信)、配电自动化终端采集与上行数据(遥测、遥信)、配电自动化主站系统采集或者发出的下行数据(遥测、遥控)等。

在进行配电自动化测试试验时,首先将配电自动化主站系统及终端设备安装在测试系统中物理仿真模块或者数字仿真模块的指定区域;然后根据配电自动化主站系统及终端设备的主要功能和性能指标,拟定测试方法与试验流程;选取测试用例(Test Case)进行试验;最后得到测试结果、生成形式或者委托试验检测报告。

2. 配电自动化终端

配电自动化终端记录各个站点的同步触发装置运行情况,包括电流、电压和开关状态,将记录到的信息经过通信网络发送到主站。在故障发生时将采集到的故障电流、失压和开关状态信息通过网络向主站发送分闸或者合闸命令,方便主站进行分析计算和选择故障处理的具体策略。

根据采集到的故障信息和接收的其他模拟型配电故障,各个站点的配电自动化终端同步触发装置后发送命令,独立判断出故障的区段,发出遥控操作命令,实现故障的定位、隔离和非故障区域的恢复供电。这一过程不受远方主站的控制,由配电自动化终端独立完成。当配电网的拓扑结构调整时,首先通过人工或者主站计算出配电网拓扑结构变化后的各个参数值;然后由主站将这些参数下发给模拟型配电故障同步触发装置;最后刷新原有的定值。

中心监控单元是配电自动化终端的核心部分,其主要功能是模拟量的输入与开关量输入信号的采集、故障检测,电压、电流、有功功率等运行参数的计算,以及控制量的输出和远程通信等。配电自动化终端采用平台化和模块化的设计方式,它的输入量、输出量和通信接口的形式与数量可以根据需要配置。

3. 电压/电流互感器

(1)电压互感器

电压互感器用于变换线路上的电压,给测量仪表和继电保护装置供电,测量线路的电压、功率和电能；或者在线路发生故障时保护线路中的贵重设备、电机和变压器。它的容量一般很小，只有几 V·A 或者几十 V·A。

电压互感器的基本结构和变压器相似，也有两个绕组，分别为一次绕组和二次绕组，都装在铁芯上。在两个绕组之间以及绕组与铁芯之间都有绝缘，保持电气隔离。电压互感器的一次绕组并联在线路上；二次绕组并联在仪表或者继电器上。在测量高压线路的电压时，尽管一次电压很高，但二次电压却是低压。这样可以确保操作人员和仪表的安全。

（2）电流互感器

根据电磁感应原理，电流互感器由闭合的铁芯和绕组组成。它的一次绕组匝数很少，串联在需要测量电流的线路中，在绕组中经常有全部电流流过；二次绕组的回路始终闭合，匝数比较多，串联在测量仪表和保护回路中。电流互感器在测量仪表和保护回路中串联线圈的阻抗很小，在工作状态下接近于短路。

在发电、变电、输电、配电和用电线路中，电流的大小悬殊，可以从几 A 到几万 A。为了便于测量、保护和控制，通常需要转换为比较统一的电流。另外，线路上的电压一般比较高，如果直接测量非常危险。电流互感器起到了电流变换和电气隔离的作用。

对于指针式电流表，电流互感器的二次电流大多数在安培级；数字化仪表的采样信号则一般为毫安培级。微型电流互感器的二次电流为毫安级，在大互感器与采样之间起到桥梁的作用。

4. 通信模块

配电网的特点是设备数量多、地域分布广、节点分散、运行环境恶劣和分布不均衡。根据国家电网关于配电自动化导则的要求，配电自动化的通信接入可以采用光纤、电力载波、无线公网和专网等方式，要求实现多种方式的统一接入、统一接口规范和统一管理，并且支持以太网和标准串行通信接口。具备遥控功能的配电自动化区域，应当优先采用专网通信的方式；依靠通信实现故障自动隔离的馈线自动化区域，宜采用光纤专网通信的方式。采用无线公网通信的方式应当符合相关安全防护和可靠性规定的要求。在配电网和用电网络建设中，各个城市可以根据自身条件采用不同的通信方式。无论是变电站还是开闭所，只要有光纤接入到达的地方，用电信息采集点都应当尽量采用光纤通信的方式。

配、用电通信网以光纤通信方式 SDH/MSTP/EPON（Synchronous Digital Hierarchy，同步数字体系/ Multi - Service Transfer Platform，多业务传输平台/ Ethernet Passive Optical Network，以太网无源光网络）为主，以载波通信方式为辅；由兼具 GPRS（General Packet Radio Service，通用分组无线服务技术）等多元化通信的方式混合组成。

在近 10 年来光通信技术逐渐发展成熟的基础上，将 PON（Passive Optical Network，无源光网络）接入网成为现实，并且普遍认为这是适用于接入网络的一种解决方案。PON 是一种纯介质网络，由于消除了局端与客户端之间的有源设备，避免了外部设备的电磁干扰和雷电影响，减小了线路和外部设备的故障率，提高了系统的可靠性，节省了维护的成本。

典型的 EPON 系统由 OLT（Optical Line Terminal，光线路终端）、ONU（Optical Network Unit，光网络单元）、ODN（Optical Distribution Network，光配线网络）等组成。其中 OLT 放在中心机房，ONU 放在用户设备端附近或者与其合为一体。ODN 由分光器和光纤网络组成。POS（Passive Optical Splitter，无源光纤分支器）是一个连接 OLT 和 ONU 的无源设备,它的功能是分发下行数据并集中上行数据。EPON 中使用单芯光纤,在一根芯上同时传送上、下行两个波(上行 1 310 nm,下行 1 490 nm;还可以在上、下行叠加 1 550 nm 的波长,用于传递模拟电视信号),如图 11 - 2 所示。

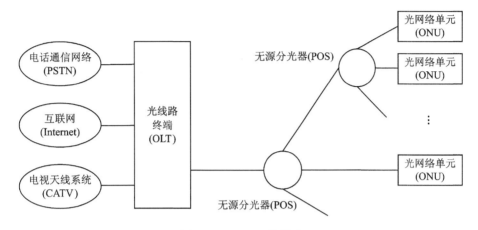

图 11 - 2　EPON 的组成

EPON 在下行传输过程中采用广播模式,在 OLT 局端数据进行无差别转发;在 ONU 方向上可以收到所有数据,但只转发允许的数据,其他则丢弃,如图 11 - 3 所示。在 ONU 注册成功之后,分配唯一的 LLID (Logical Link Identifier,逻辑链路标记)。OLT 在每个数据包开始传输之前,根据注册列表添加对应的 LLID,替代两个字节的前导字符;当 ONU 接收数据时,只接收与自己匹配的 LLID 数据包。

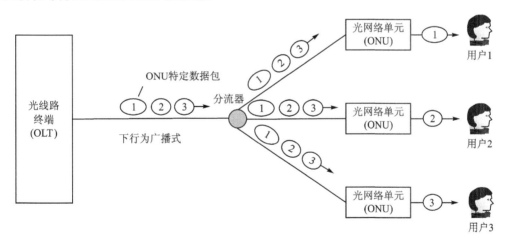

图 11 - 3　EPON 下行传输

在 EPON 上行传输过程中采用 TDMA(Time Division Multiple Access,时分复用)的方式。各 ONU 在不同的时隙发送上行数据,在同一时刻只有一个 ONU 占用整个上行的带宽,如图 11 - 4 所示。OLT 在接收数据之前先比较 LLID 注册列表;每个 ONU 在由 OLT 统一分配的时隙中发送数据帧;分配的时隙补偿各 ONU 与 OLT 之间的差距,避免数据帧之间的碰撞。

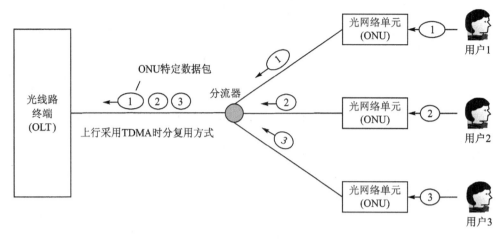

图 11 - 4   EPON 上行传输

5. 配电自动化主站

配电自动化主站是配电自动化系统的核心部分,主要实现配电网中的数据采集与监控等基本功能和电网拓扑分析应用等扩展功能;还具有与其他应用系统进行信息交互的功能,为配电网的调度指挥和生产管理提供技术支撑。

配电自动化主站主要由计算机硬件、操作系统、支撑平台软件和配电网应用软件等组成。其中支撑平台包括系统数据总线和平台多项基本服务;配电网应用软件包括配电 SCADA (Supervisory Control And Data Acquisition,监控与数据采集)等基本功能、电网分析应用和智能应用等扩展功能,支持通过交互总线实现与其他相关系统之间的信息交互。

主站计算机网络的结构一般采用分布式开放局域网交换技术和双重冗余配置的方式。数据采集服务器、SCADA 服务器、历史数据服务器、应用分析服务器、镜像服务器、通信接口服务器、调度值班工作站、维护工作站和报表工作站等主要节点直接接入主干网。配电自动化主站系统硬件整体网络的配置图如图 11 - 5 所示。

按照配电自动化主站硬件网络功能的分布,可以分为数据处理及存储服务主干网、数据采集网、无线采集子网、WEB 子网(含配电网运行中心工作站)和配电调控一体化值班远方工作站子网。

(1) 数据处理及存储服务主干网

该网络由 2 台 SCADA 服务器、2 台历史数据服务器、2 台 DA(Direct Access)应用服务器、1 台镜像服务器、1 台通信接口服务器、磁盘阵列、2 台维护工作站和 2 台主干网交换机等组成,主要完成数据的处理、监视、控制、储存以及扩展应用功能。考虑到主网的信息交互以及与外部系统信息交互的实时性,主干网一般采用双高速光纤交换机与网上各节点连接,主干网通过通信接口服务器与信息交互总线互联,如图 11 - 6 所示。

(2) 数据采集网

数据采集网接入所有专线和网络远动信息,由 4 台数据采集服务器、2 台高速交换机、8 台终端服务器和两面前置采集柜等组成,主要完成数据的采集、处理和送入主站系统主干网的任务。接入数据采集网采用 IEC 60870 - 5 - 101 和 104 的通信规约,保护信息采用国网公司网

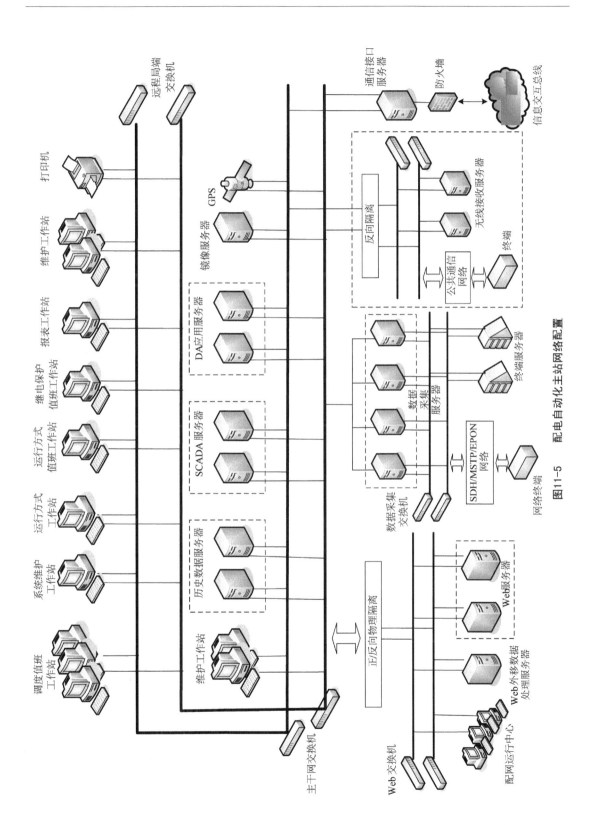

图11-5　配电自动化主站网络配置

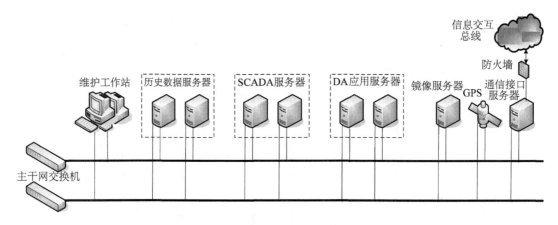

图 11 - 6　数据处理及存储服务主干网

络的 103 通信规约接入。对变电站现有规约的接口如图 11 - 7 所示。

（3）Web 子网

Web 子网由 2 台 Web 服务器、2 台 Web 交换机、1 台 Web 外移数据处理服务器以及正、反向物理隔离装置组成。

Web 子网主要完成发布，通过正、反向隔离与主站系统的主干网连接。Web 服务器采用 C/S 的模式服务于配电网运行中心。例如，某试点工程设置 3 个运行中心，每个中心按 4 台工作站配置，如图 11 - 8 所示。

（4）配电网调控一体化值班远方工作站子网

配电网调控一体化值班远方工作站子网用于配电网调控中心的调度和运行

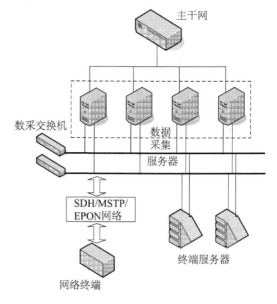

图 11 - 7　数据采集网

监控，采用远方子网实现调控一体化的监控值班。子网通过双网双路由器和专用光芯接入主干网，调度监控值班工作站采用 UNIX 工作站，如图 11 - 9 所示。

配电自动化主站的软件功能主要包括以下几种。

（1）系统支撑平台

系统支撑平台具有系统运行管理功能、计算机网络管理系统功能、数据库管理功能、数据备份与恢复功能、权限管理和系统接口功能等。

（2）配电 SCADA

配电 SCADA 实现对变电站运行的监控和配电网的实时监控，具备数据的采集、计算、处理、控制操作、人工置数、智能报警、画面显示、动态着色、报表、权限管理、事件记录、事故追忆等多种功能。

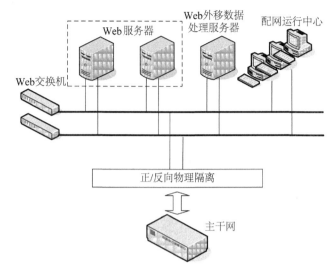

图 11 - 8　Web 子网的配置

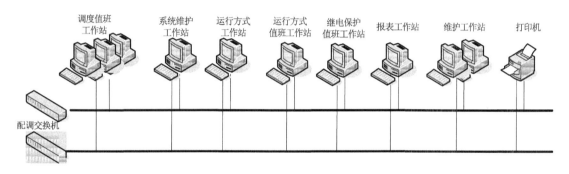

图 11 - 9　配调值班工作站子网

（3）馈线自动化

馈线自动化实现配电网的优化运行、故障定位、故障自动隔离和停电恢复功能,自动完成网络的重构与自愈,包括集中型半自动和全自动馈线自动化。

（4）Web 发布

Web 发布包括用户浏览、统计、支持用户报表自定义和 Web C/S 管理等内容。

（5）配电网监控与维护运行管理

配电网监控与维护运行管理包括:拆搭、跳线、短接操作;系统联络图与线路单线图之间的自动对应和同步操作;配电自动化系统维护工作责任区的管理等。

（6）配电自动化扩展应用

配电自动化扩展应用包括配电网络的建模、拓扑分析、解合环操作分析、配电网负荷预测、负荷转供、状态估计、配电网的数据统计、模型拼接、潮流计算、网络结构优化、无功优化、系统互联和配电网仿真系统等高级应用。

（7）信息共享与集成

基于 IEC 61968 建设配电信息交互平台,实现与配电相关系统的应用集成与信息共享;将信息交互总线从数据中心导入营销管理系统、用电信息采集系统、设备管理系统（Plant Management System，PMS）、工程生产管理系统（Power Production Management System，PPMS）、95598 系统的相关信息；从能量管理系统（Energy Management System，EMS）导入变电站图形、电网模型及电网实时数据；从停电管理系统（Outage Management System，OMS）导入高压配电网设备模型和地调相关专业的业务汇总数据；从地理信息系统（Geographic Information System，GIS）导入配电网相关参数以及拓扑关联图形；从电缆网监控系统导入电缆通道环境监测信息、电缆温度信息、井盖自动控制信息、报警信号信息等，实现综合扩展与其他系统交互的应用，同时将本系统的实时信息按规则向交互总线发布。

（8）配电网仿真系统

配电网仿真系统模拟任意地点的各种故障情况，手动或者自动进行故障分析处理；改变运行方式跟踪停电区域，分析导致区域停电的设备故障。对复杂的配电网倒闸操作和转供电方式进行模拟预演和仿真，分析各类操作对配电网安全稳定运行的影响，为快速自愈电网提供服务。

（9）智能化应用

智能化应用包括持续监控家庭和企业的智能电表和传感器的供需情况，实时测量通过电网中的电力流量，使运营商能够主动管理和避免中断，在非高峰时间修改电力的使用，放宽电网的工作量和降低消费者的消费价格；协助运营商改变能源组合，对多来源产生的能源输出进行管理，以便实时匹配社会、空间和时间的需求变化；使用演算法平衡电网，在出现错误或黑客的情况下协调采取联合行动，对网络进行自我修复，并预测生产和消费数据。

（10）对分布式能源站的运行工况进行监控

支持对分布式电源接入系统的稳定性分析、安全与自动保护措施、独立运行机制和多电源运行机制，实现对分布式能源站运行工况的监控等功能。

（11）配电网自愈控制

在实现馈线自动化区域根据配电网运行的在线状态，通过控制策略实施相应的控制，使配电网向优化运行的状态过渡。支持对智能配电自动化终端的区域性判别，提出简化信息路径和适应线路拓扑更改的自主动作方案，快速隔离故障点、自动切除故障和恢复对未发生故障区间的正常供电。

（12）智能监视预警及运行控制

具有支持远景智能化的功能，根据综合采集到的实时和准实时数据源进行综合数据分析，主动分析配电网的运行状态，快速发现配电网运行中的动态薄弱环节，准确地捕捉监控要点。通过实时测量配电网的相关信息，结合气候、环境及自然环境等因素，对配电网的运行状况进行趋势预测，与地调在线预警系统进行协调控制，共同评估配电网的安全运行水平，提出相应的安全预警及预防控制策略，达到智能化配电网优化运行的目标。

11.1.2 测试系统不确定度的溯源

配电自动化测试系统在数据的上行和下行过程中，在设置校验码之后实现准确的传输。主站的最终结果是测量数据，因此应当考虑不确定度的影响。

在分析测量不确定度的来源时，既要考虑标准量具的不确定度，也要考虑被测配电自动化测试系统的误差来源。如 PT/CT 结构引入的不确定度、底层仿真环境的硬件结构引入的不确定度、测试仪器和标准表引入的不确定度以及电磁环境引起的干扰（如随机噪声干扰、雷击和励磁涌流)等。在这些不确定度的来源中,有些可以进行定量计算,有些则只能进行定性分析。下面就标准表准确度引入的不确定度和 PT/CT 结构引入的不确定度进行分析计算。

1. 标准表准确度引入的不确定度

仪器的准确度是配电自动化测试系统的重要误差来源。根据标准表可以查出准确度的等级。根据准确度等级的定义,标准表的最大误差绝对值 a 与准确度等级之间的关系为

$$a = 仪器量程 \times 准确度等级$$

假设测量仪器的误差服从均匀分布,则由标准表引入的不确定度 u 等于标准表的最大误差绝对值 a 除以包含因子。不同量程与准确度等级所对应的不确定度见表 11-1。

表 11-1　标准表的准确度等级与不确定度

测试仪器	量　程	准确度等级	误差分布	最大误差绝对值 a	不确定度 u_S
标准电压表	200 V	0.5 级	均匀分布	1 V	0.577 V
	500 V	1 级	均匀分布	5 V	2.887 V
标准电流表	3 A	0.5 级	均匀分布	0.015 A	0.009 A
	5 A	1 级	均匀分布	0.05 A	0.029 A

标准表准确度引入的不确定度 u_S 等于最大误差绝对值 a 除以均匀分布的包含因子 $k = \sqrt{3}$。例如:

① 量程为 200 V、准确度等级为 0.5 级的标准电压表,最大允许误差为

$$a = 200 \text{ V} \times 0.5\% = 1 \text{ V}$$

则由标准电压表准确度引入的不确定度为

$$u_S = \frac{a}{\sqrt{3}} = \frac{1 \text{ V}}{\sqrt{3}} = 0.577 \text{ V}$$

② 量程为 3 A、准确度等级为 0.5 级的标准电流表,最大允许误差为

$$a = 3 \text{ A} \times 0.5\% = 0.015 \text{ A}$$

则由标准电流表准确度引入的不确定度为

$$u_S = \frac{a}{\sqrt{3}} = \frac{0.015 \text{ A}}{\sqrt{3}} = 0.009 \text{ A}$$

2. PT/CT 结构引入的不确定度

PT/CT 结构引入的不确定度主要包括互感器负载箱误差和电流测量回路的附加二次负荷影响。

互感器负载箱的等级为 m 级,对于 n 级电流互感器,附加比值差的最大测量误差为 $\pm n\% \times m\%$。假设服从均匀分布,则比值差的区间半宽度为 $\alpha = n\% \times m\%$,标准不确定度为

$$u = \frac{n\% \times m\%}{k} \tag{11-1}$$

式中,k 表示包含因子。

电流测量回路引入的主要是差流回路中附加二次负荷的影响,被检互感器允许误差的影

响量一般不大于误差限的 1/20。对于 n 级互感器，附加比值差的最大测量误差为 $\pm n\% \times \dfrac{1}{20}$。假设服从均匀分布，比值差的区间半宽度为 $a = n\% \times \dfrac{1}{20}$，则标准不确定度为

$$u = \frac{1}{20} \times \frac{n\%}{k} \tag{11-2}$$

式中，k 表示包含因子。

11.2　配电自动化终端不确定度评定

11.2.1　终端结构与误差来源

配电自动化终端是对安装在中压配电网的各类远方检测和控制单元的总称，具有数据采集、控制、通信等功能，主要包括配电站所测控终端(DTU)、配电馈线测控终端(FTU)和配电配变测控终端(TTU)三种类型。

1. 配电站所测控终端(DTU)

DTU 用作开关站、配电环网柜和电缆分支箱的监控装置，配合变电站自动化装置、监控与数据采集(SCADA)系统、配电自动化(DA/DMS)主站、配电自动化二级主站和变电站监控系统等，完成对配电系统及设备的远方监视、故障检测和控制功能。

DTU 通过模拟和数字两个输入/输出通道与电力设备接口直接连接电流互感器(CT)、电压互感器(PT)、线路传感器(LPS)或者其他类似装置完成交流线路的监视。开关状态量的检测、直流量测量和装置的控制则通过电力设备与 DTU 相对应的数字量和模拟量的输入/输出接口实现。

DTU 由测控终端、充电电源、蓄电池组、操作回路和操作面板等组成，它的电气原理如图 11-10 所示。

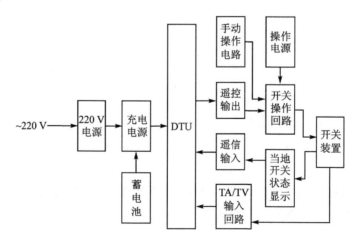

图 11-10　DTU 的电气原理

DTU 中各功能的工作原理如下。

（1）测量监视功能

其主要包括正常负荷状态的电压、电流、有功/无功/视在功率、功率因数、有功/无功电度、频率、零序电流、交流电流和电压输入量的 2～15 次谐波等常规电气量的测量监视。通过对相间短路故障的检测，测量故障电流和记录故障发生的时间，满足故障分析、定位及隔离的需要；此外，还具有单相接地故障的检测功能，记录小电流接地系统在发生单相接地故障时的线路零序电流，记录断路器和负荷开关当前的状态和动作的次数，监视箱门开关的位置信号和箱体内的温湿度。

（2）开关操作控制功能

在面板上安装操作方式选择开关，扳动开关可以选择"当地"或者"远方"两种操作方式。当操作方式开关拨到"远方"时，继电器的电源由 DTU 的开关量接点提供输出，开关工作在远方遥控的方式；当操作方式开关拨到"当地"时，继电器的电源由手动合、分闸按钮提供，开关工作在当地控制状态。

通过"当地"或者"远方"两种操作方式启动合、分闸继电器。当继电器接点闭合时，接通柱上负荷开关的合、分闸操作回路，完成对高压开关的合、分闸操作。

在装置的内部提供 24 V DC 或者 48 V DC 两种操作电源；在线路停电时由可充电蓄电池提供高压开关分、合操作的能量。

（3）供电电源

DTU 有交流和直流两个供电回路。交流供电电源来自线路的电压互感器或者变压器，输出的 220 V 或者 110 V 交流电压通过接线端子引入监控装置，经过抗干扰电路、交流电源切换电路接至装置内部的充电电源，充电电源经过稳压之后输出标称值为 24 V 的直流电压，为 DTU 等提供工作电源，也为蓄电池组提供浮充电的电流。直流供电电源来自蓄电池组，在交流掉电时可以作为备用电源使用。蓄电池组通过装置内部的充电电源构成供电回路。作为供电电源的核心部件，充电电源主要有三个功能：一是当交流电源有电压输出时直接作为稳压电源使用，为装置的运行提供 24 V 稳压输出；二是当交流电源有电压输出且当面板电池开关在"开"的位置时对外输出浮充电电流，为蓄电池补充电能；三是在交流电源掉电时，充电电源完成自动转换，使蓄电池组由浮充电状态转换为放电状态，为装置运行提供电能。充电电源具有电池过放保护和电池活化测试功能，对外输出交流掉电报警和电池低压指示，为高压开关操作提供 24 V 或者 48 V 的直流操作电源。

（4）通信功能

在装置内接入光纤收发器等通信终端，将 DTU 的 RS－232 主站通信口与通信终端的 RS－232 口相连接，完成通信功能。DTU 与控制主站系统的通信则完成高压开关的监视、控制和对交流量的测量功能。

2. 配电馈线测控终端（FTU）

FTU 适用于配电线路的柱上开关监视与控制。FTU 由核心单元配电馈线测控终端、开关操作控制回路、充电电源和免维护可充电蓄电池等组成，配合无线电台、光纤等通信终端与 SCADA 系统、配电自动化系统、馈线自动化控制主站和变电站监控系统通信，完成配电线路中开关设备的故障定位、隔离、监视和控制。

FTU 由测控终端、充电电源、蓄电池组、操作回路和操作面板等组成,其电气原理如图 11 - 11 所示。

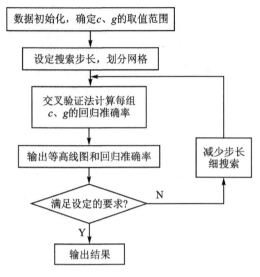

图 11 - 11　FTU 的电气原理

FTU 各功能的原理分别如下。

(1) 测量监视功能

其包括对正常负荷状态下电压、电流、有功/无功/视在功率、功率因数、有功/无功电度、频率、零序电流、交流电流输入量和电压输入量的 2~15 次谐波值等常规电气量的监视与测量。

(2) 故障检测功能

对相间短路故障进行检测,测量故障电流和记录故障发生的时间,满足故障分析、定位及隔离的需要;具有单相接地故障检测功能,记录小电流接地系统在发生单相接地故障时线路的零序电流。

(3) 开关操作控制功能

开关操作控制功能的原理与 DTU 类似。

(4) 供电电源

供电电源有交流和直流两个供电回路,工作原理与 DTU 电源类似。

(5) 通信功能

通信功能的原理与 DTU 类似。

3. 配电配变测控终端(TTU)

TTU 由核心单元 JKB - T600N 配电配变测控终端、开关操作控制回路、充电电源和免维护可充电蓄电池等组成,配合无线电台、光纤等通信终端与 SCADA 系统、配电自动化系统、馈线自动化控制主站和变电站监控系统通信,完成对配电线路上开关设备的故障定位、隔离、监视和控制,适用于电缆分支箱的监视与控制。

TTU 由测控终端、充电电源、蓄电池组、操作回路、操作面板和交流双电源切换等组成,电气原理如图 11 - 12 所示。

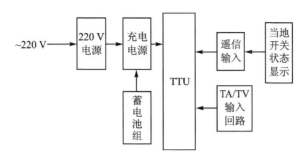

图 11 - 12　TTU 的电气原理

4. 配电自动化终端的误差来源

虽然三种配电自动化的终端不同,但经过原理分析可知它们在本质上有相同之处。配电自动化终端的功能是将模拟的电量转换成数字量,不确定度主要来源于 A/D 转换器。理想 A/D 转换器的误差由固有的量化误差产生;实际使用的 A/D 转换器往往是一种非理想器件,与理想转换曲线之间存在偏差,表现出多种不同的误差形式,如图 11 - 13 所示。

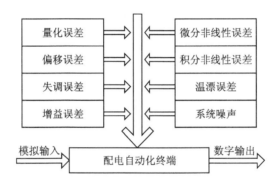

图 11 - 13　配电自动化终端的主要误差源

下面对主要误差源进行讨论。

(1) 量化误差

量化误差为 A/D 转换器的有限分辨率产生的数字输入量与等效模拟输入量之间的偏差。A/D 转换器的量化误差可以表示为

$$|e| = \frac{1}{2}\text{LSB} = \frac{1}{2}Q = \frac{U_H}{2^{b+1}} \tag{11-3}$$

式中,LSB 表示最低有效位;Q 表示量化值;U_H 表示满量程值;b 表示转换位数。

(2) 偏移误差

偏移误差是使 A/D 的输出最低位为 1 时,施加到模拟输入端的实际电压与理论电压 $\frac{1}{2}\left(\frac{V_r}{2}\right)$ 之差。

(3) 失调误差

失调误差又称为零点误差,是 A/D 转换器在输入值为零时的输出值。

(4) 增益误差

增益误差为 A/D 的输出达到满量程时,实际模拟输入与理想输入之间的差值。

（5）微分非线性误差

微分非线性误差为偏移误差和增益误差均已调零后的实际传输特性与通过零点和满量程点的直线之间的最大偏离值，也称为线性度，通常不大于 0.5LSB。

（6）积分非线性误差

积分非线性误差为 ADC 实际转换特性函数曲线与理想转换特性直线之间的最大偏差，也就是两个相邻状态之间模拟输入量的差值对 $\dfrac{V_r}{2}$ 的偏离值，表示 A/D 转换器输出误差的最大值。

（7）温度变化引起的误差

温度的改变会造成偏移、增益和线性度的变化。将 A/D 转换器在 25 ℃时的温度系数作为参考指标，温度系数是指温度改变 1 ℃时相应的偏移、增益和线性度的改变量与满量程输入模拟电压的比值，通常以 $10^{-6}/℃$ 为单位。在数据采集卡的产品技术说明书里可以查出偏移误差的温度系数。

（8）系统噪声

噪声通常定义为信号中的无用信号成分。例如当正在处理的信号频率为 20 kHz 时，如果系统中混有 50 kHz 的信号，那么 50 kHz 信号就是噪声。

11.2.2　终端的不确定度评定

1. 试验方案

将配电终端放置在与系统电源电压相同频率的、随时间正弦变化的、强度为 100 A/m（5 级）的稳定持续磁场的线圈中心，配电终端保持正常工作，测试状态的输入量、遥控、直流输入模拟量、交流输入模拟量和事件顺序记录（Sequence of Events，SOE）站内分辨力符合 Q/GDW 514—2010 中的相关规定。工频磁场引起的改变量不大于 100%。

设定配电自动化测试系统中底层仿真模块的输出，保持终端输入电量的频率为 50 Hz，谐波分量为 0，额定电压为 100 V。依次施加的输入电压分别为 60 V、80 V 和 100 V。

待标准表的读数稳定之后，连续读取 50 个标准表显示的输入值 U_{0i}，同时通过模拟主站读取被测配电自动化终端的测量值 U_{1i}，如图 11-14 所示。

设定配电自动化测试系统中底层仿真模块的输出，保持配电自动化终端输入电量的频率为 50 Hz，谐波分量为 0，额定值为 1 A，依次向配电自动化终端施加的输入电流为 0.6 A、0.8 A 和 1 A。

待标准表的读数稳定之后，连续读取 50 个标准表的显示输入值 I_{0i}，同时通过模拟主站读取被测配电自动化终端的测量值 I_{1i}，如图 11-15 所示。

2. 试验数据处理

（1）测量重复性引入的不确定度

电压测量重复性引入的不确定度为

$$u_U = \sqrt{\dfrac{\sum\limits_{i=1}^{n}(U_{1i} - \overline{U}_{1i})^2}{n-1}} \tag{11-4}$$

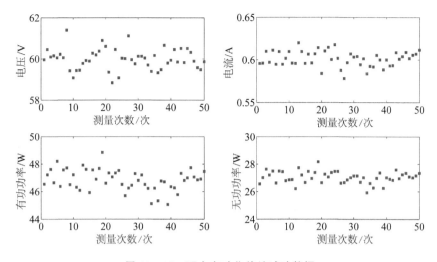

图 11 - 14　配电自动化终端试验数据

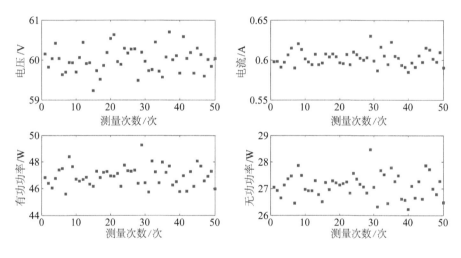

图 11 - 15　底层仿真模块试验数据

式中,U_{1i} 表示被测配电自动化终端的测量值;$\overline{U}_{1i}$ 表示被测配电自动化终端的测量平均值;n 表示试验次数。

　　电流测量重复性引入的不确定度为

$$u_I = \sqrt{\dfrac{\displaystyle\sum_{i=1}^{n}(I_{1i} - \overline{I}_{1i})^2}{n-1}} \tag{11-5}$$

式中,I_{1i} 表示被测配电自动化终端的测量值;$\overline{I}_{1i}$ 表示被测配电自动化终端的测量平均值;n 表示试验次数。

　　有功功率测量重复性引入的不确定度为

$$u_P = \sqrt{\dfrac{\displaystyle\sum_{i=1}^{n}(P_{1i} - \overline{P}_{1i})^2}{n-1}} \tag{11-6}$$

式中，P_{1i} 表示被测配电自动化终端的测量值；$\bar{P}_{1i}$ 表示被测配电自动化终端的测量平均值；n 表示试验次数。

无功功率测量重复性引入的不确定度为

$$u_Q = \sqrt{\frac{\sum_{i=1}^{n}(Q_{1i} - \bar{Q}_{1i})^2}{n-1}} \tag{11-7}$$

式中，Q_{1i} 表示被测配电自动化终端的测量值；$\bar{Q}_{1i}$ 表示被测配电自动化终端的测量平均值；n 表示试验次数。

（2）底层仿真模块准确度引入的不确定度

输入电压的不确定度为

$$u'_U = \sqrt{\frac{\sum_{i=1}^{n}(U_{0i} - \bar{U}_{0i})^2}{n-1}} \tag{11-8}$$

输入电流的不确定度为

$$u'_I = \sqrt{\frac{\sum_{i=1}^{n}(I_{0i} - \bar{I}_{0i})^2}{n-1}} \tag{11-9}$$

输入有功功率的不确定度为

$$u'_P = \sqrt{\frac{\sum_{i=1}^{n}(P_{0i} - \bar{P}_{0i})^2}{n-1}} \tag{11-10}$$

输入无功功率的不确定度为

$$u'_Q = \sqrt{\frac{\sum_{i=1}^{n}(Q_{0i} - \bar{Q}_{0i})^2}{n-1}} \tag{11-11}$$

（3）标准表准确度引入的不确定度

假设标准表的量程为 FA，准确度等级为 0.5，则标准表的绝对误差最大值为

$$u_m = 0.005\ FA \tag{11-12}$$

假设服从均匀分布，取 k 为 $\sqrt{3}$，则标准表准确度引入的不确定度为

$$u_{U_0} = \frac{0.005\ FA}{\sqrt{3}} \tag{11-13}$$

（4）模拟主站分辨力引入的不确定度

测量电压时模拟主站的分辨力为 0.01 V。假设电压的实际值在 0.015～0.025 V 范围内，当测量值为 0.016 V 时，模拟主站的显示为 0.02 V；当测量值为 0.024 V 时，模拟主站的显示也是 0.02 V。取示值误差区间半宽度为分辨力的一半，即 0.005 V。假设服从均匀分布，取包含因子 k 为 $\sqrt{3}$，则模拟主站分辨力引入的电压测量不确定度为 $u_{U_x} = \dfrac{0.005}{\sqrt{3}}$。

同理，对于电流的测量，模拟主站的分辨力为 0.001 A。取示值误差区间半宽度为分辨力

的一半,即 0.000 5 A。假设服从均匀分布,取 k 为 $\sqrt{3}$,则模拟主站分辨力引入的电流测量不确定度为 $u_{I_x} = \dfrac{0.000\ 5}{\sqrt{3}}$。

(5) 配电自动化终端的合成不确定度

配电自动化终端的合成不确定度包括电压测量的合成不确定度、电流测量的合成不确定度、有功功率的合成不确定度和无功功率的合成不确定度。

电压测量的合成不确定度为

$$u_{cU} = \sqrt{u_U^2 + u_U'^2 + u_{U_0}^2 + u_{U_x}^2} \tag{11-14}$$

电流测量的合成不确定度为

$$u_{cI} = \sqrt{u_I^2 + u_I'^2 + u_{I_0}^2 + u_{I_x}^2} \tag{11-15}$$

有功功率的合成不确定度为

$$u_{cP} = \sqrt{u_P^2 + u_P'^2} \tag{11-16}$$

无功功率的合成不确定度为

$$u_{cQ} = \sqrt{u_Q^2 + u_Q'^2} \tag{11-17}$$

3. 评定结果

在配电自动化终端中,工频交流电量输入的准确度等级及误差极限的要求见表 11-2。

表 11-2　工频交流电量输入的准确度等级及误差极限

测量量	电压	电流	有功、无功功率
准确度等级	0.5	0.5	1
误差极限/%	±0.5	±0.5	±0.5

配电自动化终端的量程为 220 V,误差极限为 ±0.5%,则误差区间的半宽度为 1.1 V。假设服从均匀分布,取 k 为 $\sqrt{3}$,则电压测量不确定度的极限值为

$$u_{U_m} = \frac{1.1\ \text{V}}{\sqrt{3}} = 0.635\ 1\ \text{V}$$

最终得到配电自动化终端的不确定度见表 11-3。

表 11-3　配电自动化终端的不确定度

测量量	电压/V	电流/A	有功、无功功率/W
额定值	220	5	1 100
	100	1	500
	5	—	25
准确度等级	0.5	0.5	1
不确定度	0.635	0.014	3.176
	0.289	0.003	1.443
	0.014	—	0.072

通过上述配电自动化终端及主站系统的不确定度来源分析,得出了配电系统的不确定度评定模型,实现了测试环境与被测配电设备的优化配置。

11.2.3 测试数据的概率分布

在建立配电自动化测试系统精度损失模型之前,需要先研究各单元误差的分布规律。常用概率密度分布的求解方法有直方图法和核估计法。直方图法具有计算量小和结果直观的优点,但是估计精度相对比较低,难以满足配电终端精度估计的要求;核估计法包括高斯核估计和 Botev 核估计两种方法。在噪声比较大的情况下,高斯核估计方法表现出过于平滑的估计,不能很好地反映出真实概率的分布;Botev 核估计方法具有良好的估计性能,不需要对样本类型做出任何假设,但在进行扩散方程的估计时,窗宽的选择严重依赖于核的高次幂,求解过程相当复杂。

最大熵算法的基本原理是在只掌握部分信息的情况下取符合约束条件且熵值最大的概率分布,这是唯一可以得到无偏分布的估计。因此在已知信息的条件下,最大熵算法可用于估计测量系统的概率密度分布。

下面以配电自动化终端的测试数据为例,分析误差概率密度分布的规律。

当配电自动化终端的测量数据 Y 为连续分布时,测量误差 X 是连续分布的随机变量。根据最大熵原理,测量误差 X 的信息熵 $H(x)$ 与概率密度函数 $p(x)$ 之间的关系为

$$\max H(x) = -\int p(x)\log p(x)\mathrm{d}x \qquad (11-18)$$

$$\text{st.} \quad \int p(x)f_i(x)\mathrm{d}x = \mu_i, \quad i=1,2,\cdots,n \qquad (11-19)$$

$$\int p(x)\mathrm{d}x = 1 \qquad (11-20)$$

式中,$H(x)$ 表示测量误差 X 的熵;$p(x)$ 表示取值为 x 的概率密度函数;$f_i(x)$ 表示 X 的函数;μ_i 表示 $f_i(x)$ 的数学期望。

以测量误差 X 的已知函数关系作为最大熵的约束条件,可以反映出在求解过程中对测量信息的挖掘程度。在实际应用过程中可以采用测量误差的多阶原点矩或者二阶中心距作为约束条件,但这些约束条件对测量过程中数据容量的要求比较高,并且不能很好地排除噪声的干扰,因此需要引入新的约束条件。

在测量不确定评定的报告中,包括配电自动化终端测量结果的估计值 $\bar{x}$ 和测量不确定度 U 两部分,一般可以表示为 $\bar{x}\pm U$。在不确定度评定的过程中同时包括 A 类评定和 B 类评定两种方法。

A 类评定方法采用统计分析的方法得到配电终端测量结果的估计值和标准差;B 类评定方法则基于经验或者其他信息得到测量结果的概率分布。在不确定度 U 中包含与测量误差相关的直接信息和间接信息,在评定中相当于对配电终端的测量数据进行挖掘。因此可以把它作为最大熵算法的约束条件。

由测量结果估计值 $\bar{x}$ 的定义可得

$$\int_{-\infty}^{\infty} p(x)x\mathrm{d}x = \bar{x} \qquad (11-21)$$

由测量标准差 u_0 的定义可得

$$\int_{-\infty}^{\infty} p(x)(x-\bar{x})^2 \mathrm{d}x = u_0 \qquad (11-22)$$

结合不确定度 U 的定义可得

$$\int_{\bar{x}-U}^{\bar{x}+U} p(x)\mathrm{d}x = p \qquad (11-23)$$

式中, p 表示置信概率。

由于式(11-23)中积分的上下限与式(11-21)式(11-22)不同,需要引入一个分段函数使之相同。

令

$$g(x) = \begin{cases} 0, & x < \bar{x}-U \\ 1, & \bar{x}-U \leqslant x \leqslant \bar{x}+U \\ 0, & x > \bar{x}+U \end{cases} \qquad (11-24)$$

式(11-23)可以改写为

$$\int_{-\infty}^{\infty} p(x)g(x)\mathrm{d}x = p \qquad (11-25)$$

得到的最大熵模型为

$$\max H(x) = -\int_{-\infty}^{\infty} p(x)\log p(x)\mathrm{d}x$$

$$\mathrm{s.\,t.} \begin{cases} \displaystyle\int_{-\infty}^{\infty} p(x)\mathrm{d}x = 1 \\ \displaystyle\int_{-\infty}^{\infty} p(x)x\,\mathrm{d}x = \bar{x} \\ \displaystyle\int_{-\infty}^{\infty} (x-\bar{x})^2\,\mathrm{d}x = u_0 \\ \displaystyle\int_{-\infty}^{\infty} p(x)g(x)\mathrm{d}x = p \end{cases} \qquad (11-26)$$

为了便于进一步求解,引入拉格朗日乘子 $\lambda_0, \lambda_1, \cdots, \lambda_n$。

令

$$F = H(x) + (\lambda_0+1)\left[\int p(x)\mathrm{d}x - 1\right] + \sum_{i=1}^{n}\lambda_i\left[\int p(x)f_i(x)\mathrm{d}x - \mu_i\right] \qquad (11-27)$$

根据最大熵模型的极值条件,令 $\dfrac{\partial F}{\partial p(x)} = 0$,可得

$$p(x) = \exp\left[\lambda_0 + \sum_{i=1}^{n}\lambda_i f_i(x)\right] \qquad (11-28)$$

则测量数据 X 的最大熵分布函数为

$$p(x) = \exp[\lambda_0 + \lambda_1 x + \lambda_2(x-\bar{x})^2 + \lambda_3 g(x)] \qquad (11-29)$$

这是最大熵概率密度函数的解析形式,其参数是拉格朗日乘子 $\lambda_i(i>1)$,参数的确定是一个非线性优化的问题。概率密度函数 $p(x)$ 的求解是通过不断优化拉格朗日乘子 $\lambda_0, \lambda_1, \cdots, \lambda_n$,使熵达到最大值。

将式(11-29)代入式(11-20)可得

$$\int \exp[\lambda_0 + \lambda_1 x + \lambda_2(x-\bar{x})^2 + \lambda_3 g(x)]\mathrm{d}x = 1 \qquad (11-30)$$

可进一步简化为

$$e^{-\lambda_0} = \int \exp\left[\lambda_1 x + \lambda_2 (x - \bar{x})^2 + \lambda_3 g(x)\right] \mathrm{d}x \qquad (11-31)$$

则

$$\lambda_0 = -\ln \int \exp\left[\lambda_1 x + \lambda_2 (x - \bar{x})^2 + \lambda_3 g(x)\right] \mathrm{d}x \qquad (11-32)$$

将式(11-29)代入式(11-19)可得

$$\mu_i = \frac{\int f_i(x) \exp\left[\lambda_1 x + \lambda_2 (x - \bar{x})^2 + \lambda_3 g(x)\right] \mathrm{d}x}{\int \exp\left[\lambda_1 x + \lambda_2 (x - \bar{x})^2 + \lambda_3 g(x)\right] \mathrm{d}x} \qquad (11-33)$$

式(11-33)可以改写为

$$1 - \frac{\int f_i(x) \exp\left[\lambda_1 x + \lambda_2 (x - \bar{x})^2 + \lambda_3 g(x)\right] \mathrm{d}x}{\int \exp\left[\lambda_1 x + \lambda_2 (x - \bar{x})^2 + \lambda_3 g(x)\right] \mathrm{d}x} = r_i \qquad (11-34)$$

式中，r_i 表示优化的残差，反映 μ_i 的收敛程度。r_i 越小，则 μ_i 的收敛程度越高，拉格朗日乘子 $\lambda_0, \lambda_1, \cdots, \lambda_n$ 的优化效果越好。通常可以把 r_i 作为评价估计结果 $(\lambda_0, \lambda_1, \cdots, \lambda_n)$ 的重要指标。在计算目标函数时需要考虑残差的大小，定义残差的平方和为

$$r = \sum_{i=1}^{n} r_i^2 \to 0 \qquad (11-35)$$

当式(11-35)满足收敛条件时，求解出的拉格朗日乘子 $\lambda_0, \lambda_1, \cdots, \lambda_n$ 为最优，这样就可以求出式(11-29)中的概率密度分布函数。

改进最大熵算法的步骤如下：

① 输入配电终端测量不确定度评定的结果，确定最大熵模型的约束条件；

② 随机生成个体数为 N 的一个初始种群，选择拉格朗日乘子，建立新的概率模型；

③ 在新的概率模型下计算出残差的平方和，判断其收敛性；

④ 当不满足收敛的条件时，生成新的种群后返回循环，重新建立概率模型。在设定的迭代次数下进行多次迭代，直至满足收敛条件为止，输出配电终端误差的概率密度函数。

改进最大熵法的流程图如图 11-16 所示。

由最大熵方法得到配电自动化终端测试数据误差的概率密度分布如图 11-17 所示。

可以看出，概率密度分布曲线与标准正态分布曲线相似，最大峰值对应的测量误差大于 0，这很可能是由配电自动化终端本身结构设计导致的系统误差产生的。

用概率密度分布图可以表示配电自动化终端的测量不确定度。

将改进的最大熵算法应用于电磁兼容检测中，可以获得测量误差的概率密度分布表达式；从定量的角度分析电磁兼容环境下误差分布的规律，可以为配电终端的验收、安装和维护提供参考依据。

下面以静电放电抗扰度试验为例，分析配电自动化终端在特定电磁干扰环境中的测试数据分布。

配电终端的静电放电抗扰度试验如图 11-18 所示。

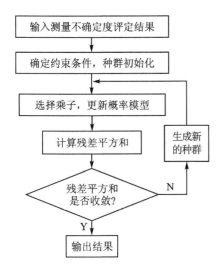

图 11 - 16　改进最大熵法的流程

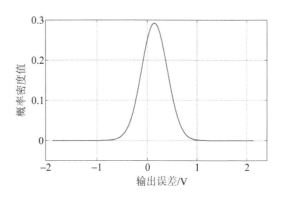

图 11 - 17　配电自动化终端测试数据的概率密度分布

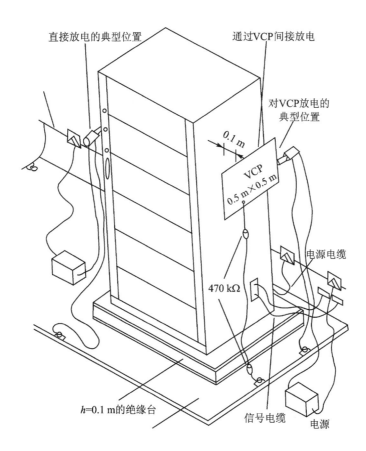

图 11 - 18　静电放电抗扰度的试验

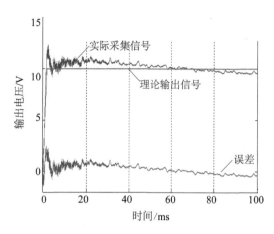

图 11 - 19   静电放电抗扰度测试数据

测试结果如图 11 - 19 所示。配电终端输出的理论电压近似于阶跃信号,实际采集到的输出电压信号受到噪声干扰的影响。可以看出,在 0~20 ms 内测量数据的波动大于该时间段之后的数据波动,相应的测量误差也有相似的规律。这主要是由于在采用接触放电方式时,接触点在极短的时间内释放出大电流,对配电终端形成了噪声干扰。

对配电终端静电放电抗扰度试验的输出进行不确定度评定,假设置信概率为 95%。

测量不确定度的来源主要有两个方面,一是由环境中温度、湿度和操作人员的影响使测量误差不能完全重复的 A 类标准不确定度;二是由电磁兼容试验中静电放电发生器的准确度和静电枪输出电压准确度引入的 B 类标准不确定度。

(1) A 类评定

取试验中配电远方终端输出电压的 1 000 个测试数据进行分析,计算测量重复性引入的不确定度分量。

输出电压误差的平均值为 $\bar{x} = 0.082\ 19\ V$。由贝塞尔公式可得标准不确定度为

$$u_1 = \sqrt{\dfrac{\displaystyle\sum_{i=1}^{n}(x_i - \bar{x})^2}{n-1}} \tag{11-36}$$

(2) B 类评定

假设静电放电发生器电压准确度的等级为 10 级,服从均匀分布,则引入的标准不确定度为

$$u_2 = \dfrac{a}{k} \tag{11-37}$$

假设电磁兼容试验的静电枪输出电压的扩展不确定度为 0.06,取包含因子 k 为 2,则引入的标准不确定度为 $u_3 = u/k$。

(3) 合成标准不确定度为

$$u = \sqrt{u_1^2 + u_2^2 + u_3^2} \tag{11-38}$$

(4) 扩展不确定度

取置信概率为 95%,$k = 2$,则扩展不确定度为 $U = ku$。

按照最大熵法的步骤进行优化求解。设 $r_{min} = 10^{-4}$,最大迭代次数为 300,拉格朗日乘子的优化结果见表 11 - 4。

表 11 - 4   拉格朗日乘子的优化结果

拉格朗日乘子	λ_0	λ_1	λ_2	λ_3
优化结果	-1.383	0.1248	-6.785	0.09

概率密度分布函数为

$$p(x) = \exp[-1.383 + 0.124\,8x - 6.785(x - 0.821\,9)^2 + 0.09g(x)] \quad (11-39)$$

用原始测量数据拟合误差概率密度直方
图;用最大熵模型的解析式拟合概率密度分布
曲线,如图 11-20 所示。概率密度分布曲线
与正态分布曲线相似,最大峰值对应的测量误
差大于 0,这可能是配电终端的输出电压与静
电放电过程中产生短时间强电磁场耦合作用
的结果。

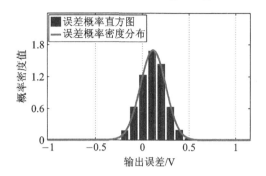

图 11-20　最大熵法的误差概率密度分布

采用高斯核估计方法、Botev 核估计方法
和改进的最大熵方法分别求解概率密度分布,
得到的结果如图 11-21 所示。

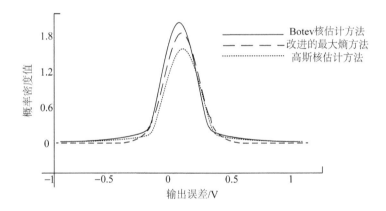

图 11-21　不同方法求解的概率密度分布

可以看出,高斯核估计曲线比 Botev 核估计曲线的最大峰值小,陡峭程度弱,表明在用高
斯核估计方法处理噪声比较大的数据时会产生过平滑的现象。改进的最大熵方法与 Botev 核
估计方法得到的结果具有较好的一致性,验证了改进最大熵法的合理性。在概率密度值比较
小的地方,与核估计法相比较,改进的最大熵方法消除了边界的波动效应。

采用 Botev 核估计方法和改进最大熵方法计算的误差均值和标准差见表 11-5。

表 11-5　计算的误差均值和标准差

方　　法	均值/V	标准差/V	均值相对误差/%	标准差相对误差/%
改进的最大熵方法	0.078 2	0.153 7	0.77	4.18
Botev 核估计方法	0.077 6	0.160 4		

可以看出,改进最大熵方法的均值相对误差小于 1%,标准差相对误差小于 5%,满足配电
系统终端精度的检测要求。

11.3 测试系统不确定度的评定试验

11.3.1 试验装置与试验方法

1. 试验装置

配电自动化测试系统不确定度评定的试验装置由物理/数字仿真模块、配电自动化待测终端、配电自动化主站和测量仪器等构成。

对测量仪器准确度等级的要求是：

① 标准表的基本误差不大于被测量准确度等级的 1/4；

② 标准仪表满足一定的分辨力要求，使所取得的数值不小于被测装置准确度等级的 1/5。

2. 试验前的准备工作

① 在开始现场检测之前，详细了解底层仿真环境、配电自动化终端、配电主站和相关设备的运行情况，制定出检测工作过程中确保系统安全稳定运行的技术措施；

② 准备好与配电自动化测试实际工作情况相符的图纸、上次检测的记录、标准化作业指导书、合格的仪器仪表、备品备件、工具和连接导线等；

③ 在进行现场检测时，不允许把规定有接地端的测试仪表直接接入直流电源回路中，防止发生直流电源接地的现象；

④ 检查、核对电流互感器的变比值是否与现场实际情况相符合；

⑤ 提供安全可靠的独立试验电源，禁止从运行设备上直接取电；

⑥ 确认配电自动化终端和通信设备室内的所有金属结构及设备外壳均连接于等电位地网，并且配电自动化终端和终端屏柜下部的接地铜排可靠接地；

⑦ 检查通信的信道是否处于完好状态；

⑧ 检查配电自动化终端的状态信号是否与主站的显示相对应，检查主站的控制对象和现场的实际开关是否相符；

⑨ 确认配电自动化终端的各种控制参数、告警信息和状态信息是否正确、完整。

3. 试验环境

测试现场的环境温度和湿度要求见表 11-6。

表 11-6 试验环境温度和湿度的要求

级　别	环境温度		湿　度		使用场所
	范围/℃	最大变化率/ ($℃ \cdot min^{-1}$)	相对湿度/%	最大绝对湿度/ ($g \cdot m^{-3}$)	
C1	$-5 \sim +45$	0.5	$5 \sim 95$	29	室内
C2	$-25 \sim +55$	0.5	$10 \sim 100$	29	遮蔽场所
C3	$-40 \sim +70$	1.0	$10 \sim 100$	35	户外
CX	待定				

注：CX 级别由用户根据需要与制造商协商之后确定；大气压力为 70～106 kPa。

对周围环境的要求如下：

① 无爆炸危险、腐蚀性气体及导体尘埃，无严重霉菌，无剧烈振动冲击源。场地安全要求应当符合 GB/T 9361 中的规定。

② 接地电阻小于 4 Ω。

4. 试验方法

配电自动化测试系统测量不确定度评定的试验方法如图 11 - 22 所示。

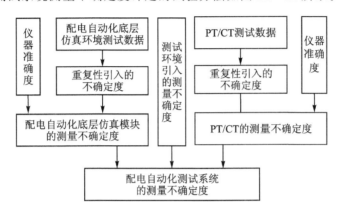

图 11 - 22　配电自动化测试系统不确定度评定的试验方法

配电自动化测试系统不确定度评定的具体步骤如下：

① 首先通过测量仪器获得底层仿真环境的测试数据和 PT/CT 测试数据。

② 通过 A 类评定方法计算重复性引入的测量不确定度分量；用 B 类评定方法计算测量仪器准确度引入的不确定度分量。

③ 将测量重复性不确定度分量和准确度不确定度分量合成，得到 PT/CT 的不确定度分量。同理，得到配电自动化底层仿真环境的不确定度分量。

④ 计算测试环境引入的不确定度分量，将 PT/CT 的不确定度分量、配电自动化底层仿真环境的不确定度分量和测试环境的不确定度分量合成，得到整个测试系统的不确定度结果。

11. 3. 2　测试数据处理与评定

对配电自动化测试系统进行不确定度评定试验之后，获得的测试数据需要先经过预处理，再进行不确定度评定。

测试数据预处理的主要目的是剔除含有粗大误差的数据。排除异常数据有 4 种比较常用的准则，分别为拉伊达准则、格拉布斯准则、肖维勒准则和狄克逊准则。用不同准则对异常值判别的结果有时可能不一致。

以拉伊达准则为例，分别讨论底层仿真环境和电压互感器测量数据中含有粗大误差的数据剔除方法。

1. 底层仿真环境

根据试验方案，在工频磁场的干扰下，假设输入电压为 220 V 时，底层仿真环境的实际输出电压值为 U_{0i}，如图 11 - 23 所示。

采用拉伊达准则对实际输出电压测量值中的粗大误差进行判别,将原始数据中含有粗大误差的第 12 个数据剔除。原始数据与剔除后数据的概率密度分布如图 11-24 所示。可以看出,剔除粗大误差后的测量数据分布更加集中,利用剔除后的数据进行不确定度评定的结果比剔除前更加合理。

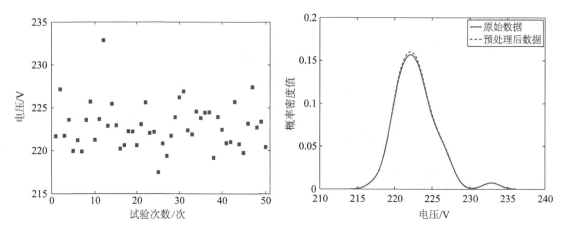

图 11-23　底层仿真环境的实际输出电压　　　图 11-24　底层仿真环境测量电压的概率密度分布

采用 A 类评定的贝叶斯方法,在工频磁场干扰下,底层仿真环境测量重复性引入的不确定度分量为

$$u_{U_{11}} = \sqrt{\frac{\sum_{i=1}^{n}(U_{0i} - \overline{U}_{0i})^2}{n-1}} \tag{11-40}$$

由试验数据计算得 $u_{U_{11}} = 2.352$。

由检定证书获得试验所用标准表的准确度等级。假设标准表的量程为 FA,准确度等级为 0.5,则标准表绝对误差的最大值为

$$u_{\mathrm{m}} = 0.005\,\mathrm{FA} \tag{11-41}$$

假设服从均匀分布,取 k 为 $\sqrt{3}$,在试验中标准表的量程为 680 V,则由标准表准确度引入的不确定度分量为

$$u_{U_{12}} = \frac{0.005\,\mathrm{FA}}{\sqrt{3}} \tag{11-42}$$

将两个不确定度分量合成,得到配电自动化测试系统中底层仿真环境的不确定度评定结果为 $u_{U_1} = \sqrt{u_{U_{11}}^2 + u_{U_{12}}^2} = \sqrt{2.352^2 + 1.963^2}$ V = 3.132 V。

2. 电压互感器(PT)

根据试验方案,在工频磁场干扰下 PT 的实际输出电压值 U_{1i} 如图 11-25 所示。

采用拉伊达准则对实际输出电压测量值中的粗大误差进行判别,将原始数据中含有粗大误差的第 28 个数据剔除。原始数据与剔除后的数据的概率密度分布如图 11-26 所示。

根据 A 类评定的贝叶斯方法,得到 PT 重复性引入的测量不确定度分量 $u_{U_{21}}$ 为

$$u_{U_{21}} = \sqrt{\dfrac{\sum\limits_{i=1}^{n}(U_{1i} - \overline{U}_{1i})^2}{n-1}} \tag{11-43}$$

假设服从均匀分布,取 k 为 $\sqrt{3}$,在试验中标准表的量程为 680 V,则由标准表引入的不确定度分量为

$$u_{U_{22}} = \dfrac{0.005\ \mathrm{FA}}{\sqrt{3}} \tag{11-44}$$

在工频磁场的干扰下,PT 的重复性测量不确定度分量为 $u_{U_2} = \sqrt{u_{U_{21}}^2 + u_{U_{22}}^2}$;工频磁场强度引入的不确定度分量为 $u_{U_3} = 1.53$ V。

根据配电自动化测试系统不确定度评定的试验方法,代入实际数据,对底层仿真环境不确定度分量、PT 的不确定度分量和磁场环境不确定度分量进行合成,得到最终配电自动化测试系统在工频磁场干扰下的电压测量不确定度为

$$u_{U\text{合成}} = \sqrt{u_{U_1}^2 + u_{U_2}^2 + u_{U_3}^2} \tag{11-45}$$

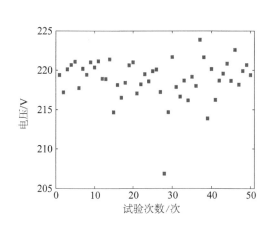

图 11-25　PT 的实际输出电压值

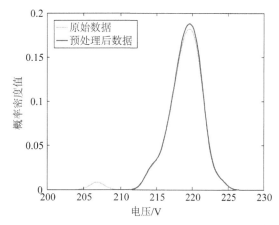

图 11-26　PT 测量电压的概率密度分布

11.3.3　测试系统的配置要求

配电终端交流工频模拟量输入应当满足的要求分别见表 11-7 和表 11-8。

表 11-7　交流工频模拟量输入标称值

电流/A	电压/V	频率/Hz
1	$100/\sqrt{3}/100/220$	50
5	$100/\sqrt{3}/100/220$	50

表 11-8　以百分数表示的交流工频量误差极限与等级指数

误差极限/%	±0.2	±0.5	±1
等级指数	0.2	0.5	1

由配电终端的等级指数推算出配电终端的不确定度极限见表 11-9。

表 11-9　配电终端的不确定度极限

电　压						
额定值/V	220	220	220	100	100	100
等级指数	0.2	0.5	1	0.2	0.5	1
不确定度极限	0.254	0.635	1.270	0.115	0.289	0.577
电　流						
额定值/A	1	1	1	5	5	5
等级指数	0.2	0.5	1	0.2	0.5	1
不确定度极限	0.001	0.003	0.006	0.006	0.014	0.029

底层仿真环境是配电终端不确定度的主要来源,为了满足配电终端的不确定度极限,对底层仿真环境的输出量和标准仪器的精度等提出一定的要求。

1. 底层仿真环境的不确定度要求

在标准表和重复性引入的测量不确定度分量已知的情况下,由配电终端的不确定度得出底层仿真环境的不确定度为

$$u_1 = \sqrt{u^2 - u_2^2 - u_3^2} \tag{11-46}$$

式中,u_1 表示底层仿真环境引入的不确定度分量;u 表示配电终端的不确定度;u_2 表示标准表引入的不确定度分量;u_3 示重复性引入的测量不确定度分量。

将配点终端的不确定度极限与底层仿真环境的不确定度相结合,得到底层仿真环境对不确定度的要求见表 11-10。

表 11-10　底层仿真环境的不确定度

电　压						
额定值/V	220	220	220	100	100	100
配电终端等级	0.2	0.5	1	0.2	0.5	1
标准表等级	0.05	0.1	0.1	0.05	0.1	0.1
测量重复性的不确定度	0.20	0.20	0.20	0.05	0.05	0.05
不确定度极限	0.143	0.589	1.248	0.100	0.279	0.572
电　流						
额定值/A	1	1	1	5	5	5
配电终端的等级指数	0.2	0.5	1	0.2	0.5	1
标准表等级	0.05	0.1	0.1	0.05	0.1	0.1
$10^3 \cdot$重复性的不确定度	0.8	0.8	0.8	5	5	5
不确定度极限/mA	0.526	2.833	5.918	3.000	12.751	28.418

2. 标准仪器的精度等级要求

在配电终端的测试过程中,标准表的基本误差应不大于被测量准确度等级的 1/4;标准表的基本误差应不大于被测量准确度等级的 1/10。

在配电自动化测试系统中,可以把底层仿真环境作为一个整体,当作配电终端对应的标准仪器。经过计算,得到底层仿真环境的准确度等级见表 11 - 11,满足要求。

表 11 - 11　底层仿真环境的准确度等级

电　压			
额定值/V	220/100		
配电终端等级	0.2	0.5	1
底层仿真环境准确度等级	0.05	0.1	0.2
电　流			
额定值/A	5/1		
配电终端的等级指数	0.2	0.5	1
底层仿真环境准确度等级	0.05	0.1	0.2

底层仿真环境允许的不确定度为

$$u_0 = \frac{a\% \mathrm{FA}}{\sqrt{3}} \tag{11-47}$$

式中,a 表示准确度等级;FA 表示量程。

从两个不同的角度分别计算底层仿真环境的不确定度,分别称为极限误差法和准确度等级法,两种方法得到结果的比较见表 11 - 12。

表 11 - 12　极限误差法和准确度等级法的比较

电压/V	220					
配电终端等级	极限误差法			准确度等级法		
	0.2	0.5	1	0.2	0.5	1
不确定度极限	0.092	0.589	1.248	0.064	0.127	0.254
电压/V	100					
配电终端等级	0.2	0.5	1	0.2	0.5	1
不确定度极限	0.014	0.266	0.566	0.028	0.058	0.115
电流/A	5					
配电终端等级	0.2	0.5	1	0.2	0.5	1
不确定度极限、mA	1.610	12.751	28.418	1.443	2.887	5.774
电流/A	1					
配电终端等级	0.2	0.5	1	0.2	0.5	1
不确定度极限/mA	0.141	2.832	5.918	0.289	0.577	1.155

可以看出,在大多数的情况下,准确度等级法计算出底层仿真环境的不确定度极限小于采用极限误差法。两种方法都有一定的合理性。

底层仿真环境的主要测量仪器是标准源和 PT/CT。测量仪器的准确度等级影响底层仿真环境的不确定度。

下面比较不同准确度等级的标准源和 PT/CT 的影响。

当待检样品为 0.5 级配电终端时,可以根据底层仿真环境的不确定度允许极限,判断采用不同准确度等级的组成器件是否满足要求,得到的结论见表 11 - 13。

表 11 - 13　不同准确度等级的组成器件

电压值/V	220			100		
测量重复性引入的不确定度	准确度等级					
	0.2			0.05		
标准源	0.05	0.1	0.5	0.05	0.1	0.5
PT/CT	0.05	0.1	0.1	0.05	0.1	0.5
底层仿真环境的不确定度	0.220	0.289	0.678	0.065	0.096	0.411
极限误差法	√	√	×	√	√	×
准确度等级法	√	×	×	√	×	×

注:√表示满足行业标准的要求,×表示不满足行业标准的要求。

11.4　测试系统精度损失模型与补偿

11.4.1　精度损失的建模

配电自动化测试系统的底层仿真环境、PT/CT 和配电自动化终端三个模块对测量值的影响很大,它们之间是串联的关系,相互之间产生关联的影响。因此,在建立配电自动化测试系统的精度损失模型时,不能将三个部分完全独立开来,需要充分考虑其间的相互关联。

采用改进后的最大熵方法分别分析配电自动化底层环境、PT/CT 和配电自动化终端测试误差的概率密度分布,可以看出测试数据在从底层仿真环境到 PT/CT 再到配电自动化终端的测量过程中,误差的均值发生了偏移,说明每一部分都存在一定的系统误差;误差概率密度分布函数曲线的宽度不一致则说明每一部分的不确定度不一致。

建立精度损失模型一般以测试系统的数据为切入点,分析测量数据中反映的系统性精度损失、随机性精度损失和离群数据精度损失的情况,如图 11 - 27 所示。

在判断系统性精度损失时,首先需要进行存在性评估,通常可以采用组内 T 检验法和组间 T/F 检验法。当判断测试数据存在系统性精度损失之后,需要进一步对系统性精度损失的类型进行判别。系统性精度损失分为可变系统精度损失(线性变化、周期变化和复杂变化)和恒定系统精度损失,判别的方法有 T 检验法和小样本序差法。

随机性精度损失可以用均值和标准差表示。随机性精度损失可能服从正态分布、均匀分布、三角分布、t 分布或者 F 分布。

离群数据精度损失的处理包括存在性评估和稳健性处理。存在性评估的目的是评估测试

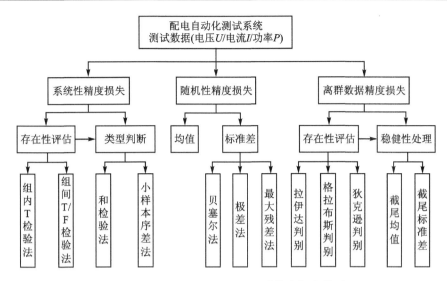

图 11 - 27　配电自动化测试系统精度损失模型

数据中是否含有离群数据,可以采用的方法很多;稳健性处理的目的是使测试数据的估计值避免受到离群数据的影响,可以采取的方法有计算截尾均值和结尾标准差两种。

运用传统精度损失模型建立配电自动化测试系统的精度损失模型,编写的 LabView 软件主程序包含检验方法和判别方法,能够实现测试系统三类精度损失的检测与判别。

传统的精度损失模型按照三类精度损失建模,侧重于测试数据的处理和挖掘,理论性很强。传统的精度损失模型存在很多问题,不能很好地展现测试系统中各组成部分如何影响测试系统整体的精度损失,运用各种精度理论处理的方式比较复杂,时间效率不高。针对这些问题,可以采用全系统精度损失模型对配电自动化测试系统进行分析。与传统方法相比较,全系统精度损失模型充分考虑了系统各部分精度损失之间的相互关联性,能够更直观地表达测试系统的精度损失机理,如图 11 - 28 所示。

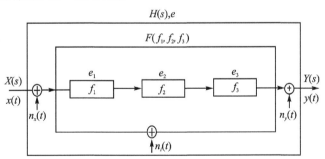

图 11 - 28　配电自动化测试系统的全系统精度损失模型

整个系统的传递链函数为

$$F(f_1, f_2, f_3) = f_1 f_2 f_3 \tag{11-48}$$

式中,f_1 表示底层仿真环境的传递函数;f_2 表示 PT/CT 的传递函数;f_3 表示配电自动化终端的传递函数。

在建立配电自动化测试系统的精度损失模型时,需要考虑各模块的数据传输特性。假设仿真模块的输出设定值为 x,输出误差为 e_1,则 PT/CT 的输入值为

$$y_1 = g(x, e_1, f_1, \xi_1) \tag{11-49}$$

式中, e_1 表示底层仿真环境输出误差; ξ_1 表示环境等其他影响量。

PT/CT 的输出误差为 e_2, 则 PT/CT 的输出值为

$$y_2 = g(x, e_1, f_1, e_2, f_2, \xi_1, \xi_2) \tag{11-50}$$

式中, e_2 表示 PT/CT 输出误差; ξ_2 表示环境等其他影响量。

同理, 配电自动化终端的输出值为

$$y_3 = g(x, e_1, f_1, e_2, f_2, e_3, f_3, \xi_1, \xi_2, \xi_3) \tag{11-51}$$

令 $e_0 = f(\xi_1, \xi_2, \xi_3)$, 则系统内部各组成单元误差引起的输出总误差为

$$e = p(e_1, f_1, e_2, f_2, e_3, f_3, e_0) \tag{11-52}$$

在实际测量工作中, 由于环境干扰带来的输出误差难以从实测数据中剥离出来, 故不能采用传统的数学建模方法。下面采用最小二乘支持向量机(Least Square Support Vector Machine, LS-SVM)的方法建立配电自动化测试系统的精度损失模型。最小二乘支持向量机在保持支持向量机(Support Vector Machine, SVM)优点的基础上, 通过适当的变换来简化运算, 降低了计算的成本。

LS-SVM 和 SVM 的主要不同之处在于, LS-SVM 将误差的二次平方作为损失函数而不用不敏感函数作为损失函数, 使不等式约束条件转变成等式约束, 这样用线性运算的方法就可以进行运算。

给定一个含有 l 个数据的训练集合为

$$(x_i, y_i) \in \mathbf{R}^n, \quad y \in \mathbf{R}, \quad i = 1, 2, \cdots, l \tag{11-53}$$

式中, x_i 表示输入数据; y_i 表示相应的输出数据。

在 LS-SVM 中, 求解最优化问题的目标变为

$$\min J(w, e) = \frac{1}{2} w^{\mathrm{T}} w + \frac{1}{2} \gamma \sum_{k=1}^{l} e_i^2 \tag{11-54}$$
$$\text{s.t.} \quad y_i = w^{\mathrm{T}} \boldsymbol{\phi}(x_i) + b + e_i, \quad i = 1, \cdots, l$$

式中, $\boldsymbol{\phi}(\cdot) \mathbf{R}^n \to \mathbf{R}^{nh}$, 是将数据从原始空间映射到高维 Hilbert 特征空间的非线性函数。w 表示权值向量。e_i 表示误差变量, 相当于在 SVM 中的松弛因子 ξ。γ 表示调整参数因子, $\gamma > 0$, γ 的值越大, 模型的回归误差越小; 但在训练数据的噪声比较大时, γ 应取比较小的值。

为了求解式(11-54), 引入拉格朗日乘子。拉格朗日函数为

$$L(w, b, e; \alpha) = J(w, e) - \sum_{k=1}^{l} \alpha_i \left[w^{\mathrm{T}} \boldsymbol{\phi}(x_i) + b + e_i - y_i \right] \tag{11-55}$$

式中, α_i 表示拉格朗日乘子。

对拉格朗日函数的各变量求偏导数, 并令偏导数为零, 即

$$\left. \begin{aligned} \frac{\partial L}{\partial w} &= 0 \to w = \sum_{i=1}^{l} \alpha_i y_i \boldsymbol{\phi}(x_i) \\ \frac{\partial L}{\partial b} &= 0 \to \sum_{i=1}^{l} \alpha_i y_i = 0 \\ \frac{\partial L}{\partial e_k} &= 0 \to \alpha_i = \gamma e_i, \quad i = 1, \cdots, l \\ \frac{\partial L}{\partial \alpha_k} &= 0 \to w^{\mathrm{T}} \boldsymbol{\phi}(x_i) + b + e_i - y_i = 0, \quad i = 1, \cdots, l \end{aligned} \right\} \tag{11-56}$$

式中，$\alpha_i = \gamma e_i$，表明每个数据点对回归估计函数都有贡献，也就是说所有数据点都是支持向量。

消去变量 w 和 e 之后得到对偶问题的一个线性 Karush - Kuhn - Tucker(KKT)系统为

$$\begin{bmatrix} 0 & \mathbf{1}_l^T \\ \mathbf{1}_l & \mathbf{\Omega} + \mathbf{I}/\gamma \end{bmatrix} \begin{bmatrix} b \\ \mathbf{\alpha} \end{bmatrix} = \begin{bmatrix} 0 \\ \mathbf{y} \end{bmatrix} \tag{11-57}$$

式中，$\mathbf{1}_l = [1, \cdots, 1]$；$\mathbf{y} = [y_1, \cdots, y_l]$；$\mathbf{\alpha} = [\alpha_1, \cdots, \alpha_l]$；$\mathbf{e} = [e_1, \cdots, e_l]$。

如果式(11-57)中的 $\mathbf{\Phi} = \begin{bmatrix} 0 & \mathbf{1}_l^T \\ \mathbf{1}_l & \mathbf{\Omega} + \mathbf{I}/\gamma \end{bmatrix}$ 可逆，则可以通过解析的方法求出参数 a 和 b，

即 $\begin{bmatrix} b \\ \mathbf{\alpha} \end{bmatrix} = \mathbf{\Phi}^{-1} \begin{bmatrix} 0 \\ \mathbf{y} \end{bmatrix}$。

在 Ω 中引入核函数，其形式为

$$\Omega_{jk} = \mathbf{\phi}(x_j)^T \mathbf{\phi}(x_k) = K(x_j, x_k), \quad j, k = 1, 2, \cdots, l \tag{11-58}$$

式中，$K(x_j, x_k)$ 表示满足 Mercer 条件的核函数。

LS - SVM 的函数估计为

$$y(x) = \sum_{i=1}^{l} \alpha_k K(x, x_k) + b \tag{11-59}$$

在建立配电自动化测试系统精度损失模型的过程中，所有可能的特征量包括：

① 测量仪器的输出误差值；

② 底层仿真环境的输出误差值；

③ PT/CT 的输出误差值；

④ 配电自动化终端的输出误差值；

⑤ 测试环境对测量的影响量；

⑥ 测试人员读取数据的误差值；

⑦ 在电力线路故障时冲击电流的影响量。

系统的全部特征量包括电力系统在测试过程中所有对测量误差产生影响的因素。输入的特征量越多，需要的训练样本越多，这样才能得到比较好的测试结果，但算法的收敛速度在很大程度上会变慢。

测试人员读取数据的误差值一般可以忽略不计。电力线路故障对电流的冲击一般发生在底层仿真环境模块中，对其他模块也有一定的关联影响，因此难以单独计算。在实际测试环节中，把底层仿真环境的输出误差值、PT/CT 的输出误差值和配电自动化终端的输出误差值作为精度损失模型的特征值，能够全面地反映模型的基本特征。

对三个选定特征量的具体描述如下：

① 底层仿真环境的输出误差为

$$e_1 = y_i - \frac{\sum_{i=1}^{n} y_i}{n_1} \tag{11-60}$$

式中，y_i 表示底层仿真环境的第 i 次测量值；n_1 表示该组试验的测量次数。

② PT/CT 的输出误差为

$$e_2 = y'_i - \frac{\sum_{i=1}^n y'_i}{n_2} \tag{11-61}$$

式中，y'_i 表示 PT/CT 的第 i 次测量值；n_2 表示该组试验的测量次数。

③ 配电自动化终端的输出误差为

$$e_3 = y''_i - \frac{\sum_{i=1}^n y''_i}{n_3} \tag{11-62}$$

式中，y''_i 表示配电自动化终端的第 i 次测量值；n_3 表示该组试验的测量次数。

在确定了样本比较集中的基本特征量之后，运用 MATLAB 程序导入三个特征量生成相应的文件，便于后续 LS-SVM 训练算法的导入。在训练 LS-SVM 模型时，一般可以将样本集中的一部分数据作为训练样本集，另一部分作为测试样本集。用训练样本集的数据构造模型，然后再用测试样本集对构造后的模型进行评价。

11.4.2 参数的优化算法

使用 LS-SVM 时需要对 RBF 核中的两个参数 c 和 g 进行选择。参数选择是准确实现 LS-SVM 的核心环节。核函数的参数以及误差惩罚因子的选择合适与否，将对 SVM 的性能产生重要影响。

选择建模参数的常用方法有经验法和程序测试法。前者对于理解整个建模过程有一定的益处，但由于选择的经验性强，常常不能得到很好的建模效果；后者则靠程序自动确定，简便准确，可以得到一个最优的结果。这里的参数选择主要采用后者。

为了确定配电自动化测试系统精度的最优模型，需要对模型的相关参数进行优化。常见的参数优化算法有遗传算法、网格搜索算法和粒子群算法。把均方误差和训练时间作为模型预测结果的评价指标，对采用不同参数优化算法后最小二乘支持向量机模型的预测结果进行比较。

在配电自动化测试系统试验的基础上，运用 LS-SVM 建立测试系统的精度损失模型。以配电自动化测试系统的底层仿真环境输出误差值、PT/CT 的输出误差值和配电自动化终端的输出误差值作为模型的特征输入量；以配电自动化测试系统的整体误差值作为模型的输出量。这种精度损失模型一方面可以表示系统中各部分测量误差对整体误差的影响程度；另一方面，当系统中的某一个模块发生故障时，模型的预测值会产生比较大的误差，因此还可以用于判断故障。

1. 训练样本集

模型的样本集是一个 50×4 维的矩阵，矩阵中的行表示测试次数为 50 次，第一列为配电自动化测试系统的输出误差值，第 2 列至第 4 列分别为底层仿真环境的输出误差值、PT/CT 的输出误差值和配电自动化终端的输出误差值。

在建立样本集之后，需要对样本集的数据进行预处理。预处理的关键步骤是数据的归一化。归一化的目的是把所有数据都转化为 1~2 之间的数，不考虑各维数据之间的量级差别，避免因为输入/输出数据的量级差别过大而造成的预测误差过大。

进行归一化处理的函数形式可以表示为

$$x_k = \frac{(y_{\max} - y_{\min})(x_k - x_{\min})}{x_{\max} - x_{\min}} + y_{\min} \qquad (11-63)$$

式中,$x_{\min}$ 表示数据序列中的最小数;$x_{\max}$ 表示数据序列中的最大数;$y_{\min}$ 与 $y_{\max}$ 表示映射的范围参数。

归一化后的结果如图 11-29 所示。

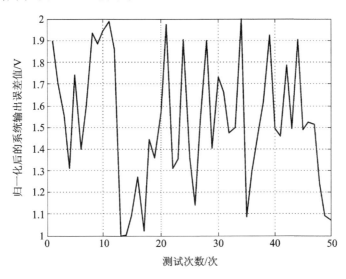

图 11-29　归一化后的系统输出误差

2. 参数优化过程及分析

(1) 网格搜索算法

在建立训练样本集的基础上,采用网格搜索和交叉验证的方法进行参数优化,具体运用到 MATLAB 程序中的 SVMcgForClass 函数。首先在 $2^{-8}, 2^{-7}, \cdots, 2^8$ 上粗略寻找最佳参数 c 和 g,得到的结果如图 11-30 和图 11-31 所示。

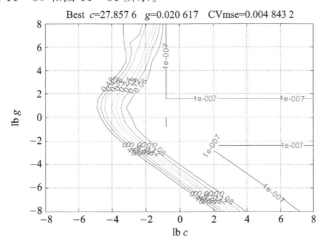

图 11-30　参数粗略选择的等高线图

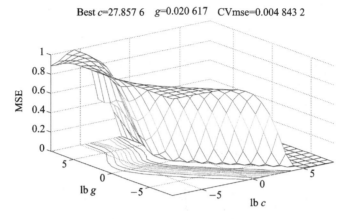

图 11-31　参数粗略选择的结果

在图 11-30 中，x 轴表示以 2 为底 c 的对数值；y 轴表示以 2 为底 g 的对数值；等高线表示取相应的 c 和 g 之后所对应的 K-CV 方法的准确率。

从图 11-31 中可以看出，c 的取值可以缩小到 $2^{-6} \sim 2^6$ 的范围，这样在粗略参数选择的基础上可以再利用 SVMcgForClass 进行精细选择。使 c 的取值变化为 $2^{-6}, 2^{-5.5}, \cdots, 2^6$；$g$ 的取值变化为 $2^{-4}, 2^{-3.5}, \cdots, 2^4$。把最后参数选择结果图上准确率显示的变化间隔设为 0.05，以便更加细致地看到准确率的变化。

参数精细选择的等高线图和选择结果分别如图 11-32 和图 11-33 所示。

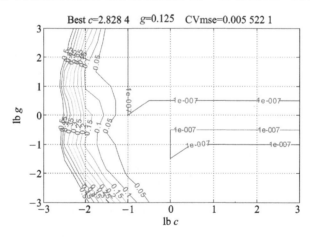

图 11-32　参数精细选择的等高线图

通过参数的精细选择得到的最佳参数为 $c=2.828\ 4$ 和 $g=0.125$。

（2）遗传算法

在建立训练样本集的基础上采用遗传算法进行参数优化。这里采用 MATLAB 相应的 libsvm 工具包。具体步骤如下：

① 设定遗传算法相关参数的初始值。最大进化代数为 maxgen=100，种群数量为 20，参数 c 的变化范围为 $0 \sim 100$，参数 g 的变化范围为 $0 \sim 1\ 000$，最优参数的默认值设为 0。最小二乘支持向量机训练的均方误差为适应度函数，均方误差越小，个体的适应度越高。在训练的过程中使用五折交叉验证。

Best c=2.828 4　　g=0.125　　CVmse=0.005 522 1

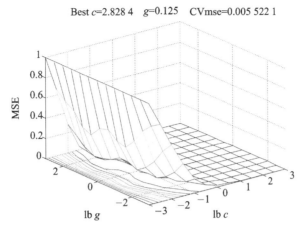

图 11 - 33　参数精细选择的结果

② 初始化种群,产生 20 个染色体。每个染色体中表示相应变量的子串使用格雷码编码。把染色体中表示相应变量的二进制子串转换为实数,进行最小二乘支持向量机的训练。

③ 对初始化种群进行五折交叉验证训练,得到每个染色体的均方误差矩阵,也就是每个染色体的适应度,找出均方误差的最小值。记录取得此最小值的染色体,得到初始种群中的 best c、best g、best ε。

④ 对初始种群进行选择操作。首先按照训练得到的均方误差值计算个体的适应度值 fitness,然后按照随机遍历抽样法进行选择操作,代沟率设定为 0.9。

⑤ 对选中的个体进行单点交叉重组,概率设定为 0.7。

⑥ 在新得到的种群上进行变异操作,变异概率设定为 0.7。

⑦ 完成以上各操作之后,对新的个体进行回归训练,计算每个染色体的目标函数,得出每个染色体的适应度值。把新产生的个体插入到上一代种群中,用子代个体代替父代适应度不好的个体,计算新一代最小的目标函数值,记录此时的染色体。

⑧ 如果没有达到最大迭代次数或者要求的适应度函数,则继续返回步骤④循环执行,直到达到要求的条件。

(3) 粒子群算法

在建立训练样本集的基础上,采用粒子群算法进行参数优化。

① 确定粒子数量为 pop=20,学习因子为 $c_1=1.5$,$c_2=1.7$,最大进化代数为 maxgen=100,惩罚参数的变化范围为 0.1~100,核函数参数的变化范围为 0.01~1 000,损失函数参数的变化范围为 0~1,随机产生每个粒子$\{C,\sigma,\varepsilon\}$的初始位置并产生初始速度。

② 对每个粒子进行回归训练,把交叉验证的均方误差作为粒子的适应值,把初始位置作为每个粒子的个体极值位置 p_{best},把适应值最优的位置作为粒子群的全局最优位置 g_{best}。

③ 对初始种群训练完成之后,更新粒子的位置和速度,使更新后的数值在设定的范围之内。

④ 回归训练计算出每次迭代粒子的适应值。若适应值优于原来的个体极值,则当前的适应值为个体的极值,当前位置为个体的极值位置,否则保留原值。

⑤ 如果当前种群的适应值优于原来的全局极值,则设置当前的适应值为全局极值的位置,否则保留原值。

⑥ 对粒子进行自适应变换,防止落入局部最优点。

⑦ 返回步骤③,直到满足最大迭代次数或者达到要求的误差,终止迭代。输出此时的全局最优值位置。

⑧ 得到全局最优值后进行回归预测。

11.4.3　精度预测与补偿

1. 模型预测的结果

三种不同优化算法的参数优化结果见表 11 - 14。

表 11 - 14　最优参数与预测指标

样本集	参数优化算法	γ	σ	$10^4 \cdot$ 均方误差	训练时间
50×4	GS LS - SVM	0.250	2.000	5.16	29.5
	GA LS - SVM	0.125	2.828	2.58	27.1
	PSO LS - SVM	0.178	2.786	4.25	27.3

可以看出,遗传算法和粒子群算法的均方误差都比网格搜索算法的均方误差小。但是与遗传算法相比较,网格搜索算法只需要设置比较少的参数,需要的训练时间比较少。因此,如果模型的预测精度要求比较高,则应当考虑采用遗传算法或者粒子群算法;如果对于实时性要求比较高,同时要求模型的复杂程度不太高,则可以考虑采用网格搜索算法。

三种不同优化算法的回归预测结果如图 11 - 34 所示。

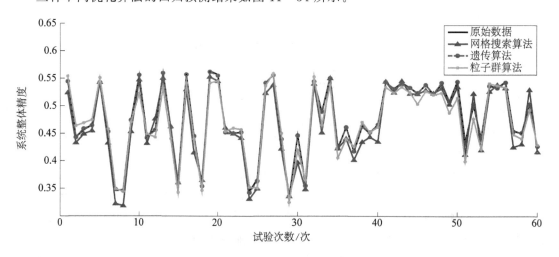

图 11 - 34　回归预测的结果

粒子群算法和遗传算法迭代次数的比较如图 11 - 35 所示。在前 10 代,粒子群算法比遗传算法先找到局部最优解;到了 25 代之后,遗传算法的优化速度明显加快并且避免陷入局部最优解。到了 70 代左右,粒子群算法始终陷入局部最优解。迭代次数在 80 代之后,粒子群算法才找到全局最优解。因此,与粒子群算法相比较,遗传算法能够更好地避免陷入局部最优解的问题。

采用遗传算法之后,模型预测的相对误差如图 11-36 所示。经过计算得到均方误差为 0.005,最大相对误差小于 3%。

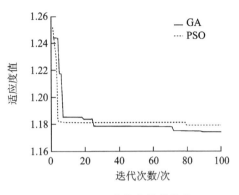

图 11-35　迭代次数的比较

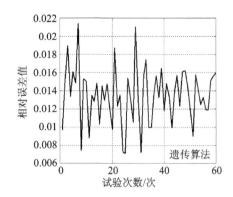

图 11-36　遗传算法的相对误差

根据配电自动化测试系统精度损失模型的预测结果,当配电自动化测试系统的精度不满足要求时,需要对系统的精度进行补偿。可以采用的补偿方法通常有硬件补偿和软件补偿两种。

2. 硬件补偿方法

在实施测量的过程中,测量工具的性能会引起测量误差,影响测量系统的精度。可以通过硬件补偿的方法改善测量精度。

测试设备对不确定度的影响可以表示为

$$u_c = \sqrt{u_1^2 + u_2^2 + u_3^2 + u_4^2} \tag{11-64}$$

式中,u_1、u_2、u_3、u_4 分别表示标准源、电压/电流互感器、配电终端和标准表引入的不确定度分量,其大小影响整个测试系统的不确定度。

如果重复性引入的不确定度为 u_r,要求的不确定度为 u_c,则测量不确定度为

$$u = \sqrt{u_r^2 + u_c^2}$$

当测量不确定度 u 大于要求的不确定度 u_0,即测量精度不符合要求时,可以通过减小 u_c 来减小 u,使测量精度满足要求。

可以通过以下方法减小 u_c 的影响。

(1) 更换标准源

欲使测量精度满足要求,即

$$u = \sqrt{u_r^2 + u_c^2} = \sqrt{u_r^2 + u_1^2 + u_2^2 + u_3^2 + u_4^2} \leqslant u_0 \tag{11-65}$$

可以通过更换更高等级的标准源减小 u_1,使测量精度满足式(11-65)的要求。

假定标准源的参考值为 X_m,准确度等级为 S,则

$$u_1 = \frac{X_m \times S\%}{\sqrt{3}}$$

可以看出,通过选择合适的 X_m 和更小的 S 来满足

$$u_1 = \frac{X_m \times S\%}{\sqrt{3}} \leqslant \sqrt{u_0^2 - u_r^2 - u_2^2 - u_3^2 - u_4^2} \tag{11-66}$$

（2）更换电压/电流互感器

可以通过更换更高等级的电压/电流互感器来减小 u_2，从而使 u 小于 u_0。

假定电压/电流互感器的理想测量值为 X_m，准确度等级为 S，使之满足

$$u_2 = \frac{X_m \times S\%}{\sqrt{3}} \leqslant \sqrt{u_0^2 - u_r^2 - u_1^2 - u_3^2 - u_4^2} \tag{11-67}$$

硬件的补偿流程如图 11-37 所示。

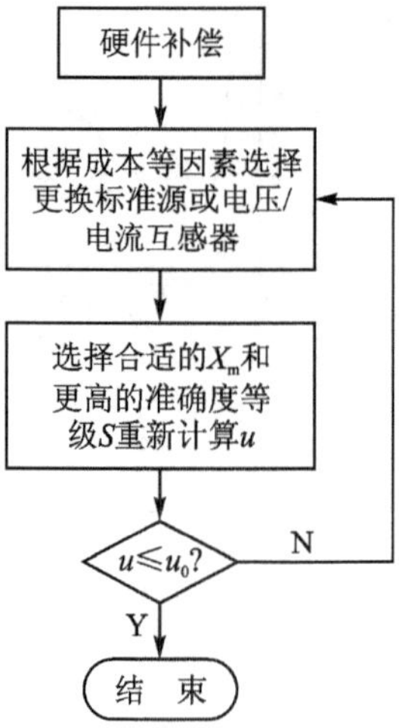

3. 软件补偿方法

另一种补偿配电自动化测试系统精度的方法是通过软件进行综合补偿。用各点电压与电流标准源的输出值与标准表测量结果之间的差值进行建模，通过建立补偿方程实现软件补偿。常用的误差建模方法有最小二乘拟合、分段直线拟合、三次样条拟合和圆弧样条拟合法等。

在配电自动化测试系统中，对标准源的各个不同电压/电流给出一个设定值 y_{0i}，先用比标准源准确度等级高的标准表进行多次重复测量，获得相应的测量值为 y_i，求出不同设定值时的 Δy_i 为

$$\Delta y_i = y_{0i} - y_i$$

图 11-37　硬件补偿流程

根据不同设定值 x_i 时的 Δy_i，采用最小二乘方法进行分段直线拟合。将 n 个有序对 $(x_i, \Delta y_i)$（其中 $i=1,2,\cdots,n$）分成 k 组 $N_1, N_2, \cdots, N_k$。

对每组有序对进行最小二乘线性拟合，通过最小化误差 e 求出直线方程的参数，得出最佳拟合函数

$$\begin{cases} e = \sum [\Delta y_i - f(x_i)]^2 \\ f(x_i) = ax_i + b \end{cases}$$

通过上述线性拟合方法获得 k 条拟合直线，将它们结合起来组成 Δy_i 关于 x_i 的分段函数 $f(x_i)$：

$$\Delta y_i = f(x_i)$$

通过软件补偿使标准源的设定值达到 y_{0i} 时，实际输出为

$$y'_{0i} = y_{0i} + \Delta y_i = y_{0i} + f(x_i)$$

这样就达到了软件补偿的目的。

11.5　本章小结

根据配电自动化终端的组成结构和工作原理分析了不确定度的来源，提出了配电自动化终端的不确定度评定方法，分析了配电自动化终端测试数据的概率分布特点。从配电自动化终端不确定度来源的分析中，得出不确定的主要来源为 A/D 的转换精度、A/D 的非线性和电磁场环境干扰等。

分析了配电自动化测试系统的不确定度来源，提出了配电自动化测试系统的不确定度评

定方法,提出了测试系统的配置要求。将测试系统分为配电自动化主站、配电自动化终端、通信模块、PT/CT 和底层仿真环境五个部分。通过对配电自动化测试系统不确定度来源的分析,得出不确定的主要来源为配电自动化终端、PT/CT 和所用的标准表等。在工频磁场干扰情况下对配电自动化测试系统进行了试验,完成了测试系统的不确定度评定。

建立了配电自动化测试系统的精度预测模型,实现了测试精度的有效补偿。对传统的精度模型建立方法进行了分析,针对其中的缺陷和存在的问题提出了配电自动化测试系统的全系统精度预测模型。为了解决模型的非线性问题,引入了 LS - SVM 方法对该模型进行建模。比较了三种不同的参数优化算法,进一步提高了模型的预测效果,提出了配电自动化测试系统的精度预测模型建立方法。

参考文献

[1] 刘健,赵树仁,张小庆. 中国配电自动化的进展及若干建议[J]. 电力系统自动化,2012,36(19):12-16.

[2] 范开俊,徐丙垠,陈羽,等. 配电网分布式控制实时数据的 GOOSE over UDP 传输方式[J]. 电力系统自动化,2016(4):115-120.

[3] 许克明,熊炜. 配电网自动化系统[M]. 重庆:重庆大学出版社,2007.

[4] 郭谋发. 配电网自动化技术[M]. 北京:机械工业出版社,2012.

[5] Anonymous. Research and markets adds report:distribution automation:trends, developments and retrospectives:2007-2018[J]. Wireless News,2010.

[6] Yee W L, Hemanshu R Pota, Jiong Jin, et al. Control and communication techniques for the smart grid: an energy efficiency perspective[J]. IFAC Proceedings Volumes,2014,47(3):987-998.

[7] Gupta R P, Srivastava S C, Varma R K. Remote terminal units for distribution automation:development and commissioning experience[J]. International Journal of Computers and Applications,2008,30(2):80-91.

[8] Gupta R P, Srivastava S C. A distribution automation system simulator for training and research[J]. International Journal of Electrical Engineering Education,2008,45(4):336-355.

[9] 徐丙垠,李天友. 配电自动化若干问题的探讨[J]. 电力系统自动化,2010(9):81-86.

[10] 霍锦强. 配电自动化系统关键技术研究及配变监测终端开发[D]. 长沙:国防科学技术大学,2008.

[11] 于雯. 大连电网配电自动化系统的应用研究[D]. 大连:大连理工大学,2014.

[12] 王廷良. 配电自动化系统终端的现状及发展方向[J]. 电力设备,2004(12):53-56.

[13] 刘健,张小庆,赵树仁,等. 配电自动化故障处理性能主站注入测试法[J]. 电力系统自动化,2012(18):67-71.

[14] 李慎安. 测量不确定度表述讲座 第六讲 标准测量不确定度的 B 类评定[J]. 中国计量,2000(6):54-57.

[15] 宋兵,李世平,文超斌,等. 基于灰色关联分析的动态测量不确定度评定[J]. 中国测试,2010(6):33-36.

[16] 王中宇,李强,燕虎,等. 基于 GM(1,1)与灰区间估计的 SPE 通量水平长期预测[J]. 北京航空航天大学学报,2014(8):1134-1142.

[17] He Y, Mirzargar M, Kirby R M. Mixed aleatory and epistemic uncertainty quantification using fuzzy set theory[J]. International Journal of Approximate Reasoning,2015,66:1-15.

[18] Ramnath V. Comparison of the GUM and monte carlo measurement uncertainty techniques with application to effective area determination in pressure standards[J]. International Journal of Metrology and Quality Engineering,2010,1(1):51-57.

[19] He J, Zhang Y, Li X, et al. Learning naive Bayes classifiers from positive and unlabelled examples with uncertainty[J]. International Journal of Systems Science,2012,43(10):1805-1825.

[20] 张晓丹. 配电自动化终端的设计[D]. 天津:天津大学,2007.

[21] 王旭东,梁栋,曹宝夷,等. 三遥配电自动化终端的优化配置[J]. 电力系统及其自动化学报,2016(2): 36-42.

[22] 马岩. 配电网络电量参数监测终端研究[D]. 大连:大连海事大学,2010.

[23] 钮长升. 智能配电数字终端的数据处理[D]. 南京:南京大学,2012.

[24] 刘建坤,朱家平,郑荣华. 测量不确定度评定研究现状及进展[J]. 现代科学仪器,2013(5):12-17.

[25] 陈晨,王瑞明,李少林,等. 风电并网检测不确定度分析及评定方法研究[J]. 电测与仪表,2015(13): 25-30.

[26] 唐燕杰. 测量系统不确定度评定[D]. 合肥:合肥工业大学,2003.

[27] 田芳宁. 实验室认可中的测量不确定度评定[D]. 合肥:合肥工业大学,2012.

[28] 何熠. 基于支持向量机的非线性系统辨识建模与控制[D]. 天津:天津大学,2007.

[29] 陈果,周伽. 小样本数据的支持向量机回归模型参数及预测区间研究[J]. 计量学报,2008(1):92-96.

[30] 林伟青,傅建中,陈子辰,等. 数控机床热误差的动态自适应加权最小二乘支持矢量机建模方法[J]. 机械工程学报,2009(3):178-182.

[31] 林伟青,傅建中,许亚洲,等. 基于最小二乘支持向量机的数控机床热误差预测[J]. 浙江大学学报(工学版),2008(6):905-908.

[32] 朱坚民,郭冰菁,王中宇,等. 基于最大熵方法的测量结果估计及测量不确定度评定[J]. 电测与仪表,2005,42(8):5-8.

[33] 夏新涛,秦园园,邱明. 基于灰自助最大熵法的机床加工误差的调整[J]. 中国机械工程,2014(17): 2273-2277.

[34] 曾金芳,滕召胜. 单传感器数据处理最大熵方法[J]. 电子测量与仪器学报,2012,26(12):1096-1099.

[35] 孟晓风,季宏,王国华,等. 计算故障先验概率的最大熵方法[J]. 北京航空航天大学学报,2006,32 (11):1320-1323.

[36] Suykens J A K, Vandewalle J. Least squares support vector machine classifiers[J]. Neural Processing Letters,1999,9(3):293-300.

[37] Suykens J A K, De Brabanter J, Lukas L, et al. Weighted least squares support vector machines:robustness and sparse approximation[J]. Neurocomputing,2002,48(1-4):85-105.

[38] Suykens J A K, Vandewalle J, De M B. Optimal control by least squares support vector machines[J]. Neural Networks,2001,14(1):23-35.

[39] Nocedal J, Wright S J. Numerical Optimization[M]. Springer Verlag,1999.

[40] 付继华,孟浩,王中宇. 基于灰色理论的动态测量系统非统计建模方法[J]. 仪器仪表学报. 2008,29 (6):1245-1249.

第 12 章　酶免多组分测定系统精度分析

本章讨论多组分测定模型的优化问题,介绍了多组分测定分析方法,包括光谱数据的预处理和定性、定量分析建模方法。为了提升传统定性分类判别分析的准确度,提出了一种局部变量的选择方法。在多组分定量校正的建模方面,研究表明对于线性关系良好的多组分体系,可以采用改进的遗传算法建模;对于浓度差异过大的非线性多组分体系,可以采用基于灰色综合关联系数的局部策略对模型进行优化;对于光谱重叠严重的非线性体系,可以采用基于预测偏差的局部建模方法进行处理。最后研制了一套全自动酶免分析系统并且开展了实验验证。

12.1　多组分测定分析方法

多组分测定就是不经过分离,同时对多组分样本中的一种或者几种组分进行分析。在科学研究和日常生活中,多组分样本及其同时定性或者定量分析无处不在。例如现代检验医学经常需要分析人体血液和尿液中的成分和相应的含量,为临床诊断和医疗决策提供依据;在农业生产中,通过对作物成分的检测可以获知生长环境和营养价值信息,通过对土壤中的有机质、氮和磷等参数的分析,为开展精确农作提供支撑;在食品安全领域,对食用油中的醛、酮含量和非食用添加剂的检测,是保障饮食健康的必要手段;在环境监测中,对水体中的化学需氧量、浊度和硝酸盐氮等参数的检测,是水质评估的重要信息。光谱分析技术依据待检物质与辐射作用后产生的电磁辐射信号或者信号变化,分析物质的性质、含量或者结构,是目前最常用的多组分测定中的间接分析方法。多组分体系的光谱受到背景、噪声和光谱重叠等因素的影响,光谱与目标值之间通常存在着复杂的函数关系,需要在建模前对光谱的数据进行预处理;在建模过程中还要就变量和样本对光谱数据进行优选,提高模型的稳定性和预测的精度。

12.1.1　光谱数据预处理

光谱信号在测量过程中容易受到环境、测量条件和仪器性能等多种因素的影响,使测得的光谱曲线中存在噪声和基线漂移等干扰。对光谱数据进行预处理是为了减少噪声的干扰,提高信号的信噪比,提高模型的稳定性和预测的精度。常用的预处理方法有窗口移动多项式最小二乘拟合平滑滤波和导数光谱法。下面分别进行简单的介绍。

1. 窗口移动多项式最小二乘拟合平滑滤波

窗口移动多项式最小二乘拟合平滑滤波是 Savitzky 和 Golay 在 1964 年提出的(Savitzky - Golay 平滑滤波器 SG,简称平滑滤波),主要作用是在保持分析波谱信号中有用成分的前提下提高信噪比。这种方法已经广泛地应用于分析化学信号的预处理中。它是一种强调中心点作用的加权平均法,通过对窗口中数据的多项式进行最小二乘拟合,求出窗口的中心点为

$$x_0^i = \frac{1}{A} \sum_{j=-m}^{m} \omega_j x^{i+j} \qquad (12-1)$$

式中,A 表示归一化常数;i 表示数据点在整个测量矢量中的位置;ω_j 表示随窗口宽度变化的权重系数,j 表示数据点在窗口中的位置,其中 $j=-m,-m+1,\cdots,m$,这里的窗口宽度为 $2m+1$。

归一化常数和权重系数随多项式次数的变化而改变,可以通过查表的方式获得。

2. 导数光谱法

导数光谱法通过对光谱的求导处理消除基线的漂移,对原始光谱中的特征信息进一步放大,得到更清晰的光谱轮廓变化。差分法是计算导数光谱中最简单的一种方法,计算公式为

$$x'_i = \frac{x_{i+k} - x_i}{k} \tag{12-2}$$

式中,k 表示求导时的取点间隔,通常取 $k=1$。

对于分辨率高的光谱,k 的取值比较大;对于采样点稀疏的光谱,k 的取值一般比较小,但副作用是导数光谱相对于原始光谱发生 k 个点的位移。窗口移动多项式最小二乘拟合法也可以用于求导数的光谱,通过对平滑计算时的多项式直接求导,可以精确得到各采样点的导数,克服差分法导数光谱产生位移的缺点。

基于光谱分析的多组分同时测定技术是一种间接分析方法,目的是利用多元校正方法建立光谱和目标值(如浓度、湿度、温度等)之间的校正模型,对未知样本仅需测量光谱数据就可以通过模型预测出目标值。根据预测结果的不同,校正模型可以分为定性分析建模法和定量分析建模法两种。

12.1.2　定性分析建模法

分类判别是最为常见的定性分析问题,基本方法是根据已知样本集的特征建立分类判别模型,选择合适的判别准则,判定出未知样本所属的类别。组成成分复杂样本的光谱重叠严重,光谱整体形状具有强烈的相似性,仅通过人眼对照的识别准确率比较低,需要借助于数学方法分离提取光谱中有用的信息特征,对样本进行区分和识别。常用的有簇类独立软模式分类方法(Soft Independent Modeling of Class Analogy,SIMCA)和偏最小二乘判别分析(Partial Least Squares - Discriminate Analysis,PLS - DA)两种建模方法。

(1) 簇类独立软模式分类方法

簇类独立软模式分类方法是一种基于主成分分析的分类方法,在模式识别中应用广泛。它的基本方法是对校正集中的各类样本建立独立主成分回归模型,分别采用各类已知样本的数学模型拟合出未知样本,确定未知样本所属的类别。针对每一类样本的光谱数据进行主成分分析,根据交叉验证的预测残差平方和确定最佳主成分数,建立主成分回归模型,进而对原始光谱数据进行重建。

假设原始光谱数据 x_{ij} 为

$$x_{ij} = \bar{x}_i + \sum_{k=1}^{N} t_{ik} l_{kj} + e_{ij} \tag{12-3}$$

式中,$\bar{x}_i$ 表示该类样本在变量 i 处的均值;t_{ik} 表示变量 i 在主成分 k 上的载荷,$k=1,2,\cdots,N$,其中 N 表示主成分数;l_{kj} 表示样本 j 关于主成分 k 的得分;e_{ij} 表示样本 j 的第 i 变量的残余误差。

样本 j 的残余方差为

$$S_j^2 = \sum_{i=1}^{n} \frac{e_{ij}^2}{n-N} \tag{12-4}$$

对于未知样本 x_{new}，分别采用 p 类和 q 类主成分回归模型重建光谱。

以 q 类为例，重建公式为

$$(x_{\text{new}}^{\text{pred}})_q = \bar{x}_q + (x_{\text{new}} - \bar{x}_q) \times \boldsymbol{l}_{N,q} \times \boldsymbol{l}_{N,q}^{\text{T}} \tag{12-5}$$

式中，$(x_{\text{new}}^{\text{pred}})_q$ 表示 q 类主成分回归模型重建的未知样本光谱；$\bar{x}_q$ 表示 q 类样本的平均光谱；x_{new} 表示未知样本的原始光谱；$\boldsymbol{l}_{N,q}$ 是 $n \times N$ 阶矩阵，表示 q 类样本中取前 N 个主成分时的载荷矩阵。

比较 p 和 q 两类模型对未知样本的残余方差，取比较小的一类为未知样本所属的类别。

这种建模方法没有考虑其他类别的相关信息，因此当判别的多维数据在主成分空间中的不同类之间存在重叠时，识别率比较低。

（2）偏最小二乘（Partial Least Squares，PLS）判别分析

通过对已知类别数据建立基于 PLS 回归的判别模型，进而对未知类别的样本点进行分类。它是一种有监督的判别分析方法，将光谱和类别信息综合起来进行判别，鉴别能力比仅利用光谱数据建模的 SIMCA 方法更加高效。

这种判别的基本过程如下：

① 设定校正集样本的分类变量值，得到类别矩阵 $\boldsymbol{Y}$。分别采用 1 代表类别 1，−1 代表类别 2。

② 建立类别矩阵 $\boldsymbol{Y}$ 与光谱矩阵 $\boldsymbol{X}$ 之间的 PLS 回归模型，将未知类别样本的光谱数据代入到模型中，计算出分类变量的预测值 y_p。

③ 判别未知样本所属的类别：当 $y_p > 0$ 时，判定该样本属于类别 1；否则属于类别 2。

12.1.3　定量分析建模法

定量分析建模方法主要包括分光光度法、多元线性回归法、主成分回归法和偏最小二乘回归法。

（1）分光光度法

根据朗伯比尔定律（Lambert - Beer Law），吸光度 A 的数学表达式为

$$A = \log \frac{I_0}{I_t} = \varepsilon b c \tag{12-6}$$

式中，I_0 表示入射光强；I_t 表示透射光强；b 表示吸收层厚度；c 表示待测样本浓度；ε 表示吸光系数。

在进行单组分定量分析时，需要配制一系列浓度不同的标准溶液，以空白溶液作为参比，测定标准溶液与空白溶液之间的吸光度差值，绘制出浓度与吸光度之间关系的曲线。由朗伯比尔定律可知，理想情况下的曲线为一条经过原点的直线，称为校正曲线。在相同条件下测量样本的吸光度，可以在校正曲线中查出相应浓度值；也可以通过最小二乘拟合得到浓度和吸光度之间的回归直线，由未知样本的吸光度求出浓度。

分光光度法有单波长法和双波长法两种。

单波长分光光度法是以单个波长处的吸光度值为基点对样本进行解析，选择光谱的最大

吸收峰,通过最小二乘法求出浓度和最大吸收峰位置之间的吸光度直线方程。这种方法对吸收峰重叠组分和背景较深样本的解析准确度比较低,对浑浊样本则无法解析。

双波长分光光度法是将待测样本在不同波长点处的吸光度值相减,以相对吸光度代替原始单点波长处的吸光度值进行计算。这种方法能够有效地去除背景干扰、消除反射、折射和干扰物的影响,提高测量的灵敏度和准确性。双波长分光光度法的具体实现步骤是:

① 以样本溶液本身作为参比,分别用参比波长为 λ_1 和指定波长为 λ_2 的两束单色光交替照射同一样本,将测得的两个吸光度值相减,$\Delta A = A_{\lambda_2} - A_{\lambda_1} = (\varepsilon_{\lambda_2} - \varepsilon_{\lambda_1})cl$。

② 对不同浓度标准溶液的吸光度进行测定,通过最小二乘法拟合出吸光度差值和浓度的线性回归方程,对未知样本进行预测。

③ 波长位置的选择很重要。对于单组分样本,选择最大吸收峰为指定波长和吸收光谱末端附近的参比波长;对于多组分样本,为了提高灵敏度,选择不同波长处吸光度的差值应当尽可能大。

(2) 多元线性回归法

依据朗伯比尔定律可知,多组分体系中各组分的吸光度值满足线性加和性,即

$$y = c_1 x_1 + c_2 x_2 + \cdots + c_n x_n + e \tag{12-7}$$

式中,y 表示混合物测量光谱;x_i 表示第 i 组分纯物质的测量光谱;e 表示测量误差矢量;n 表示组分数目;c_i 表示待测组分浓度。

式(12-7)可以用矩阵表示为

$$y = Xc + e \tag{12-8}$$

采用最小二乘法,使测量光谱的估计值与实际值之间的误差 $e^{\mathrm{T}}e = (\hat{y} - y)^{\mathrm{T}}(\hat{y} - y)$ 为最小。

令

$$\begin{aligned} f(c) &= (\hat{y} - y)^{\mathrm{T}}(\hat{y} - y) = (y - Xc)^{\mathrm{T}}(y - Xc) \\ &= y^{\mathrm{T}}y - y^{\mathrm{T}}Xc - c^{\mathrm{T}}Xy + c^{\mathrm{T}}X^{\mathrm{T}}Xc \\ &= y^{\mathrm{T}}y - 2y^{\mathrm{T}}Xc + c^{\mathrm{T}}X^{\mathrm{T}}Xc \end{aligned} \tag{12-9}$$

由 $y^{\mathrm{T}}Xc$ 为标量可知,$y^{\mathrm{T}}Xc = c^{\mathrm{T}}X^{\mathrm{T}}y$。

令 $f(c)$ 对 c 的一阶导数为零,即

$$\frac{\mathrm{d}f(c)}{\mathrm{d}c} = -2X^{\mathrm{T}}y + 2X^{\mathrm{T}}Xc = 0 \tag{12-10}$$

$$X^{\mathrm{T}}y = X^{\mathrm{T}}Xc \tag{12-11}$$

则 c 的最小二乘估计值为

$$\hat{c} = (X^{\mathrm{T}}X)^{-1}X^{\mathrm{T}}y \tag{12-12}$$

在实际测量中,变量数通常远大于样本数,并且各变量之间可能还存在相关性。在对光谱矩阵求逆的过程中可能会引入运算误差,使预测的精度难以提高。

(3) 主成分回归法

主成分回归法通过对光谱矩阵进行降维处理,将得到的相互正交主成分向量代替原光谱矩阵进行建模。这种方法能够克服多重相关对模型产生的不利影响,提高预测的精度。令 X 和 Y 分别为校正集光谱矩阵和属性矩阵,X_{new} 为预测集光谱矩阵。采用奇异值分解的方法,将光谱矩阵分解成三个矩阵的乘积:

$$\boldsymbol{X} = \boldsymbol{USV}^{\mathrm{T}} \qquad\qquad (12-13)$$

式中，$\boldsymbol{U}$ 表示标准列正交的得分矩阵；$\boldsymbol{S}$ 表示 $\boldsymbol{X}$ 矩阵特征值的对角线矩阵；$\boldsymbol{V}^{\mathrm{T}}$ 表示标准行正交载荷矩阵。

取前 n 个最大特征值和特征向量作为 $\boldsymbol{X}$ 的主成分，$\boldsymbol{S}^*$ 为 $\boldsymbol{S}$ 矩阵中前 n 个最大特征值组成的对角线矩阵；前 n 个对应于特征向量的得分矩阵 $\boldsymbol{U}$ 为 $\boldsymbol{U}^*$，载荷矩阵 $\boldsymbol{V}$ 为 $\boldsymbol{V}^*$。

故主成分矩阵为

$$\boldsymbol{X}^0 = \boldsymbol{U}^* \boldsymbol{S}^* \boldsymbol{V}^{\mathrm{T}*} \qquad\qquad (12-14)$$

相应的广义逆矩阵为

$$\boldsymbol{X}^{0+} = \boldsymbol{V}^* (\boldsymbol{S}^*)^{-1} \boldsymbol{U}^{\mathrm{T}*} \qquad\qquad (12-15)$$

光谱与浓度矩阵之间的回归系数为

$$\boldsymbol{P} = \boldsymbol{CX}^{0+} = \boldsymbol{CV}^* (\boldsymbol{S}^*)^{-1} \boldsymbol{U}^{\mathrm{T}*} \qquad\qquad (12-16)$$

预测集样本的属性矩阵为

$$\boldsymbol{Y}_{\mathrm{new}} = \boldsymbol{PX}_{\mathrm{new}} \qquad\qquad (12-17)$$

采用留一法交互验证（Leave - One - Out Cross Validation，LOO - CV）来确定主成分的数目。在交互验证的过程中，最小预测均方根误差（Root Mean Square Error of Prediction by Cross Validation，RMSECV）对应的主成分数目就是最终的最优主成分数。

（4）偏最小二乘回归法

偏最小二乘回归法是常用的多元校正建模方法。同时对测量的光谱矩阵 $\boldsymbol{X}$ 和属性矩阵 $\boldsymbol{Y}$ 进行主成分分析，提取 $\boldsymbol{X}$ 和 $\boldsymbol{Y}$ 中的最相关成分建立校正模型，对未知样本做出预测。将光谱矩阵 $\boldsymbol{X}$ 和浓度矩阵 $\boldsymbol{Y}$ 分别分解成特征向量的形式：

$$\boldsymbol{X} = \boldsymbol{TP}^{\mathrm{T}} + \boldsymbol{E} \qquad\qquad (12-18)$$
$$\boldsymbol{Y} = \boldsymbol{UQ}^{\mathrm{T}} + \boldsymbol{F} \qquad\qquad (12-19)$$

式中，$\boldsymbol{U}$ 和 $\boldsymbol{T}$ 分别表示 $\boldsymbol{X}$ 和 $\boldsymbol{Y}$ 的特征因子矩阵；$\boldsymbol{Q}$ 和 $\boldsymbol{P}$ 表示载荷矩阵；$\boldsymbol{E}$ 和 $\boldsymbol{F}$ 表示残差矩阵。

建立校正模型

$$\boldsymbol{U} = \boldsymbol{TB} + \boldsymbol{E}_n \qquad\qquad (12-20)$$

式中，$\boldsymbol{B}$ 表示系数矩阵；$\boldsymbol{E}_n$ 表示随机误差矩阵；n 表示组分数。

对于任意吸光谱为 x 的待测样本，浓度的预测值为

$$\hat{y} = x\boldsymbol{PBQ}^{\mathrm{T}} \qquad\qquad (12-21)$$

组分数的确定与主成分回归法相似。对校正集样本进行留一法交互验证，以最小的交互验证均方根误差所对应的组分数为偏最小二乘回归的主成分数。与主成分回归法相比较，偏最小二乘回归法是一种有监督的回归方法，它同时考虑了自变量光谱矩阵和因变量属性矩阵的信息，因此建立的模型具有更好的预测精度和稳定性。

12.1.4　模型的优化方法

随着高通量分析仪器的发展，通常能够获得大量的样本测量信息，为复杂样本的分析提供丰富的数据。但事实上与建模相关的信息往往只有少数，如果采用全部测量数据进行建模，往往会造成过拟合的问题，降低模型的预测能力。因此在建模前通常需要从样本和变量两个方面选择有用的信息，分别衍生出局部策略和特征变量选择等方法，剔除干扰信息，提高模型的预测能力和稳定性。

下面简单介绍局部策略和特征变量选择方法。

1. 局部策略

局部策略就是对任意的待测样本,根据相似性判据在校正集中选择部分与其相似的样本,组成校正子集进行建模。它常用于解决样本浓度范围过大或者样本差异过大所产生的非线性问题。其中关键的步骤是相似性判别的确定,通常分为无监督判据和有监督判据两种。

常用的无监督相似性判据以光谱空间的欧氏距离、马氏距离和光谱角度进行评定。有监督方法将光谱信息和浓度信息相结合,综合评定样本之间的相似性。令 $\boldsymbol{X}_P$ 和 $\boldsymbol{X}_C$ 分别为预测集样本和校正集样本的光谱矩阵;$\boldsymbol{x}_q \in \boldsymbol{X}_P$ 为任意未知样本;$\boldsymbol{x}_i \in \boldsymbol{X}_C$ 为任意校正集样本。

各相似度判据的计算公式如下:

① 欧氏距离计算公式:

$$d_E(\boldsymbol{x}_q, \boldsymbol{x}_i) = \sqrt{(\boldsymbol{x}_q - \boldsymbol{x}_i)^T (\boldsymbol{x}_q - \boldsymbol{x}_i)} \tag{12-22}$$

式中,$d_E(\boldsymbol{x}_q, \boldsymbol{x}_i)$ 表示未知样本 $\boldsymbol{x}_q$ 和校正集样本 $\boldsymbol{x}_i$ 之间的欧氏距离。

② 马氏距离计算公式:

$$d_M(\boldsymbol{x}_q, \boldsymbol{x}_i) = \sqrt{(\boldsymbol{x}_q^{PC} - \boldsymbol{x}_i^{PC})^T \boldsymbol{V}^{-1} (\boldsymbol{x}_q^{PC} - \boldsymbol{x}_i^{PC})} \tag{12-23}$$

式中,$\boldsymbol{V}$ 表示校正集光谱数据在主成分空间的协方差矩阵;$\boldsymbol{x}_q^{PC}$ 和 $\boldsymbol{x}_i^{PC}$ 分别表示未知样本和校正集样本在主成分空间的投影向量。

③ 光谱角度等于欧式空间内两个向量 $\boldsymbol{x}_q$ 和 $\boldsymbol{x}_i$ 的内积除以模:

$$d_{angle}(\boldsymbol{x}_q, \boldsymbol{x}_i) = \frac{\boldsymbol{x}_q \cdot \boldsymbol{x}_i'}{\sqrt{(\boldsymbol{x}_q \cdot \boldsymbol{x}_q')(\boldsymbol{x}_i \cdot \boldsymbol{x}_i')}} \tag{12-24}$$

以上三种相似性判据均属于无监督相似性判据。在求取过程中仅考虑了样本光谱空间 $\boldsymbol{X}$ 的信息,忽视了属性空间信息 $\boldsymbol{Y}$。

④ 有监督相似性判据:

为了解决无监督相似性判据存在的问题,可以将样本光谱信息和浓度相结合,用这种方式评估样本之间的相似性。

考虑到 $\boldsymbol{X}$ 和 $\boldsymbol{Y}$ 的量纲不同,通常可以采用两种方式进行处理。

一种是分别求光谱的相似性和浓度的相似性,然后进行加权合并。

$$S_{ij} = S_{x,ij}^{\rho} S_{y,ij}^{1-\rho} \tag{12-25}$$

式中,S_{ij} 表示样本 i 和 j 之间的有监督相似系数;$S_{x,ij}$ 和 $S_{y,ij}$ 分别表示样本 i 和 j 之间的光谱相似系数和浓度相似系数;ρ 表示柔性参数,用于平衡 $S_{x,ij}$ 和 $S_{y,ij}$ 的重要性。

另一种是采用局部保持投影的方式,将光谱矩阵 $\boldsymbol{X}$ 进行降维处理,使光谱空间中相似的样本在降维后的属性值也接近。需要指出的是,待测样本的属性值通常未知,需要采用全局 PLSR 方法进行初步预测,然后进行局部保持投影并且计算出有监督相似系数。

2. 特征变量选择方法

在多组分体系的测量光谱中,通常包含着丰富的物理和化学信息,里面有成百上千种变量,它们的波长可能各不相同,但并非所有变量对建模都有积极的贡献。其中那些信息比较弱、与样本之间缺乏相关性的变量一般称为无信息变量,它们会降低模型的解释能力,影响模型的预测精度。

为了降低无信息变量可能产生的影响,建立更加稳定、可靠的校正模型,在多组分体系光谱分析中常常需要对变量进行选择。

常用的变量选择方法主要有以下几种。

(1) 相关系数变量选择法

计算校正集光谱在每个波长点处的光谱向量与属性矩阵待测组分向量之间的相关性。一般认为相关度高的变量携带的信息量大,然后结合化学知识设定一个阈值,选择相关度大于阈值的变量组成校正子集,用于后续的建模。

(2) 无信息变量消除(Uninformative Variable Elimination,UVE)变量选择法

通过比较测量变量与噪声变量两者的重要性,去除对建模贡献比较小的那个测量变量。

(3) 连续投影(Successive Projections Algorithm,SPA)变量选择法

通过比较未选中变量在前一个选中变量的正交子空间中的投影值,选择新变量组成不同的校正子集,依据各校正子集的交互验证,预测标准差进而确定最终的优选变量集合。这种方法能够降低变量之间的共线性对模型性能产生的影响。

(4) 用遗传算法(Genetic Algorithm,GA)作为全局寻优方法

将波长选择转化成为组合优化的问题,比较不同波长处校正模型的预测能力,进而取得最优波长的组合。

(5) 间隔偏最小二乘(interval Partial Least Squares,iPLS)变量选择法

将全谱段均分成为多个变量区间,选择其中一个或者多个变量区间的组合,建立 PLSR 模型。通过比较各区间的交叉验证预测均方根误差,选定最优波长区间。

(6) 交互式自模型混合物分析(Simple－to－use Interactive Self－Modeling Mixture Analysis,SIMPLISMA)变量选择法

基于光谱矩阵中纯光谱之间差异最大的假设,从测量光谱中选择差异最大的光谱即纯变量作为各组分的最优建模波长。

12.2　局部变量选择的分类判别

变量选择可以消除不相关变量和噪声变量,优化校正集样本信息,简化模型的复杂程度,提高预测精度和稳定性。现有的大多数变量选择方法建立在整体单模型的基础上,无法全面地反映数据特征,同时未考虑样本变化对变量选择结果的影响,对模型分类表现的提升作用非常有限。为了解决这个问题,下面结合局部策略和间隔偏最小二乘波长选择方法的特点,提出一种基于局部变量选择的分类判别方法。以簇类独立软模式分类法和偏最小二乘分类判别方法为例,分别比较变量选择前后两种方法的分类效果。

12.2.1　局部变量选择算法

按照已知类别信息将原始数据划分为多组类别对,将复杂的多元分类问题转化为简单的多个二分类问题。对每个类别对均在全谱段范围内遍历搜索,选择分类模型表现最好的谱段作为最优分类谱区间。新的变量区间评估标准综合考虑分类错误率和模型分类,在选择分类模型的错误率为最小的前提下,将分类表现最好的区间作为最优分类区间。对于簇类独立软

模式分类模型,以类间距表征模型分类体现。类间距越大,表明类间的差异程度越明显,模型在该区间的分类效果越好。

定义各类的总残余方差为

$$S_0^2 = \sum_{j=1}^m \sum_{i=1}^n \frac{e_{ij}^2}{(m-N-1)(n-N)} \qquad (12-26)$$

式中,m 表示样本数;n 表示变量数;N 表示主成分数;e_{ij} 表示第 j 样本的第 i 变量的残余误差。

定义 p 类与 q 类的间距为

$$D_{pq}^2 = \frac{S_{pq}^2 + S_{qp}^2}{(S_0^2)_p + (S_0^2)_q} \qquad (12-27)$$

式中,S_{pq}^2 表示类别 q 模型重建类别 p 时的残余方差和;S_{qp}^2 表示类别 p 模型重建类别 q 时的残余方差和;$(S_0^2)_p$ 表示类别 p 总的残余方差;$(S_0^2)_q$ 表示类别 q 总的残余方差。

对于偏最小二乘分类判别方法的模型,构建任意类别对的类别属性矩阵 Y。以偏最小二乘回归模型的交互验证均方根误差表征模型的分类表现。交互验证均方根误差的值越小,表明模型在该区间分类的效果越好。两种方法分类错误率的计算步骤相同,都采用留一法交互验证各校正集样本,分类错误率为分类错误样本的个数与样本的总数之比。

参照间隔偏最小二乘法的处理方式,将全谱段均分成多个子区间,以减小搜索空间,简化算法的复杂程度。区间大小是一个重要的参数,影响模型的分类精度。变量数的选择也要适当,因为变量数太多会掩盖光谱小的吸收峰作用;太少则可能丢失有用的冗余信息,夸大单个变量对最终模型的作用。折中的方案是将光谱子区间的变量数设定为一个比较大的值,将子区间间隔取为一个相对比较小的值。以实验丹参样本为例,假设光谱数据包含的变量数为 3 000,将其均分成 57 个子区间,间隔 50 个变量,每个区间包含的变量数为 200。对于第 i 个子区间,相应的波数变化范围为 $[10\ 000-2\times(50\times i+150)]\text{cm}^{-1} \sim [10\ 000-2\times(50\times i-49)]\text{cm}^{-1}$。

这里采用的区间选择是一种简单的"单变量"方法,没有考虑各子区间之间的组合。以组合优化方式选择的光谱区间通常比单变量方法得到的结果更接近于最优解;但全局最优过程中的计算复杂程度高,运算的时间也比较长。分类模型属于定性分析的范畴,采用单变量方法能够取得可以接受的分类结果。为了验证这种方法的有效性,分别以常用的簇类独立软模式分类法和偏最小二乘判别为例,对选择变量前后两种方法分类的效果进行比较。

12.2.2 实验光谱采集处理

丹参是一味常用于治疗各种心血管疾病的中药。不同产地的丹参样本,由于气候、温度、光照和土壤结构的不同,化学成分特征存在着很大的差异,在入药前有必要对产地进行判别。为了便于运输和精确分配,丹参通常以粉末的形式保存,这样就很难判别出具体的种类。因此需要一种简单、快速和准确的产地判别分类方法。

实验中的丹参样本产自中国山东、河南、四川、河北和云南 5 个省份的 8 个地区,包括野生和栽培两种。丹参样本的产地、生长条件和数目见表 12-1,其中 Class 表示类别。

样本的总数为 94,根据产地和生长条件的不同,可以分为 13 个类别,各类中的样本数目为 4～21。所有样本均由中医研究院中医药研究所采集并鉴定。经过干燥处理后,将丹参样本研磨成 200 目的粉末,直接放置在样品台上,温度保持在 25 ℃左右,湿度相对恒定。用傅里叶变换光谱仪漫反射的模式测定出近红外光谱,光谱扫描的波数范围为(10 000～4 000) cm^{-1},间隔为 2 cm^{-1}。为了减小测量误差,对每个样本测量 2～5 次,取平均值作为光谱数据。

表 12 - 1　丹参样本产地和生长条件

类别编号	产　地	种植条件	样本数目
Class1	山东沂水泉庄乡	野生(采挖)	14
Class2	山东沂水泉庄乡	栽培 1 年(采挖)	5
Class3	山东沂水泉庄乡	栽培 2 年(采挖)	21
Class4	山东沂水	野生(购买)	5
Class5	山东沂水	栽培(购买)	5
Class6	河南卢氏磨盘河	野生(采挖)	7
Class7	河南卢氏	野生(购买)	4
Class8	河南灵宝	野生(采挖)	7
Class9	河南灵宝	栽培(采挖)	10
Class10	四川中江	栽培(购买,一等)	4
Class11	四川中江	栽培(购买,二等)	4
Class12	河北安国娄营村	栽培(采挖)	4
Class13	云南璐西	野生(购买)	4

原始光谱可能受到高频噪声、基线漂移和背景干扰的影响,使模型的分类精度降低,因此需要进行预处理。采用一阶 21 点双面平滑滤波法消除高频噪声;通过差分法对滤波后的光谱数据求取间隔为 40 点的二阶导数,消除基线漂移的影响。其中 94 个丹参样本的原始光谱和二阶导数光谱如图 12 - 1 所示。丹参样本在各波长点的吸光度差异比较大,随着波数的减小,

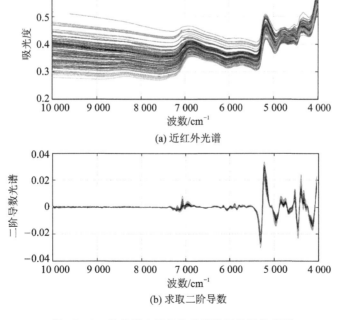

(a) 近红外光谱

(b) 求取二阶导数

图 12 - 1　丹参样本近红外光谱及二阶导数光谱

差异变化趋势增大。从图 12-1(a)可以看出,原始光谱存在着严重的重叠现象和明显的基线漂移,很难从光谱图直接进行分类。从图 12-1(b)可以看出,经过二阶导数处理之后,基线漂移基本消除,光谱变化得到加强;但仍然很难直观地区分出各类样本,需要进一步通过化学计量的方法建立分类判别模型。

12.2.3　模型分类精度比较

1. 光谱数据的主成分分析

这种分析方法可以在主成分的空间内区分丹参样本的类别。一般而言,前几个主成分能够体现绝大部分数据的特征变化;随着主成分数目的增加,剩余的主成分逐渐表现为噪声信息。根据同类样本主成分的得分分布相对汇聚、不同类样本的得分分布相对分散的原则,可以在无任何相关背景知识的情况下对未知样本进行分类判别。在不同产地和种植条件下,对丹参样本全波段内的主成分进行分析,13 组样本前两个主成分的得分情况如图 12-2 所示。

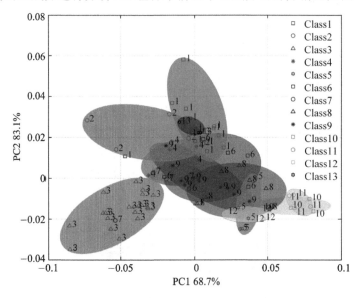

图 12-2　丹参样本前两个主成分的得分

可以看出,在前两个主成分中包含了绝大部分特征的光谱信息,累积贡献率为 83.1%。从理论上讲,同种类样本的主成分得分应该聚集在一起,这样降维后的主成分得分就可以用于类别判别。但由于不同的丹参样本成分很接近,表现为近红外光谱的混叠,影响前两个主成分的得分,甚至于出现重叠或者覆盖的现象,降低了分类判别的准确率。不同省份丹参样本得分有一定的聚类性质,例如 Class6、Class7、Class8 和 Class9 类别的样本均产自河南;Class10 和 Class11 类别的样本产地为四川,虽然与其他省份样本有明显的区分,但产地接近或者相同产地采用不同的种植方式,得分同样出现不同程度的重叠,导致分辨的成功率不高。这说明采用全谱段主成分分析方法很难实现精确分类。

2. 局部变量选择

将光谱数据集沿着变量的方向划分为 57 个子区间,沿样本方向划分为 78 个类别对。对任意的类别对建立基于每个子区间的分类判别模型,选择分类效果最好的区间作为最优分类区间。

下面分别对簇类独立软模式分类法和偏最小二乘判别分析法两种分类判别模型进行分析,采用留一法交叉验证评估各分类模型在子区间中的性能,进一步验证局部变量选择方法的有效性。

(1) 簇类独立软模式局部变量选择

以 Class1 和 Class2 类别对为例,采用簇类独立软模式局部变量选择的分类法,分别建立 Class1 和 Class2 在 57 个光谱子区间内的主成分回归模型,计算出各区间的类间距和分类错误率。Class1 和 Class2 类别对在不同子区间的类间距和分类错误率如图 12-3 所示。

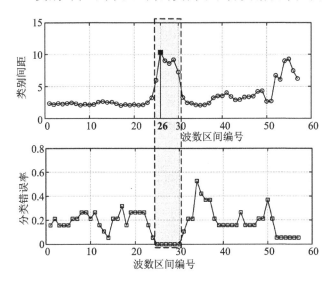

图 12-3 Class1 和 Class2 最优区间选择

光谱空间和主成分空间分布的比较如图 12-4 所示。

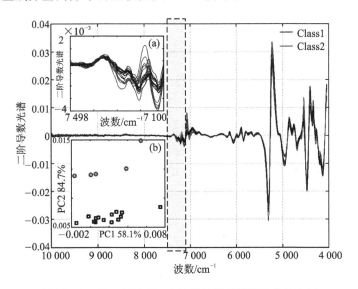

图 12-4 Class1 和 Class2 最优区间光谱和主成分比较

从图 12-3 可以看出，Class1 和 Class2 类别对在第 25～30 个子区间内的分类错误率均为 0；在第 26 个子区间的类间距最大。因此可以选择第 26 个子区间为 Class1 和 Class2 的最优分类区间。

第 26 个子区间对应的波数范围为 7 498～7 100 cm^{-1}，对该区间内的二阶导数光谱进行局部放大。从图 12-4(a)可以看出，两类样本的二阶导数光谱存在着明显的差异，尤其是在低波数的位置更加突出。对二阶导数的光谱数据进行主成分分析，绘出前两个主成分的得分散点图如图 12-4(b)所示。第一、二主成分包含了样本中的大部分信息，其方差的贡献率分别为 58.1% 和 26.6%。与全谱段两类样本的得分图比较可以发现，在最优分类区间内，同类样本之间得分的分布更加聚集，异类样本之间得分的分布界限更加明显。

与全谱段进行比较可以看出，经过局部变量选择之后的各最优分类区间携带了明显的光谱差异信息和分类信息，更适合于类别对的分类判别。在该区间内对 Class1 和 Class2 分类建模区分的精度也明显高于在全谱段区分的精度。经过局部变量选择之后，各类别对及其对应的最优分类区间分布情况如图 12-5 所示。其中 1&2,7 表示类别对 Class1 和 Class2，Class1 和 Class7 具有相同的最优分类区间。可以看出，各类别对的最优分类区间集中在 5 700～4 100 cm^{-1} 和 7 300～6 700 cm^{-1} 这两段区间之内。

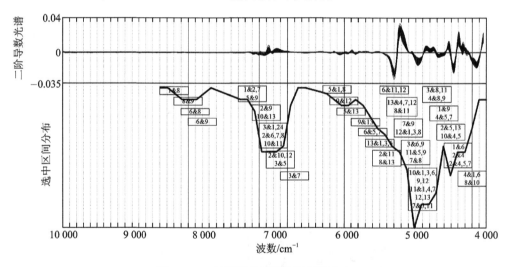

图 12-5　各类别对最优分类区间分布

（2）偏最小二乘判别分析局部变量选择

对于 Class1 和 Class2 类别对，在各子区间分别建立偏最小二乘回归模型，计算出分类错误率和交互验证均方根误差值。在 57 个子区间内，Class1 和 Class2 类别对的分类错误率和交互验证均方根误差分布如图 12-6 所示。在第 25～31 子区间和第 52～57 子区间中的分类错误率最低，均为 0。经过进一步比较交互验证均方根误差值，可以选定第 25 个子区间为 Class1 和 Class2 类别对的最优分类区间。

第 25 个子区间对应的波数范围为 7 598～7 200 cm^{-1}，对 Class1 和 Class2 样本的二阶导数光谱进行局部放大和主成分分析如图 12-7 所示。与全谱段相比较，在该波数范围内的样本光谱数据具有大量的光谱差异信息和分类信息，更适合于 Class1 和 Class2 类别对的分类。采用偏最小二乘回归分析模型的局部变量选择策略，各类别对的最优特征分类区间分布情况

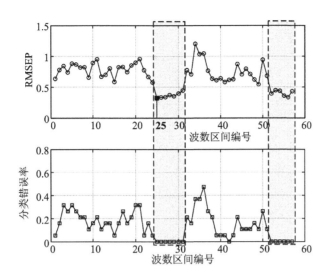

图 12 - 6　Class1 和 Class2 最优区间选择

如图 12 - 8 所示。可以看出,与簇类独立软模式分类法相比较,偏最小二乘回归分析得到的分布更加均匀,主要集中于波数范围为 8 200～7 800 cm^{-1}、7 600～7 100 cm^{-1} 和 5 100～4 100 cm^{-1} 这几段区间之内。

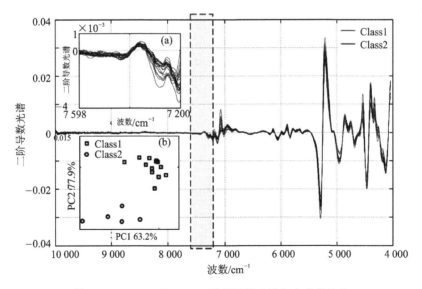

图 12 - 7　Class1 和 Class2 最优区间光谱和主成分比较

3. 两种局部变量选择方法的比较

为了验证局部变量选择策略对分类精度的影响,采用 SIMCA 和 PLS - DA 两种分类方法对丹参样本的产地进行判别分析。分别在全谱段、传统变量选择段和局部变量选择段对最优分类段的识别准确率进行比较,结果见表 12 - 2。

PLS - DA 分类方法在建模时既考虑了样本类别信息,又考虑了光谱信息,分类准确率高于仅涉及光谱信息的簇类独立软模式分类法。从总体上看,PLS - DA 分类方法的识别准确率

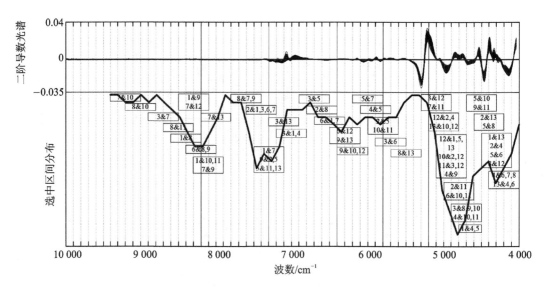

图 12 - 8　最优分类区间分布

更高,两种方法的全谱段识别准确率也验证了这一点。由于光谱重叠的现象比较严重,某些类别样本如 Class6~Class8 的识别准确率偏低。对于传统的单模型变量选择方法,最优分类区间集中在含氢基团振动的倍频和组合频的吸收谱带部分,建立的两种分类模型对于全波段分类精度的提高并不明显;但对于局部变量选择方法,两种方法对各类别样本的识别率均有所提高,其中采用偏最小二乘判别分析分类方法的各样本识别率都达到了 100%。

表 12 - 2　两种局部变量选择方法的比较

类别编号	识别率					
	全谱段		传统变量选择		局部变量选择	
	SIMCA	PLS - DA	SIMCA	PLS - DA	SIMCA	PLS - DA
Class1	0.93	0.79	0.93	0.93	1.00	1.00
Class2	0.80	0.60	0.80	0.80	1.00	1.00
Class3	1.00	1.00	1.00	1.00	1.00	1.00
Class4	0.40	1.00	0.40	1.00	1.00	1.00
Class5	0.40	1.00	0.40	1.00	1.00	1.00
Class6	0.71	0.86	0.57	0.71	1.00	1.00
Class7	0.25	0.50	0.25	0.50	1.00	1.00
Class8	0.57	0.71	0.57	0.86	1.00	1.00
Class9	0.90	0.90	0.90	0.90	1.00	1.00
Class10	0.75	1.00	0.75	1.00	1.00	1.00
Class11	0.50	0.50	0.50	1.00	1.00	1.00
Class12	0.75	1.00	0.75	1.00	1.00	1.00
Class13	0.50	1.00	0.50	1.00	0.75	1.00

12.3　多组分定量校正的建模

由朗伯比尔定律可知光谱的特征随着样本组成或者浓度的改变而发生变化。基于光谱技术多组分定量分析的理论基础是,不同物质的光谱具有不同吸收峰的位置和强度。多组分定量分析的目的是建立光谱矩阵与属性矩阵之间的数学模型,不同的多组分体系需要不同的建模方法。对于属性未知的样本,将测得的光谱数据代入到模型中,就可以计算出相应的属性值。对于线性关系良好的多组分体系,可以采用改进的遗传算法进行建模;对于浓度差异过大的非线性多组分体系,可以采用基于灰色综合关联系数的局部策略进行建模;对于光谱重叠严重的非线性体系,则可以采用基于预测偏差的局部建模方法。

12.3.1　灰色综合关联遗传算法

对于光谱与浓度之间具有良好线性关系的样本,可以建立基于遗传算法(GA)的定量分析模型,将多组分定量分析转化为组合最优化的问题。以预测光谱和原始光谱的灰色综合关联度作为适应度函数,采用自适应寻优空间的方式对传统的遗传算法进行改进,解决种群进化效率低的问题。通过可见光谱的分光光度实验,测得食品业中常见的苋菜红、胭脂红、柠檬黄和日落黄的单组分及混合组分可见光谱,分别采用改进遗传算法、传统遗传算法和偏最小二乘法建立回归模型。

1. 改进算法的模型

依据朗伯比尔定律,理想情况下的样本浓度与吸收光谱之间为线性关系。给定 m 个样本在 n 个变量下的光谱数据 $\boldsymbol{X}$ 和相应的 $m \times r$ 维浓度矩阵 $\boldsymbol{C}$,用线性加和的方式可以表示为

$$\boldsymbol{X} = \boldsymbol{C} \cdot \boldsymbol{K} + e \tag{12-28}$$

式中,$\boldsymbol{K}$ 表示在单位浓度条件下的单组分样本在各波长点处的测量值,一般称为吸收系数矩阵;e 表示测量误差,一般为服从正态分布的噪声误差。r 表示组分数。

在通常情况下,样本数 m 远大于组分数 r。为了使 $e^{\mathrm{T}}e$ 趋于最小,通过超定方程的最小二乘解求出吸收系数矩阵为

$$\boldsymbol{K} = (\boldsymbol{C}_{\mathrm{cs}}^{\mathrm{T}} \cdot \boldsymbol{C}_{\mathrm{cs}})^{-1} \cdot \boldsymbol{C}_{\mathrm{cs}}^{\mathrm{T}} \cdot \boldsymbol{X}_{\mathrm{cs}} \tag{12-29}$$

为了获得精确的吸收系数矩阵,校正集样本需要随机分布于整个数据空间内。多组分定量分析也就是组合的最优化问题,即

$$\left. \begin{array}{l} \hat{X} = \sum_{i=1}^{r} \hat{c}_i \cdot K_{i \times n}, \quad L_{\mathrm{low}}(i) \leqslant \hat{c}_i \leqslant L_{\mathrm{up}}(i) \\ \max f(X_{\mathrm{pred}}, \hat{X}) \end{array} \right\} \tag{12-30}$$

式中,$\hat{c}_i$ 表示在浓度范围 $L_{\mathrm{low}}(i)$ 和 $L_{\mathrm{up}}(i)$ 之间搜索到样本中第 i 组分的可行解;$f(X_{\mathrm{pred}}, \hat{X})$ 表示适应度函数;X_{pred} 表示待测样本的实测光谱数据;$\hat{X}$ 表示待测样本的预估计光谱。

采用动态寻优空间的方式对传统遗传算法进行改进。以上一代的最优个体为中心朝两个方向扩展,形成下一代寻优空间。

假设 C_i 为第 i 代的最优个体值，W 为寻优空间的跨度，则第 $i+1$ 个寻优空间的上、下界计算公式分别为

$$\left.\begin{array}{l} L_{\mathrm{up}}(i+1)=C_i+\dfrac{W}{2} \\[3mm] L_{\mathrm{low}}(i+1)=C_i-\dfrac{W}{2} \end{array}\right\} \qquad (12-31)$$

假设在任意样本中包含 r 个组分，遗传算法种群中的任意一条染色体代表一个样本，包含着各组分的浓度值。在编码时将一条染色体平均分成 r 段，每段分别对应着一个组分的浓度值。首先随机产生一个初始种群，根据适应度函数选择最优个体，产生下一代搜索空间；然后根据选择、交叉和变异等遗传操作产生新一代个体；最后重复生成搜索空间和遗传进化步骤，直到满足终止条件或者达到最大遗传代数为止。

改进遗传算法的控制参数见表 12-3。

种群大小为 20，每一个个体采用 $r \times 10$ 位二进制编码，r 表示待测样本的组分数，每 10 位代表一个组分浓度。选用预估计光谱与实测光谱的

表 12-3 改进遗传算法的控制参数

参 数	描 述
种群大小	20
编码	$r \times 10$ 位二进制
适应度函数	灰色综合关联度
选择方法	轮盘赌
交叉概率 P_c	0.7（单点交叉）
变异概率 P_m	0.01
替换策略	精英策略
遗传代数	100/400
终止条件	关联度＞0.99

灰色综合关联度作为适应度函数。传统遗传算法的最大遗传代数一般设为 400；改进遗传算法的收敛速度比较快，可以把最大进化代数设定为 100。

2. 色素样本实验及结果

以国家标准物质研究中心提供的苋菜红、胭脂红、柠檬黄和日落黄 4 种食用色素为待分析样本，配比成不同浓度和组成的单组分、两组分和四组分混合溶液共 99 组，浓度范围为 0～200 μg/mL。以蒸馏水为参比溶液，测量各混合溶液在可见光谱范围为 388～607 nm 的吸光度曲线。测量步长为 1 nm，随机选择 72 组数据作为校正集，剩余 27 组作为预测集。对原始光谱进行平滑滤波和一阶导数处理，消除噪声、畸变和基线偏移的影响。

对于浓度在 0～200 μg/mL 范围内的色素单组分、两组分混合和四组分混合样本，可见光谱范围的原始光谱、平滑滤波后光谱和一阶导数光谱分别如图 12-9(a)、(b)和(c)所示。

从图 12-9(a)可以看出，原始光谱包含的噪声比较少，但在最大吸收峰附近的光谱存在畸变，对浓度值比较大的样本尤为明显。经过平滑滤波之后，图 12-9(b)的光谱变得更加平滑，保留了原始光谱中的重要信息，如最大吸收峰位置和光谱整体形状等。一阶导数光谱的基线统一，对各样本光谱的特征也有所放大，如图 12-9(c)所示。

根据校正集样本的吸光度和浓度值，计算出色素各单组分的吸收系数，如图 12-10 所示。其中 K_a 为苋菜红；K_b 为胭脂红；K_c 为柠檬黄；K_d 为日落黄。

可以看出，苋菜红和胭脂红的吸收峰比较接近，但光谱重叠严重；柠檬黄和日落黄的光谱形状和吸收峰位置比其他组分均有明显差异。将吸收系数矩阵与校正集浓度矩阵相乘 $\hat{A}_{\mathrm{cs}} = C_{\mathrm{cs}} \cdot K$ 得到校正集的预估计光谱。用灰色综合关联度表征校正集各样本的原始光谱与预估

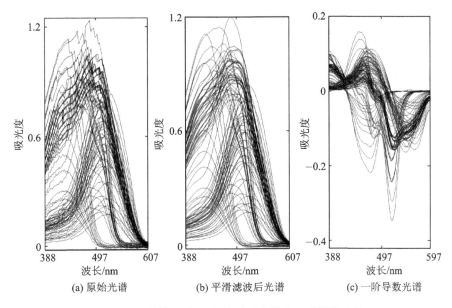

图 12 - 9 原始光谱、平滑滤波后光谱和一阶导数光谱

计光谱之间的相似程度,进一步对吸收系数矩阵 **K** 进行评估。

校正集各样本原始光谱与预估计光谱之间的灰色综合关联度如图 12 - 11 所示。所有样本的灰色综合关联度均大于 0.973,大部分集中在 0.980～0.993 之间。这表明各样本的预估计光谱与实测光谱之间的相似度非常高。

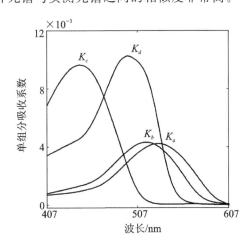

图 12 - 10 四种色素单组分的吸收系数

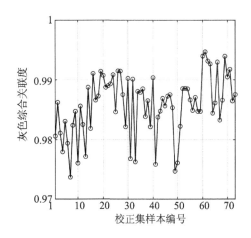

图 12 - 11 原始光谱与预估计光谱的关联度

以浓度为 80 μg/mL、60 μg/mL、30 μg/mL 和 40 μg/mL 四组分混合样本为例,各组分寻优空间随遗传代数的变化如图 12 - 12 所示。

可以看出,对于随机生成初始种群,第 1 代寻优空间没有包含样本浓度的真值,随着遗传进化的深入,寻优空间迅速向真值靠近;第 5 代左右基本包含真值;第 10 代以后的寻优空间基本上以真值为中心,仅在小范围内变化。这表明这种寻优方式能够迅速定位待测样本的真值,提高后续遗传进化的搜索质量。

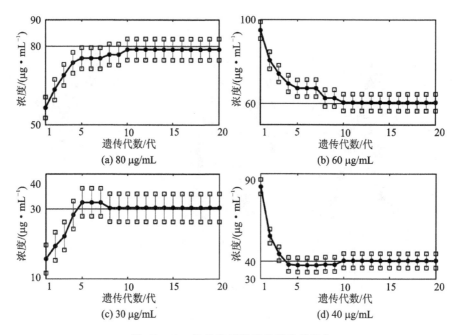

图 12 - 12　寻优空间随遗传代数的变化

进一步对改进遗传算法和传统遗传算法的进化过程和最终收敛结果进行比较。以浓度分别为 80 μg/mL、60 μg/mL、30 μg/mL 和 40 μg/mL 四组分混合样本为例,两种算法在进化过程中的 10 次适应度值随遗传代数的变化分别如图 12 - 13 和图 12 - 14 所示。

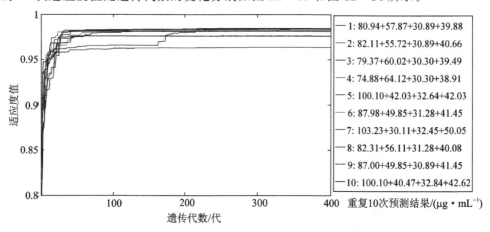

图 12 - 13　传统算法的适应度值与遗传代数

从图 12 - 13 的传统算法的适应度值与遗传代数曲线可以看出,在 1～30 遗传代数之间有明显上升的趋势,说明传统遗传算法能够快速地向最优解收敛;经过 30 代进化之后,适应度曲线上升的趋势变缓;经过 200 代进化之后基本保持稳定。最终最优个体的适应度值在 0.96～0.98 之间,表明传统遗传算法的寻优结果存在着随机性,因此重复性差,寻优结果很可能仅收敛于局部最优的位置。

从图 12 - 14 可以看出,改进算法的适应度值与遗传代数收敛的速度明显优于传统遗传算法,进化到 20 代时独立 10 次运行的适应度均大于 0.98;经过 100 代进化之后,所有最优个体

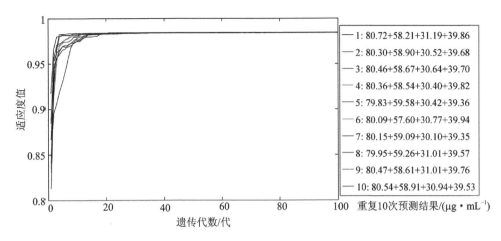

图 12 - 14　改进算法的适应度值与遗传代数

的适应度值均大于 0.984。虽然各次结果之间存在着微小的差异,但都非常接近于理想值,并且不会出现仅收敛于局部最优的问题。

采用传统的偏最小二乘回归建模方法和改进遗传算法分别对预测集样本进行预测,计算出预测集的均方根误差值见表 12 - 4。可以看出,改进遗传算法对各组分预测的均方根误差均明显小于偏最小二乘回归方法。

表 12 - 4　两种方法的预测结果

组　分	预测集均方根误差/$(\mu g \cdot mL^{-1})$	
	改进遗传算法	偏最小二乘回归方法
苋菜红	1.351	3.952
胭脂红	1.544	4.360
柠檬黄	0.773	1.003
日落黄	0.780	0.986

12.3.2　灰色综合关联局部建模

局部建模旨在校正集数据中选择与待测样本相似的部分样本组成校正子集进行建模,以解决由于样本浓度范围过大或者样本差异过大等原因引起的非线性问题。局部建模中的关键步骤是校正子集的选择。下面提出一种以样本之间的灰色综合关联系数(Synthetic degree of Grey Relation Coefficient,SGRC)作为相似度判据的方法。其优点是同时考虑光谱序列之间的绝对位置差和变化率,以一种综合的形式评估序列之间的相似程度。考虑到算法的复杂度、耗时及对模型预测能力的提升等因素,为了进一步优化模型,采用 SIMPLISMA 的波长选择方法提取建模中的有用信息。在验证算法的有效性时,分别比较了全局 PLSR 算法与全局 PLSR 结合 GA、UVE、MWPLS、SPA 等波长选择方法,基于欧氏距离、马氏距离和光谱角度的局部建模方法,基于综合关联度的局部建模方法,基于综合关联系数的局部策略结合 SIMPLISMA、UVE 波长选择方法的预测均方根误差和总体运算时间。

1. 灰色综合关联系数

设 $\boldsymbol{X}^C$ 为 $m_c \times n$ 维校正集的光谱矩阵。其中 m_c 表示校正样本数；n 表示校正集变量（波长）数；$\boldsymbol{X}^P$ 为 $m_p \times n$ 维预测集光谱矩阵，m_p 表示预测集样本数。

任取两个光谱序列 $\boldsymbol{X}_j \in \boldsymbol{X}^C$ 和 $\boldsymbol{X}_i \in \boldsymbol{X}^P$，其中 $i=1,2,\cdots,m_p$；$j=1,2,\cdots,m_c$。X_i 与 X_j 之间的灰色综合关联度为

$$\rho(X_i,X_j) = (1-\theta)\varepsilon_{ij} + \theta \cdot \gamma_{ij} \tag{12-32}$$

式中，ε_{ij} 表示两个光谱序列之间的灰色绝对关联度；γ_{ij} 表示两个光谱序列之间的灰色相对关联度；$\theta \in [0,1]$ 表示权重系数。

序列 X_i 与 X_j 之间的灰色绝对关联度为

$$\varepsilon_{ij} = \frac{1 + |s_i| + |s_j|}{1 + |s_i| + |s_j| + |s_i - s_j|} \tag{12-33}$$

式中

$$|s_i| = \left| \sum_{k=1}^{n-1} x_i(k) + 0.5x_i(n) \right| \tag{12-34}$$

$$|s_j| = \left| \sum_{k=1}^{n-1} x_j(k) + 0.5x_j(n) \right| \tag{12-35}$$

$$|s_i - s_j| = \left| \sum_{k=1}^{n-1} [x_i(k) - x_j(k)] + 0.5[x_i(n) - x_j(n)] \right| \tag{12-36}$$

X_i 与 X_j 之间的灰色相对关联度为

$$\gamma_{ij} = \frac{1}{n} \sum_{k=1}^{n} \gamma(x_j(k), x_i(k)) \tag{12-37}$$

式中，$\gamma(x_j(k), x_i(k))$ 表示灰色关联系数。

$$\gamma(x_j(k), x_i(k)) = \frac{\min\limits_{l=1,\cdots,m_c} |x_l(k) - x_i(k)| + \xi \max\limits_{l=1,\cdots,m_c} |x_l(k) - x_i(k)|}{|x_j(k) - x_i(k)| + \xi \max\limits_{l=1,\cdots,m_c} |x_l(k) - x_i(k)|}$$

$$\tag{12-38}$$

式中，ξ 表示分辨系数，$\xi \in [0,1]$，一般可以取为 $\xi = 0.5$。

2. 混合色素实验及光谱预处理

配置浓度范围为 $0 \sim 200\ \mu g/mL$ 的单组分、两组分混合和四组分混合色素溶液，分别在光谱仪上测量其吸收光谱，各样本重复扫描 10 次后取平均值。样本的总数为 97，随机选取 70 组为校正集，剩余 27 组为预测集。采用平滑滤波的方法对原始光谱数据进行预处理，消除高频噪声的影响。色素样本的原始光谱、滤波后的光谱和单组分光谱分别如图 12-15(a)、(b)和(c)所示。其中 A 为苋菜红，C 为胭脂红，T 为柠檬黄，S 为日落黄。

可以看出，滤波后的光谱仍然保留着吸收峰位置和光谱整体形状等重要特征，但比原始光谱更加平滑。在谱图 12-15(c)给出浓度为 $60\mu g/mL$ 的 A、C、T 和 S 各单组分在水溶液中的吸收光谱中，其中 A 和 C 的吸收峰接近，光谱重叠；S 与其他均有重叠。表明采用线性偏最小二乘进行分析时，组分之间的干扰会影响模型预测的精度。

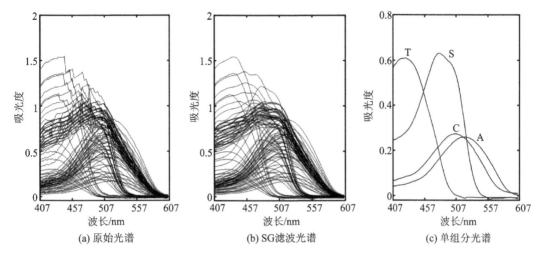

(a) 原始光谱　　　　(b) SG滤波光谱　　　　(c) 单组分光谱

图 12－15　色素样本各组分的光谱

3. 校正子集样本的选择

首先计算未知样本和校正集光谱矩阵 $\boldsymbol{X}^{c}_{m_{c} \times n}$ 中各样本的灰色综合关联度,其中 $m_{c} = 70$, $n = 98$。其次将灰色综合关联度的值按降序排列,选择前 N_{sub} 个样本组成初始校正子集,单组分样本 $N_{\text{sub}} = 3$,两组分样本 $N_{\text{sub}} = 4$,四组分样本 $N_{\text{sub}} = 5$;建立偏最小二乘回归模型,对初始校正子集中的各样本采用留一法进行预测,计算出交互验证均方根误差的值;取 $N_{\text{sub}} = N_{\text{sub}} + 1$,重复计算至 $N_{\text{sub}} = 70$。最后比较交互验证均方根误差的值,确定取最小值时的 N_{sub} 为样本校正子集的最优样本个数。

RMSECV 随校正子集样本数的变化如图 12－16 所示。各曲线的总体变化趋势均为先下降,然后上升,最后变化趋缓。初始校正子集的样本数目比较小,偏最小二乘回归模型的稳定

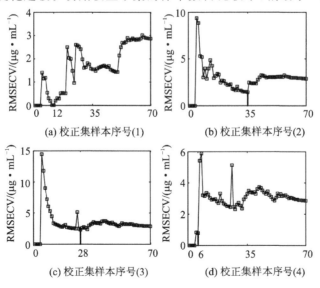

(a) 校正集样本序号(1)　　　　(b) 校正集样本序号(2)

(c) 校正集样本序号(3)　　　　(d) 校正集样本序号(4)

图 12－16　RMSECV 随校正子集样本数的变化

性比较差,交互验证均方根误差在初始阶段偏大;随着校正子集中相似样本数目的增加,建模的样本数量充足,稳定性和预测精度均有所提高,交互验证均方根误差逐渐变小;随着校正子集样本数目的进一步增加,大量相关性比较差的样本纳入到校正集中,模型的预测效果明显变差,RMSECV逐渐变大;随着不相关样本的增加,对模型的预测能力影响变小,模型趋于稳定,导致曲线变化趋于平稳,仅存在微小的抖动。最终确定4种待测样本的最优校正子集样本数分别为12、35、28和6。

　　4种情况下未知样本和校正子集样本的吸收光谱如图12-17所示。其中粗实线为未知样本的吸收光谱;细实线为校正子集样本的吸收光谱。各未知样本校正子集样本的光谱更多地表现出与未知样本具有相似的几何形状。苋菜红与胭脂红的样本光谱重叠严重,建模所需的校正子集样本比柠檬黄、日落黄混合物样本多,如图12-17(a)和图12-17(c)所示;对于单组分样本,建模所需校正子集的个数比较少,如图12-17(d)所示;对于四组分样本,建模所需样本数目最多,如图12-17(b)所示。

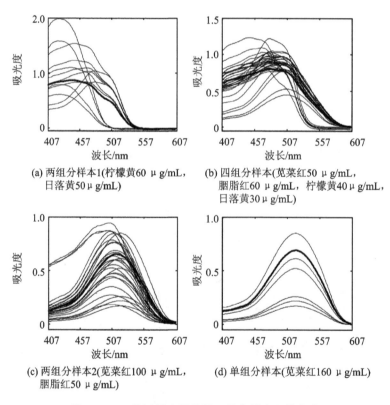

(a) 两组分样本1(柠檬黄60 μg/mL,
　　日落黄50 μg/mL)

(b) 四组分样本(苋菜红50 μg/mL,
　　胭脂红60 μg/mL,柠檬黄40 μg/mL,
　　日落黄30 μg/mL)

(c) 两组分样本2(苋菜红100 μg/mL,
　　胭脂红50 μg/mL)

(d) 单组分样本(苋菜红160 μg/mL)

图12-17　待测样本及其校正子集样本吸收光谱

4. 波长的选择

　　利用交互式自模型混合物分析算法选择各校正子集的波长。柠檬黄60 μg/mL 和日落黄50 μg/mL 两组分混合样本的第1、2、3、6、7纯度谱和决定系数如图12-18所示。

　　可以看出,变量在517~572 nm范围内有比较高的强度,在波长542 nm处取得最大值,设定为第一纯度变量,在407~507 nm范围内的强度比较低,这是多个组分共同作用的结果,如图 12-18(a)所示。剔除第 1 纯度变量的作用之后,第 2 纯度变量的波长值在 447 nm 处,如图 12-18(b)所示。依次类推,第 7 个纯度变量的强度很低,曲线中无明显的纯度变量信息,仅包含噪声,如图 12-18(e)所示。决定系数在纯度变量为 6 时突然增大,表明第 7 个纯变量的相对偏差谱接近于 0,第 7 个纯度变量基本上由噪声信息组成,算法运行到第 7 个纯度变量时停止,图 12-18(f)中的曲线也证实了这一点。

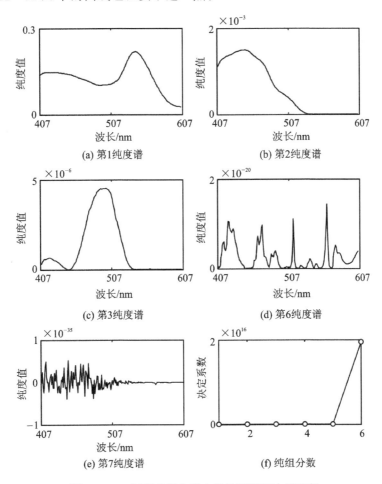

图 12-18　两组分混合样本的纯度谱和决定系数

采用相同的方法分别对四组分混合物样本、两组分混合物样本(苋菜红和胭脂红)和单组分样本进行分析,纯度谱和决定系数如图 12-19~图 12-21 所示。校正子集的变量数分别确定为 25、17 和 5。四组分混合样本的第 1、2、3、25、26 纯度谱和决定系数如图 12-19 所示。混合样本的组成为苋菜红 50 μg/mL、胭脂红 60 μg/mL、柠檬黄 40 μg/mL、日落黄 30 μg/mL;两组分混合样本的第 1、2、3、17、18 纯度谱和决定系数如图 12-20 所示。混合样本组成为苋菜红 100 μg/mL、胭脂红 50 μg/mL;单组分样本的第 1、2、3、5、6 纯度谱和决定系数如图 12-21 所示。单组分样本为苋菜红 160 μg/mL。

4 种情况下的选定波长如图 12-22 所示。

可以看出,柠檬黄和日落黄两组分混合样本的吸收峰位置差异明显,选定波长数目相对比较少,如图 12-22(a)所示。四组分混合样本的选定变量比较多,主要集中在苋菜红、胭脂红

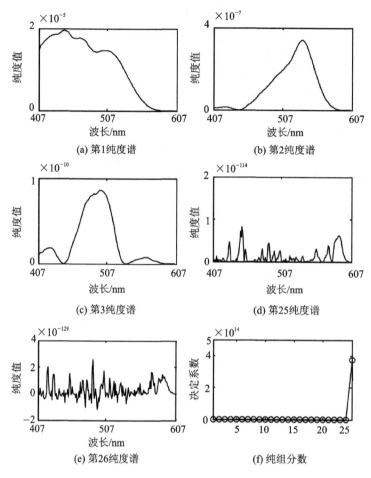

图 12 - 19　　四组分混合样本的纯度谱和决定系数

和日落黄重叠严重且吸光度值比较大的 490 nm,以及苋菜红和胭脂红吸光度比较小而柠檬黄和日落黄吸光度比较大的 447 nm,如图 12 - 22(b)所示。苋菜红和胭脂红两组分混合物样本重叠严重,波长选择数目相对比较大,并且分布均匀,如图 12 - 22(c)所示。单组分样本由于没有组分之间的干扰,波长选择数目相对比较少,如图 12 - 22(d)所示。

5. 实验结果的比较

采用全局建模、不同相似度判据的局部建模、全局建模和局部建模相结合变量选择等 13 种方法,对色素多组分混合物进行预测的结果如表 12 - 5 所列。不同相似度判据的局部策略各组分预测精度普遍优于全局方法,综合 4 个组分的预测结果来看,以灰色综合关联系数为相似度判据的局部建模方法预测集均方根误差最小、精度最高。局部策略建模方法的计算时间均远大于全局方法,这是因为局部策略对于各待测样本均建立了独立的预测模型。与全局全谱段建模方法相比较,加入各种波长选择方法之后,光谱重叠严重的苋菜红和胭脂红预测精度明显提高;吸收峰相距较远的柠檬黄和日落黄样本的预测效果不明显。遗传算法的波长选择涉及变量之间的组合优化,在建立偏最小二乘回归模型时,各代种群需要经过交叉验证来确定最优主成分数,因此耗时最多。SIMPLISMA 和无信息变量消除波长选择方法的计算过程相

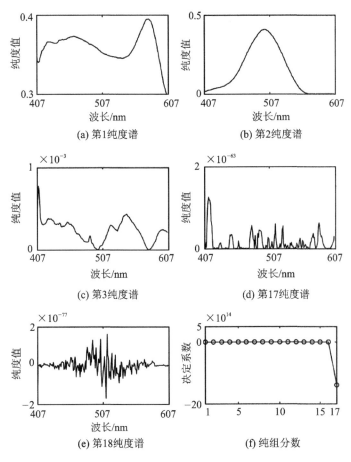

图 12 - 20　两组分混合样本的纯度谱和决定系数

对简单,无需进行交互验证,因此耗时比其他方法少。SIMPLISMA 选择的最优变量数目最少,仅为 19,耗时也最少。联合使用局部策略和交互式自模型混合物分析算法,计算耗时和预测精度均优于无信息变量消除变量选择方法。

表 12 - 5　各种方法预测结果比较

模　型	波长选择方法	参　数	校正集大小	耗时/s	均方根误差/$(\mu g \cdot mL^{-1})$			
					A	C	T	S
全局	—	—	70×198	0.4	4.12	4.15	1.01	0.99
	SIMPLISMA	$R_j = 2 \times 10^{-5}$	70×19	0.4	3.71	3.72	0.97	1.08
	GA	Gen $= 300$	70×75	3 666.6	2.74	3.05	1.14	1.28
	UVE	Noise $\in [0, 10^{-2}]$	$70 \times [100,177]$	4.2	4.01	3.92	0.99	1.07
	MWPLSR	Win $= 60$	70×60	57.1	3.01	2.17	1.34	1.12
	SPA	$N_{sub} = 69$	70×69	98.9	3.76	3.61	1.00	1.03
局部^S	—	$\theta = 0.2$　$\xi = 0.5$	$[4,38] \times 198$	123.1	1.63	1.77	0.88	0.59
局部^E	—	—	$[4,34] \times 198$	145.4	3.14	3.97	0.76	0.80

续表 12 - 5

模 型	波长选择方法	参 数	校正集大小	耗时/s	均方根误差/($\mu g \cdot mL^{-1}$)			
					A	C	T	S
局部^M	—	$f_{pca}=2$	$[4,32]\times 198$	152.7	2.15	1.95	0.63	0.81
局部^A	—	—	$[3,40]\times 198$	156.6	2.99	2.53	0.81	0.77
局部^S	SIMPLISMA	$R_j=2\times 10^{-5}$	$[4,38]\times[3,25]$	128.2	1.41	1.76	0.72	0.68
	UVE	Noise$\in[0,10^{-2}]$	$[4,38]\times[65,174]$	136.8	1.64	1.73	1.06	0.76

注：

1. A 表示苋菜红；C 表示胭脂红；T 表示柠檬黄；S 表示日落黄。

2. —表示无；R_j 表示决定系数；Gen 表示最大遗传代数；Noise 表示随机噪声；Win 表示窗口；N_{sub} 表示 SPA 法选中变量数目；f_{pca} 表示马氏距离时主成分数；θ 和 ξ 分别表示灰色综合关联系数的权重系数和分辨系数。

3. 局部^S 表示以灰色综合关联系数为相似度的局部建模方法；局部^E 表示以光谱空间的欧氏距离为相似度判据的局部建模方法；局部^M 表示以马氏距离为相似度判据的局部建模方法；局部^A 表示以光谱角度为相似度判据的局部建模方法；$[4,38]\times[3,25]$ 表示校正子集样本数最小为 4，最大为 38，校正子集变量数在 3～25 之间变化。

4. MWPLSR 表示窗口移动偏最小二乘波长选择；SPA 表示连续投影算法。

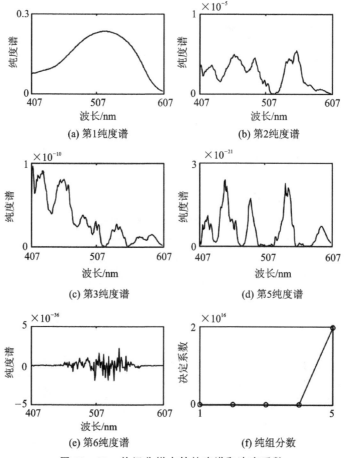

(a) 第1纯度谱 (b) 第2纯度谱

(c) 第3纯度谱 (d) 第5纯度谱

(e) 第6纯度谱 (f) 纯组分数

图 12 - 21 单组分样本的纯度谱和决定系数

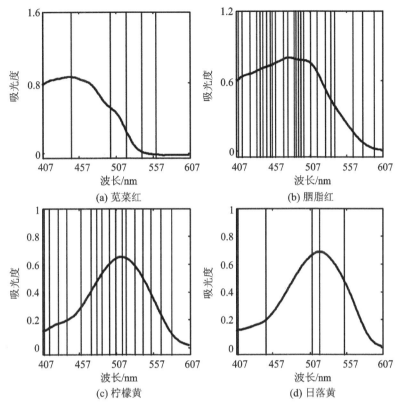

图 12 - 22 4 种情况下的选定波长

12.3.3 预测偏差局部建模方法

局部策略本质上需要选择与待测样本线性关系良好的样本组成校正子集进行建模,但传统的基于有监督相似度判据的局部策略在校正子集的选择过程中,仅考虑样本在光谱空间和浓度空间中的接近程度,不能完全表征样本之间的线性关系。即使对于光谱和浓度均相似的样本,也不能说明该样本光谱和浓度之间的线性关系良好。为了解决这个问题,下面提出一种基于预测偏差的局部建模方法,综合考虑样本之间的光谱、浓度和线性相关等信息,在全面评估样本之间的相似性后,对于任意的未知样本,选择特定的校正子集,建立 PLSR 模型进行预测。在预测精度和计算效率两个方面,分别将基于预测偏差的局部建模方法与传统的全局 PLS 回归方法,基于欧氏距离、光谱角度、马氏距离的局部策略建模方法,以及基于传统有监督局部策略建模方法进行了比较,验证了该算法的有效性。

1. 基于预测偏差的局部建模方法(Local^{Err})

Local^{Err} 方法以样本预测偏差之间的相似程度为依据,选择各未知样本的校正子集进行建模。将样本之间的线性相关程度加入到局部策略相似度的判断中,采用同一线性模型对样本进行预测,用预测偏差表征样本之间的线性相关程度。未知样本的属性数据为待测,仅光谱数据为已知,因此无法直接得到预测偏差。通过全局偏最小二乘回归建模,获得预测集样本的属性矩阵;采用有监督局部保持投影方法,对校正集和预测集数据进行降维处理;在低维空间寻找与待测未知样本最相似的校正集样本,以最相似样本的预测偏差为基准,由设定阈值范围内的校正集样本组成未知样本的校正子集,以偏最小二乘校正模型进行预测。

偏最小二乘系数和校正子集样本个数是 Local^{Err} 方法中需要确定的两个重要参数。基于预测偏差选择出的校正子集,各样本之间具有良好的线性关联,模型预测结果对偏最小二乘系数的变化不敏感。校正子集样本数由偏差的阈值唯一确定。

基于预测偏差的局部建模步骤如下:

① 基于校正集样本,用全局偏最小二乘回归模型得到预测集样本的预测矩阵 $\hat{Y}_p$,采用留一法对校正集样本进行预测,得到校正集预测矩阵 $\hat{Y}_c$;

② 将校正集和预测集样本光谱集合 X_c 与 X_p 合并,预测属性矩阵 $\hat{Y}_c$ 与 $\hat{Y}_p$ 合并,采用有监督局部保持投影方法降维,以低维空间欧氏距离为相似度判据,对于预测集中的任意未知样本 $\{x_p^q, \hat{y}_p^q\}$,在校正集中选择与之最相似的样本 $\{x_c^q, \hat{y}_c^q\}$;

③ 以最相似样本的预测偏差 Err$_c$ 为基准,选择校正集中预测偏差小于给定阈值的样本,组成未知样本的校正子集;

④ 建立偏最小二乘模型对未知样本进行预测。

2. 实验数据及其分布

用近红外光谱仪对源自公共数据库的药片样本进行检测。样本的总数为 655,随机划分为校正集、验证集和预测集,分别包含的样本数为 460、40 和 155。校正集、验证集和预测集样本的浓度值具有相似的分布区间、相似的均值和标准差,见表 12-6。

表 12-6 校正集、验证集和预测集样本分布

样本集合	数 目	范 围	均 值	标准差
校正集	460	154.3～237.7	188.4	15.8
验证集	40	168.2～219.5	194.8	12.4
预测集	155	151.6～239.1	192.9	22.0

各集合样本均匀地分布于整个样本空间中,都表征整个数据集的变化。原始药片的近红外光谱数据如图 12-23 所示。

可以看出,样本的近红外光谱重叠严重,相似度比较高,需要引入化学计量学的方法做进一步分析。在 1 800～1 898 nm 范围内的光谱段表现出强烈的噪声,在后续建模中应当予以剔除。

3. 参数设定及实验结果

PLS 系数和误差搜索范围主要影响模型的预测精度和校正子集的样本数。在校正子集样本数充足的条件下,选定模型预测精度最高的 PLS 系数和误差搜索范围作为局部建模方法的最终参数。均方根误差(RMSEP)随 PLS 系数和误差范围的变化情况如图 12-24 所示。

可以看出,选定的偏差范围越小,模型最终的 RMSEP 值越小,预测的效果越好。当 PLS 系数在 2～5 时,模型的 RMSEP 值变化不大;更大的 PLS 系数并未带来 RMSEP 值的明显减小。因此,最终把 PLS 系数设为 2～5。

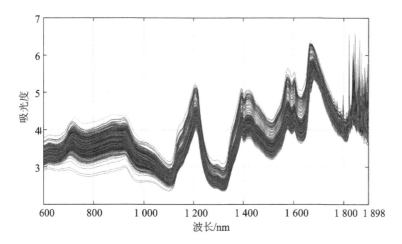

图 12 - 23 近红外光谱数据

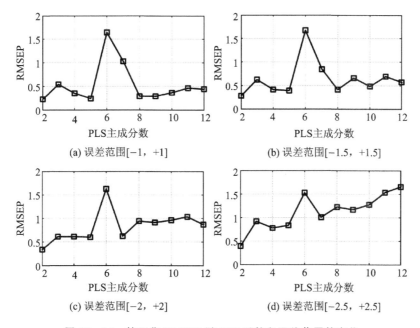

(a) 误差范围[-1，+1]

(b) 误差范围[-1.5，+1.5]

(c) 误差范围[-2，+2]

(d) 误差范围[-2.5，+2.5]

图 12 - 24 校正集 RMSEP 随 PLS 系数和误差范围的变化

当验证集各样本校正子集的样本数量不足时,出现的次数随 PLS 主成分数和误差范围的变化如图 12 - 25 所示。

可以看出,校正子集样本数过少不利于模型的稳定。当给定的阈值为 13,即当校正子集的样本数小于 13 时,判定为样本数量不足。随着 PLS 主成分数的增大或者误差范围的减小,校正子集样本数量不足的发生次数明显增多。综合考虑预测集均方根误差和校正子集样本数两个因素,最终确定的误差搜索范围为[-1.5，+1.5],设置 PLS 主成分数为 2、3、4、5。也就是说,首选 PLS 主成分数为 2,如果未找到足够的相似样本,则测试的主成分数依次为 3、4、5。

预测集中各样本校正子集样本数的分布见表 12 - 7。

可以看出,所有样本校正子集数小于 210,不到校正集样本数 460 的一半。78.7% 的样本校正子集样本数在 13～50 之间,意味着模型的计算复杂性比全局方法大幅降低。对于未能选

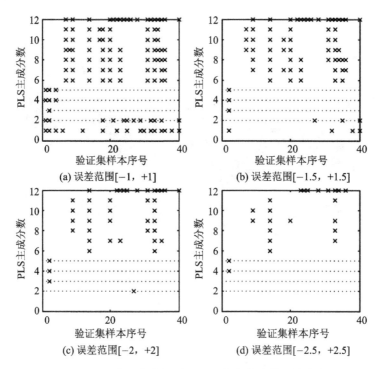

图 12 - 25　出现的次数随 PLS 系数和偏差范围的变化

择出足够的相似样本进行建模的预测集样本,可以采用全局方法和设定校正子集样本数为固定值两种方式进行处理。这里设定的校正子集样本数为 50。

表 12 - 7　预测集各样本校正子集样本数的分布

校正子集 样本数目范围	未知样本数目	百分比/%
[13,50]	122	78.7
[51,100]	7	4.5
[101,150]	9	5.8
[151,200]	11	7.1
[201,210]	6	3.9

　　分别在计算效率和预测精度两个方面对不同局部建模方法和全局方法进行比较,各算法预测效果的综合比较见表 12 - 8。

　　局部策略的校正子集样本数通常通过交互验证的方法给定。为了简化计算,分别设定校正子集样本数为固定值 30、50、100、200 和 250,然后对预测集的均方根误差进行比较。选择最小的预测集均方根误差为最终各局部策略预测输出的结果。与全局偏最小二乘方法相比较,不同相似度判据的局部建模方法表现出更小的预测集均方根误差,预测的精度也有所提高,其中 Local^{Err} 方法的均方根误差最小。基于预测偏差的局部建模方法的 RPD = 6.85＞6.5,表明所建立校正模型的预测结果非常好。局部策略需要对各预测集样本建立不同的校正模型,它的计算耗时远大于全局方法。基于预测偏差的局部建模方法采用固定 PLS 系数法取代交互验证法,极大地提高了计算效率,计算耗时也仅次于全局方法,明显小于其他局部建模方法。

表 12-8　不同建模方法的预测效果

方　法	相似度判据	RMSEP	R^2	RPD	校正子集规模	参　数	耗时/s
全局	—	4.30	0.96	5.11	460	—	4.4
局部	ED	4.18	0.96	5.26	150	—	175.4
	Cosine	4.25	0.96	5.17	150	—	179.1
	PC-M	4.21	0.96	5.22	50	PCs=10	53.5
	$X+Y+ED$	4.24	0.96	5.18	100	$\gamma=0.8$	123.1
	$X+Y+SLPP$	4.27	0.96	5.15	200	$\gamma=0.8$, $K=50,d=20$	233.9
$Local^{Err}$	Errors + ED	3.21	0.98	6.85	13~205	$K=50,d=20$	9.5

注:R^2 表示确定系数;RPD 表示相对预测性能;ED 表示欧氏距离;PC-M 表示主成分距离;SLPP 表示有监督局部保持投影;Errors+ED 表示误差与欧氏距离之和;PCs 表示主成分数;γ 表示平衡系数;d 表示最大广义特征向量个数;K 表示近邻数。

12.4　全自动酶免分析系统的研制

全自动酶免分析系统具备自动装载、加样、孵育、洗板和酶标读数等功能,具有全程无坚守的标准化、自动化检测、无手工操作的局限性、节约时间和提高检测效率等特点。综合考虑酶联免疫吸附实验各步骤实现功能的不同和仪器开发的周期,拟采用开放式平台和模块化的设计方案。整台仪器包括三维运动控制、加样、自动装载、孵育、洗板和酶标读数等部分。采用动态法液位探测和基于灰色聚类分析的移液过程评估等关键技术,保障加样的准确、可靠,提高仪器的检测精度。设计以凹面光栅为分光元件的全谱段酶标读数模块,将测量信息从标量提升到张量。基于化学计量学的算法建立校正模型,实现了样本的定量分析。

12.4.1　全自动酶免系统的设计

全自动酶免分析系统是针对酶联免疫吸附实验设计的,它的基本原理是让待检样本中的抗原/抗体分别与固相载体表面的抗体/抗原和酶标记抗体/抗原发生反应;通过洗涤将固相载体表面形成的抗原抗体复合物与其他物质分开,使固相载体上结合的酶与待检物质的量形成一定比例;加入酶反应底物后发生显色反应,依据颜色的深浅开展定性或者定量分析。

酶联免疫吸附的实验流程如图 12-26 所示。

在开始实验时,首先将试剂盒从冷藏环境中取出来,静置 20 min 左右;微孔板分为阳性对照孔、阴性对照孔和空白孔,分别按序进行编号;分别向微孔板各孔的底部加入相应的测试样本或者阴、阳对照样本;使微孔板各孔底部的固相载体与待测样本中的抗原或者抗体充分结合,孵育的温度一般为 37 ℃;通过洗板分离出抗原抗体复合物和游离成分,将孔内的液体吸干,防止孔内的游离物洗不干净;在每孔中加入酶标记抗体/抗原,使之与固相载体表面结合的抗原抗体发生反应;再次进行孵育和洗板,使反应更加完全;在每孔中加入显色剂,振荡摇匀,

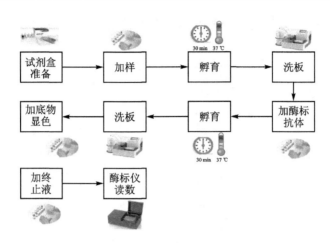

图 12 - 26　酶联免疫吸附实验流程

在 37 ℃避光的条件下发生催化显色反应;加入终止液,待振荡混匀后,送入酶标仪测定各孔吸光度的值。

全自动酶免分析系统的总体框图如图 12 - 27 所示。

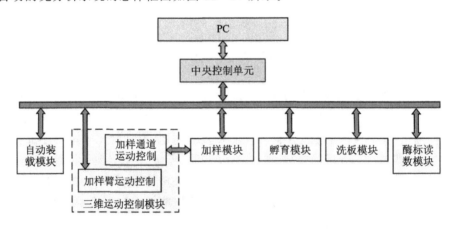

图 12 - 27　全自动酶免分析系统总体框图

全自动酶免分析系统采用开放式平台、模块化结构和并行工作的模式,整个系统分为三维运动控制、加样、自动装载、洗板、孵育和酶标读数等模块。开放式平台可以按照酶联免疫吸附实验的流程开展测试,也可以根据不同项目的具体要求在平台位置和处理时间方面进行调节。各模块既可以独立操作,也可以联合作业。全自动酶免分析系统各模块及其集成如图 12 - 28 所示。

1. 三维运动控制模块

三维运动控制模块控制四通道加样模块的三维伺服运动,实现取/弃针、吸/分液、抓取微板在孵育/洗板和酶标仪之间移动等全部动作与实验步骤。三维运动控制模块的构成如图 12 - 29 所示。

三维运动控制模块的主板采用双微处理器的结构,按功能分为通信和 X 向电机控制电路。通信电路通过与上位机之间的通信来接收指令并反馈数据,在各模块之间分发指令与反

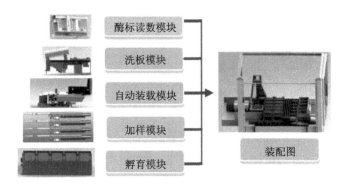

图 12 - 28 全自动酶免分析系统各模块及其集成

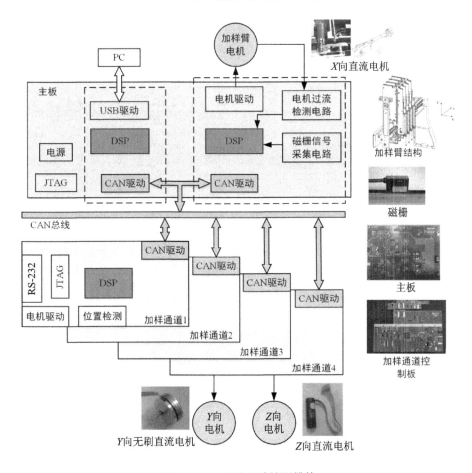

图 12 - 29 三维运动控制模块

馈状态。X 向电机承担四通道加样模块的负载,由于吸/分液前后的重量发生变化,故电机的
负载比较大并且可变。采用两点支撑 Z 形悬臂梁,保证四通道加样模块在上、下两个直线导
轨上的平稳运行。X 向的运动控制电路布置在主板上,选用石墨电刷直流电机,传动机构由
齿轮和同步带组成。X 向电机采用位移环路和速度环路组成的双闭环控制模式。反馈量检
测采用磁栅位置传感器,磁栅输出两路正交信号,通过可编程逻辑器件实时计算出位移和速度
并反馈给电机控制芯片。

2. 加样模块

加样模块实现取/弃针、吸/分液、微板移动、液面探测和移液过程压力监控等。加样模块的构成如图 12-30 所示。

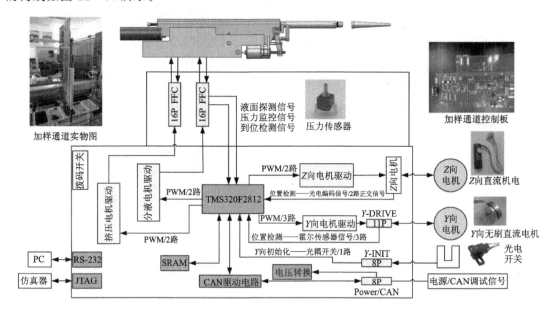

图 12-30 加样模块

加样模块的核心控制器为 DSP,硬件电路包括对 Y 向电机、Z 向电机、分液电机和挤压电机 4 个电机的驱动。Y 向电机选用无刷直流电机,初始位置由光电开关控制;Z 向电机和分液电机均为直流电机,初始位置由霍尔传感器控制。直流电机选用全桥电机驱动芯片,由开关的导通和截止对电机的正转和反转进行控制。Z 向电机和分液电机配有光电编码器,对反馈回来的正交编码信号进行细分计数,实现电机位移和速度的实时监测。在无刷直流电机内包含三相绕组,在任意时刻都有两相导通,霍尔传感器检测触发的状态,通过霍尔信号的细分计数,监控电机的位移和转速。挤压电机选用两相四线步进电机,实现加样枪的取/弃针动作;为了增加挤压电机的输出扭矩,电机输出轴上安装一个 50:1 的减速器。在加样模块控制板上,集成了电容液位探测和压力移液过程的监控功能,用于保存和进行后续的分析处理。

3. 自动装载模块

自动装载模块实现工作平台上各种载架的自动装载与卸载,通过条码扫描功能实现样本和试剂的自动识别、平台布局和患者信息的自动存储与管理。自动装载模块主要分为主控芯片及外围电路、条码扫描控制、显示通信和三维运动控制 4 部分,如图 12-31 所示。

自动装载模块主要功能是实现对酶免工作平台上各种载架的自动装/卸载,并通过条码扫描功能实现样本和试剂的自动识别,实现平台布局和患者信息的自动存储与管理。条码扫描器负责读取条码信息,通过旋转电机控制扫描器旋转,同时扫描横向和纵向条码;自动装载控制板通过总线与整个仪器的主控板连接,与上位机之间进行数据指令的传输和其他模块之间的通信;三维运动电机采用两相混合式步进电机,X 向和 Y 向电机配有增量式编码器,编码器

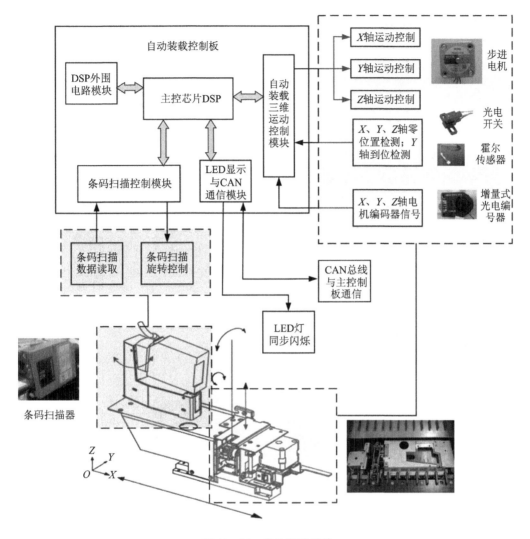

图 12 - 31　自动装载模块

信号输出的两路正交信号与 DSP 管理器模块的正交编码电路连接,实时监控自动装载模块和载架的运行位置、电机转速和转向等信息;在 X 向电机的初始位置安装槽式光电开关;Y 向、Z 向和载架均采用单极开关型霍尔传感器控制初始位置。

4. 全波长酶标读数模块

全波长酶标读数模块主要包括分光光度系统和控制系统两部分,如图 12 - 32 所示。

分光光度系统由白光光源、光栅、转台、狭缝、光纤、光闸、聚焦镜和光电接收器组成。光源发出的白光由光栅分解成单色光,经光纤传输透射过酶标孔中的待测溶液,由聚光镜汇聚到光电接收器。白光光源采用直流供电的卤钨灯,安装了散热片以减小光源发热的影响;分光元件选用消色差全息凹面光栅,光栅转台的传动装置采用具有自锁功能的蜗轮蜗杆机构,它的结构紧凑、工作平稳、传递功率范围大,通过步进电机进行驱动;狭缝双向可调,能够灵活地控制入/出射光的强度;光电接收器为侧窗光电倍增管。控制系统的主要功能是光栅旋转电机和微板

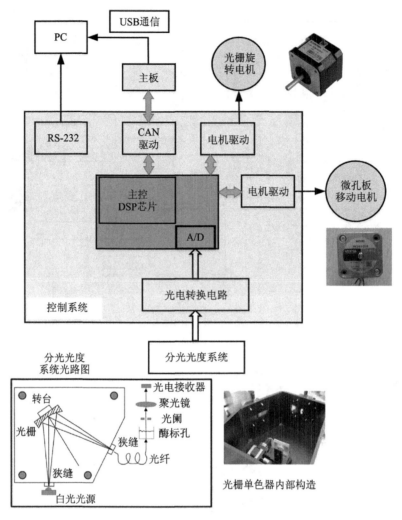

图 12 - 32 全波长酶标读数模块

移动电机控制、光电倍增管输出信号采集与传输、上位机通信和主控板的总线通信。

5. 孵育模块

抗原抗体的反应需要一定的温度和时间,因此需要一个孵育模块。

在实验的过程中通常会发生两次抗原抗体反应。第一次是样本中的抗原/抗体在加样时与酶标板底部固相载体表面的抗体/抗原之间发生反应;第二次是在加酶标记物时发生反应。抗原抗体反应常用的孵育温度是 4 ℃、37 ℃ 和 43 ℃,其中在 4 ℃ 环境中的抗原抗体反应最彻底,需要的时间也最长,通常不予考虑;37 ℃ 是实验室中最常用的保温温度,适合于大多数的抗原抗体反应。抗原抗体在 37 ℃ 的反应一般经历 1~2 h,生成的产物最多。为了加快反应速度,可以适当提高孵育温度,但需要保证样本和试剂的活性,温度不宜过高,有些实验也可以在 43 ℃ 进行。

孵育过程的耗时最长,在无法改变抗原抗体反应时间的前提下,孵育模块不仅温度要稳定,而且温度上升还要比较快,因此全自动酶免分析系统测量效率的瓶颈问题在于孵育模块。

采用薄片式陶瓷加热片,安装时直接贴合在孵育模块金属导热层的下表面。金属导热层为铝合金板材,具有一定的蓄热功效,能够均匀地传导热量。在孵育板的四周安装有数字式温度传感器,保证温度控制的范围和精度。

12.4.2   动态液位探测精度分析

全自动酶免分析仪器采用接触式分配液体的技术,影响加样精度的因素尽管很多,但加样针外面的携带液却是影响加样精度的主要因素。控制加样精度的常用方法是增加液位探测功能,严格控制加样针探入液体的深度,减少加样针携带的污染,根据液面的位置提前预知样本数量的不足,从而避免虚加样。

1. 电容传感器动态液位探测方法

液位探测技术的基础是平板电容效应,以加样针和仪器底部的金属架作为电容传感器的两个极板,形成电容传感器。当加样针接触到液面时,电容极板的面积突然增大,导致电容值突变,通过检测电容的变化值间接地探测液面的位置。影响液面探测精度的主要因素是液体与固体接触时引起的浸润现象和加样枪运动的惯性。

在浸润现象的作用下,加样针接触和脱离液面过程的两个状态如图 12 - 33 所示。当加样针缓慢地下降并接触到液面时,液体表面张力的作用使液面下凹,低于样本的实际液面;当加样针缓慢提升到脱离液面时,液体附着力的作用使针尖与液面之间仍然保持接触,针尖附近粘着的液体高于实际液面;当针尖携带液体的重力大于附着力时,针尖完全脱离液面。根据加样针表面材质、液体粘度和附着力的不同,浸润现象引起的液面探测误差一般在 0.5~2 mm 的范围内。另外,电机在运动过程中的惯性误差也影响液面的探测。

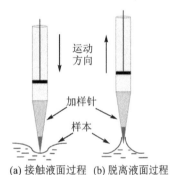

(a) 接触液面过程   (b) 脱离液面过程

图 12 - 33   加样针接触和脱离液面

动态法液位探测方法的基本原理是,当加样针向下运动接触到液面且电容传感器输出的变化量大于给定阈值时,电机停止运转;之后电机反转,当使加样针向上运动脱离液面且电容传感器输出小于给定阈值时,电机停止运转;电机再次正转重复探测液面,反复 4 次接触和脱离液面,定义为一次动态测量,同时记录加样针接触和脱离液面位置的平均值,作为液面的实际位置。此方法利用电机的重复正反转抵消单向运动中的惯性误差,通过多次测量接触和脱离液面位置取平均值的方式,消除浸润现象的影响,实现液面的精确探测。

2. 实验结果分析

在全自动酶免分析仪上搭建液位探测实验系统。设定电容传感器的变化阈值为 0.1 V,加样针未接触到液面时电容传感器的输出值为稳态值。将当前的测量值与稳态值进行比较,如果二者之差等于 0.1,则认为加样针已经接触到液面,电机反转;当电容传感器的测量值与稳态值之间差值的绝对值小于 0.1 时,则认为加样针开始脱离液面,电机反转继续探测液面。重复 4 次完成一次动态液面的探测。

分别用单向法和动态法探测液面时,电容传感器的输出曲线如图 12 - 34 所示。

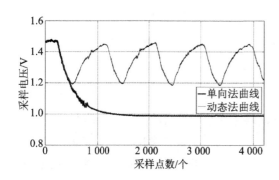

图 12-34　电容传感器的输出曲线

单向法存在着比较大的惯性误差,电容传感器输出的变化接近 480 mV,表明加样针探入液面比较深。动态法由于电机在液面附件做往复运动,抵消了惯性误差,电容传感器输出的变化很小,仅为 260 mV 左右,表明加样针探入液面比较浅。在加样针脱离液面的过程中,动态法的曲线存在着大约 10 mV 的微小波动,这是由于加样针的外形为锥体,在脱离液面的过程中,锥体与液面之间的接触面积发生变化造成的。

　　下面再开展重复性测量实验。将测量精度为 0.005 mm 的磁栅尺固定在加样枪上,从零位开始,手动缓慢地移动加样针至液面的位置,记录当前磁栅传感器的输出值,认定该值为液面的真值。在 DSP 中编写一个双向累加计数器的程序,对电机编码器的输出信号进行双向计数,用于表征加样针的位置。在动态法探测液面的过程中,对电容传感器每次输出的最小值和最大值时的计数值进行累加,求出算术平均值,作为检测到的液面位置。对同一液面,采用动态法重复测量 20 次,计算出与液面真值之差见表 12-9。可以看出,动态法的 20 次液面探测误差均在 ±0.1 mm 的范围内,表明动态法液位探测能够有效地消除浸润现象和电机运动惯性引起的误差。

表 12-9　动态法测量的重复性误差

序　号	误差/mm	序　号	误差/mm
1	0.065	11	0.035
2	0.080	12	0.080
3	-0.015	13	-0.065
4	0.015	14	-0.045
5	0.100	15	0.085
6	0.060	16	-0.095
7	-0.045	17	0.065
8	-0.100	18	0.075
9	0.035	19	-0.050
10	0.070	20	-0.055

12.4.3　灰色聚类加样过程评估

　　加样的过程中,可能会出现样本不足、气泡和堵针等异常现象,造成加样针的空吸、撞针和加样不准确等问题,因此需要全程监控加样的过程,实时检测出异常现象并及时报警。可以在加样枪的内壁安装一个压力传感器,实时监控移液过程中加样针的内压力,依据压力曲线的变化规律判断出移液问题的类型。

1．移液过程压力曲线分析

在移液过程中各种可能出现的问题导致压力曲线的变化如图 12-35 所示。

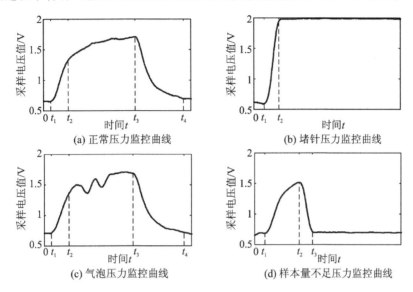

图 12-35　移液过程中的压力曲线变化

正常的吸液过程见图 12-35(a)，压力曲线的变化过程为上升、平稳及下降后趋于稳定，压力在整个过程中的变化缓慢，没有明显的突变和抖动。加样针在 $0 \sim t_1$ 时间段尚未接触液面，枪体内的压强等于大气压且保持稳定；在 t_1 时刻加样针探测到液面并开始吸液；在 $t_1 \sim t_2$ 时间段受到粘附作用的影响，液体被吸入到枪体内，但速度小于活塞运动的速度，使枪体内气压的变化增大，压力曲线开始上升；在 $t_2 \sim t_3$ 时间段，液体克服了粘附作用，迅速进入枪体，枪体内气压的变化趋于平稳；在 t_3 时刻，吸液动作结束；在 $t_3 \sim t_4$ 时间段，由于受到枪体内外的压力差和惯性作用的综合影响，液体继续流入加样枪，使枪体内的气压下降并趋于稳定；在 t_4 时刻，枪体内外的压力差相等，吸液过程结束。

当遇到血液凝块堵针时，加样枪在吸液的过程中，液体并未随活塞的运动进入到枪体内，枪体内、外的压力突变，表现为压力曲线在 $t_1 \sim t_2$ 段急速上升，迅速接近压力传感器测量的上限，在枪体内压强增大的情况下，最终输出的压力仍然保持恒定，如图 12-35(b)所示。出现气泡的情况有两种，一是气泡位于液面的上表面，在液面探测的过程中，加样针误认为气泡就是样本的液面，提前开始吸液动作；二是气泡随机地分布在液体中，在吸液的过程中，枪体内压力的变化出现抖动现象。第二种情况的 $t_1 \sim t_2$ 时间段属于正常的吸液过程；在 $t_2 \sim t_3$ 时间段加样针遇到气泡，出现微小抖动的现象，如图 12-35(c)所示。样本数量不足的初始阶段与正常的吸液压力曲线接近，当试管中无液体时，压力曲线迅速下降并趋于稳定，如图 12-35(d)所示。

2．移液过程的灰色聚类评估

灰色聚类分析是根据白化权函数将观测对象按几个灰类进行归纳，通过计算各聚类指标的综合效果确定聚类对象所属的类别。以移液过程压力曲线为聚类对象，采用基于中心点的三角白化权函数,提出移液过程的灰色聚类评估法。

设在 n 次移液过程中的压力曲线分属于 s 个不同的灰类,评价指标有 m 个,则每条压力曲线均有 m 个,特征数据需要观测,即

$$\left.\begin{aligned}
X_1 &= (x_1(1), x_1(2), \cdots, x_1(n)) \\
X_2 &= (x_2(1), x_2(2), \cdots, x_2(n)) \\
&\vdots \\
X_m &= (x_m(1), x_m(2), \cdots, x_m(n))
\end{aligned}\right\} \tag{12-39}$$

确定灰类的中心点 $\lambda_1, \lambda_2, \cdots, \lambda_s$,根据各指标的取值范围设定成 s 个灰类;增加第 0 和第 $s+1$ 两个灰类,令中心点分别为 λ_0 和 λ_{s+1},新的中心点序列为 $\lambda_0, \lambda_1, \cdots, \lambda_{s+1}$;分别连接 $(\lambda_k, 1)$、$(\lambda_{k-1}, 0)$ 和 $(\lambda_{k+1}, 0)$ 三点,得到指标 j 关于 k 灰类的三角白化权函数为 $f_j^k(\cdot)$,其中 $j=1,2,\cdots,m; k=1,2,\cdots,s$。

由

$$f_j^k(x) = \begin{cases} 0, & x \notin [\lambda_{k-1}, \lambda_{k+1}] \\ \dfrac{x - \lambda_{k-1}}{\lambda_k - \lambda_{k-1}}, & x \in (\lambda_{k-1}, \lambda_k] \\ \dfrac{\lambda_{k+1} - x}{\lambda_{k+1} - \lambda_k}, & x \in (\lambda_k, \lambda_{k+1}) \end{cases} \tag{12-40}$$

计算指标 j 的观测值 x 属于灰类 k 的隶属度 $f_j^k(x)$,则第 i 条压力测量曲线 $(i=1,2,\cdots,n)$ 关于灰类 k 的综合聚类系数为

$$\sigma_i^k = \sum_{j=1}^m f_j^k(x_{ij}) \cdot \eta_j \tag{12-41}$$

式中,$f_j^k(x_{ij})$ 表示 j 指标 k 子类的白化权函数;η_j 表示指标 j 在综合聚类中的权重。

根据 $\max\limits_{1\leqslant k\leqslant s}\{\sigma_i^k\} = \sigma_i^{k^*}$ 判定第 i 条压力曲线属于灰类 k^*。

3. 移液过程评估实验及结果分析

加样过程的监控实验框图如图 12-36 所示。微处理器负责数据的采集、传输、处理与电机控制。处理电路分为两部分:一部分将电容传感器的输出电容信号转换成电压信号;另一部分对压力传感器的输出电压信号进行滤波。两路模拟信号经 DSP 芯片内部集成的 12 位 ADC 模块转换成数字信号,在 DSP 中进行相应的运算或者经 RS-232 接口传输至上位机供调试分析。选用带编码器的直流电机实时检测加样枪的位置。样本为国家标准物质中心提供的浓度为 40 μg/mL 的苋菜红水溶液。

加样过程监控实验系统的实物如图 12-37 所示。

实测压力数据中可能存在基线偏移和随机噪声而影响分类的精度。在灰色聚类分析之前,先求一阶导数和灰色动态滤波。原始压力曲线与相应的一阶导数曲线如图 12-38 所示。

可以看出,在图 12-38(a)采样电压值的原始压力曲线中存在着明显的基线漂移,这主要是由于不同加样通道中的电子线路和机械结构的差异所致。在求取一阶导数之后,各条压力曲线的基线被调节至 ±0.05 V 以内,如图 12-38(b)所示。各条曲线的特征如上升沿、极值点和稳定状态时长等均得以强化,有利于聚类分析时评估指标的提取。

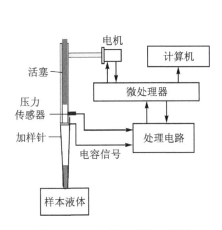

图 12-36　加样过程监控框图

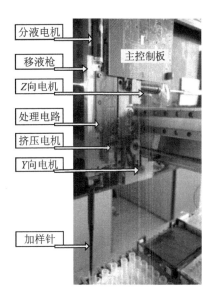

图 12-37　加样过程监控实验系统

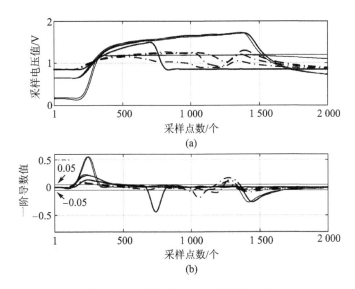

图 12-38　原始压力与一阶导数曲线

　　对 11 组正常吸液过程中压力的一阶导数曲线分别进行 SG 平滑滤波和灰色动态滤波,结果分别如图 12-39 和图 12-40 所示。

　　SG 平滑滤波采用 4 阶多项式的 160 点双向平滑;灰色动态滤波的初始序列也取 160 个采样点。两种方法对随机噪声的消除均有明显效果。对一阶导数曲线过零段的 350～650 和 1 450～1 700 进行局部放大可以发现,SG 平滑滤波曲线仍然存在零点抖动的现象,对后续聚类指标的确定和曲线类别的判定产生不利影响;灰色动态滤波后的一阶导数曲线更加平滑,基本上未出现过零抖动的现象。滤波后的曲线仍然存在微小波动,增加初始序列的点数尽管可以进一步减小波动,但却会丢失原始数据的特征信息。因此在后续分析中,在过零位置设置一个接近于 0 的范围[-0.05,+0.05],落在该范围内的值均按零值进行处理。

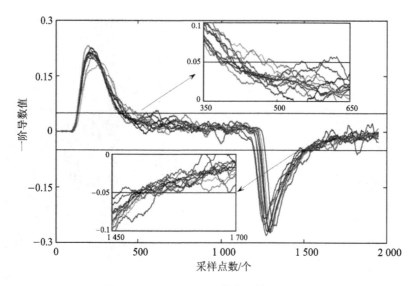

图 12 - 39　经 SG 平滑滤波后的一阶导数

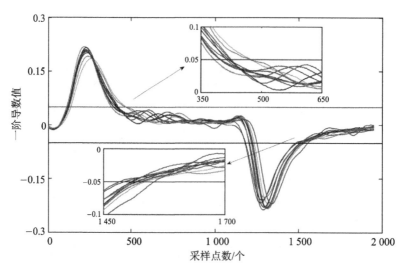

图 12 - 40　经灰色动态滤波后的一阶导数

　　任取 11 组有问题的吸液过程压力曲线进行灰色聚类评估。各灰类对应曲线的标号为堵针 1~2、气泡 3~5、样本数量不足 6、正常 7~11。聚类指标的选取要做到全面、系统、综合和直观地表征各类别的压力曲线。以正常吸液过程的一阶导数曲线作为参考，如图 12 - 41 所示。

　　选定 5 个聚类指标，如图 12 - 42 所示。其中 I_1 和 I_5 两个聚类指标均以采样点的个数表征。

　　灰色聚类指标参数的设定见表 12 - 10。

　　各聚类指标的量纲不同且数值差异比较大，可以根据各指标对区分不同灰类作用的不同，设置相应的权值，见表 12 - 11。

　　正常灰类的一阶导数曲线为指标权值，均设为 0.2；气泡灰类压力曲线的明显特征是具有多个极值点,设定 I_2 和 I_5 的指标权值分别为 0.5 和 0.2;样本数量不足灰类压力曲线的稳定时间短,极小值也小于其他灰类,将 I_1 和 I_4 指标权值均设为 0.3,其他指标权值设为 0.1;堵针灰类极点的个数最少,首个极大值也明显大于其他几类,因此将 I_2 和 I_3 指标权值分别设为 0.3 和 0.4。

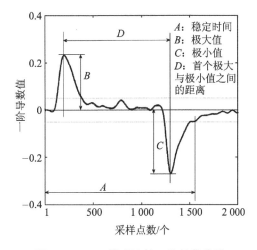

图 12-41　正常吸液的一阶导数曲线

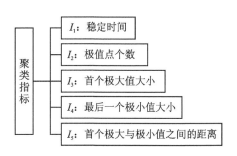

图 12-42　聚类指标的选取

表 12-10　灰色聚类指标的参数

指标参数	正　常	气　泡	样本数量不足	堵　针
I_1/s	$\approx 1\,050$	$< 1\,050$	$< 1\,050$	500
I_2/个	2	$\geqslant 3$	2	1
I_3/V	≈ 0.23	< 0.23	< 0.23	≈ 0.5
I_4/V	≈ -0.27	< -0.27	≈ -0.44	0
I_5/V	$\approx 1\,050$	$< 1\,050$	$< 1\,050$	0

表 12-11　灰色聚类指标的权值

灰　类	指标权值				
	I_1	I_2	I_3	I_4	I_5
正常	0.2	0.2	0.2	0.2	0.2
气泡	0.1	0.5	0.1	0.1	0.2
样本数量不足	0.3	0.1	0.1	0.3	0.2
堵针	0.1	0.3	0.4	0.1	0.1

采用中心点三角白化权函数计算出各压力曲线对各灰类的聚类系数,见表 12-12。

灰色聚类分析系数可以简单地当做观测对象属于任意灰类的概率。第 1 组和第 2 组压力曲线属于堵针灰类,它的分类清晰;第 3、4、5 组压力曲线属于气泡灰类,通过进一步分析可以发现,属于样本数量不足灰类的聚类系数达到 0.5 左右,这是由于两灰类的指标 I_1、I_3、I_5 相似,并且 I_3 和 I_5 指标权值也相同;第 6 组曲线属于样本数量不足灰类;第 7~11 组都属于正常灰类。这种分类的结果与实际观测对象所属的类别完全相同。

表 12 - 12　聚类系数

观测对象	灰色聚类分析系数			
	堵　针	不　足	正　常	气　泡
S_1	1.00	0.10	0.10	0.10
S_2	1.00	0.10	0.10	0.10
S_3	0.10	0.55	0.08	0.90
S_4	0.10	0.52	0.11	0.88
S_5	0.10	0.43	0.20	0.96
S_6	0.10	1.00	0.28	0.37
S_7	0.10	0.28	0.90	0.22
S_8	0.10	0.29	0.92	0.22
S_9	0.10	0.25	0.97	0.23
S_{10}	0.18	0.29	0.88	0.21
S_{11}	0.10	0.24	0.95	0.20

将灰色聚类移液过程评估方法的分析结果与传统的误差带法进行比较。在用误差带法进行计算时先取 t 分布,求出 11 组正常吸液压力曲线算术平均值的极限误差为

$$L_{\lim} = \bar{x} \pm t_a \cdot \sigma \qquad (12 - 42)$$

式中,显著水平为 $\alpha = 0.01$;置信概率为 $P = 0.99$;置信系数为 $t_a = 3.17$;平均值为 $\bar{x} = \frac{1}{n} \sum_{i=1}^{n} x_i$;$\sigma$ 表示样本标准差,$\sigma = \sqrt{\frac{1}{n-1} \sum_{i=1}^{n} (x_i - \bar{x})^2}$;测量次数为 $n = 11$。

这 11 组观测对象的压力曲线和误差带分布如图 12 - 43 所示。

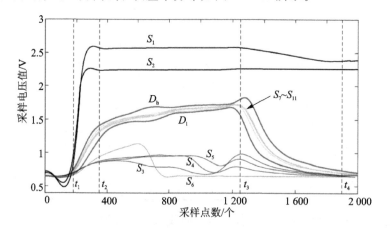

图 12 - 43　传统误差带法的压力曲线

两条实线 D_h 和 D_l 分别代表误差带的上、下界。根据误差带曲线的变化情况将吸液过程划分为 5 个区间,设定拐点 $t_1 \sim t_4$ 分别位于第 180、350、1 250 和 1 900 采样点处。可以明确判定出正常吸液曲线均包含在误差带之内;对于样本数量不足(S_6)和气泡($S_3 \sim S_5$)的问题曲

线,在不同区间内与误差带相对位置的变化基本一致,因此仅能判定移液过程存在问题,但无法明确给出问题的具体类型。

两种方法的分类评估结果见表 12-13。灰色聚类分析方法对各观测对象均给出了准确的分类,可以得到量化指标;传统的误差带法虽然也能区分出正常的和问题的曲线,但却无法给出气泡和样本数量不足问题曲线的具体类别。

表 12-13 两种方法的评估结果

观测对象	问题类型		观测对象	问题类型	
	聚类分析	误差带法		聚类分析	误差带法
S_1	堵针灰类	堵针	S_7	正常灰类	正常
S_2	堵针灰类	堵针	S_8	正常灰类	正常
S_3	气泡灰类	—	S_9	正常灰类	正常
S_4	气泡灰类	—	S_{10}	正常灰类	正常
S_5	气泡灰类	—	S_{11}	正常灰类	正常
S_6	样本数量不足灰类	—			

注:—表示无法判定。

12.4.4 酶免系统实验及其结果

1. 分光光度系统实验

采用国家标准物质中心提供的苋菜红和胭脂红标准溶液样本,通过蒸馏水定容,手工配比浓度范围为 $0\sim220~\mu g/mL$ 的单组分样本和两组分混合样本 37 组,具体的样本数目和浓度见表 12-14。

表 12-14 样本的成分、数目与浓度

样 本	浓度范围/$(\mu g \cdot mL^{-1})$	样本数目
苋菜红	$40\sim220$	10
胭脂红	$40\sim220$	10
混合样本	苋菜红:$40\sim100$	17
	胭脂红:$40\sim100$	

用全谱段酶标读数模块测量范围在 $407\sim607~nm$ 内的可见光谱吸光度,分别采用双波长光度法和偏最小二乘回归法预测样本浓度。36 组色素样本的吸收光谱如图 12-44 所示;采用等吸收点法选择的指定波长和参比波长如图 12-45 所示。

从图 12-44 可以看出,苋菜红和胭脂红的吸收峰接近,光谱重叠现象严重。从图 12-45 可以看出,在预测苋菜红的浓度时,将胭脂红作为干扰组分,选择苋菜红的最大吸收波长为指定波长 $\lambda_{A_2}=520~nm$,过该点做一条垂直于 X 轴的直线,与干扰组分的吸光度曲线有一个交点 A_2;过 A_2 做一条平行于 X 轴的直线,在与胭脂红吸收曲线的交点 A_1 处的波长 $\lambda_{A_1}=494~nm$ 就是参比波长。同理,当胭脂红为待测组分、苋菜红为干扰组分时,选择 $\lambda_{B_2}=507~nm$ 为指定波长, $\lambda_{B_1}=534$ nm 为参比波长。以组分浓度为因变量 y,指定波长点和参比波长点的吸光度差为自变量 x,用最小二乘法拟合出直线方程 $y=ax+b$,将未知样本的吸光度代入到直线方程中,预测出未知样本的浓度。

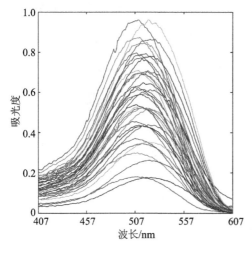

图 12-44　苋菜红和胭脂红的吸收光谱

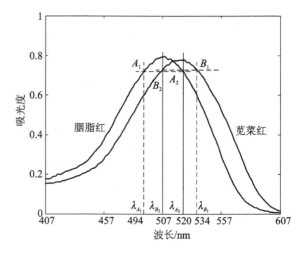

图 12-45　选择的指定波长和参比波长

单组分样本的双波长分光光度拟合直线如图 12-46 所示。可以看出,单组分样本的各未知样本浓度基本都在拟合直线上,表明双波长分光光度拟合的线性方程对未知样本的预测准确。

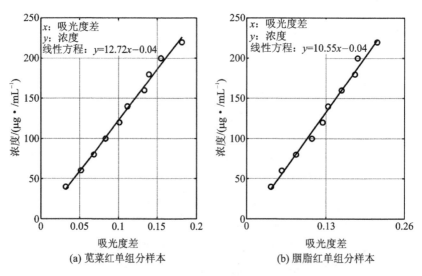

(a) 苋菜红单组分样本　　(b) 胭脂红单组分样本

图 12-46　单组分样本拟合直线

两组分混合样本的双波长分光光度拟合直线如图 12-47 所示。可以看出,苋菜红和胭脂红两组分混合样本由于光谱重叠引起组分之间的干扰,双波长分光光度预测的结果比较差,未知样本浓度在拟合直线周围的分布比较松散,个别样本存在着比较大的偏离。

分别采用双波长分光光度法和偏最小二乘回归法对样本进行预测,比较两种方法的预测集均方根误差。由于样本数量比较少,没有区分校正集与预测集。采用留一法对所有样本进

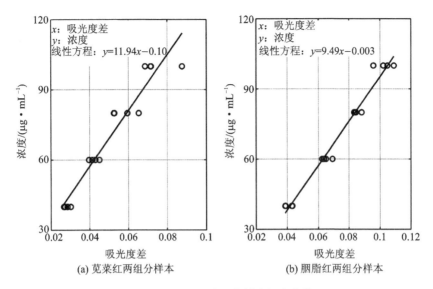

图 12－47　两组分混合样本拟合直线

行两种方法预测的结果见表 12－15。可以看出,双波长分光光度法对单组分的预测精度高于两组分混合样本的预测精度,最小二乘回归法的预测精度提高将近 5 倍。

表 12－15　两种方法的预测结果

组分数	样　本	方　法	波段/nm	预测集均方根误差/($\mu g \cdot mL^{-1}$)
单组分	苋菜红	双波长	$\lambda_2 = 520, \lambda_1 = 494$	6.15
	胭脂红	双波长	$\lambda_2 = 507, \lambda_1 = 534$	6.86
两组分	苋菜红	双波长	$\lambda_2 = 520, \lambda_1 = 494$	7.48
	胭脂红	双波长	$\lambda_2 = 507, \lambda_1 = 534$	7.79
单组分	苋菜红	偏最小二乘回归	407～607	1.45
	胭脂红	偏最小二乘回归	407～607	2.02
两组分	苋菜红	偏最小二乘回归	407～607	2.65
	胭脂红	偏最小二乘回归	407～607	1.44

2. 加样臂位置伺服实验

快速准确地将加样通道运行到指定工作台的取样/加样位置是三维运动控制中的关键环节。由于 X 向的负载比较大,实现精确控制比较困难。在实验中由上位机向主控板发送位置指令,经 DSP 解析后控制 X 向电机转动,将加样通道运行到指定的位置。磁栅传感器一旦检测到停止的位置就反馈给上位机。重复 30 次的实验结果见表 12－16。可以看出,加样通道在 X 向的运动位置误差在 $\pm 100\ \mu m$ 以内,表明双闭环策略的 X 向运动控制准确可靠。

3. 加样量重复性实验

取纯净水溶液为样本,加样量固定但未知。设定分液电机转动固定步数。使用微量分析天平称重,天平的最大量程为 20 g,分度值为 1 μg。对加样枪的分液量重复进行 50 次称重,实验数据见表 12-17。

表 12-16　加样通道 X 向运动控制实验数据

序　号	目标位置/mm	实测位置/mm	误差/mm	序　号	目标位置/mm	实测位置/mm	误差/mm
1	200	199.96	−0.04	16	450	449.97	−0.03
2	200	199.96	−0.04	17	450	449.95	−0.05
3	200	200.08	+0.08	18	450	449.98	−0.02
4	250	249.97	−0.03	19	500	499.91	−0.09
5	250	250.06	+0.06	20	500	499.99	−0.01
6	250	249.93	−0.07	21	500	500.03	+0.03
7	300	299.92	−0.08	22	550	549.97	−0.03
8	300	300.06	+0.06	23	550	549.98	−0.02
9	300	300.07	+0.07	24	550	550.02	+0.02
10	350	350.08	+0.08	25	600	600.02	+0.02
11	350	350.01	+0.01	26	600	600.01	+0.01
12	350	349.93	−0.07	27	600	599.98	−0.02
13	400	400.09	+0.09	28	650	650.02	+0.02
14	400	400.05	+0.05	29	650	650.05	+0.05
15	400	400.02	+0.02	30	650	649.96	−0.04

表 12-17　加样量重复性实验

序　号	质量/μg	序　号	质量/μg	序　号	质量/μg	序　号	质量/μg	序　号	质量/μg
1	97.4	11	104.2	21	104.1	31	96.9	41	97.8
2	98.3	12	100.7	22	98.8	32	102.7	42	104.2
3	102.9	13	103.3	23	97.2	33	100.6	43	102.0
4	99.2	14	99.2	24	101.2	34	101.7	44	100.9
5	100.8	15	96.8	25	104.9	35	100.4	45	98.9
6	98.1	16	100.1	26	103.8	36	97.5	46	97.6
7	104.7	17	103.0	27	99.4	37	100.5	47	99.5
8	100.5	18	104.7	28	103.0	38	104.7	48	101.0
9	100.1	19	100.7	29	100.9	39	103.2	49	101.7
10	97.6	20	99.9	30	99.6	40	96.6	50	99.4

计算 50 次加样的平均值为

$$\bar{x} = \frac{1}{n} \sum_{i=1}^{n} x_i = 100.67 \ \mu g$$

假设测量条件不变,各次测量数据之间相互独立,则可认为服从正态分布,采用贝塞尔公

式计算出测量不确定度为

$$s = \sqrt{\frac{1}{n-1}\sum_{i=1}^{n}(x_i - \bar{x})^2} = 2.42\ \mu g$$

12.5　本章小结

在多组分体系的定性分析方面,提出了基于局部变量选择的分类判别方法,采用分类错误率和分类表现的综合评估标准,对不同类别的样本在全谱段选择携带有用分类信息最多的变量参与建模。为了简化变量搜索复杂度,提高计算效率,对全谱段进行分区间处理,并采用大区间跨度和小区间间隔的方式,消除了区间变量数对模型的影响。分别采用 SIMCA 和 PLS-DA 两种常规分类判别方法,对丹参样本近红外光谱进行了产地判别分析,比较了全谱段和变量选择后两种方法分类的表现。实验结果表明:经变量选择后,两种方法的分类精度大幅提升,尤其是采用 PLS-DA 分类方法对丹参样本产地判别识别率更是达到 100%。

在多组分的定量分析方面,根据组分属性与光谱之间的不同关系,分别提出了基于遗传算法的多组分测定建模方法和基于不同相似度判据的局部建模方法。针对线性关系良好的多组分体系,提出了基于遗传算法的多组分定量分析建模方法,预测精度优于传统的偏最小二乘回归方法;采用动态寻优空间技术对传统遗传算法进行了改进,以每代最优个体为基准,动态调整搜索空间,与传统遗传算法相比较,收敛速度提高了 50%,避免了"早熟"现象,保持了良好的重复性。针对由浓度差异过大或者波形畸变引起的非线性多组分体系,提出了基于灰色综合关联系数的局部建模方法。灰色综合关联度同时考虑未知样本和校正集样本光谱序列之间的绝对位置差和变化率,以综合的形式评估序列之间的相似程度。局部建模方法的预测精度优于基于欧氏距离、马氏距离和光谱角度等传统局部建模方法。对光谱重叠严重的非线性体系,提出了一种采用基于预测偏差的局部建模方法。通过有监督局部保持投影方法,将样本光谱信息及其对应的属性信息融合并降至低维空间,以未知样本最相似样本的全局预测偏差为基准,选择校正子集进行建模。通过对药物近红外光谱的定量分析发现,本算法的预测精度和计算效率明显优于其他局部建模方法。

采用开放式平台和模块化设计方案研制了全自动酶免分析系统,提出了动态法液位探测和基于灰色聚类分析的移液过程评估技术。基于电容传感器的动态液位探测方法克服了浸润现象和电机惯性带来的误差,有效地控制了液面的探测误差,保证了加样精度。采用灰色聚类方法对吸液过程的压力曲线进行分析,对堵针、气泡和样本数量不足等问题曲线进行监测、分类并给出量化指标,克服了传统误差带法的普适性差和分类不准确等问题。搭建了全息凹面光栅为核心分光元件的全波长酶标读数系统,结合多组分测定技术对酶免分析仪器进行了定量分析。

参考文献

[1] Gao L, Ren S X. Simultaneous multicomponent analysis of overlapping spectrophotometric signals using a wavelet-based latent variable regression[J]. Spectrochimica Acta. Part A: Molecualr and Biomolecular Spectroscopy, 2008, 71(3): 959-964.

[2] 汤斌. 紫外-可见光谱水质检测多参数测量系统的关键技术研究[D]. 重庆: 重庆大学, 2014.

[3] 武晓莉. 信息融合及集成学习在水质光谱分析中的应用研究[D]. 杭州:浙江大学,2007.

[4] Jerome J, Workman J R. Review of Process and Non-invasive Near-Infrared and Infrared Spectroscopy[J]. Applied Spectroscopy Reviews, 2004, 34(1-2):1-89.

[5] Ferrari M, Mottola L, Quaresima V. Principles, techniques, and limitations of near infrared spectroscopy [J]. Canadian Journal of Applied Physiology, 2004, 29(4):463-487.

[6] 杜国荣. 复杂体系近红外光谱建模方法研究[D]. 天津:南开大学,2012.

[7] 李洪东. 广义灰色分析体系建模的基本问题及其模型集群分析研究[D]. 长沙:中南大学,2010.

[8] 谷成祥. 全自动酶免疫分析系统检测乙型肝炎标志物的工作模式的优化研究[J]. 检验医学,2006, 21(1):78-79.

[9] Engvall E, Perlmann P. Enzyme-linked immunosorbent assay (ELISA). Quantitative assay of immuno-globulin G[J]. Immunochemistry,1971, 8(9):871-874.

[10] 杜新杰. 全自动酶免分析仪运动控制系统研究[D]. 北京:北京信息科技大学,2011.

[11] Lee J, Kwak Y H, Paek S H, et al. CMOS image sensor-based ELISA detector using lens-free shadow imaging platform[J]. Sensors and Actuators B:Chemical, 2014, 196:511-517.

[12] 朱圣领. 全自动酶免分析仪的工作机理及关键技术的研究[D]. 苏州:苏州大学,2005.

[13] 陈叙. 基于免疫酶技术的全自动酶免分析系统的设计与开发[D]. 苏州:苏州大学,2006.

[14] 李庆波. 近红外光谱分析中若干关键技术的研究[D]. 天津:天津大学,2002.

[15] 倪永年. 双波长分光光度法测定混合组分[J]. 分析化学,1987,15(2):156-158.

[16] 刘文钦,王林. 紫外可见分光光度法的新技术[J]. 石油大学学报,1992, 16(3):109-115.

[17] Yang I C, Tsai C Y, Hsieh K W, et al. Integration of SIMCA and near-infrared spectroscopy for rapid and precise identification of herbal medicines[J]. Journal of Food and Drug Analysis, 2013, 21(3):268-278.

[18] Stumpe B, Engel T, Steinweg B, et al. Application of PCA and SIMCA statistical analysis of FT-IR spectra for the classification and identification of different slag types with environmental origin[J]. Environmental Science & Technology,2012, 46(7):3964-3972.

[19] Branden K V, Hubert M. Robust classification in high dimensions based on the SIMCA Method[J]. Chemometrics Intelligent Laboratory Systems,2005, 79(1-2):10-21.

[20] 刘沭华,张学工,周群,等. 模式识别和红外光谱法相结合鉴别中药材产地[J]. 光谱学与光谱分析, 2005, 25(6):878-881.

[21] 刘波平,秦华俊,罗香,等. PLS - GRNN 法近红外光谱多组分定量分析研究[J]. 光谱学与光谱分析, 2007, 27(11):2216-2220.

[22] 石雪,蔡文生,邵学广. 局部建模方法用于烟草样品的近红外光谱定量分析[J]. 光谱学与光谱分析, 2008, 28(11):2561-2564.

[23] 柳艳云,胡昌勤. 近红外分析中光谱波长选择方法进展与应用[J]. 药物分析杂志,2010, 30(5):968-975.

[24] Mehmood T, Liland K H, Snipen L, et al. A review of variable selection methods in partial least squares regression[J]. Chemometrics Intelligent Laboratory Systems,2012, 118(16):62-69.

[25] Saeys Y, Inza I, Larranaga P. A review of feature selection techniques in bioinformatics[J]. Bioinformatics,2007, 23(19):2507-2517.

[26] 武中臣,徐晓轩,杨仁杰,等. 采用主成分分析结合相关系数法提高苯及其同系物含量预测结果的准确度[J]. 光谱学与光谱分析,2004, 24(12):1566-1570.

[27] 张铮. 近红外光谱一致性法、相关系数法和偏最小二乘法在中药鉴定识别与定量分析中的应用[D]. 济南:山东大学,2011.

[28] 李倩倩. 无信息变量消除在三种谱学方法中的定量分析研究[D]. 北京:中国农业大学,2014.

[29] Niazi A. Genetic algorithm applied to selection of wavelength in partial least squares for simultaneous spectrophotometric determination of Nitrophenol Isomers[J]. Analytical letters,2006,39(11):2359-2372.

[30] Ghasemi J,Niazi A,Leardi R. Genetic-algorithm-based wavelength selection in multicomponent spectrophotometric determination by PLS:application on copper and zinc mixture[J]. Talanta,2003,59(2):311-317.

[31] Gold L,Walker J J,Wilcox S K,et al. Advances in human proteomics at high scale with the SOMA scan proteomics platform[J]. New Biotechnology,2012,29(5):543-549.

[32] Sharma S K,Sutton R,Irwin G W. Dynamic evolution of the genetic search region through fuzzy coding [J]. Engineering Applications of Artificial Intelligence,2012,25(3):443-456.

[33] 张建鹏. 全自动化学发光免疫分析仪[D]. 天津:天津大学,2012.

[34] 乔艳红. 全自动生化分析仪电子系统的研究与设计[D]. 济南:山东大学,2011.

[35] 张文昌. 全自动酶免分析系统加样过程监控技术研究[D]. 北京:北京信息科技大学,2012.

[36] 林学源. 高分辨率酶标分析仪的研制[D]. 苏州:苏州大学,2013.

[37] 常海涛,祝连庆,娄小平,等. 一种全自动酶免分析仪移液过程评估新方法[J]. 仪器仪表学报,2014,35(7):1622-1629.

[38] 朱险峰,张阔,曾思思,等. 全自动临床检验仪器中液面探测技术的发展[J]. 生物医学工程学杂志,2010,(4):949-952.

[39] 张星原,龙伟,卢斌,等. 一种高灵敏度液面探测系统的设计及其临床应用[J]. 传感器与微系统,2014,33(6):72-75.

[40] 祝连庆,张文昌,董明利,等. 一种提高全自动酶免分析微量移液精度的方法[J]. 仪器仪表学报,2013,34(5):1008-1014.

第 13 章　综合应用实例

本章就测量不确定度在工程中的几个综合应用实例,分别介绍不同仪器与装置中的不确定度评定方法,具体包括激光干涉比长仪测量线纹尺不确定度评定、飞秒激光跟踪仪测量不确定度评定、涡轮叶片多光谱温度测量系统不确定度评定、任意波发生器的失真度评定、无衍射光自由空间通信装置不确定度评定和基于不确定度的产品检验误判风险评估。重点探讨不确定度理论应用于测量评定过程中的一些技术问题,通过一些代表性的和典型的例子说明测量不确定度理论的工程价值和实际意义。

13.1　激光干涉比长仪测量线纹尺不确定度评定

13.1.1　激光干涉比长仪工作原理

干涉法是激光干涉比长仪实现长度测量值溯源到米定义的基本方法。激光干涉比长仪是实现线纹尺的刻线间距高精度测量的一种专用装置,主要由机械系统、干涉测长系统、光电瞄准系统、信号处理系统、环境参量监测及误差补偿系统等系统单元组成。激光干涉比长仪的基本工作原理是采用干涉的方式测量长度,干涉光路采用误差环节比较少的迈克尔逊干涉方法,用配套的光电自动瞄准显微镜实现刻线间距的自动对准。它的机械主体结构如图 13 - 1 所示。

仪器的底座 1 用三个千斤顶 2 安放于地基上。带有导轨的床身 4 经过三个钢球 3 支承在底座 1 上。三个钢球的具体支承形式是一个钢球夹在上、下两个球窝之间;另一个钢球夹在上、下两个平面之间;最后一个钢球夹在上、下两个 V 形槽之间。这样的布置形式既限制了床身的自由度,又由于是非固紧配合,可以有一定量的伸缩却不致于产生内应力。工作台不管移至什么位置,力总是通过三个支承钢球 3 传递到与其处于同一垂线上的支承座 2 而到达底面。当工作台 10 在床身 4 的导轨上移动时,载荷的变动改变床身的变形;床身的变形改变坐落在底座 1 上与横梁 8 上各组件之间的位置,引入系统误差;但不会引起底座 1 的变形。要求干涉系统 6 中的分光镜、固定立体棱镜 7 和光电显微镜 11 之间的相对位置不变。准直光管 14 和观察光管台 5 皆支承在底座 1 上。横梁 8 以纵向无约束支撑的形式放置于立板 12 上。光电显微镜 11 安放在横梁 8 上。被测线纹尺 13、主干涉仪的可动立体棱镜 9 安放在尺槽内,尺槽以三个球支点自由支承在工作台 10 上。

为了减小导轨偏摆导致的测长误差,将激光干涉比长仪设计为串联纵动符合阿贝原则的方式。仪器的总长度是测量长度的 2 倍以上,结构尺寸比较庞大。当工作台在全行程内左右移动时,由于质量转移产生重心变化,床身的弯曲变形也发生变化,各部分可能产生相对的倾斜或者扭曲。温度的波动也会引起零部件产生热变形,这就要求仪器主要的基础零部件没有相对倾斜和扭曲。也就是说,光电显微镜的瞄准点、干涉仪分光镜的分光点和干涉仪固定立体棱镜的锥点三点组成的测量三角形不变形。测量三角形的变形量一般称为仪器的固有畸变。

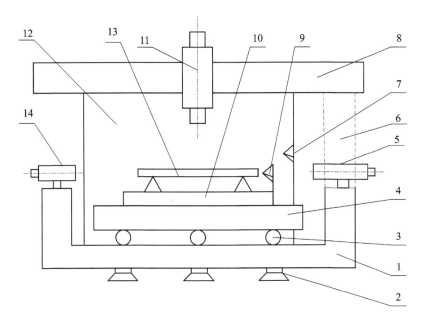

1—底座；2—千斤顶；3—钢球；4—床身；5—观察光管台；6—干涉系统；7—固定立体棱镜；8—横梁；
9—可动立体棱镜；10—工作台；11—光电显微镜；12—立板；13—线纹尺；14—准直光管

图 13 – 1 激光干涉比长仪的机械主体结构

在测量时用光电显微镜瞄准激光干涉比长仪的刻线，线纹尺的刻线瞄准是激光干涉比长仪中的一个重要环节。光电显微镜是用来瞄准线纹尺刻线的一种对线装置，采用光电元器件实现光电转换，通过判断刻线的平均黑度中心来达到对线的目的，与光学显微镜中利用人眼瞄准或者利用图像自动对线的方式不同。光电显微镜能够有效地消除人为误差，提高对线的精度和测量的自动化程度。

光电显微镜主要由显微镜的光学系统、光电转换器件即光电倍增管和电子电路等部分组成。其大致可以分为两种类型，一种是静态式，即光电显微镜在对线时，被测件处于静止状态；另一种是动态式，即光电显微镜在对线时，被测件仍然匀速运动。激光干涉比长仪中的光电显微镜一般为双光电接收的动态光电显微镜，如图 13 – 2 所示。其主要包括反射照明系统、透射照明系统、成像系统以及目测观测系统。

13.1.2 环境参数测量与波长补偿

激光的波长是激光干涉比长仪量值溯源的基准，也是激光干涉比长仪中一个重要的技术参数。激光的波长通过高稳定激光器复现，通过拍频的方式向国家波长基准溯源，这样获得的是真空中的波长值。但实际激光干涉比长仪的干涉光路置于空气之中，需要对空气中的波长进行计算并且对环境的变化进行实时补偿。被测线纹尺的材料温度和干涉比长仪床身等关键部件的温度均匀性也需要实时监测。为了实现激光波长的计算机补偿和环境温度检测，在激光干涉比长仪中专门配备了环境参量测量及激光波长补偿系统。激光波长的补偿是将空气折射率对波长的影响进行修正以获得实际波长值的一种过程。测量空气折射率是激光波长补偿过程中的必需环节，空气折射率的测量方法分为直接测量法和间接测量法，两种方法各有特点。

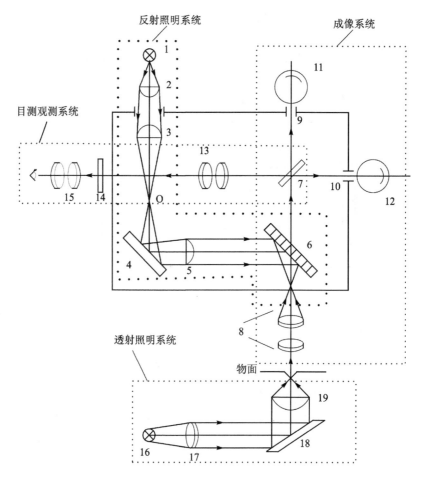

1—透射照明灯泡；2、3、5—反射照明透镜；4—反射照明反射镜；6、7—分光镜；
8—显微镜物镜；9、10—光电狭缝；11、12—光电接收器；13、15—观测透镜；
14—分划板；16—反射照明灯泡；18—透射照明反射镜；17、19—透射照明透镜

图 13 - 2　线纹瞄准光电显微镜

直接测量法的精度比较高，但所需要的测量装置要么结构复杂，体积庞大，操作繁琐，自动化程度低；要么抗干扰的能力差，对工作条件的要求非常严格。间接测量法通过传感器测量出压力、温度、湿度和 CO_2 浓度等参数，以 Edlen 经验公式为基础计算出空气的折射率。间接测量中用到的传感器结构简单，随着传感器精度的不断提高，这种方法的应用范围越来越广泛。在激光干涉比长仪中对空气折射率的测量一般仍然采用 Edlen 公式进行计算。

影响空气折射率的主要因素是空气的温度、湿度、压强和二氧化碳的浓度。Edlen 公式是在直接测量折射率方法的基础上发展起来的一种经验公式，适用于从红外到紫外波段的空气折射率补偿。随着多年的不断完善，Edlen 公式的精度进一步提高，目前最新版公式的精度可以达到 1×10^{-8}。在标准空气状态下计算空气折射率的公式为

$$(n-1)_s \times 10^8 = 8\,091.37 + \frac{2\,333\,983}{130 - \sigma^2} + \frac{15\,518}{38.9 - \sigma^2} \tag{13-1}$$

式中，$(n-1)_s$ 表示标准状态下的空气相对折射率；σ 表示光在真空中的波数（μm^{-1}），$\sigma = 1/\lambda$。

$$(n-1)_x = (n-1)_s [1+0.532\ 7(x-0.000\ 4)] \tag{13-2}$$

$$(n-1)_{tp} = \frac{p(n-1)_x}{93\ 214.60} \cdot \frac{1+10^{-8}(0.595\ 3-0.009\ 876 \cdot t)p}{1+0.003\ 661 \cdot t} \tag{13-3}$$

式中，$(n-1)_x$ 表示 CO_2 含量偏离 0.04% 时的折射率；x 表示空气中 CO_2 的含量。

考虑到空气的湿度，折射率在有湿度情况下的计算公式为

$$n_{tpf} - n_{tp} = -f(3.802\ 0-0.038\ 4\sigma^2) \times 10^{-10} \tag{13-4}$$

式中，f 表示空气中的水蒸气分压（Pa）。

式（13-1）～式（13-4）四个公式的物理意义与关系如图 13-3 所示。

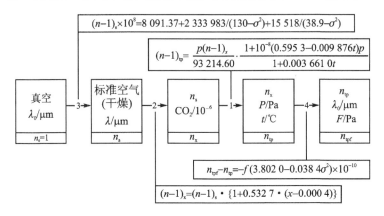

图 13-3　四个公式的物理意义与关系

13.1.3　不确定度评定的数学模型

根据激光干涉比长仪的原理，在空气环境条件下的干涉长度 dl 可以表示为

$$dl = N \cdot \frac{\lambda_{air}}{2} \frac{1}{C} = N \cdot \frac{\lambda_0}{2C} \frac{1}{n_{air}} \tag{13-5}$$

式中，$\lambda_0 = 0.632\ 991\ 177\ 53\ \mu m$，表示激光器在真空中的波长值；$N$ 表示干涉仪的细分计数器值；C 表示干涉仪的细分倍率，这里 $C=32$。

考虑到被检线纹尺的温度线膨胀修正和大气压的修正、干涉仪入射光的散射，以及干涉仪死程和准直等误差环节的影响，可以把式（13-5）改进为

$$dl = N \cdot \frac{\lambda_0}{64} \frac{1}{n_{air}} - \alpha(t_s - 20\ ℃)L + \kappa(p_{air} - 101\ 325\ Pa)L + \frac{\lambda^2}{4\pi^2\omega_0^2}L +$$

$$\delta l_{SE} + \delta l_{Ealig} + \delta l_{Ii} + \delta l_{si} + \delta l_{DP} + \delta l_{Res} + \delta l_{Ai} + \delta l_{NL} \tag{13-6}$$

式中，$-\alpha(t_s - 20\ ℃)L$ 表示被检尺温度偏离参考温度 20 ℃ 时的线膨胀系数修正；$\kappa(p_{air} - 101\ 325\ Pa)L$ 表示被检尺的压缩系数修正；$\dfrac{\lambda^2}{4\pi^2\omega_0^2}L$ 表示激光散射的影响；δl_{SE} 表示光电显微镜对线重复性的影响；δl_{Ealig} 表示光电显微镜照明不对称的影响；δl_{Ii} 表示干涉仪准直的余弦误差；δl_{si} 表示被检尺与工作台运动方向不一致引入的不确定度；δl_{DP} 表示干涉仪死程的影响；δl_{Res} 表示干涉仪的分辨力；δl_{Ai} 表示阿贝误差对测量结果的影响；δl_{NL} 表示干涉仪非线性误差的影响。

为了简化测量不确定度的评定模型,可以把测量状态的空气折射率 n_{air} 表示为与标准状态之比的形式

$$n_{air} = n_N + \frac{\partial n_{air}}{\partial t_{air}}(t_{air} - 20\ ℃) + \frac{\partial n_{air}}{\partial p_{air}}(p_{air} - 100\ 000\ Pa) +$$

$$\frac{\partial n_{air}}{\partial f_{air}}(f_{air} - 1\ 333\ Pa) + \frac{\partial n_{air}}{\partial c_{co_2}}(c_{co_2} - 0.000\ 4) \qquad (13-7)$$

式中,n_N 表示对应于 $t_{air} = 293.15\ K$、$p_{air} = 100\ 000\ Pa$、$f_{air} = 1\ 333\ Pa$、$c_{CO_2} = 0.000\ 4$ 时的空气折射率,一般称为正常状态下的空气折射率。

折射率与环境参量之间的灵敏系数为

$$\frac{\partial n_{air}}{\partial t_{air}} = -0.923 \times 10^{-6}\ K^{-1}, \qquad \frac{\partial n_{air}}{\partial p_{air}} = 2.70 \times 10^{-9}\ Pa^{-1}$$

$$\frac{\partial n_{air}}{\partial f_{air}} = -0.367 \times 10^{-9}\ Pa^{-1}, \qquad \frac{\partial n_{air}}{\partial c_{co_2}} = 1.44 \times 10^{-4}$$

将式(13-7)代入式(13-6)可得

$$dl = N \cdot \frac{\lambda_0}{10\ 000}[n_N + 0.923 \times 10^{-6}(t_{air} - 20\ ℃) - 2.70 \times 10^{-9}(p_{air} - 100\ 000\ Pa) +$$

$$0.367 \times 10^{-9}(f_{air} - 1\ 333\ Pa) - 1.44 \times 10^{-4}(c_{co_2} - 0.000\ 4)] - \alpha(t_s - 20)L +$$

$$\kappa(p_{air} - 101\ 325\ Pa)L + \frac{\lambda^2}{4\pi^2\omega_0^2}L + \delta l_{SE} + \delta l_{Ealig} + \delta l_{Ii} + \delta l_{si} + \delta l_{DP} + \delta l_{Res} + \delta l_{Ai} + \delta l_{NL}$$

$$(13-8)$$

对于不能确定数学模型的误差来源,均可以采用"正误差"的形式进行累加处理。

13.1.4 线纹尺不确定度评定结果

根据式(13-8)结合实际测量线纹尺时的主要误差来源分析,确定标准不确定度的各分量及其对合成不确定度传递的灵敏系数和自由度。用激光干涉比长仪测量低膨胀系数殷钢线纹尺的不确定度评定结果见表13-1。

表 13-1   激光干涉比长仪测量殷钢线纹尺的不确定度评定结果

输入量 x_i	灵敏系数 c_i	标准不确定度 $u(x_i)$	不确定度分量 u_i	自由度 ν_i	分 布
λ_0	L	1.73×10^{-8}	$1.73 \times 10^{-8}L$	50	R
n_{air}	L	1×10^{-8}	$1.00 \times 10^{-8}L$	12.5	N
t_{air}	$0.930 \times 10^{-6}L\ ℃^{-1}$	0.011 5	$1.07 \times 10^{-8}L$	12.5	R
RH_{air}	$0.371 \times 10^{-9}L\ Pa^{-1}$	23.09	$0.86 \times 10^{-8}L$	12.5	R
C_{CO_2}	$1.45 \times 10^{-4}L$	60×10^{-6}	$0.87 \times 10^{-8}L$	12.5	N
p_{air}	$2.683 \times 10^{-9}L\ Pa^{-1}$	15	$4.03 \times 10^{-8}L$	12.5	R
S_E	1	30	30×10^{-9}	39	N
Δt_s	$1.3 \times 10^{-6}L\ ℃^{-1}$	0.01	$1.3 \times 10^{-8}L$	12.5	R
α	$0.026L\ ℃$	1.17×10^{-8}	$0.03 \times 10^{-8}L$	50	N

输入量 x_i	灵敏系数 c_i	标准不确定度 $u(x_i)$	不确定度分量 u_i	自由度 ν_i	分 布
δl_{DP}	1	0.8	1×10^{-9}	2	R
δl_{Res}	1	3	3×10^{-9}	50	R
δ_{Ealig}	1	12	12×10^{-9}	12.5	R
δl_{Ai}	1	6	12×10^{-9}	12.5	R
δl_{NL}	1	12	$0.036\times10^{-8}L$	12.5	R
δl_{Ii}	L	3.6×10^{-10}	$0.024\times10^{-8}L$	12.5	R
δl_{Si}	L	2.4×10^{-10}	$4\times10^{-9}L$	50	R
δl_{Col}	L	4.0×10^{-9}	$1.73\times10^{-8}L$	50	R

注：上文公式及表 13 - 1 中，dl 表示温度为 20 ℃时的被测长度；L 表示标称长度；λ_0 表示激光在真空中的波长；N 表示记录到对应于被测长度的脉冲数中的大数；n 表示记录到对应于被测长度的脉冲数中的小数；n_{air} 表示在测量状态空气的折射率；p_{air} 表示大气压力；t_{air} 表示空气的温度；RH_{air} 表示空气的湿度；c_{co_2} 表示空气中二氧化碳的浓度；n_N 表示正常状态空气的折射率，对应于 $p_{air}=101\ 325$ Pa，$t_{air}=20$ ℃，$RH_{air}=1\ 333$ Pa 和 $c_{air}=0.000\ 45$；t_s 表示被检线纹尺的温度；α 表示被检线纹尺的线膨胀系数；k 表示被检线纹尺的压缩系数；ω_0 表示激光在束腰的直径；S_E 表示光电显微镜的对线重复性；l_{Ealig} 表示由光电显微镜照明不对称引入的不确定度；l_{Ii} 表示干涉仪工作台运动方向与光线方向不一致所产生的影响；l_{Si} 表示被检线纹尺与工作台运动方向不一致所产生的影响；l_{DP} 表示干涉仪死程对测量结果的影响；l_{Res} 表示干涉测长的分辨力；δl_{Ai} 表示阿贝误差；l_{NL} 表示干涉仪的非线性误差；N 表示正态分布；R 表示矩形分布。

从表 13 - 1 得到的合成标准不确定度为 $u_c=35$ nm$+5\times10^{-8}L$（其中 L 为线纹尺的被测长度），其有效自由度可以由韦尔奇－萨特思维韦特（Welch - Satterthwaite）公式 $\nu_{eff}=u_c^4/\sum_{i=1}^{21}\dfrac{u_i^4}{\nu_i}$ 结合表 13 - 1 计算出来。

对于不同的被测长度，计算出来的有效自由度也不相同。例如可以计算长度 $L=10$ mm 和 $L=1\ 000$ mm 的有效自由度分别为 $\nu_{eff}(10\ \text{mm})=63$ 和 $\nu_{eff}(100\ \text{mm})=57$。

如果取 95%的置信水平，假定合成标准不确定度的分布接近正态分布，则可以查 t 分布表确定扩展不确定度的包含因子，以较小的自由度得到包含因子为 $k=2.0$。于是扩展不确定度为

$$U_{95}=ku_c=2u_c=70\ \text{nm}+1\times10^{-7}L$$

13.2 飞秒激光跟踪仪测量不确定度评定

13.2.1 双飞秒激光测距基本原理

激光跟踪仪是一种通用的大尺寸空间测量仪器，不仅可以对空间静止目标进行高精度三

维测量,而且还可以对运动目标进行跟踪测量。飞秒激光超精密测距是基于飞秒激光频率梳来实现大量程、高精度的绝对距离测量。基于双飞秒激光频率梳的绝对距离测量系统包含一对有微小重频差 Δf_{rep} 的飞秒激光频率梳,其中一个作为本机振荡源,它的重频为 $f_{r1} = f_{rep}$;另一个作为信号源,它的重频为 $f_{r2} = f_{rep} + \Delta f_{rep}$,如图 13 - 4 所示。信号源发出的飞秒脉冲序列经过一个迈克尔逊干涉系统后与本机振荡源发出的脉冲序列在分光棱镜处混合,由光电探测器接收。在光束进入光电探测器之前,需要使用带通滤波器进行滤波处理。

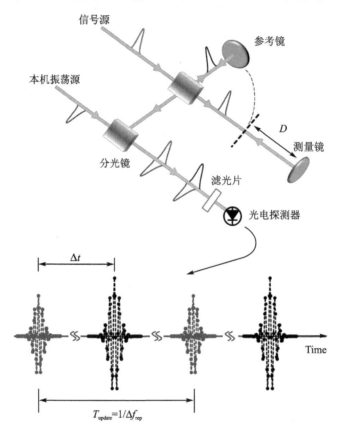

图 13 - 4 双飞秒激光频率梳绝对距离测量系统

在迈克尔逊干涉系统中,将参考镜关于分光棱镜的镜面对称位置记为基线位置,如图 13 - 4 中的点线所示,则目标镜到基线的距离 D 即为待测距离。当 D 不为零时,从两个反射镜返回的脉冲有一定的时间间隔 Δt,由于重频差的存在,当这两个脉冲序列与本机振荡源发出的脉冲序列混合时,在每一段 T_{update} 的时间内,本机振荡脉冲都分别与两个反射镜返回的脉冲重叠一次。从时域的角度分析,两脉冲序列之间重频差形成的自动采样实际上是以对应光频域的采样频率,在单独脉冲的互相关函数曲线上进行的采样。经过对探测器接收到的信号分别进行 A/D 转换和傅里叶变换,可以解算得到待测距离值为

$$D = \frac{c}{2n_g} \cdot \Delta t \cdot S \qquad (13 - 9)$$

$$S = \frac{\Delta f_r}{f_r} \qquad (13 - 10)$$

式中,c 表示真空中的光速;n_g 表示空气群的折射率;Δt 表示参考臂干涉峰与测量臂干涉峰之间的时间差;Δf_r 表示信号光与本机振荡源之间的重频差;f_r 表示信号光的重频。

13.2.2　测距精度的影响因素分析

距离 D 的不确定度可以表示为

$$U_D = \sqrt{\left(\frac{\partial D}{\partial n_g} \cdot U_{n_g}\right)^2 + \left(\frac{\partial D}{\partial \Delta t} \cdot U_{\Delta t}\right)^2 + \left(\frac{\partial D}{\partial \Delta f_r} \cdot U_{\Delta f_r}\right)^2 + \left(\frac{\partial D}{\partial f_r} \cdot U_{f_r}\right)^2}$$

$$= \sqrt{\left(U_{n_g} \cdot \frac{D}{n_g}\right)^2 + \left(U_{f_r} \cdot \frac{D}{f_r}\right)^2 + \left(U_{\Delta f_r} \cdot \frac{D}{\Delta f_r}\right)^2 + \left(U_{\Delta t} \cdot \frac{D}{\Delta t}\right)^2}$$

$$= D\sqrt{\left(\frac{U_{n_g}}{n_g}\right)^2 + \left(\frac{U_{f_r}}{f_r}\right)^2 + \left(\frac{U_{\Delta f_r}}{\Delta f_r}\right)^2 + \left(\frac{U_{\Delta t}}{\Delta t}\right)^2} \tag{13-11}$$

在实验系统中本征频率梳的重频为 50 MHz,将该频率锁定至外置铷原子钟,在 1 s 的测试窗口下,其 Allan 方差约为 0.21 mHz,与信号频率梳的重频差为 1.5 kHz。当目标靶球分别位于 10 m 和 26 m 时,测量结果分别如图 13-5 和图 13-6 所示,测距精度可以达到 0.45×10^{-6}。

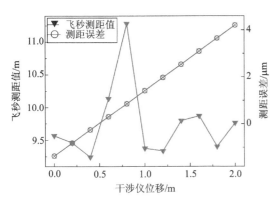

图 13-5　目标靶球位于 10 m 处的测量结果

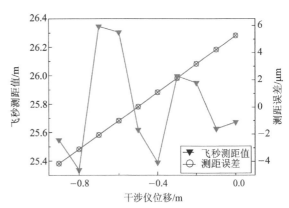

图 13-6　目标靶球位于 26 m 处的测量结果

下面进行精度分析。

1. 空气折射率的不确定度

根据测量大气的相关参数,可以通过 Ciddor 公式计算得到空气的折射率。在标准大气条件下($t=15\ ℃$,大气压强 $p=101\ 325\ Pa$,相对湿度为 0%,CO_2 含量 $x_0=450 \times 10^{-6}$),干空气折射率的计算公式为

$$10^8 (n_{as} - 1) = \frac{5\ 792\ 105\ \mu m^{-2}}{238.018\ 5\ \mu m^{-2} - \sigma^2} + \frac{167\ 917\ \mu m^{-2}}{57.362\ \mu m^{-2} - \sigma^2} \tag{13-12}$$

当 CO_2 的含量发生变化时,相应的大气折射率为

$$(n_{axs} - 1) = (n_{as} - 1)\ [1 + 0.534 \times 10^{-6}(x_c - 450)] \tag{13-13}$$

在温度 $t=20\ ℃$,水汽压 $e=1\ 333\ Pa$ 的条件下,纯水汽的折射率为

$$10^8 (n_{ws} - 1) = 1.022 \times (295.235\ \mu m^{-2} + 2.642\ 2\sigma^2 - 0.032\ 380\sigma^4 + 0.004\ 028\sigma^6)$$

$$\tag{13-14}$$

由此得到的折射率为

$$n_{prop} - 1 = \frac{\rho_a}{\rho_{axs}}(n_{axs} - 1) + \frac{\rho_w}{\rho_{ws}}(n_{ws} - 1) \qquad (13-15)$$

式中，ρ_{axs} 表示在温度 $t=15\ ℃$，大气压强 $p=101\ 325\ Pa$，相对湿度为 0%，CO_2 含量为 x 条件下的干空气密度；ρ_{ws} 表示温度 $t=20℃$，水汽压 $e=1\ 333\ Pa$ 条件下水汽的密度；ρ_a 和 ρ_w 分别表示当前环境条件下空气和水汽的密度，可以由下面的公式联立求解。

$$\left.\begin{array}{l} \rho = \dfrac{pM_a}{ZRT}\left[1 - x_w\left(1 - \dfrac{M_w}{M_a}\right)\right] \\[2mm] M_a = 10^{-3}\left[28.963\ 5 + 12.011 \times 10^{-6}(x_c - 400)\right] \quad (kg/mol) \\[2mm] M_w = 0.018\ 015\ kg/mol, \quad R = 8.314\ 510\ J \cdot mol^{-1} \cdot K^{-1} \\[2mm] Z = 1 - \dfrac{p}{T}\left[a_0 + a_1 t + a_2 t^2 + (b_0 + b_1 t)x_w + (c_0 + c_1 t)x_w^2\right] + \left(\dfrac{p}{T}\right)^2(d + ex_w^2) \\[2mm] x_w = fh\ \dfrac{svp}{p}, \quad svp = \exp\left(AT^2 + BT + C + \dfrac{D}{C}\right), \quad f = \alpha + \beta p + \gamma t^2 \\[2mm] a_0 = 1.581\ 23 \times 10^{-6}\ K \cdot Pa^{-1}, \quad a_1 = -2.933\ 1 \times 10^{-8}\ Pa^{-1}, \quad a_2 = 1.104\ 3 \times 10^{-10}\ K^{-1} \cdot Pa^{-1} \\[2mm] b_0 = 5.707 \times 10^{-6}\ K \cdot Pa^{-1}, \quad b_1 = -2.051 \times 10^{-8}\ Pa^{-1}, \quad c_0 = 1.989\ 8 \times 10^{-4}\ K \cdot Pa^{-1} \\[2mm] c_1 = -2.376 \times 10^{-6}\ Pa^{-1}, \quad d = 1.83 \times 10^{-11}\ K^2 \cdot Pa^{-2}, \quad e = -0.765 \times 10^{-8}\ K^2 \cdot Pa^{-2} \\[2mm] A = 1.237\ 884\ 7 \times 10^{-5}\ K^{-2}, \quad B = -1.912\ 131\ 6 \times 10^{-5}\ K^{-1}, \quad C = 33.937\ 110\ 47 \\[2mm] D = -6.343\ 164\ 5\ K, \quad \alpha = 1.000\ 62, \quad \beta = 3.14 \times 10^{-8}\ Pa^{-1}, \quad \gamma = 5.6 \times 10^{-7}\ ℃^{-2} \end{array}\right\}$$

$$(13-16)$$

式中，p 表示相应环境条件下的空气密度；M_a 表示干空气的摩尔质量，单位为 kg/mol；M_w 表示水汽的摩尔质量；R 表示气体常数；x_w 表示湿空气中水汽的摩尔分数；Z 表示湿空气的压缩系数；svp 表示水汽的饱和气压，单位为 Pa；f 表示水汽的增强系数。

在实验室条件下，所用空气参数测量传感器的环境温度为 $\pm 0.1\ ℃$，相对湿度为 $\pm 5\%$，大气压为 $\pm 50\ Pa$，空气折射率的不确定度为 $U_{ng} = 1.3 \times 10^{-7}$ 时，测距精度可以达到 0.13×10^{-6}。

2. 重频的不确定度

实验系统中的 f_r 为 $50\ MHz$；在 $1\ s$ 的测试窗口下，U_{f_r} 为 $0.21\ MHz$。由于 $U_{f_r}/f_r = 4.2 \times 10^{-12}$，因此可以将重频不确定度忽略不计。

3. 重频差的不确定度

实验系统中的 Δf_r 为 $1.5\ kHz$，在 $1\ s$ 的测试窗口下，$U_{\Delta f_r}$ 为 $0.18\ MHz$，$U_{\Delta f_r}/\Delta f_r = 1.2 \times 10^{-7}$，即当重频差的秒稳精度为 $0.18\ MHz$ 时，意味着平均每秒的测距精度可以达到 0.12×10^{-6}。

4. 时间差的不确定度

$U_{\Delta t}/\Delta t$ 可以表示为

$$\frac{U_{\Delta t}}{\Delta t} = \frac{c \Delta f_{\mathrm{r}}}{2 n_{\mathrm{g}} f_{\mathrm{r}}} \cdot U_{\Delta t} \qquad (13-17)$$

式中, $U_{\Delta t}$ 表示时间的测量误差。

实验中的 Δt 是在对采样的互相关信号进行 FFT 变换之后, 根据相位与傅里叶频率拟合的斜率计算出来的。因此 $U_{\Delta t}$ 与互相关信号的保真度密切相关。双光梳测距系统的互相关干涉信号可以用函数的形式表示为

$$I_{\mathrm{r}}(t) = C \cdot r\left(\frac{\Delta f_{\mathrm{rep}}}{f_{\mathrm{rep}}}t\right) \mathrm{e}^{\mathrm{i}2\pi v_{\mathrm{c}}\frac{\Delta f_{\mathrm{rep}}}{f_{\mathrm{rep}}}t} \mathrm{e}^{\mathrm{i}2\pi\left[\Delta f_{\mathrm{ceo}} - \frac{\Delta f_{\mathrm{rep}}}{f_{\mathrm{rep}}}f_{\mathrm{ceo}} + m(f_{\mathrm{rep}} + \Delta f_{\mathrm{rep}})\right]t} \qquad (13-18)$$

根据式(13-18), 当测量系统的重频和载波包络偏移频率存在噪声时, 互相关信号产生相位失真, 影响到 $U_{\Delta t}$ 的计算。下面分三种情况进行具体分析。

① 互相关信号与系统重频差直接相关, 当重频差不同时采样得到的互相关信号不一样, 影响到 Δt 的计算, 如图 13-7 所示。

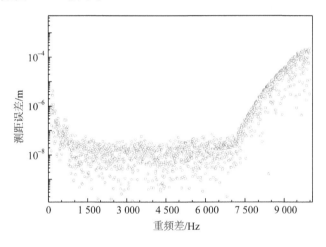

图 13-7　重频差对测距精度的影响

② 当测量系统的重频有一个时间抖动即 $f_{\mathrm{rep}} = f_{\mathrm{rep}} + \delta f_{\mathrm{rep}}(t)$ 时, 会造成线性光学采样过程脉冲的抖动, 使噪声的互相关图样失真, 导致 Δt 的计算产生误差, 如图 13-8 所示。

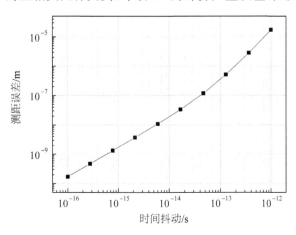

图 13-8　时间抖动对测距精度的影响

③ 当测量系统的重频差是一个随时间变化的变量,即 $\Delta f_{rep} = \Delta f_{rep} + \delta \Delta f_{rep}(t)$ 时,也会造成信号失真,引起测距误差,如图 13-9 所示。

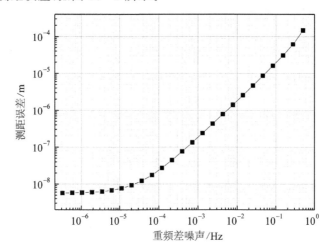

图 13-9　重频差噪声对测距精度的影响

各项影响因素的不确定度与相应的测距精度见表 13-2。

表 13-2　各影响因素的不确定度与测距精度

序　号	不确定度	$10^6 \cdot$ 测距精度
1	U_{ng}/ng	0.13
2	U_{f_r}/f_r	忽略不计
3	$U_{\Delta f_r}/\Delta f_r$	0.12
4	$U_{\Delta t}/\Delta t$	0.23
合计		0.48

经过实验得到的测距结果为 0.45×10^{-6},基于不确定度理论分析得到的测距结果为 0.48×10^{-6}。可见理论分析与实验结果之间基本一致。

13.2.3　测角误差补偿模型及算法

先对有限个测角位置 θ 的误差 $\Delta \theta$ 进行标定,分别由线性函数、三次样条函数、多项式函数以及谐波函数等进行拟合,得到拟合函数 $\varepsilon(\theta)$。

下面对几种常用的补偿算法和模型进行分析。

1. 线性补偿模型及算法

线性补偿算法是一种简单的和易操作的补偿方法。假设标定 N 个测角位置 θ 的测角误差 $\Delta \theta$,每个 θ_i 对应于一个 $\Delta \theta_i$。采用线性补偿也就是分段线性插值的方法,在 $\varepsilon(\theta_i) = \Delta \theta_i$ 的条件下拟合出的函数模型为

$$\varepsilon(\theta) = \frac{\Delta \theta_{i+1} - \Delta \theta_i}{\theta_{i+1} - \theta_i} \theta + \frac{\theta_{i+1} \Delta \theta_i - \theta_i \Delta \theta_{i+1}}{\theta_{i+1} - \theta_i} \tag{13-19}$$

式中，$\theta \in (\theta_i, \theta_{i+1})$，$i = 1, 2, \cdots, N-1$。

2. 三次样条补偿模型及算法

分段样条拟合曲线是由一系列柔软的和有弹性的曲线段通过所有数据点后形成的。分段样条拟合的精度适用于具有多位有效数字的测试数据。

从数学的角度来看，在每一个子区间 $[x_j, x_{j+1}]$ 内都可以构造一个三次函数 $s_j(x)$，使这些三次分段曲线 $y = s(x)$ 及其一阶导数和二阶导数在整个区间 $[x_0, x_N]$ 内保持连续。可以使用三次样条插值采用三弯矩法进行计算，具体求解步骤如下：

① 设在 $[a, b]$ 内给出一组节点 $a = x_0 < x_1 < \cdots < x_N < x_{N+1} = b$，函数 $s(x)$ 满足以下条件：

- $s(x)$ 在 $[a, b]$ 内二阶可导，即 $s(x) \in C^2[a, b]$；
- $s(x)$ 在每个小区间 $[x_j, x_{j+1}]$ $(j = 0, 1, \cdots, N)$ 内是三次多项式；
- $s(x_j) = f(x_j) = y_j$ $(j = 0, 1, \cdots, N+1)$。

② 记 $M_j = s''(x_j)$，其中 $j = 0, 1, \cdots, N+1$。考虑到 $s(x)$ 是一个分段的三次多项式，$s''(x)$ 在每一个区间 $[x_{j-1}, x_j]$ $(j = 1, 2, \cdots, N+1)$ 内都是一次多项式，可以记为 $h_j = x_j - x_{j-1}$，其中 $j = 1, 2, \cdots, N+1$。

③ 在每一个子区间 $[x_{j-1}, x_j]$ $(j = 1, 2, \cdots, N+1)$ 内通过 $[x_{j-1}, M_{j-1}]$ 和 $[x_j, M_j]$ 作线性插值，得到的结果为

$$s''(x) = M_{j-1} \frac{x - x_j}{x_{j-1} - x_j} + M_j \frac{x - x_{j-1}}{x_j - x_{j-1}}$$

$$= M_{j-1} \frac{x_j - x}{h_j} + M_j \frac{x - x_{j-1}}{h_j} \tag{13-20}$$

式中，$x \in [x_{j-1}, x_j]$。

④ 为了求出 $s(x)$ 在 $[x_{j-1}, x_j]$ 内的表达式，对式（13-20）分别做两次积分：

$$s'(x) = \int s''(x) \mathrm{d}x = \frac{M_{j-1}}{h_j} \int (x_j - x) \mathrm{d}x + \frac{M_j}{h_j} \int (x - x_{j-1}) \mathrm{d}x$$

$$= -\frac{M_{j-1}}{2h_j}(x_j - x)^2 + \frac{M_j}{2h_j}(x - x_{j-1})^2 + C_1 \tag{13-21}$$

$$s(x) = \int s'(x) \mathrm{d}x = -\frac{M_{j-1}}{2h_j} \int (x_j - x)^2 \mathrm{d}x + \frac{M_j}{2h_j} \int (x - x_{j-1})^2 \mathrm{d}x + C_1 x + C_2$$

$$= \frac{M_{j-1}}{6h_j}(x_j - x)^3 + \frac{M_j}{6h_j}(x - x_{j-1})^3 + C_1 x + C_2 \tag{13-22}$$

⑤ 利用差值条件 $s(x_{j-1}) = y_{j-1}$ 和 $s(x_j) = y_j$，采用定积分求出常数 C_1 和 C_2。将 C_1 和 C_2 代入式（13-22）得到

$$s(x) = \frac{M_{j-1}}{6h_j}(x_j - x)^3 + \frac{M_j}{6h_j}(x - x_{j-1})^3 +$$

$$\left(y_{j-1} - \frac{M_{j-1} h_j^2}{6}\right) \frac{x_j - x}{h_j} + \left(y_j - \frac{M_j h_j^2}{6}\right) \frac{x - x_{j-1}}{h_j} \tag{13-23}$$

式中，$x_{j-1} < x < x_j$；$h_j = x_j - x_{j-1}$；$j = 1, 2, \cdots, N+1$。

⑥ 将常数 C_1 代入式(13-21)得到

$$s'(x) = -\frac{M_{j-1}}{2h_j}(x_j-x)^2 + \frac{M_j}{2h_j}(x-x_{j-1})^2 + \frac{y_j-y_{j-1}}{h_j} - \frac{M_j-M_{j-1}}{6}h_j$$

$$(13-24)$$

⑦ 利用节点 $x_j(j=1,2,\cdots,N)$ 处的光滑连接条件

$$s'(x_j-0) = s'(x_j+0), \quad j=1,2,\cdots,N$$

可以得到 N 个方程

$$\frac{h_j}{6}M_{j-1} + \frac{h_j+h_{j+1}}{6}M_j + \frac{h_{j+1}}{6}M_{j+1} = \frac{y_{j+1}-y_j}{h_{j+1}} - \frac{y_j-y_{j-1}}{h_j} \quad (13-25)$$

⑧ 由第三类边界条件 $s'(x_0)=s'(x_{N+1})$ 和 $s''(x_0)=s''(x_{N+1})$，采用追赶法求出方程的解 M_j，得到 $s(x)$ 的具体表达式。

根据上述步骤求解出测角 θ 的误差 $\Delta\theta$ 的拟合函数 $\varepsilon(\theta)$，是由多条分段的三次曲线平滑过渡地衔接在一起的。

3. 多项式补偿模型及算法

采用多项式拟合误差曲线的方法同样易于实现，操作也很简单。假设标定 N 个测角位置 θ 的误差为 $\Delta\theta$，每一个 θ_i 对应于一个 $\Delta\theta_i$。多项式的 n 阶拟合模型为

$$\varepsilon(\theta) = p_0 + p_1\theta + \cdots + p_{n-1}\theta^{n-1} + p_n\theta^n \quad (13-26)$$

在计算中可以采用最小二乘法对多项式函数进行求解。

4. 谐波补偿模型及算法

谐波补偿是应用非常广泛的一种测角误差补偿方法。由于圆光栅测角传感器的误差具有周期性，因此可以对误差数据进行谐波拟合，确定出各阶的系数。在一个周期角内取 n 等分的测量点，将误差离散标定数据近似地表示为傅里叶级数，就可以计算出各阶谐波的幅值和相位。

由采样定理可知，当等分数 n 为偶数时，只能计算到 $m=n/2$ 阶系数；当 n 为奇数时，只能计算到 $m=(n-1)/2$ 阶系数。

测角误差可以表示为

$$\Delta\theta = C_0 + \sum_{k=1}^m C_k\sin(k\theta+\varphi_k) = C_0 + \sum_{k=1}^m [A_k\cos(k\theta) + B_k\sin(k\theta)] \quad (13-27)$$

式中，$C_k=\sqrt{A_k^2+B_k^2}$；$C_0=\frac{1}{n}\sum_{i=1}^n \Delta\theta_i$；$\varphi_k=\arctan(A_k/B_k)$；$m$ 表示通过计算得到测角误差谐波中的最高阶数，即 $m=[n/2]$；A_k 和 B_k 表示第 k 阶误差的不同谐波系数；C_k 和 φ_k 分别表示第 k 阶误差谐波的幅值和相位。

为了求解出 C_k 和 φ_k，可以将式(13-27)表示为不含直流分量的形式：

$$\Delta\theta' = \Delta\theta - C_0 = \sum_{k=1}^m C_k\sin(k\theta+\varphi_k) = \sum_{k=1}^m [A_k\cos(k\theta) + B_k\sin(k\theta)] \quad (13-28)$$

假设在某一个测量点的角度误差为 $\Delta\theta_i$，则所有误差数据可以由矩阵表示：

$$\Delta\boldsymbol{\theta} = [\Delta\theta_1, \Delta\theta_2, \cdots, \Delta\theta_i, \cdots, \Delta\theta_n]^T \quad (13-29)$$

由 $\Delta\boldsymbol{\theta}' = \Delta\boldsymbol{\theta} - \boldsymbol{C}_0$ 可得

$$\Delta\boldsymbol{\theta}' = [\Delta\theta_1', \Delta\theta_2', \cdots, \Delta\theta_i', \cdots, \Delta\theta_n']^{\mathrm{T}} \tag{13-30}$$

根据式(13-28)建立方程组

$$\left.\begin{aligned}\Delta\theta_1' &= \sum_{k=1}^m [A_k\cos(k\theta_1) + B_k\sin(k\theta_1)]\\ \Delta\theta_2' &= \sum_{k=1}^m [A_k\cos(k\theta_2) + B_k\sin(k\theta_2)]\\ &\vdots\\ \Delta\theta_n' &= \sum_{k=1}^m [A_k\cos(k\theta_n) + B_k\sin(k\theta_n)]\end{aligned}\right\} \tag{13-31}$$

令

$$\boldsymbol{P} = \begin{bmatrix} \cos\theta_1, \cos 2\theta_1, \cdots, \cos m\theta_1, \sin\theta_1, \sin 2\theta_1, \cdots, \sin m\theta_1 \\ \cos\theta_2, \cos 2\theta_2, \cdots, \cos m\theta_2, \sin\theta_2, \sin 2\theta_2, \cdots, \sin m\theta_2 \\ \vdots \\ \cos\theta_n, \cos 2\theta_n, \cdots, \cos m\theta_n, \sin\theta_n, \sin 2\theta_n, \cdots, \sin m\theta_n \end{bmatrix} \tag{13-32}$$

$$\boldsymbol{X} = [A_1, A_2, \cdots, A_m, B_1, B_2, \cdots, B_m]^{\mathrm{T}} \tag{13-33}$$

则式(13-31)的方程组可以转换成矩阵的形式:

$$\Delta\boldsymbol{\theta}' = \boldsymbol{PX} \tag{13-34}$$

由最小二乘法解出

$$\boldsymbol{X} = (\boldsymbol{P}^{\mathrm{T}}\boldsymbol{P})^{-1}\boldsymbol{P}^{\mathrm{T}}\Delta\boldsymbol{\theta}' \tag{13-35}$$

求出第 k 阶误差的谐波系数 A_k 和 B_k 之后,就可以分别求出幅值 C_k 和相位 φ_k。

在采用最小二乘法求解系数矩阵的过程中如果遇到不收敛的问题,可以将矩阵 $\boldsymbol{P}$ 记为

$$\boldsymbol{P} = [P_c P_s] \tag{13-36}$$

式中,P_c 表示余弦项系数;P_s 表示正弦项系数。

于是

$$\boldsymbol{P}^{\mathrm{T}}\boldsymbol{P} = [P_c P_s]^{\mathrm{T}}[P_c P_s] = \begin{bmatrix} P_c^{\mathrm{T}} \\ P_s^{\mathrm{T}} \end{bmatrix}[P_c P_s] = \begin{bmatrix} P_c^{\mathrm{T}}P_c & P_c^{\mathrm{T}}P_s \\ P_s^{\mathrm{T}}P_c & P_s^{\mathrm{T}}P_s \end{bmatrix} \tag{13-37}$$

当分别采用 24 面、36 面等偶数面的多面棱体进行校准时,P_c 是一个全 1 的矩阵,P_s 是一个全 0 的矩阵。因此系数矩阵 $\boldsymbol{P}^{\mathrm{T}}\boldsymbol{P}$ 的最后一行全为 0,导致系数矩阵不满秩,方程不收敛,求解失败。

在实际应用中为了求解出幅值 C_k 和相位 φ_k,可以采用非线性最小二乘法对下式进行求解。

$$e = \min\left\{\sum_{i=1}^n [\varepsilon(\theta_i) - \Delta\theta_i]^2\right\} = \min\left\{\sum_{i=1}^n \left[\sum_{k=0}^m C_k\sin(k\theta_i + \varphi_k) - \Delta\theta_i\right]^2\right\} \tag{13-38}$$

例如采用 MATLAB 中的 lsqnonlin 函数求解,先将 C_k 和 φ_k 都赋予初值为全 1 的向量,默认迭代终止条件,通过计算就可以分别得到 k 阶谐波的幅值 C_k 和相位 φ_k。

选取某些阶次 $t_1, t_2, \cdots, t_l$ 建立的误差补偿模型为

$$\varepsilon(\theta)' = \sum_{s=1}^l [A_{t_s}\cos(t_s\theta) + B_{t_s}\sin(t_s\theta)] = \sum_{s=1}^l C_{t_s}\sin(t_s\theta + \varphi_{t_s}) \tag{13-39}$$

由于 $\varepsilon(\theta)' + C_0 = \varepsilon(\theta)$，误差补偿模型又可以表示为

$$\varepsilon(\theta) = C_0 + \sum_{s=1}^{l} [A_{t_s}\cos(t_s\theta) + B_{t_s}\sin(t_s\theta) = C_0 + \sum_{s=1}^{l} C_{t_s}\sin(t_s\theta + \varphi_{t_s}) \quad (13-40)$$

C_0 即为零位误差，对应的 $t_0 = 0$，$\varphi_0 = \pi/2$。

因此，选取某些阶次 $t_0, t_1, \cdots, t_l$ 建立的误差补偿模型最终可以简化为

$$\varepsilon(\theta) = \sum_{s=0}^{l} C_{t_s}\sin(t_s\theta + \varphi_{t_s}) \quad (13-41)$$

由于谐波函数可以由级数展开为一系列三角函数的组合，通过补偿算法可以看出，从线性函数到三次样条函数再到多项式函数最后到谐波函数，拟合函数的阶次越来越高，包含的频谱范围也越来越广。因此采用不同的补偿方法可以得到不同的效果。

13.2.4　测角误差补偿与标定实验

1. 测角误差的实时补偿实验

（1）测角误差标定装置构建

根据激光跟踪仪的跟踪头特点和多面棱体的尺寸设计测角误差的校准装置。将多面棱体安装在激光跟踪仪上，多面棱体与圆光栅之间实现同轴转动，通过自准直仪的读数和多面棱体转动的工作面数计算出水平角或俯仰角转动的角度，通过与激光跟踪仪的输出数显角度进行比较，标定出测角误差。

测角误差校准装置的装配图如图 13-10 所示；标定跟踪仪水平测角误差的实验装置如图 13-11 所示。校准装置下面的底座通过三个偏心调节螺钉固定在跟踪头的顶端，通过水平轴与圆光栅实现同轴转动。上支撑件可以调节多面棱体的中心轴线与转轴轴线之间的同轴度。垫片和锁紧螺母用于固定多面棱体，防止多面棱体与跟踪头之间发生相对转动。通过理论分析可知，尽管角度的测量精度不受棱体安装偏心的影响，但在实验中也要尽量使多面棱体中心轴线与旋转轴线之间保持重合，以便保证同轴度小于 0.02 mm，棱体各工作面与旋转轴线之间的平行度小于 $15''$。

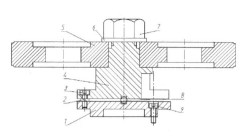

1—底座；2—弹簧垫片；3—调节螺钉；4—上支撑件；
5—多面棱体；6—垫片；7—锁紧螺母；
8—调节滚珠；9—调节螺钉

图 13-10　测角误差校准装置装配图

图 13-11　标定跟踪仪水平测角误差实验装置

实验中采用一级精度的 CSZ-1A 型 CCD 双轴自准直仪和二等 23 面、36 面的多面棱体。自准直仪在 $\pm 10''$ 量程内的精度为 $0.1''$，在 $\pm 600''$ 量程内的精度为 $0.5''$；测量范围为 $\pm 600''$；分

辨力可调,最高分辨力可以达到 0.001″。23 面和 36 面棱体工作面对基准面之间的垂直度均为 5″,工作角的偏差为 ±1.0″,工作角的测量不确定度为 0.2″。

（2）激光跟踪仪测角误差补偿实验

采用自准直仪分别结合 36 面棱体和 23 面棱体对跟踪仪的水平测角进行标定。36 面棱体能够整数倍地等分圆周角;23 面棱体则不能整数倍地等分圆周角。因此 36 面棱体标定的数据量比 23 面棱体标定的数据量多,可以先采用 36 面棱体标定数据的平均值建立跟踪仪测角误差的补偿模型,然后再用 23 面棱体标定数据的平均值验证补偿的效果。通过对多组实验数据的分析可知,某些阶次的误差可以看作不变的系统误差,采用适当的方法完全可以减小这些误差的影响。如果某些误差的幅值比较大,则说明该阶次误差在总误差中的影响比较大;如果初相位基本不变,则说明该阶次误差稳定。如果选取幅值比较大且相位基本不变的谐波分量,则既可以消除影响比较大的误差因素,又可以有效地保证该阶次误差补偿的稳定性。

把误差中那些幅值比较大且初相位基本不变的谐波分量作为补偿值,对误差补偿的效果进行验证。采用 23 面棱体标定的水平测角结果、水平测角误差的平均值,分别记作 θ'、$\Delta\theta'_{Orig}$,将其代入误差模型中得到补偿后的误差 $\Delta\theta'_{Comp}$。对 36 面棱体和 23 面棱体标定的误差曲线、补偿模型曲线和补偿后的误差曲线如图 13-12 所示。

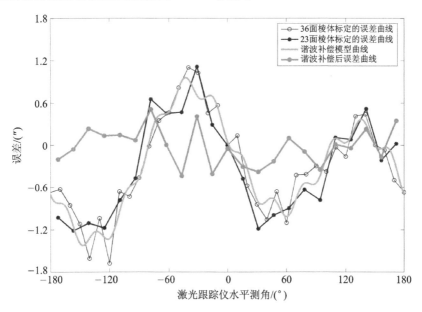

图 13-12　谐波补偿模型及其效果

为了比较补偿的效果,同时对 36 面棱体标定水平测角误差分别进行分段线性、三次样条、多项式和谐波拟合,建立 4 种误差的补偿模型如图 13-13 所示;采用不同方法得到补偿后的误差曲线如图 13-14 所示。

采用不同方法得到补偿前后误差的平均值、标准差和峰峰值见表 13-3。

由实验数据可知,谐波补偿方法将原测角误差的平均值由 -0.31″ 减小到 -0.02″;标准差由 0.75″ 提高到 0.26″;峰峰值由 -1.21″~+1.12″ 减小到 -0.43″~+0.51″。补偿后测角误差的平均值、标准差和峰峰值分别为补偿前的 7.03%、34.71% 和 40.55%。不仅如此,通过与其他方法相比较,经过补偿后的平均值、标准差和峰峰值也都得到了比较大的改善。因此采用谐

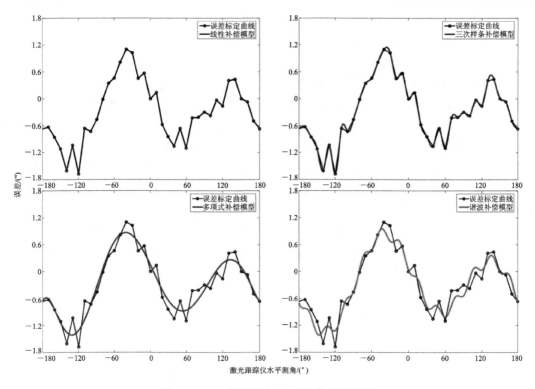

图 13 - 13　采用不同方法建立的补偿模型

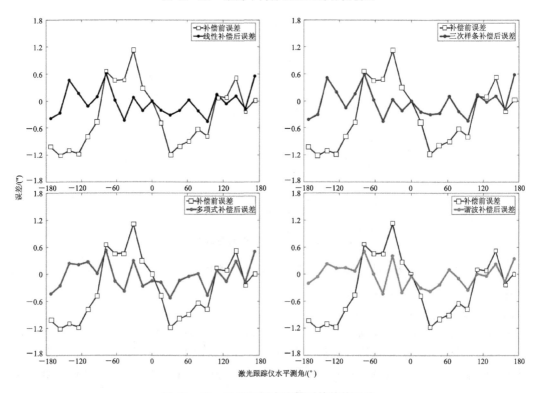

图 13 - 14　采用不同方法得到的补偿误差

波补偿方法取得的效果明显优于其他方法。

　　三次样条补偿曲线在三点连线的尖峰处比分段线性补偿曲线出现了更大的波动,导致三次样条补偿的标准差比分段线性补偿的标准差大。多项式补偿能够体现误差曲线的整体发展趋势,曲线的整体过度也比较平滑,补偿效果与线性补偿效果接近。谐波补偿曲线既体现了误差发展的整体趋势,又在细节上体现了误差的高次波动。更为重要的是,谐波补偿曲线能够逼近真实的误差曲线,因此补偿的效果最佳。

表 13 - 3　采用不同方法得到的补偿前后误差数据

(″)

评定参数	平均值	标准差	峰峰值
补偿前(比例)	−0.31(100%)	0.75(100%)	2.33(−1.21～+1.12)(100%)
线性补偿(比例)	−0.03(10.99%)	0.29(38.58%)	1.06(−0.46～+0.60)(45.51%)
三次样条补偿(比例)	−0.03(10.79%)	0.30(40.59%)	1.05(−0.45～+0.59)(44.90%)
多项式补偿(比例)	−0.04(11.38%)	0.29(39.35%)	1.05(−0.52～+0.53)(45.14%)
谐波补偿(比例)	−0.02(7.03%)	0.26(34.71%)	0.94(−0.43～+0.51)(40.55%)

　　激光跟踪仪俯仰角误差的补偿方法与此类似,采用 23 面棱体标定的俯仰测角误差实验如图 13 - 15 所示,分别得到 0、1、2、3、6 阶的谐波补偿模型,补偿前的测角误差集中在(−1.17″,+4.50″)的范围内,补偿后的误差集中在(−0.45″,+0.52″)的范围内;补偿前、后的峰峰值分别为 5.67″和 0.97″,标准差分别为 2.28″和 0.28″。补偿前、后的俯仰测角误差曲线如图 13 - 16 所示。

图 13 - 15　标定跟踪仪俯仰测角的实验装置

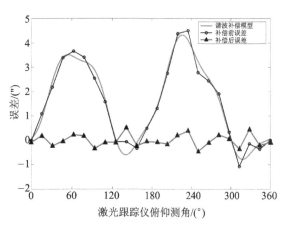

图 13 - 16　俯仰测角误差补偿前、后的比较

　　将谐波补偿模型等算法程序加入到激光跟踪仪的软件模块中,研发的测量软件用 MFC(Microsoft Foundation Classes,简称 MFC)编写。将 VC 误差补偿函数封装成子函数,供角度测量模块调用,达到实时补偿角度的目的。激光跟踪仪的软件运行界面如图 13 - 17 所示。

2. 测角误差标定及不确定度分析

　　实验标定的测角误差与标定引入的误差都处于亚角秒的量级,需要通过不确定度分析得出实际测角补偿后达到的精度。下面进行具体分析。

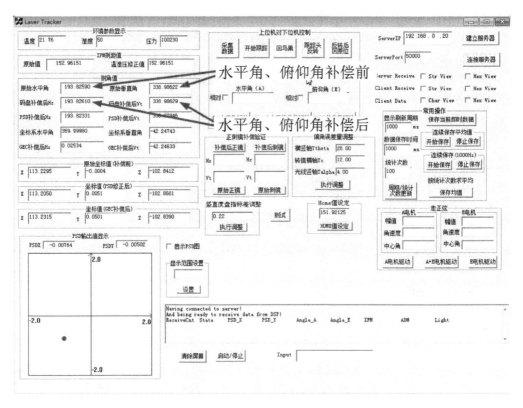

图 13 - 17   激光跟踪仪的软件运行界面

(1) 棱体检定误差引入的不确定度 $u(a)$

实验中的多面棱体为二等,在检定证书中注明测量不确定度为 $0.20''(k=2)$,估计的相对不确定度为 10%,则多面棱体的标准不确定度和自由度分别为

$$u(a) = 0.20''/2 = 0.10'' \tag{13-42}$$

$$\nu(a) = \frac{1/2}{(10/100)^2} = 50 \tag{13-43}$$

(2) 自准直仪示值误差引入的不确定度 $u(b)$

自准直仪容易受到空气扰动和温、湿度变化等的影响。根据检定证书查出漂移、测量重复性、示值误差等因素造成示值误差的不确定度为 $0.15''(k=2)$,估计相对不确定度为 10%,则标准不确定度和自由度分别为

$$u(b) = 0.15''/2 = 0.075'' \tag{13-44}$$

$$\nu(b) = \frac{1/2}{(10/100)^2} = 50 \tag{13-45}$$

(3) 误差标定装置引入的不确定度 $u(c)$

以标定水平测角误差为例。由于在调节测量装置的过程中达不到理想的状态,自准直光管对水平轴有一个微小的角度倾斜,引入附加测量误差,如图 13 - 18 所示。

从自准直光管发出的十字光线经棱体的工作面反射后成像在 CCD 上,x、y 是水平轴的坐标系;x'、y' 是自准直仪的坐标系,两者相对旋转的夹角为 ε。水平旋转轴线 y 与棱体的中心轴线 y'' 之间存在一个夹角 γ。当对准某一个工作面时,十字光线水平方向偏转的实际值为

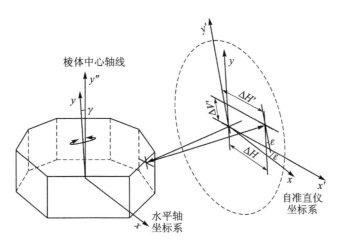

棱体中心轴线

自准直仪
坐标系

水平轴
坐标系

图 13 - 18　自准直仪水平轴倾斜示意图

ΔH，自准直仪测得水平方向的示值为 $\Delta H'$，垂直方向的示值为 $\Delta V'$，则

$$\Delta H' = \Delta H / \cos \varepsilon + \Delta V' \tan \varepsilon \qquad (13-46)$$

$$\Delta H = \Delta H' \cos \varepsilon - \Delta V' \sin \varepsilon \qquad (13-47)$$

由此产生的误差 δ 为

$$\delta = \Delta H' - \Delta H = \Delta H'(1 - \cos \varepsilon) + \Delta V' \sin \varepsilon \qquad (13-48)$$

水平旋转轴线 y 与棱体中心轴线 y'' 之间不重合、棱体工作面与基准面之间的垂直度误差、自准直光管对水平旋转轴线 y 倾斜等三种因素综合影响造成附加测量误差 δ。在实验的过程中，如果沿一个方向旋转水平轴，在自准直仪 x 轴的示数从 $-500''$ 到 $+500''$ 的过程中，y 轴的示数变化为 $10''$，则 ε 为 0.01 rad。在多次测量中，$\Delta H'$ 和 $\Delta V'$ 的值都在 $15''$ 之内，由此可以得出 $\delta = 0.15''(k=3)$。如果估计的相对不确定度为 10%，则标准不确定度和自由度分别为

$$u(c) = 0.15''/3 = 0.05'' \qquad (13-49)$$

$$\nu(c) = \frac{1/2}{(10/100)^2} = 50 \qquad (13-50)$$

各不确定度的明细见表 13 - 4。

表 13 - 4　标准不确定度的明细

来　源	标准不确定度/($''$)	自由度
多面棱体	0.10	50
自准直仪	0.075	50
标定装置	0.05	50

合成标准不确定度为

$$u = \sqrt{u(a)^2 + u(b)^2 + u(c)^2} = 0.13'' \qquad (13-51)$$

有效自由度为

$$\nu = \frac{u^4}{\dfrac{u^4(a)}{\nu(a)} + \dfrac{u^4(b)}{\nu(b)} + \dfrac{u^4(c)}{\nu(c)}} = \frac{0.13^4}{\dfrac{0.1^4}{50} + \dfrac{0.075^4}{50} + \dfrac{0.05^4}{50}} = 104 \qquad (13-52)$$

13.3 涡轮叶片多光谱温度测量不确定度评定

13.3.1 涡轮叶片多光谱测温的基本原理

叶片是涡轮发动机中的关键部件之一,直接影响发动机的性能和寿命,是发动机型号先进程度的重要标志。测量涡轮叶片的温度并掌握它的分布规律,是分析涡轮叶片烧蚀断裂的重要依据。在航空发动机研制的过程中,需要在整机试车的试验中对涡轮叶片的表面温度场进行在线动态测量,以便测量发动机在高速旋转状态下热端部件的表面温度,对最高工作温度或过热温度区域进行监视,验证发动机整机的设计性能。

多光谱温度测量技术旨在解决物体的"真温"测量问题,它在一台仪器中设计多个光谱测量通道,不需要辅助的设备和附加的信息,对被测对象亦无特殊要求,特别适合于高温和甚高温目标的真温测量。多光谱测温方法利用被测对象在多个光谱波段的热辐射能量信息,经过数据处理得到物体的表面温度。通过合适的数学模型和数据处理方法消除复杂因素的影响,将被测目标的真实温度解算出来,因此能够得到比常规辐射测温仪器更加准确的结果。

在多光谱温度测量中,如果多光谱温度计有 n 个通道,第 i 个通道感受到的热辐射出度为 $E(\lambda_i,T)$,则根据普朗克公式得到各通道探测器的输出信号为

$$V_i = A_i \cdot E(\lambda_i,T) = A_i \cdot \varepsilon(\lambda_i) \cdot \frac{c_1}{\lambda_i^5 [e^{(c_2/\lambda_i T)} - 1]} \tag{13-53}$$

式中,A_i 表示与仪器有关的常数;$\varepsilon(\lambda_i)$ 表示被测目标在 i 通道波长下的发射率;$i=1,2,\cdots,n$。

可以看出,n 个通道的多光谱温度计有 n 个方程,却包含 $n+1$ 个未知量。目标温度 T 和 n 个通道的光谱发射率方程无法求解,必须补充约束条件。

在理论上虽然 $\varepsilon(\lambda_i)$ 与温度有关,但由于测量的时间很短,温度的变化很小,因此可认为在测量过程中 $\varepsilon(\lambda_i)$ 只与 λ_i 有关。将含有 $m(m<n)$ 个参数的函数表示为 $\varepsilon(\lambda_i,T) \sim f(a_1,a_2,\cdots,a_m,\lambda_i)$,利用式(13-53)可以求解出 m 个参数 $a_1 \sim a_m$ 以及目标温度 T。除了发射率模型中的各变量之外,也可以将其他一些影响量作为变量引入该方程。只要保证测量通道大于未知量的个数,在理论上都可以求出目标温度的值。

在对发动机涡轮叶片进行测量时,辐射测温仪不仅接收被测涡轮叶片自身的热辐射,还接收被测目标反射其他转子叶片、导向叶片、高温燃气等高温干扰源的热辐射能量。综合分析各辐射背景源的角系数、温度等参数对测量误差的影响,除了导向叶片和涡轮叶片自身的辐射以外,其他背景辐射的影响基本上可以忽略。因此在涡轮叶片的多光谱测温模型中,可以只考虑导向叶片的背景辐射影响,即

$$V = A \cdot [\varepsilon_{\lambda,m} \cdot L_\lambda(T_m) + F_1 \cdot \varepsilon_1 \cdot (1 - \varepsilon_{\lambda,m}) \cdot L_\lambda(T_{a,1})] \tag{13-54}$$

辐射温度计的各个光谱通道都有一定的带宽,光学系统和探测器对不同的光谱有不同的透过率和响应度。由式(13-54)可以得到实际辐射温度计各通道的能量为

$$V_i = A_i \cdot \left[\int \varepsilon_{\lambda,m} \tau_\lambda \sigma_\lambda L_\lambda(T_m)\, d\lambda + F_1 \varepsilon_1 \int \tau_\lambda \sigma_\lambda L_\lambda(T_{a,1})\, d\lambda - F_1 \varepsilon_1 \int \varepsilon_{\lambda,m} \tau_\lambda \sigma_\lambda L_\lambda(T_{a,1})\, d\lambda \right]$$

$$\tag{13-55}$$

式中，A_i 表示第 i 通道的仪器几何系数，与光学系统几何因素有关；τ_λ 表示光学系统的光谱透过函数；σ_λ 表示探测器的响应函数。

发动机涡轮叶片多光谱温度测量装置的工作过程是，通过固定在发动机机匣的扫描式光学探头先探测出发动机涡轮叶片的红外热辐射能量，经光纤传输至光学聚焦系统；然后进入分光探测系统，将红外辐射光线按照需要分成 n 个不同的波段，分别由光电探测系统转化为电信号；经过 A/D 模块转换为数字量进入处理器，经过处理之后得到被测目标的温度。为了满足不同发射率特性叶片材料的测量要求，分别设计了四通道和六通道测温系统。

图 13-19 是扫描式探头测量涡轮叶片二维温度场的工作原理。测量探头中的一个扫描反射镜在位移机构的带动下，在涡轮叶片的叶根到叶尖范围内沿着径向进行一维扫描测量。发动机在工作时，涡轮叶片沿着切向转动，这样就可以合成出涡轮叶片表面的二维温度场。

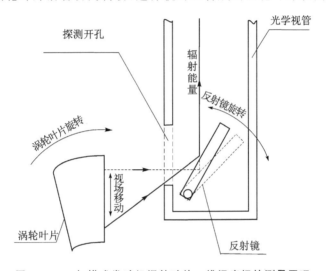

图 13-19　扫描式发动机涡轮叶片二维温度场的测量原理

扫描式涡轮叶片多光谱测温装置包括扫描式测量探头、聚焦传输和分光探测系统、数据处理和测控系统、上位工控机和软件系统以及其他附件系统等。扫描式测温探头和传输光纤及光电处理器的实物如图 13-20 所示。

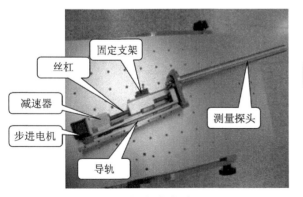

(a) 扫描式测温探头

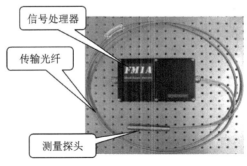

(b) 传输光纤及光电处理器

图 13-20　多光谱测温系统实物

13.3.2　涡轮叶片多光谱测温模型与标定

在实际辐射温度计各通道的能量方程组中含有仪器的几何系数 A_i，需要通过标定予以消除。

涡轮叶片多光谱测温系统的标定原理如图 13-21 所示。用一台高精度变温黑体辐射源对多光谱测温系统的有效波长和在参考温度时各通道的输出信号进行标定，得到各通道的有效波长后，标定出各通道在参考温度的输出信号。

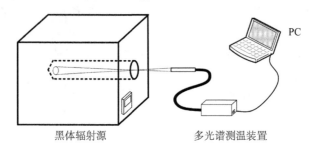

                        黑体辐射源   多光谱测温装置

图 13-21　涡轮叶片多光谱测温系统的标定

当温度为 T_0 时，在黑体炉上对仪器进行标定，得到第 i 通道的输出 $V_{i,0}$ 为

$$V_{i,0} = A_i \cdot \left(\int \tau_\lambda \sigma_\lambda L_\lambda (T_0) \, \mathrm{d}\lambda \right) \tag{13-56}$$

将式(13-55)除以式(13-56)得到

$$\frac{V_i}{V_{i,0}} = \frac{\int \varepsilon_{\lambda,m} \tau_\lambda \sigma_\lambda L_\lambda (T_m) \, \mathrm{d}\lambda}{\int \tau_\lambda \sigma_\lambda L_\lambda (T_0) \, \mathrm{d}\lambda} + F_1 \varepsilon_1 \frac{\int \tau_\lambda \sigma_\lambda L_\lambda (T_{a,1}) \, \mathrm{d}\lambda}{\int \tau_\lambda \sigma_\lambda L_\lambda (T_0) \, \mathrm{d}\lambda} - F_1 \varepsilon_1 \frac{\int \varepsilon_{\lambda,m} \tau_\lambda \sigma_\lambda L_\lambda (T_{a,1}) \, \mathrm{d}\lambda}{\int \tau_\lambda \sigma_\lambda L_\lambda (T_0) \, \mathrm{d}\lambda}$$

$$\tag{13-57}$$

可以看出，式(13-57)中已经不含有 A_i，在理论上可以求解，但式中的积分项给求解带来困难，可以借鉴常规辐射温度计使用的有效波长概念进行简化。由于单色、比色等常规辐射温度计的前提是被测目标的发射率为常数，即发射率与波长无关，而式(13-57)中的积分项却包含与波长相关的发射率，发射率的具体形式和参数随不同的测量目标有所不同，因此无法直接使用有效波长进行简化。

为了解决这一问题，引入等效发射率的概念。在积分项 $\int \varepsilon_{\lambda,m} \tau_\lambda \sigma_\lambda L_\lambda (T_m) \, \mathrm{d}\lambda$ 中，由于 $\varepsilon_{\lambda,m}$ 的取值范围为 $[0,1]$，其他变量的函数都是光滑、连续的，可以假设 $\int \varepsilon_{\lambda,m} \tau_\lambda \sigma_\lambda L_\lambda (T_m) \, \mathrm{d}\lambda = \varepsilon'_i$ $\int \tau_\lambda \sigma_\lambda L_\lambda (T_m) \, \mathrm{d}\lambda$，其中 ε'_i 称为通道的等效发射率，则式(13-57)可以变换为

$$\frac{V_i}{V_{i,0}} = \frac{\varepsilon'_i \int \tau_\lambda \sigma_\lambda L_\lambda (T_m) \, \mathrm{d}\lambda}{\int \tau_\lambda \sigma_\lambda L_\lambda (T_0) \, \mathrm{d}\lambda} + F_1 \varepsilon_1 \frac{\int \tau_\lambda \sigma_\lambda L_\lambda (T_{a,1}) \, \mathrm{d}\lambda}{\int \tau_\lambda \sigma_\lambda L_\lambda (T_0) \, \mathrm{d}\lambda} - F_1 \varepsilon_1 \frac{\varepsilon'_i \int \tau_\lambda \sigma_\lambda L_\lambda (T_{a,1}) \, \mathrm{d}\lambda}{\int \tau_\lambda \sigma_\lambda L_\lambda (T_0) \, \mathrm{d}\lambda}$$

$$\tag{13-58}$$

引入有效波长 λ_e,使其满足 $\left. \dfrac{L_\lambda(T)}{L_\lambda(T_0)} \right|_{\lambda=\lambda_e} = \dfrac{\displaystyle\int_{\lambda_1}^{\lambda_2} \tau_\lambda \sigma_\lambda L_\lambda(T) \mathrm{d}\lambda}{\displaystyle\int_{\lambda_1}^{\lambda_2} \tau_\lambda \sigma_\lambda L_\lambda(T_0) \mathrm{d}\lambda}$,则式(13 – 58)可以简

化为

$$\frac{V_i}{V_{i,0}} = \varepsilon'_{\lambda_e} \frac{L_{\lambda_{e,i}}(T_m)}{L_{\lambda_{e,i}}(T_0)} + F_1 \varepsilon_1 \frac{L_{\lambda_{e,i}}(T_{a,1})}{L_{\lambda_{e,i}}(T_0)} - F_1 \varepsilon_1 \varepsilon'_{\lambda_e} \frac{L_{\lambda_{e,i}}(T_{a,1})}{L_{\lambda_{e,i}}(T_0)} \qquad (13-59)$$

这种简化对温度测量并没有影响,因为仅将原来的 $\varepsilon(\lambda) \sim f(a_1, a_2, \cdots, a_m, \lambda)$ 变换为 $\varepsilon'_i \sim f(a_1, a_2, \cdots, a_m, \lambda_e^i)$,只影响发射率的计算。分析表明,在多光谱测温选取的参数范围之内,发射率的影响很小,在要求的误差范围内一般都可以接受。

有效波长的标定有两种方法。一种是使用单色仪和标准探测器标定出光学系统的透过率 τ_λ 与探测器光谱的响应 μ_λ,按照式(13 – 60)计算出各个通道在任意两个温度间隔的有效波长。

$$\lambda_c = \frac{c_2 \left(\dfrac{1}{T_1} - \dfrac{1}{T_2} \right)}{\ln \dfrac{\displaystyle\int_{\lambda_1}^{\lambda_2} L_\lambda^0(T_2) \tau_\lambda \mu_\lambda \mathrm{d}\lambda}{\displaystyle\int_{\lambda_1}^{\lambda_2} L_\lambda^0(T_1) \tau_\lambda \mu_\lambda \mathrm{d}\lambda}} \qquad (13-60)$$

另一种是黑体标定法。将黑体炉的辐射特性看做一个理想黑体,则 $\displaystyle\int_{\lambda_1}^{\lambda_2} L_\lambda^0(T) \tau_\lambda \mu_\lambda \mathrm{d}\lambda$ 就是某个通道在对黑体辐射源测量时的输出电压值 V。该通道在 T_1 和 T_2 温度间隔的有效波长为

$$\lambda_c = \frac{c_2 \left(\dfrac{1}{T_1} - \dfrac{1}{T_2} \right)}{\ln \left(\dfrac{V_{T_1}}{V_{T_2}} \right)} \qquad (13-61)$$

使用一定的黑体辐射源,根据不同温度各通道的输出电压,根据式(13 – 61)可以计算出各通道在不同温度间隔的有效波长。

将有效波长标定的两种方法进行比较可以发现:

第一种方法的优点是可以求出任意温度间隔的平均有效波长。单色仪和标准探测器的测量精度有限,一般仅能达到 2% 的准确度。由于阻带部分的透过率很低,故几乎无法测量到阻带的准确透过率。阻带透过率的大小直接影响有效波长,导致对有效波长的计算不准确。因此有效波长产生的不确定度明显增大。

第二种方法虽然不能求出任意温度间隔的有效波长,但是在温度间隔为整百度时,有效波长的偏移量不大。只要在黑体辐射源的整百度点分别标定出有效波长,就可以保证不确定度在容许的范围之内。在整百度温度点可以按照式(13 – 61),使用黑体辐射源对有效波长进行标定。

在四通道系统中对不同温度有效波长的标定结果见表 13 – 5。

在六通道系统中对不同温度的有效波长标定结果见表 13 – 6。

表 13 - 5　四通道系统不同温度的有效波长

温度/℃	有效波长/nm			
	通道 1 (950~1 150)	通道 2 (1 270~1 325)	通道 3 (1 525~1 575)	通道 4 (1 625~1 675)
600	1 067.67	1 299.91	1 550.68	1 650.42
700	1 062.57	1 299.36	1 550.48	1 650.24
800	1 058.76	1 298.97	1 550.30	1 650.08
900	1 055.72	1 298.66	1 550.15	1 649.93
1 000	1 053.20	1 298.42	1 550.01	1 649.78
1 100	1 051.07	1 298.22	1 549.87	1 649.63
1 200	1 049.24	1 298.04	1 549.74	1 649.48
1 300	1 047.65	1 297.89	1 549.61	1 649.34
1 400	1 046.24	1 297.76	1 549.49	1 649.19
1 500	1 045.00	1 297.64	1 549.36	1 649.03

表 13 - 6　六通道系统不同温度的有效波长

温度/℃	有效波长/nm					
	通道 1 (900~1 150)	通道 2 (1 180~1 230)	通道 3 (1 260~1 330)	通道 4 (1 450~1 500)	通道 5 (1 530~1 580)	通道 6 (1 610~1 650)
600	1 073.09	1 209.02	1 297.17	1 475.95	1 555.66	1 630.26
700	1 065.75	1 207.94	1 296.75	1 475.72	1 555.46	1 630.11
800	1 059.74	1 207.25	1 296.41	1 475.52	1 555.29	1 629.97
900	1 054.64	1 206.77	1 296.12	1 475.35	1 555.14	1 629.84
1 000	1 050.24	1 206.42	1 295.88	1 475.20	1 554.99	1 629.70
1 100	1 046.41	1 206.15	1 295.68	1 475.07	1 554.86	1 629.56
1 200	1 043.05	1 205.93	1 295.50	1 474.94	1 554.73	1 629.42
1 300	1 040.07	1 205.75	1 295.35	1 474.82	1 554.60	1 629.27
1 400	1 037.43	1 205.59	1 295.21	1 474.70	1 554.47	1 629.12
1 500	1 035.06	1 205.46	1 295.09	1 474.59	1 554.35	1 628.96

　　在不同的整百度温度点,用黑体炉标定多光谱测温仪四通道的信号输出见表 13 - 7。

表 13 - 7　四通道装置在参考温度的标定结果

量　程	参考电压/V			
	通道 1	通道 2	通道 3	通道 4
1	0.027 8	0.078 7	0.121 5	0.098 7
	0.130 2	0.288 9	0.361 9	0.275 2
	0.463 0	0.832 9	0.879 9	0.634 1
	1.337 2	2.005 6	1.839 0	1.267 7
2	0.133 7	0.180 5	0.183 9	0.126 7
	0.328 5	0.378 7	0.342 4	0.227 4
	0.710 5	0.713 6	0.582 5	0.374 6
	1.387 4	1.234 3	0.922 2	0.577 1
3	0.461 6	0.592 4	0.307 3	0.189 6
	0.829 4	0.956 0	0.459 2	0.276 6
	1.391 8	1.456 9	0.654 2	0.385 9
	2.205 4	2.117 7	0.895 8	0.518 6

在不同的整百度温度点,用黑体炉标定多光谱测温仪六通道的信号输出见表 13 - 8。

表 13 - 8　六通道装置在参考温度的标定结果

量　程	温度/℃	参考电压/V					
		通道 1	通道 2	通道 3	通道 4	通道 5	通道 6
1	600	0.029 3	0.042 8	0.078 6	0.128 7	0.123 7	0.092 7
	700	0.133 7	0.172 3	0.283 3	0.405 0	0.367 2	0.261 9
	800	0.466 4	0.537 3	0.805 0	1.029 6	0.890 2	0.609 8
	900	1.328 2	1.382 1	1.915 4	2.233 7	1.856 3	1.229 6
2	900	0.132 8	0.138 2	0.191 5	0.223 3	0.185 6	0.122 9
	1 000	0.323 2	0.306 7	0.397 9	0.429 1	0.344 9	0.222 1
	1 100	0.695 0	0.606 2	0.743 2	0.749 6	0.585 7	0.368 2
	1 200	1.352 1	1.092 8	1.275 8	1.214 7	0.926 0	0.570 1
3	1 200	0.449 9	0.365 7	0.425 3	0.407 3	0.308 7	0.187 3
	1 300	0.807 0	0.612 0	0.682 0	0.620 9	0.460 6	0.274 6
	1 400	1.353 8	0.962 8	1.033 3	0.900 1	0.655 3	0.384 5
	1 500	2.147 0	1.439 9	1.495 3	1.252 0	0.896 8	0.518 7

13.3.3　涡轮叶片多光谱测温的不确定度

涡轮叶片测温模型是一个非线性、非显函数和多输入、多输出的复杂模型,难以用常规方法对测量结果的不确定度进行评定,因此可以使用蒙特卡洛法(MCM)进行数值模拟与评定。

利用 MCM 法进行涡轮叶片多光谱测温结果不确定度评定的模型为

$$\frac{V_{si}}{V_{bi}} \cdot \frac{c_1}{\lambda_{ci}^5 \cdot \left[\exp\left(\frac{c_2}{\lambda_{ci}^5 \cdot T_b}\right) - 1 \right]}$$

$$= (a + b\lambda_{ci}) \cdot \frac{c_1}{\lambda_{ci}^5 \cdot \left[\exp\left(\frac{c_2}{\lambda_{ci}^5 \cdot T_s}\right) - 1 \right]} +$$

$$[1 - (a + b\lambda_{ci})] \cdot F_a \cdot \frac{c_1}{\lambda_{ci}^5 \cdot \left[\exp\left(\frac{c_2}{\lambda_{ci}^5 \cdot T_a}\right) - 1 \right]}, \quad i = 1, 2, \cdots, 6 \quad (13-62)$$

式中，T_s 表示涡轮叶片的温度；ε 表示叶片发射率，根据实验数据近似以 $\varepsilon = a + b\lambda$ 的形式表达；T_a 表示背景辐射温度；F_a 表示背景对涡轮叶片的角系数；λ_c 表示各通道有效波长；T_b 表示静态标定时黑体辐射源的温度；V_b 表示静态标定时各通道输出电压；V_s 表示实际测量时得到的各通道电压；i 是通道数，$i = 6$ 表示有 6 个通道，可以构造成含有 5 个未知数的 6 个方程组。这里需要求解的是涡轮叶片的温度 T_s。

根据式(13-62)中的输入变量可以看出影响测温的主要因素如下。

(1) 有效波长的不确定度 u_λ

在不同温度时的有效波长会发生变化，虽然已经按照整百度点间隔对有效波长进行了标定，但在 100 ℃变化范围内的有效波长仍然存在着一定的变化。由于无法确切地知道被测温度，也就无法获得有效波长的准确值，故需要对引入的不确定度进行估计。分析表明，有效波长呈正态分布，因此标准不确定度为 $u_\lambda = 3$ nm。

(2) 标定时黑体辐射源的不确定度 u_{T_b}

在标准黑体辐射源上标定仪器在各个通道的常数过程中会引入不确定度。标准黑体辐射源的不确定度可以查找相应的校准证书得到。在温度为 1 000 ℃时的不确定度为 2.7 ℃，$k = 2$，则标准不确定度为 $u_{T_b} = 2.7$ ℃$/2 = 1.35$ ℃。

(3) 标定时通道输出电压的不确定度 u_{V_b}

电路中不可避免地存在着一定的噪声。实际测试噪声的大小约为 ±1 mV，按均匀分布 $k = \sqrt{3}$ 计算的标准不确定度 $u_{V_b} = 0.58$ mV。

(4) 测量时通道输出电压的不确定度 u_{V_s}

在测量与标定时使用的系统尽管相同，但电路的噪声属于随机噪声，二者不相关。其不确定度与 u_{V_b} 相等，即 $u_{V_s} = 0.58$ mV。

(5) 发射率模型设置不合理的不确定度 u_e

实际发射率模型与设定发射率模型之间存在一定的差异，发射率参数是一个输出量，不能作为不确定度的输入量进行计算。发射率模型设置不合理体现在各个通道测量得到的电压之间存在一定的偏差。分析表明，该偏差约为 0.5%，按照在 1 000 ℃时通道输出电压为 1 V 计算，则 $u_e = 1$ V$\times 0.005/3 = 1.7$ mV。

按照上述不确定度模拟构造输入量的采样策略，假设采样次数为 2×10^6，以 1 000 ℃为例，使用蒙特卡洛方法得到 2×10^6 个输出量 T_b，分别画出 T_b 的柱状图与分布拟合图，如图 13-22 所示。

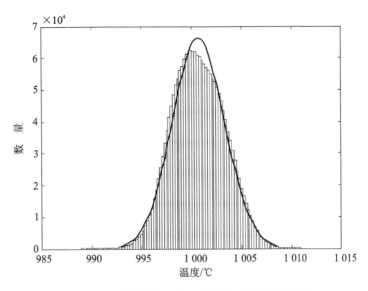

图 13 - 22　利用蒙特卡洛方法评定的不确定度分布

可以看出,计算得到 T_b 的期望值 999.55℃ 比 1 000 ℃小了 0.45 ℃,与正态分布之间存在一定的偏差。取置信概率为 95%,置信区间为 [995.67,1 003.68],则扩展不确定度为 4.0 ℃。

用同样的方法对多光谱测温系统的上限温度和下限温度 1 500 ℃和 600 ℃分别进行蒙特卡洛不确定度评定。在 600 ℃时取置信概率为 95%,置信区间为 [597.1,605.9],则扩展不确定度为 4.4 ℃;在 1 500 ℃时取置信概率为 95%,置信区间为 [1 495.1,1 502.7],则扩展不确定度为 3.8 ℃。随着温度的升高,仪器本身的不确定度减小。这主要是因为在较低温度时的辐射信号比较弱,在对仪器进行标定和测量时会引入比较大的误差,因此在低温时的不确定度相应地变大。

在利用蒙特卡洛方法对多光谱测温系统不确定度评定的过程中存在一些假设,如在计算时均假设低温热端部件的影响、角系数的影响和高温背景辐射源的温场不均匀影响等可以忽略,但实际上它们都与具体的测温条件和工况有关,一旦忽略了这些影响,在测温结果中就会产生比较大的误差。这也与测量中所采用的具体模型有关,需要根据实际情况进行综合分析之后决定哪些影响可以忽略。

以某型发动机参数和仿真数据为例,对上述各影响量进行的分析见表 13 - 9。假设各影响量之间互不相关,得到测量结果的相对合成标准不确定度为 0.83%,相对扩展不确定度为 1.7% ($k=2$)。

表 13 - 9　某型发动机测量结果的不确定度

不确定度来源	测量误差或扩展不确定度/℃	包含因子	相对标准不确定度/%
仪器自身	4.4	2	0.24
低温背景	5	$\sqrt{3}$	0.32
角系数	5	$\sqrt{3}$	0.32
高温背景不均匀	10	$\sqrt{3}$	0.64

13.3.4 涡轮叶片多光谱测温的试验验证

使用黑体辐射源对测温系统的准确度进行验证,如图 13-23 所示。高温黑体辐射源是一个直径为 $\Phi25$ mm 的黑体空腔,由高导热性材料制成,温度均匀性好。选用 0.1 级高精度数字式 PID 温控器,在 $300\sim1\,600$ ℃的范围任意设定温度,黑体辐射源的最大允许误差为 $\pm(0.25\%\times$ 读数 $+1$ ℃$)$。

图 13-23 高温黑体辐射源的静态校准

按照设计参数的要求,将多光谱测温系统的探头对准黑体辐射源,使测量视场位于黑体辐射源的有效辐射面上。将黑体辐射源的温度依次设定在 $600\sim1\,500$ ℃之间的整百度点,在温度达到稳定之后分别记录多光谱测温系统和黑体辐射源的温度值,得到四通道和六通道的校准结果见表 13-10。

表 13-10 高温黑体辐射源静态温度的校准结果

温度点/℃	四通道			六通道		
	测量值/℃	误差/℃	相对误差/%	测量值/℃	误差/℃	相对误差/%
600	598.2	−1.8	−0.30	601.2	1.2	0.20
700	698.3	−1.7	−0.24	699.1	−0.9	−0.13
800	800.3	0.3	0.04	798.3	−1.7	−0.21
900	899.3	−0.7	−0.08	900.6	0.6	0.07
1 000	1 000.6	0.6	0.06	1 001.3	1.3	0.13
1 100	1 100.7	0.7	0.06	1 100.2	0.2	0.02
1 200	1 201.2	1.2	0.10	1 199.1	−0.9	−0.08
1 300	1 299.4	−0.6	−0.05	1 301.1	1.1	0.08
1 400	1 398.3	−1.7	−0.12	1 400.7	0.7	0.05
1 500	1 499.5	−0.5	−0.03	1 500.1	0.1	0.01

可以看出,在各个温度点校准得到的数值与标准值之间的相对误差均不大于 0.3%,优于设计指标。因此满足设计要求。

在使用高温黑体辐射源进行静态校准时,黑体辐射源的有效发射率约为 1,无法验证多光谱测温系统在测量实际物体时是否满足要求。为了解决这个问题,采用与发动机涡轮叶片材质相同的高温镍基材料制作样品,用高温表面炉进行加热,在静态条件下验证多光谱测温系统的准确度。

如图 13-24 所示,将被测样品夹持在高温表面加热炉的表面上,在样品的侧面插入一支高精度热电偶传感器,调整高温表面加热炉的温度,使被测样品的表面温度接近设定温度。待达到稳定之后分别记录高精度热电偶传感器的温度和多光谱测温系统显示的温度,求出两者之间的偏差,验证多光谱测温系统是否能够有效地消除目标发射率的影响,进而准确地测量出目标的温度。

图 13-24　多光谱测温系统的静态验证

考虑到高温表面加热炉的温度上限,仅在 600~1 100 ℃ 之间进行静态温度验证,得到的结果见表 13-11。可以看出最大测量误差小于 0.4%,优于设计指标。

表 13-11　静态温度验证结果

温度点/℃	四通道			六通道		
	测量值/℃	误差/℃	相对误差/%	测量值/℃	误差/℃	相对误差/%
600	597.7	−2.3	−0.38	601.5	1.5	0.25
700	697.9	−2.1	−0.30	698.8	−1.2	−0.17
800	799.7	−0.3	−0.04	798.5	−1.5	−0.19
900	898.9	−1.1	−0.12	900.3	0.3	0.03
1 000	1 000.3	0.3	0.03	1 001.5	1.5	0.15
1 100	1 100.9	0.9	0.08	1 100.5	0.5	0.05

在线测量高速旋转叶片的温度需要比较高的动态响应特性。为了保证多光谱测温系统的整体频率响应大于 15 kHz,需要保证光电转换、放大电路和 A/D 转换电路等硬件系统的动态特性达到 50 kHz。常用动态校准装置的斩波速度最高只能达到 16 kHz,实际多光谱测温系统的响应速度远远大于这个值,因此使用红外 LED 光源对动态特性进行验证。

使用函数发生器产生方波或者正弦波电压信号,驱动红外 LED 发出频率在 1 Hz~1 MHz 范围内连续变化的红外光信号。用这个信号作为光源对动态响应速度进行标定。利用红外 LED 进行动态特性验证的系统如图 13-25 所示。

在对测量系统进行标定时,设置函数发生器的输出波形为方波。频率从 10 kHz 开始调整,以 10 kHz 的间隔逐渐递增至 50 kHz,用示波器观察电压信号的输出情况。若输出电压与

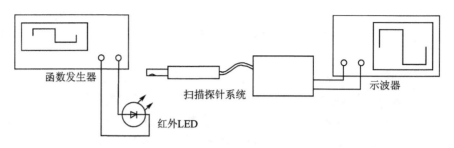

图 13 - 25　红外 LED 动态特性验证系统

低频时的电压峰峰值相比较不小于 95%，就可以认为带宽不小于此时的频率。

在 10 kHz、30 kHz 和 50 kHz 频率处，通道的输出电压如图 13 - 26 所示。可以看出高达 50 kHz 的频率依然能够正常响应，带宽大于 50 kHz 的设计指标。

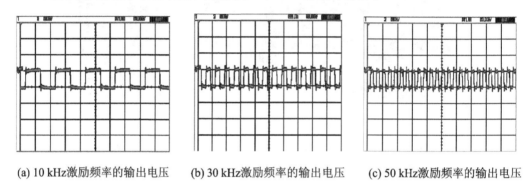

(a) 10 kHz 激励频率的输出电压　　(b) 30 kHz 激励频率的输出电压　　(c) 50 kHz 激励频率的输出电压

图 13 - 26　不同激励频率的输出电压

为了模拟涡轮叶片多光谱测温系统在高温燃气条件下的准确度，用 1 700 ℃ 热校准风洞模拟航空发动机涡轮叶片的实际工作环境。将六通道多光谱测温系统的温度与工件上布置热电偶测量得到的温度进行比较，对测量系统在实际工作状态的测温准确度进行评估，并且分析高温燃气、工件光谱发射率和倾斜角度等多种干扰因素对多光谱测温算法准确性的影响。

模拟目标工件为经过充分氧化的高温合金钢，在表面上没有涂层。在工件的下部焊接一根镍棒，用于将目标固定在位移机构上，如图 13 - 27 所示。

如图 13 - 28 所示，在工件上布置 7 支热电偶，其中将 1♯~5♯ 热电偶粘贴在工件的背面；2♯ 和 7♯ 热电偶粘贴在工件的正面。热电偶的结点放置在距离正面一侧约 1 mm 处。在试验的过程中，多光谱测温系统测量的是工件的中心位置，因此可以将 3♯ 热电偶的示值作为标准值，与多光谱测温系统的测量结果进行比较。来流方向与工件表面之间的夹角约为 15°，尽量均匀地加热工件表面，避免气流过大导致工件断裂或者热电偶脱落。多光谱测温仪的探头与模拟工件之间的距离为 230 mm，测量视场的直径为 2.7 mm。

利用位移机构将被测工件固定在热校准风洞的试验段，利用逆向测量光路瞄准被测工件，使测量位置位于被测工件的中心；开启热校准风洞，调节出多种不同的马赫数、空燃比和气流温度；分别记录多光谱测温系统得到的温度值和被测工件表面/内部的热电偶温度值，计算出二者之间的偏差。

风洞验证试验的原理如图 13 - 29 所示，试验过程如图 13 - 30 所示。

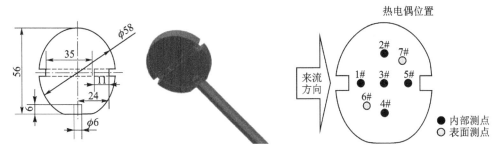

图 13 - 27　模拟目标工件的结构　　　　　　　图 13 - 28　热电偶的布置

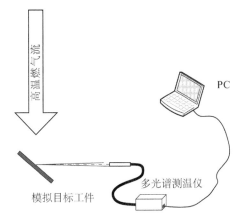

图 13 - 29　风洞验证试验原理

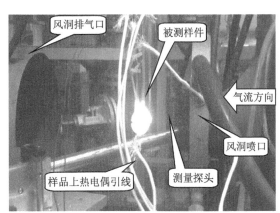

图 13 - 30　风洞验证试验过程

　　试验结果见表 13 - 12。在不同的温度、不同的空燃比、不同的马赫数和未完全燃烧黄色火焰的情况下,多光谱测温系统得到的温度与热电偶测量的温度之间平均值的相对偏差不大于 1.7%。考虑到热电偶测量表面温度存在的误差、气流温度扰动导致的工件温度不稳定以及其他干扰因素的影响,可以认为多光谱测温的结果可靠。

表 13 - 12　多光谱测温系统试验结果

温度/℃	马赫数	燃烧状态	3# 热电偶温度/℃	多光谱温度/℃	与热电偶温度平均值的偏差/℃	相对偏差/%
1 000	0.15	正常	1 017.2	1 018.0	0.8	0.1
1 050	0.15	正常	1 063.7	1 046.0	-17.7	-1.7
1 050	0.15	黄色火焰	1 068.9	1 065.7	-3.2	-0.3
1 050	0.25	正常	1 063.5	1 074.0	10.6	1.0
1 050	0.25	黄色火焰	1 080.7	1 096.8	16.1	1.5
1 100	0.15	正常	1 104.9	1 123.6	18.7	1.7
1 150	0.25	正常	1 171.4	1 162.1	-9.3	-0.8

　　通过高温黑体辐射源对系统的测量范围和测量误差开展的校准试验,进一步验证了测温装置的静态和动态技术指标。利用红外二极管模拟动态变化目标辐射验证了测温装置中的光

电转换、信号放大调理和数据采集部分的动态特性。利用煤油燃烧加热的热校准风洞分别模拟了在高温高速燃气和辐射背景等复杂条件下,实际涡轮叶片高温材料与热电偶测量温度的试验结果,通过比较试验进一步验证了测温装置满足设计要求。验证试验与不确定度评定的结果表明,多光谱测温装置能够满足发动机涡轮叶片温度的在线动态测量。

13.4　任意波发生器的失真度评定

13.4.1　任意波发生器及其校准

任意波发生器(Arbitrary Waveform Generator,AWG)作为一种信号发生装置,除了具备一般信号源产生各种标准波形(包括直流信号)的能力外,还能够按照用户的需求产生特定的信号输出。任意波发生器一般具备函数发生器的功能。与一般的信号源相比较,任意波发生器的性能指标是重点关注的内容之一。对任意波发生器进行校准的目的是为了定量地评价产生任意波形的能力,并且获得在产生任意波形过程中的误差因素和失真的校准结果,使任意波发生器产生的波形数据能够有效地溯源。

任意波发生器的校准有三个基本问题。

(1)任意波发生器的技术内涵

任意波发生器并不能产生任意的波形,实际上没有一种仪器能够产生绝对意义的"任意波形",目前所使用的任意波发生器都是有"条件"的"任意波"发生器。在条件许可的情况下,其可以产生一些波形;如果超出了一定的条件则不能产生。这些条件需要计量和界定。如果撇开绝对意义上的任意波形,就可以下一个比较简单的定义。任意波发生器是能够将具有幅度量化特征和时间抽样特点的离散数据组按顺序发出并且生成模拟信号波形的一种数字化模拟信号发生装置。

(2)任意波形的主要参数

任意波形的主要参数可以从两个方面考虑。一方面是波形本身的参数包括幅度、能量、频谱和各种极限参数等;另一方面是实际波形与目标波形之间的差异即失真度,它决定着波形的质量。目前仅正弦波和方波有失真度的定义,其他绝大多数波形还没有或很少有失真度的定义。目标波形与实际波形之间的差异总是客观存在的,因此为了定量地衡量这种差异,需要对波形的总失真度开展研究。

(3)任意波发生器如何校准

严格地讲,任意波发生器的校准应当针对所有波形,包括确定的波形和任意的波形。这样就导致一个问题,确定的波形不是任意波,不需要进行校准;如果是任意的波形则根本无从校准。因此,通常意义上的任意波发生器校准不是波形的校准,而是对仪器设备本身的校准。对于仪器的校准一般包括两个方面,一个是仪器产生任意波形能力的校准;另一个是仪器产生任意波形时的误差及失真的校准(包含任意波形和确定波形)。任意波发生器的校准实质是对实际波形与目标波形之间符合程度及符合能力的校准。

例如,希望产生的波形曲线 $x_0(t)$ 如图 13-31 所示;实际产生的是由任意波发生器存储的 $x_0(t)$ 的量化抽样序列生成的信号波形 $x(t)$。那么 $x(t)$ 与 $x_0(t)$ 之间的符合程度或者符合能力就是任意波发生器校准的本质。若条件不允许,则以 $x_0(t)$ 的量化抽样序列与 $x(t)$ 的符合程度及符合能力做替代,来校准任意波发生器。

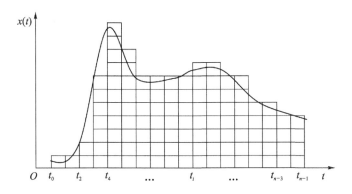

图 13-31　任意波发生器波形输出示意图

　　任意波发生器校准的主要内容有两个,一是校准它产生任意波形能力的极限及执行参数值,如取样速率、压摆率、建立时间、量程、分辨力、存储深度等;二是评价它产生任意波形中的每一个与标称数据点相对应输出点的准确度,包括幅值准确度和时间准确度,如失真度、线性度、抖动、误差、噪声等。

　　对于任意波发生器产生的标准波形如正弦波、方波、三角波等波形的校准,已经有成熟的方法和大量的研究文献,因此这里主要就任意波形的校准问题进行讨论。

13.4.2　任意波形的来源与获取

　　对于一般意义上的"任意波形",通俗的理解是不具有特定规律的"任意"形状的一种波形。"标准波形"则是指事先明确预知其规律或者模型的波形,而且这些规律或者模型一般都被认为是"简单"且易于处理的,例如正弦波、方波、三角波等。由于对其来源与掌握或者认识程度的不同,"任意波形"与"标准波形"之间又具有一定的相对性。例如为特殊目的而构造的特殊波形,以及为复现某些特殊信号而使用仪器设备遵循一定的规律(函数规律或者模型已知)重复产生的信号,又可能被认为是某种"标准波形"。在理论上的"标准波形"也是某种特殊的"任意波形",只是其规律或者模型已经被知晓而已。

　　作为研究对象的任意波形,必须能够以某种方式记录或者展示出来。这些波形大体上可以分为三类:

　　第一类是使用统计数据绘制的波形曲线,例如股票趋势图、交通流量统计图等;

　　第二类是使用仪器记录并展示出来的波形,例如使用各种记录仪器、示波器等记录并展示出来的信号波形;

　　第三类是通过现代测试手段,使用各种信号发生器、信号源等合成产生的任意波形,或者直接使用任意波发生器等设备按照特定目的或者规律直接产生相应的任意波形。校准研究对象的重点是上述已知模型或者具有数学规律的任意波形。根据任意波形的来源,出于计量校准目的的任意波形,主要来源于上述的第二类和第三类,其中第三类最终也要通过第二类也就是通过相应的波形记录仪器(如示波器)记录得到需要评价的任意波形。

　　在工业过程或者研究等领域,对这些"任意波形"特别是一般意义上的任意波形进行观察与测量是不可或缺的。可以利用各种测量仪器或者记录设备对这些波形进行捕捉、观测和研究。现代数字化高速记录设备如高速数字示波器、高速波形记录仪等，不仅能够快速地抓取任意波形中的细节，而且能够将测量结果保存起来，便于进行事后的分析与处理，给信号的处理带来了巨大的变革。使用数字化记录设备进行波形获取的实质，是采用时间抽样和信号幅度量化的方式获得被测波形的离散采样序列，以这些序列近似地表达被测的任意波形。其重点在于如何不失真地获取原始任意波形并精确地复现及表述，以及用什么指标对任意波形做出评价。

在这个过程中关注的主要问题是采样准确度。影响采样准确度的主要因素有两个，一个是被测信号本身的影响，例如信号包含的噪声、谐波次数或者频带宽度等；另一个是信号获取与数据处理中带来的影响。在可能的条件下，应当要求被测任意波形信号即输入信号具有尽可能高的信噪比，能够根据波形表现出来的形态尽量准确地预估出最高谐波的次数。信号发生装置也应当具有尽可能小的输出阻抗，或者按照设计的要求能够与测量系统匹配连接，提高被测信号的质量或者减少给后续测量环节带来的误差。

采样方式带来的误差主要是由于采样形式的不同，例如同步采样还是非同步采样或者准同步采样（即采样周期是否与信号周期成整倍数的关系）、整周期采样还是非整周期采样、均匀采样还是非均匀采样等。不同的采样形式对测量结果及后续数据处理造成的影响很可能不同。

对采样信号进行数据处理的内容不仅涵盖采样数据的预处理环节，例如粗大误差的剔除，还包括后续的数据分析和处理以及测量结果的评价。计算机的数据存储与表达不可能采用无限的数据长度，如目前最长的多精度浮点类型表达一般不超过 128 位，因此在运算中会带来相应的截断误差和舍入误差。已经有许多讨论并提出相应的办法减小运算误差，例如采用收敛速度更快的算法可以减少运算过程所带来的误差。

13.4.3　失真度评定的基本假设

为了评定任意波形的失真度，提出以下几点基本假设：

① 已知被校准任意波形的模型或者参数。

在物理可实现的情况下，假设周期性任意波形的周期为 T，每一个周期由 m 段已知函数关系的曲线 $x_m(t)$ 组成，则任意波形可以表示为

$$x(t)=\begin{cases} \vdots & \vdots \\ x_1(t), & 0 \leqslant t+\tau < T_1 \\ x_2(t), & T_1 \leqslant t+\tau < T_1+T_2 \\ \vdots & \vdots \\ x_m(t), & T-T_m \leqslant t+\tau < T \\ \vdots & \vdots \end{cases} \tag{13-63}$$

式中，T_k 表示各段曲线所占的时间（$k=1,2,\cdots,m$），T_k 与周期 T 之比 $\eta_k = T_k/T$ 严格已知，且 $\sum_{k=1}^{m} \eta_k \equiv 1$；$\tau$ 表示实数，代表与 $t=0$ 时刻相对应的值在函数曲线中的位置。

② 后续讨论均认为任意波形是周期性的。

即使对于"单次"的任意波形，实际上也可以通过周期延拓的办法将其拓展为周期波形，因此并不影响相应的讨论过程与得出的结论。

③ 用于评价的采样设备参数或者性能指标均为已知。

采样设备的参数或者性能指标包括在采样的过程中使用的采样速率、量程、有效位数等，以及相应参数的不确定度。

④ 对任意波形的最佳逼近或者拟合具有明确的约定。

最佳逼近或者拟合主要涉及信号的分解与变换。对信号的分解与变换是为了进行理论研究和开展信号分析处理的方便。根据信号分析理论，一般信号都可以看成是由一些基本信号构成的，也就是说一个信号可以分解成一些基本信号组合（相加）的形式。

对于一个任意的信号 $f(t)$，假设存在一组基本信号 $\Phi_1(t),\Phi_2(t),\cdots,\Phi_k(t),\cdots,\Phi_n(t)$，以及适当的系数 $x_1,x_2,\cdots,x_k,\cdots,x_n(k=1,2,\cdots,n)$，使得

$$f(t)=f_n(t)=x_1\Phi_1(t)+x_2\Phi_2(t)+\cdots+x_n\Phi_n(t)=\sum_{k=1}^{n}x_k\Phi_k(t) \tag{13-64}$$

则称 $f(t)$ 可以分解为 $\Phi_k(t)$ 表述的信号，或者认为 $f(t)$ 可以变换为以 $\Phi_k(t)$ 表述的信号。

对于实际的"复杂信号"，在理论上只有当 n 趋向于无穷大时，$f_n(t)$ 才能无差异地表示 $f(t)$，通常表现为常见的无穷级数。常见的基本函数集包括三角函数、虚指数函数、拉德马赫（Rademacher）信号、沃尔什（Walsh）函数、勒让德（Lagenfre）函数等。

在实际中常用下式衡量有限项分解后的信号与原始信号之间的差异：

$$\varepsilon(x)=\int_{t_0}^{t_1}\left[f(t)-f_n(t)\right]^2\mathrm{d}t \tag{13-65}$$

当 $\varepsilon(x)$ 取得最小时，称 $f_n(t)$ 是在平方误差积分极小意义下对 $f(t)$ 的最佳逼近；当 $\varepsilon(x)$ 足够小以至于达到可以忽略的程度时，则认为 $f(t)$ 可以近似地分解为以 $\Phi_k(t)$ 表述的信号。

从理论上讲，分解上述信号可以选取的基本函数 $\Phi_k(t)$ 有无限多种；在实际应用中，为了方便地计算出信号分解后的系数 $x_1,x_2,\cdots,x_n$，往往选用正交函数集。正交函数集具有的基本特征是

$$\int_{t_0}^{t_1}\Phi_i(t)\cdot\Phi_j(t)\mathrm{d}t=0, \quad i\neq j \tag{13-66}$$

因此只需要在分解表达式的两边同乘以相应的函数项并在给定的区域内积分，即可计算得出相应的系数。

关于函数的完备性问题，即在选取的正交函数集 $\Phi_k(t)$ 之外，不存在另外的函数 $\psi(t)$ $\left(0<\int_{t_0}^{t_1}\psi(t)\mathrm{d}t<\infty\right)$ 满足

$$\int_{t_0}^{t_1}\Phi_i(t)\cdot\psi(t)\mathrm{d}t=0, \quad i=1,2,\cdots,n \tag{13-67}$$

例如，拉德马赫（Rademacher）信号

$$f(m,t)=\mathrm{sgn}\left[\sin 2^m\pi t\right], \quad 0\leqslant t\leqslant 1 \tag{13-68}$$

属于正交函数集，但不完备。

在实际工程中，只有同时满足正交和完备两个条件，才能够被认为是理想的基本函数集。最重要的正交完备函数集是三角函数集或者虚指数函数集，它具有更为明确的物理含义，在理论研究和应用中具有重要的作用。

信号的三角函数分解也称为傅里叶分解，它的一般表达式为

$$f(t) = a_0 + \sum_{k=1}^{\infty}(a_k \cos k\omega_0 t + b_k \sin k\omega_0 t) = A_0 + \sum_{k=1}^{\infty} A_k \sin(k\omega_0 t + \varphi_k) \quad (13-69)$$

式中, $a_0 = \int_{t0}^{t1} f(t)\mathrm{d}t$; $a_k = \int_{t0}^{t1} f(t) \cdot \cos k\omega_0 t\,\mathrm{d}t$; $b_k = \int_{t0}^{t1} f(t) \cdot \sin k\omega_0 t\,\mathrm{d}t$; $A_k = \sqrt{a_k^2 + b_k^2}$;

$\varphi_k = \arctan \dfrac{a_k}{b_k}$ 。

采用傅里叶级数分解之后, $A_0 = a_0$ 表示信号的直流分量。 $A_k \sin(k\omega_0 t + \varphi_k) = a_k \cos k\omega_0 t + b_k \sin k\omega_0 t$ 表示信号的第 k 次谐波,其中 A_k 表示 k 次谐波的幅值; φ_k 表示 k 次谐波的初始相位。对于 $k=1$ 的分量,通常称之为基波分量。采用傅里叶方法分解信号的过程也称为信号的谐波分析。

13.4.4　失真度评定的方法步骤

在大多数的情况下,仪器设备产生和测量的信号都有期望波形或者目标波形。将实际波形与期望波形之间的差异统称为波形失真、噪声或者误差,可以用以衡量信号波形的质量。很难定义和测量单次信号波形的失真程度;能够定义失真并且进行有效测量的是周期性信号波形。参照正弦波形失真度的定义,可以引入任意波形(总)失真度的概念,同时保持其与已经被广泛接受的正弦波失真度定义之间的一致性。

正弦信号失真度的定义为所有谐波分量的有效值与基波的有效值之比。因此,这里将任意周期信号的实际波形与其最优期望波形之间残差的有效值,与最优期望波形交流分量的有效值之比定义为任意波形的(总)失真度,即对于周期为 T 的已知信号 $x(t)$,其实际波形函数为 $y(t)$ 。假设存在 G 、 Q 和 $t_0 \in \mathbf{R}$,且 $f(t) = G\,x(t-t_0) + Q$,其中 G 为波形(幅度)比例因子; Q 为波形位置偏移量; t_0 为 $y(t)$ 与 $x(t)$ 之间的时间延迟; $x(t)$ 为期望波形; $f(t)$ 为最优期望波形,使得

$$\rho = \sqrt{\frac{1}{T}\int_0^T [y(t)-f(t)]^2 \mathrm{d}t} = \sqrt{\frac{1}{T}\int_0^T [y(t)-G\cdot x(t)-Q]^2 \mathrm{d}t} = \min$$

$$(13-70)$$

若最优期望波形的均值为

$$\bar{f} = \frac{1}{T}\int_0^T f(t)\mathrm{d}t \quad (13-71)$$

最优期望波形交流分量的有效值为

$$f_r = \sqrt{\frac{1}{T}\int_0^T [f(t)-\bar{f}]^2 \mathrm{d}t} \quad (13-72)$$

则 $y(t)$ 相对于最优期望波形的总失真度为

$$TD = \rho/f_r \quad (13-73)$$

式中, ρ 表示 $y(t)$ 与 $f(t)$ 之间残差的有效值。

假设实际波形 $y(t)$ 与其最优期望波形 $f(t)$ 的傅里叶分解形式分别为

$$y(t) = a_0 + \sum_{n=2}^{\infty} a_n \cos(n\omega t + \varphi_n) + e(t) \quad (13-74)$$

和

$$f(t) = b_0 + \sum_{n=2}^{\infty} b_n \cos(n\omega t + \phi_n) \tag{13 - 75}$$

式中,a_n 和 b_n(其中 $n = 0,1,2,\cdots$)分别表示信号的直流、基波和各次谐波的幅度;$e(t)$ 表示实际信号中包含的噪声。

在满足残差有效值最小的条件下,可以认为

$$a_0 = b_0, \quad a_1 \cos(\omega t + \varphi_1) = b_1 \cos(\omega t + \phi_1) \tag{13 - 76}$$

亦即直流分量和基波分量是一致的。

于是,式(13 - 70)根号内的部分可以改写为

$$\frac{1}{T} \int_0^T [y(t) - f(t)]^2 \mathrm{d}t = \frac{1}{T} \int_0^T \left[\sum_{n=2}^{\infty} a_n \cos(n\omega t + \varphi_n) + e(t) - \sum_{n=2}^{\infty} b_n \cos(n\omega t + \phi_n) \right]^2 \mathrm{d}t$$

$$= \frac{1}{T} \int_0^T \left\{ \sum_{n=2}^{\infty} [a_n \cos(n\omega t + \varphi_n) - b_n \cos(n\omega t + \phi_n)] + e(t) \right\}^2 \mathrm{d}t$$

$$\tag{13 - 77}$$

根据傅里叶级数的性质,同时注意到在一般情况下噪声 $e(t)$ 的均值为 0,因此 $e(t)$ 与其他谐波项的乘积在一个基波周期内积分的值也趋于 0。上述积分的最终结果将是实际信号与期望信号二次以上所有谐波之差的有效值和噪声的有效值。

可以看出,这里的任意波形总失真度的定义与正弦波形总失真度的定义一致(对于正弦波形,当 $n \geqslant 2$ 时,$b_n = 0$),并且是对正弦波形总失真度定义的扩展。

按照上述关于任意周期信号总失真度的定义,可以实现对任意函数关系已知的周期任意波形失真的测量评定。具体过程如下:

① 对于已知模型的任意目标波形,在采集系统选取适当的量程(一般使任意波形的峰峰值达到量程的 80%～90%)和采样速率进行采样。根据采样定律,采样速率在理论上应当高于被校准任意波形最高谐波频率的 2 倍;在实际中可以根据需要忽略高次谐波频率。将获得的采样序列记为 $y(k)$,其中 $k = 1,2,\cdots,m$。

② 采集得到的 $y(k)$ 相对于目标波形的初始位置一般不一致,需要将目标波形进行相应的平移,即通过将目标波形延迟 τ_0 得到 $x(t - \tau_0)$,使二者在起始时间对准;这个过程也就是对目标波形 $x(t)$ 延迟一个时间 τ。使用相同的采样速率进行采样得到 $x(k)$,与实际采样序列 $y(k)$ 进行非线性最小二乘拟合运算,找出"最佳的"延迟时间 τ_0。得到目标波形 $x_0(t)$ 的采样序列 $x_0(k)$,其中 $k = 1,2,\cdots,m$。

实际采集序列 $y(k)$ 与目标序列 $x_0(k)$ 在幅度上存在着比例关系,这是因为采集系统的传递函数的模不为 1,亦即对波形采集存在着幅度上的"放大"或者"缩小"。下面证明即使二者存在这种幅度上的比例关系,最小二乘拟合运算的结果也是正确的。

假设采集序列 $y(k)$ 对应的连续波形 $y(t)$ 与目标波形 $x(t)$ 恰好"对准",即

$$y(t) \approx l x(t), \quad l \in \mathbf{R}$$

则

$$\varepsilon = \int_{t=0}^{T} \left\{ [y(t) - x(t)]^2 - [y(t) - x(t - \tau)]^2 \right\} \mathrm{d}t$$

$$\approx \int_{t=0}^{T} \left\{ [l x(t) - x(t)]^2 - [l x(t) - x(t - \tau)]^2 \right\} \mathrm{d}t$$

$$= \int_{t=0}^{T} \left[-2lx^2(t) + x^2(t) + 2lx(t)x(t-\tau) - x^2(t-\tau) \right] dt \qquad (13-78)$$

注意到 $x(t)$ 以 T 为周期,因此有

$$\int_{t=0}^{T} x^2(t) dt = \int_{t=0}^{T} x^2(t-\tau) dt \qquad (13-79)$$

将式(13-79)代入式(13-78)得到

$$\varepsilon = 2l \cdot \int_{t=0}^{T} \left[-x^2(t) + x(t)x(t-\tau) \right] dt \qquad (13-80)$$

将上式积分符号中的 $\int_{t=0}^{T} x(t)x(t-\tau) dt$ 看作周期函数 $x(t)$ 的自相关函数,则根据自相关函数的性质可得

$$\int_{t=0}^{T} x^2(t) dt \geqslant \int_{t=0}^{T} x(t)x(t-\tau) dt \qquad (13-81)$$

于是 $\varepsilon \leqslant 0$。也就是说,即使实际测量信号的幅度按比例进行了缩放,但在"相似对齐"的情况下,其与目标信号误差的平方和也为最小。

③ 为了叙述方便,将 $x_0(t)$ 简记为 $x(t)$。令与测量波形 $y(t)$ 最小二乘最优的期望函数为 $f(t) = G \cdot x(t) + Q$,选取适当的 G 与 Q 使

$$\rho = \sqrt{\frac{1}{m} \sum_{i=1}^{m} \left[y(i) - f(i) \right]^2} = \sqrt{\frac{1}{m} \sum_{i=1}^{m} \left[y(i) - G \cdot x(i) - Q \right]^2} = \min$$

$$(13-82)$$

则有 $\begin{cases} \dfrac{\partial \rho}{\partial G} = 0 \\ \dfrac{\partial \rho}{\partial Q} = 0 \end{cases}$,即

$$\left. \begin{aligned} \frac{1}{m} \sum_{i=1}^{m} \left[y(i) - G \cdot x(i) - Q \right] \cdot x(i) = 0 \\ \frac{1}{m} \sum_{i=1}^{m} \left[y(i) - G \cdot x(i) - Q \right] = 0 \end{aligned} \right\} \qquad (13-83)$$

解得 G 和 Q 分别为

$$G = \frac{\displaystyle\sum_{i=1}^{m} x(i) \sum_{i=1}^{m} y(i) - m \sum_{i=1}^{m} x(i)y(i)}{\left[\displaystyle\sum_{i=1}^{m} x(i) \right]^2 - m \cdot \displaystyle\sum_{i=1}^{m} x^2(i)} \qquad (13-84)$$

$$Q = \frac{1}{m} \cdot \sum_{i=1}^{m} y(i) - \frac{G}{m} \cdot \sum_{i=1}^{m} x(i) \qquad (13-85)$$

于是

$$\bar{f} = \frac{1}{m} \sum_{i=1}^{m} f(i) = \frac{1}{m} \sum_{i=1}^{m} \left[G \cdot x(i) + Q \right] \qquad (13-86)$$

$$f_r = \sqrt{\frac{1}{m}\sum_{i=1}^{m}\left[f(i)-\bar{f}\right]^2} \qquad (13-87)$$

则测量数据的总失真度为

$$\mathrm{TD}_s = \rho / f_r \qquad (13-88)$$

修正掉测量设备 A/D 的有效位数影响之后,得到信号 $y(t)$ 的总失真度为

$$\mathrm{TD} = \sqrt{\left|\frac{\rho^2}{f_r^2} - \frac{1}{2^{2\cdot \mathrm{BD}}\cdot 3\xi^2\eta^2}\right|} \qquad (13-89)$$

式中,BD 表示测量设备 A/D 的有效位数;ξ 表示周期信号交流有效值与峰值之比;η 表示周期信号峰峰值与测量设备的量程之比。

为了验证上述评定过程的可行性,选取图 13-32 所示的典型心电图波形进行分析(单位为 mV;周期为 0.4 s,峰值为 0.7 mV,峰峰值为 1.1 mV)。

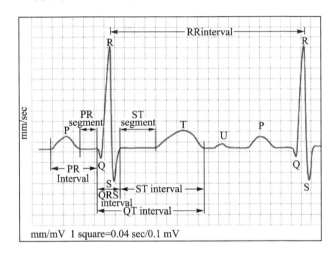

图 13-32　某典型心电图波形

为了简化验证的过程,只选取心电图波形中包含 P 波和 Q、R、S 波的 P～R 间期和 Q、R、S 时限。

建立的函数模型如下:

$$x(t)=\begin{cases}0, & 0<t\leqslant 0.08\\ 0.1\cdot\sin[2\pi\cdot 6.25\cdot(t-0.08)], & 0.08<t\leqslant 0.16\\ 0, & 0.16<t\leqslant 0.24\\ -20t+4.8, & 0.24<t\leqslant 0.25\\ 30t-7.7, & 0.25<t\leqslant 0.28\\ -55t+16.1, & 0.28<t\leqslant 0.3\\ 20t-6.4, & 0.3<t\leqslant 0.32\\ 0, & 0.32<t\leqslant 0.4\end{cases} \qquad (13-90)$$

按照上述评定过程的具体步骤如下:

① 首先使用 Tektronix AWG20212 任意波发生器模拟产生该波形,实际模拟发生时将幅度放大 3 000 倍,即峰值为 2.1 V,峰峰值为 3.3 V。使用 Tektronix TDS7104 数字存储示波

器进行采集,获得的采样波形 $y(k)$ 见图 13 - 33 中的系列 1。

② 使用相同的采样速率采样得到 $x(t-\tau)$,与上述采样波形进行非线性最小二乘拟合,得到的波形 $x(t-\tau_0)$ 见图 13 - 33 中的系列 2。

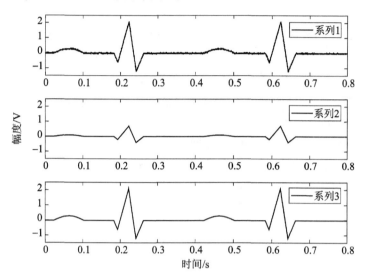

图 13 - 33　采样波形与拟合系列

③ 构造 $f(t)=G\,x_0(t)+Q$,与 $y(k)$ 进行最小二乘拟合;按照公式计算出 $G=2.995\,2$,$Q=-0.016\,7$ V,见图 13 - 33 中的系列 3。因此 $TD_s=\rho/f_r=0.027\,89/0.415\,3\approx6.7\%$。

④ 使用数字存储示波器的量程为 5 V,有效位数为 6.1 位。修正掉测量设备 A/D 的有效位数影响之后,计算得到 $\xi=0.420\,8/2.1=0.200\,4$,$\eta=3.3/5=0.66$。因此总失真度为

$$TD=\sqrt{\left|\frac{\rho^2}{f_r^2}-\frac{1}{2^{2\cdot BD}\cdot 3\xi^2\eta^2}\right|}=\sqrt{\left|\frac{0.027\,89^2}{0.415\,3^2}-\frac{1}{2^{2\cdot 6.1}\cdot 3\cdot 0.200\,4^2\cdot 0.66^2}\right|}=6.0\%$$

任意波形失真度的一般定义都具有广泛的适应性,可以从时域角度定量地描述被测波形与其期望波形之间的差异,在现实中完全可以实现。经过理论推导可知,使用简便的方法通过对波形的非线性拟合,可以得到被测任意波形的最佳拟合波形,进而计算出被测波形的失真度。

仅在时域进行计算就能够完成整个评定过程,对数据的采样没有整周期或者同步的要求,可以完全避免频谱分析方法所固有的栅栏效应或者频谱泄露带来的评定误差问题,使所有采集到的数据均得到有效的利用;同时能避免繁琐的频域计算与时频域转换的过程。

13.5　无衍射光自由空间通信装置不确定度评定

13.5.1　无衍射光自由空间通信基本原理

自由空间光通信技术是一种以激光为载体,不需要任何有线信道为传输媒介,在大气或者真空中进行信息传递的一种通信技术。无衍射光自由空间通信装置主要包括发射系统和接收系统,如图 13 - 34 所示。发射系统包括接口模块、调制模块、激光驱动模块、激光器和无衍射光发生装置;接收系统包括光电探测器、放大模块、整形模块、解调模块和接口模块。上位机经

过串口发送的信号到接口模块进行电平转换,传输给调制模块;调制信号传输给激光驱动器;激光驱动器驱动激光器发出光信号,经过无衍射光发生装置,以无衍射光的形式发送出去;光电探测器把接收到的光信号转换为电信号,经过放大、整形、解调和接口模块,把收到的信号传送给上位机。上位机通过比较发送和接收到的数据计算出误码率,进而对传输的性能做出评价。

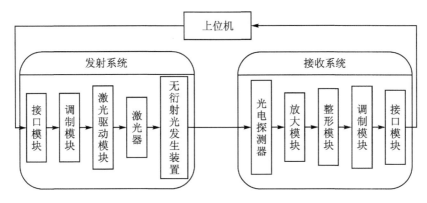

图 13-34　通信装置原理图

无衍射光的光场分布具有第一类零阶贝塞尔函数的形式,也称为贝塞尔光束。在垂直于传播方向的任一平面内,一束理想无衍射光的初始光场分布保持不变。在近似无衍射的距离内,光束的中心光斑保持尺寸及强度基本不变。以无衍射光为基础的通信方法把无衍射光应用到自由空间光通信系统中,既可以保持自由空间光通信的特点,又利用了无衍射光束在传播过程中中心光斑直径小、尺寸不随传播距离改变的优点,增大了能量利用率和自由空间光互连容量。

无衍射光采用结构简单、能量利用率高的圆锥透镜产生。这种方法产生的无衍射光焦深比较小,能够在有限的传输距离内得到近似的无衍射光束。下面分别对平面波和球面波入射圆锥透镜的情况进行分析。

在平面波入射圆锥透镜的实验装置中采用线偏振 He - Ne 内腔激光器,它的输出功率大于 2 mW,输出激光波长为 632.8 nm,光束直径为 0.7 mm,光束发散角为 1.4 mrad,功率稳定性为 $\pm 1\%$。扩束准直系统采用一个扩束准直透镜和两个普通透镜。扩束准直透镜的倍数为 $5\times\sim10\times$,2 个普通透镜的直径分别为 $\Phi=50.8$ mm 和 $\Phi=25.4$ mm,焦距分别为 $f=150$ mm 和 $f=50.8$ mm。扩束准直透镜选择 $10\times$,组合透镜放大倍数为 $3\times$,一共放大 $30\times$。

圆锥透镜的直径为 $\Phi=30$ mm,锥角为 $\alpha=1^\circ\left(\text{即}\dfrac{\pi}{180^\circ}\right)$,材料的折射率为 $n\approx1.5$。最大传输距离为

$$z_{1\text{pmax}} = \frac{a}{(n-1)\alpha} = \frac{15 \text{ mm}}{(1.5-1)1^\circ} = 1\ 719.75 \text{ mm} \qquad (13-91)$$

中心光斑的直径为

$$r_{0o} = \frac{2.405\lambda}{2\pi(n-1)\alpha} = \frac{2.405 \times 632.8 \text{ nm}}{2\pi(1.5-1)1^\circ} = 27.78 \ \mu\text{m} \qquad (13-92)$$

在球面波入射圆锥透镜的实验装置中,扩束准直透镜的扩束倍数为 $5\times\sim10\times$;球面透镜的直径为 $\Phi=25.4$ mm,焦距为 $f=50.8$ mm。

以 $z_0=330$ mm 的球面波入射圆锥透镜,出射光束中心光斑的理论值和测得值如图 13-35 所示;在不同的传输距离处,圆锥透镜出射光束中心光斑与激光器发出的激光光斑的直径如

图 13-36 所示。圆锥透镜出射光束中心光斑的发散角为 8.4×10^{-2} mrad。

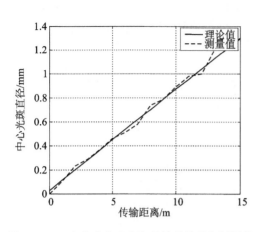

图 13-35　光束中心光斑直径的理论值和测量值

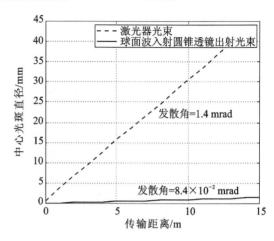

图 13-36　中心光斑和激光光束的直径

　　可以看出,随着 z_0 的增大,圆锥透镜出射光束的中心光斑随之增大,但是远远小于普通激光束。与平面波入射相比较,球面波入射圆锥透镜的出射光束中心光斑亮度比较小,轴上的光强比较低,不适于激光打孔和能量传输;但是无穷远的焦深却适合于光信息领域。

　　误码破坏数字通信网中信息传递的准确性,对数据的影响表现为信息的丢失和错乱。误码率是衡量数字传输系统在正常工作情况下传输质量优劣的一个基本参数,反映数字信息在传输过程中受到损害的程度。

　　误码率指在测量时间内数字码元误差的数量与数字码元的总数之比,即

$$误码率 = \frac{误码数}{总码数} \tag{13-93}$$

误码率的数值用 $n \times 10^{-P}$ 的形式表示。

　　当每个码为 1 bit 时,误码率称为比特误码率或者误比特率,即

$$误比特率 = \frac{误比特数}{总比特数} \tag{13-94}$$

误比特率的数值也可以用 $n \times 10^{-P}$ 的形式表示。

　　当平面波入射圆锥透镜的传输距离为 0.5 m 时,基于计算机串口传输的无衍射光自由空间通信装置的误码率见表 13-13。

表 13-13　平面波入射圆锥透镜在通信距离为 0.5 m 处的通信误码率

误码率				
1	2	3	4	5
4.85×10^{-4}	5.04×10^{-4}	4.98×10^{-4}	5.26×10^{-4}	5.43×10^{-4}
误码率				
6	7	8	9	10
5.17×10^{-4}	5.39×10^{-4}	4.73×10^{-4}	4.96×10^{-4}	4.89×10^{-4}

用标准不确定度的传统计算方法对通信实验误码率的评定结果见表 13-14。

表 13 - 14　平面波入射圆锥透镜 0.5 m 处的误码率的标准不确定度评定

评定方法	标准不确定度	自由度
贝塞尔法	2.35×10^{-5}	9
彼得斯法	2.56×10^{-5}	8
最大残差法	2.05×10^{-5}	6.8
极差法	2.27×10^{-5}	7.5

下面分别用灰色评定方法、模糊评定方法和自助评定方法对误码率的不确定度进行计算。

13.5.2　误码率标准不确定度的灰色评定

首先将数据从小到大排列

$$\{y^{(0)}\} = \{4.73 \times 10^{-4}, 4.85 \times 10^{-4}, \cdots, 5.43 \times 10^{-4}\} \tag{13-95}$$

对 $\{y^{(0)}\}$ 做一次累加生成得

$$\{y^{(1)}\} = \{4.73 \times 10^{-4}, 9.58 \times 10^{-4}, 14.47 \times 10^{-4}, 19.43 \times 10^{-4}, 24.41 \times 10^{-4}, 29.45 \times 10^{-4},$$
$$34.62 \times 10^{-4}, 39.88 \times 10^{-4}, 45.27 \times 10^{-4}, 5.43 \times 10^{-4}\} \tag{13-96}$$

实际累加测量序列和理想累加序列之间的最大距离为

$$\Delta_{\max} = 0.97 \times 10^{-4} \tag{13-97}$$

则标准不确定度的灰色评定的结果为

$$\sigma = c \times \frac{\Delta_{\max}}{n} = 2.5 \times \frac{0.97 \times 10^{-4}}{10} = 2.43 \times 10^{-5} \tag{13-98}$$

可以看出，灰色评定的结果与贝塞尔法评定结果很接近。灰色评定方法的相对误差为

$$\Delta u = \frac{|2.43 \times 10^{-5} - 2.35 \times 10^{-5}|}{2.35 \times 10^{-5}} = 3.4\% \tag{13-99}$$

13.5.3　误码率扩展不确定度的模糊评定

设有 m 个随机数据构成的数据序列为

$$Y = \{y(1), y(2), \cdots, y(m)\} \tag{13-100}$$

将数据序列 Y 中的元素看作具有某种分布的随机变量，m 个数据一般不等于总体分布参数的真值，而只是总体真值的一个随机实现；但其中却隐含着总体真值的一些信息，可以利用这些信息估计与预报总体分布参数的变化区间。将数据序列 Y 分解为两个子序列，即序号为奇数 $i=1,3,\cdots,m-1$ 的子序列 Y_1 和序号为偶数 $i=2,4,\cdots,m$ 的子序列 Y_2。重新进行排序之后有

$$Y_1 = \left\{y_1(k), k=1,2,\cdots,n; n=\frac{m}{2}\right\} \tag{13-101}$$

$$Y_2 = \left\{y_2(k), k=1,2,\cdots,n; n=\frac{m}{2}\right\} \tag{13-102}$$

定义均值序列为

$$X_1 = \{x_1(k), k=1,2,\cdots,n\} = \left\{\frac{y_1(k)+y_2(k)}{2}\right\} \tag{13-103}$$

式中，X_1 表示包含系统尺度信息的均值序列。

定义差值序列为

$$X_2 = \{x_2(k), k = 1, 2, \cdots, n\} = \{y_2(k) - y_1(k)\} \tag{13-104}$$

式中，X_2 表示包含系统随机信息的差值序列。

将 X_1 和 X_2 分别代入前面的式子，计算出关于装置尺度信息 X_1 和装置随机信息 X_2 的估计区间分别为

$$A_1 = [x_{L1}, x_{U1}] \tag{13-105}$$

和

$$A_2 = [x_{L2}, x_{U2}] \tag{13-106}$$

根据区间数的算法规则，有

$$y \in [y_L, y_U] = A_1 + A_2 = [x_{L1} + x_{L2}, x_{U1} + x_{U2}] \tag{13-107}$$

最后，得到基于数据序列 Y 的装置参数的扩展不确定度为

$$U = y_U - y_L \tag{13-108}$$

取 $N = 10$ 中数据的前 $\omega = 8$ 个数据建立模型，用剩余的 2 个数据检验结果的可靠性。

前 $\omega = 8$ 个数据的装置尺度信息 X_1 的估计区间为

$$A_1 = [4.637\,5 \times 10^{-4}, 5.149\,2 \times 10^{-4}] \tag{13-109}$$

前 $\omega = 8$ 个数据的装置随机信息 X_2 的估计区间为

$$A_2 = [-0.233\,6 \times 10^{-4}, 0.391\,3 \times 10^{-4}] \tag{13-110}$$

根据区间的算法规则，有

$$\begin{aligned} y \in A_1 + A_2 &= [4.637\,5 \times 10^{-4} - 0.233\,6 \times 10^{-4}, 5.149\,2 \times 10^{-4} + 0.391\,3 \times 10^{-4}] \\ &= [4.403\,9 \times 10^{-4}, 5.540\,5 \times 10^{-4}] \end{aligned} \tag{13-111}$$

显然，后两个数据 4.96×10^{-4}、4.79×10^{-4} 都落在区间 $[4.403\,9 \times 10^{-4}, 5.540\,5 \times 10^{-4}]$ 之内。误报率为 0，估计的可靠度为 100%。

数据的扩展不确定度为

$$U = 5.540\,5 \times 10^{-4} - 4.403\,9 \times 10^{-4} = 1.136\,6 \times 10^{-4} \tag{13-112}$$

13.5.4　误码率扩展不确定度的自助评定

取前 5 个数构成的数据序列为

$$X = [4.95 \times 10^{-4}, 4.94 \times 10^{-4}, 4.98 \times 10^{-4}, 5.26 \times 10^{-4}, 5.43 \times 10^{-4}] \tag{13-113}$$

用这 5 个数建立预报区间；用剩余的 5 个数检验预报区间。

从 X 中等概率可放回地抽样，抽取的自助样本为

$$X_b = \{x_b(1), x_b(2), \cdots, x_b(k), \cdots, x_b(n)\} \tag{13-114}$$

式中，$n = 5$ 表示自助样本数据序列的数据个数。

计算自助样本 X_b 的平均值

$$x_{mb} = \frac{1}{n} \sum_{k=1}^{n} x_b(k) \tag{13-115}$$

抽样 $B = 10\,000$ 次，得到向量

$$\boldsymbol{X}_{\text{Bootstrap}} = [x_{mb1}, x_{mb2}, \cdots, u_{mbB}]^T \tag{13-116}$$

把序列从小到大排列，并分为 $Q = 7$ 组，得到每组的离散频率。画出分布的直方图并拟合

成曲线,如图 13 - 37 所示。

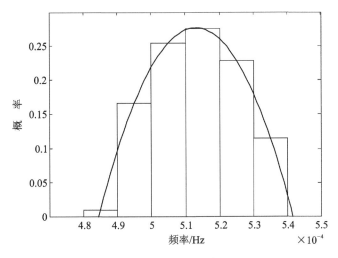

图 13 - 37　频率分布图

取置信水平为 $p=95\%$,则估计区间为
$$[x_{L}, x_{U}] = [4.843\ 9 \times 10^{-4}, 5.415\ 7 \times 10^{-4}] \tag{13-117}$$
剩余的 5 个数据有一个超出预报的下界,因此可靠度为 $p_{B}=80\%$。

扩展不确定度为
$$U = 5.415\ 7 \times 10^{-4} - 4.843\ 9 \times 10^{-4} = 0.571\ 8 \times 10^{-4} \tag{13-118}$$

13.6　基于不确定度的产品检验误判风险评估

13.6.1　产品检验与不确定度的关系

在产品的检验中一般基于公差限直接进行合格性判定。由于受到测量不确定度的影响,在判定结果中很可能存在一定的误判风险。在产品公差限附近将会产生合格性判定的不确定区域,如图 13 - 38 所示。

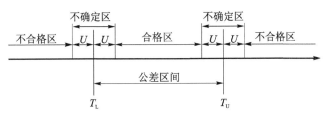

图 13 - 38　基于测量不确定度的产品合格性区间划分

设测量结果最佳估计值 x 的测量不确定度为 U。

当 $T_{L}+U \leqslant x \leqslant T_{U}-U$ 时,判定产品合格;

当 $x \leqslant T_{L}-U$ 或 $x \geqslant T_{U}+U$ 时,判定产品不合格;

当 $T_{L}-U < x < T_{L}+U$ 或 $T_{U}-U < x < T_{U}+U$ 时,无论判定产品合格或不合格,均存在着风险。

　　若基于产品的公差限,当 x 满足 $T_L \leqslant x < T_L + U$ 或 $T_U - U < x \leqslant T_U$ 时,可能将不合格品误判为合格品,使用户承担风险;当 x 满足 $T_L - U < x < T_L$ 或 $T_U < x < T_U + U$ 时,则可能将合格品误判为不合格品,使供方承担风险。

　　为了合理地配置测量资源,提高产品检验结果的可靠性,下面基于测量不确定度分别面向全数检验和抽样检验,对产品合格性判定及误判风险评估进行分析。

13.6.2　合格性判定中误判风险分析

1. 全数检验合格性判定及误判风险评估

　　全数检验的判定对象是产品批中的每一个单件产品。根据单件产品的测量结果和产品公差限的比较,逐一判定出每件产品的合格性。接收其中的合格品,拒收不合格品。

　　(1) 全数检验误判率预估

　　在开展产品检验之前,假设测量结果的最佳估计值 x 为随机变量,其分布如图 13-39 和图 13-40 中的曲线 3 所示。

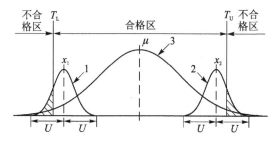

图 13-39　全数检验用户风险

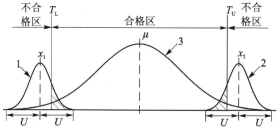

图 13-40　全数检验供方风险

　　概率密度函数为

$$f(x) = \frac{1}{\sqrt{2\pi}\sigma} \exp\left[-\frac{(x-\mu)^2}{2\sigma^2}\right] \tag{13-119}$$

式中,μ 表示产品质量控制的中心值;σ 表示批量产品测量结果的变差。

　　故给定测量结果最佳估计值 x 的扩展不确定度为 $U = ku_c$。

　　测量结果的真实值 y 为不确定度分布内的随机变量,它的分布分别如图 13-39 和图 13-40 中的曲线 1 和曲线 2 所示,概率密度函数为

$$p(y \mid x) = \frac{1}{\sqrt{2\pi}u_c} \exp\left[-\frac{(y-x)^2}{2u_c^2}\right] \tag{13-120}$$

　　当测量结果的最佳估计值 x 满足 $T_L \leqslant x < T_L + U$ 或 $T_U - U < x \leqslant T_U$ 时,分别如图 13-39 中的 x_1 和 x_2 所示。这时可能将不合格品误判为合格品,导致误接收。误判率如图 13-39 中的阴影部分面积所示。

　　误接收不合格品的误判率计算公式为

$$P_{ws} = \int_{T_L}^{T_L+U}\left[\int_{x-6u_c}^{T_L} p(y \mid x)\mathrm{d}y\right]f(x)\mathrm{d}x + \int_{T_U-U}^{T_U}\left[\int_{T_U}^{x+6u_c} p(y \mid x)\mathrm{d}y\right]f(x)\mathrm{d}x$$

$$= \frac{1}{2\pi u_c \sigma} \cdot \left\{\int_{T_L}^{T_L+U}\left\{\int_{x-6u_c}^{T_L} \exp\left[-\frac{(y-x)^2}{2u_c^2}\right]\mathrm{d}y\right\} \cdot \exp\left[-\frac{(x-\mu)^2}{2\sigma^2}\right]\mathrm{d}x +\right.$$

$$\int_{T_U-U}^{T_U} \left\{ \int_{T_U}^{x+6u_c} \exp\left[-\frac{(y-x)^2}{2u_c^2}\right] dy \right\} \cdot \exp\left[-\frac{(x-\mu)^2}{2\sigma^2}\right] dx \right\} \quad (13-121)$$

当测量结果的最佳估计值 x 满足 $T_L-U<x<T_L$ 或 $T_U<x<T_U+U$ 时,分别如图 13 - 40 中的 x_1 和 x_2 所示。这时可能将合格品误判为不合格品,导致误拒收。误判率如图 13 - 40 中的阴影部分面积。

误拒收合格品的误判率计算公式为

$$P_{WJ} = \int_{T_L-U}^{T_L} \left[\int_{T_L}^{T_U} p(y \mid x) dy\right] f(x) dx + \int_{T_U}^{T_U+U} \left[\int_{T_L}^{T_U} p(y \mid x) dy\right] f(x) dx$$

$$= \frac{1}{2\pi u_c \sigma} \cdot \left\{ \int_{T_L-U}^{T_L} \left\{ \int_{T_L}^{T_U} \exp\left[-\frac{(y-x)^2}{2u_c^2}\right] dy \right\} \cdot \exp\left[-\frac{(x-\mu)^2}{2\sigma^2}\right] dx + \right.$$

$$\left. \int_{T_U}^{T_U+U} \left\{ \int_{T_L}^{T_U} \exp\left[-\frac{(y-x)^2}{2u_c^2}\right] dy \right\} \cdot \exp\left[-\frac{(x-\mu)^2}{2\sigma^2}\right] dx \right\} \quad (13-122)$$

式(13 - 121)和式(13 - 122)均是以绝对概率形式表示的误判率,表示产品检验中实际发生误判的平均概率,无法直观地反映合格品和不合格品中存在的平均风险。在绝对概率模型的基础上,下面提出误判率计算的条件概率模型,可以作为绝对概率模型的一种补充。

对于已判定为合格的产品,基于条件概率模型,误接收造成用户的风险为

$$P_{CR} = \frac{P_{WS}}{Q_1} \quad (13-123)$$

式中,Q_1 表示产品的合格率。

$$Q_1 = P(T_L \leqslant x \leqslant T_U) = \frac{1}{\sqrt{2\pi}\sigma} \int_{T_L}^{T_U} \exp\left[-\frac{(x-\mu)^2}{2\sigma^2}\right] dx \quad (13-124)$$

对于已判定为不合格的产品,基于条件概率模型,误拒收造成供方的风险为

$$P_{PR} = \frac{P_{WJ}}{Q_2} \quad (13-125)$$

式中,Q_2 表示产品的不合格率。

$$Q_2 = P(x > T_U) + P(x < T_L) = 1 - Q_1 \quad (13-126)$$

误判率预估结果可以为产品检验人员合理地配置测量资源提供一种量化的依据。

(2) 全数检验合格性判定

在产品检验之后,根据产品测量结果所在的区间,基于测量不确定度对产品的合格性进行合理判定并计算出相应的误判率。

从图 13 - 39 可以看出,当测量结果位于绝对合格区或者绝对不合格区时,误判的风险可以忽略不计。

误判率的计算主要是针对在 $T_L-U<x<T_L+U$ 或 $T_U-U<x<T_U+U$ 时的情况。下面就测量结果位于不确定区域内的情况进行分析。测量结果位于上、下公差限附近不确定区域的误判风险如图 13 - 41 所示。其中误判率为图中阴影部分的面积。

假设测量结果的平均值为 x,测量不确定度用标准差 u_c 表示。

正态分布的分布函数为

$$F(y) = \frac{1}{\sqrt{2\pi}u_c} \int_{x-6u_c}^{y} \exp\left[-\frac{(y-x)^2}{2u_c^2}\right] dy \quad (13-127)$$

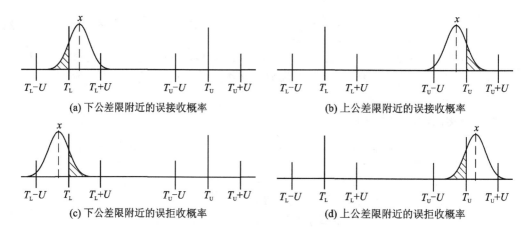

图 13 - 41　测量结果位于不确定区域时的误判风险

面向具体测量结果的合格性判定和误判率计算结果见表 13 - 15。

表 13 - 15　产品检验测量结果合格性判定及误判率

x 所在区间	合格性判定结果	误判风险	误判率
$0 \leqslant x \leqslant T_L - U$	不合格	可以忽略	0
$T_L - U < x < T_L$	不合格	误拒收	$1 - F(T_L)$
$T_L \leqslant x < T_L + U$	合格	误接收	$F(T_L)$
$T_L + U \leqslant x \leqslant T_U - U$	合格	可以忽略	0
$T_U - U < x \leqslant T_U$	合格	误接收	$1 - F(T_U)$
$T_U < x < T_U + U$	不合格	误拒收	$F(T_U)$
$x \geqslant T_U + U$	不合格	可以忽略	0

　　产品供求双方可以基于表 13 - 15 的合格性判定结果及其误判率,对产品的合格性进行灵活的分级处理,经过协商决定接收或者拒收产品。

2. 抽样检验合格性判定及误判风险评估

　　当前有关产品检验误判风险的研究仅局限于全数检验领域。为了合理地评估测量不确定度引起的抽样检验误判风险,在计算全数检验误判率的基础上,对抽样检验的合格性判定及误判风险评估进行分析。

　　抽样检验的判定对象是整个产品批。合格性判定方法根据从产品批中抽取 n 件样本的检验结果来判定产品批的合格性。

　　设样本中的不合格品数为 d,抽样检验的接收数为 Ac,拒收数为 Re。可能出现的情况有下面两种:

　　当 $d \leqslant$ Ac 时,将整批产品作为合格批接收;

　　当 $d \geqslant$ Re 时,将整批产品作为不合格批拒收。

　　在抽样检验的过程中,测量不确定度影响抽取样本中每件产品的合格性判定,将对样本中的不合格品数造成误估计,影响整批产品的合格性判定。下面进行具体分析。

（1）抽样检验误判率预估

设从批量为 N 的产品中抽取 n 件样本进行合格性判定。经过检验发现样本中的不合格品数为 d。

考虑到测量不确定度的影响，设样本中的不合格品有 i 件发生误判，合格品有 j 件发生误判。样本中真实的不合格品数为 d_z 件，则

$$d_z = d - i + j \tag{13-128}$$

结合全数检验误判率的预估结果，单件产品被判定为合格的概率为 Q_1，被判定为不合格的概率为 Q_2；合格品可能发生误判的概率为 P_{CR}，不合格品可能发生误判的概率为 P_{PR}。

若记随机事件"在 n 件样本中有 d 件不合格品，不合格品中有 i 件误判；合格品中有 j 件误判"的概率为 P_{dij}，则

$$P_{dij} = C_n^d Q_2^d Q_1^{n-d} C_d^i P_{PR}^i (1-P_{PR})^{d-i} C_{n-d}^j P_{CR}^j (1-P_{CR})^{n-d-j} \tag{13-129}$$

在此基础上可以计算出测量不确定度引起的抽样检验误判风险。

在抽样检验的合格性判定中，将不合格批误判为合格批的条件为

$$\left.\begin{array}{l} d \leqslant Ac \\ d_z \geqslant Re \end{array}\right\} \tag{13-130}$$

由此可得 d、i、j 的可能取值范围分别为

$$\left.\begin{array}{l} 0 \leqslant d \leqslant Ac \\ 0 \leqslant i \leqslant \min(d, n-Re) \\ Re+i-d \leqslant j \leqslant n-d \end{array}\right\} \tag{13-131}$$

用累加法计算误接收不合格批的概率为

$$P_{PWS} = \sum_{d=0}^{Ac} \sum_{i=0}^{\min(d,n-Re)} \sum_{j=Re+i-d}^{n-d} P_{dij} \tag{13-132}$$

在抽样检验合格性判定中，将合格批误判为不合格批的条件为

$$\left.\begin{array}{l} d \geqslant Re \\ d_z \leqslant Ac \end{array}\right\} \tag{13-133}$$

由此可得 d、i、j 的可能取值范围分别为

$$\left.\begin{array}{l} Re \leqslant d \leqslant n \\ 0 \leqslant j \leqslant \min(n-d, Ac) \\ d+j-Ac \leqslant i \leqslant d \end{array}\right\} \tag{13-134}$$

用累加法计算误拒收合格批的概率为

$$P_{PWJ} = \sum_{d=Re}^{n} \sum_{j=0}^{\min(n-d,Ac)} \sum_{i=d+j-Ac}^{d} P_{dij} \tag{13-135}$$

这就是以绝对概率形式表示的误判风险，即误判实际发生的概率。

若直观地表示合格批或者不合格批中的平均误判风险，则可以基于条件概率模型计算误判率。

根据抽样检验合格性判定条件，计算出产品批被判为合格的概率为

$$P_{PS} = \sum_{d=0}^{Ac} C_n^d Q_2^d Q_1^{n-d} \tag{13-136}$$

以条件概率形式表示的合格批误判率为

$$P_{SCR} = \frac{P_{PWS}}{P_{PS}} \qquad (13-137)$$

计算产品批被判为不合格的概率为

$$P_{PJ} = \sum_{d=Re}^{n} C_n^d Q_2^d Q_1^{n-d} \qquad (13-138)$$

以条件概率形式表示的不合格批误判率为

$$P_{SPR} = \frac{P_{PWJ}}{P_{PJ}} \qquad (13-139)$$

误判率预估结果可以为产品检验人员合理地选择抽样方案和配置测量资源提供量化依据。

（2）抽样检验合格性判定

在抽样检验之后，根据样本中的不合格品数可以确定产品批的合格性。

考虑到测量不确定度的影响，对于判定为合格的产品批，可能存在着误接收的风险；对于判定为不合格的产品批，则可能存在着误拒收的风险。

经过抽样检验之后，样本中的不合格品数为 d。考虑到测量不确定度的影响，假设不合格品中有 d_1 件产品发生误判；合格品中有 d_2 件产品发生误判，则真实的不合格品数 d_z 为

$$d_z = d + d_1 - d_2 \qquad (13-140)$$

当 $d \leq Ac$ 时，可以判定产品批为合格。此时仅存在误接收不合格批的风险，并且误接收概率为 $d_z \geq Re$ 时的概率。由此得出抽样检验结果的误接收概率为

$$P_{CCR} = P \quad (d_2 - d_1 \geq Re - d) \qquad (13-141)$$

当 $d \geq Re$ 时，可以判定产品批为不合格。此时仅存在误拒收合格批的风险，误拒收概率为 $d_z \leq Ac$ 时的概率，由此得出抽样检验结果的误拒收概率为

$$P_{CPR} = P(d_1 - d_2 \geq d - Ac) \qquad (13-142)$$

对于不同的抽样方案与具体的测量结果，误判率计算公式的表示形式也不相同。在实际检验中可以采用穷举法，对所有满足条件的概率进行累加，然后计算出误判率。

基于穷举法的抽样检验误判率计算公式随着测量结果的不同发生变化，给实际应用带来比较大的困难。

下面给出基于蒙特卡洛法的抽样检验合格性判定及误判率计算方法步骤。

步骤 1：对样本中的每件产品逐一进行合格性判定，计算出误判率。

步骤 2：统计样本中的不合格品数 d，进行产品批的合格性判定。

当 $d \leq Ac$ 时，判定产品批为合格；当 $d \geq Re$ 时，判定产品批为不合格。

步骤 3：统计出产品检验中被判为不合格且误判率为 0 的产品数 d_{z1}。

步骤 4：对于样本中误判率不为 0 的产品，基于正态分布 $N(x, u_c)$ 生成不确定度的分布。其中 x 为测量产品结果的最佳估计值；u_c 为合成标准不确定度。

步骤 5：依次从步骤 4 中生成的每件产品的不确定度分布中随机抽样，基于抽样结果结合产品公差限进行合格性判定，统计出其中的不合格品数 d_{z2}。计算出产品批中真实的不合格品数 d_z 为

$$d_z = d_{z1} + d_{z2} \qquad (13-143)$$

步骤 6：基于 d_z 判定仿真实验中产品批的合格性：

当 $d_z \leqslant$ Ac 时,判定产品批为合格;当 $d_z \geqslant$ Re 时,判定产品批为不合格。

步骤 7:重复步骤 5 和步骤 6 的过程,通过大量的和反复的随机抽样实验,统计出仿真实验中产品批合格的次数为 N_1,不合格的次数为 N_2。

步骤 8:根据步骤 2 的产品批合格性判定结果,计算出误判率。

当判定产品批为合格时的误接收概率为

$$P_{\text{CCR}} = \frac{N_2}{N_1 + N_2} \times 100\% \tag{13-144}$$

当判定产品批为不合格时的误拒收概率为

$$P_{\text{CPR}} = \frac{N_1}{N_1 + N_2} \times 100\% \tag{13-145}$$

如果误判率的计算结果为 0,则说明产品批合格性误判风险可以忽略不计。

13.6.3　产品检验中的不确定度评定

基于测量不确定度进行产品合格性判定的方法虽然可以有效地提高产品检验结果的可靠性,但同时也会造成产品检验合格区减小。通过在产品检验结果中融入统计受控的生产信息,合理、有据地减小测量不确定度的影响,可以有效地扩大产品检验的合格区。

当产品加工中采用了严格的过程控制技术时,被加工零件的真实值仅受产品加工过程中随机性因素的影响。

设被测参数的真实值为 x。根据中心极限定理可知 x 满足正态分布,概率密度函数为

$$p(x) = \frac{1}{\sqrt{2\pi}\,\sigma_{\text{p}}} \exp\left[-\frac{(x-\mu)^2}{2\sigma_{\text{p}}^2}\right] \tag{13-146}$$

式中,μ 表示产品质量控制的中心值,可以基于产品统计过程控制的先验信息获取;σ_{p} 表示产品加工过程的分散性,主要由产品生产过程的加工精度决定。

将被测参数 x 的加工分布作为先验信息。设产品检验中 x 的实际测量结果为 y_{m},并且在 y_{m} 中已经修正了系统误差。

根据 y_{m} 对 x 进行新的统计推断,得到 x 的似然函数为

$$f(y_{\text{m}} \mid x) = \frac{1}{\sqrt{2\pi}\,u_{\text{m}}} \exp\left[-\frac{(y_{\text{m}}-x)^2}{2u_{\text{m}}^2}\right] \tag{13-147}$$

式中,u_{m} 表示产品检验中的测量不确定度,主要由产品检验的测量精度决定。

基于共轭分布求出后验分布的核为

$$h(x \mid y_{\text{m}}) \propto p(x) \cdot f(y_{\text{m}} \mid x) \propto \exp\left(-\frac{x - \dfrac{\mu u_{\text{m}}^2 + y_{\text{m}}\sigma_{\text{p}}^2}{u_{\text{m}}^2 + \sigma_{\text{p}}^2}}{2 \cdot \dfrac{u_{\text{m}}^2 \sigma_{\text{p}}^2}{u_{\text{m}}^2 + \sigma_{\text{p}}^2}}\right) \tag{13-148}$$

由于 x 的后验分布仍然服从正态分布,故可以假设后验分布为

$$h(x \mid y_{\text{m}}) = \frac{1}{\sqrt{2\pi}\,u_{\text{f}}} \exp\left[-\frac{(x-y_{\text{f}})^2}{2u_{\text{f}}^2}\right] \tag{13-149}$$

设参数 γ 为产品加工变差和测量变差之比的平方,即

$$\gamma = \frac{\sigma_{\text{p}}^2}{u_{\text{m}}^2} \tag{13-150}$$

则经过信息融合之后的结果为

$$y_f = \frac{1}{1+\gamma}\mu + \frac{\gamma}{1+\gamma}y_m \qquad (13-151)$$

$$u_f = \sqrt{\frac{\gamma}{\gamma+1}}u_m \qquad (13-152)$$

经过贝叶斯信息融合之后,测量结果的最佳估计值 y_f 为先验信息 μ 和测量样本信息 y_m 的加权平均值,综合反映产品的生产信息和测量信息,测量不确定度得到合理的减小。

如果取扩展不确定度的包含因子为 $k=2$,则可以计算出经过信息融合之后产品合格区扩大的 Δ 为

$$\Delta = \frac{T}{\gamma} - \frac{4u_m}{\gamma + \sqrt{\gamma^2+\gamma}} > \frac{T-4u_m}{\gamma} \qquad (13-153)$$

计算结果表明,在产品检验中融入生产过程信息可以使产品检验合格区至少扩大 $1/\gamma$ 倍。这种方法对加工精度比较高而测量能力相对比较低的产品检验情况尤其适用,扩大合格区的效果也很显著。

13.6.4　误判率的预估与合格性判定

结合某产品孔径的检验,分别面向全数检验误判率预估、抽样检验误判率预估、全数检验结果误判率计算和抽样检验结果误判率计算,具体说明产品检验合格性判定及误判率计算的应用方法。

1. 全数检验误判率预估

以某缸体零件的测量为例,假设由制造部门获知在产品加工中采用了严格的质量控制技术,过程能力指数分别为 $C_p=1.33$ 和 $C_{pk}=1$,产品质量控制的中心值小于产品公差带的中心值。从被测零件图纸规范中得知孔径公差的下限为 $T_L=32.00$ mm,上限为 $T_U=32.03$ mm。计算出产品质量控制的中心值 μ 和批量产品测量结果的变差 σ 分别为 $\mu = T_L + \frac{T_U-T_L}{2} - \left(1-\frac{C_{pk}}{C_p}\right) \cdot \frac{T_U-T_L}{2} = 32.0113$ mm 和 $\sigma = \frac{T}{6C_p} = 0.0038$ mm。

预估出产品的合格率为 $Q_1 = \frac{1}{\sqrt{2\pi}\sigma}\int_{T_L}^{T_U}\exp\left[-\frac{(x-\mu)^2}{2\sigma^2}\right]dx = 99.86\%$;不合格率为 $Q_2 = 1-Q_1 = 0.14\%$。

当产品的公差和批量分布参数确定时,误判率预估结果仅由测量不确定度决定。由此得出测量不确定度与误判率预估结果之间的关系如图 13-42 所示。

可以看出,产品检验的误接收概率 P_{WS} 和误拒收概率 P_{WJ} 均随着测量不确定度 u_c 的增大而表现出不同程度的增大。如果计算出孔径的测量不确定度为 2.2 μm,则由此预估出产品检验的误判率见表 13-16。

可以看出,对于产品批中任意一件未知合格性的产品,将其判定为合格且发生误判的概率为 0.34%,将其判定为不合格且发生误判的概率为 0.05%;误接收和误拒收的概率均比较小,表明所选择的产品检验方法符合要求。合格品的平均误判率为 0.34%,说明当对产品质量的

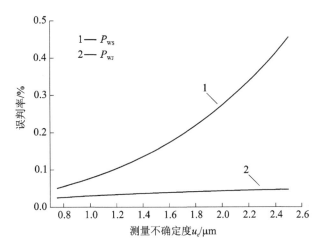

图 13 - 42　不确定度与误判率之间的关系

要求不高时,可以比较放心地接收合格品;不合格品的平均误判率为 33.35%,说明由于产品的加工能力较强,使不合格率比较低。在产品检验中一旦检出不合格品,则应当慎重地考虑检验结果是否受到测量不确定度的影响而发生误判。在产品检验的实际过程中,可以根据单件产品的合格性判定和误判率计算结果,根据能够承担的误判风险综合考虑接收或者拒收该产品。

表 13 - 16　孔径测量误判率的预估结果

符　号	名　　称	预估结果/%	符　号	名　　称	预估结果/%
P_{WS}	误接收概率	0.34	P_{CR}	合格品误判率	0.34
P_{WJ}	误拒收概率	0.05	P_{PR}	不合格品误判率	33.35

2. 抽样检验误判率预估

在对产品进行检验时,所用抽样检验的具体方案可以参考 GB/T 2828.1 中相应的规定。假设已知每次交付检验该产品的批量数为 $N=280$ 件,采用标准中的一般检验水平 II 级对产品进行检验。如果产品在出厂时分别供应给用户 A 和用户 B 使用,假设用户 A 提出合格批中的最大允许不合格品率即可以接收的质量限为 AQL=0.4;用户 B 提出合格批中的最大允许不合格品率即可以接收的质量限为 AQL=1.0。

根据用户 A 和用户 B 提出的 AQL 值检索 GB/T 2828.1,分别得出适用于用户 A 的抽样方案为 $n=32$,Ac=0,Re=1;适用于用户 B 的抽样方案为 $n=32$,Ac=1,Re=2。

对于用户 A,预估出产品批的合格概率和误判率见表 13 - 17。

对于用户 B,预估出产品批的合格概率和误判率见表 13 - 18。

对表 13 - 17 和表 13 - 18 的计算结果进行分析比较,可以得出以下结论:

首先,用户 A 的 AQL 值比较低,提出的接收条件相对比较严格。在同样的加工条件 $(C_p=1.33, C_{pk}=1)$ 下,面向用户 A 提出要求的产品批合格概率比用户 B 的产品批合格概率低。因此当产品供应给用户 A 时,需要用户 A 降低对产品的质量要求,也就是降低 AQL 值;或者提高 C_P 和 C_{PK} 的值,也即提高产品制造过程中的综合加工能力。

表 13－17　用户 A 产品批的合格概率和误判率

符　号	表示概率	计算结果/%
P_{PS}	产品批合格概率	95.77
P_{PJ}	产品批不合格概率	4.23
P_{PWS}	误接收概率	9.84
P_{PWJ}	误拒收概率	1.25
P_{SCR}	合格批误判率	10.27
P_{SPR}	不合格批误判率	29.60

表 13－18　用户 B 产品批的合格概率和误判率

符　号	表示概率	计算结果/%
P_{PS}	产品批合格概率	99.91
P_{PJ}	产品批不合格概率	0.09
P_{PWS}	误接收概率	0.79
P_{PWJ}	误拒收概率	0.04
P_{SCR}	合格批误判率	0.79
P_{SPR}	不合格批误判率	50.85

其次,比较绝对误判率的计算结果可以发现,当产品供应给用户 A 时,无论是误接收整批产品的概率 P_{PWS} 还是误拒收整批产品的概率 P_{PWJ},得到的计算结果均比用户 B 的大。这说明在相对严格的质量要求下,测量不确定度的影响被明显地放大了。因此当产品供应给用户 A 时,需适当地提高测量的能力,也即减小 u_c 的值。

再次,比较从条件概率模型中得出误判率的计算结果。面向用户 A 提出质量要求的产品批不合格概率本身就比较大,它的不合格批误判率 P_{SPR} 比用户 B 小。换言之,用户 B 提出的产品质量要求比较低,容易满足产品批合格的条件,产品批的不合格概率 $P_{PJ}=0.09\%$ 本身就比较低;当日常检验中遇到不合格批时,可以理解为只是发生了小概率事件,应当慎重地考虑检验结果是否由于受到测量不确定度的影响而发生误判。因此对于用户 B 而言,在拒收不合格批时应当尤其慎重。

最后,用户 B 的产品批合格概率 P_{PS} 比较高,绝对误判率 P_{PWS} 和 P_{PWJ} 均比较小。这表明当前的加工能力和测量能力完全满足用户 B 对产品质量的要求。

3. 全数检验结果合格性判定

根据表 13－15 得出全数检验测量结果的误判率见表 13－19。

表 13－19　全数检验测量结果的误判率

测量结果最佳估计值/mm	合格性	误判风险	误判率
$x \leqslant 31.9956$	不合格	可以忽略	0
$31.9956 < x < 32$	不合格	误拒收	$1-F(32)$
$32 \leqslant x < 32.0044$	合格	误接收	$F(32)$
$32.0044 \leqslant x \leqslant 32.0256$	合格	可以忽略	0
$32.0256 < x \leqslant 32.03$	合格	误接收	$1-F(32.03)$
$32.03 < x < 32.0344$	不合格	误拒收	$F(32.03)$
$x \geqslant 32.0344$	不合格	可以忽略	0

以测量不确定度 $u_c=0.0022$ mm 为标准差的正态分布的分布函数为

$$F(y) = \frac{1}{\sqrt{2\pi} \times 0.0022} \int_{x-6 \times 0.0022}^{y} \exp\left[-\frac{(y-x)^2}{2 \times (0.0022)^2}\right] \mathrm{d}y$$

对 5 件产品进行全数检验测量,基于测量结果进行合格性判定的结果见表 13－20。

表 13-20 全数检验的单件产品合格性判定

产品编号	测量结果/mm	合格性	误判率/%
1	32.001 9	合格	19.40
2	32.014 7	合格	0
3	31.997 2	不合格	10.16
4	32.003 3	合格	6.68
5	32.011 6	合格	0

由产品合格性判定结果及其误判率可知,对于产品 2 和产品 5 可以直接判定合格,且测量不确定度引起的误判风险可以忽略;对于产品 1 和产品 4,如果判定产品为合格,则将使用户分别承担 19.40% 和 6.68% 的误判风险;对于产品 3,如果判定为不合格,则将使产品供方承担 10.16% 的风险。假设产品的接收方即用户比较重视产品的质量,又希望适当地降低成本,经过与产品的供方协商后设置可以接受的合格品误判率为 $\Phi=10\%$,则对于产品 2、产品 4 和产品 5 均可以作为合格品予以接收;而对于产品 1 和产品 3,可以作为不合格品予以退回。可见,误判率计算结果可以为产品的供、求双方协商产品的合格性提供量化依据,在产品检验中可以根据误判率的计算结果,灵活地选择接收或者拒收产品。

4. 抽样检验结果合格性判定

结合用户 B 提出的要求对抽样检验进行实例分析。假设抽检方案为 $n=32$,Ac$=1$,Re$=2$。对某批送检产品进行随机抽样,根据表 13-17 逐一检验每件样本的测量结果。经过检验发现在 32 件样本产品中有 31 件合格,1 件不合格;其中有 3 件产品可能存在误判。可能存在误判的产品测量结果及对应的误判率见表 13-21。

表 13-21 可能存在误判的产品测量结果及误判率

产 品	测量结果/mm	合格性	误判率/%
A	32.003 7	合格	$P_A=4.63$
B	32.002 6	合格	$P_B=11.86$
C	31.998 3	不合格	$P_C=21.98$

样本中的不合格品数 $d \leqslant$ Ac,可基于抽样检验条件判定该批产品合格;但由于样本中存在着可能发生误判的产品,因此如果判定该批产品为合格,则存在着误接收的风险。

样本中的不合格品数 $d=1$,且在不合格品中存在误判的风险。因此在不合格品中实际发生误判的产品件数 d_1 可能为 0 件或者 1 件;合格品中可能存在误判的产品件数为 2 件,因此合格品中实际发生误判的件数 d_2 可能为 0 件、1 件或者 2 件。

如果判定该批产品为合格,则对应的误判率为

$$P_{CCR}=P(d_2-d_1 \geqslant \text{Re}-d)=P(d_2-d_1 \geqslant 1)$$
$$=P(d_1=0,d_2=1)+P(d_1=0,d_2=2)+P(d_1=1,d_2=2)$$

穷举出所有的情况,具体包括:

① 产品 C 和产品 B 均不发生误判,仅产品 A 发生误判;

② 产品 C 和产品 A 均不发生误判,仅产品 B 发生误判;

③ 仅产品 C 不发生误判,但产品 A 和产品 B 均发生误判;

④ 产品 C、产品 A 和产品 B 均发生误判。

利用穷举法计算得出判定该批产品合格的误判率为

$$P_{CCR} = (1-P_C)(1-P_B)P_A + (1-P_C)(1-P_A)P_B + (1-P_C)P_A P_B + P_C P_A P_B$$
$$= 12.56\%$$

考虑到穷举法计算公式随着实际产品检验结果的不同而发生变化,为了便于编程,可以采用蒙特卡洛法计算抽样检验的误判率。具体计算的步骤如下:

步骤 1:基于正态分布,分别生成产品 A、产品 B 和产品 C 的不确定度分布,则被测参数的真实值为不确定度分布区间中的一个随机数。

步骤 2:从产品 A、产品 B 和产品 C 的分布中随机抽取被测参数的真实值进行合格性判定,统计出真实的不合格品数 d_z。

步骤 3:反复重复步骤 2,进行大样本的仿真计算。在本例中,仿真实验的次数选择为 10^6 次。

步骤 4:在 10^6 次仿真实验中,对每次实验中出现真实不合格品数 d_z 的分布频数进行统计,见表 13 - 22。

表 13 - 22　基于蒙特卡洛法的抽样检验仿真

真实不合格品数 d_z/件	发生频数
0	184 223
1	689 971
2	121 560
3	4 246

在 10^6 次仿真实验中,计算出产品批合格($d_z \leqslant 1$)发生的次数 N_1 为

$$N_1 = 184\ 223 + 689\ 971 = 874\ 194$$

产品批不合格($d_z \geqslant 2$)发生的次数 N_2 为

$$N_2 = 121\ 560 + 4\ 246 = 125\ 806$$

当判定该批产品为合格时的误判率为

$$P_{CCR} = \frac{N_2}{N_1 + N_2} \times 100\% = 12.58\%$$

可以看出,蒙特卡洛法的误判率计算结果 $P_{CCR} = 12.58\%$ 与穷举法的误判率计算结果 $P_{CCR} = 12.56\%$ 基本一致,验证了误判率计算方法的有效性。

通过计算还可以看出,由于受到测量不确定度的影响,当判定该批产品为合格时,存在 12.56% 的误判率。产品的供、求双方可以根据各自能够承担的误判风险,灵活地选择接收或者拒收该批产品。同时,产品检验人员也可以对样本中存在误判风险的产品开展进一步的检验判定,保证接收产品批的可靠性。例如,可以采用替代测量或者补偿测量等策略,合理地减小产品检验的测量不确定度,使样本产品的检验结果脱离不确定区域。在本例中,当将产品检验的测量不确定度减小到 0.001 3 mm 以下时,根据测量结果可以判定产品 A 和产品 B 合格,并且认为不存在误判风险,这样就可以根据样本检验结果较为可靠地判定整批产品为合格。

5. 融合生产信息的产品合格性判定

仍然以某缸体零件的测量为例,已经基于产品质量控制参数计算出孔径加工质量控制中心值 $\mu = 32.011\ 3$ mm 和批量产品测量结果的变差 $\sigma = 0.003\ 8$ mm,以及测量不确定度 $u_c = 0.002\ 2$ mm。由此可以计算出产品的加工变差为

$$\sigma_p = \sqrt{\sigma^2 - u_c^2} = 0.003\ 1\ \text{mm}$$

产品加工变差和测量不确定度之比的平方为

$$\gamma = \frac{\sigma_p^2}{u_c^2} = 1.98$$

计算出融合生产信息后的测量不确定度为

$$u_f = \sqrt{\frac{\gamma}{\gamma + 1}}\ u_c = 0.001\ 8\ \text{mm}$$

可见在融合生产信息之后,测量不确定度的估计值由 0.002 2 mm 减小到 0.001 8 mm。将产品检验的直接测量结果 y_m 融合生产信息之后,测量结果的最佳估计值 y_f 为

$$y_f = \frac{1}{1+\gamma}\mu + \frac{\gamma}{1+\gamma}y_m = \frac{1}{1+1.98} \times 32.011\ 3 + \frac{1.98}{1+1.98}y_m$$

分别对编号为 1~8 的 8 个零件进行测量,计算出融合生产信息前、后的测量结果,见表 13 - 23。

表 13 - 23 融合生产信息前、后的测量结果/mm

零件序号	融合生产信息前	融合生产信息后
1	32.007 6	32.008 8
2	32.005 7	32.007 6
3	32.008 8	32.009 6
4	32.002 5	32.005 5
5	32.017 2	32.015 2
6	32.001 9	32.005 1
7	32.020 4	32.017 4
8	32.009 3	32.010 0

信息融合前、后包含不确定度完整测量结果的比较如图 13 - 43 所示。

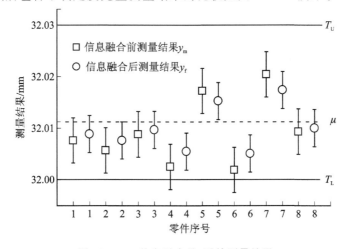

图 13 - 43 信息融合前、后的测量结果

可以看出，在产品测量结果中融入统计受控的生产信息后，一方面合理并且有据地减小了测量不确定度的估计值，另一方面也使测量结果的最佳估计值向产品质量控制的中心值 μ 靠近。图 13 - 43 中编号为 4、6 的零件在信息融合前，包含不确定度的完整测量结果有一部分位于产品的公差限之外，无论判定合格或不合格均存在着一定的风险；在信息融合后，包含不确定度的完整测量结果完全位于公差限之内，可以直接判定产品为合格，避免了进一步的测量和判定，减小了产品检验的工作量，降低了产品生产和检验的成本。

13.7　本章小结

在激光干涉比长仪测量线纹尺不确定度评定中，分析了干涉信号误差的来源和计算方法，给出了各主要参数的计算公式和实验波形；为了减小空气折射率的影响，提出了一种基于 Edlen 公式的激光波长修正装置；对设计方案进行了实验验证；对各个不确定度分量进行了分析评定，得到了测量装置的最终不确定度。

在飞秒激光跟踪仪中的双飞秒重频差测距理论与实验研究中，将理论分析计算得出的测距精度与实验测距精度进行了比较，结果基本吻合，为提高测距精度提供了理论依据。分析了测角误差的补偿算法，对测角误差组成和补偿前、后的精度进行了比较，实验结果达到亚角秒级的精度，为测角误差及补偿提供了技术支持。

在涡轮叶片多光谱温度测量不确定度评定中，采用黑体炉双温度法对测温装置的有效波长进行了标定，得到测温装置各通道在不同整百度点的输出信号电压，利用参考温度法对仪器的光学系数进行了标定。在黑体炉上对多光谱测温装置进行了静态校准，在热校准风洞上的模拟验证试验进一步表明，在高温燃气条件下和一定的高温背景辐射条件下，测温装置的相对偏差满足工程使用的要求。

在任意波发生器的失真度评定中，基于任意波发生器的原理着重对取样速率和上升时间的测量不确定度进行了分析，给出了完整的测量结果。任意波发生器的取样速率和上升时间等参数是动态特性的重要参数，其中取样速率反映产生信号在时间尺度上的准确度；上升时间反映按照预期规律产生信号的响应速度。通过对测量不确定度进行的分析，得出了影响最终测量结果的主要误差因素。

在无衍射光自由空间通信装置不确定度评定中，采用平面波光束入射圆锥透镜的方法，当通信距离为 0.5 m 时，对无衍射光自由空间通信装置通信误码率的不确定度评定进行了分析。分别采用标准不确定度的灰色评定方法、扩展不确定度的模糊评定方法和扩展不确定度的自助法评定方法进行了计算。

测量不确定度使产品检验中的合格性判定存在不确定区域，导致产品合格性判定存在误判的风险。根据不确定度的分布函数，建立了基于产品公差和检验不确定度的误判率模型，分别讨论了批量产品全数检验和抽样检验的误判率计算方法。通过在产品检验结果中融入统计受控的生产信息，有依据地减小了不确定度的影响程度，合理地扩大了产品的合格区间。

参考文献

[1] L Hongxin, et al. Progress in grating parameter measurement technology[J]. Chinese Optics, 2011, 4 (2),104-108.

［2］ Druzovec M，et al. Simulation of Line Scale Contamination in Calibration Uncertainty Model［J］. Int j simul model，2008，7(3)，113-123.

［3］ Dai G，et al. Accurate and traceable calibration of two-dimensional gratings［J］. Meas. Sci. Technol，2007，18(1)，425-421.

［4］ GAO Hongtang，WANG Zhongyu，WANG Hao. A scanning measurement method of the pitch of grating based on Photoelectric Microscope［J］. Proc. of SPIE，2015，967110:1-7.

［5］ Amanda L Steber，et al. An arbitrary waveform generator based chirped pulse fourier transform spectrometer operating from 260 to 295GHz［J］. Journal of Molecular Spectroscopy，2012，280:3-10.

［6］ Kazuyuki Wakabayashi，et al. Low-distortion sinewave generation method using arbitrary waveform generator［J］. Journal of Electronic Testing，2012，28(5):641-651.

［7］ 梁志国，孙璟宇. 波形测量中的基本问题讨论［J］. 计量技术，2005 (12):13-17.

［8］ Diddams S A，Udem T，Begquist J C. An Optical Clock based on a Single Trapped[199]Hg[+] Ion［J］. Science，2001，293(5531):825-828.

［9］ Gohle C，Udem T，Herrmann M. A Frequency Comb in the Extreme Ultraviolet［J］. Nature，2005，436(7):234-237.

［10］ Ludlow A D，Zelevinsky T，Campbell G K. Sr Lattice clock at 1×10^{-16} Fractional Uncertainty by Remote Optical Evaluation with a Ca Clock［J］. Science，2008，319(5871):1805-1808.

［11］ Minoshima K，Matsumoto H. High-accuracy Measurement of 240m Distance in an Optical Tunnel by Use of a Compact Femtosecond Laser［J］. Applied Optics，2000，39(30):5512-5517.

［12］ Ye J. Absolute Measurement of a Long，Arbitrary Distance to less than an Optical Fringe［J］. Optics Letters，2004，29(10):1153-1155.

［13］ Schuhler N，Salvade Y，Leveque S. Frequency-comb-referenced Two-wavelength Source for Absolute Distance Measurement［J］. Optics Letters，2006，31(21):3101-3103.

［14］ Salvade Y，Schuhler N，Leveque S. High-accuracy Absolute Distance Measurement using Frequency Comb Referenced Multiwavelength Source［J］. Applied Optics，2008，47(14):2715-2720.

［15］ Jin J，Kim Y J，Kim Y. Absoluye Length Calibration of Gauge Blocks using Optical Comg of a Femtosecond Pulse Laser［J］. Optics Express，2006，14(13):5968-5974.

［16］ Hyun S，Kim Y J，Kim Y. Absolute Length Measurement with the Frequency Comb of a Femtosecond Laser［J］. Measurement Science and Technology，2009，20(9):095302.

［17］ Lee J Y，Kim Y J，Lee K W. Time-of-flight Measurement with Femtosecond Light Pulses［J］. Nature Photonics，2010，4(10):716-720.

［18］ Mont C，Gutschwager B，Morozova S P. Radiation thermometry and emissivity measurements under vacuum at the PTB［J］. Int J Thermophys，2009，30:203-219.

［19］ Hanssen L，Mekhontsev S，Khromchenko V. Infraredspectral emissivity characterization facility at NIST［J］. Proceedings of spie，2004，54(5):285-293.

［20］ Ralph A Felice. The spectropyrometer-apractical multi-wavelength pyrometer［R］. The 8th Symposium on Temperature:Its Measurement and Control in Science and Industry，2002.

［21］ 孙晓刚，等. 多光谱测温法的实验研究——发射率模型的自动判别［J］. 仪器仪表学报，2001，22(4):358-360.

［22］ SUN Xiaogang，et al. Multispectral thermometry based on neural network［J］. Journal of Harbin Institute of Technology，2003，10(1):108-112.

［23］ 李奇楠，等. 多光谱辐射测温的正交多项式回归方法［J］. 光谱学与光谱分析，2006，26(12):2173-2176.

[24] Dagaut P. On the kinetics of hydrocarbon oxidation from natural gas to kerosene and diesel fuel[J]. Phys Chem, 2002, 4:2079-2094.

[25] 张小英, 王先炜. 加装红外抑制器的直升机红外辐射的计算及测量. 计测技术, 2006, 26(1):10-13.

[26] Ludwing C B, Malkmus W, Reardon J E, et al. Hand-book of infrared radiation from combustion [R]. NASA-SP-3080, 1973.

[27] 樊振方, 罗晖. 互阻放大器带宽计算方法[J]. 现代电子技术, 2011, 34(11):90-96.

[28] 冯驰, 等. 涡轮叶片表面温度分布测量方法[J]. 应用科技, 2013, 40(4):17-20.

[29] Eom T, Han J. A precision length measuring system for a variety of linear artifacts[J]. Measurement Science Technology, 2001, 12(6):698-701.

[30] Jens Flügge, Rainer Köning. Status of the nanometer comparator at PTB[J]. Proceedings of SPIE, 2001, 4401:275-283.

[31] 施玉书, 高思田, 卢明臻, 等. 新型纳米级 8 倍光程激光干涉系统[J]. 仪器仪表学报, 2007, 28(4):996-998.

[32] Wang Z Y, Ge L Y. Novel method of evaluating dynamic repeated measurement uncertainty[J]. Journal of Test and Evaluation, 2008, 9(1):9156-9186.

[33] 王海涛, 殷纯永, 王东生. 100 米无衍射光束的实现[J]. 光学技术, 1995, 3:32-37.

[34] Ge L Y, Wang Z Y. Novel uncertainty-evaluation method of virtual instrument small sample size[J]. Journal of Testing and Evaluation, 2008, 36(3):1454-1461.

[35] 刘华, 卢振武. 圆锥透镜对球面入射光的聚焦衍射特性[J]. 光子学报, 2005, 44(1):126-128.

[36] Dartoraa C A, Zamboni-Racheda M, Nobrega K Z, et al. General formulation for the analysis of sca-lardiffraction-free beams using angular modulation: mathieuand bessel beams[J]. Optics Communications, 2003, 222:75-80.

[37] Durnin J. Exact solutions for non-diffracting beams: The scalar theory[J]. Optical Society of America, 1987, 14(4):651-654.

[38] 王汉斌, 陈晓怀, 程银宝, 等. 基于新一代 GPS 的产品检验符合性不确定度评定[J]. 机械工程学报, 2016, 52(24):194-200.

[39] 陈晓怀, 王汉斌, 程银宝, 等. 基于测量不确定度的产品检验中误判率计算[J]. 中国机械工程, 2015, 26(14):1847-1850, 1856.

[40] 计数抽样检验程序 第 1 部分:按接收质量限(AQL)检索的逐批检验抽样计划:GB/T 2828.1—2012[S]. 国家质量监督检验检疫总局, 2012.